PostGIS 实战

(第 3 版)

[美] 里贾纳·奥伯(Regina Obe)　　著
利欧·许(Leo Hsu)

王亮　杜朋　但波　　译

清华大学出版社
北　京

北京市版权局著作权合同登记号 图字：01-2022-2129

Regina Obe, Leo Hsu

PostGIS in Action, Third Edition

EISBN: 978-1-61729-669-7

Original English language edition published by Manning Publications, USA © 2021 by Manning Publications. Simplified Chinese-language edition copyright © 2023 by Tsinghua University Press Limited. All rights reserved.

图书在版编目(CIP)数据

PostGIS 实战：第 3 版 / (美)里贾纳·奥伯(Regina Obe)，(美)利欧·许 (Leo Hsu)著；王亮，杜朋，但波译. —北京：清华大学出版社，2023.5

书名原文：PostGIS in Action, Third Edition

ISBN 978-7-302-63286-3

I. ①P… II. ①里… ②利… ③王… ④杜… ⑤但… III. ①地理信息系统—系统开发 IV. ①P208.2

中国国家版本馆 CIP 数据核字(2023)第 060055 号

责任编辑：王　军　刘远菁
装帧设计：孔祥峰
责任校对：成凤进
责任印制：刘海龙

出版发行：清华大学出版社
　　　　　网　　　址：http://www.tup.com.cn，http://www.wqbook.com
　　　　　地　　　址：北京清华大学学研大厦 A 座　　　　邮　　编：100084
　　　　　社 总 机：010-83470000　　　　　　　　　邮　　购：010-62786544
　　　　　投稿与读者服务：010-62776969，c-service@tup.tsinghua.edu.cn
　　　　　质 量 反 馈：010-62772015，zhiliang@tup.tsinghua.edu.cn
印 装 者：大厂回族自治县彩虹印刷有限公司
经　　销：全国新华书店
开　　本：170mm×240mm　　　印　　张：31.25　　　字　　数：855 千字
版　　次：2023 年 6 月第 1 版　　　印　　次：2023 年 6 月第 1 次印刷
定　　价：159.00 元

产品编号：094312-01

译 者 序

随着互联网经济的兴起，人们习惯于在生活的各个方面使用各类地图软件：驾车外出时要提前查询行程，跑步健身时要记录运动轨迹，等等。尤其是外卖员和顺风车主，他们需要使用地图软件规划线路以提高效率。对于开发者来说，如何选择和使用工具来高效地实现不同人群的需求，以及如何才能准确而快速地对海量数据进行分析，是值得关注的问题。

PostGIS是一个很好的选择，它是PostgreSQL开源关系数据库管理系统的空间数据库扩展，是目前最强大的开源空间数据库引擎。首先，PostGIS是开源的，任何人都可以在网上免费下载安装包，构建自己的开发环境，并针对自己遇到的问题搜索解决方案。其次，PostGIS本身是一个数据库扩展，在数据分析和处理速度方面有着先天的优势。再次，PostGIS功能足够强大，它甚至不再依赖GIS软件，只使用这个空间数据库就足够了。

《PostGIS实战(第 3 版)》是一本很好的、介绍PostGIS的书，作者Regina是PostGIS核心开发团队和项目指导委员会的成员，拥有丰富的实践经验。本书的主要特点是示例丰富，让读者在例子中不断尝试并探索，从而掌握相关的知识。此外，本书内容较为全面，读者可以根据自己的需要选择特定章节进行学习。

本书由三部分组成：

第Ⅰ部分介绍空间关系数据库的基本概念，特别是PostGIS与PostgreSQL。通过这部分的学习，你可以了解几何、地理、栅格和拓扑等类型的基本概念，掌握每种类型可以解决的问题，并对空间参考系统和数据库存储选项有一个基本的理解。最重要的是，学完本部分的内容后，你将掌握如何加载、查询和查看启用PostGIS的PostgreSQL数据库中的空间数据。

第Ⅱ部分的重点是使用PostGIS解决实际的空间问题，例如使用几何和地理类型进行邻近度分析，使用矢量运算优化数据，使用栅格处理和地图代数计算统计信息，以及使用拓扑保证编辑的一致性，等等。

第Ⅲ部分介绍一些常见的用于补充和增强 PostGIS 的开源服务器端工具，如过程化语言 PL/R、PL/Python 和 PL/V8，以及创建网络路由应用程序的工具 pgRouting，还介绍 PostGIS 在 Web 应用程序中的应用。

各类读者阅读本书时均可从中受益。对于 GIS 从业者和程序员，本书可以提供更快捷的方法以解决地图数据分析的实际问题；对于数据库从业者，通过学习本书，可以拓宽视野，并增加其能够处理的数据类型；对于科研人员和教育工作者，本书可以为他们搭建一个数据库管理、关系数据库使用或 GIS 方面的框架，方便他们使用空间分析工具来分析数据，进行建模或者培训学生。

本书中存在很多专业术语，作者也使用了很多"俚语"，译者在翻译过程中查阅了大量的资料，力求忠于原文、表达简练。清华大学出版社的专业编辑们对译稿进行了全面、细致的校对，提出了许多宝贵意见，在此表示感谢。虽然译者在翻译过程中对原著内容进行了反复思考，力图传达作者确切的意图，但由于译者水平有限，疏漏之处在所难免，望各位读者、专家和业内人士不吝提出宝贵意见。

译者

序

我们年幼时可能都曾被告知：人如其食。这提醒我们，饮食对我们的健康和生活质量而言是不可或缺的。现代世界，我们使用口袋中感知位置的智能手机、汽车上的 GPS 和计算机地理编码的互联网地址，"我们是谁，我们就在哪里"已经成为事实——每个人都是一个移动传感器，在地球上移动时会生成不断流动的位置编码数据。

为了管理和驾驭数据流，以及通过经济卫星成像和众包地图开放的并行数据流，我们需要一个能够完成这项任务的工具——一个能够持久存储数据、有效访问数据和有力分析数据的工具。我们需要一个空间数据库，如 PostGIS。

在空间数据库出现之前，位置和制图数据的计算机分析是通过在桌面工作站运行的地理信息系统(geographic information system，GIS)进行的。2001 年，PostGIS 第一次发布时，它的项目名称只是一个简单的文字游戏，自然地，PostgreSQL 数据库的空间扩展就被命名为 PostGIS。

但随着项目的成熟，这个名字也有了进一步的意义。每年都会添加新的数据分析函数，而且用户会越来越深入地使用这些函数，完成以前需要专门的 GIS 工作站才能完成的工作。PostGIS 实际上是在创造一个后 GIS 的世界，在这里，我们不再需要 GIS 软件来做 GIS 工作，只用一个空间数据库就足够了。

2002 年 3 月，在 PostGIS 首次发布还不到一年的时候，我就用邮件询问了人们是如何使用 PostGIS 的。

在 Regina Obe 的第一封邮件中，她是这样回答的：

我们在波士顿市使用它进行邻近度分析。我们部门的一部分职责是将止赎房产分配给开发商等，以建造房屋、企业等。我们使用 PostGIS 根据邻近度列出房产，这样，如果开发商想在一块土地上开发，假设土地面积为 X，他们就能更好地了解这个项目是否可行。

甚至在项目早期，Regina Obe 就已经在测试 PostGIS 的功能并创建智能分析了。

自 2011 年《PostGIS 实战》首次发行以来，PostGIS 本身就一直非常活跃，添加了栅格分析、3D、聚类、时间数据、拓扑等新特性。世界也在不断发展。

大约 20 年前，当 PostGIS 还是一个全新的事物时，认为几乎每个人口袋里都会有一个 GPS 设备(手机)的想法是相当疯狂的，而现在这已经是司空见惯的事了。PostGIS 的地理位置管理特性现在正被开发人员广泛使用，这些人几年前还从未听说过空间数据。

在过去的几年里，卫星和航空图像已经进入大众市场，无人机系统已经很普遍，位置传感器几乎被安装在任何移动的资产上。需要分析的数据量以及数据的速度和容量比以往任何时候都要大。

与此同时，PostGIS 从未像现在这样易于为你提供服务。可以在任何云提供商上启动一个副本，下载任何平台的构件,如果有足够的兴趣,甚至可以下载开源代码并自行构建,就像多年前 Regina 所做的那样。

请尽情享受本书和它提供的见解吧,它将教你如何将位置数据应用到工作中。Regina 和 Leo 已经将大量信息提炼成了一本独一无二的简明指南。

Paul Ramsey

PostGIS 项目指导委员会主席

前　言

PostGIS 是 PostgreSQL 开源关系数据库管理系统的空间数据库扩展。它是目前最强大的开源空间数据库引擎。它为 PostgreSQL 添加了几种空间数据类型和四百多个用于处理这些空间类型的函数。PostGIS 支持许多符合 OGC/ISO SQL/MM 标准的、在其他关系数据库(如 Oracle、SQL Server、MySQL 和 IBM DB2)中也能找到的空间函数，还支持许多额外的、PostGIS 独有的空间特性。

自本书的上一版以来，其他数据库都增加了空间功能，这通常是 PostGIS 提供的功能的一个子集。在谷歌 BigQuery 和 Snowflake 中可以看到同名函数。许多云提供商现在也在数据库即服务(Database as a Service，DBaaS)中提供 PostgreSQL/PostGIS。

来自其他符合 ANSI/ISO 标准的空间数据库或其他关系数据库的读者，使用 PostgreSQL 和 PostGIS 时会感到非常舒适。PostgreSQL 是最符合 ANSI/ISO SQL 标准的数据库管理系统之一。

本书旨在为 PostGIS 的官方文档提供一本配套的书籍，充当浏览 PostGIS 提供的数百个函数的一种指南。我们想写一本书，将我们遇到的许多常见的空间问题以及用 PostGIS 解决这些问题的各种策略记录下来。

除了主要目的外，我们希望为空间思维奠定基础。希望读者能够将本书提供的众多示例和诀窍应用到自己的领域中，甚至孕育出创造性的成果。

致　谢

首先，我们要感谢 PostGIS 软件包的许多维护者，特别是 Sebastiaan Couwenberg、Devrim Gündüz、Greg Troxel 和 Christoph Berg，他们为 PostGIS 版本的改进提供了很多指导，没有他们，就没有 PostGIS。

我们还要感谢 PostGIS 开发团队和项目指导委员会，特别是 Paul Ramsey、Sandro Santilli、Raúl Marín Rodríguez、Darafei Praliaskouski、Bborie Park、Dan Baston、Martin Davis 和 Nicklas Avén，他们为本书中讨论的新特性做出了贡献。

我们要感谢 Manning 出版社的每个人。特别是如下几位：我们的策划编辑 Susan Ethridge，她帮助我们润色章节并提供了许多必要的建议；我们的文稿编辑 Andy Carroll，他发现了许多无意义的句子、无效的代码引用和无效的链接，并对许多表述进行了核实；还有我们的技术评审员，他们测试了代码并在早期发现了代码中的错误。我们还要对以下人员表示感谢：出版商 Marjan Bace，组织了评审反馈的评审编辑 Aleksandar Dragosavljević，我们的制作和编辑团队成员 Mary Piergies、Becky Whitney 和 Deirdre Hiam，校对人员 Melody Dolab，以及其他让我们在整个过程中保持专注的人。

特别要感谢 PostGIS 过去的贡献者，他们的贡献构成了 PostGIS 的基础：Olivier Courtin(印象中)、Mateusz Loskot、Pierre Racine 和无数其他人。我们感谢 PostGIS 新闻组社区的订阅者，他们尽可能快、尽可能好地回答问题，而 PostGIS 的每位博主都以自己的方式给新加入 PostGIS 的成员一种温暖和愉快的感觉。

如果没有波士顿市的社区发展部(DND)，特别是管理信息系统(MIS)和政策开发与研究部门(在这里，Regina 第一次接触到 GIS 和 PostGIS)，我们就不可能接触到 PostGIS。

我们还要感谢评审人员：Alvin Scudder、Arnaldo Ayala、Billy O'Callaghan、Biswanath Chowdhury、Carla Butler、Chris Viner、Daniel Tomás Lares、Daniele Andreis、DeUndre' Rushon、Dhivya Sivasubramanian、Evyatar Kafkafi、Hilde Van Gysel、Ikechukwu、Okonkwo、Jesus Manuel Lopez Becerra、Luis Moux-Dominguez、Marcus Brown、Mike Haller、Mike Jensen、Paulo Vieira、Philip Patterson、Richard Meinsen、Vladimir Kuptsov 和 Weyert de Boer。你们的建议让本书的质量更上一层楼。

最后，我们感谢 MEAP 读者，他们提供了宝贵的建设性意见，并在早期发现了代码和解释中的错误。

关 于 本 书

本书主要关注 PostGIS 3 和 PostGIS 3.1 系列，以及 PostgreSQL 11~13。本书不能替代 PostGIS 或 PostgreSQL 官方文档。官方的 PostGIS 文档很好地介绍了 PostGIS 中可用的大量函数，并提供了关于如何使用这些函数的示例。但它不会讲解如何将所有这些函数组合在一起以解决问题。这就是本书的目的。虽然本书没有涵盖 PostGIS 中所有可用的函数，但确实讲解了更常用的有趣函数，并教你如何将它们巧妙地结合起来以解决空间分析和建模中的经典、深奥但有趣的问题。

本书侧重于二维和三维非曲面笛卡儿矢量几何、二维大地测量矢量几何、栅格数据和网络拓扑。

虽然本书的主要目的是讲解 PostGIS 的用法，但如果我们不了解它的工作环境，就无法完成我们的使命。PostGIS 不是孤立的，它很少单独运行。为了完成整个过程，本书还包含以下内容：

- 一个内容广泛的附录详细介绍了 PostgreSQL 的设置、备份和安全管理。附录还介绍了 SQL 的基础知识，以及使用它创建函数和其他对象的方法。
- 有几章专门介绍了 PostGIS 在网络地图中的运用、如何使用桌面工具进行查看、通常与 PostGIS 一起使用的 PostgreSQL PL 语言，以及额外的开源插件，如 PostGIS 封装的 TIGER geocoder 和单独封装的 pgRouting。

本书不会对 PostGIS 库的数学基础进行严格的处理。我们依赖于对点、线和多边形等概念的直观理解。同样，本书不会深入研究数据库理论。当我们预测一个特定的索引应该比另一个更有效时，我们是凭经验做出有根据的猜测，而不是通过掌握关系代数并分析计算机芯片得出结论。

谁应该阅读本书

本书介绍了 PostGIS，并假定读者对编程和数据处理有基本的了解。我们发现对 PostGIS 感兴趣的读者和最适合阅读本书的读者有以下几类。

GIS 从业者和程序员

这些人对数据、大地水准面和投影了如指掌；知道在哪里找到数据来源；可以使用 ArcGIS、MapInfo、Leaflet、OpenLayers、谷歌 Maps 或其他支持 Ajax 的工具包创建令人惊叹的应用程序；擅长在 Esri 形状文件中生成数据源，使用 QGIS 或 ArcGIS 创建制图杰作；甚至可以向启用了空间特性的数据库中添加数据或从数据库中提取数据，但当被问及有关数据的问题时，他们却答不上来。你也许能够在地图上找到美国所有的沃尔玛，但如果不逐个统计图钉，你未必能回答"密西西比河以东有多少家沃尔玛"，这完全是另外一回事。当然，可以使用桌面工具编写过程代码来回答这些问题，但我们希望展示一种更快的方法。

那么，启用空间特性的数据库提供了哪些新功能呢？

- 它使你能轻松地将空间数据与其他企业数据(如财务信息、观测数据和营销信息)混合在一起。可以使用 Esri 形状文件、KML 文件和其他 GIS 文件格式执行这些操作，但需要额外的步骤，并且会限制与其他相关数据的连接。PostgreSQL 数据库具有一些特性，比如可以提高连接速度的查询计划器，以及许多常用的统计函数，可以使相当复杂的问题和汇总统计变得相对易于运行和编写。

- 无论用户是在屏幕上绘制几何图形并输入相关信息，还是在地图上单击某个点，都有大量围绕数据库构建的基础结构，因此，当收集用户数据时，如果使用数据库，任务就会容易得多。例如，使用.NET、PHP、Perl、Python、Java 或其他语言开发自己的 Web 应用程序。每种语言都有 PostgreSQL 驱动程序，使你能方便地插入和查询数据。此外，还有大量的选项可供选择，如文本到几何图形的函数，几何到 SVG、到 KML 和到 GeoJSON 的函数，PostGIS 提供的其他处理函数，以及 OpenLayers、MapServer 和 GeoServer 等平台提供的几何生成和操作函数。

- 关系数据库提供了管理支持，可以方便地控制谁有权访问什么，不管被访问的是文本属性还是几何图形。

- PostgreSQL 提供了触发器，当某些数据库事件发生时，触发器可以生成其他东西，比如其他表中的相关几何图形。

- PostgreSQL 有一个多版本并发控制(multi-version concurrency control，MVCC)事务核心来确保当 100 个用户同时读取或更新数据时，系统不会突然崩溃。

- PostgreSQL 允许在数据库中编写自定义函数，这些函数可以从不同的应用程序中调用。在编写存储函数时，可从 PostgreSQL 提供的多种语言中进行选择。

- 如果专注于喜欢的 GIS 桌面工具，也不要担心。选择像 PostGIS 这样的空间 DBMS，并不意味着需要放弃所选的工具。Manifold、Cadcorp、MapInfo 10+、AutoCAD、Esri ArcGIS、ArcMap、服务器工具和各种常用的桌面工具都内置了对 PostGIS 的支持。Safe FME 是 GIS 专业人员最喜欢的一种提取-转换-负载(extract-transform-load，ETL)工具，长期以来它一直支持 PostGIS。

DB 从业者

在你从事数据库工作的某个时刻，有人可能会提出一个关于面向空间的数据问题。如果没有支持空间的数据库，思维会被限制在坐标、位置名称或其他可以简化为数字和字母的地理属性中。这些对于点数据很有效，但是一旦开始处理面积和区域，就可能完全迷失方向。你也许能在一个郡里找到所有叫史密斯的人，但是如果要找到住在 10 英里以内的所有叫史密斯的人，就会面临困难。

我们希望具有标准关系数据库背景的读者能够认识到，数据不仅仅是数字、日期和字符，SQL 的惊人功能可以在非文本数据上实现。当然，你可能在关系数据库中存储了图像、文档和其他奇怪的东西，但我们怀疑你可以通过对这些字段编写 SQL 连接的方式完成更多工作。

科学家、研究人员、教育工作者和工程师

许多技能高超的科学家、研究人员、教育工作者和工程师使用空间分析工具来分析他们收集的数据，为他们的发明建模或者培训学生。虽然我们认为自己和他们不一样，但我们最钦佩这些人，

因为他们创造知识,从根本上改善我们的生活。他们可能知道许多关于数学、生物、化学、地理、物理、工程等方面的知识,但他们没有接受过数据库管理、关系数据库的运用或 GIS 方面的培训。我们希望提供一个足够完整的框架,让这些人不用太费力就能跟上进度。

PostgreSQL/PostGIS 能提供什么?

- 它提供了集成统计包(如 R)的能力,甚至允许在 PL/R 中编写数据库程序函数,充分利用 R 的强大功能。
- PostgreSQL 还支持 PL/Python 和 PL/JavaScript,相比于普通的 Python 环境,在数据库中,它允许利用不断增长的 Python 和 JavaScript 库进行科学研究,可以更紧密地处理数据。
- 虽然许多人认为 PostGIS,顾名思义,是地理信息系统的工具,但我们将其视为空间分析的工具。区别在于,地理学关注的是地球和与地球相关的参考系统,而空间分析关注的是空间和空间的利用。该空间和坐标参考系统可能特定于蚁丘,或尚未确定位置的核电站地图,或大脑的不同区域,或者它可能被用作一个可视化工具来建模固有的非视觉性,如过程建模。虽然你的兴趣领域可能没有被空间分析所触及,但我们鼓励你进行更深入的探索。
- 数据库是大量数据的天然存储库,有很多内置的统计/归纳函数和结构,以便生成有用的报告和分析。如果处理的是空间性质的数据或利用空间作为可视化工具,PostGIS 提供了更多的函数来扩展分析。
- 科学研究所需的大部分数据都可通过机器(GPS、报警系统、遥感设备)轻松收集,并通过自动化的输入或标准的输入格式直接传输到数据库。事实上,智能手机和无人驾驶飞机等收集工具正变得越来越便宜,普通民众也越来越容易获得,存储数据的硬件也越来越便宜。
- 部分数据很容易分发。关系数据库是创建所谓的"数据分配器"或"数据集市"的理想选择,它允许其他研究人员轻松获取所需的数据子集,或者提供数据,让公众轻松下载。

以上是空间数据库用户的基本群体,但并不是唯一的群体。如果你曾经环顾世界,想一想,如果要把犯罪统计数据与植树的地点联系起来,或者给定一个地区的海拔模型和温度波动,将种植作物的最佳地点和时间联系起来,那么 PostGIS 可能是最容易和最划算的工具。

本书的内容安排

本书内容分为三个主要部分,并有三个支持附录。

第 I 部分:PostGIS 简介

第 I 部分介绍空间关系数据库的基本概念,特别是 PostGIS/PostgreSQL。这部分旨在介绍行业标准的 GIS 数据库的概念和实践。在本部分结束时,你应该基本掌握几何、地理、栅格和拓扑等类型以及每种类型努力解决的问题,并对空间参考系统和数据库存储选项有一个基本的理解。最重要的是,你将有能力加载、查询和查看启用 PostGIS 的 PostgreSQL 数据库中的空间数据。

第 II 部分:将 PostGIS 投入工作

这部分的重点是使用 PostGIS 解决实际的空间问题,以及探讨如何优化速度。你将学会如何做各种各样的事情:

- 如何使用几何和地理进行邻近度分析。

- 如何使用不同类型的矢量运算来优化数据。
- 如何使用栅格和矢量数据执行无缝栅格处理。
- 如何使用栅格处理、地图代数、直方图和其他栅格统计函数来创建新的矢量数据,以计算感兴趣区域的相关统计数据。
- 如何使用栅格聚合函数从较小的栅格中创建大栅格。
- 如何使用封装的 PostGIS TIGER 地理编码器使地址归一化,进行地理编码和反向地理编码。
- 如何使用拓扑来保证编辑的一致性。
- 如何简化整个几何图形网络,并在简化的数据集中保持连通性。

第 III 部分:搭配其他工具使用 PostGIS

第 III 部分介绍构建应用程序时最常与 PostGIS 搭配使用的工具。我们将介绍 pgRouting,这是一种可以直接在数据库中与 PostGIS 搭配使用来创建网络路由应用程序的工具。此外,还将介绍 PostgreSQL 存储过程语言:PL/Python、PL/R 和 PL/V8(也称为 PL/JavaScript)。最后,我们将简要研究 PostGIS 在 Web 应用程序中的应用,并介绍和 PostGIS 一起使用的各种地图服务器,以及 OpenLayer 和 Leaflet 绘图 JavaScript API。我们还将研究如何使用 PostGIS JSON 和矢量切片输出函数来构建交互式的 Web 地图。

附录

本书提供三个附录。

附录 A 提供了用于在 PostGIS 上获取帮助的额外资源,以及书中讨论的辅助工具。

附录 B 介绍如何启动并运行 PostgreSQL 和 PostGIS。

附录 C 是 SQL 入门,解释 JOIN、UNION、INTERSECT、EXCEPT、公用表表达式(common table expression,CTE),以及 LATERAL 的概念。这部分还讨论用聚合函数和聚合结构汇总数据的基本原理,以及窗口函数和帧等更高级的主题。

关于代码

本书中使用下列印刷规范:

- 所有代码清单都使用 Courier 字体。
- 正文中的某些代码字符使用 Courier 字体。
- 边栏和注释用于突出要点或介绍新的术语。
- 代码注释用于取代代码中的内联注释。这些注释强调代码的重要概念或领域。一些注释显示为带编号的项目符号,如❶,这些项目编号会在稍后的文本中引用。

本书所有章节的完整数据和代码都可以通过扫描封底二维码下载。

关于标题

本书将简介、概述和操作示例结合在一起,以帮助你学习和记忆。根据认知科学的研究,人们更容易记住在自我激励的探索中发现的东西。

　　虽然 Manning 里没有一个人是认知科学家，但我们相信，要让学习内容成为永久性的知识，必须经过探索、尝试等环节，还要不断重复所学的内容。对于新事物，人们理解后才能记住它，也就是说，只有在积极探索之后，他们才能掌握它。人们在实战中学习。本书的主要特点在于它是由示例驱动的。它鼓励读者尝试、使用新代码，并探索新想法。

　　本书的标题还有另一个更朴素的原因：我们的读者很忙。他们用书来完成工作或解决问题。他们需要那些能轻松跳读的书，并且在想要的时候学习想要的东西。他们需要帮助他们实战的书。本系列的书就是为这些读者设计的。

作 者 简 介

Regina Obe 和 Leo Hsu 是数据库顾问和作者。Regina 是 PostGIS 核心开发团队和项目指导委员会的成员。

关于封面插图

　　本书封面画像的标题为 *A Woman from Ubli, Croatia*。这张图片取自 19 世纪中期由 Nikola Arsenović 绘制的克罗地亚传统服饰图集的副本，由克罗地亚斯普利特的民族博物馆于 2003 年出版。这些图片由斯普利特 Ethnographic 博物馆一位热心的管理员提供。该博物馆位于公元 304 年左右罗马皇帝 Diocletian 的宫殿遗址，这里曾是中世纪罗马的中心。这本图集包含各种精细彩色人物插图，这些人来自克罗地亚的不同地区，书中还有对当地服饰和日常生活的描述。在过去的 200 年里，人们的着装规范和生活方式发生了变化，曾经如此丰富的地区多样性现在已经消失了。现在很难区分不同大洲的居民，更不用说相隔几英里的不同村庄或城镇的居民。

　　也许文化多样性已经转变为更加多样化的个人生活——当然，是更加多样化和快节奏的科技生活。Manning 出版社将反映两个世纪前各地区多彩生活的插图用作封面，是为了赞美计算机行业的活力和创新，同时通过古老书籍和图册中的图片带读者领略过去的风土人情。

目　　录

第I部分

PostGIS 简介

欢迎来到《PostGIS 实战(第 3 版)》。PostGIS 是 PostgreSQL 数据库管理系统的空间数据库扩展。本书将介绍空间数据库的基本原理，以及地理信息系统(GIS)的关键概念，更具体而言，介绍如何配置、加载和查询一个启用了 PostGIS 的数据库。本书将讨论如何使用单行 SQL 代码执行被认为只能在桌面 GIS 中执行的操作。通过使用空间 SQL，可将许多在桌面 GIS 工具中需要手动完成的繁重工作脚本化和自动化。

本书分为三部分和三个附录。第I部分介绍了空间数据库、GIS 和使用空间数据的基本原理。虽然第 I 部分的重点是 PostGIS，但本部分讲到的许多概念同样适用于其他空间关系数据库。

第 1 章介绍空间数据库的基本原理，以及使用支持空间的数据库可以实现哪些标准关系数据库无法实现的功能。该章还介绍 PostGIS 特有的特性，最后给出一个简单的示例：加载快餐店经纬度数据并将其转换为几何点，从 Esri 形状文件加载道路数据以及通过连接这两组数据进行空间摘要。

第 2 章介绍 PostGIS 提供的所有空间类型。该章将讨论如何使用各种函数创建这些空间类型，并探讨每个空间类型的独特概念。

第 3 章介绍空间参考系统，并将解释它们背后的概念，为什么它们对几何、栅格、拓扑的处理很重要，以及如何使用它们进行工作。

第 4 章介绍如何使用封装的工具以及额外的第三方开源工具将空间数据加载到 PostGIS。该章将讨论如何使用通常随发行版 PostGIS 一起封装的 shp2pgsql 命令行工具以及与PostGIS 桌面发行版一起封装的 shp2pgsql-gui 加载/导出程序，加载几何和地理数据。该章还将探讨如何使用 PostGIS 封装的 raster2pgsql 命令行工具加载栅格数据，以及如何使用 GDAL/OGR 套件导入和导出各种格式的栅格和矢量数据，并研究如何使用 PostgreSQL 外部数据封装器(FDW)从外部源查询数据，而不必加载它们。

第 5 章介绍一些更常见的用于查看和查询 PostGIS 数据的开源桌面工具。

第 6 章开始介绍与几何和地理函数一起使用的更简单的核心函数。这些函数都会采用单个的几何图形或地理对象并对其进行变形，或者采用它们的文本表示，并将其转换为 PostGIS 空间对象。

第 7 章介绍栅格函数，包括创建栅格、查询栅格和设置像素值的函数。

第 8 章通过介绍空间关系来结束第 I 部分。处理数据集时，应特别注意空间关系。在本书后面的章节中，我们将使用这些概念完成空间连接之类的事情。

第 **1** 章

什么是空间数据库

本章内容:

- 空间数据库解决的问题
- 空间数据类型
- 用空间思维建模
- 将 PostGIS/PostgreSQL 用作空间数据库的原因
- 加载和查询空间数据

大多数人第一次体验空间应用程序是在交互式地图上看到图钉被放在他们的兴趣点上时,这使我们得以初窥地理信息系统(geographic information system,GIS)的广阔而多样的领域。

下面将从一个图钉模型开始这一章。在演示其有限的用途时,我们将介绍对空间数据库的需求,这里的“数据库”不是任意的一个数据库,而是 PostGIS。PostGIS 是 PostgreSQL 数据库管理系统在空间方面的拓展。本章将简要介绍整个 PostGIS 套件,并通过一个远远超出图钉模型功能的示例来激发你的兴趣。

1.1 空间思维

流行的地图网站(如 OpenStreetMap、Mapbox、Google Maps、Bing Maps 和 MapQuest)已经让各行各业的人们能够通过在一张精美详细的互动地图上显示泪滴形状来回答“某个地点在哪里”之类的问题。我们不再局限于文字描述“在哪里”,比如“在超市右转后右手边的第三栋房子,房子前面有条脏兮兮的狗”。我们也不会因为无法在纸质地图上找到当前位置而感到沮丧。

除了获取方向之外,大大小小的组织都已经发现绘制地图是分析数据模式的一种很好的方式。通过绘制披萨爱好者的地址,全国连锁的披萨店可以对新披萨店的选址进行评估。计划在基层拉票的政治组织可以很容易地在地图上找到处于摇摆或未登记状态选民的所在位置,并据此确定他们的竞选路线。尽管图钉模型提供了前所未有的地理视角,但由此产生的推理完全是可视的。

在披萨的示例中,连锁店也许会通过添加图钉来展示披萨爱好者在城市中的集中程度,但如果需要按收入水平区分披萨爱好者,该怎么办呢?如果连锁店有高档菜肴,最好在中高收入的披萨爱好者中寻找开新店的位置。披萨店规划者可以在交互式地图上使用不同颜色的图钉表示不同的收入层次，但启发式视觉推理要复杂得多，如图 1.1 所示。规划者不仅需要关注图钉的集中程度，还必须记住各种图钉颜色或图标的不同含义。在地图上添加另一个变量，比如患有乳糖不耐症的成年人的家庭，这个问题使我们感到崩溃。现在轮到空间数据库登场了。

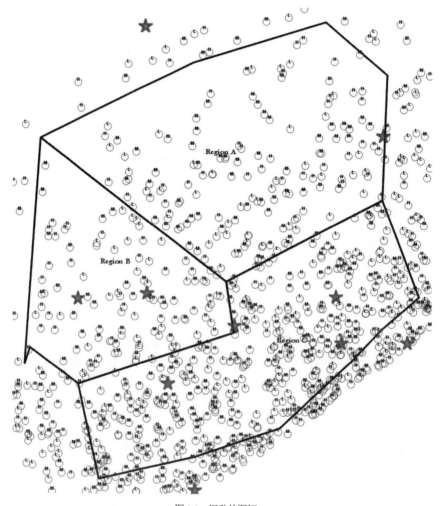

图 1.1 混乱的图钉

空间数据库是一种具有列数据类型的数据库，专门用于存储空间对象——这些数据类型可被添加到数据库表中。存储的信息通常是地理性质的，如点的位置或湖泊的边界。空间数据库还提供用于查询和操作空间数据的函数和索引，可从结构化查询语言(structured query language，SQL)等查询语言调用这些函数和索引。空间数据库通常只用作空间数据的存储容器，但它能做的远不止这些。虽然空间数据库本质上不必是关系数据库，但其中的大多数都是关系数据库，它集存储工具、分析工具和组织工具于一体。

可视化呈现数据并不是空间数据库的唯一目标。披萨店规划者可以存储爱好披萨的家庭的无数属性，包括收入水平、家庭中孩子的数量、披萨订购历史，甚至宗教倾向和文化教养(因为它们和披萨的选择有关)。更重要的是,这些分析不受大脑中可以处理变量的数量局限。规划者可以提出非常具体的要求,比如:"制作一份社区排名列表,排名依据是有两个以上孩子的高收入披萨爱好者的数量。"此外,他们可以很轻松地整合来自各种来源的额外数据,例如美食评论网站上现有披萨店的位置和评级,或者当地卫生机构公布的各个社区的健康意识水平。他们对数据库提的问题可能会很复杂,比如:"请给我找出一个社区,社区中家庭数量最多,且与低于 5 星的任何一家披萨店的平均最近距离超过 16 km(10 英里)。还有,把注重健康的社区排除在外。"

表 1.1 显示了这种空间查询的结果。

表 1.1 空间查询结果

社区	户数	餐厅	距离/km
社区 A	194	1	17.1

假设你不是绘图人员,而是一个日复一日地处理数据而不必在地图上绘制任何内容的数据用户。你熟悉"统计所有居住在芝加哥的员工"或"计算每个邮政编码中的客户数量"之类的问题。假设你有所有员工地址的经纬度,可以问这样一些问题,比如"计算员工平均通勤距离"。这时你可以用常规数据库(其中数据类型主要包括文本、数字和日期)设置空间查询的范围。

但假设提出的问题是"飓风来袭时,海岸线 2 英里内需要将人员撤离的房屋的数量"或"有多少家庭会受到新建跑道噪声的影响",如果没有空间支持,这些问题将要求为每个数据点收集或获得额外的值。对于海岸线问题,需要逐户确定房屋到海滩的距离。这可能涉及沿海岸线按固定间隔寻找最短距离的算法,或者需要一系列的 SQL 查询操作对所有房子到海岸线的距离进行排序,然后得到符合要求的结果。有了空间支持,你只需要把问题重新描述为"找到海岸线 2 英里半径内的所有房屋"。支持空间的数据库本质上可以处理海岸线(建模为线串)、撤离区(建模为多边形)和海滩房屋(建模为点)之类的数据类型。

就像生活中大多数值得追求的事情一样,没有什么是不经过努力就能得到的。你需要以一条平缓的学习曲线探索空间分析的力量。好消息是,与生活中的其他美好事物不同,我们介绍的数据库是完全免费的。

如果你能弄清楚如何在谷歌地图中输入数据,你就能毫无障碍地迈出下一步。如果你能在非空间化的数据库中编写查询语句,我们将开阔你的眼界,让你了解数字、日期和字符串以外的东西。现在,让我们开始吧。

1.2 初步了解 PostGIS

PostGIS 是一个免费的开源数据库,在空间方面它支持免费开源的 PostgreSQL 对象-关系数据库管理系统(object-relational database management system, ORDBMS)。我们希望你选择 PostgreSQL 作为关系数据库,选择 PostGIS 作为 PostgreSQL 的空间数据库扩展。

1.2.1　为什么选择 PostGIS

PostGIS 最初是加拿大维多利亚的地理空间咨询公司 Refractions Research 的一个项目，后来被政府、大学、公共组织和其他公司采用和改进。

PostGIS 通过以下支持项目得到增强。

- **Proj**：提供坐标转换功能，现已进入第七代。
- 几何开源引擎**(Geometry Engine Open Source，GEOS)**：高级几何处理功能。
- 地理空间数据抽象库**(Geospatial Data Abstraction Library，GDAL)**：提供高级栅格处理功能。
- 计算几何算法库**(Computational Geometry Algorithms Library，CGAL/SFCGAL)**：提供高级 3D 分析功能。

这些项目中的大多数，包括 PostGIS，现在都属于开源地理空间基金会(Open Source Geospatial Foundation，OSGeo)。

PostGIS 的基础是 PostgreSQL 对象-关系数据库管理系统(ORDBMS)，它提供事务支持、空间对象的 Gist 索引支持和现成的查询管理程序。Refractions Research 公司选择在 PostgreSQL(而不是其他开源数据库)上构建 PostGIS，这证明了 PostgreSQL 的强大和灵活。

1.2.2　适用标准

PostGIS 和 PostgreSQL 比大多数产品更符合行业标准。PostgreSQL 支持许多新的 ANSI SQL 特性。PostGIS 支持 OGC 标准和 SQL 多媒体规范(SQL/MM)空间标准。这意味着你不仅是在学习如何使用一套产品，你还在积累有关行业标准的知识，这将有助于理解其他商业和开源地理空间数据库及绘图工具。

OGC、OSGeo、ANSI SQL 和 SQL/MM 是什么

OGC 是 "开放地理空间信息联盟"(Open Geospatial Consortium)的简称，它旨在对地理和空间数据的访问和分发方式进行标准化。为了实现这个目标，OGC 制定了许多规范来管理地理空间数据的网络访问、地理空间数据的交付格式和地理空间数据的查询。

OSGeo 是开源地理空间基金会(Open Source Geospatial Foundation)的简称，它是一个致力于资助、支持和推广开源 GIS 工具和免费数据的机构。OSGeo 和 OGC 之间有一些重叠，两者都致力于为公众提供 GIS 数据和工具，且都关心开源标准。

你还会经常听到美国国家标准协会(American National Standards Institute，ANSI)或国际标准化组织(International Organization for Standardization，ISO)的结构化查询语言(SQL)。ANSI/ISO SQL 标准定义了 SQL 应遵循的一般准则。这些准则每年更新并向下兼容，如 ANSI SQL 92 和 ANSI SQL：2016。你会发现，许多关系数据库支持 ANSI SQL 92 中的大多数规范，但并不支持后期版本中的很多规范。PostgreSQL 支持许多新的准则，本书附录 C 中列出了其中的一部分。

ANSI/ISO SQL 多媒体规范(SQL/MM)定义了在 SQL 中使用空间数据的标准函数。

随着空间变得不再特殊并成为高端关系数据库的必备部分，OGC 管理的大部分内容都归入了 ANSI/ISO SQL。因此，你经常看到新的 SQL/MM 规范引用带有 ST_前缀的空间类型，如

ST_Geometry 和 ST_Polygon，而不是旧的 OGC/SFSQL(SQL 的空间特性)规范中的 Geometry 和 Polygon 类型。

如果你的数据和 API 实现了被多种软件(例如 Cadcorp、Safe FME、AutoCAD、Manifold、MapInfo、Esri ArcGIS、ogr2ogr/GDAL、OpenJUMP、QGIS、Deegree、MapGuide、UMN MapServer、GeoServer，或者标准编程工具，如 JavaScript、PHP、Python、Ruby、Java、Perl、ASP.NET、SQL 或者其他新出现的工具)支持的标准，那么每个人都可以使用他们觉得最称手的、适合他们工作流程的或能够负担得起的工具，并与他人共享信息。OSGeo 试图确保每个人都能够查看和分析 GIS 数据，而不管你是否囊中羞涩。OGC 和 ANSI/ISO SQL 试图在所有产品中强制执行标准，这样无论 GIS 平台有多昂贵，你都可以把你的劳动成果提供给每个人。这对政府机构来说尤其重要，因为其工资和工具都是用纳税人的钱支付的；对于那些有强烈意愿和足够的智慧去学习先进技术，但资金缺乏的学生而言，这也很重要；甚至对于一些小厂商来说，这同样很重要，他们为特定用户提供了有吸引力的产品，但经常被大厂商冷落(因为他们不能支持或不能访问大厂商的私有 API 标准)。

PostGIS 由大量 GIS 专有桌面和服务器工具支持，是大多数开源地理空间桌面和网络地图服务器工具的首选空间关系数据库，同时是大多数政府和初创企业的首选空间关系数据库平台。

第 5 章和第 17 章将介绍一些与 PostGIS 搭配使用的常见工具。

1.2.3　强大的 PostGIS

PostGIS 为 PostgreSQL 提供了许多空间运算符、空间函数、空间数据类型和空间索引增强功能。如果将 PostgreSQL 和其他相关项目提供的互补功能添加到组合中，你将拥有一个非常适用于复杂的 GIS 分析的强大引擎，这是学习 GIS 的一个有价值的工具。

你很难在其他空间数据库中找到以下特征：

- 与 GeoJSON、Keyhole 标记语言(Keyhole Markup Language，KML)和 Mapbox 矢量切片(Mapbox Vector Tiles，MVT)搭配使用的函数，允许 Web 应用程序直接与 PostGIS 对话，而不需要额外的序列化方案或转换。
- 远远超出基本几何图形处理的综合几何图形处理函数，包括修复无效几何图形以及简化和解构几何图形的函数。
- 内置的 3D 和拓扑支持。
- 三百多个无缝操作，用于支持矢量和栅格协同工作，以及两个体系之间的转换。

GeoJSON、KML 和 MVT 数据格式

地理 JavaScript 对象表示法(GeoJSON)和 Keyhole 标记语言(KML)是网络地图应用程序中使用的比较古老和相对流行的两种矢量格式。Mapbox 矢量切片(MVT)是一个相对较新的标准，在过去几年中得到了相当大的普及。

- GeoJSON 是 JSON 的扩展，用于表示 JavaScript 对象，添加了对地理对象的 JSON 标准支持。
- KML 是 Keyhole 公司(已被谷歌收购)开发的一种 XML 格式，最初用于谷歌的地图产品，后来得到了各种地图 API 的支持。

- Mapbox 矢量切片(MVT)是 Mapbox 推广的一种二进制矢量格式，它以二进制矢量数据切片的形式显示数据，支持矢量数据的客户端样式，通常比标准栅格切片更轻便，而且可用于缩放分辨率。

以上只是 PostGIS 可以输出的多种格式中的三种。

1.2.4　建立在 PostgreSQL 之上

PostGIS 之所以被建立在 PostgreSQL 平台上，主要原因是 PostgreSQL 为构建新的类型和运算符及控制索引运算符提供了扩展上的便利。PostgreSQL 从一开始就被设计为可扩展的。

PostgreSQL 几乎可以追溯到关系数据库的诞生之初。它是 Sybase 和微软 SQL Server 数据库的近亲，因为 Sybase 的创建人来自加州大学伯克利分校(UC Berkeley)，与 Michael Stonebraker 一起参与了"Ingres or PostgreSQL"项目。Michael Stonebraker 是公认的 Ingres 和 PostgreSQL 之父，也是对象关系数据库管理系统的创始人之一。Sybase SQL Server 的源代码后来被授权给微软开发 Microsoft SQL Server。

PostgreSQL 之所以声名远扬，是因为它是目前最先进的开源数据库，具有与流行的商业企业产品相媲美的速度和功能，且能支持千兆字节的数据库。随着时间的推移，新的可用性功能的增加使它不仅是最先进的，而且可能是最灵活和最好的关系数据库。有关 PostgreSQL 特性的更多细节，以及新版本提供的大多数其他数据库(包括昂贵的专有数据库)中缺乏的关键增强功能，请参阅附录 C。

PostgreSQL 正在成为一个通用的数据库，它将满足任何数据库用户的需求。大多数操作系统的发行版都支持一个比较新的版本，提供了一个快速而轻松的安装过程。自本书的上一版以来，云服务已经上市，并为 PostgreSQL 提供了现成的 PostGIS。PostGIS 用户使用的一些流行的 PostgreSQL 云版本是 CartoDB、Heroku PostgreSQL、用于 PostgreSQL 的微软 Azure 数据库以及用于 PostgreSQL 的 Amazon RDS 和 Aurora。谷歌提供的数据仓库服务 Google BigQuery 虽然不是 PostgreSQL，但它采用了 PostgreSQL 结构以及 PostGIS 函数名和空间类型来查询空间数据。

1.2.5　金钱上免费

SQL Server 标准版的许可证起步价为 5000 美元，而普通服务器的价格很容易达到 20 000 美元。尽管免费版的 SQL Server 具有与付费版相同的空间功能，但它受到内存和处理器的限制。

在 Oracle 19c 之前，Oracle Standard 只与 Oracle Locator 一起发布，后者只具备基本的功能，需要购买 Oracle Spatial 才能获得高级空间特性。从 Oracle 19c 开始，所有版本都包含 Oracle 空间支持。

Nuff 宣称："PostGIS 是免费的。"

1.2.6　使用上自由

PostGIS 和 PostgreSQL 都是开源的。PostGIS 采用的是 GPLv2+许可证，PostgreSQL 使用的是 BSD-style 许可证，这意味着你可以查看和修改源代码。如果发现某个特性缺失，你可以添加一个补丁，或者付费给开发人员来添加该特性。在 PostGIS 和 PostgreSQL 中添加特性的成本通常要比专有版本的授权成本低得多。如果你在 PostGIS 或 PostgreSQL 中发现一个缺陷(bug)，你会发现 PostGIS 和 PostgreSQL 团队在解决缺陷方面的反应非常迅速——比大多数专有数据库供应商都 要快。

使用 PostGIS 和 PostgreSQL，你将有更多的自由来布局，这与使用类似专有产品的情形不同。 你可以在任意多的服务器上安装 PostGIS，并且在可以使用多少核上不受人为限制。

PostGIS 的开放性催生了大量用户贡献的附加组件和社区资助的功能。以下是迄今为止最重要 的功能：栅格支持、大地测量支持、拓扑支持、改进的 3D 支持、更快的空间索引、TIGER 地理编 码器的增强，以及 PostgreSQL 自带的 pgAdmin 4 数据库管理工具中的 PostGIS 空间查看器。

PostGIS 和 PostgreSQL 的发布周期远远短于那些商业产品。在用户的贡献下，缺陷得到了即时 关注，PostgreSQL 以每年一个主要版本和每两三个月一个补丁发布版本的速度发展。你不必等数年 的时间，期待后续发行版本中承诺的特性。如果你选择走在前沿，甚至可以每隔一周下载一个新 版本。

1.2.7　PostGIS 的替代选择

诚然，PostGIS 并不是当今世界唯一使用的空间数据库。早期的开发者被专有产品主导，而 PostGIS 打破了这种模式。PostGIS 的后继者趋向于移动设备上使用的轻量级安装。我们也开始在 MongoDB、CouchDB、Elastic Search 和 Solr 等 NoSQL 数据库中看到空间特性。

1. Oracle Spatial

Oracle 公司开创了这一切。在 Oracle 7 中，与加拿大科学家共同开发的空间数据选项(Spatial Data Option，SDO)诞生了。在后续版本中，Oracle 将这个子版本重新命名为 Oracle Spatial。

Oracle Spatial 不支持低价版本的 Oracle。只有选择 Oracle 企业版，你才有机会购买 Oracle Spatial 选项。

标准的 Oracle 安装包附带了一个名为 Oracle Locator 的工具，它提供基本的几何类型、迫近函 数、一些空间聚合和有限的空间处理。Oracle 的用户一直强烈要求其在 Oracle Locator 中提供更多 的空间支持，所以新版本的 Oracle Locator 提供了一些基本的函数(如联合和交叉)，但去掉了联合聚 合选项和许多其他的函数，这些函数可以在 PostGIS、SQL Server 和 Oracle Spatial 中找到。

2. Microsoft SQL Server

微软在 SQL Server 2008 产品中引入了空间支持，包括内置的 Geometry 和 Geodetic Geography 类型以及配套的空间函数。值得肯定的是，微软的 Express、Standard、Enterprise 和 Datacenter 产品 都提供了相同的功能集。你可能仅在数据库大小、可使用的处理器数量以及允许使用哪些查询计划 特性方面受到限制。

除了曲线和大地测量支持，微软的空间特性与 PostGIS 相比显得黯然失色。诚然，Microsoft SQL Server 可能已经拥有所有数据库中最好的曲线和大地测量支持——它是唯一一个在大地测量空间 中支持曲线几何的数据库。但是不要期望在其中找到大量的输出/输入函数，比如 KML、GeoJSON 和 MVT 的输入/输出，或者栅格支持，或者 PostGIS 拥有的众多处理函数。

3. SpatiaLite 和 GeoPackage

我们最喜欢的是 SpatiaLite 和 GeoPackage, 它们都是开源 SQLite 便携数据库的插件。特别有趣的是, 它们可被用作 PostGIS 和其他具有空间功能的高端数据库的低端配套产品。

GeoPackage 是一种 OGC 标准的存储和传输机制, 可以存储矢量和栅格数据。就内在而言, 它类似于 PostGIS 关系数据库, 而且随着 QGIS 等工具的出现, 它越来越受欢迎, 已成为导出数据的默认标准。

GeoPackage 更像一种数据存储工具, 而不是查询工具, 它将查询功能留给使用它的工具。另一方面, SpatiaLite 与 PostGIS 包含了相同的功能, 并且与 PostGIS 使用了相同的库: GEOS、PROJ 和 GDAL。这使得 SpatiaLite 成为 PostGIS 的一个更合适的配套产品, 因为许多协议是相同的, 而且围绕 PostGIS 的大部分生态系统也支持或开始支持 SpatiaLite/RasterLite。

SpatiaLite 缺少一个强大的用于编写高级函数和空间聚合函数的企业数据库。因此, 在 PostGIS 中可能实现的一些空间查询, 在 SpatiaLite 中却难于甚至根本不可能编写。

SpatiaLite、SQLite 和 GeoPackage 将数据存储为便于传输的单个文件。这使得它对数据库或 GIS 新用户的部署威胁更小, 而且更容易部署为 PostGIS/PostgreSQL 等服务器端数据库的轻量级离线数据库。

4. MySQL

MySQL 从第 4 版开始就有了基本的空间支持, 但作为数据库, 它由于缺乏强大的 SQL 引擎而受到限制。它的主要用户仍然是那些开发人员, 他们寻找能够存储东西的数据库, 而不是能执行某些操作的数据库。早期的 MySQL 空间支持犯了一个致命的错误——没有提供索引功能(MyISAM 表除外), 但空间查询严重依赖于索引来提高性能。在 5.6 版本中, MySQL 扩展了几何运算以完成几何图形空间关系的判定, 还允许在 InnoDB 存储引擎上建立空间索引。更新版本的 MySQL 和 MariaDb 提供了更多的函数, 如 GeoJSON 和其他输出函数。

通过提高子查询的性能, Oracle MySQL 和其他 MySQL 分支(如 MariaDB)在 5.6 版本中取得了长足的进步, 但与 PostgreSQL、SQL Server 和 Oracle 等相比, MySQL 家族中的查询规划器和 SQL 特性集仍然过于简单, 因此 MySQL 不适用于空间分析这类复杂工作。在 MySQL 8 和 MariaDB 10 中, 空间支持有了很大的改进, 但仍然不能与 PostGIS 相媲美。

尽管 Oracle MySQL 和 MariaDb 的功能基本相同, 但它们提供的空间产品并不完全相同。要比较差异, 请参见 MariaDB 网站。

5. Esri 的 ArcGIS

我们必须认可 Esri, 长期以来它将其空间数据库引擎(Spatial Database Engine, SDE)与 ArcGIS for Server 产品打包在一起。SDE 引擎被集成到 ArcGIS 系列产品中, 通常用于在空间上激活或增强旧版本或落后的数据库产品, 如 Microsoft SQL Server 2005 和 Oracle Locator。

旧版本的 ArcGIS 桌面需要通过 SDE 中间层获取空间数据库的本地产品。从 ArcGIS 10.0 开始, 新版本允许直接访问 PostGIS 和其他数据库。通过避开中间件, 你可以自由地将 ArcGIS 桌面与任意版本的 PostGIS 配套使用。

在使用 ArcGIS 时要注意, 因为它会在 PostgreSQL 中安装自己风格的几何类型。这通常会让

PostGIS 的用户感到困惑，因为他们有时会选择 sde.st_geometry 数据库类型，而不是 PostGIS 的 geometry 类型，并进一步困在 Esri 的 SDE 中间层中。使用 Esri 版本控制工具时需要 sde.st_geometry 类型，但对于大多数其他用途来说，它是一个障碍。

尽管 Esri 的专有模型并不适合我们，但必须对 Esri 表示赞赏(事实上是非常赞赏)因为它是最早将 GIS 分析引入商业和政府组织的主要公司之一。它们为免费和开源 GIS 的兴起铺平了道路，但也对其发展造成了阻碍。

1.3 安装 PostGIS

撰写本书时，我们鼓励你安装 PostgreSQL 和 PostGIS 的最新版本——PostgreSQL 13 和 PostGIS 3.1。PostgreSQL 9.1 中引入的扩展模型大大简化了附加组件(如 PostGIS)的安装，并将其简化为两个步骤：

(1) 找到特定操作系统的二进制文件并将其安装到 PostgreSQL 目录中。

(2) 根据需要分别为每个数据库启用扩展。例如，如果你的服务器上有 10 个数据库，但只有 2 个需要 PostGIS，那么只需要为这 2 个数据库启用 PostGIS。

每个数据库必须启用 PostGIS

PostgreSQL 的一个特点让很多曾使用其他数据库系统的人感到困惑：像 PostGIS、hstore、PL/JavaScript 和 PL/Python 这样的自定义扩展必须在每个使用它们的数据库中启用。但对于 Full-Text、XML、JSON、JSONB 等总是存在的内置类型，情况却并非如此。

许多流行的 Linux/UNIX 发行版的库中都包含 PostGIS 3.1。需要使用 yum 或 apt 安装二进制文件。对于 Mac 用户，有几个流行的发行版，都已经被列在 PostGIS 安装界面上了。对于 MS Windows，如果你不喜欢命令行，我们建议你使用 EnterpriseDB(EDB)应用程序堆栈生成器。我们也是 EDB Windows 应用程序堆栈生成器中"空间扩展"类别包的维护者。我们尝试将"空间扩展"类别与许多相关的 PostGIS 扩展(如 pgRouting 和 pgPointcloud)打包在一起。请参阅附录 B 以获得更多关于如何为你的操作系统获取二进制文件的详细信息。

PostgreSQL 附带了两个流行的工具：psql 和 pgAdmin。你可以使用这两个工具创建数据库、用户和编写查询。

psql 严格来说是一个命令行工具。如果你没有图形用户界面(GUI)，psql 就是你唯一的选择。

如果你有图形界面，我们建议使用对新手更加友好的 pgAdmin。pgAdmin 可以与 PostgreSQL 分开安装。你可以在 pgAdmin 网站上找到源代码和预编译的二进制文件。

成功安装了二进制文件后，就可以使用 psql 或 pgAdmin 查询工具的如下命令创建一个数据库：

```
CREATE DATABASE postgis_in_action;
```

创建数据库后，应该与之进行连接。在 psql 中，可以使用\connect postgis_in_action 命令连接数据库；在 pgAdmin 中，可以刷新数据库树并选择新数据库来连接。

接下来，通过连接到数据库并运行代码清单 1.1 中的代码在数据库中启用 PostGIS。启用扩展的操作很少会失败，但是可能会遇到依赖项错误，尤其是当存在早期版本的 PostGIS 残留信息时。

代码清单 1.1   在数据库中启动 PostGIS

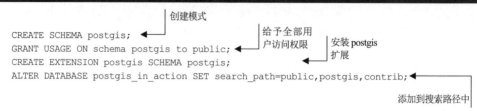

提示：虽然这不是硬性要求，但我们总是在一个单独的模式(比如名为 postgis 的模式)中安装 postgis，这样函数就不会打乱默认的公共模式。

也可以按图 1.2 所示的扩展安装部分在 pgAdmin 中启用扩展功能。

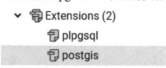

图 1.2   已安装 postgis 扩展的数据库

警告：使用 pgAdmin Extensions 界面安装 postgis 时，不能设置它安装的模式，默认在公共模式中安装 postgis。因此，我们更喜欢从查询窗口运行 CREATE EXTENSION，而不是使用 Extensions 界面。

如果 postgis 未被列出，你可以通过右击 Extensions 分支，选择 New Extension，然后从菜单中选择 postgis 进行安装。

如果安装了二进制文件，但没有将其安装到选定的数据库中，你应该会在 Add Extension 菜单中看到 postgis。

PostGIS 3 独立栅格支持包

在 PostGIS 3 之前，PostGIS 栅格支持是 PostGIS 扩展的一部分。如果你正在使用 PostGIS 3 以上的版本，并希望使用栅格和栅格函数，则需要执行以下额外步骤：

```
CREATE EXTENSION postgis_raster SCHEMA postgis;
```

验证 PostGIS 和 PostgreSQL 的版本

安装 PostGIS 后，断开与数据库的连接并重新连接，然后快速验证版本，以确保安装成功。执行以下查询命令：

```
SELECT postgis_full_version();
```

如果一切顺利，你应该会看到 PostGIS 的版本，以及支持它的 GEOS、GDAL、PROJ、LIBXML 和 LIBJSON 库的版本，如下所示：

```
POSTGIS="3.1.1 3.1.1" [EXTENSION]
PGSQL="130" GEOS="3.9.1-CAPI-1.14.1" PROJ="7.1.1"
```

```
GDAL="GDAL 3.2.1, released 2020/12/29"
LIBXML="2.9.9" LIBJSON="0.12"
LIBPROTOBUF="1.2.1" WAGYU="0.5.0 (Internal)" TOPOLOGY RASTER
```

安装可视化工具

与传统的基于字符的数据库不同，空间数据库必须是可视化的。当你查看位图文件时，更希望看到渲染后的位图，而不是其中的每个点。同样，你更希望看到渲染后的空间对象，而不是它们的文本表示。

许多可视化工具都可以免费下载，OpenJUMP 和 QGIS 是其中两个较受欢迎的工具。从 pgAdmin 4.3.3 版本开始，pgAdmin 包含一个轻量的 PostGIS 查看器，该工具用于查看空间查询的输出。然而，pgAdmin 4 工具不允许像使用 OpenJUMP 和 QGIS 时一样覆盖多个查询。它也不允许像使用 QGIS 时一样查看 PostGIS 栅格。

我们鼓励安装多个查看工具并进行比较。第 5 章提供了安装的快速指南，帮助你开始使用这些工具。

1.4　空间数据类型

PostGIS 提供四种关键的空间类型：几何(geometry)、地理(geography)、栅格(raster)和拓扑(topology)。PostGIS 从一开始就一直支持几何类型。它在 PostGIS 1.5 中引入了对地理的支持。PostGIS 2.0 通过整合栅格，在几何类型和网络拓扑(network topology)支持中引入区域类型来进一步提高标准。PostGIS 2.1 引入了更多的函数，但它提供的最重要的特性可能是更快的速度，特别是栅格和地理操作速度的提升。PostGIS 的新版本引入了新的空间索引类型，如 spgist、BRIN，并支持并行查询。

- 几何——平面类型。它是第一个模型，并且仍是 PostGIS 支持的最流行的类型，是其他类型的基础。它使用的知识是你在高中几何中学习的笛卡儿数学。
- 地理——球面大地测量类型。线和多边形画在地球的曲面上，所以它们是弯曲的，而不是直线的。PostGIS 2.2 引入了对任意大地测量空间参考系统的支持，这意味着你可以将 geography 用于其他行星，如火星或你自己虚构的世界。
- 栅格——多波段单元类型。栅格将空间建模为矩形单元网格，每个矩形单元网格包含一个数值矩阵。
- 拓扑——关系模型类型。拓扑将世界建模为由连接的点、边和面组成的网络。对象由这些元素组成，并可以与其他对象共享这些元素。拓扑中有两个相关的概念：定义了每个事物由哪些元素组成的网络(network)和路由(routing)。PostGIS 2 及后续版本封装了网络拓扑模型，该模型通常称为拓扑。

网络拓扑确保当你更改一个对象的边缘时，共享该边缘的其他对象也会相应地更改。路由通常通过一个长期支持的名为 pgRouting 的附加组件与 PostGIS 搭配使用，它不仅关心连通性，还关心连通性的成本。pgRouting 主要用于构建行程导航应用程序(考虑到通行费用或因道路建设而产生的延时)，但它也可用于重视路径成本的任何应用程序。本书后面的章节将进一步介绍 pgRouting。

这四种类型可以共存于同一个数据库中，甚至可以作为同一个表中的单独列。例如，可以用一个几何图形定义工厂的边界，也可以用一个栅格定义边界各部分有毒废物的浓度。

1.4.1　几何类型

在二维空间中，你可以用三个构建模块表示所有的地理实体：点、线和多边形(见图 1.3)。例如，一条穿过犹他州盐滩的州际公路清晰地显示为穿过多边形的线，而位于州际公路某处的一个荒凉的加油站可能是一个点。

图 1.3　基本几何图形：点、线和多边形

但你不必局限于公路地图册的宏观维度。观察你家周围：使用矩形多边形表示房间，并用线表示墙后的电线和管道。根据狗屋的大小，你可以用一个点或一个多边形代替它。仅仅通过将景观抽象成二维的点、线和多边形，你就有足够的能力对可能出现在地图或蓝图上的一切进行建模。

不要过分关注几何图形的严格定义，像"一个点能容纳多少个天使"和"一条线的宽度是多少"这样的问题最好留给数学家和哲学家。对我们来说，点、线和多边形是现实事物的简化模型。因此，它们永远不会完美地模拟真实的东西。另外，如果你觉得我们遗漏了其他几何图形，也不用担心。环绕大都市的环城公路和竞技场是两个很好的示例。前者可以用圆表示，后者可以用椭圆表示。你可以用包含多个线段的线串和包含多个边的多边形大致表示它们。

几何类型将世界视为一个平坦的笛卡儿(Cartesian)网格。模型背后的数学只涉及高中所学的解析几何。几何模型在直观上很吸引人，计算速度也很快，但它有一个主要缺点——把地球假设为平面。

1.4.2　地理类型

当你对任何超出视野范围的东西进行建模时，地球的曲率就起作用了。尽管几何类型适用于建筑平面图、城市街区和跑道图，但当你建模海运航线、航空线路或大陆时，或者当你考虑相距很远的两个地点时，它就显得不够用了。通过在公式中加入一些正弦和余弦，你仍然可以在不放弃笛卡儿基础的情况下执行距离计算，但是当需要计算面积时，数学上就很难处理了。

更好的解决方案是使用一组基于大地坐标的数据类型——地理，它为 PostGIS 用户屏蔽了数学的复杂性。不过，地理提供的函数更少，并且在速度上落后于几何类型。你会在地理中找到相同的点、线和多边形数据类型；但请记住，这里的线和多边形符合地球的曲线。

几何和地理是不是标准类型

几何类型是早已被公众所接受的 OGC SQL/MM 类型，存在于其他关系数据库中。而地理并非标准类型，只存在于一些空间数据库中。PostGIS、SQL Server 和 Google BigQuery 是我们仅知的包含地理的空间数据库。如果几何坐标的单位为度，较新的 MySQL 和 Oracle 版本将把自身的几何类型转换成球坐标模型。PostGIS 地理类型与 SQL Server 地理类型大致相同。一般情况下，可将 SQL Server 地理类型和 PostGIS 地理类型视为同类。

1.4.3　栅格类型

几何和地理是矢量式数据类型。一般来说，任何能用(含墨水的)超细笔描绘的东西都适合使用矢量表示法。矢量非常适用于建模设计或构造特征。假设要拍一张布满珊瑚的珊瑚海(Coral Sea)彩色照片。由于混色和分形图像，很难用照片构建线条和多边形。只能将照片量化为微观矩形，并给每个矩形分配值色。栅格数据就是像素马赛克。

也许栅格的最佳示例就是你每天连续盯着看几小时的电视。电视屏幕不过是个有约 200 万像素的巨型栅格。每像素存储三种不同色值：红、绿、蓝的强度(因此术语为 RGB)。栅格里的每种颜色称为波段。像素代表地理空间的某个区域，根据观看的电影大小和电视机的像素数不同而改变。

如果你要购买电视，像素的物理数量非常重要：像素数越大，浏览区域就越大，花费的钱就越多。实际上，像素代表特定的面积单位，而栅格数据存储于那些像素中。

栅格数据通常来自辅助数据收集，且经常充当生成矢量数据的原料。因此，与矢量数据相比，栅格数据源更多。PostGIS 允许将矢量数据叠加到栅格数据上，反之亦然。常见的地图的卫星视图是此类叠加的极佳示例。可看到道路(矢量数据)被叠加到卫星影像(栅格)上。

栅格出现在以下应用中：

- 土地覆盖或土地使用。
- 温度和高程变化。此为单波段栅格，每个正方形保存一个测量的温度或高度值。
- 彩色航空和卫星照片。它们有 4 个波段——其中的 3 个波段代表 RGB 的每种颜色，A 波段代表 alpha 强度色彩空间。

1.4.4　拓扑类型

从私人飞机俯瞰地形，看到的并非贫瘠地面上的不同几何图形，而是点、线串和多边形交织而成的网络。玉米田旁是麦田，麦田旁边是牧场，牧场旁边是宽阔的大草原。道路、河流、栅栏或其他人工边界将它们隔开。地面(至少是人类居住的那部分)就像个完整拼图。拓扑模型正是以拼图视角呈现世界的。拓扑识别到地理特征的内在互连特性，并利用它来帮助你更好地管理数据。

拓扑与地理特征的确切形状和地点无关，但与地理特征的内连特性有关。

拓扑可用于以下用途：

- 地块数据。确保一块土地的边界变化时，共享该边界的所有其他地块也相应调整。
- 道路管理、水域边界和管辖权划分。美国人口普查 MAF/拓扑集成地理编码和参考(Topologically Integrated Geographic Encoding and Referencing，TIGER)系统数据是一个完美的示例。
- 建筑。

1.5 你好，真实世界

本节将带你从头到尾完成一个完整示例。遗憾的是，PostGIS 并不是仅用几行代码就能在屏幕上打出 "Hello World"(你好，世界)信息的编程语言。但我们将通过以下步骤引导你，让你真实体验 PostGIS：

(1) 理解问题，制订解决方案。

(2) 建模。

(3) 收集和加载数据。

(4) 编写查询。

(5) 查看结果。

如果你对 PostGIS 完全陌生，仅执行我们要求你完成的任务即可。你可能不理解输入的大部分内容，但你可以在本书的其余部分中学到这些。下面将概述编写空间查询的相关步骤。

在进一步探索之前，需要有 PostGIS 和 PostgreSQL 的工作副本，以及可编写和执行查询的 pgAdmin 等辅助工具。附录 B 提供了获取和安装以上工具的信息。像往常一样，如果你之前没尝试过，建议你安装最新版本。

1.5.1 理解问题

下面是你面临的场景：需要找到高速公路 1 英里内的快餐店数量。这么做的原因有以下几个：

- 一家快餐连锁店正试图在餐饮供应不足的地区开设一家新店。
- 高速公路官员希望满足支付通行费的司机的需求。
- 重视健康的父母试图减少附近快餐店的数量。
- 饥饿的旅客在寻找下一餐。

首先，需要意识到不能用谷歌地图、必应或 MapQuest 的常规资源，或从汽车协会获取的最新纸质地图来快速而准确地回答此问题。若通过学习 PostGIS 来解决此问题，可能快不了多少，但你将拥有可自由支配、将来解决此类所有问题的工具和技能。将高速公路换成湖泊，可确定湖泊周围湖景房的数量。在测地尺度上，将高速公路换成澳大利亚大陆，可确定领海内的岛屿数。继续推广下去，甚至可以进入行星尺度，查询近地点 10 000 000km 内的人造卫星数。

一旦你对问题有了初步的了解，即使它只是在你的脑海中，我们也建议你立即进行可行性研究。如果问题本身不可能解决，缺乏专一性，或者更糟糕——没有可用的数据源，那么你肯定不愿花时间构思解决方案。

在进一步探索之前，需要用到在 1.3 节中建立的 postgis_in_action 数据库。

1.5.2　建模

需要将真实世界转换为由数据库对象组成的模型。在本例中，用几何线串代表高速公路，并用点代表快餐店的位置。然后创建两个表：高速公路表和餐厅表。

1. 使用模式

首先需要创建容纳本章数据的模式。模式是一个类似于目录的容器，被用于大多数高端数据库中。它将对象(表、视图、函数等)进行逻辑分段，以便于管理。

```
CREATE SCHEMA ch01;
```

在 PostgreSQL 中，很容易备份模式，也容易基于模式建立权限。例如，如果你有不需要日常备份的静态数据大型模式，则可根据用户组划分模式，以允许每个用户组管理自己的模式数据集。postgis_in_action 数据库模式以章节为主题，以便你下载特定章节所需的数据集。关于模式和安全管理的更多详情，请参考附录 C。

2. 餐厅表

接下来，需要按代码清单 1.2 所示创建对照表，并将有经营权的餐厅代码映射为有意义的名称。然后可将所有要处理的有经营权的餐厅添加到表中。

代码清单 1.2　创建有经营权的餐厅对照表

```
CREATE TABLE ch01.lu_franchises (id char(3) PRIMARY KEY
, franchise varchar(30));                         ◀──── 创建表

INSERT INTO ch01.lu_franchises(id, franchise)     ◀──── 填充表
VALUES
  ('BKG', 'Burger King'), ('CJR', 'Carl''s Jr'),
  ('HDE', 'Hardee'), ('INO', 'In-N-Out'),
  ('JIB', 'Jack in the Box'), ('KFC', 'Kentucky Fried Chicken'),
  ('MCD', 'McDonald'), ('PZH', 'Pizza Hut'),
  ('TCB', 'Taco Bell'), ('WDY', 'Wendys');
```

最后，需要创建一个可容纳待加载数据的表，如代码清单 1.3 所示。

代码清单 1.3　创建餐厅表

```
CREATE TABLE ch01.restaurants          ❶
(
    id serial primary key,          ◀──── 创建主键
    franchise char(3) NOT NULL,
    geom geometry(point,2163)       ◀──── 创建空间几何列
);
```

需要唯一地标识餐厅，以免在以后的分析中重复计算它们。而且，某些映射服务器和查看器(如MapServer 和 QGIS)不支持没有整型主键或唯一索引的表。餐厅数据没有主键，而且数据文件中没有任何内容适合充当自然主键，因此你要创建一个自动编号主键❶。

接下来，需要在几何列上放置空间索引。可在数据加载之前或之后执行此步骤。

```
CREATE INDEX ix_code_restaurants_geom
  ON ch01.restaurants USING gist(geom);
```

如果计划将大量数据加载到表中，则更高效的做法是在数据加载完成后创建空间索引和任何其他索引，这样每个记录的索引不会影响加载性能。

索引类型是 PostgreSQL 中索引定义的一部分，你必须指定它，就像我们在前面的 CREATE INDEX 中所做的那样。PostGIS 空间索引有 gist、spgist 和 brin 索引类型。大多数情况下，坚持使用 gist 即可。本书后面的章节将讨论何时使用每种索引类型。

你要在餐厅表和对照表内有经营权餐厅的列之间创建外键关系，不过，这对于该特定的数据集没有必要，因为它并不会被更新。这有助于防止人们在将有经营权的餐厅输入餐厅表时出现键入错误。在增加外键关系时添加 CASCADE UPDATE DELETE 规则，可允许改变有经营权餐厅的经营权号码(如需要)，让那些变化自动更新餐厅表：

```
ALTER TABLE ch01.restaurants
  ADD CONSTRAINT fk_restaurants_lu_franchises
  FOREIGN KEY (franchise)
  REFERENCES ch01.lu_franchises (id)
  ON UPDATE CASCADE ON DELETE RESTRICT;
```

通过限制删除，可防止无意中移除餐厅表中已有记录的有经营权餐厅。外键的另一优点是，OpenOffice Base 和其他 ERD 工具等的关系设计器将自动在两个表之间画线，以直观地提醒你它们之间的关系。

然后，可以创建一个索引，使两个表之间的连接更高效：

```
CREATE INDEX fi_restaurants_franchises
  ON ch01.restaurants (franchise);
```

接下来，需要创建包含高速公路路段的高速公路表，如代码清单 1.4 所示。

代码清单 1.4　创建高速公路表

```
CREATE TABLE ch01.highways          ◄──┐ 创建高速公路表
(
  gid integer NOT NULL,
  feature character varying(80),
  name character varying(120),                    等面积投影下的线串
  state character varying(2),                      集合
  geom geometry(multilinestring,2163),  ◄──┘
  CONSTRAINT pk_highways PRIMARY KEY (gid)
);
                                        添加空间索引
CREATE INDEX ix_highways
  ON ch01.highways USING gist(geom);  ◄──┘
```

在本例中，你在加载数据之前创建了空间索引；但对于只加载一次的大型表格，应在加载完数据后再创建索引，这样效率会更高。

1.5.3　加载数据

为了给这个示例增添一些真实世界的味道，下面将研究真实的数据源。

本章中，你先创建了数据表，现在寻找数据来填充这些表。

理想情况下，这些是你想采取的步骤。但实际上你有时会发现自己服从于现有数据，不得不调整理想表结构以适应现有数据。

但不要太轻易地受制于实际数据的可用性。你通常可以创建 SQL 脚本，将数据源中不太完美的数据转变为完美的数据结构。要一直把模型放在首位。深思熟虑的模型通常经受得住数据源的多变性。我们进行下一步时，将遵循此准则。

1. 导入 CSV 文件

Fastfoodmaps.com 慷慨地提供了 2005 年左右所有快餐店的逗号分隔文件。要导入 CSV 文件，需要事先创建表。快速研究完 CSV 文件后，可创建一个临时表：

```
CREATE TABLE ch01.restaurants_staging (
    franchise text, lat double precision, lon double precision);
```

使用 psql\copy 命令，将 CSV 文件导入临时表：

```
\copy ch01.restaurants_staging FROM '/data/restaurants.csv' DELIMITER as ',';
```

注意：如果文件在数据库服务器上，并且你有 postgres 超级用户访问权限，可选择使用 SQL COPY 命令：

```
COPY ch01.restaurants_staging FROM '/data/restaurants.csv' DELIMITER as ',';
```

该命令旨在将 CSV 数据放入表中，以便在将 CSV 数据插入结果表前，能更仔细地检查数据和编写额外查询以清理数据。本例中，数据通过了质量检查，因此可以继续插入：

```
INSERT INTO ch01.restaurants (franchise, geom)
SELECT franchise
  , ST_Transform(
    ST_SetSRID(ST_Point(lon , lat), 4326)
    , 2163) As geom
FROM ch01.restaurants_staging;
```

接下来，使用点几何列存储餐厅位置。几何函数的第二个参数表明所选餐厅数据的空间参考标识符(spatial reference ID，SRID)。SRID 表示坐标范围和球形面在平面上的投影方式。此例中使用的是 SRID 4326(相当于 WGS 84 lon/lat)，但随后将所有数据转换成我们想要的平面投影，以便更快分析。第 3 章将深入讨论空间参考系统。

如果你有 GIS 背景知识，就会知道在比较两个数据集之前，必须使用相同的投影方式。本例中使用的是 EPSG:2163，这是一种覆盖美国陆地的等面积投影。

空间参考标识符和空间参考系统

你经常会在 PostGIS 和其他空间数据库代码中找到 4326 和 2163 之类的数字标识符。这些标识符指的是 spatial_ref_sys 表中的记录，其中 srid 是唯一标识记录的列。ID 4326 是最流行的，通常，它指的是 WGS 84 lon/lat 的空间参考系统。第 3 章将更详细地讨论空间参考系统。

2. 从 Esri 形状文件导入

Esri 在 GIS 的早期占主导地位，因此 Esri 形状文件是空间数据的一般存储格式。要将形状文件的数据加载到 PostGIS 数据库，可以使用 PostGIS 安装包附带的 shp2pgsql 命令行程序。如果采用的是具有图形桌面的 Windows 或 Linux/UNIX，也可以使用 QGIS 桌面工具中的 DbManager 工具，本书后面将介绍相关内容。除 Esri 形状文件格式外，shp2pgsql 和 QGIS 还可以加载 DBF 文件。

我们的投影是 NAD 83 lon/lat，所以通过将 SRID 更改为 4269 来表明这一点，但在这里要小心！你只是告诉导入器输入数据的 SRID 值是什么，但没有进行重投影！在本例中，我们将导入表的名称更改为 highways_staging。准备就绪后，单击 Import 按钮。

完成导入后，应该能在数据库里看到新的 highways_staging 表。可能需要刷新 pgAdmin 中的浏览树。在导入过程中，shp2pgsql-gui 和其他命令行工具都会自动添加一个名为 geom 的列，并通过读取形状文件中包含的信息来设置其数据类型。如果不熟悉原始数据，那么现在是时候学习一下了。执行一般的完整性检查，例如检查记录总数，检查没有数据的列，等等。

要使用 shp2pgsql 命令行将高速公路数据加载至临时表，需要执行以下操作：

```
shp2pgsql -D -s 4269 -g geom -I /data/roadtrl020.shp ch01.highways_staging
| psql -h localhost -U postgres -p 5432 -d postgis_in_action
```

导入器在没有丢失信息的情况下按预期完成工作后，可以编写 INSERT 查询，将临时表的数据移至结果表。在查询中，需要将 SRID 从 4269 转换为 2163，并且只选择在结果表中定义的列。同时，还可以过滤数据，筛选出所需的行。高速公路数据有将近 47 000 行，包括美国所有主要高速公路和国道。本例中只需要查看主要的高速公路，因此可以添加过滤器，将行数减至约 14 000。

代码清单 1.5　填充高速公路表

```
INSERT INTO ch01.highways (gid, feature, name, state, geom)
SELECT gid, feature, name, state, ST_Transform(geom, 2163)
FROM ch01.highways_staging
WHERE feature LIKE 'Principal Highway%';
```

shp2pgsql 命令行允许使用附加的:< to_srid >来转换 SRID，所以可通过用-s 4269:2163 替换 4269 来跳过代码中的 ST_Transform 步骤，如下所示：

```
shp2pgsql -s 4269:2163 -g geom
➥ -I /data/roadtrl020.shp ch01.highways_staging
➥ | psql -h localhost -U postgres -p 5432 -d postgis_in_action
```

加载完数据之后，最好进行一次 vacuum 分析，以便统计数据进行更新：

```
vacuum analyze ch01.highways;
```

PostGIS 3.0 中改进的 shp2pgsql 转换

在 PostGIS 3.0 之前，shp2pgsql 转换过程要慢得多。如果运行的是 PostGIS 3.0 或更高的版本，并且有一个较大的表，那么在加载数据并在数据库中进行转换时速度会更快。PostGIS 3.0 中的 shp2pgsql 转换逻辑得到了改进，现在可以使用-D(更快的转储格式)开关。之前的版本不支持-D 以-s

4269:2163 这样的结构使用。

1.5.4　编写查询代码

现在是时候编写查询代码了。回忆一下我们要回答的问题："高速公路 1 英里范围内有多少家快餐店？"代码清单 1.6 显示了回答这个问题的查询代码。

代码清单 1.6　高速公路 1 英里范围内的餐厅

```
SELECT f.franchise
     , COUNT(DISTINCT r.id) As total          移除重复项
FROM ch01.restaurants As r
  INNER JOIN ch01.lu_franchises As f ON r.franchise = f.id
    INNER JOIN ch01.highways As h
      ON ST_DWithin(r.geom, h.geom, 1609)     空间连接
GROUP BY f.franchise
ORDER BY total DESC;
```

此例的关键在于使用 ST_DWithin 函数将餐厅表与高速公路表连接起来。这个常用函数接受两个几何图形，如果两个几何图形之间的最小距离在指定范围内，则返回 TURE。本例中，你传入了一个代表餐厅的点和一个代表高速公路的线串集合，距离是 1609 m。所有符合连接条件的餐厅-高速公路组合将被过滤出来。

连接条件允许有重复的餐厅。例如，位于两条主要高速公路交叉点的麦当劳将出现两次。为了只计算每个餐厅 1 次，可以使用 COUNT(DISTINCT)结构。

其余的 SQL 代码都比较简单。如果对 SQL 有些生疏，请参阅附录 C 以进行复习。请做好心理准备，本书中使用的 SQL 将越来越复杂。

最后，所得到的查询结果如下所示：

```
franchise_name          | total
------------------------+------
McDonald's              | 5343
Burger King             | 3049
Pizza Hut               | 2920
Wendy's                 | 2446
Taco Bell               | 2428
Kentucky Fried Chicken  | 2371
:
```

1.5.5　使用 OpenJUMP 查看空间数据

还有什么比在地图上看到自己的查询结果更令人开心的呢？你不会想在美国地图上显示 20 000 个点——这样的情景只会出现在连锁店的餐厅定位器上。相反，你要在公路段周围画一个缓冲区，看看有多少点落在其中。

为此，要使用 ST_Buffer 函数。该函数将接受几何图形，按指定计量单位径向扩展。扩展后的多边形几何图形称为缓冲区(buffer zone)或廊道(corridor)。

注意：如果没有安装 OpenJUMP，则需要在继续之前进行安装。第 5 章将讨论 OpenJUMP 以及其他工具的安装和使用。

本例中，我们将在马里兰州美国 1 号公路 20 英里的缓冲区内定位哈迪(Hardee)餐厅。下面是获取餐厅总数的查询语句：

```
SELECT COUNT(DISTINCT r.id) As total
FROM ch01.restaurants As r
     INNER JOIN ch01.highways As h
     ON ST_DWithin(r.geom, h.geom, 1609*20)
WHERE r.franchise = 'HDE'
  AND h.name = 'US Route 1' AND h.state = 'MD';
```

下面来看看三家哈迪餐厅的所在位置。启动 OpenJUMP 并连接到 PostgreSQL 数据库。首先使用以下查询代码绘制美国 1 号公路：

```
ELECT gid, name, geom
FROM ch01.highways
WHERE name = 'US Route 1' AND state = 'MD';
```

接下来，叠加 20 英里的缓冲区：

```
SELECT ST_Union(ST_Buffer(geom, 1609*20))
FROM ch01.highways
WHERE name = 'US Route 1' AND state = 'MD';
```

最后，将哈迪餐厅定位在缓冲区路径上。

```
SELECT r.geom
FROM ch01.restaurants r
WHERE EXISTS
  (SELECT gid FROM ch01.highways
    WHERE ST_DWithin(r.geom, geom, 1609*20) AND
    name = 'US Route 1'
      AND state = 'MD' AND r.franchise = 'HDE');
```

结果如图 1.4 所示。

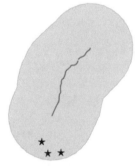

图 1.4　马里兰州的美国 1 号公路，公路周围有 20 英里的缓冲区，3 家哈迪餐厅位于 20 英里的缓冲区内

再琢磨下这个示例。以你的家乡和你最喜欢的连锁店作为初始条件，看看要走多远才能吃到下一餐美食。

这里演示的一些 SQL 示例难度适中。如果你对 SQL 或空间数据库感到陌生，这些示例可能让你气馁。接下来的几章将更详细地解释此处使用的函数和 SQL 结构体。目前，希望你关注我们遵循的一般步骤和选择的策略。

虽然空间建模是任何空间分析不可或缺的一部分，但建模的答案无对错。建模本质上是简单性和适当性之间的平衡。你需要使模型尽可能简单，以便关注试图解决的问题，但必须保留足够的复杂性来模拟试图建模的世界。这就是挑战所在。

1.6　本章小结

- PostGIS 在空间上支持 PostgreSQL，允许在数据库中对现实世界的对象进行建模，并回答"在哪里"和"有多远"的问题。
- PostGIS 和 PostgreSQL 提供了从一般数据源加载数据的工具。
- 通过 OpenJUMP、QGIS 和 pgAdmin 等免费可用的工具，可直观地体验空间数据。
- PostGIS 增加了可以在 SQL 中使用的函数，以便快速、简洁地回答"在哪里"和"有多远"的问题。
- 有时，一张统计表比一幅由点、颜色和形状组成的图形更容易理解。

第 2 章

空间数据类型

本章内容：

- geometry、geography 和 raster 空间类型及其子类型
- geometry 和 geography 类型修饰符
- 空间目录表
- 如何创建及填充空间列

第 1 章介绍了 PostGIS 的潜在功能。本章将通过深入研究 PostGIS 内置的核心空间数据类型，讲解如何具体实现这些功能。我们将详细讨论每种空间类型。学完本章后，你应该知道如何创建这些不同类型的表格列，以及如何用空间数据填充它们。

记住，PostgreSQL 具有自己的内置几何类型：point、polygon、lseg、box、circle 和 path。PostgreSQL 几何类型几乎没有功能支持，不适合 GIS 工作，并且与 PostGIS 的 geometry 类型不兼容。自从 PostgreSQL 诞生以来，这些几何类型就已经存在了，它们不遵循 SQL/MM 标准，也不支持空间坐标系。因此，建议不要在 GIS 中使用它们。

如果你已经开始使用它们，PostGIS 可以通过函数和强制转换将 PostgreSQL 类型转换为 PostGIS 的 geometry 类型。例如，下面的代码会将 PostgreSQL 的 polygon、path、box 和 circle 转换为 PostGIS 中等效的 geometry 类型。PostGIS 并没有对所有的 PostgreSQL 几何类型进行转换。一个变通方法是，先将 box 和 circle 转换为 PostgreSQL 多边形，再将其转换为 PostGIS 的 geometry 类型。

```
SELECT polygon('((10,20),(25,30),(30, 30),(10,20))')::geometry
UNION ALL
SELECT path('(1,21), (5,15), (9,20), (12,5)')::geometry
UNION ALL
SELECT box('(10, 21)'::point, '(16,10)'::point)::polygon::geometry
UNION ALL
SELECT circle('(20,10)'::point, 3)::polygon::geometry;
```

即使你选择保留 PostgreSQL 几何类型，仍建议你将其转换为 PostGIS geometry 类型，这样你才能充分利用 pgAdmin 4 查看器之类的 PostGIS 可视化工具。在 pgAdmin 4 中运行上述代码，geometry 列的标题中将出现一个眼睛图标，单击它，你将看到如图 2.1 所示的几何图形。

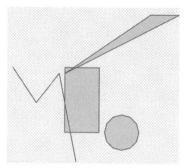

图 2.1　将 PostgreSQL 原生几何类型转换为 geometry 并在 pgAdmin 4 中显示

注意：geometry、geography 和 raster 列在地图应用程序中显示时，通常称为图层(layer)或特征类(feature class)。

首先，需要创建一个模式以存放本章的数据：

```
CREATE SCHEMA ch02;
```

创建带有 geometry 列的空间表的最基本语句如下：

```
CREATE TABLE ch02.my_geometries(id serial PRIMARY KEY,name text, geom geometry);
```

对于这样一个表，可在 geom 列中写入任何类型的 geometry。

2.1　类型修饰符

在讨论数据类型之前，必须先解释类型修饰符(有时简称为 typmods)的作用。你可能不知道自己一直在 PostgreSQL 中使用类型修饰符。当将列声明为 character(8)时，数字 8 就是类型 character 的类型修饰符，具体来讲就是长度修饰符。当输入 numeric(8, 2)时，数据类型将被声明为 numeric，长度(精度)类型修饰符为 8，比例类型修饰符为 2。

通常，在声明列的数据类型时，需要指定类型修饰符。或者，可以在创建列后使用检查约束实现与类型修饰符相同的效果。例如，可以将列声明为 character，然后添加一个检查约束，将长度限制为 8。可以对列的任何属性添加约束，但记住，并非所有约束都是类型修饰符，只有最常用的属性才会升级为类型修饰符。在 character 示例中，长度适合用作类型修饰符，但不常用的属性(如 char 中元音的数量)则不适合。

2.1.1　子类型修饰符

在 PostGIS 中，geometry 和 geography 数据类型都有子类型修饰符。虽然 geometry 和 geography 本身就是类型，但是你应避免将列声明为没有子类型修饰符的父类型。例如，geometry 的子类型有 POINTZ、POINT、LINESTRING、LINESTRINGM、POLYGON、POLYGONZ、POLYHEDRALSURFACE、POLYHEDRALSURFACEZ、TIN 和 TINZ。PostGIS 中一个典型的类型声明是 geometry(POINT, 4326)，其中，geometry 是数据类型，POINT 是子类型修饰符，4326 是 SRID 类型修饰符。尽管

PostgreSQL 对类型和类型修饰符不区分大小写，但为了将子类型与其他类型修饰符区分开来，通常会将子类型大写。

也可以将 GEOMETRY、GEOMETRYZ、GEOMETRYZM 用作类型修饰符。这些类型修饰符约束 geometry 的坐标维度(coordinate dimension)。

如果将列声明为 geometry(GEOMETRY)，则 geometry 列将被约束为仅允许二维几何图形。

在 PostGIS 中，只有 geometry 和 geography 数据类型支持类型修饰符，raster 数据类型和 topogeometry 数据类型均不支持类型修饰符。

注意： 本书中将术语 typmod 用作类型修饰符(type modifier)的缩写，也指创建列时在括号中添加类型修饰符的做法。

2.1.2　空间参考标识符

所有 PostGIS 空间数据类型都有一个空间参考标识符(spatial reference identifier，SRID)。第 3 章将详细介绍 SRID 和空间参考系统。如果希望"叠加"两种 PostGIS 数据类型的数据，就必须使它们共用一个 SRID。可以使用 PostGIS 函数 ST_Transform()将数据类型从一种 SRID 转换为另一种。如果 SRID 未被指定但已知，你可以使用 ST_SetSRID()进行设置。

PostGIS 依赖于 spatial_ref_sys 表以确定 SRID 是否有效，以及在 SRID 之间进行转换时如何执行重投影。spatial_ref_sys 表是唯一一个在安装 PostGIS 过程中创建和填充的表。你会用到的大多数 SRID 已经包含在 spatial_ref_sys 表中。你可以在表中添加缺少的 SRID，添加时要确保其中包含重投影信息。

可将 SRID 保留为未知——对于 geometry、raster 和 topogeometry 类型，未知的 SRID 的值为 0。geography 类型数据的 SRID 不能是未知的；如果未指定，则假设 geography 类型数据的 SRID 为 4326 (WGS 84 lon/lat)。未知的 SRID 仍然意味着数据处于笛卡儿坐标空间中，即使它没有地理位置意义，也是如此。例如，如果你在为自己理想的房屋设计一个蓝图，那么 SRID 并不重要，但蓝图中必须有代表墙壁的几何尺寸，把它们放到坐标系中没有坏处。还可以更进一步，在脑海中为这些尺寸分配一个度量单位(例如，可以使用英尺作为单位)。如果你交给建筑师的并非只是凭想象绘制而成的草图，建筑师会很感谢你。在你为自己理想的房屋购买土地之前，不会用到 SRID。

2.2　几何

在 PostGIS 的初期，几何(geometry)是唯一可用的数据类型。geometry 数据类型之所以如此命名，是因为它的基础是解析几何。所有的 geometry 子类型都假定一个笛卡儿坐标系：平行线永不相交，适用勾股定理，坐标之间的距离始终一致，等等。

通常你会发现人们使用纬度和经度指定一个点，但不要因此而误认为他们放弃使用笛卡儿平面。在 geometry 中使用经纬度坐标意味着所考虑的区域足够小，你可以认为经度和纬度是始终不变的，地球的曲率没有产生影响。然而，在处理全球范围内的距离时，geometry 数据类型存在很大的缺陷，这就导致 geography 数据类型应运而生。

2.2.1　点

点的子类型通过它们所处的笛卡儿空间(*X*，*Y*，*Z*)的维数区分。此外，它还可以包含一个 measured(*M*)坐标值，该值可表示任何类型的测量值。稍后对此进行讨论。

geometry 和 geography 类型中的 POINT 子类型修饰符有以下几种。

- POINT：2D 空间中由 *X* 和 *Y* 坐标指定的点。
- POINTZ：3D 空间中由 *X*、*Y* 和 *Z* 坐标指定的点。
- POINTM：2D 空间中带测量值的点，由 *X* 和 *Y* 坐标加上 *M* 值指定。
- POINTZM：3D 空间中带测量值的点，由 *X*、*Y* 和 *Z* 坐标加上 *M* 值指定。

代码清单 2.1 中的代码创建了一个表，表内的每列是一种 POINT 子类型，随后代码向表中添加了一条记录。

代码清单 2.1　POINT

```
CREATE TABLE ch02.my_points (
    id serial PRIMARY KEY,
    p geometry(POINT),
    pz geometry(POINTZ),
    pm geometry(POINTM),
    pzm geometry(POINTZM),
    p_srid geometry(POINT,4269)
);
INSERT INTO ch02.my_points (p, pz, pm, pzm, p_srid)
VALUES (
    ST_GeomFromText('POINT(1 -1)'),
    ST_GeomFromText('POINT Z(1 -1 1)'),
    ST_GeomFromText('POINT M(1 -1 1)'),
    ST_GeomFromText('POINT ZM(1 -1 1 1)'),
    ST_GeomFromText('POINT(1 -1)',4269)
);
```

在代码清单 2.1 中，除最后一个点外，其他点都没有指定 SRID。未指定时，SRID 值为 0。SRID 4269 代表的是 1983 北美基准 Lon/Lat(NAD 83)。

POINTZ 与 POINT Z 对比

在代码清单 2.1 中，函数 ST_GeomFromText 使用了 SQL/MM 格式: ST_GeomFromText('POINT Z(1-1 1)')。PostGIS 还允许 ST_GeomFromText('POINTZ(1-1 1)')甚至 ST_GeomFromText ('POINT(1-1 1)')这样的格式。但是，为了与其他空间关系数据库的交叉兼容，你应该使用常规形式: ST_GeomFromText('POINT Z(1-1 1)')。POINT ZM、LINESTRING ZM 等类型的使用也是如此。

定义列时，应该省略空格。例如，geometry(PointZM)与 geometry(POINTZM)是等效的，但是 geometry(POINT ZM)是无效的。PostGIS 不强制区分大小写，但是为了一致性，我们喜欢将子类型大写。

2.2.2　线串

两个或多个不同点之间连接的直线形成线串(linestring)。点与点之间的单独线称为线段(segment)。在 PostGIS 中，线段不是数据类型或子类型，但一个线串可能只有一个线段。

虽然线串是用一组有限的点来定义的，但实际上它是由无数个点组成的，每个线段定义了一条直线。当要确定线串上距离多边形或其他几何形状最近的点时，这种区别就变得很明显了。最接近的点很少与用于定义线串的点重合，而是位于两个点之间。

像点一样，线串也因维度不同而有以下四种变体。

- LINESTRING：由两个或多个不同 POINT 指定的 2D 线串。
- LINESTRINGZ：由两个或多个不同 POINTZ 指定的 3D 空间线串。
- LINESTRINGM：由两个或多个不同 POINTM 指定的带测量值的 2D 空间线串。
- LINESTRINGZM：由两个或多个不同 POINTZM 指定的带测量值的 3D 空间线串。

代码清单 2.2 添加了几个 2D 线串。

代码清单 2.2　添加线串

```
CREATE TABLE ch02.my_linestrings (
    id serial PRIMARY KEY,                          ❶
    name varchar(20),                               创建表
    my_linestrings geometry(LINESTRING)
);

INSERT INTO ch02.my_linestrings (name, my_linestrings)    ❷
VALUES                                              插入一个开放线串
    ('Open', ST_GeomFromText('LINESTRING(0 0, 1 1, 1 -1)')),
    ('Closed', ST_GeomFromText('LINESTRING(0 0, 1 1, 1 -1, 0 0)'))
;       插入一个闭合线串
❸
```

这段代码创建了一个新表来保存未知空间参考系统的 2D 线串❶，并规定要插入表中的一组值的格式。第一个 VALUE 条目添加了一个从原点开始，经过(1，1)并结束于(1，－1)的线串❷，这是一个开放线串。第二个 VALUE 条目添加了一个闭合线串❸。

图 2.2 展示了代码清单 2.2 中创建的线串。

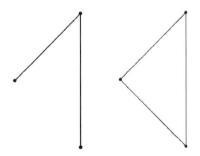

图 2.2　使用代码清单 2.2 中的代码创建的开放和闭合的线串。同时显示出组成线条的点

代码清单 2.2 引入了开放和闭合线串的概念。在开放线串中，起点和终点不同。而在闭合线串中，起点和终点是同一个点，线串形成了一个环。在建模真实世界的地理特征时，开放线串比闭合线串更有优势。河流、小径、断层线和道路都不会从它们的终点开始。但你很快就会看到，闭合线串在构建多边形时起着不可或缺的作用。

在描述线串时，也可使用简单和非简单几何图形的概念。对于简单线串，除非在起点或终点，否则不能自相交(不能与本身交义)。线串中每个点都会强制执行此限制。相反，自相交的线串不是简单线串。

PostGIS 提供了一个用于测试简单性的 geometry 函数 ST_IsSimple。以下查询命令返回 false：

```
SELECT ST_IsSimple(ST_GeomFromText('LINESTRING(2 0,0 0,1 1,1 -1)'));
```

图 2.3 展示了非简单线串。

图 2.3　非简单线串

2.2.3　多边形

闭合线串是多边形的构成要素。首先创建一个三角形，任何有三个不同的、非共线的点的闭合线串都可以构成一个三角形。根据定义，多边形包含所有封闭区域及其边界(构成周长的线串)。组成多边形边界的闭合线串称为多边形的环，具体来讲是外环。

代码清单 2.3 演示了如何构成一个实心多边形，它的边界是代码清单 2.2 中定义的闭合线串。

代码清单 2.3　无孔三角形

```
ALTER TABLE ch02.my_geometries ADD COLUMN my_polygons geometry(POLYGON);
INSERT INTO ch02.my_geometries (name, my_polygons)
VALUES (
    'Triangle',
    ST_GeomFromText('POLYGON((0 0, 1 1, 1 -1, 0 0))')
);
```

图 2.4 展示了代码清单 2.3 生成的实心三角形。

图 2.4　三角形多边形

地理建模中使用的大多数多边形都仅有一个环，但多边形可以有多个环，并可以在图形上雕刻出孔。准确地讲，多边形必须有且仅有一个外环，同时可以有一个或多个内环。每个内环在多边形中创建一个孔。你可以在代码清单 2.4 生成的图形中看到这样的孔。因此，多边形的文本表示中需要看似多余的几组括号。多边形众所周知的文本(well-known text，WKT)表示是一组封闭的线串。第一个线串指定外环，后续的线串指定内环。即使你的多边形只有一个环，WKT 中也总包含额外的括号。有些工具允许只有一对括号的单环多边形，但 PostGIS 不允许。

代码清单 2.4　有两个孔的多边形

```
INSERT INTO ch02.my_geometries (name,my_polygons)
VALUES (
  'Square with two holes',
  ST_GeomFromText(
      'POLYGON(
          (-0.25 -1.25,-0.25 1.25,2.5 1.25,2.5 -1.25,-0.25 -1.25),
          (2.25 0,1.25 1,1.25 -1,2.25 0),(1 -1,1 1,0 0,1 -1)
      )'
  )
);
SELECT my_polygons
FROM ch02.my_geometries
WHERE name = 'Square with two holes';
```

代码清单 2.4 的输出如图 2.5 所示。

图 2.5　带内环(孔)的多边形

现实世界中，多环多边形在排除地理边界内的水体方面发挥着重要作用。例如，假设你在规划大西雅图(Seattle)地区的地面交通系统，首先勾勒出一个以西部的 5 号州际公路和东部的 405 号州际公路为边界的大多边形，如图 2.6 所示。然后，你可以开始放置常用公交线路的站点，并让路由程序(如 pgRouting)选择多边形内的最短路径。很快，你会发现大多数常用路线都会穿过水面——具体来讲就是华盛顿湖(Lake Washington)。为了让程序避开水面，大西雅图多边形需要一个勾勒出华盛顿湖形状的内环。这样，运行一个查询命令以确定多边形上两点之间的最短路径(完全在多边形内)时，就不会让公共汽车开进水里了。

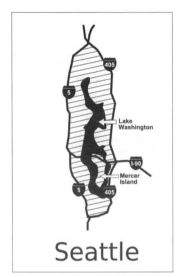

图 2.6 用带有两个环的多边形构建的西雅图地区模型(其中的孔是华盛顿湖)

注意: 西雅图模型是一个有孔(环)的多边形,孔的位置是华盛顿湖。如果我们考虑华盛顿湖中默瑟岛(Mercer Island,它是西雅图的一部分)的存在,那么形成的图形被称为多边形集合。下一节将介绍多边形集合。

多边形具有有效性的概念。有效多边形的环只能在不同的点相交——环不能重叠,它们不能共享一个边界。如果一个多边形的内环有一部分位于外环外,那么该多边形也是无效的。

图 2.7 显示了单个自相交多边形的示例。直观上看,你无法分辨出它是不是一个无效的 geometry 图形,因为两个有效的多边形或一个恰好在某一点上接触的有效的多边形集合也能构建出这样的视觉效果。下一节将介绍多边形集合。

图 2.7 自相交多边形。这是一个无效的多边形,但仅仅通过观察,
不能判断它到底是一个有效的多边形集合还是两个有效的多边形

并非每个无效的多边形都可以用图形表示。退化多边形,比如没有足够点的多边形和带有非闭合环的多边形,是很难描述的。幸运的是,这些多边形很难在 PostGIS 中生成,在真实世界的建模中也没有任何用途。除非你精通数学,否则在考虑有效性时,请坚持你的常识。代表现实世界特征的多边形应该是容易让人理解的!

PostGIS 有处理无效几何图形的函数。可以使用函数 ST_IsValid,如果几何图形有效,该函数将返回 true。ST_IsValidReason 详细描述了几何图形无效的原因,如果几何图形有效,该函数则返回 Valid Geometry。对于具有多种无效原因的几何图形,可以使用函数 ST_IsValidDetail,它详细说明了几何图形无效的原因,每行列出一种原因。如果几何图形有效,它将返回 true,但不提供额外的细节。最后,可以使用函数 ST_MakeValid 将无效的几何图形转换为有效的几何图形。此过程可能会更改几何图形的类型,例如将多边形更改为多边形集合或几何图形集合。它会尽可能多地保留原始几何图形中的点。在图 2.7 的"领结"示例中,ST_MakeValid 会把图形变成一个有效的多边形集合。

2.2.4　几何图形集合

为了展示几何图形集合的概念,试着在脑海中把美国的 50 个州想象成多边形。可以使用内环处理边界内有大片水域的州,比如犹他州(Utah)(大盐湖,The Great Salt Lake)、佛罗里达州(Florida)(奥基乔比湖,Lake Okeechobee)以及拥有 1 万多个湖泊的明尼苏达州(Minnesota)。但至少有一个州会给你带来麻烦,那就是夏威夷(Hawaii)。夏威夷至少包含五大块区域。你可以将夏威夷建模为 5 个独立的多边形,但存储起来会很复杂。例如,如果你想要创建一个州表,那应该有 50 行。若要将州成不同的多边形,需要使用州多边形表存储,根据州的碎片程度,每个州可能有多达数百个几何图形。这样操作的话,每个州将不再对应一个几何图形,因而会失去简单性。

为了克服这个问题,PostGIS 和 OGC 标准提供了几何图形集合数据类型。几何图形集合将逻辑上应在一起的不同几何图形分成一组。使用集合类型后,50 个州中的每个都变成了多边形集合。

将美国各州表示为多边形集合

为了体验真实世界的 GIS,你可以从美国人口普查局的 TIGER(Topologically Integrated Geographic Encoding and Referencing,拓扑集成地理编码和参考)数据集下载州多边形数据集。在该数据集中,只有以下州被建模为多边形集合:阿拉斯加州(Alaska)、加利福尼亚州(California)、夏威夷州(Hawaii)、佛罗里达州(Florida)、肯塔基州(Kentucky)、纽约州(New York)和罗得岛州(Rhode Island)。

事实上,更多的州仅是基于 geography 的多边形集合。几乎所有的州都与大片水域接壤,并有独立的岛屿。因为人口普查更关注各州居民,而不是现实轮廓,所以州表中使用的是行政边界。行政边界延伸到邻近的水域,再延伸数英里,进入海洋。这些包容的边界使大多数州被排除在多边形集合之外。

在 PostGIS 中,每个 geometry 子类型都有一个对应的集合:点集合、线串集合和多边形集合。此外,PostGIS 还包含一种名为 geometrycollection 的数据类型。只要集合中的所有几何图形具有相同的空间参考系统和相同的坐标维度,该数据类型就可以包含任何类型的 geometry 图形。

1. 点集合

下面从点集合开始介绍,它是若干点的集合。图 2.8 展示了一个点集合的示例。

图2.8 单个点集合 geometry(不是三个独立的点！)

试观察点集合的 WKT 语法表示。如果点集合只有 *X* 和 *Y* 坐标，那么每个逗号分隔的值将有两个坐标。下面是图2.8 所示的示例：

```
SELECT ST_GeomFromText('MULTIPOINT(-1 1, 0 0, 2 3)');
```

如果有记录高度的坐标，则可以使用 *Z* 坐标；如果有记录非空间性质的坐标，那么可以使用 *M* 坐标。*M* 坐标被称为度量坐标，通常用于度量时间或其他类型，如英里标记位置。

有 *X*、*Y*、*Z*、*M* 的点集合，会有 4 个坐标：

```
SELECT ST_GeomFromText('MULTIPOINT ZM(-1 1 3 4, 0 0 1 2, 2 3 1 2)');
```

由 *X*、*Y*、*Z* 组成的常规 3D 点集合，代码如下：

```
SELECT ST_GeomFromText('MULTIPOINT Z(-1 1 3, 0 0 1, 2 3 1)');
```

由 *X*、*Y*、*M* 组成的点集合，必须写成 MULTIPOINT M，以区别于 *X*、*Y*、*Z* 组成的点集合：

```
SELECT ST_GeomFromText('MULTIPOINT M(-1 1 4, 0 0 2, 2 3 2)');
```

注意: 当使用术语 3D 时，通常指的是坐标维度，而不是几何维度。迎风飘扬的旗帜是位于 3D 空间中的 2D 几何图形体。大多数空心巧克力兔子也是如此。如果你有钱买一只实心巧克力兔子，那么这只兔子将是 3D 空间中的一个 3D 几何图形。

另一种可接受的用 WKT 表示点集合的方法是使用括号分隔每个点，比如: MULTIPOINT((-1 1), (0 0), (2 3))。PostGIS 支持这种多括号格式以及更简单的 MULTIPOINT(-1 1, 0 0, 2 3)格式。ST_AsText 和 ST_AsEWKT 之类的输出函数将返回无括号格式。

2. 线串集合

同理，线串集合是线串组成的集合。注意线串 WKT 表示形式中每个单独线串外的额外圆括号。线串集合示例如图2.9 所示。

```
SELECT ST_GeomFromText('MULTILINESTRING((0 0,0 1,1 1), (-1 1,-1 -1))');
SELECT ST_GeomFromText('MULTILINESTRING ZM ((0 0 1 1,0 1 1 2,1 1 1 3),
    (-1 1 1 1,-1 -1 1 2))');
SELECT ST_GeomFromText('MULTILINESTRING M((0 0 1,0 1 2,1 1 3), (-1 1 1,-1
    -1 2))');
```

图 2.9　线串集合示例

注意，因为 *M* 坐标无法可视化显示，所以 MULTILINESTRING 和 MULTILINESTRING M 代码具有相同的可视化图形。

在讨论多边形集合之前，先回顾一下简单性的概念。2.2.2 节介绍了线串的简单性。简单性适用于所有线串类型的几何图形。如果组成线串集合的所有线串都是简单的，且除了边界点之外的任何点都不相交，则线串集合被认为是简单的。例如，如果使用两个相交的简单线串创建一个线串集合，那么生成的线串集合不是简单的。

3. 多边形集合

多边形集合 WKT 中的括号比单个多边形的括号还要多。因为使用括号表示多边形的每个环，所以需要用另一组外括号表示多边形集合。对于多边形集合，强烈建议遵循 PostGIS 惯例，对于单环多边形，不要省略任何内括号。

下面是几个多边形集合的示例，第一个如图 2.10 所示。

```
SELECT 'MULTIPOLYGON(
    ((2.25 0,1.25 1,1.25 -1,2.25 0)),
    ((1 -1,1 1,0 0,1 -1))
)'::geometry;
SELECT 'MULTIPOLYGON Z(
    ((2.25 0 1,1.25 1 1,1.25 -1 1,2.25 0 1)),
    ((1 -1 2,1 1 2,0 0 2,1 -1 2))
)'::geometry;
SELECT 'MULTIPOLYGON ZM(
    ((2.25 0 1 1,1.25 1 1 2,1.25 -1 1 1,2.25 0 1 1)),
    ((1 -1 2 1,1 1 2 2,0 0 2 3,1 -1 1 4))
)'::geometry;
SELECT 'MULTIPOLYGON M(
    ((2.25 0 1,1.25 1 2,1.25 -1 1,2.25 0 1)),
    ((1 -1 1,1 1 2,0 0 3,1 -1 4))
)'::geometry;
```

图 2.10　多边形集合示例

注意：可以使用函数 ST_GeomFromText 或'somewktwkb'::geometry 将 WKT 转换为 geometry。
这两种方法几乎是等价的，只是::geometry 编写起来稍微短一点，并且可以与其他几何字符串表达
式(如 well-known 二进制表达式)一起使用。从 PostGIS 3.1 开始，::geometry 也可用于将 geoJSON 字
符串格式转换为 PostGIS geometry 类型。

回想一下前面对单个多边形的讨论：如果一个多边形的环不相交或只在特定的点相交，那么这
个多边形是有效的。一个有效的多边形集合必须符合以下两个条件：

- 组成多边形集合的每个多边形本身必须有效。
- 组成多边形集合的多边形不能重叠。一旦你放置了一个多边形，后续的多边形就不能覆盖
  在它上面。

4. 几何图形集合

几何图形集合(GEOMETRYCOLLECTION)是一个可以包含异构几何图形的 PostGIS geometry
子类型。前面所讨论的集合的构件几何图形必须是相同的子类型，而几何图形集合则不同，它可以
包含点、线串、多边形和这几类几何图形的集合。它甚至可以包含其他几何图形集合。简而言之，
可以将 PostGIS 中已知的任何 geometry 子类型塞进 GEOMETRYCOLLECTION 中。

代码清单 2.5 展示了几何图形集合的 WKT 表示形式，但我们不使用 ST_GeomFromText 和 WKT
表示形式构建几何图形集合，而是通过使用函数 ST_Collect 收集更简单的几何图形来构建它们。

代码清单 2.5 通过收集构件几何图形来形成几何图形集合

```
SELECT ST_AsText(ST_Collect(g))
FROM (
    SELECT ST_GeomFromText('MULTIPOINT(-1 1, 0 0, 2 3)') As g
    UNION ALL
    SELECT ST_GeomFromText(
        'MULTILINESTRING((0 0, 0 1, 1 1), (-1 1, -1 -1))'
    ) As g
    UNION ALL
    SELECT ST_GeomFromText(
        'POLYGON(
            (-0.25 -1.25, -0.25 1.25, 2.5 1.25, 2.5 -1.25, -0.25 -1.25),
            (2.25 0, 1.25 1, 1.25 -1, 2.25 0),
            (1 -1, 1 1, 0 0, 1 -1)
        )'
    ) As g
) x;
```

上述代码的输出如下：

```
GEOMETRYCOLLECTION(
    MULTIPOINT(-1 1, 0 0, 2 3),
    MULTILINESTRING((0 0, 0 1, 1 1), (-1 1, -1 -1)),
    POLYGON(
        (-0.25 -1.25, -0.25 1.25, 2.5 1.25, 2.5 -1.25, -0.25 -1.25),
        (2.25 0,1.25 1,1.25 -1,2.25 0),
        (1 -1, 1 1, 0 0, 1 -1)
    )
)
```

geometrycollection 的可视化表示如图 2.11 所示。

图 2.11　代码清单 2.5 构建的几何图形集合

在实际的应用程序中，很少会将数据列定义为 geometrycollection。尽管对于存储目的来说集合的使用是完全合理的，但不应在函数中使用它，这几乎没有任何意义。例如，可以问一个多边形集合的面积是多少，但是不能问一个既有多边形，又有线串和点的几何图形集合的面积是多少。几何图形集合几乎总是源于查询的结果，而不是预定义的几何图形。你要准备好使用它们，但应避免在表设计中使用它们。

最后，如果 geometrycollection 中的所有几何图形都有效，则认为该集合有效。如果其中的任意一个几何图形无效，则集合无效。

2.2.5　M 坐标

M 坐标是为了方便记录空间坐标中各点的测量值而设置的附加坐标。当需要记录的信息不只是点的坐标时，使用 M 坐标存储额外信息的好处就显而易见。假设有一个由许多点组成的线串，每个点都有自己的测量值。如果没有 M 坐标，则需要一个额外的表存储测量数据。

M 坐标不需要任何空间含义，因此不受 X、Y、Z 这些空间坐标的参考系统的影响。它可以是正的，也可以是负的，它的单位与空间坐标的单位没有关系。将 geometry 转换为另一空间参考系统时，M 坐标不发生改变。所有与 M 有关的 PostGIS 函数都将 M 坐标视为线性的，可以沿 M 维进行插值。

M 坐标是一个成熟的坐标，在使用过程中可参考以下建议：

- 对 M 坐标的支持近年来有所增加，但仍然相当有限。
- M 坐标经常用于表示时间，因此你会发现函数 ST_IsValidTrajectory 可以确定 M 是否沿着矢量递增，而函数 ST_ClosestPointOfApproach 和 ST_LocateAlong 可以确定两条轨迹(M 表示线性时间)何时在哪个点最接近。
- 不要将 M 用于稀疏的数据。一旦引入了 M 维，所有的几何图形都必须有 M 坐标。如果大多数数据点没有 M 值，则需要采用一些约定的做法标记丢失的数据。坐标不能有空(null)值。
- 对 M 值的使用应保持一致。例如，如果用 M 坐标表示温度或海洋深度，则必须保持单位的一致性。

- 虽然可以自由地用任何数值填充坐标，但尽量使用 M 表示线性测量值，而不是对数测量值。与对应的空间函数一样，所有考虑 M 坐标的 PostGIS 函数都假设 M 维是线性的。例如，假设需要对间隔很远的点进行 pH 值测量，并估计中点的 pH 值，但 PostGIS 中只有线性插值函数，不适用于对数测量值。在这种情况下，最好将 pH 值作为点的附加属性存储起来，或者编写函数进行正确的插值。

- 引入 M 坐标后，应避免使用疑问函数和应用空间概念。例如，如果问一个 LINESTRINGM 是闭合的还是开放的，你可能无法相信得到的答案。函数是否考虑了 M 坐标？如果考虑了，M 坐标闭合是什么含义？别让自己头疼了；不要问，PostGIS 也不会告诉你答案。

M 坐标也可存在于 GEOMETRYCOLLECTION 中。代码清单 2.6 与代码清单 2.5 类似，但展示了带有 M 坐标的 GEOMETRYCOLLECTIONM 示例。

代码清单 2.6　由构件几何图形构成 GEOMETRYCOLLECTIONM

```
SELECT ST_AsText(ST_Collect(g))
FROM (
    SELECT ST_GeomFromEWKT('MULTIPOINTM(-1 1 4, 0 0 2, 2 3 2)') As g
    UNION ALL
    SELECT ST_GeomFromEWKT(
        'MULTILINESTRINGM((0 0 1, 0 1 2, 1 1 3), (-1 1 1,-1 -1 2))'
    ) As g
    UNION ALL
    SELECT ST_GeomFromEWKT(
        'POLYGONM(
            (-0.25 -1.25 1, -0.25 1.25 2, 2.5 1.25 3, 2.5 -1.25 1, -0.25
            -1.25 1),
            (2.25 0 2, 1.25 1 1, 1.25 -1 1, 2.25 0 2),
            (1 -1 2,1 1 2,0 0 2,1 -1 2)
        )'
    ) As g
) x;
```

上述代码的输出如下：

```
GEOMETRYCOLLECTION M (
    MULTIPOINT M (-1 1 4, 0 0 2, 2 3 2),
    MULTILINESTRING M ((0 0 1, 0 1 2, 1 1 3), (-1 1 1, -1 -1 2)),
    POLYGON M (
        (-0.25 -1.25 1, -0.25 1.25 2, 2.5 1.25 3, 2.5 -1.25 1, -0.25 -1.25 1),
        (2.25 0 2, 1.25 1 1, 1.25 -1 1, 2.25 0 2),
        (1 -1 2, 1 1 2, 0 0 2,1 -1 2)
    )
)
```

PostGIS 提供了 POLYGON M、POLYHEDRAL ZM、TIN ZM 等，但我们还没有在现实世界发现对这些更高层次维度类型的任何需求。

2.2.6　Z 坐标

首先澄清误解，不能仅凭 geometry 有 Z 坐标就认为它是一个立体几何图形。三维坐标空间中的多边形仍然是平面 2D 几何图形，它有面积但没有体积。下一节讨论多面体表面时，情况会变得更加有趣。

PostGIS 2 引入了新的以 ST_3D 为前缀的关系和测量函数，专门用于处理 *X*、*Y*、*Z* 坐标空间中的子类型。常见的有 ST_3DIntersects、ST_3DDistance、用于 3D 半径搜索的 ST_3DDWithin、ST_3DMaxDistance 和 ST_3DClosestPoint。PostGIS 2 还引入了 *n* 维空间索引(索引类以 _nd 为后缀)，它考虑了 *Z* 坐标和 *M* 坐标。默认空间索引忽略了 *Z* 坐标和 *M* 坐标。第 15 章将讨论空间索引。

PostGIS 2.1 引入了基于 SFCGAL 库的附加 3D 函数，SFCGAL 库是构建在计算几何算法库 (CGAL)之上的 3D 增强版；SF 代表空间特性。SFCGAL 增加了 ST_3DIntersection 和 ST_3DArea 等函数。它还自带了一些现有 ST_3D 函数的实现，例如 ST_3DIntersects。有关 PostGIS SFCGAL 的详细信息，请访问其官网。在 PostGIS 3 中，内置在 PostGIS 中的 ST_3DIntersects 也支持立体几何图形。因此，SFCGAL 的 ST_3DIntersects 被删除了。

为了使用这些额外的 3D 函数和 3D 增强函数，需要编译带有 SFCGAL 支持的 PostGIS，或者找到已经用它编译的 PostGIS 的发行版。在 PostGIS 2.5 中，Windows、Ubuntu/Debian 和 yum.postgresql.org 都包含了 SFCGAL 库。

无论你是如何获得 SFCGAL 增强版 PostGIS 的，请务必运行以下命令：

```
CREATE EXTENSION postgis_sfcgal SCHEMA postgis;
```

对于 PostGIS 2.3 及更高版本，postgis_sfcgal 扩展必须与 postgis 安装在同一模式下。

在 PostGIS 3.0 之前，SFCGAL 提供的 ST_Intersects 和 ST_3DIntersects 等函数，与 PostGIS 打包的函数命名相同，但作用不同或支持更多的 geometry 类型。系统默认使用 PostGIS。如果要在 PostGIS 3.0 之前的版本中使用同名的 SFCGAL 函数，需要设置 postgis.backend=sfcgal。PostGIS 手册对此进行了更详细的介绍。

PostGIS 3.0 中移除了 SFCGAL 后端

PostGIS 3.0 中增加了 ST_3DIntersects、ST_Intersects 及其他同名函数，以支持 TIN 和 TRIANGLE 等 geometry 类型。因此，后端开关被删除，这些同名的函数也从 SFCGAL 中移除。

2.0 版之前的 PostGIS 对 *Z* 坐标的支持比较简单。PostGIS 依赖于一个名为 GEOS 的库，该库在支持 3D 方面并不突出。当使用 PostGIS 函数处理 3D 几何图形时，如果函数不能处理 *Z* 坐标，它们不会报错：它们要么假装 *Z* 坐标不存在，要么通过做一些插值给出处理过 *Z* 坐标的假象。例如，当你对带有 *Z* 坐标的几何图形使用函数 ST_Intersection 和 ST_Union 时，这两个函数将准确地处理 *X* 和 *Y* 坐标，但对 *Z* 坐标仅做近似处理。当你对精准性要求不高时，例如绘制山区徒步路线时，这或许是可以接受的。但是，如果你用它来编写在山区中导航的飞行 GPS 程序，结果可能是致命的。PostGIS 参考指南将告诉你当 *Z* 坐标存在时每个函数的行为。如果你正在进行严格的 3D 建模，请先查阅手册，确保处理 *Z* 坐标的行为符合你的要求。

在 PostGIS 3.0 之前的版本中，ST_Transform 中不支持带有 *Z* 坐标的几何图形。如果你使用的是 PostGIS 3+和 Proj 6+，某些带有 *Z* 分量的空间参考系统也会转换 *Z* 坐标。有关此转换的细节，请参阅第 3 章。最常用的空间参考系统是 2D 的，因此不涉及 *Z* 坐标。这应该没什么问题，因为重投影很少影响 *Z* 坐标。无论你如何绘制地图，珠穆朗玛峰的高度都是不变的。

2.2.7　多面体表面和 TIN

假设 3D 空间中存在若干多边形,将它们的边缘粘在一起,会形成一个名为多面体表面的拼接图形。虽然多边形集合和多面体表面都是由多边形组成的,但它们之间有一个根本区别:多边形集合中的多边形不能共享边,而多面体表面中的多边形必定共享边。多面体表面的构造中还有另外两个值得注意的限制:多边形不能重叠,而且每个边最多只能与另一条边重合。

注意:你可以阅读 OGC 和 SQL/MM 规范中关于多面体表面的更严格的定义。

现实世界中多面体表面的示例是大地穹顶。这是一种拼图游戏,你把各部分拼在一起,然后把饮料洒在上面,饮料形成的面是弯曲的,像一个蜂窝,或者像汽车比赛中随风飘扬的方格旗。

多面体表面允许在三维空间中创建闭合曲面。最简单的示例是由四个等边三角形组成的三棱锥。在 PostGIS 2.2 之前,没有办法表明一个表面是立体图形(有体积)还是平面图形。闭合的多面体表面可以被视为三维的立体图形,也可以被视为二维的平面图形。一个立体图形意味着内部的所有点都将被算作几何图形的一部分,两个立体图形的交集可以生成另一个立体图形。到底是立体图形还是平面图形?

在 PostGIS 2.2 及后续版本中,有一个 ST_MakeSolid 函数,它能够将闭合的多面体表面标记为立体图形;还有一个对应的 ST_IsSolid 函数,该函数通过返回 true 或 false 来表明 3D 几何图形是否为立体图形。还有些函数,如 ST_Dimension,将为闭合的多面体表面返回数值 3。在 PostGIS 3 之前,如果将内置于 PostGIS 中的原生 ST_3DIntersects 应用于两个封闭的多面体表面,则结果仅考虑表面。但是,如果启用了 SFCGAL 引擎,ST_3DIntersects 和 SFCGAL ST_3DIntersection 将把通过 SFCGAL 函数创建的表面视为立体图形。PostGIS 3 中的原生 ST_3DIntersects 函数现在可以处理立体图形和 TIN,因此 SFCGALST_3DIntersects 在 3.0 版本中被删除,因为它是多余的。

TIN(triangular irregular network)代表不规则三角网。它是多面体表面的子集,组成它的所有多边形都必须是三角形。TIN 被广泛用于描述地形表面。回忆一下基本几何(或常识)中形成一个区域所需的最小点数:3(3 个点形成一个三角形)。TIN 的数学基础是对表面的关键峰谷点位置进行三角测量,以形成不重叠的袋状连通区域。GIS 中最常见的三角测量形式是 Delaunay 三角测量。

近年来,PostGIS 增加了对平面和立体几何的支持。强大的 ST_DelaunayTriangles 函数将比较规则的多边形集合转换为 TIN,但它不能将多面体表面转换为 TIN。这种转换需要使用与 SFCGAL 打包在一起的函数 ST_Tesselate,这个函数也可以用于转换多边形集合。

PostGIS 2.0 增加了许多专门用于多面体表面和 TIN 的新函数;PostGIS 特殊功能索引 9.11 节提供了完整的列表。许多现有函数,如 ST_Dump 和 ST_DumpPoints,也被增强以接受这两个子类型。

为了充分理解 3D 空间中的几何图形,需要用到渲染软件。PostGIS 函数 ST_AsX3D 将输出 X3D XML 格式的几何图形,你可以使用各种 X3D 查看器查看。JavaScript x3dom.js 库具有在兼容 HTML5 的浏览器中渲染 X3D 的逻辑。

我们在 x3dom.js 库上创建了一个用于 PHP 和 ASP.NET 的 PostGIS X3D Web 查看器以演示这个过程。我们使用极简的 X3D 查看器渲染本章中多面体表面和 TIN 的图像。

此外,最新版本的 QGIS 开源桌面(截至本书撰写之时版本为 3.18)支持查看多面体表面和 TIN。在 QGIS 默认情况下,3D 几何图形以 2D 模式渲染,但你可以将一个 3D 地图面板添加到画布上,以完整的 3D 效果显示数据。第 5 章将更详细地介绍这一点。

生成多面体表面

代码清单 2.7 展示了生成三面多面体表面的两种方法。

代码清单 2.7 三面多面体表面

```
SELECT ST_GeomFromText(
    'POLYHEDRALSURFACE Z (
        ((12 0 10, 8 8 10, 8 10 20, 12 2 20, 12 0 10)),
        ((8 8 10, 0 12 10, 0 14 20, 8 10 20, 8 8 10)),
        ((0 12 10, -8 8 10, -8 10 20, 0 14 20, 0 12 10))
    )'
);

  -- Which can be generated using --
SELECT ST_Extrude(ST_GeomFromText(
    'LINESTRING(12 0 10, 8 8 10, 0 12 10,-8 8 10)'),
    0, 2, 10
);
```

上面代码清单中的两个示例生成相同的多面体表面。第二个示例使用 SFCGAL ST_Extrude 函数，而第一个示例在拉伸线串时使用结果几何图形的 WKT 表示方法。代码清单 2.7 的渲染结果如图 2.12 所示。如果拉伸一个多边形，将得到一个闭合的多面体表面(立体图形)。

注意，与 MULTIPOLYGON 一样，POLYHEDRALSURFACE 具有内外两层括号，其中包含组成图形的每个 POLYGON Z 的坐标。

图 2.12 代码清单 2.7 生成的三面多面体表面

2.2.8 生成 TIN

TIN 是由名为 TRIANGLE 的 geometry 子类型形成的集合子类型。开发人员很少用到 TRIANGLE 子类型，尤其是它的列数据类型形式 geometry(TRIANGLE)。但是如果使用函数 ST_Dump 转储 TIN 中的所有三角形，则可能会遇到这种数据类型。

下一个示例(代码清单 2.8)将演示一个由 4 个三角形组成的 TIN，我们将用不同颜色标记每个三角形，以便清楚地看到轮廓的位置。许多渲染工具不会根据设计描绘三角形，因此结果看起来像一个规则的多面体表面。

```
SELECT ST_GeomFromText(
  'TIN Z (
      ((12 2 20, 8 8 10, 8 10 20, 12 2 20)),
      ((12 2 20, 12 0 10, 8 8 10, 12 2 20)),
      ((8 10 20, 0 12 10, 0 14 20, 8 10 20)),
      ((8 10 20, 8 8 10, 0 12 10, 8 10 20))
  )'
);
```

代码清单 2.8 的可视化输出如图 2.13 所示。

图 2.13　代码清单 2.8 生成的由 4 个三角形组成的 TIN

2.2.9　曲线几何图形

曲线几何图形出现在 OGC SQL/MM 规范的第 3 部分中，PostGIS 几乎完全支持规范中定义的内容，但是用于渲染 PostGIS 曲线几何图形的工具仍然落后，而且它们所支持的内容参差不齐。

曲线几何图形不像其他几何图形那样成熟，而且没有得到广泛的应用。自然的陆地特征很少表现为曲线几何图形。建筑结构和人工边界有曲线，但是在许多建模情况下，线串已足够近似。因为雷达的扫描线是圆形的，所以航空图上满是曲线。大坝、堤坝、防波堤、体育场、竞技场、体育馆、希腊和莎士比亚时期的剧院以及麦田怪圈(由人类和外星人建造)通常也是弯曲结构。一些公路段接近曲线，但是当处理速度比精度更重要时，线串通常更适用于建模。

由于缺乏支持，在决定使用曲线几何图形之前，应考虑以下几点：

- 开源或商用的支持曲线几何图形的第三方工具目前都很少。
- PostGIS 使用名为 GEOS 的高级空间库实现其大部分功能，如执行交叉、包容检查和其他空间关系检查，但不支持曲线几何图形。一种变通方法是，使用函数 ST_CurveToLine 将曲线几何图形转换为线串和规则多边形，然后使用 ST_LineToCurve 将其转换回来。这种方法的缺点是速度损失和使用线串插入圆弧时引入的误差。ST_LineToCurve 还可用于在不支持曲线几何图形的工具中渲染曲线几何图形。
- 许多原生 PostGIS 函数不支持曲线几何图形。可以在 PostGIS 参考手册中找到支持曲线几何图形的函数的完整列表。同样，遇到需要使用不支持曲线几何图形的函数的情况时，可以应用 ST_CurveToLine 函数，然后根据需要应用 ST_LineToCurve 将其转换回来。

● 与其他几何图形相比，曲面几何图形受 PostGIS 支持的时间较短，因此在使用时更容易出错。PostGIS 的最新版本清除了许多 bug，并扩展了支持曲线几何图形的函数数量。

考虑到曲线几何图形的所有缺点，你可能会想知道为什么要使用它们。原因如下：

● 可以用较少的数据表示真正的曲线几何图形。完美的圆是由圆心和半径定义的。使用线串描述的圆则需要无数个点。

● 很多工具计划增加对曲线几何图形的支持。Safe FME 和 QGIS 是两种已经支持 PostGIS 曲线几何图形的工具。

● 即使最终你没有将数据存储为曲线几何类型，也可以把它们当作中间体来使用。例如，假设有一个接近圆形的闭合线串，你可以创建一个曲线几何图形，然后使用 ST_CurveToLine 将其转换为线串，而不是输入所有的点以形成线串。ST_ForceCurve 则相反，它允许将一个点的缓冲区更改为 CURVEPOLYGON，如下所示：ST_ForceCurve (ST_Buffer (ST_Point(1, 1), 10))。

现在仔细研究各式各样的曲线几何图形。为了简单起见，可将 PostGIS 中的曲线几何图形视为带有弧线的几何图形。要形成一条弧，必须有三个不同的点。第一个点和最后一个点表示弧的起点和终点。中间的点称为控制点，因为该点控制圆弧的曲率。

1. 圆弧串

一个弧的终点是另一个弧的起点，这样的一个或一系列圆弧组成的几何图形名为圆弧串。图 2.14 展示了一个五点圆弧串。

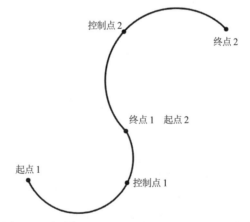

图 2.14　一个简单的五点圆弧串。WKT 表示为 CIRCULARSTRING(0 0，2 0，2 1，2 3，4 3)，控制点是点(2 0)和点(2 3)

圆弧串只包含圆弧，是所有曲线几何图形中最简单的。代码清单 2.9 包含更多圆弧串的示例，演示了如何在数据库中注册它们。

代码清单 2.9　构建圆弧串

```
ALTER TABLE ch02.my_geometries
ADD COLUMN my_circular_strings geometry(CIRCULARSTRING);

INSERT INTO ch02.my_geometries(name, my_circular_strings)
```

```
VALUES
    ('Circle',
    ST_GeomFromText('CIRCULARSTRING(0 0, 2 0, 2 2, 0 2, 0 0)')),
    ('Half circle',
    ST_GeomFromText('CIRCULARSTRING(2.5 2.5, 4.5 2.5, 4.5 4.5)')),
    ('Several arcs',
    ST_GeomFromText('CIRCULARSTRING(5 5, 6 6, 4 8, 7 9, 9.5 9.5, 11 12, 12 12
        )'));
```

输出如图 2.15 所示。

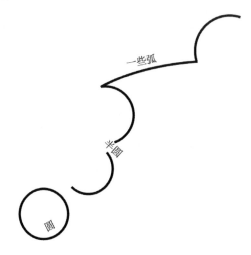

图 2.15　生成三个圆弧串

从这些示例中可以看出，一个圆弧串必定有奇数个点。如果从 1 开始给它们编号，那么所有奇数点都是起点或终点，所有偶数点都是控制点。

你会发现并不是所有的渲染工具都能处理曲线几何图形。当遇到这种情况时，先用函数 ST_CurveToLine 把曲线拟合为线串，再使用手里的工具。

2. 复合曲线

圆弧串和线串组成一个名为复合曲线(COMPOUNDCURVE)的 geometry 集合子类型。使用复合曲线构造的多边形称为曲线多边形(CURVEPOLYGON)。

闭合复合曲线是由圆弧串和规则的线段线串组成的几何图形，其中前一段的终点是下一段的起点。带圆角的正方形(由 4 个圆弧串和 4 个直线线串组成)是闭合复合曲线很好的示例。

代码清单 2.10 展示了一个复合曲线的示例，该曲线由夹在两个线串之间的圆弧串组成。输出如图 2.16 所示。

代码清单 2.10　创建复合曲线

```
ALTER TABLE ch02.my_geometries
ADD COLUMN my_compound_curves geometry(COMPOUNDCURVE);
INSERT INTO ch02.my_geometries (name, my_compound_curves)
VALUES (
```

```
    'Road with curve',
    ST_GeomFromText(
        'COMPOUNDCURVE(
            (2 2, 2.5 2.5),
            CIRCULARSTRING(2.5 2.5, 4.5 2.5, 3.5 3.5),
            (3.5 3.5, 2.5 4.5, 3 5)
        )'
    )
);
```

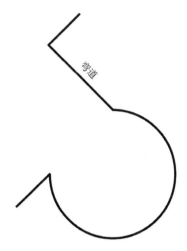

图 2.16 代码清单 2.10 生成的复合曲线

正如 WKT 所示，曲线的圆弧串部分被表示出来，其余的部分是线串。你可能想通过添加字符 LINESTRING 来使一切变得更清楚，但是不要这样做，因为这样会出错。

3. 曲线多边形

曲线多边形是外环或内环由圆弧串构成的多边形。代码清单 2.11 和图 2.17 展示了几个曲线多边形的示例。

代码清单 2.11　创建曲线多边形

```
ALTER TABLE ch02.my_geometries
ADD COLUMN my_curve_polygons geometry(CURVEPOLYGON);
INSERT INTO ch02.my_geometries (name, my_curve_polygons)
VALUES
    ('Solid circle',
    ST_GeomFromText('CURVEPOLYGON(
        CIRCULARSTRING(0 0, 2 0, 2 2, 0 2, 0 0)
    )')),
    ('Circles with triangle hole',
    ST_GeomFromText('CURVEPOLYGON(
        CIRCULARSTRING(2.5 2.5, 4.5 2.5, 4.5 3.5, 2.5 4.5, 2.5 2.5),
        (3.5 3.5, 3.25 2.25, 4.25 3.25, 3.5 3.5)
    )')),
```

```
('Triangle with arcish hole',
ST_GeomFromText('CURVEPOLYGON(
    (-0.5 7, -1 5, 3.5 5.25, -0.5 7),
    CIRCULARSTRING(0.25 5.5, -0.25 6.5, -0.5 5.75, 0 5.75, 0.25 5.5)
)'));
```

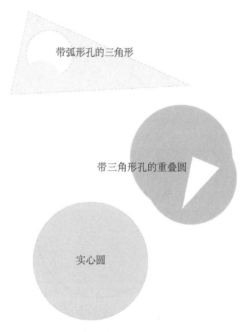

带弧形孔的三角形

带三角形孔的重叠圆

实心圆

图 2.17　代码清单 2.11 创建的曲线多边形

2.2.10　几何图形的空间目录

PostGIS 附带名为 geometry_columns 的只读视图，该视图列出了数据库中的所有 geometry 列。geometry_columns 视图从 PostgreSQL 系统目录中读取信息，所以其中的信息与表中定义的更改或 geometry 列的添加保持同步。

PostGIS 还将自动注册视图、物化视图和包含 geometry 数据类型列的外部表格。你可以从 geometry_columns 视图检索该注册信息，就像使用表一样。

为了确保所有相关元数据(如子类型、维度和 SRID)的注册，如果视图定义中的 geometry 列基于函数，则可能需要执行额外的强制类型转换步骤。例如，假设创建了如下视图：

```
CREATE VIEW my_view AS
  SELECT gid, ST_Transform(geom,4326) geom
    FROM some_table;
```

PostGIS 不够智能，无法从视图定义中推断出 SRID，也不知道 ST_Transform 将始终产生与输入相同的 geometry 类型。它只是将列记录为没有附加信息的 geometry。如果使用检查约束限制子类型，或者在视图定义中使用任何 PostGIS 函数(如 ST_Transform 或 ST_Centroid)改变几何图形，这种情况极有可能发生。如果你的视图符合以上情况，则应通过额外的强制转换步骤创建视图，如下所示：

```
CREATE VIEW my_view AS
  SELECT gid, ST_Transform(geom,2163)::geometry(POINT,2163) geom
  FROM some_table;
```

如果没有对列应用函数，PostGIS 中的 geometry_columns 将显示来自底层表各列的列信息。因此，如果在 geometry 列上使用类型修饰符并直接使用该列，使用以下定义即可：

```
CREATE VIEW my_view AS
  SELECT gid, geom
  FROM some_table;
```

geometry_columns 视图的结构如表 2.1 所示。

表 2.1　geometry_columns 视图的结构

列	描述
f_table_catalog	数据库名称(计算机科学术语中的目录)
f_table_schema	模式名称
f_table_name	表名称
f_geometry_column	保存几何图形的列的名称
type	几何图形列的子类型。如果未指定或被指定为 geometry(GEOMETRY)，则仅显示 GEOMETRY
coord_dimension	坐标维度
SRID	空间参考标识符

下面将进一步讨论表 2.1 的最后两行：coord_dimension 和 SRID。

1. coord_dimension

coord_dimension 是 geometry 列的坐标维度，允许值为 2、3 和 4。可见，PostGIS 最多支持 4 个维度：X、Y、Z、M。不要忘记 M。

空间维度有两种——坐标维度和几何维度：

- **坐标维度**定义空间中线性无关轴的数量。从数学上讲，坐标维度是构成基础的向量的个数。例如，有 X、Y、Z 或 X、Y、M 坐标的几何图形的坐标维度为 3。有 X、Y、Z、M 坐标的几何图形的坐标维度为 4。
- **几何维度**描述几何图形的大小和形状。平面多边形是二维几何图形，因为可以用长度和宽度描述它。线串是一维几何图形，因为它的相关量度只有长度。根据定义，点的几何维度是 0。

大部分人希望仅通过上下文就能分辨出所涉维度是坐标维度还是几何维度，但当同时使用两者时，情况就变得令人困惑了。例如，从耍蛇人的篮子中出现的眼镜蛇是三维坐标空间(篮子有 3 个坐标维度)中的一维几何图形(把蛇看作一维几何图形——线串)；在方形厨房地板上游动的眼镜蛇是二维坐标空间(厨房地板)中的一维几何图形。PostGIS 2.0 引入了多面体表面和不规则三角网(TIN)这两种几何图形。可以把前者想象成飞毯，把后者想象成地球号宇宙飞船的外壳(未来世界中著名的穹顶)。点和线串始终分别有 0 和 1 个几何维度,但当谈及 3D 或 4D 空间中的多边形时要小心,这里的多边形仍然是二维的。你可以一直遵循的一条规则是,几何维度永远不能超过它所在的坐标维度。

2. SRID

SRID 表示空间参考标识符(spatial reference identifier),它是与 spatial_ref_sys 表的主键相关的一个整数。PostGIS 使用该表对数据库所有可用的空间参考系统进行编目。spatial_ref_sys 表包含空间参考系统的名称、从一个 SRID 重投影到另一个 SRID 所需的参数,以及产生此 SRID 的组织。尽管 spatial_ref_sys 表中有将近 6000 个条目,但你仍可能会遇到必须向表中添加 SRID 的情况。也可以大胆地定义自己的 SRS,并将其添加到 PostGIS 数据库的 spatial_ref_sys 表中。

注意 GIS 术语中一个类似的术语——空间参考系统标识符(spatial reference system identifier, SRS ID)。此标识符添加了创建 SRID 的机构。例如,常见的 WGS 84 lon/lat 的 SRID 为 4326,其 SRS ID 为 EPSG:4326,其中 EPSG 代表欧洲石油调查组织(European Petroleum Survey Group)。在 PostGIS 中,大多数 SRID 来自 EPSG,因此按照 PostGIS 约定,表中使用的 SRID 与 EPSG 的标识符相同。记住,spatial_ref_sys 中的 SRID 列只是 spatial_ref_sys 表中的一个用户输入(在本例中是 PostGIS-distributed)主键。并非所有空间数据库都是这样,因此对于不同供应商提供的数据库,不能保证 SRID 4326 与 SRS EPSG:4326 一致。

为了符合 SQL/MM 标准,geometry 的 SRID 默认值为 0。可以使用未知的 SRID 吗?如果使用的是地理数据,答案就是否定的。如果知道数据的 SRS,并且有真实的地理数据,那么应该明确地指定它。如果将 PostGIS 用于非地理目的,例如为本地的建筑规划建模或演示解析几何原理,那么可以将空间参考保持为未知。大多数需要 SRID 的函数是可以省略 SRID 的,SRID 将默认为未知。但函数 ST_Transform 是一个典型的例外。

最后记住,切换 SRID 并不会改变一个事实:构成 geometry 数据类型基础的坐标系始终是笛卡儿坐标系。

3. 管理 geometry 列

在添加新列时,2.0 版之前的 PostGIS 的一个大问题是需要管理 geometry 列。例如,如果使用 ALTER TABLE 语句手动添加了一个 geometry 列,则需要添加检查约束以将该列限制为特定的子类型和 SRID,并在 geometry_columns 中记录该信息。PostGIS 2.0 引入了类型修饰符语法,允许使用 SQL 数据定义语言(DDL)添加新列,而不必为子类型和 SRID 添加约束。PostGIS 还会自动在 geometry_columns 视图中列出该信息。

为了减轻 2.0 版之前额外的管理任务,PostGIS 提供了一些辅助函数:AddGeometryColumns、DropGeometryColumn、UpdateGeometrySRID 和 DropGeometryTable。为了向后兼容,它们仍然存在,但是我们强烈建议不要使用它们。事实上,如果遇到这些函数,请用等效的 DDL 替换它们。下面查看两个可能经常遇到的 DDL 示例。

4. 更改现有 geometry 列的 SRID

如果你在 geometry 列上输入了错误的 SRID,则需要将其更改为正确的 SRID。按如下方式使用 ALTER TABLE 语法:

```
ALTER TABLE us_states
ALTER COLUMN geom TYPE geometry(MULTIPOLYGON,4326)
USING ST_SetSRID(geom,4326);
```

5. 将 geometry 列转换为 geography 列

本示例将 osm_roads 中名为 way 的列从其当前空间参考下的 geometry 类型转换为 geography 类型，首先是转换 SRID，然后将其类型强制转换为 geography：

```
ALTER TABLE osm_roads
ALTER COLUMN way TYPE geography(MULTIPOLYGON,4326)
USING ST_Transform(way,4326)::geography;
```

6. Populate_Geometry_Columns 函数

通过使用 SQL，可以更容易地完成大多数修改，但旧的 Populate_Geometry_Columns 管理函数有时仍然很方便。这个强大的函数将扫描数据库或指定表中所有未注册的 geometry 列。如果该列是常规的 geometry 列或具有未知的 SRID，函数将检查数据以判断列的子类型和 SRID。如果它可以确定统一的子类型，它将使用 typmod 语法或检查约束将子类型添加到列定义中。相似地，如果它能确定 SRID，它将使用 typmod 语法或检查约束将 SRID 添加到列定义中。显然，对于没有数据的列或具有混合子类型的表，Populate_Geometry_Columns 不能判断子类型和 SRID。

2.3　地理

最初 PostGIS 只使用几何(geometry)数据类型。随着地理爱好者数量的增长，将地球的球形性质纳入计算的普遍需求出现了。

还记得 geometry 数据类型基于笛卡儿网格吗？当人们用 geometry 点绘制城市，并在地球曲率起作用的地方计算距离时，他们不得不总是通过相当繁杂的公式计算球面上的距离。很快这一切使人不胜其烦，为此，PostGIS 引入了一种新的数据类型——地理(geography)。

2.3.1　geography 和 geometry 的区别

与 geometry 不同，geography 类型假设所有数据都基于一个大地坐标系(具体来说就是 SRID 为 4326 的 WGS 84 lon/lat)。这在全球范围内极大地简化了 PostGIS 的使用，因为 lon/lat 是每个人都熟悉的坐标系。

在 PostGIS 2.2 之前，geography 只支持 SRID 4326。在 PostGIS 2.2 中，geography 开始支持任何基于 lon/lat 的空间参考系统。这意味着 PostGIS 甚至可以用于探索火星等其他行星。目前，4326 仍然是默认值，如果没有指定，则假定 SRID 为 4326。

geography 数据类型专门用于大地测量应用程序，因此除了点、线串和多边形等基本子类型之外，它不支持其他子类型，也不支持 2D 以上的空间。PostGIS 还没有完全拥抱太空时代。

因为 geography 数据子类型的结构模仿了 geometry 数据子类型的结构，所以关于 geometry 的所有内容都适用于 geography，仅需要在数据类型和函数名称中将术语 geometry 替换为 geography。

例如，ST_GeomFromText 变成了 ST_GeogFromText。下面学习代码清单 2.12 中的几个示例，后面的示例将会用到它们。

代码清单 2.12　使用 geography 数据类型

```
CREATE TABLE ch02.my_geogs (
    id serial PRIMARY KEY,
    name varchar(20),
    my_point geography(POINT)
);
INSERT INTO ch02.my_geogs (name, my_point)
VALUES
    ('Home',ST_GeogFromText('POINT(0 0)')),
    ('Pizza 1',ST_GeogFromText('POINT(1 1)')),
    ('Pizza 2',ST_GeogFromText('POINT(1 -1)'));
```

当你提出“我家离披萨店有多远”这个问题时，geometry 和 geography 的区别就很明显了，如代码清单 2.13 所示。

代码清单 2.13　我家离披萨店有多远(球体距离)

```
SELECT
    h.name As house, p.name As pizza,
    ST_Distance(h.my_point, p.my_point) As dist
FROM
    (SELECT name, my_point FROM ch02.my_geogs WHERE name = 'Home') As h
    CROSS JOIN
    (SELECT name, my_point FROM ch02.my_geogs WHERE name LIKE 'Pizza%') As p;
```

代码清单 2.13 的输出如下：

```
house | pizza   | dist
-------+---------+-----------------
Home  | Pizza 1 | 156899.56829134
Home  | Pizza 2 | 156899.56829134
```

在上面的代码中，两家披萨店与你的距离都是 156 899.568...m。geography 上的点对应经度和纬度，距离的单位是米(m)。这个示例把你的家放在空岛共和国(Republic of Null Island)，而披萨店在东北和东南的岛屿上。

如果用 geometry 进行同样的距离计算，可以运用简单的勾股定理得到结果 1.414...(2 的平方根)。在赤道上，1° 大约是 110.944 km，因此你家距离披萨店大约 156 874 m。

再举一个示例来说明两者的差异。

对于 geography，PostGIS 返回 0：

```
SELECT ST_Distance(ST_Point(0,180)::geography, ST_Point(0,-180)::geography);
```

对于 geometry，PostGIS 返回 360：

```
SELECT ST_Distance(ST_Point(0,180)::geometry, ST_Point(0,-180)::geometry);
```

geography 很智能，它知道刚刚测量的是地球上同一点之间的距离，因此返回结果 0。geometry

则会继续假设两个点在一个平面上，并返回结果 360(即 360°)，此距离接近 40 000 km！

2.3.2　geography 空间目录

geography_columns 视图与 geometry_columns 视图非常相似，只不过它列出的是数据库中 geography 类型的列。geography_columns 中的大多数列与 geometry_columns 中的相同，不同的只有一列，在 geography_columns 视图中，f_geometry_column 被替换为 f_geography_column。

2.4　栅格

在我们的生活中，到处都是栅格(raster)。栅格使用像素组织信息；像素，有时称为单元格，是构成栅格的基础。与彩色电视不同，在数据库应用程序中，像素的实际形状和大小并不重要。实际上，每个像素只是数据的空间占位符，仅此而已。

像素按行和列的形式进行组织，形成切片。为了简化操作，每个切片都应该是矩形的。当谈及栅格切片的大小时，我们指的是水平像素和垂直像素的数量。例如，可以说 1080p 高清电视有 1920 列和 1080 行像素，这是一个 1920×1080 的栅格切片，一共约有 210 万像素。

记住，像素是位置标识，而不是数据。实际的数据元素以波段(有时称为通道或维度)表示。RGB 电视栅格内有三个数据波段，每种原色一个。在 PostGIS 2.0 中，PostGIS 栅格可以有多达 255 个波段，在后续的版本中甚至更多。

下面研究一个栅格建模的示例。许多城区都是按照网格布局的，比如曼哈顿中心区(Midtown Manhattan)、芝加哥环路(Chicago Loop)和新奥尔良的法国区(French Quarter of New Orleans)等。可以将每个城市街区建模为像素，然后添加波段以存储每个街区的数据。例如，可以有一个记录街区内最高建筑高度的波段、一个记录居民数量的波段、一个记录平均房产价值的波段，以及一个记录街区披萨店数量的波段。栅格不只是漂亮的 JPEG 图片和液晶显示器，它们还是一种组织数据的强大方法。

GIS 经常使用地理参考栅格。地理参考栅格中的像素与实际的地理位置相对应，像素的物理大小采用真实的计量单位。你甚至可以将 SRID 赋值给地理参考栅格。例如，当将球体平展时，可以将地球建模为具有 360 个垂直列和 180 个水平行的栅格，总共有 64 800 个像素。每个像素的高度和宽度都是 1°。这个示例方便地创建了一个具有地理意义的栅格数据结构。记住，对于数据建模，像素的实际形状和大小并不重要。地球栅格的物理尺寸在两极附近是小三角形，在赤道附近则是大正方形。

2.4.1　栅格的属性

相比于其他数据类型，栅格有更多的通用属性，而且比 PostgreSQL 允许存储的类型修饰符多，因此应该尽可能使用检查约束强制规定属性值。

PostGIS 栅格数据存储在带有 raster 类型列的表中。数据通常是均匀地分成切片的，每行中包含大小相同的矩形像素。建议使每行的宽度和高度都保持在 50~500 像素。如果大的栅格不是保存在单个行，而是分成切片以存储在多行中，处理速度会变得更快。

与其他 PostGIS 空间数据类型不同,栅格数据既可以存储在数据库中,又可以存储在数据库外。当存储在数据库之外时,栅格字段只包含定义宽度、高度和几何边界框的元数据,以及栅格切片涉及的文件和文件区域的引用。

PostGIS 自带的 raster2pgsql 加载器能够加载更大的栅格,并将它们分割为更小的切片以存储在数据中。后面的章节将讨论如何选择合适的切片尺寸。

1. 栅格宽度和高度

每个栅格切片(raster 列中的一行)都有以像素为单位的宽度和高度。

2. 波段

每个栅格可以有多个波段,但至少必须有一个。数据库内的栅格切片最多有 65 535 个波段,数据库外的栅格切片最多有 255 个波段。

3. 波段像素类型

栅格只能在像素中存储数值。波段的数量决定了每个像素可以存储的值的数量。例如,有 100 个波段的栅格可以在每个像素中存储 100 个值;RGB 栅格可以存储 3 个值。

像素类型描述像素中指定的波段可以容纳的数字类型。有几种可能的选择:
- 1 位布尔值,缩写为 1BB
- 2、8、16 或 32 位无符号整数,缩写为 2BUI、8BUI、16BUI、32BUI
- 8、16 或 32 位有符号整数,缩写为 8BSI、16BSI、32BSI
- 32 位或 64 位浮点类型,缩写为 32BF、64BF

目前最常见的像素类型是 8BUI。每个波段都为像素定义了唯一的像素类型。除非跨波段,否则不能改变像素类型。可以使用函数 ST_BandPixelType 获取指定波段的像素类型。第 7 章将介绍它的用法。

4. 栅格和 SRID

地理参考栅格有在空间参考系统中定义的空间坐标,因此有 SRID。转换函数可用于将栅格从一个空间参考系统转换到另一个空间参考系统。

5. 像素宽度和高度

对于地理参考栅格,像素用高度和宽度反映测量单位。例如,如果使用栅格表示曼哈顿市中心的街道网格(典型的城市街区),则单元格的宽度为 274 m,高度为 80 m。

读取像素宽度和高度要用到的函数为 ST_PixelWidth 和 ST_PixelHeight。

6. 像素比例

为了引用栅格中的特定像素,需要用到相对于空间坐标的像素编号约定。这种约定通常在坐标空间的 X 方向上为正,Y 方向上为负,但这不是必要的。当我们讨论空间坐标时,通常从左下角开始编号,而栅格像素单元的编号通常从矩形切片的左上角开始。负的 Y 像素比例表示像素行单元格数的增加,对应 Y 空间坐标的减少;正的 X 像素比例表示列单元格数的增加,对应 X 空间坐标的增加。

如果你给栅格分配了单位网格，则可以用地理参考栅格的比例进行表述。以曼哈顿栅格为例，每个像素的宽度代表 274 m，则 X 的比例是 1:274。同样，Y 的比例是 1:80。你经常在印刷的地图上看到比例尺。如果用以 1 mm 为单位的网格绘制曼哈顿地图，那么每个街区将占据 274×80 mm^2 的空间，这张地图的比例尺是 1:1000。

7. X 和 Y 的倾斜值

倾斜值通常为 0。一般情况下，栅格与空间参考坐标轴对齐，但有时它们可能会旋转，倾斜角表示栅格相对于地理坐标轴的旋转角度。

2.4.2　创建栅格

从 PostGIS 3.0 开始，栅格类型及其配套函数不再包含在 PostGIS 扩展中。要在 PostGIS 3+中使用栅格类型，需要执行额外的步骤，如代码清单 2.14 所示。

代码清单 2.14　安装 postgis_raster 扩展

```
CREATE EXTENSION postgis_raster SCHEMA postgis;
```

通常使用 raster2pgsql 之类的加载器在数据库中导入或注册外部栅格。第 4 章将讲解相关技术。现在将讲解如何从头开始创建栅格数据，以及如何使用 SQL 插入数据。记住，不能在栅格列的创建过程中添加类型修饰符，通常的做法是，首先将数据放入栅格表中，然后使用函数 AddRasterConstraints 应用约束。

函数 AddRasterConstraints 有内置的智能，不必指定要添加的特定约束。该函数将扫描数据，并尝试应用尽可能多的检查约束，如 SRID、切片的宽度和高度、对齐方式、波段等，但不会应用现有数据已经违反的约束。如果只希望强制执行某些约束，可以使用其他参数指定要强制执行的约束类型。

代码清单 2.15 中的代码将生成一个栅格表，其中包含覆盖整个世界的切片。以一种简单的方式将地球投影出来：一个经度和一个纬度对应一个像素。每个栅格切片宽 90 像素，高 45 像素，每个像素有一个保存温度读数的波段。

代码清单 2.15　创建世界栅格表

```
CREATE TABLE ch02.my_rasters (
    rid SERIAL PRIMARY KEY,
    name varchar(150),
    rast raster
);

INSERT INTO ch02.my_rasters (name, rast)     ❶
SELECT
    'quad ' || x::text || ' ' || y::text,       添加温度波段
    ST_AddBand(
        ST_MakeEmptyRaster(
            90, 45,
```

```
            (x-2) * 90,
            (2-y) * 45,
            1, -1, 0, 0,
            4326            2
        ),          ←—————————— 添加 90×45 像素 WGS 84 lon/lat 栅格行
        '16BUI'::text,
        0
    )
FROM generate_series(0,3) As x CROSS JOIN generate_series(0,3) As y;
```

在上面的代码清单中,首先创建一个保存栅格切片的表。然后向表中添加 16 个栅格切片(行)
2,每个切片宽 90 像素,高 45 像素。如果使用的是 WGS 84 lon/lat,则每个像素代表 1 平方度。
然后,添加 1 个单独的波段以保存世界各地的温度变化,并将温度初始化为 0**1**,这是创建过程的
一部分。在这个示例中,温度采用开氏度记录。就像使用 *M* 坐标时一样,应该始终在指定的波段
中存储相同单位、相同类型的测量值。

1. 添加波段

后期可能要向栅格中添加更多波段,可以使用 UPDATE 语句完成此操作。一般情况下,最好
在创建栅格时添加所有波段。

下一个示例创建了一个类型为 8BUI 的波段来存储植被量(值的范围为 0~255)。注意,8BUI 的
最大值为 255($2^8 - 1$),可以用这些值表示任何含义。例如,可以用 0 表示"非常差"或"不存在",
用 255 表示"非常好",用 0~255 表示"差"和"好"之间的范围。

```
UPDATE ch02.my_rasters SET rast = ST_AddBand(rast, '8BUI'::text,0);
```

2. 应用约束

添加完波段后,需要添加约束,使 raster 表中的各列正确地注册到 raster_columns 视图中。

```
SELECT AddRasterConstraints('ch02', 'my_rasters'::name, 'rast'::name);
```

2.4.3 栅格空间目录

raster_columns 视图是数据库中栅格类型的所有列的目录。

当创建具有 raster 列数据类型的表或使用 raster2pgsql 程序导入栅格时,可以在 raster_columns
视图中看到条目。当使用函数 AddRasterConstraints 添加附加约束时,该视图将显示相关的约束信
息。raster_columns 视图利用应用于栅格列的约束推断键属性。

可以像查询任何其他表或视图一样查询 raster_columns,查询方式如下:

```
SELECT
    r_table_name As tname,r_raster_column As cname,
    srid,
    scale_x As sx, scale_y As sy,
    blocksize_x As bx, blocksize_y As by,
    same_alignment As sa,
    num_bands As nb,
    pixel_types As ptypes
FROM raster_columns
```

```
WHERE r_table_schema = 'ch02';
```

查询的输出如下：

```
tname      | cname | srid | sx | sy | bx | by | sa | nb | ptypes
-----------+-------+------+----+----+----+----+----+----+-----------
 my_rast..| rast  | 4326 | 1  | -1 | 90 | 45 | t  | 2  | {16BUI,8BUI}
```

　　raster2pgsql 栅格加载器能够创建概览表。概览表具有与主表相同的数据，但分辨率较低。它们特别适用于运行快速计算以在地图上显示缩小的栅格数据。在讨论栅格数据的加载时，我们将详细地介绍概览表。现在只要记住，raster_overviews 视图列出了这些表、它们的分辨率以及它们的父表。raster_columns 视图将列出概览表中的列。有时，为了获得所需的所有列的详细信息，可能需要将raster_columns 与 raster_overviews 连接起来。

2.5　本章小结

- PostGIS 的扩展 postgis 和 postgis_raster 包含空间列数据类型 geometry、geography、raster，以及这些数据类型的支持函数。
- PostGIS 提供了 geometry_columns、geography_columns 和 raster_columns 视图，其中列出了使用这些类型的表和列。
- geometry 允许在一个类似于平坦的小型运动场的平面上进行建模(包括对 3D 空间对象建模)。这是平面模型。
- geography 允许在球面上使用度数定义对象并对 2D 对象进行建模，测量单位为米(m)。这是球体模型。
- geometry 计算比 geography 计算更简单、快速，它能够处理 3D；但是当处理长距离时，它关于平面世界的假设就不成立了。
- 栅格将世界建模为平面世界上的一系列单元，每个单元有一个或多个值。
- 栅格数据可以直接在数据库中创建，也可使用 PostGIS 自带的 raster2pgsql 命令行工具加载。
- 栅格非常适用于记录从统计数据导出或由计算机生成的空间关键属性。
- PostGIS 提供了一个 spatial_ref_sys 表，该表定义了许多已知的空间参考系统。
- 可将具有相同空间参考系统的两个对象绘制在同一网格上。
- 如果 raster 和 geometry 对象共享相同的空间参考系统，可将它们关联在一起。

空间参考系统

到目前为止,我们主要使用的是虚构数据。使用样本数据学习 PostGIS 基础知识是非常好的第一步:不必面对现实世界数据的混乱,就能立即获得结果。但现实是混乱的。从这一章开始,将会面对这样一个事实:地球并不像想象的那么漂亮。地球表面的同一个点可以被不同的群体用不同的方式描述。随着时间的推移,点会移动,仪器的精度也会提高。

地理学家面临着一个大难题:缺少一个绝对的参考系统。要在地球上建立绝对位置,而参考系统是地球本身。但是地球会旋转、倾斜,有时甚至会出现摇摆的情况。因此,对地球的测量是经不起时间考验的。应尽你所能让别人知道你是如何以及何时进行测量的。

本章首先讨论不同类型的空间参考系统(spatial reference system, SRS)。接下来介绍如何选择合适的 SRS 和在源数据的 SRS 不明显时确定 SRS。

对地球进行建模及在纸上绘制二维图像的艺术和科学从古代就已经存在了。大地测量学是测量和模拟地球的科学。制图学是在平面地图上描绘地球的科学。这两门备受推崇的科学的复杂性远远超出了本书的范围,但结合大量的数学,它们产生了对 GIS 至关重要的东西:空间参考系统。

在本章中,我们需要在理解的前提下接受空间参考系统,同时尽量避开研究这门科学所必需的晦涩难懂的数学知识。我们将采取中间路线,这样当孩子问到关于 SRS 的问题时,至少可以稍加解释。进入真实世界的旅程现在开始了。

3.1 空间参考系统是什么

空间参考系统是 GIS 中比较深奥的话题之一,这主要是由于人们对空间参考系统这一术语的使用方式过于随意。还有,SRS 并不迷人。如果 GIS 是迪士尼乐园,那么 SRS 是保持主题公园运转所必需的记录。

取任意两张有一个共同点的纸质地图，以公共点为参考，将一张叠加在另一张之上。这两张地图都代表了地球的一部分，但除非特别幸运，否则这两张地图之间不存在地理关系。在一张地图上移动5 cm，会走到另一条街上。在另一张图上移动5 cm，却到了另一个大陆。两张地图不能很好地重叠，因为它们没有一个共同的空间参考系统。

GIS开发者必须熟悉SRS，以便合并不同来源的数据。几个被普遍接受的系统让这项任务变得容易，使你不必深入研究其中的细微差别。最常见的SRS权威是欧洲石油调查组织(European Petroleum Survey Group，EPSG)编号系统。取任意两个具有相同EPSG编号的数据源，可以得到一个完美的重叠。但EPSG是近几十年才有的一个SRS编号系统；如果翻出几十年前的数据，不会找到一个EPSG编号。别无选择，只能深入研究SRS的组成部分：椭球体、基准和投影。

3.1.1　大地水准面

从外太空看，美好的地球是球形的，通常被描述为"蓝色弹珠"。然而，对于生活在地球表面的人来说，事实远非如此。从外太空看到的光滑的表面逐渐演变成山脉、峡谷、裂缝和极深的海沟。带有凹处和裂缝的地球表面就像一块略微烧焦的英国松饼，而不是有光泽的弹珠。甚至不能认为地球是球形的，这一想法并不准确，因为赤道是凸出来的——绕赤道一圈比绕经线一圈要多走42.72 km。

鉴于脚下的是一个深深凹陷、有点压扁的橙子一样的球，当要在它表面上确定一个点时，能怎么做呢？有了新的GPS，就可以在卫星地图上描绘地球上的每一平方米，然后给它分配一个球形3D坐标即可。这是许多数字高程模型所采用的方法。甚至可以把参照物固定在一个构造的或以其他方法生成的天体上，以免在这个变化多端的星球上使用参考点。虽然这些测量方法在不久的将来肯定会成为规范，但大多数示例仅需要一个更简单、计算成本更低的模型。虽然可以把地球上、天空中或地球内部的一个点精确定位到小数点后20位，但这不意味着每次都应该这样做。

根据定义，模型是现实的简化表示。所有模型在某种程度上都存在固有的缺陷，但为了弥补其缺点，每个模型都提供了解决问题更方便的方法。模型必须与任务相匹配。一幅漫画式的纽约市地图对游客来说是没问题的，但对在哈德逊(Hudson)空中通道上飞行的直升机飞行员来说却是灾难性的。

任何大地测量模型都应首先判定地球表面是由什么组成的。也许这是你没有想过的事情，但是你会使用平均海平面吗？你会把山峰和山谷变平吗？海洋呢？你考虑的是海洋表面还是海洋深处？那么板块构造呢？我们研究的表面应该是板块还是下面熔化的黏性物质的表面？一旦开始考虑地球表面，就会想到无数令人困惑的可能性，但它们都有一个共同的问题——无法建立一个适用于地球所有地方的测量标准。以海平面的概念为例。在威尔士加迪夫(Cardiff)，有人会说退潮时她的房子高出海平面50 m，并以此作为邻居房子的参考。假设一个帕果帕果(Pago Pago)人也有一所小房子，他的房子也高于海平面50 m。关于这两栋房子相对于彼此的高度，我们能说些什么呢？事实上它们并没有可比性。海平面相对于地心的位置各不相同。甚至地心的概念也是模糊的。

在19世纪早期，高斯(Gauss)在一个粗糙的钟摆的帮助下，确定了地球的表面可以用重力测量来定义，并且具有一定的一致性。虽然他没有数字重力计，但他设想用单摆之类的装置绕地球表面一周，并绘制出一个重力恒定的表面——等重力面。这就是所谓的大地水准面的基本概念。我们获取不同海平面的重力读数，得出一个共识，然后利用这个恒定的重力绘制出地球的等重力表面。许多人认为大地水准面是地球的真实形状。

令人惊讶的是，大地水准面远不是球形的——见图 3.1。别忘记地核不是均匀的。质量分布不均匀导致的隆起和陨石坑与人们在月球表面发现的相当。大地水准面的出现并没有简化问题。相反，它带来了更多的麻烦。地球的真实表面现在更不像弹珠了，甚至连稍微压扁的橙子也不再是一个合理的近似物。

图 3.1 代表从不同角度所看到的地球的大地水准面

虽然大地水准面在 GIS 中很少被提到，但它是平面模型和大地模型的基础。下一节将讨论更常用的椭球体，它们是简化的大地水准面，通常能够满足大多数地理建模的需求。

3.1.2 椭球体

古希腊人最早用椭球体模拟地球。从几何学上看，椭球体只是一个三维的椭圆，是增加了 Z 轴的椭圆。类似于球体，椭球体有三个半径。但与球体不同，椭球体半径的长度可以不同。当两个半径长度相同时，椭球体也称为扁球体。在符号上，a 和 b 通常指赤道半径(沿 X 轴和 Y 轴)，c 是极半径(沿 Z 轴)。$a=b=c$ 定义一个完美的球体；$a=b$ 且 $c>a$ 定义扁球体。地球非常接近扁球体，如同小柑橘的样子。

通过改变椭球体的赤道半径和极半径，可以模拟赤道凸起。在大地测量学的历史上，人们曾认为一个椭球体可以在世界各地用作参考椭球体。每个人都可以通过这个参考椭球体上的位置确定彼此的位置。

高斯大地水准面的出现粉碎了单一标准椭球体的想法。观察一下大地水准面，就能知道原因：大地水准面的曲率因地而异。如图 3.2 所示，符合一个点曲率的椭球体对于另一个点而言可能就不准确了。不同大陆的人们希望其选用的椭球体能更好地反映本区域地球的曲率，而不是选一个适用于所有人的椭球体。这就产生了如今大量在用的椭球体。

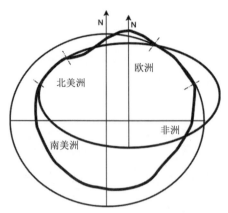

图 3.2 放在一起的大地水准面和椭球体

当不同大陆上的人们彼此之间很少交流,船只朝着鲸鱼和大帆船的方向航行时,一切都还好。但是当来自不同国家的地质学家合作开采珍贵矿物(实际上是石油)时,不同椭球体的使用就成为一个障碍。当帆船发展为轮船,并被飞机超越时,世界各地人们之间的交流越来越广泛,因此不同椭球体之间的切换成为一种烦恼。幸运的是,目前世界上已经确定了两个常用椭球体:世界大地测量系统(World Geodetic System,WGS 84)和大地测量参考系统(Geodetic Reference System,GRS 80),其中 WGS 84 是首选标准,它是所有 GPS 导航系统的基础。

注意:在 GRS 80 和 WGS 84 中,80 和 84 分别代表 1980 年和 1984 年,这是标准发布的时间。这两个椭球体非常相似。

把 WGS 84 称为椭球体的说法并不十分准确。目前使用的 WGS 84 GPS 系统也有大地水准面部分。准确地说,目前的 WGS 84 系统采用的是 1996 年地球重力模型(Earth Gravitational Model,EGM96)大地水准面。对于集合中选定的测量点,它是最适合大地水准面模型的椭球体。历史上,很多椭球体被使用过,其中一部分由于更适合特定区域而被继续使用。历史数据仍然以其他椭球体为参考。表 3.1 列出了一些常见的椭球体及其参数。

表 3.1 历史上使用过的椭球体

椭球体	赤道半径/m	极半径/m	反扁率	使用区域
Clarke 1866	6 378 206.4	6 356 583.8	294.978 698 2	北美洲
NAD 27	6 378 206.4	6 356 583.8	294.978 698 208	北美洲
Australian 1966	6 378 160	6 356 774.719	298.25	澳大利亚
GRS 80	6 378 137	6 356 752.314 1	298.257 222 101	北美洲
WGS 84	6 378 137	6 356 752.314 2	298.257 223 563	全球定位系统(世界范围)
IERS 1989	6 378 136	6 356 751.302	298.257	时间(世界范围)

常用的旧椭球体是 Clarke 1866,它与 NAD 27 椭球体非常接近,二者在大多数应用程序中可以互换。

下一节将讨论基准的概念，并基于空间参考系统的整体情况探讨其适用性。

lon/lat 用的是哪个椭球体

几个世纪以来，尽管人类一直在使用经纬度坐标，但相同的经纬度坐标却可能与我们今天使用的不同。文艺复兴时期的水手没有我们现在所拥有的精密电子设备，他们对两极位置的猜测充其量也是似是而非的。此外，地球的形状也会随着时间的推移而改变。这就是不能仅凭 lon/lat 精确定位的重要原因。可以使用 NAD 27 lon/lat、NAD 80 lon/lat 和 WGS 84 lon/lat 精确定位，每种都有细微的差别。在海盗的黄金时代，一个海盗可能用精确到 0.1° 的 lon/lat 坐标记录他埋藏的宝藏。但他可能没有提到椭球体。要找到他的宝藏，全靠运气。

目前，当提到 lon/lat 时，如果没有指定，则暗指以 lon/lat 为单位的 WGS 84 基准和 WGS 84 椭球体。然而在过去的几年里，WGS 84 经历了一些变化，这些变化主要集中在大地水准面部分。它仍然使用相同的椭球体，因此我们可以将旧的 WGS 84 和新的 WGS 84 视为等价的。

3.1.3 基准

椭球体只是模拟地球的整体形状。选择一个椭球体后，为了在真实世界中使用它，需要进行锚定。每个椭球体(不是完美球体)都有两个极点。这是轴到达表面的地方。这些椭球体极点必须永久标记在地球的实际点上。这就是基准发挥作用的地方。即使两个参考系统使用相同的椭球体，它们在地球上仍然可能有不同的锚点或基准。

不同基准最简单的示例是地理极和磁极之间的差异。在这两个模型中，地球是相同的球形，但一个锚定在北极，另一个则锚定在加拿大北部附近的某个地方。

要将椭球体锚定到地球上的某个点，需要两种类型的基准：水平基准用于指定在地球平面上固定椭球体的位置，垂直基准则用于指定高度。例如，1927 北美基准(NAD 27)锚定在堪萨斯州(Kansas)的米德牧场(Meades Ranch)，因为它靠近美国的地理形心。NAD 27 既是水平基准，也是垂直基准。

以下是一些常用的基准：

- NAD 83——1983 北美基准，通常配套 GRS 80 椭球体。
- NAD 27——1927 北美基准，通常配套 Clarke 1866/NAD 27 椭球体。
- 1950 欧洲基准。
- 1984 澳大利亚大地测量系统。

3.1.4 坐标参考系统

很多人混淆了坐标参考系统和空间参考系统。坐标参考系统只是构成 SRS 的一个必要成分，而不是 SRS 本身。要在参考椭球体上确定一个点，需要一个坐标系。

参考椭球体上最常用的坐标参考系统是地理坐标系(也称为大地坐标系或简称为 lon/lat)。这个坐标系你应该已经熟知了。在椭球体上找到两个极点，然后画出从一个极点到另一个极点的经线(子午线)。接着找到椭球体的赤道，开始画纬线。

请记住，虽然你可能只在地球仪上看到过地理坐标系，但这个概念适用于任何参考椭球体。因此，它适用于任何类似于椭球体的物体，例如表面布满纵向条纹的西瓜。

3.1.5 空间参考系统要素

下面总结一下到目前为止关于空间参考系统的讨论：

- 首先，使用参考椭球体的某些变体对地球进行建模，该变体应该是与所涉区域的大地水准面偏差最小的椭球体。
- 使用基准将椭球体固定在地球的一个实际位置上，并为椭球体指定一个坐标参考系统，这样就可以确定地球表面上的每个点。例如，华盛顿特区的零里程碑使用 WGS 84 基准在 WGS 84 椭球体上确定其位置为西经－77.036 55 和北纬 38.895 1(在空间上，x：－77.036 55，y：38.895 1)。在 NAD 27 基准的 Clarke 1866 椭球体上，这个点是西经－77.036 85，北纬 38.895 0。

此处不用考虑这些，因为我们有标记地球上的每个点所需的所有元素。我们甚至可以开发转换算法，将基于一个椭球体的坐标转换成另一个椭球体的坐标。很多地理数据源在这一点上就停止了，没有继续将数据投影到平面上，我们称这种数据为未投影(unprojected)数据。所有以经纬度形式提供的数据都是未投影数据。

未投影的数据可以用来做很多事情。通过使用大圆距离公式，可以得到任意两点之间的距离。也可以用它导航到地球上的任何一点。

3.1.6 投影

投影的概念一般是指把椭球体地球挤压在一个平面上。投影有固有的失真。因为大地测量球体和三维球体是椭球体，根据定义，它们并不是平面。那么为什么要用椭球体或大地水准面的二维投影呢？原因是显而易见而且非常实际的：不可能随身携带一个巨大的地球仪。深层次但更相关的原因是，平面几何学(欧几里得)在数学和视觉上更具简单性。

前面已多次重复：大多数情况下，PostGIS 都是在笛卡儿平面上工作的，而且大多数功能强大的函数采用的都是笛卡儿模型。人类的大脑和 PostGIS 完全不同的大脑可以在笛卡儿平面上快速计算面积和距离。在平面上，正方形的面积是其边长的平方。距离可以通过简单地应用勾股定理计算出来。平面模型恰好适合放在一张纸上。相比之下，很难直接在椭球体的表面上计算正方形的面积，因为首先要确定椭球体上的正方形是由什么构成的。

PostGIS 支持对地球之外的其他行星进行建模

自从 PostGIS 2.3 发布以来，球形模型(geography 数据类型)扩展了对任何球体的支持，这意味着可以使用 geography 对地球以外的其他行星进行建模。还要记住，虽然 PostGIS 主要关注地球，但空间参考支持可以处理任何注册的空间参考系统，包括非地球空间参考系统。

如何准确地把椭球体地球挤压在一个平面上，取决于要优化的对象。有几类笛卡儿坐标系(我们称之为投影)以其展平地球的方式命名。每类都试图优化一组特性。坐标系的每个具体实例都以地球上的特定区域为边界，并使用特定单位(通常是米或英尺)作为笛卡儿空间的单位。

在创建投影时，要试着平衡 4 个相互冲突的特性。对每个特性的重视程度将决定对坐标系的选择，并最终决定空间参考系统：

- 测量。
- 形状——它表示的角度准确程度如何？
- 方向——北方真的是北方吗？
- 支持的区域范围。

一般的考量是，如果跨越的是一个大的区域，则要么放弃测量精度，要么痛苦地维护多个 SRS 及它们之间的转换机制。区域越大，测量就越不准确，甚至不可用。如果试图优化形状，同时覆盖一个较大范围，测量可能会产生误差，甚至错得离谱。

有多种不同类型的投影可用来优化不同的内容。以下是最常见的几种：

- **圆柱投影**——这种投影的获取方法如同将一张纸围绕地球卷起来，在它的表面留下地球的印记，然后把纸展平。最常见的采用这种投影的是墨卡托投影(Mercator projection)，其围绕地球的圆柱体的底部与赤道平行。这种投影导致极地地区出现很大的失真，离赤道越近，测量精度越高，因为那里的近似平面是最精确的。
- **圆锥投影**——这种投影有点像圆柱投影，只不过是把一个圆锥体绕在地球上，把地球印在圆锥体上，然后把圆锥体展开。
- **方位角投影**——这种投影将球面投影到与球体相切的平面上。

在这 3 种投影中，还必须考虑围绕地球卷起来的纸张的方向。可能性有 3 种：

- **倾斜**——与赤道既不平行也不垂直，而是其他角度。
- **赤道**——垂直于赤道平面。
- **横向**——与赤道平行。

这些类别的组合构成平面坐标系的主要分类：

兰伯特方位等积(Lambert Azimuthal Equal Area，LAEA)——这种投影非常利于测量，它可以覆盖一些大的区域，但不太利于保持形状。当处理美国的数据且关注测量时，我们最喜欢用美国国家地图集(EPSG:2163)。这是一个以米为单位的空间参考系统。LAEA 通常不善于保持方向和角度。

兰伯特等角圆锥(Lambert Conformal Conic，LCC)——相比于保持面积，它们更能保持形状，通常适用于测量它们所服务的区域，但它们扭曲了极点。投影通常以两条纬线作为圆锥的部分边界。两条纬线越接近，测量精度越高。LCC 最适用于东西方向的中纬度地区。它们通常用于航空图、美国州平面坐标系以及国家和区域绘图。

通用横轴墨卡托(Universal Trans Mercator，UTM)——这种投影通常有利于保持测量、形状和方向，但它们只能跨越 6 个经度带。如果使用这样一个投影覆盖整个地球，需要使用并维护大约 60 个 SRS ID，而且不能在极地地区使用它们。

墨卡托(Mercator)——这种投影有助于在全球范围内保持形状和方向，但它们不利于测量，而且会使两极附近的区域看起来很大。如果所处的位置不当，从这种投影得到的测量结果简直是离谱的。最常见的使用中的墨卡托投影是世界墨卡托(SRID 3395)或球面墨卡托(又名谷歌墨卡托，SRID 900913)的变体，球面墨卡托现已成为编号为 EPSG:3857(椭球体)的 EPSG 标准了。(其编号曾经是 EPSG:3785，它是球形的，而不是基于椭球体的。)墨卡托系统常用于网络地图显示，因为它们只需要维护一个 SRID，而且适用于大多数人。

国家网格系统(National Grid Systems)——这种投影通常是 UTM 或 LAEA 的变体，用于定义限定的区域(例如国家)。如前所述,美国国家地图集(SRID 2163)常用于处理美国的数据。这些投影对测量来说通常还算不错(但不是超精确的,它们也并不总能保持良好的形状),它们覆盖了相当大的面积,在很多情况下,能满足所涉的国家/地区。

州平面(State Plane)——美国的空间参考系统。它们通常为特定的州而设计,而且大多数源自UTM。一般来说,一个州会有两个投影(一个以米为单位,另一个以英尺为单位),但是一些较大的州有 4 个或更多投影。对于测量来说,它们是最理想的,通常被州和市的土地测量师使用,但是,正如前面所说的,它们只能处理单个州。

大地测量(Geodetic)——PostGIS 可以将 WGS 84 lon/lat (4326)存储为 geometry 数据类型,但通常情况下需要将其转换为另一个 SRS 或将其存储为可用的 geography 数据类型。有时,当测量相同经度的短距离或当两个物体相交时,可将它作为 geometry 数据类型使用,但记住,当使用它时,PostGIS 实际上在对其投影。PostGIS 将它挤压在一个平面上,将经度视为 X,将纬度视为 Y,所以即使它看起来没有投影,但实际上它以一种几乎不可用的方式投影了。这种投影俗称简易圆柱投影(plate carrée)。

考虑到这么多不同的可选 SRS,通常很难确定源数据用的是哪个 SRS 以及选择用哪个 SRS 进行存储。下一节将展示如何选择空间参考系统,并介绍一些旨在确定源数据所用的 SRS 的简单练习。

3.2 选择存储数据的空间参考系统

人们最常问的一个问题是哪个空间参考系统适合他们的数据。答案是:"视情况而定。"

表 3.2 列出了最常用的 SRS 及其 PostGIS/EPSG SRID。PostGIS SRID 遵循 EPSG 编号,因此可以假设它们是相同的。其他空间数据库则不一定如此,因此记住,一个空间参考系统会有几个不同的 ID。虽然 EPSG 是 SRS 领域的最常见权威机构,但它并不是唯一的。例如,很多人用 Esri 定义加载他们的表,这些定义有时与 EPSG 定义相同,但使用的是更适用于 ArcGIS 的 SRID 代码。

表 3.2 常见空间参考系统及其对特定用途的适用性

EPSG/PostGIS SRID	习惯称呼	范围	测量值	形状值
4326	WGS 84 lon/lat	优秀的	差的	差的
3785/900913 (旧编号)	球面墨卡托	良好的	差的	良好的
900913 (弃用)	谷歌墨卡托	良好的	差的	良好的
32601~32760	UTM WGS84 区域	中等的	良好的	良好的
2163	美国国家地图集 EA	良好的	中等的	中等的
州平面	美国州平面	中等的	良好的	良好的

注意:在表 3.2 中,范围、测量值和形状值是相对的。对于范围而言,"优秀"意味着覆盖全球,"良好"意味着覆盖像美国这样的大国家,"中等"意味着覆盖若干度(经纬度)或一个大的州。对于测量而言,"良好"意味着所测区域的长度、面积和距离计算精度通常在 1 m 以内;"中等"意味着测量精度在数米以内,但是如果两个物体相距很远,误差可能会达到 10 m;"差"意味着测量

没有可用的单位，或者当接近极点时，面积会被放大。形状是指形状的扭曲程度和角度的保持程度。

如果处理的主要是区域数据，例如国家或州的数据，那么通常情况下最好选择使用国家网格或州平面系统。这样能够获得非常好的测量精度，地图上的形状也会显得比较良好。

注意： 保持测量精度的笛卡儿坐标系只支持有限的区域。如果使用 geometry 类型，可能需要使用多个空间参考系统，才能跨越大区域并保持测量精度。

3.2.1　使用 EPSG:4326 的利弊

最常用的 SRS 是 WGS 84 lon/lat (EPSG:4326)。很多不了解 SRS 的人都在使用这个系统，但是博学的人使用这个系统的原因主要有：

- 它覆盖全球，是共享数据最常见的 SRS。例如，所有的 GPS 数据都使用 SRS。如果需要覆盖全球，向很多人分发数据并处理大量的 GPS 数据，这是个不错的选择。
- 大多数商业制图工具包的 API 只接受使用 WGS 84 lon/lat 的数据映射(尽管它们使用墨卡托的一些变体显示)。在重新转换数据时，ST_Transform 还会引入一些舍入误差，因此最好只从源格式转换一次。ST_Transform 是一个相当简单的过程，所以如果在 CREATE INDEX idx_geomt ON sometable USING gist(ST_Transform(geom, some_srid)形式的转换上保持函数索引，然后使用 ST_DWithin(a.geom, ST_Transform(sometable.geom, some_srid), some_distance)进行距离检查，那么可以对每个几何图形进行转换。有了函数索引后，当 ST_DWithin 与 ST_Transform 一起使用时，函数空间索引可以用于加速查询。

不使用 EPSG:4326 的原因如下：

- 它不利于测量。如果经常测量，特别是当所涉区域是国家/地区或州这样的小区域时，那么最好使用 UTM SRS 之类的保持测量精度的局部空间参考系统。通过函数 ST_DistanceSpheroid、ST_DistanceSphere 和 ST_DWithin 的组合，可以使用 EPSG:4326 获得精确的测量。还可使用 geography 数据类型，但会导致更少的可用函数和更慢的操作性能(约为原速度的 1/10)。
- 相交、交点和联合之类的概念通常适用于小的几何图形，但对于大的几何图形，如大陆或长断层线，这些概念就会失效。
- 它的形状会很差，在地图上看起来不太好。它被挤压变形了，因为要在平面轴(*X* 和 *Y*)上显示出椭球体上确定的经度和纬度。

为什么网络地图数据用 EPSG:4326

虽然前面说过 EPSG 不适合在地图上查看，但大多数网络地图工具，如 Leaflet、谷歌地图、Mapbox 和 pgAdmin4 几何图形查看器(使用 Leaflet 构建)，都希望将使用 EPSG:4326 的数据覆盖在世界基础图层上。但是，当覆盖时，它们将数据投影到 Web 墨卡托，并且只使用 EPSG:4326 作为输入，因为对于地理数据，大多数人至多只能理解 lon/lat。

可通过获取 EPSG:4326 数据，设置 ST_SetSRID(geom, 0)并尝试在 pgAdmin 4 中查看来验证这一点。会看到基础层消失，几何图形看起来完全不同了。当横坐标 *x*=经度和纵坐标 *y*=纬度被绘制在平面网格上时，出现的就是 4326 数据的真实情况。

3.2.2　EPSG:4326 地理数据类型

如果用 WGS 84 空间参考系统存储数据,则应考虑使用 geography 数据类型。相比于 EPSG:4326 的 geometry 数据类型,geography 数据类型的主要优点在于它非常适合测量,因为它是未投影的,且以米为单位进行测量,其优点如下:

- 它几乎是立即可用的。
- 它在距离和面积测量方面的表现与 UTM 一样好,甚至更好。所以如果数据覆盖全球,而且只需要距离、面积和长度的测量,geography 数据类型可能是最好的选择。
- 对于相交计算,特别是对于地震断层线和航线这样的大型几何图形,使用 geography 数据类型的话结果会更准确。即使这些图形在真正的球体空间中不相交,也可能在平面的 EPSG:4326 几何空间中相交。
- 大多数网络地图图层,如谷歌、虚拟地球(必应)等,都希望数据以 WGS 84 坐标的形式提供给它们,因此地理类型可以很好地发挥作用。

geography 很强大,为什么还会用到 geometry?

- 除了点到点的距离和相交检查,geography 比 geometry 慢得多。至于具体慢多少,取决于形状的复杂程度和形状的面积。
- geography 的处理函数有限。例如,可以对 geography 类型的数据执行 ST_Intersection 和 ST_Buffer,但是该数据类型缺了很多处理函数,例如函数 ST_Union 和 ST_Simplify。
- 虽然可将数据强制转换为 geometry,再将其转换回来,然后借助 geometry 处理函数,但 ST_Transform 操作并不是无损操作。ST_Transform 引入了浮点误差,如果进行大量的几何处理,这些误差可能会迅速累积。
- 如果处理的是区域数据,WGS 84 的测量精度通常不如区域 SRS。
- 如果正在构建自己的地图应用程序并想让它们在地图上看起来更好,仍然需要学习如何将数据转换为其他 SRS。尽管转换过程相当简单,但当提取的数据增多,或访问数据库的用户增多,或几何图形中的点数增多时,转换过程很快就会变得更费力。
- 支持 geography 的工具不多。

3.2.3　仅用于演示的地图

虽然基本的墨卡托投影非常不利于测量计算,尤其是对于远离赤道的地方,但它们深受网络地图绘制者的喜爱,因为它们在地图上看起来很好。例如,谷歌墨卡托的优势在于,只需要用一个空间参考系统,就能覆盖整个地球。

如果你主要关心投影在地图上看起来是否还不错,而且使用 OpenLayers、Leaflet 或其他 JavaScript API 覆盖谷歌地图(Google Maps),那么墨卡托投影对于本地数据存储来说是个不错的选择。然而,如果关心的是距离和面积,那么选择取决于所需的精度。

要比较全球范围内的距离以及它们在墨卡托投影下的表现,可以使用代码清单 3.1 中所示的查询代码。先不要担心能否理解代码清单中的全部细节;第 8 章和本书后面的部分将讨论这些主题。

代码清单 3.1　以千米为单位计算城市间的距离

```
WITH g1 AS (SELECT city, geog FROM ch03.city_airports
        WHERE city IN('Beijing', 'Cairo','Sydney') ),
    g2 AS (SELECT city, geog FROM ch03.city_airports
        WHERE city IN('Melbourne', 'Philadelphia', 'São Paulo', 'Shanghai', 'T
    el Aviv') )
SELECT g1.city AS city1, g2.city AS city2,
    (ST_Distance(g1.geog,g2.geog, use_spheroid=>false)/1000)::integer AS sp,
    (ST_Distance(g1.geog,g2.geog, use_spheroid=>true)/1000)::integer AS spwgs84,
    (ST_Distance(ST_Transform(g1.geog::geometry,3857 ),
            ST_Transform(g2.geog::geometry,3857 ) )
            / 1000)::integer AS wm
FROM g1 CROSS JOIN g2
WHERE g1.city <> g2.city
ORDER BY g1.city, g2.city;
```

球体距离

椭球体距离

Web 墨卡托距离

表 3.3 是使用代码清单 3.1 生成的,列出了使用各种 SRS 测量的城市机场之间的距离,这些 SRS 包括 WGS 84 球体(sp)、WGS 84 椭球体(spwgs84)和 Web 墨卡托(wm)。大多数应用程序通常将 WGS 84 椭球体或球体计算用于长距离测量。球体的精度略低一些,因为它把地球看成一个球体,而不是更精确的椭球体模型。对于长距离测量,WGS 84 椭球体的精度最高。从表 3.3 中可以看出,Web 墨卡托的距离精度与 WGS 84 椭球体的相差很大,因此在测量精度上,Web 墨卡托要差得多,两个城市彼此距离越远,或者位于离赤道越远的地区,其精度就越差。例如,使用墨卡托投影时,北京和费城之间的距离计算结果与实际值相差很多。球体计算非常适用于长程/短程经验法则的计算。

表 3.3　以千米为单位计算距离的结果

城市 1	城市 2	sp/km	spwgs84/km	wm/km
北京(Beijing)	墨尔本(Melbourne)	9113	9080	9923
北京(Beijing)	费城(Philadelphia)	11 044	11 070	21 354
北京(Beijing)	圣保罗(São Paulo)	17 576	17 577	19 664
北京(Beijing)	上海(Shanghai)	1100	1098	1357
北京(Beijing)	特拉维夫(Tel Aviv)	7141	7156	9162
开罗(Cairo)	墨尔本(Melbourne)	13 942	13 938	14 977
开罗(Cairo)	费城(Philadelphia)	9167	9186	11 946
开罗(Cairo)	圣保罗(São Paulo)	10 218	10 210	10 661
开罗(Cairo)	上海(Shanghai)	8369	8385	10 064
开罗(Cairo)	特拉维夫(Tel Aviv)	392	393	459
悉尼(Sydney)	墨尔本(Melbourne)	705	706	871
悉尼(Sydney)	费城(Philadelphia)	15 883	15 882	26 720
悉尼(Sydney)	圣保罗(São Paulo)	13 367	13 386	22 043
悉尼(Sydney)	上海(Shanghai)	7865	7837	8341
悉尼(Sydney)	特拉维夫(Tel Aviv)	14 168	14 166	15 107

　　表 3.3 比较了距离，但是几何图形的面积呢？情况有多糟糕？同样，这取决于图形在地球上所处的位置，但一般情况下很糟糕。可以使用代码清单 3.2 测试面积，该代码清单使用代码清单 3.3 中的函数。

代码清单 3.2　不同点的 10 m 缓冲区

```
WITH g1 AS (SELECT city,
    ST_Area( ST_Buffer(
        ST_Transform(geog::geometry, upgis_utmzone_wgs84(geog::geometry) ), 10
        )
    )::numeric(10,2) AS utm,
    ST_Area( ST_Transform(ST_Buffer(                    UTM 缓冲区
        ST_Transform(geog::geometry, upgis_utmzone_wgs84(geog::geometry) ), 10
        ),4326)::geography )::numeric(10,2) AS geog,
    ST_Area( ST_Transform(ST_Buffer(
        ST_Transform(geog::geometry, upgis_utmzone_wgs84(geog::geometry) ), 10
        ),3857) )::numeric(10,2) AS wm
    FROM ch03.city_airports
        WHERE city IN( 'Arlhangelsk', 'Bergen', 'Boston', 'Helsinki', 'Honolulu',
                    'Murmansk', 'Oslo', 'Paris','San Francisco', 'St.
    Petersburg') )
SELECT g1.*, geog - utm AS diff_geog_utm, wm - utm AS diff_wm_utm
FROM g1
ORDER BY diff_wm_utm ASC;
```

在椭球体中测量的 UTM 缓冲区

用 Web 墨卡托测量的 UTM 缓冲区

　　表 3.4 显示了由代码清单 3.2 生成的世界不同地区的 10 m 缓冲区的面积。该表显示了 UTM (utm)、地理(geog)和 Web 墨卡托(wm)空间参考系统中的缓冲区面积。右边的两列显示了 UTM 和其他两种投影缓冲区之间的差值。缓冲区的创建方式如下：选取一个特定的点，使用 UTM 投影围绕该点绘制一个半径为10 m的圆形，然后将缓冲区的面积转换到另一个空间参考系统(第8章中介绍)。

表3.4　世界不同地区的 10 m 缓冲区

城市	utm/m²	geog/m²	wm/m²	geog 与 utm 的差/m²	wm 与 utm 的差/m²
檀香山(Honolulu)	312.14	312.30	361.66	0.16	49.52
旧金山(San Francisco)	312.14	312.37	498.74	0.23	186.60
波士顿(Boston)	312.14	312.18	572.19	0.04	260.05
巴黎(Paris)	312.14	312.39	725.48	0.25	413.34
圣彼得堡(St. Petersburg)	312.14	312.21	1229.85	0.07	917.71
奥斯陆(Oslo)	312.14	312.29	1259.67	0.15	947.53
卑尔根(Bergen)	312.14	312.28	1267.28	0.14	955.14
赫尔辛基(Helsinki)	312.14	312.30	1269.19	0.16	957.05
阿尔汉格尔斯克(Arkhangelsk)	312.14	312.34	1663.95	0.20	1351.81
阿尔汉格尔斯克(Arkhangelsk)	312.14	312.34	1690.51	0.20	1378.37
摩尔曼斯克(Murmansk)	312.14	312.39	2373.13	0.25	2060.99

为什么 PostGIS 中一个点的 10 m 缓冲区是 312 m² 而不是 314 m²

简单计算一下，一个点周围 10m 的缓冲区应该是一个面积为 10*10*π 的完美圆，结果大约是 314 m²。而在 PostGIS 中，一个点周围的默认缓冲区是一个 32 边的多边形(8 个点模拟圆的四分之一段)。使用重载的 ST_Buffer 函数，可以使其更加精确，该函数允许传入用于近似圆的四分之一段的点数。

3.2.4　在涉及距离时覆盖全球

如果需要用良好的测量和形状精度覆盖整个地球，单一的空间参考系统不太可能做到这一点。UTM 系列 SRS 因既能保持测量精度又能保持形状而最受欢迎。UTM 系列的坐标以米为单位，因此能很方便地用于测量。spatial_ref_sys 表中大约有 60 个 UTM SRID，覆盖了基于 WGS 84 椭球体的整个地球。每个 UTM SRS 覆盖 6 个经度带。表中也有一系列基于 NAD 83 椭球体的 UTM，但 WGS 84 系列更常见。

下面需要为特定数据集找出 WGS 84 UTM SRID，PostGIS wiki 上有一个函数可以做到这一点。代码清单 3.3 显示了该函数的一个变体，它接受任意几何图形并返回该几何图形形心的 WGS 84 UTM SRID。

代码清单 3.3　确定几何图形的 WGS 84 UTM SRID

```
CREATE OR REPLACE FUNCTION postgis.upgis_utmzone_wgs84(geometry) RETURNS
    integer AS
$$
DECLARE
    geomgeog geometry;
    zone int;
    pref int;
BEGIN
geomgeog:=ST_Transform(ST_Centroid($1),4326);        ❶ 转换为 lon/lat 点

IF (ST_Y(geomgeog))>0 THEN
    pref:=32600;                                      ❷
ELSE                                                  确定 UTM 编号从哪开始和要添
    pref:=32700;                                      加的区域数量以获得 SRID
END IF;
zone:=floor((ST_X(geomgeog)+180)/6)+1;

RETURN zone+pref;
END;
$$ LANGUAGE plpgsql immutable PARALLEL SAFE;
```

将几何图形转换为点❶，然后将其转换为 WGS 84 lon/lat。此函数假设 SRID 的命名与 EPSG 提供给 UTM 的相同，这是 PostGIS 自带的 spatial_ref_sys 表的默认设定。WGS 84 UTM 北部区域范围为 EPSG:32601 至 EPSG:32660，南部区域范围为 EPSG:32701 至 EPSG:32760。例如，WGS 84 UTM Zone 1N 的 SRID 为 32601，对应的 EPSG 代码是 EPSG:32601；WGS 84 UTM Zone 1S 的 SRID 是 32701，对应的 EPSG 代码是 EPSG:32701。

判断纬度是正还是负❷。UTM EPSG 编号从 32600 开始，每 6°递增一次。负纬度，或者说

0，从 32700 开始。最终的 SRID 将在这些数字之中。

如果需要维护多个 SRID，有三种方法：

- 存储一个 SRID(通常为 4326)并根据需要动态地转换。
- 为每个区域维护一个 SRID，并使用表继承或表分区按区域划分数据。
- 维护多个几何图形——一个字段对应一个常用的几何图形。

通往真理的道路充满了哲思，并没有真正的对与错。对于此处的示例，最有效的方法是保留一个 SRID(通常是 4326)并根据需要进行转换，前提是要维护用于距离计算转换的函数索引。我们还喜欢将包含计算转换的视图用作抽象层。对于 PostgreSQL 12 和后续版本，可以使用 PostgreSQL 计算列，它允许将计算的 ST_Transform 列直接存储在同一个表中。但是，计算列的使用会影响插入和更新速度。如果视图或计算列变慢，可以选择使用物化视图。大型表的物化视图的缺点是它们可能需要一段时间来重新构建，但是在构建过程中可以并发地查询。此外，还需要设置一个调度系统来刷新它们。

PostgreSQL 不仅支持函数索引，还支持部分索引。部分索引允许对部分数据建立索引。一般来说，应该只对指定的 UTM 定义的区域应用 ST_Transform 函数，否则会遇到坐标边界问题。通常，最好使用表继承对数据进行分区，并对每个表使用不同的转换索引。

代码清单 3.4 展示了 ST_Transform 函数的索引和可利用函数索引创建的视图的示例。

代码清单 3.4　使用函数索引

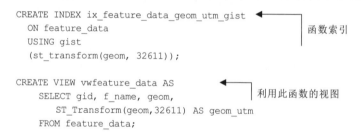

```
CREATE INDEX ix_feature_data_geom_utm_gist
  ON feature_data
  USING gist
  (st_transform(geom, 32611));          函数索引

CREATE VIEW vwfeature_data AS
    SELECT gid, f_name, geom,           利用此函数的视图
        ST_Transform(geom,32611) AS geom_utm
    FROM feature_data;
```

在这个视图中，将本地数据转换为 SRID 32611，这是美国加利福尼亚州(California)某一区域的 UTM SRID 之一。

ST_Transform 的函数索引

使用数据的转换文本在数据上构建视图时，需要在 ST_Transform 上建立函数索引。从某种意义上讲，这是一个灰色地带，我们将 ST_Transform 当成了不可变函数，但从技术上讲，它不是不可变的，这有一点小小的违规。

在 PostGIS 中，ST_Transform 之所以被标记为不可变函数，主要是出于性能原因，这意味着当对指定的几何图形应用它时，可以假设它永远不会改变。PostgreSQL 善意地信任 PostGIS，经常缓存 ST_Transform 的结果，并允许在 functional indexes(函数索引)中使用 ST_Transform。函数索引是一种涉及函数使用的索引。只有被标记为不可变的函数才能应用在函数索引中。对于不可变函数，给定相同输入，总是返回相同的输出；理论上，依赖于表的函数(pg_catalog 中的静态系统表除外)顶多被认为是稳定的(这意味着在给定相同输入的情况下，它不会在查询中发生变化)。

实际上，称 ST_Transform 不可变的说法并不可靠，因为它依赖于 spatial_ref_sys 表中的条目。

如果更改了表中转换的条目，则需要重新索引数据，否则它将是错的。出于同样的原因，PostgreSQL
中的计算列与索引类似，只能使用不可变函数。因此，类似地，如果更改计算所依赖的 spatial_ref_sys
表(几何的原生 srid 或目标 srid)中记录的定义，那么任何其他存储的计算(如 ST_Transform 上的计算
列)都将有未更新的数据。我们倾向于考虑得宽松一点，认为 spatial_ref_sys 表实际上是不可变的，
因为表中现有的条目很少改变。可以向表中添加条目，但很少会更改随 PostGIS 分发的条目的定义，
也很少在添加条目后更新条目，因此不变性参数是有效的。

　　函数索引的另一个问题是，当恢复数据时，它们会被删除，除非对 ST_Transform 函数的
search_path 进行设置，使其包含 spatial_ref_sys 表所在的模式。详情请参阅 Postgres 在线杂志关于
"恢复函数索引"的抨击。

　　既然这是一种被禁止的用法，那么为什么要在 ST_Transform 上使用函数索引呢？除了函数索
引外，还有一种方法是为替代空间参考保留一个几何字段。这种方式不太便捷，原因有两个：

● 必须确保在主几何字段更新时更新第二个几何字段，这意味着需要插入一个触发器。有人
可能会混淆，以至于更新了次要几何字段而不是主几何字段。

● 如果表中有大的几何图形，那么当出现第二个大的几何图形时更新速度会大大降低，因为
PostgreSQL 会在更新过程中创建原始记录的副本，并将原始记录标记为已删除。它也减慢了查询速
度，因为有一个更大的行要处理。

　　可以便捷地动态使用 ST_Transform，但是如果没有这个转换数据上的 gist 索引，就不可能对这
个计算调用执行索引搜索。

　　如果运行的是 PostgreSQL 12 或更高版本，则可以利用生成列。这样做的好处是不需要在查询
中使用 ST_Transform，并且只需要进行一次转换计算。若相关列产生任何更新，计算列都将重新计
算。附录 C 对此进行了更详细的介绍。

　　代码清单 3.5 实现了与代码清单 3.4 相同的目标，但使用的是生成列而不是视图。

代码清单 3.5　使用函数索引

```
ALTER TABLE feature_data                              创建生成列
  ADD COLUMN geom_utm geometry(POLYGON,32611)    ◄
  GENERATED ALWAYS AS ( ST_Transform(geom, 32611) ) STORED;

CREATE INDEX ix_feature_data_geom_utm_gist   ◄
  ON feature_data
  USING gist(geom_utm);                        在生成列上创建索引
```

虽然生成列提高了查询的速度，但它们也有问题：

● 它们占用空间，这与总在动态计算的视图相反。

● 因为需要存储额外的数据，所以它们会减慢插入和更新速度，对于大的几何图形，尤其
如此。

● 如果更改了列使用的函数的定义，则需要强制重新计算。

　　有时候，必须加载未在数据库中创建的空间数据。在考虑应该使用什么空间参考系统来转换源
数据以进行存储之前，必须首先弄清楚源数据所在的 SRS。如果你猜错了，所有的空间转换都将是
错的。下一节将讨论如何确定源数据的 SRS。

3.3 确定源数据的空间参考系统

在本节中,我们将进行一些确定源数据空间参考系统的练习。这将为下一章做准备,我们最终将加载真实的数据。

有时,确定源数据的 SRS 是一项相当简单的任务,有时则不然。有时网站会显示数据的 EPSG 代码,你不必进行更多的操作。通常,源数据会以 WKT SRS 表示法或某种自由文本形式给出 SRS 的文本表示。在这些情况下,需要将此描述与 spatial_ref_sys 表中的一条记录进行匹配。

新的 Esri 形状文件通常会有一个扩展名为.prj 的文件,该文件以 WKT SRS 表示法给出 SRS 信息。当需要将不同的图层转换为相同的 SRS 以覆盖在地图上时,第三方工具通常会使用该文件导出投影。在下面的练习中,我们将展示一些 SRS 文本描述,并演示如何将这些描述与 spatial_ref_sys 表中的 SRID 相匹配。某些情况下,这个任务可能会很困难,尤其是当需要查找的记录不存在并需要添加时。稍后将对这些内容进行讨论。

更令人震惊的是,一些数据没有 SRS,或者存在错误的 SRS 信息(这种情况更糟糕)。确定是否有错误信息的最简单方法是,将疑似存在这种情况的地图覆盖在一个与已知 SRS 相同区域的层之上,并重新投影到可疑的投影。常见错误包括在 NAD 83 空间参考系统中使用 NAD 27 数据。这种情况下,当叠加使用它们时,会看到一个偏移,因为在 NAD 27 和 NAD 83 空间参考系统中,相同的度数并不在同一个点上。如果 SRS 信息完全是错的,那么将其转换为与已知层相同的 SRS 时,其中一个层甚至不会显示出来。这就导致了初学者常问的一个问题:"为何什么都看不到?"

3.3.1 推测空间参考系统

下面探索几个简单但常见的确定源数据 SRS 的练习。在这些示例中,我们将辨认空间参考系统文本表示中的关键元素。

练习 1:美国各州数据

先下载一个州数据文件,其中包含一个 states020.txt 文件,该文件提供了空间参考信息,以及关于数据集如何生成及其许可的很多细节。

文件底部的空间参考信息如下所示:

```
Spatial_Reference_Information:
    Horizontal_Coordinate_System_Definition:
    Geographic:
    Latitude_Resolution: 0.000278
    Longitude_Resolution: 0.000278
    Geographic_Coordinate_Units: Decimal degrees
    Geodetic_Model:
    Horizontal_Datum_Name: North American Datum of 1983
    Ellipsoid_Name: GRS1980
    Semi-major_Axis: 6378137
    Denominator_of_Flattening_Ratio: 298.257222
```

这是一条重要的信息。它表明,数据是十进制度数,使用的是 GRS 1980 椭球体和 1983 北美基准。以下是对于所拥有的每个数据源都需要了解的三个要素:

- 单位：度
- 椭球体：GRS 80
- 基准：NAD 83

如果正在处理投影数据(不是以度为单位的数据)，还需要知道一些其他的模糊信息。一个是投影，每种类型的投影都有需要寻找的附加参数。以下是空间参考系统文本文件中常见的投影：

- 经纬度(Degree，longlat)投影
- 兰伯特方位等积(Lambert Azimuthal Equal Area，laea)投影
- 通用横轴墨卡托(Universal Trans Mercator，utm)投影
- 横轴墨卡托(Trans Mercator，tmerc)投影
- 兰伯特等角圆锥(Lambert Conformal Conic，lcc)投影
- 球面(Stereographic，stere)投影

对应的小写缩写词是可在 spatial_ref_sys.proj4text 中看到的引用方式。例如，一个以 proj=utm 开头的 proj4text 条目表示使用的是通用横轴墨卡托投影。

一旦确定了这些部分，接下来就需要将源数据的 SRS 与 spatial_ref_sys 表中定义的 SRS 相匹配，然后记录它的 SRID 编号。有时要查找的记录不在表中，则需要添加它；但也可能有多个匹配项。

如果知道数据是平面的，知道单位，知道将得到的所有数据都出自同一个来源并且使用相同的 SRS，那么可以选择不使用 SRID。这种情况下，可以使用未知 SRID，在 PostGIS 2.0 之前，它的值为－1，在 OGC 标准和 PostGIS 2+系列中，它的值是 0。

spatial_ref_sys 表中的两个信息字段可以帮助你猜测投影。对于前面的数据，可以执行简单的 SELECT 查询以确定 SRID，然后使用 PostgreSQL ILIKE 谓语执行搜索(不区分大小写)：

```
SELECT srid, srtext, proj4text, auth_srid, auth_name
FROM spatial_ref_sys
WHERE srtext ILIKE '%nad83%'
    AND proj4text ILIKE '%grs80%'
    AND proj4text ILIKE '%longlat%';
```

几个考虑 Z 轴的空间参考系统

一些空间参考系统具有垂直基准分量、复合 CRS 或地理 3D CRS。它们也考虑 Z 轴。这些 SRS 的行为也不相同，具体取决于 PostGIS 编译时使用的 PROJ 版本；在这些方面，PROJ 6 和 PROJ 7 具有更多的功能，而旧的 PROJ 版本则根本不能处理其中的很多问题。要知道，垂直转换是存在的，如果有正在使用的 Z 坐标，那么 Z 坐标也会被转换。人们经常假设 Z 轴是不受影响的，例如，可能以度为单位存储坐标，但以英尺为单位存储 Z 轴。但如果应用的转换也改变了 Z，并且源和目标 SRS 都有一个垂直分量，则可能会得到令人不快的结果。例如，下面这个查询：

```
SELECT ST_AsText(ST_Transform(ST_GeomFromText('SRID=4326;POINTZ(-100 400
    5)'), 5500) )
```

将输出：

```
POINT Z (-100 400 5)
```

相比之下，

```
SELECT ST_AsText(ST_Transform(ST_GeomFromText('SRID=7406;POINTZ(-100 400
    5)'), 5500) )
```

将输出：

```
POINT Z (-100 400 1.524003048006096)
```

还要记住，垂直基准的单位可能与水平基准不一样。例如，一个空间参考系统中的垂直基准以米为单位，而它的水平基准(x, y)可能以经度/纬度为单位。如果在 spatial_ref_sys 中查找记录，就会发现 srid 5500 和 7406 都有垂直分量，其中 7406 基于 NAD 27(垂直单位是英尺)，5500 基于 GRS 80(垂直单位是米)。

SELECT 查询将返回几条记录，其中的 SRID 4140、4152、4269、4617 和 4759 有相同的 proj4text。srtext 用于将文本表示与表中的 SRS 进行匹配。具有相同 proj4text 的记录很可能是等效的，所以只需要确保对相同的投影数据始终使用同一个集合，而不必担心具体使用哪一个集合。

还要注意，states020.txt 文件中包含了 Horizontal_Datum_Name，但不包含 Vertical_Datum_Name。一些空间参考系统也考虑 Z 轴(或高度)。在这些情况下，经常会发现 Vertical_Datum_Name、VERT_DATUM 或类似的词，这意味着 SRS 也考虑了 Z。如果一个几何图形包含 x、y 和 z，那么当移到一个包含垂直基准分量的 SRS 并执行转换时，z 坐标也会被转换。这方面的一个示例是 Compound CRS，例如 auth_srid=5500，auth_name=EPSG，它的 proj4text 如下所示。vunits 表示垂直单位(z 轴)是米：

```
+proj=longlat +ellps=GRS80 +towgs84=0,0,0,0,0,0,0 +geoidgrids=g2012a_conus.gt
    x,g2012a_alaska.gtx,g2012a_guam.gtx,g2012a_hawaii.gtx
,g2012a_puertorico.gtx,g2012a_samoa.gtx
+vunits=m +no_defs '
```

对应的 srtext 如下：

```
COMPD_CS["NAD83(NSRS2007) + NAVD88 height",GEOGCS["NAD83(NSRS2007)",
DATUM["NAD83_National_Spatial_Reference_System_2007",
SPHEROID["GRS1980",6378137,298.257222101,AUTHORITY["EPSG","7019"]],
TOWGS84[0,0,0,0,0,0,0],AUTHORITY["EPSG","6759"]],PRIMEM["Greenwich",0,AUTHORI
    TY["EPSG","8901"]],UNIT["degree",0.0174532925199433,AUTHORITY["EPSG","91
    22"]],AUTHORITY["EPSG","4759"]],
VERT_CS["NAVD88 height",VERT_DATUM["North American Vertical Datum 1988",2005,
EXTENSION["PROJ4_GRIDS","g2012a_conus.gtx,g2012a_alaska.gtx,
  g2012a_guam.gtx,g2012a_hawaii.gtx,g2012a_puertorico.gtx,g2012a_samoa.gtx"],
AUTHORITY["EPSG","5103"]],
UNIT["metre",1,AUTHORITY["EPSG","9001"]],
AXIS["Up",UP],AUTHORITY["EPSG","5703"]],
AUTHORITY["EPSG","5500"]]
```

PostGIS 2 和 PostGIS 3 之间 PROJ 使用的变化

从 PostGIS 3 开始，PostGIS 能够使用 PROJ 6 及更高版本的库，即坐标参考转换的下一代 PROJ.4，本章的末尾将介绍该内容。如果运行的是 PROJ 6 或更高版本，PostGIS 将首先选择使用 auth_srid 和 auth_name(如果可用)。如果没有匹配项，则使用 srtext 字段；如果还不行，那么最后一种方法是使用 proj4text 并将其传递给 PROJ 使用。因此，proj4text 不再像以前那样重要，而 auth_srid、 auth_name 和 srtext 字段不再仅仅是信息。Paul Ramsey 的博客文章 "Proj 6 in PostGIS" 中有很多解释。

练习 2：旧金山数据(从.prj 文件导入)

在练习 2 中，先获取旧金山(San Francisco)数据的 zip 文件，其中包含一个.prj 文件。.prj 文件内容如下所示：

```
PROJCS["NAD_1983_StatePlane_California_III_FIPS_0403_Feet",
    GEOGCS["GCS_North_American_1983",
    DATUM["D_North_American_1983",
      SPHEROID["GRS_1980",6378137.0,298.257222101]],
        PRIMEM["Greenwich",0.0],
    UNIT["Degree",0.0174532925199433]],
    PROJECTION["Lambert_Conformal_Conic"],
     PARAMETER["False_Easting",6561666.666666666],
    PARAMETER["False_Northing",1640416.666666667],
    PARAMETER["Central_Meridian",-120.5],
    PARAMETER["Standard_Parallel_1",37.06666666666667],
    PARAMETER["Standard_Parallel_2",38.43333333333333],
    PARAMETER["Latitude_Of_Origin",36.5],
    UNIT["Foot_US",0.3048006096012192]]
```

由此可以推测单位是英尺，使用的是 NAD 83 基准，投影是加利福尼亚州(California)的某个平面。可通过以下查询进行猜测：

```
SELECT srid, srtext, proj4text, auth_srid, auth_name
FROM spatial_ref_sys
WHERE srtext ILIKE '%california%'
    AND proj4text ILIKE '%nad83%'
    AND proj4text ILIKE '%ft%';
```

这个查询产生了几条记录。查看 srtext 字段时，可以发现每个字段都有 "NAD 83/California zone 1(ftUS)" 的形式，其中的编号范围是 1~6。出现在.prj 文件中的 "III" 是罗马数字 3。此外，在 spatial_ref_sys 数据集中，可能会发现 auth_name=EPSG 和 auth_name=ESRI 被混在一起使用。大多数 ESRI 都可以在 EPSG 集合中找到，而 EPSG 是一个更正式的空间参考系统生成机构。当有疑问时，尽量选择等效的 EPSG。因此，上述查询的结果一定是 SRID 2227、2872 或 3494，每个都有具备所有必备要素的 srtext 字段。SRID 2227 在 srtext 表示中似乎最接近文件中的内容，具体显示如下。记住，返回的 3 个 SRID 本质上都具有相同的 proj4text 定义，因此是等效的。

```
"PROJCS["NAD83 / California zone 3 (ftUS)",
    GEOGCS["NAD83",DATUM["North_American_Datum_1983",
    SPHEROID["GRS 1980",6378137,298.257222101,AUTHORITY["EPSG","7019"]],
    AUTHORITY["EPSG","6269"]],
    PRIMEM["Greenwich",0,AUTHORITY["EPSG","8901"]],
    UNIT["degree",0.01745329251994328,AUTHORITY["EPSG","9122"]],
    AUTHORITY["EPSG","4269"]],
    UNIT["US survey foot",0.3048006096012192,AUTHORITY["EPSG","9003"]],
    PROJECTION["Lambert_Conformal_Conic_2SP"],
    PARAMETER["standard_parallel_1",38.43333333333333],
    PARAMETER["standard_parallel_2",37.06666666666667],
    PARAMETER["latitude_of_origin",36.5],
```

```
PARAMETER["central_meridian",120.5],
PARAMETER["false_easting",6561666.667],
PARAMETER["false_northing",1640416.667],
AUTHORITY["EPSG","2227"],
AXIS["X",EAST],AXIS["Y",NORTH]]"
```

现在,你已清楚如何将空间参考系统与表中的 SRID 进行匹配了,但如果推测错了,该怎么办?

练习3:如果推测错了

假设对 SRID 的推测错了,并且已经加载了所有的数据。应该怎么做?

有两种方法可以解决这个问题。首先,可以使用 PostGIS 长期维护的函数 UpdateGeometrySRID 进行纠正:

```
SELECT UpdateGeometrySRID('ch03', 'bayarea_bridges', 'geom', 2227);
```

新的方法是使用 typmod 转换:

```
ALTER TABLE ch03.bayarea_bridges
  ALTER COLUMN geom TYPE geometry(LINESTRING,2227)
    USING ST_SetSRID(geom,2227);
```

如果导入的旧金山数据的 SRID 处于未知状态(SRID 为 0 或错误),那么在尝试转换数据时,影响会非常明显。在对转换后的数据进行距离检查时会得到 NaN 之类的错误,或者在进行转换时出现转换错误。

下一节将讨论当推断出 spatial_ref_sys 表没有你要用的空间参考时该怎么办。

3.3.2 当 spatial_ref_sys 表中缺少 SRS 时

有时推测结果可能达不到预期效果,且不能在 SRS 中找到与你正在查看的内容相匹配的记录。这种情况下,最好的办法是查询 EPSG 官网,网站上包含数千个 EPSG 标准代码。旧版网站在以前很有用,但现在已经基本上被弃用了,目前该网站还留存很多由用户贡献的内容。

注意:旧的空间参考(Spatial Reference)网站默认分配一个以 9 开头的 SRID,表明这是从旧版网站获取的。为了保持一致性,我们将这个 SRID 替换为 auth_srid 字段中列出的内容。通过遵循这个约定,你不会意外地将一条记录插入表中已经存在的 spatial_ref_sys 中。

虽然可以创建自定义空间参考系统以满足特定需求,但该问题超出了本书讨论的范围。PostGIS 使用 PROJ 库支撑投影支持。如果想知道如何做到这一点,可以参阅附录 A 列出的关于 SRS 和 PROJ 语法的文章。

3.4 PostGIS 中 PROJ 支持的历史

PostGIS 使用 PROJ 库支撑其空间参考和投影支持。在 PostGIS 存在的这段时间里,PROJ 一直被称为 PROJ.4,因为除了增加了空间参考系统、基准转换和错误纠正外,在过去的 15 年中,它在很大程度上是相同的。2018 年左右,这种情况变了,一项旨在资助 PROJ 开发的倡议开始了。该计划资助直接的 PROJ 工作和在 GDAL 中使用新特性所需的增强。这导致 PROJ 和 GDAL 都发生了重大变化，还对 PostGIS 等依赖 PROJ 的项目产生了轻微的影响。PROJ 的最新版本是 PROJ.7，相比于之前的版本，它有很多变化。从 PROJ.4 到 PROJ.7，PROJ 有了重大飞跃，因此名称中一般不包含主版本号；它现在更常被称为 PROJ。

为什么会发生如此巨大的变化呢？PROJ 4 版本和 PROJ 7 版本之间发生了什么？请参阅 PROJ 网站“版本之间的已知差异”网页上的详细信息。

3.4.1　PROJ 4

PROJ 4.9 是 PROJ 4 的最后一个次要版本，它提供了更好的大地测量支持，在很大程度上促进了 geography 数据类型和大地测量函数(如 ST_DistanceSpheroid)的使用，而且允许使用另一个名为 geographiclib 的库。

PostGIS 2.5 和 PostGIS 3.0 囊括了这些优点，但用的是旧方法，因此，当人们用不同版本的 PROJ 编译 PostGIS 2.5 并比较其结果时，会感到困惑。如果使用较低版本的 PROJ 进行编译，将会错过 PostGIS 中的增强功能。

3.4.2　PROJ 5

PROJ 5 通过修复一些纵向包卷问题提供了更好的大地测量支持。它在很大程度上仍与 PROJ 4 兼容。

3.4.3　PROJ 6

PROJ 6 是 PROJ 的一个重要转折点。PROJ 6 定义了全新的 API，并支持旧的 PROJ 4 API(需要启用向后兼容开关)。PROJ 6 增加了对垂直网格线(z 轴)的支持，并引入了管道，即空间投影路径序列。

PROJ 6 也是 PostGIS 的一个重要转折点。PostGIS 3 及后续版本可以使用 PROJ 的新特性；例如，相比于我们已经熟悉并喜欢的短 proj4text，PROJ 现在可以理解更多的内容。这对 PostGIS 有什么影响？前面介绍过，在 spatial_ref_sys 表中，真正重要的是 proj4text，表中的其他列都是信息类的。但如果使用的是 PROJ 6+和 PostGIS 3+，这种表述将不再正确。新的 PROJ API 除了理解 proj4text 之外，还可以理解 spatial_ref_sys 表中的 srtext 和 auth_srid/auth_name 列。

以上 3 种数据的实用性顺序如下：

(1) authname+authsrid——如果在 proj.db 数据库文件(proj 库提供的 SQLite 数据库，常用作缓存数据库)中找到了这些列并且它们是非空的，则用这些列确定正确的坐标参考系统(coordinate reference system，CRS)转换。

(2) srtext——如果可以在 proj 数据库中找到此列并且它是非空的，那么使用它表示 CRS 转换。

(3) proj4text——仅在前面的选项失败时使用。

PROJ 6 开创性地采用了新方法，能够更好地处理基于时间的坐标系以及它们之间的转换(如 NAD 27/NAD 83)。

此外，过去 proj4text 中定义的所有参考系统转换都与 WGS 84 相关。这意味着当基准从一个坐标系转换到另一个不是 WGS 84 的坐标系，仍然需要先经过 WGS 84。这给计算增加了误差。现在，当在 proj.db 数据库中定义转换时，可以直接从一个参考系统转换到另一个参考系统。这使结果更加准确。

上述转换其实并不是那么轻松。PROJ 6 及其后续版本的一个新特点是，对于很多 EPSG 系统，现在坐标的默认顺序是纬度/经度(这更符合制图者的思维方式)，而不是长期被认为的数据库经度/纬度顺序。为了同后续版本兼容，PostGIS 沿用了经度/纬度(*X*/*Y*)标准。

另一个导致打包问题的主要变化是引入了对 SQLite 的依赖来存储投影和坐标移位信息。过去，PROJ 数据文件以纯文本 CSV 格式提供。从 PROJ 6 开始，这些信息被存储在 SQLite 中。有一些操作系统(特别是 RedHat 和 Centos)的稳定版本搭载了旧版的 SQLite，导致 PROJ 的操作变得特别慢，正如 GitHub 上的 PROJ 第 1718 期所讨论的："在 RHEL 7 上，使用 SQLite 3.7.17-8 的 PROJ 6.2.1 非常慢。"

此外，GDAL 3+现在直接链接到 PROJ，而 PROJ 每 6 个月就会完成一次重要的更新。过去，PROJ 可以根据需要动态加载，而且变化不大，所以你不太可能使用两个不兼容版本的 PROJ。这导致了打包问题，因为现在 PostGIS 和 GDAL 直接依赖于 PROJ，但可能是使用不同版本的 PROJ 编译的。在过去，GDAL 会加载任何可用的 PROJ，现在它依赖于一个特定的主要版本。与 PROJ 一起发布的 SQLite proj.db 数据库也经常随主版本变换。打包 PostgreSQL 和 PostGIS 的工具通常与打包 PROJ 和 GDAL 的不同。现在可以使用与 PostGIS 不同的 PROJ 版本构建 GDAL。这导致了各种各样的运行问题，特别是依赖 GDAL 和 PostGIS 核心的 PostGIS 栅格出现的问题，详见 PostGIS-users 上的一个主题帖子《Centos 8-postgres 12/PostGIS 2.5 上的 raster2pgsql 问题》。

3.4.4　PROJ 7

PROJ 7 中的新 API 提供了新类型的投影和对更多坐标转换数据(又称基准网格)的支持。如果要存储每个可用的基准网格，SQLite proj.db 数据库可能会很快变得庞大，而大多数情况需要的可能只是非常小的子集。PROJ 7 允许从在线资源中提取基准网格并将其缓存在本地，以备将来使用。如果要存储整个数据，占用的空间大约是 500 MB，这个大小对依赖软件来说不是微不足道的。

3.4.5　PROJ 8 和更高版本

旧的 PROJ API 支持(在 proj_api.h 中定义)被删除了，而拥有新 API 的 proj.h 将被保留下来。

除了 PROJ 6 和 PROJ 7 中添加的直接转换功能外，PROJ 8 还添加了新的投影功能。事实上，可以从发布说明中看到，将投影添加到 PROJ 的情况将越来越常见。

3.5　本章小结

- 世界并不是平面的，但平面模型已经能够满足很多类型的分析，并且能使计算变得更快、更容易。
- 空间参考系统用于在平面上描述世界。

- 空间参考系统有成千上万个，每个系统的椭球体、基准、投影和坐标系都不相同。
- 行星(大多数情况下是地球)的整体形状用椭球体建模。
- 基准固定了椭球体。
- 投影使椭球体在平面网格上完全或部分展平。
- 坐标系定义了平面网格及其单位。单位可以是米、英尺、度或其他单位。
- PROJ 库近年来经历了多次增强，PostGIS 使用它进行坐标转换。

第 *4* 章

处理真实数据

本章内容：

- PostGIS 备份和恢复工具
- 用于下载和解压文件的工具
- 导入和导出 Esri 形状文件数据
- 使用 ogr2ogr 导入和导出矢量数据
- 使用外部数据封装器查询外部数据
- 导入和导出栅格数据
- PostGIS 栅格输出函数

本章将介绍如何把真实世界的数据加载到 PostGIS 及如何将其导出。若想获得本章示例的具体数据，可扫描封底二维码下载，但如果对其他数据源感兴趣，可以参阅附录 A 中的列表。我们鼓励读者自行探索，发现任何有趣的数据源并公布在 Manning 作者论坛上。

注意：覆盖椭球体地球上大片区域的地理数据需要特别关注。应理解(至少是基本理解)椭球体、基准和投影，并理解不同空间参考系统的优缺点，这样才能确定适用的空间参考系统。上一章介绍的基础知识可以指引正确的方向。

开始探索前，建议创建一个单独的模式以存放导入的原始数据。通常将此模式命名为 staging，但也可以随意命名。在使用中应该将数据库分类放入不同模式，而不是将所有内容都填入默认的 public 模式，否则当默认的模式增长到大约 30 个表时，数据库将变得难以处理。在导入数据时，staging 模式特别有用。该模式充当检查和清洗待用表格的暂存区域。在生产环境中，应该确保已删除普通用户访问 staging 模式的权限。

本章代码示例中加载的数据将存放在 ch04 模式中。可以使用以下 SQL 命令创建相同的模式：

```
CREATE SCHEMA IF NOT EXISTS ch04;
```

除了 postgis 模式，还要确保 search_path 包含 contrib 模式：

```
ALTER DATABASE postgis_in_action SET search_path=public,contrib,postgis,topol
    ogy,tiger;
```

下面首先介绍一些没有封装在 PostGIS 中的实用工具,可以使用它们将数据加载到支持 PostGIS 的数据库中。这些工具包括封装的 PostgreSQL 命令行工具,以及用于下载和提取文件的特定操作系统的工具。

4.1　PostgreSQL 内置工具

PostgreSQL 服务器安装包附带用于导入和导出数据的命令行工具。在本节中,我们将仔细研究这些工具。

可在 pgAdmin 4 客户端工具中找到这些命令行工具。pgAdmin 4 中的备份和恢复 GUI 选项使用这些工具,不过也可直接从 pgAdmin 4 安装文件夹中访问它们。如果你已经熟练掌握了 psql、pg_dump、pg_restore 和 pgAdmin 4 等工具,可以略过本节。

4.1.1　psql

psql 是一个标准的 PostgreSQL 命令行工具。如果你正在非 GUI 环境中工作,那么应该已经非常熟悉它了。

psql 具有交互和非交互模式:

- **交互模式**——psql 在输入命令的同时执行命令。如第 1 章所述,可以使用\copy 命令加载以逗号和制表符分隔的数据。\copy 命令在客户机(psql 在客户机中启用,不需要从 PostgreSQL 服务器上启用)之间进行复制。在 PostgreSQL 9.3 中,\copy 命令得到了提升,现在可以支持复制其他程序的输出。这个特性允许在单个命令行中加载 wget 和 curl 的输出。
- **非交互模式**——先准备脚本文件,然后将它们传递给 psql 执行。该模式允许批量加载数据。主流的 PostGIS shp2pgsql 工具依靠 psql 在后台处理生成的 SQL。

当调用 psql 时,可以添加开关以指示主机名(--host 或-h)、用户(--user 或-u)和数据库(--database 或-d)。如果是通过信任、对等或身份进行验证的,那么这些设置就足够了。但密码验证很难操作,因为不能指定密码。如果你在主目录中定义了密码,psql 将提示从 pgpass.conf 文件(或~/.pgpass)中读取密码。psql 也信任使用环境变量设置的密码。

如果打算将 psql 用作主要工作工具,应该设置以下变量或使用 pgpass 文件,这样不必设置一系列的开关就可以调用 psql:

- PGPORT——PostgreSQL 服务运行的端口
- PGHOST——PostgreSQL 服务器的 IP 地址或主机名
- PGUSER——PostgreSQL 连接角色
- PGPASSWORD——角色的密码
- PGDATABASE——要连接的数据库

在 Windows 上设置环境变量,要创建一个.bat 文件,每行添加一个 set 命令,如下所示:

```
set PGPORT=5432
```

对于一些 Windows 用户,psql 文件可能不在执行路径中,因此可能需要添加如下一行:

```
set PATH="%PATH%;C:\Program Files\PostgreSQL\13\bin"
```

对于 Linux/UNIX 用户，在 shell(.sh)脚本中使用 export 命令。

有关 PostgreSQL 环境变量的完整信息，请参阅 PostgreSQL 文档。

4.1.2　pgAdmin 4

pgAdmin 4 是一个封装了多个版本的 PostgreSQL 的图形界面工具，也可通过 pgAdmin 网站单独安装。它可以在任何带有图形界面的机器上运行，也可在非基于 GUI 的系统上作为托管的 Python WSGI Web 应用程序运行。它的功能可与 psql 媲美，并且可以代替 psql。很多用户发现使用基于 GUI 的管理工具时比使用命令行工具时效率更高。

pgAdmin 4 的缺点是不支持客户端\copy 命令。对于带分隔符的文件，pgAdmin 4 提供了一个 GUI 界面，允许使用 SQL COPY 命令。可以通过每个表的快捷菜单访问导入/导出 GUI，如图 4.1 所示。

图 4.1　pgAdmin 表导入/导出菜单

如图 4.2 所示，Options 选项卡允许在导入和导出之间进行选择，也允许选择要使用的文件和编码。

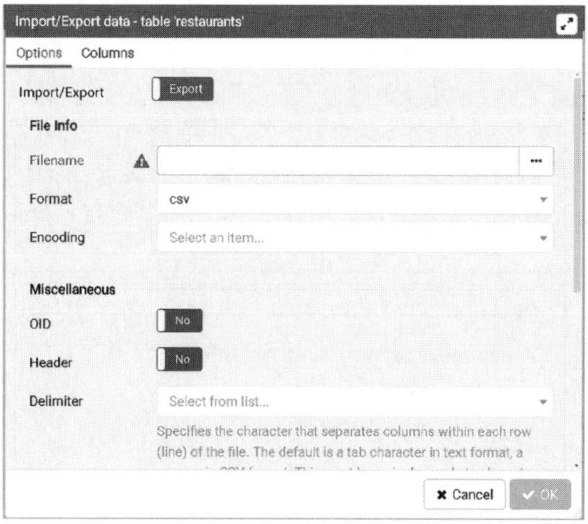

图 4.2　pgAdmin 表导入/导出 Options 选项卡

Columns 选项卡(如图 4.3 所示)允许选择要导入或导出的列。

图 4.3　pgAdmin 表导入/导出 Columns 选项卡

在导入之前，需要确保文件中的列数与指定的列数相同，并确保它们是兼容的数据类型。

4.1.3　pg_dump 和 pg_restore

如果需要分发大量数据，或者为恢复到其他数据库而备份数据，可以使用 pg_dump 和 pg_restore 工具。pg_dump 可以用压缩格式备份数据以节省空间。然后使用 pg_restore 将表、函数等恢复到另一个 PostgreSQL 数据库。

当使用 pg_restore 进行恢复时，请使用-j 开关启用多个进程。此操作可以将恢复速度提高到所设定的进程数。应将-j 的参数限制在处理内核的数量内。

4.2　下载文件

wget 是一个用于从互联网上抓取文件的命令行工具，通常预先封装在 Linux 和 UNIX 系统中，或者通过 yum 或 apt 等程序包管理器进行安装。Windows 用户可以使用 Scoop 程序包管理器或 Chocolatey 程序包管理器下载 wget。独立的二进制文件可以在 eternallybored 网站上下载。

如果使用 Windows 或任何带有 GUI 的操作系统，那么 wget 不是必需的，因为可以使用浏览器下载文件，但 wget 在自动下载多个文件方面很方便。

下面的命令将指定的 zip 文件下载到当前目录:

```
wget https:/ /www2.census.gov/geo/tiger/TIGER2020/ZCTA5/
   tl_2020_us_zcta510.zip
```

如果该网站支持 FTP，并且公开了文件目录列表，也可使用通配符在一个命令中下载多个文件，如下所示:

```
wget ftp:/ /rockyftp.cr.usgs.gov/vdelivery/Datasets/Staged/Tran/Shape/
   *Connecticut*.zip
```

4.3 提取文件

下载的大部分文件都将以 tar.bz、tar.gz 或者 zip 格式压缩。大多数 Linux 和 UNIX 系统都有提取这些文件的程序。以下是几个示例。

- 解压单个 zip 文件：

```
unzip somefile.zip
```

- 解压文件夹中的所有 zip 文件，向下递归，并将它们放在同一文件夹中：

```
for z in */*.zip; do unzip -o $z; done
```

- 解压一个.tar gzip 文件，并提取其内容(以下 2 个命令是等价的)：

```
tar xvfz somefile.tar.gz
```

或者

```
gzip -d -c somefile.tar.gz | tar xvf
```

- 解压 tar.bz2 文件：

```
tar -jxvf filename.tar.bz2
```

对于 Windows，建议使用 7-Zip 提取和压缩程序。对于个人使用和商业用途，7-Zip 都是免费的，它可以提取上述所有格式和更多其他格式。对于 zip 文件，也可使用 Windows 中的内置解压缩程序。7-Zip 比内置的 Windows 工具更好，因为它可以压缩和解压超过 4 GB 大小的文件，而且提供了更多的压缩选项，例如密码保护和压缩级别。安装程序自动将其添加到 Windows 资源管理器快捷菜单中，可以右击 zip 文件并轻松解压缩。

安装后，7-Zip 可能不在 PATH 中。通过以下步骤将它添加到 PATH 中：

```
set PATH="%PATH%;C:\Program Files\7-zip\"
```

尽管在大多数人眼中，7-Zip 是一个很好的 GUI 工具，可用于提取各种压缩格式，但它也有一个方便的命令行界面(7z.exe 文件)，这对于自动压缩和解压过程非常有用。为了便于移植，可将 7z.exe 和 7z.dll 文件复制到 USB 闪存或文件夹，不必安装即可在任何地方使用它们。

以下是使用 7-Zip 命令行界面的一些简单技巧：

- 提取当前目录中的单个文件(tar.gz)。第一个示例将.gz 文件解压成一个.tar 文件，第二个示例提取.tar 文件：

```
7z e somefile.tar.gz

7z x somefile.tar -oC:\gisdata\states
```

- 使用扁平文件夹结构将当前文件夹中的所有 zip 文件提取到名为 extracteddata 的新文件夹中：

```
7z e C:\gisdata\*.zip -oC:\gisdata\extracteddata
```

- 将当前文件夹中的所有 zip 文件解压到一个名为 extracteddata 的新文件夹中，并使文件夹结构与归档文件保持一致：

```
7z x *.zip -y -oC:\gisdata\extracteddata
```

- 递归搜索.zip 文件，并将当前文件夹中的所有 zip 文件解压到一个名为 extracteddata 的新文件夹中：

```
for /r %%z in (*.zip ) do 7z e %%z -oC:\gisdata\extracteddata
```

4.4　导入和导出形状文件

PostGIS 自带两个命令行工具——shp2pgsql 和 pgsql2shp，二者分别用于导入和导出 Esri 形状文件。二者的 GUI 版本都是 shp2pgsql-GUI。尽管名称如此，GUI 版本既可以导入，也可以导出。

Esri 形状文件是什么？Esri 开发了许多应用广泛的商业 GIS 软件；Esri 在 GIS 早期的优势使它能够推广其专有文件格式 Esri 形状文件。目前形状文件仍然是分布式 GIS 数据使用最广泛的格式。

术语形状文件(shapefile)实际上指的是一整套文件：

- **.shp**——地理数据的主文件，以.shp 扩展名结尾。出乎意料的是，可以选择是否让形状文件包含.shp 文件。
- **.dbf**——这是一个 dBase 格式的文件。形状文件必须包含一个用于存储非 GIS 数据的.dbf 文件。
- **.prj**——.prj 文件是可选的，它描述了主形状文件的投影。
- **.shx**——这是一个或多个索引文件。
- **.cpg、.ldif**——这些文件表示.dbf 文件数据的编码。当出现时，shp2pgsql 将从该文件中读取编码。

4.4.1　使用 shp2pgsql 导入

如果在不带任何参数的情况下从命令行启动 shp2pgsql，help 将提供大量开关。最重要的几个如下：

- -D——使用 postgresql 转储格式。这使加载速度比默认的 SQL INSERT 模式快得多。然而，它不允许通过手动编辑轻松修复糟糕的几何形状等小问题，也不允许跳过不良记录。
- -s——指定源数据的空间参考系统(SRS)；应该始终使用这个开关。即使存在投影信息，PostGIS 仍然不能准确地确定 SRID。例如，-s 4269 表示源数据的 SRID 是 4269，那么目标表的 SRID 也应该是 4269。还可指定目标表的 SRID，从而有效地在加载期间进行转换。开关的格式为-s srid_from:srid_to。例如，-s 26986:4326 表示源数据位于马萨诸塞州的州平面(单位为米)中，在加载期间重新投影到 WGS 84 lon/lat。遗憾的是，在 3.0 版之前的 PostGIS 中，-s 26986:4326 转换特性不能与-D 开关一起使用。如果使用 PostGIS 2.5 或更低版本并加载一个大表，那么这种转换方法将比先加载数据然后转换的方法慢得多。

- -W——指定源 dBase 文件的编码。从 PostGIS 2.2 开始，shp2pgsql 将从.cpg 或.ldid 文件(如果存在的话)中读取编码。若省略此开关，shp2pgsql 将假定 dBase 文件为 UTF-8 格式。如果 shp2pgsql 遇到预料之外的字符，则每遇一次，都将向控制台写入一行信息，这些消息一闪而过，你很可能会错过，最终在不知情的情况下得到不完整的数据。

- -I——加载后在 geometry 列上创建空间索引。在加载完成前，先不要向表中添加索引，因为索引会减慢插入的速度。如果不打算在不久的将来向该表追加数据，则此开关非常有用。

- -g——设置由 shp2pgsql 创建的表中 geometry 或 geography 列的名称。默认情况下，geom 代表 geometry，而 geog 代表 geography。

- -G——加载到 geography 数据类型，而不是默认的 geometry 数据类型。shp2pgsql 仅在数据为 WGS 84 lon/lat(SRID 4326)时启用此开关。但是可以在加载过程中，通过-s 开关将数据转换为 WGS 84，如-G -s 26986:4326。

其他开关允许利用其他有用的 shp2pgsql 特性，例如使用 SQL INSERT 命令保存文件以供日后使用，将列名转换为 PostgreSQL 标准名称，以及仅从 dBase 文件加载非地理数据。

从 PostGIS 2.2 起，还可使用-m 指定映射文件；它允许指定包含 dBase 文件和 PostgreSQL 表列名之间名称映射的文件。与 dBase 文件内容相匹配的任何列都将被重命名，其他列则保留原始名称。

接下来查看一个使用 shp2pgsql 加载数据的分步示例。本练习中将加载 2020 年美国人口普查中的州边界。

首先，选用工具下载并提取文件后，获取 7 个文件。shp2pgsql 用到的 3 个文件是 tl_2020_us_state.shp、tl_2020_us_state.dbf 和 tl_2020_us_state.shx。shp2pgsql 还会尝试使用.cpg 文件识别编码，但这个文件不是必需的。

接下来确定空间参考系统。对于该数据集，我们知道其 SRS 为 NAD 83 lon/lat，SRID 编号为 4269(第 3 章介绍了如何获得该 SRID)。

最后，打开控制台并使用以下命令执行 shp2pgsql：

```
shp2pgsql -s 4269 -g geom_4269 -I -W "latin1"
    "tl_2020_us_state" staging.tl_2020_us_state |
    psql -h localhost -p 5432 -d postgis_in_action -U postgres
```

对于 Linux，如果安装了 GUI，shp2pgsql 将是默认路径的一部分。而对于 Windows，则可能需要使用以下命令设置路径：

```
set PATH="%PATH%;C:\Program Files\PostgreSQL\13\bin\"
```

shp2pgsql 输出 SQL。在前面的示例中，我们通过管道将 SQL 传输到 psql 以立即执行。加载数据的过程只需要几秒钟。完成后，应该会在 staging 模式中看到一个新表，其中包含一个名为 geom_4269 的 geometry 列。shp2pgsql 还可加载文本信息，使用从 dBase 文件中挑选的数据创建附加列。

如果你不想立即加载数据，但希望保存 SQL 文件，可执行以下命令：

```
shp2pgsql -s 4269 -g geom_4269 -I -W "latin1"
    "tl_2020_us_state" staging.tl_2020_us_state > tl_2020_us_state.sql
```

SQL 输出被转储到一个名为 tl_2020_us_state.sql 的.sql 文件中。通过编辑此文件，可以修正任何异常数据点或文本。如果文件太大，无法装入内存，可先将其拆分，然后分段加载。准备好执行加载时，运行 psql 命令。

如果不使用-u 开关指定用户，则该用户为 psql 默认用户，通常是登录的操作系统(OS)用户名:

```
psql -h localhost -p 5432 -d postgis_in_action -f tl_2020_us_state.sql
```

还可通过从 psql 控制台执行以下操作，以交互方式从文件加载数据:

```
\connect postgis_in_action
\i tl_2020_us_state.sql
```

4.4.2　使用 shp2pgsql-gui 导入和导出

shp2pgsql-gui 是 shp2pgsql 的图形化程序。并不是所有安装了 PostGIS 的平台都可使用它，因为它只能在具有图形用户界面的平台上运行。

在 Windows 平台中，shp2pgsql-gui 是 StackBuilder PostGIS Bundle 安装程序的一部分，安装到 PostgreSQL 文件夹的 bin/PostGIS-gui 目录中。在其他平台中，shp2pgsql-gui 通常作为单独的程序包提供。程序包的名称因发行版而异。例如，在基于 apt 的程序包中，它的名称为 postgis-gui，但它最终安装了整个 PostGIS 和 shp2pgsql-gui。

虽然 postgis-gui 没有被封装在 pgAdmin 中，但它通常与 pgAdmin 一起使用。pgAdmin3 有一个选项，允许从 Plugins 菜单调用 shp2pgsql-gui。如果安装了 shp2pgsql-gui，它将从当前连接的数据库读取连接设置。pgAdmin 的最新版本 pgAdmin 4 不具备调用 shp2pgsql-gui 的能力。

StackBuilder

PostgreSQL StackBuilder 作为 EnterpriseDb 桌面安装的一部分发布。StackBuilder 简化了 PostgreSQL 的升级以及扩展和实用程序的安装。EnterpriseDb 安装程序是目前 Windows 上使用最广泛的 PostgreSQL/PostGIS 安装程序。

shp2pgsql-gui 不要求用户记忆和查找命令行语法和开关，因此它是易于使用的。它的主要缺陷是不允许创建 SQL 文件以留待后用，而且它加载大型文件的速度通常比 shp2pgsql 慢。shp2pgsql-gui 可以直接把 Esri 形状文件导入 PostGIS 表。

此处不详细介绍如何使用 shp2pgsql-gui，因为 GUI 非常直观。使用 View connection details 按钮填写连接信息，使用浏览器图标浏览状态表以指定导入路径，并填入 geometry column 和 srid 的相关信息后，shp2pgsql-gui 界面如图 4.4 所示。

接下来需要单击 Options，以选择或验证其他设置，如图 4.5 所示。

shp2pgsql-gui 的名称有点不恰当，因为现在可以使用它将 PostGIS 数据导出到形状文件。若要执行导出操作，需要切换到 Export 选项卡，单击 Add Table，并选择要导出的所有表。对于具有多个 geometry 或 geography 列的表，可通过下拉菜单选择要导出的列(见图 4.6)。

图 4.4　使用 shp2pgsql-gui

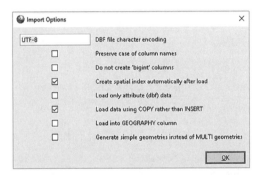

图 4.5　在 shp2pgsql-gui Import Options 对话框中显示高级选项

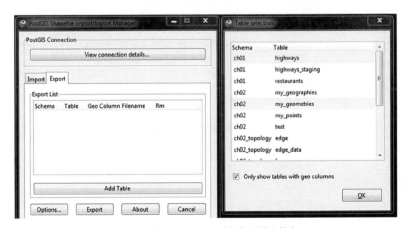

图 4.6　在 shp2pgsql-gui 中添加要导出的表

完成后，单击 Export 按钮，系统将提示你指定生成形状文件的保存位置。

4.4.3　使用 pgsql2shp 导出

使用 pgsql2shp，可以将 PostgreSQL 表、视图和查询导出为 Esri 形状文件和 dBase 文件格式。记住，形状文件不是单个文件，而是一组文件。大多数情况下，pgsql2shp 会输出.dbf、.shp、.shx 和.prj 文件。如果不能确定 geometry 或 geography 列的 SRID，它将忽略投影文件(.prj)。如果导出没有 geometry 或 geography 列的表，pgsql2shp 将只创建一个 dBase 文件(.dbf)。这意味着可将 pgsql2shp 用作 PostgreSQL 的 dBase 导出工具。

注意： 有些程序包将命令行程序安装文件与服务器安装文件放在不同的位置；如果在查找 pgsql2shp 或 shp2pgsql 时遇到困难，请参阅附录 B。

通常，可以在 PostgreSQL 安装的 bin 文件夹中找到 pgsql2shp。可在没有任何参数的情况下启动 pgsql2shp 以查看 help。需要注意以下两点：

- 超过 10 个字符的列名将被截断。如果创建了重复的列名，pgsql2shp 将添加一个序号。可创建映射文件以对列名进行更多控制。
- Esri 形状文件不能处理超过 255 个字符的文本列，所有超出限制的内容都会被自动丢弃。

下面查看两个 pgsql2shp 示例：一个用于导出表，另一个用于导出查询。

1. 使用 pgsql2shp 导出表

此示例在 gisdb(加利福尼亚州邮政编码)数据库的 ca 模式中导出一个名为 zips 的表。完成后，将得到四个新文件——cazips.shp、cazips.dbf、cazips.shx 和 cazips.prj：

```
pgsql2shp -f /gisdata/cazips gisdb ca.zips
```

下面的示例完成相同的任务，但包含指示主机名和证书的开关：

```
pgsql2shp -f /gisdata/cazips -h localhost -u pguser -P qwerty -p 5432 gisdb
ca.zips
```

2. 使用 pgsql2shp 导出查询

虽然导出整个表的情况很常见，但有时可能只希望导出使用查询过滤后的大型表中行的子集。下面的查询输出过滤后的行：

```
pgsql2shp -f boszips -h localhost -u postgres gisdb
    "SELECT * FROM ca.zips WHERE city = 'Napa'"
```

下面的查询在导出过程中将 SRID 转换为 4326 (WGS 84 lon/lat)：

```
pgsql2shp -f boszips -h localhost -u postgres gisdb
    "SELECT zip5, ST_Transform(the_geom, 4326) AS geom
    FROM ca.zips
    WHERE city = 'Napa'"
```

4.5　使用 ogr2ogr 导入和导出矢量数据

在处理空间数据方面，没有什么可以与 GDAL 工具包相媲美。ogr2ogr 是工具包中包含的一个命令行工具，使用它，可将数量不断增长的空间和非空间格式导入 PostgreSQL 和 PostGIS。在 GDAL 网站上可以查看完整的支持格式列表。shp2pgsql 在导入 Esri 形状文件方面做得很好，但如果源数据不是形状文件，则需要使用 ogr2ogr。

GDAL 可以用于 Linux、UNIX、Windows 和 macOS 等平台。如果找不到对应操作系统的现成版本，也可以自己编译。

ogr2ogr 和其他 GDAL 工具也被封装在 QGIS 桌面版中，可通过 QGIS shell 控制台访问。QGIS 最新的稳定版本始终包含最新、最稳定的 GDAL。

ogr2ogr 支持的格式都是可以选择编译的。若要确定 ogr2ogr 能够处理的格式，可运行以下命令：

```
ogr2ogr --formats
```

输出如下：

```
Supported Formats:
  netCDF -raster,vector- (rw+s): Network Common Data Format
  AmigoCloud -vector- (rw+): AmigoCloud
  PCIDSK -raster,vector- (rw+v): PCIDSK Database File
  PDS4 -raster,vector- (rw+vs): NASA Planetary Data System 4
  JP2OpenJPEG -raster,vector- (rwv): JPEG-2000 driver based on OpenJPEG library
  PDF -raster,vector- (rw+vs): Geospatial PDF
  MBTiles -raster,vector- (rw+v): MBTiles
  :
  ESRI Shapefile -vector- (rw+v): ESRI Shapefile
  MapInfo File -vector- (rw+v): MapInfo File
  :
  :
  GPKG -raster,vector- (rw+vs): GeoPackage
  SQLite -vector- (rw+v): SQLite / Spatialite
  ODBC -vector- (rw+): ODBC
  WAsP -vector- (rw+v): WAsP .map format
  PGeo -vector- (ro): ESRI Personal GeoDatabase
  MSSQLSpatial -vector- (rw+): Microsoft SQL Server Spatial Database
  PostgreSQL -vector- (rw+): PostgreSQL/PostGIS
```

在每种格式的旁边，可以在括号中看到一个或多个这样的字母：

```
rw - read/write
rw+ - read/write create
ro - read only
v - reference in a virtual table
```

GDAL 是一个庞大的工具包，值得单独成书。本章将介绍最常见的导入和导出功能，对于其他用途，请查看以下资源：

- 有关非空间数据加载的示例，请参阅文章 "GDAL Ogr2ogr for Data Loading"。
- 有关 Windows 空间数据加载和安装的更多信息，可以在 Boston GIS 网站上获得。

4.5.1　ogr2ogr 的环境变量

与 shp2pgsql 不同，ogr2ogr 忽略编码。无论输入什么编码，都可以输出。为了确保 PostgreSQL 在必要时进行转换，需要将客户端编码环境变量设置为传入数据的编码。

客户端编码是 PostgreSQL 为每个连接会话分配的编码。不同于数据库编码(数据库编码因数据库而异)，客户端编码在首次创建数据库时进行设置。如果 PostgreSQL 发现客户端编码和数据库编码之间存在差异，它将自动进行双向转换，但你必须告诉 PostgreSQL 何为客户端编码。它不能查看传入的数据并进行猜测，当然也不知道你想要如何对返回数据进行编码。

环境变量的名称为 PGCLIENTENCODING。在 Linux/UNIX/macOS 中使用 export 进行设置：

```
export PGCLIENTENCODING=LATIN1
```

在 Windows 中使用 set 进行设置：

```
set PGCLIENTENCODING=LATIN1
```

另一个需要设置的环境变量是 PG_USE_COPY。如果不使用较慢的 SQL 插入，而是使用更快的 PostgreSQL copy 命令追加数据，则应将此环境变量设置为 "YES"。新版本的 ogr2ogr(GDAL 2.0 及更高版本)会自动使用 copy 命令，但旧的版本可能仍然关心这个变量。

其他特定于 PostgreSQL 的设置和环境变量可以在 GDAL 文档中找到。ogr2ogr 还可以使用 PostgreSQL libpq 环境变量。

注意：尽管我们在这些示例中为 PostgreSQL 指定了端口、主机和密码，但记住，如果端口是 5432 或主机是 localhost，则这些设置是可选的，并且可以忽略。ogr2ogr 还可以使用 libpq 环境变量 PGHOST、PGPASSWORD、PGUSER 和 PGDATABASE，详见 PostgreSQL 文档或 pgpass 文件。在实际应用中，应该设置环境变量，而不是在连接字符串中传递它们。

4.5.2　ogrinfo

ogrinfo 是一个分析源数据并提取元数据的工具，它可以提取空间参考系统、边界框、层(用于多层格式)和属性。

ogrinfo 可以提取的内容取决于数据源的格式。对于 GPX，ogrinfo 只提供字段名称和几何类型；但对于 Esri 个人地理数据库，ogrinfo 则可提供大量信息。建议在每次导入文件(特别是大文件)前快速运行一次 ogrinfo；以免花费大量精力导入一个大文件，结果却发现需要的字段未被导入。

要获得有关 ogrinfo 的更多信息并查看各种可用的开关，请参阅 GDAL 文档。

4.5.3　使用 ogr2ogr 导入

ogr2ogr 可用于导入多种矢量数据格式和非空间数据，如电子表格。本节将介绍怎样加载更常见的矢量格式。

1. ogr2ogr 导入开关

ogr2ogr 允许添加-lco 开关以控制导入期间创建的表的各个方面。以下是开关的常见参数:

- GEOM_TYPE——选项是 geometry、BYTEA 或 OID,用于强制指定表格使用的几何类型。一般来说,没有必要设置此开关。
- GEOMETRY_NAME——命名新的几何列。如果省略,则默认值是 wkb_geometry。
- LAUNDER——将此设置为默认值 YES,列名会被改为更适合 PostgreSQL 的名称;具体来说,LAUNDER 将列名小写,并替换不允许出现在 PostgreSQL 标识符中的任何字符。
- PRECISION——将其设置为默认值 YES。ogr2ogr 将选择数字数据类型(而不是浮点和整数),选择定长字符(而不是变长字符)。

重复-lco 开关,可以指定多个选项。

另一个常用的开关是-nln。它允许为 ogr2ogr 创建的表命名。

可以在 GDAL/OGR PostgreSQL 文档中找到 ogr2ogr PostgreSQL 开关的完整细节。当阅读矢量文档时请记住,GIS 中的层在数据库中被转换成了表。

2. 加载 GPS 交换文件(GPX)

GPX 文件是 GPS 生成数据的标准传输格式。GPX 文本数据是 XML 格式的,因此可以利用 PostgreSQL 内置的所有 XML 功能。GPX 数据始终使用 WGS 84 lon/lat 空间参考系统(SRID 4326)。ogr2ogr 足够智能,可以确定正确的 SRID。有关 OGR GPX 驱动的特定命令行开关的详细信息,请参阅 GDAL 文档。

OpenStreetMap 上有很多由全球用户贡献的 GPX 文件。我们在 OpenStreetMap 网站下载文件,在“澳大利亚”随机选择了一个标题为“纳兰巴自行车之旅”(A Bike Trip Around Narangba)的项目。通过使用 ogrinfo,可以找到更多关于要加载的数据的信息。

```
                          命令
ogrinfo 468761.gpx
INFO: Open of '468761.gpx' using driver 'GPX' successful.
                                                          输出
1: waypoints (Point)
2: routes (Line String)
3: tracks (Multi Line String)
4: route_points (Point)
5: track_points (Point)
```

接下来,可以使用以下简单的 ogr2ogr 命令将其加载到 staging 模式中:

```
ogr2ogr -f "PostgreSQL"
    PG:"host=localhost user=postgres port=5432
    dbname=postgis_in_action password=mypassword"
    468761.gpx -overwrite -lco GEOMETRY_NAME=geom
    -nln "staging.aus_biketrip_narangba" track_points
```

前面的代码将 track_points 层加载到 staging 模式下名为 aus_biketrip_narangba 的新表中。

以下命令加载所有层,并为每个层创建新表。该命令指定模式(表将创建在该模式中),但不指定要导入哪些层。当未指定时,ogr2ogr 将导入所有层:

```
ogr2ogr -f "PostgreSQL" PG:"host=localhost user=postgres
```

➡ ```
port=5432 dbname=postgis_in_action password=>mypassword"
```
➡ ```
468761.gpx -overwrite -lco GEOMETRY_NAME=geom -lco SCHEMA=staging
```

3. 加载 GeoPackage

GeoPackage 格式是 OGC 标准格式，它是一个使用标准方式存储矢量和栅格数据的 SQLite 数据库。这种格式便于共享数据。使用它，可以导出 PostGIS 矢量和栅格数据，也可加载其他组织提供的数据。

ogr2ogr 第 2 版及更高版本支持读取、更新和创建 GeoPackage。有关 GeoPackage 用法的详细信息，请参见 GDAL 文档。

下一个示例将从 GADM 官方网站下载一个 GeoPackage 文件。可以下载涵盖整个世界的文件，也可以按国家/地区逐个下载。无论选择哪种方式，请确保为本练习选择了所需的 GeoPackage 数据库格式。提取后将得到一个 MDB 文件。

要了解关于这个数据文件的更多信息，可以使用 ogrinfo，如下所示：

```
ogrinfo gadm36_levels.gpkg
```

如果仅指定文件名，将只给出文件中的层列表，如以下输出所示：

```
INFO: Open of 'gadm36_levels.gpkg'
      using driver 'GPKG' successful.
1: level0 (Multi Polygon)
2: level1 (Multi Polygon)
3: level2 (Multi Polygon)
4: level3 (Multi Polygon)
5: level4 (Multi Polygon)
6: level5 (Multi Polygon)
```

如果要了解特定层的更多信息，可以指定感兴趣的层。如果操作的是一个大型数据库，ogrinfo 将需要一些时间来浏览它。应用-so 开关让 ogrinfo 知道我们只需摘要数据，如下面的命令所示。命令中的最后一组参数是我们感兴趣的层：

```
ogrinfo gadm36_levels.gpkg -so -geom=YES level0 level5
```

前面的命令要求提供 level0 和 level5 层的摘要信息。运行前面的命令后得到的输出如下：

```
INFO: Open of 'gadm36_levels.gpkg'
      using driver 'GPKG' successful.

Layer name: level0
Geometry: Multi Polygon
Feature Count: 256
Extent: (-180.000000, -90.000000) - (180.000000, 83.658300)
Layer SRS WKT:
GEOGCS["WGS 84",
    DATUM["WGS_1984",
        SPHEROID["WGS 84",6378137,298.257223563,
        AUTHORITY["EPSG","7030"]],
    AUTHORITY["EPSG","6326"]],
  PRIMEM["Greenwich",0,
    AUTHORITY["EPSG","8901"]],
  UNIT["degree",0.0174532925199433,
```

```
      AUTHORITY["EPSG","9122"]],
    AUTHORITY["EPSG","4326"]]
FID Column = fid
Geometry Column = geom
GID_0: String (0.0)
NAME_0: String (0.0)

Layer name: level5
Geometry: Multi Polygon
Feature Count: 51427
Extent: (-5.143750, -2.839970) - (30.899100, 51.089400)
Layer SRS WKT:
:
FID Column = fid
Geometry Column = geom
GID_0: String (0.0)
NAME_0: String (0.0)
GID_1: String (0.0)
NAME_1: String (0.0)
GID_2: String (0.0)
NAME_2: String (0.0)
GID_3: String (0.0)
NAME_3: String (0.0)
GID_4: String (0.0)
NAME_4: String (0.0)
GID_5: String (0.0)
NAME_5: String (0.0)
TYPE_5: String (0.0)
ENGTYPE_5: String (0.0)
CC_5: String (0.0)
```

输出列出了字段的名称、大小以及数据的空间参考系统——WGS 84 lon/lat (SRID 4326)。输出还显示了每个层的几何类型和记录条数。

可以过滤出美国的数据，将其导入数据库并转换为美国国家等积投影地图集(US National Atlas Equal Area)：

```
ogr2ogr -f "PostgreSQL"
➥  PG:"host=localhost user=postgres port=5432
➥  dbname=postgis_in_action password=mypassword" gadm36_levels.gpkg
➥  -lco GEOMETRY_NAME=geom
➥  -where "ISO='USA'"
➥  -t_srs "EPSG:2163"
➥  -nln "us.admin_boundaries" gadm1
```

本例中使用 ISO='USA'where 语句将数据限制在美国境内，并将其从原始 SRID 4326 转换为 SRID 2163。如果查看 PostGIS spatial_ref_sys 表，可以看到 2163 对应美国国家地图集。我们还将数据加载到一个名为 admin_boundaries 的新表中，该表位于 us 模式中。在这个特殊的示例中，ogr2ogr 有足够的信息确定源 SRID，因此我们没有提供。如果必须告诉 ogr2ogr 何为源 SRID，可以使用-s_srs 开关。

如果加载完整的数据集，可能会遇到错误，因为包含全球数据的文件中可能有多种语言。为了适应这种情况，需要将数据的客户端编码设置为 LATIN1。遗憾的是，不能使用 ogr2ogr 中的开关设置客户端编码，因此必须设置环境变量。

4. 加载 MapInfo TAB 文件

另一种流行的格式是 MapInfo TAB 文件格式。MapInfo 文件对空间参考信息进行编码，不需要单独的投影文件。字段名可以是大写、小写或大小写混合的，且在字符长度方面没有任何限制。因为我们使用 MapInfo 文件进行绘图，所以它们通常充满了 ogr2ogr 很容易忽略的地图格式化指令。

下一个示例使用加拿大统计局(Statistics Canada)的文件。下载的 zip 文件包含几个 TAB 文件。

下面的代码展示了如何一次性加载整个文件夹，这是 ogr2ogr 的一个方便特性，尤其是当有数百个文件时：

前面的代码告诉 ogr2ogr 在哪个文件夹中查找文件；它将提取它能识别的所有文件，并创建以这些文件命名的单独表。还可明确地指定源 SRID。如果不加以指定，ogr2ogr 将创建一个随机 SRID，并将其添加到 spatial_ref_sys 表中，以确保最终得到正确的投影。这种处理方式是非常不可取的，尽管 ogr2ogr 在阅读投影信息方面没有问题，但是我们还没有弄清楚为什么 ogr2ogr 不能识别正确的 SRID。

本节中探讨了如何使用 ogr2ogr 导入数据。下一节将介绍如何使用 ogr2ogr 将 PostGIS 数据导出为各种空间矢量格式。

4.5.4 使用 ogr2ogr 导出

ogr2ogr 允许输出表、视图和查询。使用 ogr2ogr，可以一次导出多个表。

1. ogr2ogr 导出开关

使用 ogr2ogr 输出数据的最重要开关如下：
- -select——指定要输出的字段。
- -where——设置过滤条件。语法与 SQL WHERE 子句相同。
- -sql——使用此开关，可以输出比-select 和-where 更复杂的查询。输出列的数据类型可能不反映查询列的数据类型。
- -t_srs——指定希望 ogr2ogr 输出的 SRID。如果 ogr2ogr 不能确定源数据的 SRID，或者源 SRID 不在安装 ogr2ogr 时所包含的投影列表中，ogr2ogr 将忽略此项。
- -s_srs——指定要导出的数据的 SRID。通常可以忽略这一点，因为 ogr2ogr 在确定 SRID 方面做得很好。
- -dsco overwrite=YES——命令 ogr2ogr 首先删除旧文件(如果存在旧文件)，如果需要设定一个经常覆盖相同文件的夜间转储计划，这个开关非常有用。

现在你已经了解了使用 ogr2ogr 从 PostgreSQL 导出数据时使用的基本开关。下面将演示如何将

PostgreSQL 数据导出为流行的地理空间文件格式。

2. 使用 ogr2ogr 导出到 GeoJSON

JavaScript 对象表示法(JavaScript Object Notation，JSON)和它的扩展类型——地理 JavaScript 对象表示法(Geography JavaScript Object Notation，GeoJSON)，是 Web 服务中使用最广泛的传输格式。GeoJSON 数据通常使用 SRID 4326 输出(要了解有关 ogr2ogr 使用的 GeoJSON 驱动程序的更多信息，请参阅 GDAL 文档)。

下一个示例需要 GDAL 2.3 或更高版本。如果使用的是较低版本，请省略-dsco ID_FIELD=<some field>:

简单地将整个表导出到 GeoJSON

```
ogr2ogr -f "GeoJSON" /gisdata/us_adminbd.json
   PG:"host=localhost user=postgres port=5432 dbname=postgis_in_action
   password=mypassword" -dsco ID_FIELD=name_2 us.admin_boundaries
```

将基于过滤器的记录子集导出到 GeoJSON

```
ogr2ogr -f "GeoJSON"
   /gisdata/biketrip.json PG:"host=localhost user=postgres port=5432
   dbname=postgis_in_action password=mypassword"
     -dsco ID_FIELD=track_seg_point_id
   -select "SELECT track_seg_point_id, ele, time"
   -where "time BETWEEN '2009-07-18 04:33-04' AND '2009-07-18 04:34-04'"
   staging.aus_biketrip_narangba
```

将多个表导出到一个 GeoJSON 文件

```
ogr2ogr -f "GeoJSON"
   /gisdata/biketrail.json PG:"host=localhost user=postgres port=5432
   dbname=postgis_in_action password=mypassword"
   staging.track_points staging.tracks
```

3. 使用 ogr2ogr 导出到 KML

Keyhole 标记语言(Keyhole Markup Language，KML)是 Google Earth 和 Google Maps 推广的一种格式。这种格式现在的使用频率要比以前低得多，它在很大程度上已经被 GeoJSON 取代了。下面的代码演示如何输出单个表、一个查询和多个表。KML 数据始终使用 WGS 84 lon/lat (SRID 4326)。如果数据使用已知投影，那么 ogr2ogr 将把它转换为 4326，不需要指定源或输出的 SRID。如果需要更好的控制，可以使用 PostGIS 提供的函数 ST_AsKML，它可以代替 ogr2ogr(要了解有关 ogr2ogr 使用的 KML 驱动程序的更多信息，请参阅 GDAL 文档:

简单地将整个表导出到 KML

```
ogr2ogr -f "KML" /gisdata/us_adminbd.kml
   PG:"host=localhost user=postgres port=5432 dbname=postgis_in_action
   password=mypassword" us.admin_boundaries -dsco NameField=name_2
```

将基于过滤器的记录子集导出到 KML

```
ogr2ogr -f "KML"
   /gisdata/biketrip.kml PG:"host=localhost user=postgres port=5432
   dbname=postgis_in_action password=mypassword" -dsco NameField=time
   -select "SELECT track_seg_point_id, ele, time"
   -where "time BETWEEN '2009-07-18 04:33-04' AND '2009-07-18 04:34-04'"
```

```
       staging.aus_biketrip_narangba
ogr2ogr -f "KML"         ←──── 将多个表导出到一个 KML 文件
       /gisdata/biketrail.kml PG:"host=localhost user=postgres port=5432
       dbname=postgis_in_action password=mypassword" -dsco NameField=time
       staging.track_points staging.tracks
```

以上示例包括一个 NameField 参数，它告诉 ogr2ogr 将哪个字段用作 KML 的标题。

导出多个表时，ogr2ogr 将它们全部放在同一个 KML 文件中。观察前面从 Google Earth 中导出的多个表生成的 KML，可以在 biketrail.kml 文件中看到两个图层：一个用于 track_point，一个用于 track。

4. 使用 ogr2ogr 导出到 MapInfo TAB 文件格式

下一个示例将输出到 MapInfo TAB 格式。与始终使用 WGS 84 lon/lat (SRID 4326)的 KML 不同，MapInfo 数据可以使用任何 SRID。很多情况下，PostGIS 中数据的 SRID 并不是你希望在输出中最终得到的 SRID。

在代码清单 4.1 的第一个示例中，使用-f_srs 开关转换 SRID。

代码清单4.1　将 PostGIS 表格和查询导出到 MapInfo TAB 格式

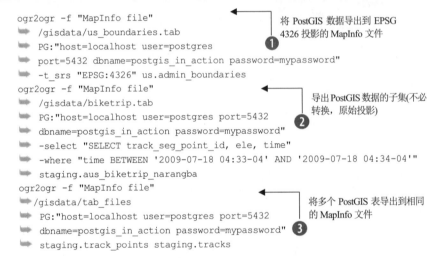

在第一个示例中，将数据从美国国家地图集投影转换为 WGS 84 lon/lat ❶。在第二个示例中，保留使用原始 PostGIS SRID(美国国家地图集投影)的数据，但使用-where 开关输出数据的子集 ❷。在第三个示例中，导出两个表，ogr2ogr 为每个表创建 4 个文件(.tab、.map、.dat、.id) ❸。代码清单 4.1 还创建了一个名为 tab_files 的父目录。如果父目录已经存在，则必须包含-dsco overwrite=YES 开关，否则 ogr2ogr 将停止工作。

5. 导出到 GeoPackage

GeoPackage 是与其他用户共享部分数据库的好途径。它可用于多种桌面和移动工具。后面一章将介绍的 QGIS 大量使用了这种格式。

下一个示例将整个数据库导出为 GeoPackage 格式：

```
ogr2ogr -f GPKG postgis_in_action.gpkg
    PG:"host=localhost user=postgres port=5432 dbname=postgis_in_action
        password=mypassword"
```

4.6　使用 PostgreSQL 外部数据封装器查询外部数据

PostgreSQL 9.3 引入了外部数据封装器(FDW)技术，该技术是数据库外部不同格式数据的统一、无缝的查询方法。FDW 隐藏了外部数据源连接和转换的复杂性，允许像查询 PostgreSQL 数据库中的表一样查询外部数据。要连接到外部数据源，必须使用适当的外部数据封装器。FDW 作为 PostgreSQL 扩展进行封装。

很多人已经贡献了 FDW 以处理无数种不同的数据格式。你会发现用于连接到其他关系数据库、NoSQL 数据库、列存储甚至 Web 服务的封装器。许多 FDW 维护良好，但有一些已无人维护了。

遗憾的是，没有一个列表涵盖 PostgreSQL 的所有可用 FDW。在 GitHub 中搜索"postgresql+fdw"，将获得大量 FDW，因为大多数 FDW 都存在于 GitHub 中。其中许多 FDW 不是程序包附带的，因此需要编译。

大多数 FDW 扩展(甚至全部)都遵循以 "_fdw" 结尾的约定。若要知道哪些是可以通过封装程序获得的，可以在程序包列表的扩展名中搜索 "fdw"：

- Debian/Ubuntu 用户：apt list|grep fdw
- Yum 用户：yum list|grep fdw

上述命令不会列出 postgres_fdw 和 file_fdw，因为它们是 PostgreSQL 程序包的一部分。通过使用 CREATE EXTENSION postgres_fdw，可以启用它们，不需要额外安装。

要获得所有已经安装了二进制文件并可以使用 CREATE EXTENSION 启用的 FDW 的列表，请运行以下 SQL 查询：

```
SELECT *
FROM pg_available_extensions
WHERE name LIKE '%fdw';
```

FDW 扩展与其他所有扩展一样，必须为在用的 PostgreSQL 版本安装 FDW 扩展的二进制文件，然后在每个要使用它们的数据库中启用。

使用 FDW 建立数据连接时涉及四个要素：

- **外部数据封装器**——这是一段处理 PostgreSQL 和外部源之间实际数据交换的代码。它被封装为 PostgreSQL 扩展。首先通过使用包管理器安装二进制文件来安装它，然后使用 CREATE EXTENSION name-of-fdw 在所选数据库中启用它。不同的数据格式有不同的封装器。例如，用于处理 PostgreSQL、MySQL 和兼容 ODBC 的数据库的封装器分别是 postgres_fdw、mysql_fdw 和 odbc_fdw。要连接到其他 PostgreSQL 服务器，可以并且应该使用 FDW。

- **外部服务器**——这个要素表示数据源。虽然名称中包含 server(服务器)一词，但数据源不必是服务器。它可以是同一服务器上的另一个数据库、文件夹，甚至是 Web 服务。每个外部数据封装器可以有一个或多个外部服务器。
- **用户映射**——这个要素建立从本地 PostgreSQL 角色到外部服务器上用户的映射。Postgre 角色可以是用户或组角色。并非所有封装器都支持用户映射。
- **外部表**——外部服务器可以有一个或多个外部表。可以像查询任何 PostgreSQL 表一样查询外部表。甚至可将外部表连接到数据库中的其他表。同样，名称 table(表)并不意味着它是一个表。外部表可以是 Excel 或 LibreOffice 工作簿中的工作表，也可以是目录中的文件等。

图 4.7 显示了 pgAdmin 4 中外部数据封装器部分的视图。在这个视图中，我们安装了两个 FDW，可以看到每个 FDW 都有一个用于服务器和用户映射的节点。

图 4.7　pgAdmin 4 中的外部服务器列表

如果无法在 pgAdmin 中看到外部数据封装器的节点，则需要进入 File | Preferences | Browser-Nodes，设置要显示的外部数据封装器、外部服务器和外部表。

注意：postgres_fdw 是一个通常与 PostgreSQL 封装的 FDW，它允许你连接到其他 PostgreSQL 数据库。postgres_fdw 具有最广泛的支持和最佳性能，因为它是每个 PostgreSQL 版本中新增 FDW 特性的参考实现。如果需要查询或更新另一个启用 PostGIS 的数据库的数据，则不管该数据库是否在同一服务器上，也不管它是否在使用不同版本的 PostgreSQL 和 PostGIS 的不同服务器上，postgres_fdw 都是最佳选择。

4.6.1　file_fdw 外部数据封装器

file_fdw 是一个只读的、能连接到任何带分隔符文本文件的外部数据封装器。PostgreSQL 的大多数发行版都包含 file_fdw。与所有 PostgreSQL 扩展一样，它的安装可以逐数据库进行。此外，还可以指定要安装的模式。不建议在默认 public 模式或存储数据表的任何模式中安装扩展。

如果不存在 contrib 模式，可以使用以下命令创建它，并安装 file_fdw 扩展。

```
CREATE SCHEMA IF NOT EXISTS contrib;
CREATE EXTENSION file_fdw SCHEMA contrib;
```

安装 file_fdw 后，接下来需要创建一个外部服务器。对于 file_fdw，外部服务器更像是一种形式。当处理的是文件时，服务器的概念是不存在的。事实上，可以创建一个外部服务器并将其用作要连接的所有文件的容器：

```
CREATE SERVER fiserver FOREIGN DATA WRAPPER file_fdw;
```

接下来，可以连接任何带分隔符的文本文件，但前提是它们可以被 PostgreSQL 服务(postgres)账户访问。在下一个示例中，我们将连接第 1 章中加载的 restaurants.csv 文件：

```
CREATE FOREIGN TABLE ch04.ft_restaurants (
    franchise text,
    lat double precision,
    lon double precision
)
SERVER fiserver
OPTIONS (
    format 'csv',
    header 'false',
    filename '/data/restaurants.csv',
    delimiter ',',
    null '',
    encoding 'latin1'
);
```

如果希望非超级用户能够在 file_fdw 中创建外部表，则需要将它们或包含它们的角色添加到 pg_read_server_files 内置角色中。

注意：如果使用的是 Windows 平台，则应使路径包含驱动器号，如 C:/data/ch01/restaurants.csv。

设置好所有内容后，应该能够使用下列代码查询 ch04.ft_restaurants：

```
CREATE TABLE ch04.restaurants_bkg AS          ◀────  从查询创建一个新表
SELECT
    franchise,
    ST_Transform(
        ST_SetSRID(
            ST_Point(lon,lat),
            4326
        ),
        2163                                          使用 typmod 来约束数据
    )::geometry(POINT,2163) AS geom    ◀──────
FROM ch04.ft_restaurants
WHERE franchise = 'BKG';    ◀──────  将查询限制为仅一个
                                     特许经营餐厅
```

虽然这段代码查询的是一个文件，而不是一个数据库表，但查询速度依然很快。

在低端实验服务器上，前面的查询花费 300 ms 创建了一个包含 7435 行的表。删除过滤器后，我们在大约 450 ms 内加载了一个超过 50 000 行的表。操作速度与使用 SQL COPY 或 psql\copy 命令时相当。

以下是使用 file_fdw 时要记住的一些要点：

- FDW 连接是可重用的。要查询的数据可以在文件中，而不是必须在数据库中。如果用一个新的数据集替换 restaurants.csv 文件，可以立即获得刷新的数据。

- 可将函数应用于数据，使用 SQL SELECT 命令可用的任何子句，并与其他表连接。在前面的示例中，我们使用 lon/lat 生成 point 列，然后转换 SRID。我们添加了 typmod，以确保最终的表在 geometry_columns 表中正确注册了 geometry 列。
- 该文件必须可以被服务器访问，这通常意味着它需要位于本地服务器上；postgres 系统账户需要具有读权限。
- 虽然可以像查询表一样查询文件中的数据，但不能以任何方式修改外部表。这意味着不能通过索引来加快查询速度。某些 FDW(如 postgres_fdw)可以利用远程数据库上的索引，但 file_fdw 实现不了。

从 PostgreSQL 9.4 开始，file_fdw 还可以连接到程序的输出。这意味着可以查询通过 wget 或 curl 下载的文件，也可以查询任何程序的输出。要利用此特性，postgres 进程必须具有执行程序的权限。

4.6.2 ogr_fdw 外部数据封装器

GDAL/OGR 上的 ogr_fdw 外部数据封装器用于连接到矢量和非空间数据源。ogr_fdw 有点像 ogr2ogr。ogr_fdw 能够连接 ogr2ogr 可以导入的任何格式。ogr_fdw 还能够更新数据源上的数据，前提是该格式的写入受支持，并且 postgres 服务账户具有所需的权限。ogr_fdw 扩展可在 PostgreSQL 网站上获得。对于 Windows 用户，应用程序堆栈生成器 PostGIS 程序包默认安装 ogr_fdw。如果所用发行版没有 ogr_fdw，或者喜欢探索，可以在 GitHub 上下载源代码。在该网站上，你还可以找到关于如何使用所有特性的有用示例。

ogr_fdw 扩展还包含一个通常安装在 PostgreSQL bin 中的命令行工具 ogr_fdw_info。它可以列出 ogr 数据源中的各个层，或者显示为特定层生成的 CREATE FOREIGN TABLE 语句。9.5 版之前的 PostgreSQL 需要此工具来确定 CREATE FOREIGN TABLE...语句支持的格式。PostgreSQL 9.5 引入了 IMPORT FOREIGN SCHEMA SQL 命令，该命令允许自动创建外部表。ogr_fdw_info 还列出了支持的格式，它提供的结果与 ogr2ogr 命令提供的基本相同。虽然现在不再那么需要 ogr_fdw_info 了，但它仍可用于确定 ogr_fdw 扩展支持的格式和对数据源进行快速检查。

ogr_fdw 1.1.0 版本引入了实用的 SQL 函数 ogr_fdw_drivers()和 ogr_fdw_version()。这使开发人员更加不需要 ogr_fdw_info 命令行工具。ogr_fdw 1.1.0 版本中还新增了对 character_encoding 的支持。在此之前，非 UTF-8 数据源通常会在 PostgreSQL 中引起编码错误通知。现在，可以在 CREATE FOREIGN SERVER 语句中将 character_encoding 指定为额外的 FDW 参数。

如果你使用的是旧版本的 ogr_fdw，则可使用 ogr_fdw_info 命令行工具确定哪些数据源受支持：

```
ogr_fdw_info -f
```

要在数据库中安装 ogr_fdw 扩展，需要准备必要的二进制文件，然后执行常用的 CREATE EXTENSION 命令：

```
CREATE EXTENSION ogr_fdw SCHEMA postgis;
```

我们希望在 postgis 模式中安装 ogr_fdw 扩展(虽然这不是必需的)，因为 ogr_fdw 将空间 ogr 列视为 PostGIS geometry 列。应该将属于 PostGIS 一类的东西放在一起。

ogr_fdw 可以用来读取带分隔符的文件，它比 file_fdw 更受欢迎。ogr_fdw 可以根据 CSV 标题列推断列名，还可以在一个步骤中将文件夹中的多个文件连接为单个外部表，而 file_fdw 则要求逐个定义外部表。

相比于 file_fdw，ogr_fdw 被用于读取带分隔符的文件时速度较慢。为了获取额外的便利，需要付出代价。但是对于不到 100 万行的文件，你可能不会注意到速度的差异。如果是有 10 个或更多列的 100 万行数据，花费的时间则可能是 5 min，而不是 1 min。

1. 查询 Esri 形状文件

如前所述，ogr2ogr 和 ogr_fdw 可将整个文件夹内的文件视为数据源，文件夹中的文件将构成单独的层。ogr_fdw 将 ogr 层视为 PostgreSQL 外部表。下一个示例将所有 Esri 形状文件复制到一个文件夹中，并将该文件夹作为外部服务器引用。对于这个示例，需要创建一个/data/shps 文件夹，并将 Esri 提取的所有形状文件转储到其中。

必须确保以下几点：

- 存放文件的文件夹应能被 PostgreSQL 服务账户访问。
- 如果希望能够更新文件，PostgreSQL 服务账户应具有该文件夹的写入权限。
- 该文件夹应只包含 Esri 形状文件(如.shp、.dbf、.shx、.cpg、.ldif)。
- 模式中应没有与文件名称相同的表。外部表和常规表享有相同的命名空间，并且必须在给定的模式中被赋予唯一的名称。

运行以下代码，确保已将路径替换为放置文件的位置。与客户端工具 ogr2ogr 不同，ogr_fdw 是服务器端工具，因此文件的路径与服务器访问它们的方式和本地访问它们的方式有关。如果 PostgreSQL 服务器在 Windows 上运行，必须确保指定了驱动器路径，例如 c:/data/shps：

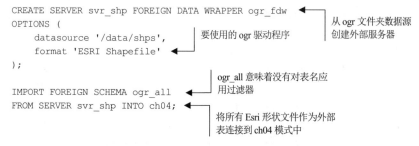

```
CREATE SERVER svr_shp FOREIGN DATA WRAPPER ogr_fdw          从 ogr 文件夹数据源
OPTIONS (                                                    创建外部服务器
    datasource '/data/shps',          要使用的 ogr 驱动程序
    format 'ESRI Shapefile'
);
                                      ogr_all 意味着没有对表名应
IMPORT FOREIGN SCHEMA ogr_all         用过滤器
FROM SERVER svr_shp INTO ch04;
                                      将所有 Esri 形状文件作为外部
                                      表连接到 ch04 模式中
```

上述代码使用了 IMPORT FOREIGN SCHEMA 命令，该命令需要待输入模式的名称。使用 ogr_fdw 的过程中，可将该命令用作前置过滤器，因为很多数据源没有模式。如果不想应用过滤器，则应将参数设置为 ogr_all。例如，如果只想导入以 tl_开头的表，可将 ogr_all 替换为 tl_。

使用 IMPORT FOREIGN SCHEMA 时需要注意，不能像使用 ogr2ogr 时那样定义表的名称。但是，连接后可以修改表名和列名。除了在 ch04 模式中创建的外部表外，还可以看到作为表进行连接的形状文件的列表(见图 4.8)。

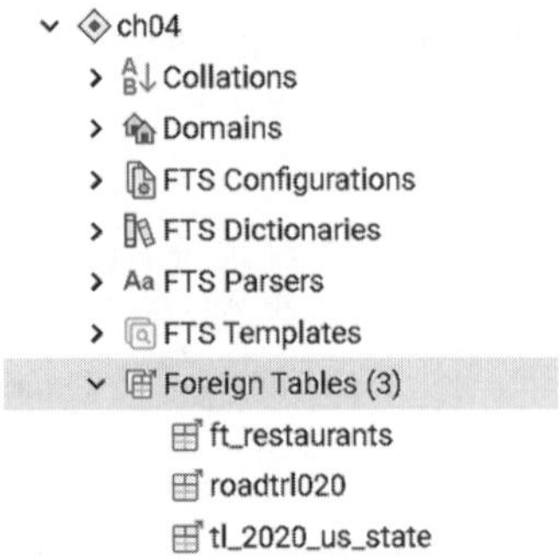

图 4.8　导入外部模式后的外部表

　　Esri 形状文件是 ogr 新支持的多种格式中的一种，所以 ogr_fdw 可以更新它们。可以观察到，ogr_fdw 额外添加了一个名为 fid 的列。它用来表示特征 ID，此 ID 通常是表的主键，或者是当没有可以推断的键时自动生成的键。对内而言它用于引用外部数据。默认情况下，ogr_fdw 将所有可更新的表标记为可更新，但可以在外部服务器或单个外部表级别禁用此设置。

　　下面从 ch04.tl_2020_us_state 外部表中删除 Guam(关岛)：

```
DELETE FROM ch04.tl_2020_us_state
WHERE name = 'Guam';
```

　　如果这时检查 tl_2020_us_state.dbf 文件，可以看到 Guam 已经消失了。ogr_fdw 编辑了这个文件。

　　当从 ogr_fdw 外部表中更新或删除条目时，GDAL 对各种格式的支持差异很大。例如，理论上可以更新 CSV 文件，但如果这样做，ogr_fdw 最终会重写该文件，这可能不是想要的结果。对于 dBase 和 Esri 形状文件，它执行就地编辑，因此可以安全地在这些源上运行更新、删除和插入操作。

2. 查询 OpenStreetMap 数据

　　OpenStreetMap(OSM)是一个激动人心的项目，通过类似于谷歌地图和微软虚拟地球(MS Virtual Earth)的地图网络服务，所有人都可免费获得空间数据。大多数通过 OSM 提供的数据都是根据开放数据库许可(Open Database License)或知识共享署名许可协议(Creative Commons Attribution)——ShareAlike 2.0 许可的。这意味着可将这些数据用于个人娱乐和商业项目。

　　OSM 数据可以被导入 PostGIS。把数据保存在自己的 PostGIS 数据库中，非常有利于高级查询、管理服务或构建自定义切片。拥有自己的 OSM 数据集后，将错过下载后的任何更新，这是它唯一的缺点。

　　可将 OSM 数据导出为 XML 格式文件(生成文件的扩展名.osm 或.osm.bz)，或者带.pbf 扩展名的 Protobuf 格式。

　　下一节将讨论如何划分 OpenStreetMap 数据的特定区域，并以 OSM XML 格式下载它们，然后使用 ogr2ogr 将生成的文件导入启用 PostGIS 的数据库中，或使用 ogr_fdw 连接到数据。

　　imposm 和 osm2pgsql 是另外两个免费的开源命令行工具，通常用于导入 OSM 数据。如果需要可路由格式的数据执行 pgRouting，可以使用 osm2pgrouting 工具，本书后面将介绍这个工具。

3. 获取 OSM 数据

实际应用中，可以选择下载整个 OSM 数据库(约 16 GB)，也可下载人口中心的摘要。

执行以下步骤，可以从 OSM 世界地图中导出一部分：

(1) 登录 OpenStreetMap 网站，输入想要导出的街区的经度和纬度，或者在地图上画一个方框。

(2) 如果手动绘制一个区域，应选择自动填充边界框(BBOX)。例如，如果要选出凯旋门(Arc de Triomphe)区域，边界坐标文本框中将出现类似于 2.285 68、48.879 57、2.303 71、48.867 6 的内容。

(3) 选择以 OpenStreetMap XML Data 作为导出格式，并为文件命名。我们选择了巴黎凯旋门周围的区域，所以把它命名为 arctriomphe.osm。

还可使用 OpenStreetMap 提供的 REST API 之一来实现相同的结果。代码清单 4.2 演示如何通过调用 wget 划分出类似的区域。注意，bbox 参数对应的是所涉区域的最小经度/纬度和最大经度/纬度。

代码清单 4.2　下载覆盖凯旋门的边界框区域

```
wget -O arc.osm
    http:/ /www.overpass-api.de/api/xapi?*[bbox=2.29,48.87,2.30,48.88]
```

确保将前面的代码作为一行来执行。

XAPI Query Builder 是 OpenStreetMap 使用的 REST XAPI 服务的安装向导。XAPI 服务不仅允许划分 OSM 数据的特定区域，还可以过滤属性(如医院)或特性(如道路)。

4. 使用 ogr_fdw 查询 OSM 数据

在查询 OSM 数据之前，需要安装 hstore 扩展。hstore 扩展提供了一个键/值数据类型，OSM 使用键/值对描述与特性相关的属性，例如 oneway:yes、speed_limit:55 和 cuisine:Nouveau French。其中一些键/值对有自己的专用列，其余的被放在一个名为 other_tags 的列中，该列可以转换为 hstore 数据类型。

使用如下 SQL 命令安装 hstore 扩展：

```
CREATE EXTENSION hstore SCHEMA contrib;
```

现在，可以使用代码清单 4.3 中的语句将 OSM 数据加载到 PostgreSQL 中。

代码清单 4.3　使用 ogr_fdw 连接到 OSM XML 文件

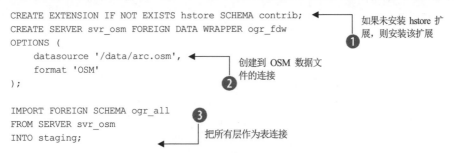

首先安装 hstore❶，以便识别 OSM 中的键/值存储数据。接下来，使用 ogr_fdw 的第一步是创

建外部服务器 ❷，它建立到外部数据的连接。外部服务器的定义必须包括 ogr 驱动程序、本例中的 OSM 以及数据路径。使用 IMPORT FOREIGN SCHEMA 命令，可以一次连接到所有层 ❸。

对于 OSM、XML 和 PBF 文件，可以看到 5 个外部表出现在 staging 模式中，如图 4.9 所示。

```
✓ 🗐 Foreign Tables (5)
    🖽 lines
    🖽 multilinestrings
    🖽 multipolygons
    🖽 other_relations
    🖽 points
```

图 4.9　出现在 staging 模式中的 5 个外部表

5. 读取 hstore 标签

每个 OSM 外部表都有一个名为 other_tags 的列，该列的类型为 hstore。hstore 数据类型是基于无模式设计的。对于同一个表，标签不必是同类的。某些行中可能有 speed_limit 标签，而其他行没有。如果查询不存在的标签，PostgreSQL 将返回 NULL。大多数关键 OSM 标签已经作为数据库列包含在 OSM PostgreSQL 输出中，但是查询 other_tags 列可用于获取不太常见的属性。

提示：假设已经安装了 hstore 扩展，如果使用 ogr2ogr 导入 OSM 数据，可以在加载命令中添加 -lco COLUMN_TYPES "other_tags=hstore"，从而自动将 other_tags 作为 hstore 列引入。

遗憾的是，即使在最新版本的 ogr_fdw 中，标签列仍被视为文本而不是 hstore，因此，为了利用 hstore 扩展提供的 hstore 函数，需要使用 ::hstore 将列强制转换为 hstore。

为了演示查询，假设要从表 line 中取出所有 cycleway。可以编写如下查询：

```
SELECT name, tags->'cycleway' AS cycleway
FROM (SELECT name, other_tags::hstore AS tags FROM staging.lines) X
WHERE tags ? 'cycleway';
```

如果希望将每个标签作为一个单独的行取出(以便在其他关系数据库中存储标签)，可以编写如下查询并创建一个名为 osm_key_values 的新表，该表由 3 列组成：osm_id、key 和 value。每个键/值对生成一条记录，因此，如果每个标记列中有 10 个条目，则会生成 10 行：

```
CREATE TABLE ch04.osm_key_values AS
SELECT osm_id, (x.e).key, (x.e).value
FROM (
    SELECT osm_id, each(other_tags::hstore) AS e
    FROM staging.lines
) AS x;
```

4.6.3　将 hstore 标记转换为 jsonb

hstore 数据类型是 PostgreSQL 提供的第一种无模式设计的数据类型。它诞生的时候，JavaScript 对象表示法(JSON)及 PostgreSQL 的内置 json(纯文本)和 jsonb(二进制 JSON)已深入人心。JSON 无处不在，包括 ANSI-SQL 的会议室。JSON 现在是一个标准，使用自己的 ANSI-SQL 查询路径进行导航；这是许多数据库正在效仿的，以证明它们是 JSON 领导者。

如果能将简单的 hstore 类型转换为当前更受欢迎和更好用的 jsonb 类型，那不是很好吗？幸运的是，新版 PostgreSQL 中的 hstore 扩展提供了一个转换，允许将 hstore 类型转换为 json 和 jsonb，方便那些喜欢 json 的人使用。

在下面的示例中，我们将通过查询所有高速公路来创建一个新的物理表，并首先通过 hstore 类型转换将标签转换为 jsonb：

```
CREATE TABLE ch04.osm_roads AS
SELECT
    osm_id, name, highway, geom,
    other_tags::hstore::jsonb AS tags
FROM staging.lines
WHERE highway > '';
```

注意：从 9.4 版以来，PostgreSQL 对 JSON 的支持可能是所有数据库中最丰富的。在 PostgreSQL 12 中，随着 ANSI-SQL/JSON 标准路径语言的引入，对 JSON 的支持变得更加丰富，非常适合有许多嵌套的复杂的 JSON 文档(更多信息，请参阅 Thoughts About SQL 博客上的文章 "JSON Path Support in Postgres 12")。

如上所示，很多免费的开源工具可以用于将矢量数据导入和导出 PostgreSQL/PostGIS 数据库。其中的很多工具都是伴随着 PostGIS 发展起来的，因此免费的 PostGIS 导入工具经过的测试通常比其他空间数据库的导入工具经过的更多，PostGIS 导入工具的功能也更强大。类似地，PostGIS 栅格数据也可以被导入和导出，下一节将对此进行讨论。

4.7 使用 **raster2pgsql** 导入栅格数据

支持栅格的 PostGIS 发行版包括一个名为 raster2pgsql 的命令行工具，可以在 PostgreSQL 安装的 bin 文件夹中找到它。raster2pgsql 构建在 GDAL 库之上，因此它能够加载特定版本的 GDAL 库所支持的栅格格式。GDAL 库(而不是工具包)是每个支持栅格的 PostGIS 安装的一部分。

raster2pgsql 的一个强大特性是，它允许在某些开关中使用通配符名。通过该特性，可以将整个文件夹中的文件加载到单个表中。raster2pgsql 还允许将大型栅格文件分解成较小的块，并将每个块存储为单独的表格行，以便放大。它还可以创建概览表，以便在显示栅格地图时进行缩小或减小高分辨率图像的尺寸。

4.7.1 raster2pgsql 命令行开关

要查看可用的命令行开关，可以在命令行上单独输入 raster2pgsql。下面列出了最常用的开关：

- -s SRID——指定源栅格的 SRID。如果没有指定 SRID，raster2pgsql 将检查传入栅格的元数据，以确定适当的 SRID。如果无法识别 SRID，则导入 SRID 值为 0 的栅格。
- -t tile size——设置切片的大小。这会将栅格分成切片(栅格术语中的分块)，在每个表格行插入一个切片。切片大小可以表示为宽度乘以高度(单位为像素)。在 PostGIS 2.1 中，可将切片大小设置为 auto，raster2pgsql 将计算适当的切片大小，通常在 32~100 像素之间，并尽可能均匀地分割原始尺寸。raster2pgsql 不会从多个原始文件创建栅格行,因此无论如何切片,在导入过程中创建的行数始终等于或大于文件数。

- -R——将栅格注册为数据库外栅格,这意味着数据不是存储在数据库中,而是存储在文件系统中,或者是通过 Web 服务访问的。
- -F——添加带有栅格文件名的列。默认的列名是文件名。如果在导入过程中进行切片,那么这一点特别有用,通过保留原始文件名,可在必要时轻松地重新构建原始文件。
- -n column name——指定文件名列的名称。它隐含-F 的功能。
- -l overview factor——创建栅格的概览表。如果要包含多个要素,则用逗号分隔它们。概览表名称遵循模式 o_overviewFactor_tableName(例如 o_2_srtm)。概览表始终存储在数据库中,不受-R 开关的影响。概览要素必须是大于 0 的整数值。
- -I——在栅格列上创建 gist 空间索引。创建的索引会自动执行 PostgreSQL ANALYZE 命令,以更新列统计信息。
- -C——加载后设置栅格列上的标准约束集。如果存在一个或多个栅格违反某项约束的情况,这项约束可能会失效。
- -e——单独执行每条语句,不使用事务(transaction)。
- -G——列出支持的 GDAL 栅格格式。

下面的 4 个开关以一个表名作为参数,它们之间是相互排斥的:

- -d table name——删除表,重新创建表并将当前栅格数据填入其中。
- -a table name——将栅格追加到由 table name 表示的现有表中。
- -c table name——创建一个新表并填入数据。如果未指定任何选项,这是默认值。
- -p table name——创建表而不执行其他任何操作(准备模式)。

raster2pgsql 不能转换 SRID,因此没有可以指定目标 SRID 的开关。导入的栅格将始终使用源的 SRID。

4.7.2 raster2pgsql 支持的格式

raster2pgsql 有一个-G 开关,列出了支持的所有栅格格式。以下是简略的输出:

```
raster2pgsql -G                              ◀——— 命令
Supported GDAL raster formats:              ◀
    Virtual Raster                                      输出
    Derived datasets using VRT pixel functions
    GeoTIFF
    National Imagery Transmission Format
    Ground-based SAR Applications Testbed File Format (.gff)
    ELAS
    Arc/Info Binary Grid
    Arc/Info ASCII Grid
    GRASS ASCII Grid
    SDTS Raster
    DTED Elevation Raster
    Portable Network Graphics
    JPEG JFIF
    MS Windows Device Independent Bitmap
```

```
JPEG-2000 driver based on OpenJPEG library
NOAA Polar Orbiter Level 1b Data Set
NOAA Vertical Datum .GTX
NTv1 Datum Grid Shift
:
```

如上所示，使用 raster2pgsql，可以导入多种栅格格式。如果使用额外的扩展进行编译，将获得更多的格式支持。

4.7.3 使用 raster2pgsql 加载单个文件

接下来使用 raster2pgsql 从 N48E086.hgt 文件加载高程数据，该文件被放在本章的数据文件夹中。这个特殊的高程数据来自航天飞机雷达地形任务(Shuttle Radar Topography Mission，SRTM)，是 SRTM 数据的标准格式。稍后将演示如何将整个文件夹加载到多个行中以分块进行分析：

```
raster2pgsql -s 4326 -C N48E086.hgt staging.n48e086 |
    psql -h localhost -U postgres -p 5432 -d postgis_in_action
```

此示例将单个文件加载到名为 staging.n48e086 的表中。-C 开关告诉 raster2pgsql 添加所有必要的空间约束，以确保栅格的属性正确显示在 raster_columns 视图中。我们还使用-s 开关指定了栅格文件的 SRID。如果省略 SRID，raster2pgsql 将尝试根据文件的元数据进行猜测。

4.7.4 在 shell 脚本中加载多个文件并进行切片

在本例中，我们将在一个步骤中加载多个高程文件。这次的数据来自 EarthExplorer 网站。下载并提取数据，然后将文件放入名为 usgs_srtm 的文件夹中(匹配以下代码中使用的名称)。最后，通过复制以下内容创建纯文本脚本文件：

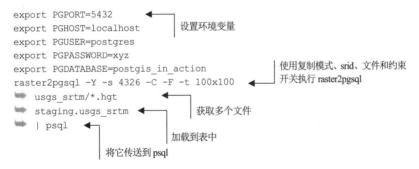

前面的代码展示了一个栅格如何加载 shell 脚本。为简化对 psql 的调用，我们采取了一个额外步骤——设置环境变量。如果使用的是 Windows 平台，需要将"export"替换为"set"。

raster2pgsql 在垂直和水平方向上将每个文件分为 100×100 像素的切片。每个切片作为一行放入表中。如果文件不能被均匀地分割成 100×100 像素，则某些切片将小于 10 000 像素，但可以预期没有切片的宽度或高度会超过 100 像素。通配符只允许导入符合指定模式的文件。

加载表后，最好检查 raster_columns 视图，以验证是否正确添加了所有约束。还可将脚本保存下来供以后使用。

虽然可以直接通过管道将 raster2pgsql 的输出传输到数据库，但有时可以方便地将数据以 SQL INSERT 语句的形式存储在文件中以供日后使用。下一个示例就是这样做的，并且使用了 auto 命令指定切片的大小，因此 raster2pgsql 将提供一个合适的切片解决方案，而不是明确指定一个切片的大小：

```
raster2pgsql -C Ella.png ch04.ella_chunked -t auto > ella_chunked.sql
```

使用 raster2pgsql，还可以只加载栅格的元数据，并引用数据库中的物理位置。这种用法称为 out-db。请查看 Paul Ramsey 的 "PostGIS Raster and Crunchy Bridge" 文章中的示例。

4.7.5 使用 PostgreSQL 函数输出栅格数据

PostGIS 有多种栅格数据的输出函数。ST_AsPNG、ST_AsJPEG 和 ST_AsTiff 是将数据输出到流行栅格格式的函数。要对输出进行更精细的控制，还可能需要使用函数 ST_AsGDALRaster。

ST_AsGDALRaster 是一个通用函数，可将数据输出到 GDAL 支持的所有格式，包括 PNG、JPEG 和 TIFF。

ST_FromGDALRaster 是一个用于将其他栅格格式转换为 PostGIS 栅格格式的函数。它接受 GDAL 支持的任何栅格，前提是整个栅格能被放入含有 bytea 数据类型列的表中的一行。通过 ST_AsGDALRaster 和 ST_FromGDALRaster 的组合，可以轻松地使用 PostGIS 执行强大的图像处理。把旧黑白照片数字化为 JPEG 文件并将这些文件复制到 PostgreSQL 表中，将 JPEG 存储为 bytea 列，转换成 PostGIS 栅格后，可以应用着色和其他 PostGIS 栅格操作，然后使用 ST_AsJPEG 或 ST_AsGDALRaster 将其转储为 JPEG。

执行以下查询以获取特定 GDAL 版本支持格式的列表：

```
SELECT short_name, long_name
FROM ST_GdalDrivers()
ORDER BY short_name;
```

由于某些格式能够访问网络资源，出于安全考虑，在使用任何栅格导出和导入函数之前，必须启用两个环境变量。要启用所有栅格格式，需要将环境变量 POSTGIS_GDAL_ENABLED_DRIVERS 和 POSTGIS_ENABLE_OUTDB_RASTERS 设置为 ENABLE_ALL。为了更具选择性，可按照 postgis.gdal_enabled_drivers 文档中讨论的那样设置 PostgreSQL 变量。

如果通过操作系统环境变量进行配置，需要重新启动 PostgreSQL，配置将适用于所有数据库。通过 PostgreSQL 的 GUC 变量设置系统或数据库级别的配置时需要运行 SELECT pg_reload_conf()；配置将在重新连接后生效。

专用的 ST_AsRaster 函数可将任何 2D 几何图形转换为 PostGIS 栅格格式，然后可以将其转换为其他栅格格式。代码清单 4.4 中的 SQL 语句输出一个几何图形的图像，该图像存储在名为 ch04.osm_roads 的 PNG 文件中。

代码清单 4.4 将 OSM 数据输出为 PNG 文件

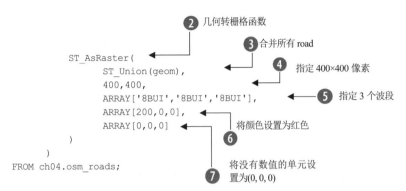

在代码清单 4.4 中,首先选择 ch04.osm_roads 中的所有 road 图形,并在空间上将它们合并为一个线串集合的集合❸。然后将几何图形栅格化❷为由三个 8BUI 波段❺组成的 400×400 像素❹的栅格,并在输出期间将线串集合的波段值设置为红色(200, 0, 0)❻。然后将不在几何图形上的像素初始化为(0, 0, 0)❼,最后将 PostGIS 栅格转换为 PNG 栅格❶。

代码清单 4.4 的输出是 PostgreSQL bytea 类型数据组成的 PNG 图像的字节形式。然后可以使用标准查询连接(如 JDBC、PHP pgsql、ODBC、ADO.NET 或 Python psychopg)检索图像,以在 Web 应用程序中进行渲染。我们在 BostonGIS 网站上演示了 Web 应用程序的渲染: Minimalist Web-Based PHP PostGIS 2.0 Spatial Geometry/Raster Viewer。

LibreOffice/OpenOffice 还可以读取存储在字段中的图像。使用它们,可以轻松地将图像合并到电子表格和演示文稿中。我们在 Postgres 在线期刊上演示了 OpenOffice 和 LibreOffice 的使用: Rendering PostGIS Raster Graphics with LibreOffice Base Reports。

4.8　使用 GDAL 导出栅格数据

GDAL 还包括三个栅格数据实用程序。使用它们,可以将数据导出到不同的栅格类型,将栅格从一个 SRID 转换为另一个 SRID,以及将栅格转换为矢量。虽然 GDAL 可以将数据导出到其他栅格类型,也可以检查 PostGIS 栅格,但不能将栅格导入 PostGIS 数据库。使用 raster2pgsql,可以将栅格数据导入 PostGIS。

使用 PostGIS 栅格时,常用的封装在 GDAL 的命令行工具如下:

- **gdalinfo**——检查栅格,包括 PostGIS 的和非 PostGIS 的栅格。
- **gdal_translate**——导出 PostGIS 栅格。
- **gdalwarp**——转换 SRID 并导出 PostGIS 栅格。

gdal_translate 可以接受空间参考和非空间参考栅格,它不进行 SRID 之间的转换,而 gdalwarp 的主要目的是转换或添加空间参考。gdal_translate 比 gdalwarp 具有更多功能,例如在输出过程中调整大小。

可通过 GDAL 工具包完成的任务实际上是无限的。毕竟,它是一种像瑞士军刀一样的工具。我们编译了一些常见的任务,对这些任务而言,gdalinfo、gdal_translate 和 gdalwarp 被证明是必不可少的。

4.8.1　使用 gdalinfo 检查栅格

遇到栅格数据时，在花费精力导入它之前，有必要仔细检查一下。gdalinfo 提供关于特定栅格源的详细信息。

根据安装情况，gdalinfo 可能只能检查某些栅格格式。要查看可以检查哪些格式，可按如下方式使用--formats 开关：

```
gdalinfo --formats
```

除了提供有关栅格的信息外，gdalinfo 还提供了一些信息，这些信息有助于在导入出错时排除故障。运行 gdalinfo，可以读取栅格的元数据，如代码清单 4.5 及其输出所示。

代码清单 4.5　使用 gdalinfo

```
gdalinfo N48E086.hgt
```

代码清单 4.5 的输出如下所示。

```
Driver: SRTMHGT/SRTMHGT File Format
Files: N48E086.hgt
Size is 1201, 1201
Coordinate System is:
GEOGCS["WGS 84",
    DATUM[
        "WGS_1984",
        SPHEROID[
            "WGS 84",
            6378137,
            298.257223563,
            AUTHORITY["EPSG","7030"]
        ],
        AUTHORITY["EPSG","6326"]
    ],
    PRIMEM["Greenwich",0,AUTHORITY["EPSG","8901"]],
    UNIT["degree",0.0174532925199433,AUTHORITY["EPSG","9122"]],
    AUTHORITY["EPSG","4326"]
]
Origin = (85.999583333333334,49.000416666666666)
Pixel Size = (0.000833333333333,-0.000833333333333333)
Metadata: AREA_OR_POINT=Point
Corner Coordinates:
Upper Left  (85.9995833, 49.0004167) (85d59'58.50"E, 49d 0' 1.50"N)
Lower Left  (85.9995833, 47.9995833) (85d59'58.50"E, 47d59'58.50"N)
Upper Right (87.0004167, 49.0004167) (87d 0' 1.50"E, 49d 0' 1.50"N)
Lower Right (87.0004167, 47.9995833) (87d 0' 1.50"E, 47d59'58.50"N)
Center      (86.5000000, 48.5000000) (86d30' 0.00"E, 48d30' 0.00"N)
Band 1 Block=1201x1 Type=Int16, ColorInterp=Undefined
NoData Value=-32768
Unit Type: m
```

输出将始终包含栅格的大小、波段、每个波段的类型和栅格的角坐标。角坐标相当于地理空间坐标(上例中的度数)。如果栅格没有地理参考，则这些坐标的范围是 0~栅格的列数或行数(以较大者为准)。只有地理参考栅格的输出包含坐标系信息部分。

4.8.2　gdal_translate 和 gdalwarp

gdal_translate 和 gdalwarp 是封装在 GDAL 的命令行工具，用于将栅格导出为其他格式。gdal_translate 具有更改输出分辨率的能力，可以导出地理参考和非地理参考栅格，但不能转换空间参考系统。因此需要用到 gdalwarp。

当完成下面的示例并创建输出文件时，最好查看导出的内容，以确保大象图像仍然是大象，凯旋门没有位于亚特兰蒂斯(Atlantis)。使用 GDAL 构建的查看器(如流行的 QGIS 和 MapServer)能够渲染 gdal_translate 导出的每种格式。第 5 章将讨论如何安装基于 GDAL 的查看器。

1. 使用 gdal_translate 缩小或放大栅格

先将栅格缩小到其原始大小的 10%，并将其输出为 GeoTIFF 文件：

```
gdal_translate -of GTiff -outsize 10% 10%
    PG:'host=localhost port=5432 dbname=postgis_in_action
    user=postgres password=xyz
    schema=staging table=usgs_srtm mode=2'
    elev_small.tif
```

在本例中，将 mode 参数设置为 2。从 GDAL 1.8 开始，将表格中跨越多行的栅格导出为仅支持单个栅格的文件格式时，必须添加此 mode 值。另外，在指定输出大小时，应使宽度位于高度之前。

2. 使用 gdal_translate 导出单个波段

现在，只将多波段栅格的第一个波段导出到 JPEG 文件。下一个示例中需要加载文件 ch04_data_ella.sql：

```
gdal_translate -of JPEG -b 1
    PG:"host=localhost port=5432 dbname=postgis_in_action
    user=postgres password='xyz'
    schema=ch04 table=ella_chunked
    column=rast mode=2"
    ella_grey.png
```

我们的栅格(大象艾拉)是 RGB 色彩模式的：包含红、绿、蓝三个波段。我们只导出了第一个波段，输出的是一只单色大象。我们还明确地命名了要导出的栅格列。对于有多个栅格列的表，必须命名要导出的列。如果不这样做，gdal_translate 将随机命名。

3. 将 gdal_translate 与 where 子句结合起来使用

gdal_translate 接受类似 SQL 的 where 子句，该子句允许过滤要导出的行。在下一个示例中，我们将导出限制为 usgs_srtm 表的前 200 行：

```
gdal_translate -of GTiff
   PG:"host=localhost port=5432 dbname=postgis_in_action
   user=postgres password=xyz
   schema=staging table=usgs_srtm
   where='rid BETWEEN 1 and 200'
   mode=2"
   subset.tif
```

4. 使用 gdal_translate 导出一个区域

利用 PostGIS 函数，可以构建奇特的 where 子句。在本例中，我们只输出以凯旋门为中心的部分矩形栅格。

```
gdal_translate -of GTiff
   PG:"host=localhost port=5432 dbname=postgis_in_action
   user=postgres password=xyz
   schema=staging table=usgs_srtm
   where=
       'ST_Intersects(
           rast,
           ST_MakeEnvelope(2.28568,48.8676,2.30371,48.87957,4326)
       )'
   mode=2"
   arctriomphe.tif
```

通过这个 where 子句，可以大致了解栅格和几何数据类型在 PostGIS 中如何相互作用。

5. 使用 gdal_translate 重新构建导入的文件

如果使用-F 选项导入栅格，则原始文件的名称应该在数据库中。即使已将文件跨行切片，依然可通过过滤文件名重新构建原始文件：

```
gdal_translate -of USGSDEM
   PG:"host=localhost port=5432 dbname=postgis_in_action
   user=postgres password=xyz
   schema=staging table=usgs_srtm
   where='filename=\'N48E086.hgt\''
   mode=2"
   N48E086.dem
```

6. 使用 gdalwarp 转换空间参考

gdal_translate 的一个缺陷是它不能转换为导出的一部分。因此需要使用能够接受源和目标空间参考参数的 gdalwarp。对于本例，需要用到使用 PostGIS 栅格支持编译的 GDAL 1.8(或者最好是 GDAL 1.9)。

gdalwarp 有两个开关可将其与 gdal_translate 区分开：

- -s_srs——此开关指定源栅格的空间参考系统。尽管 gdalwarp 可以确定源的空间参考系统，但如果指定了 SRS，gdalwarp 会跳过这一步，而且如果知道 SRS，应该进行指定。
- -t_srs——此开关是必需的，它声明了输出的 SRS。

这两个开关都可以接受 proj4 和 EPSG 代码，但如果使用 EPSG 编码，则 GDAL_DATA 路径环境变量必须指向一个将 EPSG 编码转换为 proj4 的文件。因此，虽然 EPSG 编码比庞大的 proj4 字符串更容易输入，但使用前必须做一些准备工作。

下一个示例将 PostgreSQL staging.usdem 表中的数据从 SRID 4326 (WGS 84 lon/lat)转换为 SRID 2163(美国国家地图集)：

```
gdalwarp -s_srs EPSG:4326 -t_srs EPSG:2163
    PG:"host=localhost port=5432 dbname=postgis_in_action
    user=postgres password=xyz
    schema=staging table=usdem
    where='ST_Intersects(
        rast,
        ST_MakeEnvelope(-115.60,32.54,-112.96,26.03,4326)
    )'
    mode=2"
    usdem_sub.tif
```

可视化数据

最后一点建议是，使用可视化工具查看导入和导出的内容。不能仅凭程序运行成功就认为你最终得到了想要的结果。你本以为结果是俄勒冈州波特兰(Portland，OR)，实际上可能是缅因州波特兰(Portland，ME)。很多时候，我们看到人们假设数据是完美的，然后继续进行后续步骤，结果却发现后来的努力由于糟糕的数据而白费了。

使用准权威源的数据时要格外小心。例如，你找到的可以下载所有大陆边界的资源，有可能是某个孩子在幼儿园主题作业中画出来的(并由过分骄傲的妈妈或爸爸贴在网上)。同样糟糕的是，这些大陆边界可能来自 3 亿年前的泛大陆。遗憾的是，没有导入导出工具可以防止人为错误。为了节省自己的时间并避免日后的尴尬，必须养成在导入或导出数据时检查数据的习惯。

4.9　本章小结

- shp2pgsql 是用于将 Esri 形状文件加载到 PostgreSQL 中的 PostGIS 封装工具。
- pgsql2shp 是用于将 PostgreSQL 数据导出为 Esri 形状文件和 dBase 文件的工具。
- shp2pgsql-gui 是将 shp2pgsql 和 pgsql2shp 组合在一个界面中的图形界面。
- GDAL 是一套用于处理矢量和栅格数据的工具。
- ogr2ogr 是封装在 GDAL 中的命令行工具，可将空间矢量数据和非空间格式数据加载到 PostgreSQL 数据库中。
- ogrinfo 是封装在 GDAL 中的命令行工具，用于检查矢量和非空间数据格式。
- gdal_translate 和 gdalwarp 是封装在 GDAL 中的命令行工具，可用于导出 PostGIS 栅格数据。
- gdalinfo 是封装在 GDAL 中的命令行工具，用于检查栅格数据。

- 外部数据封装器及其外部表允许像查询数据库中的表一样查询外部数据。
- file_fdw 是一个外部数据封装器扩展，允许引用分隔符文本文件，如 PostgreSQL 表。
- ogr_fdw 是一个空间外部数据封装器扩展，允许引用许多外部数据源并像查询表一样进行查询，其中的空间矢量字段被视为 PostGIS 的 geometry 列。
- raster2pgsql 是封装在 PostGIS 中的工具，用于将栅格加载到 PostGIS 栅格格式。

第 **5** 章

在桌面上使用 PostGIS

本章内容：

- OpenJUMP
- QGIS
- gvSIG
- Jupyter(JupyterLab 和记事本)

　　本章将介绍一些流行的开源 GIS 桌面查看和加载工具，这些工具通常与 PostGIS 配套使用。我们还将介绍 Jupyter 记事本(Notebook)和 JupyterLab，它们不是 GIS 桌面工具，但在 GIS 和数据科学人员中非常流行，常用于特殊分析。每种工具都有自己的优点和缺点，且每种都能满足特定的用户或任务。本章将介绍这些工具，分析它们之间的区别，并指导完成安装和配置，以便对它们进行试用。要获得更深入的内容，可以参考为这些工具提供的网站和手册。

　　首先，我们将简要概述这些工具并充分阐述我们的个人观点，然后详细介绍每种工具。我们将主要关注使用这些工具查看和查询数据的方法，还将重点介绍每个工具为构建自定义桌面应用程序而提供的功能，以及它们扩展内置特性的插件和脚本的可用性。希望你学习本章后可以更好地了解哪些工具最适合当前的工作和特定的工作方式。

5.1　桌面查看工具一瞥

　　我们首先快速总结各种工具的特性。阅读本节后，可以根据自己的目的完全排除一些工具并跳过与它们相关的部分。如果已经对其中一种工具投入了时间和精力，那么你至少应该浏览该节，看看有没有错过什么。这些工具一直在添加新特性。如果一年前你因为缺少一些关键特性而放弃了某个工具，现在可能会发现它已经包含了这种特性。

　　表 5.1 简要概述了本章讨论的四种工具。

表 5.1　本章介绍的工具的特性

特性	OpenJUMP[①]	QGIS	gvSIG	Jupyter
当前版本	1.15	3.12	2.5	6.0.2(记事本)、1.2.5(JupyterLab)
插件	JARs、Jython、beans	Python/Qt	JARs	Python
脚本语言	Jython、BeanShell	Python	Jython[②]	Julia、Python、R 和其他语言[③]
下载大小	30~50 MB	150~250 MB	270 MB	500+ MB
提取和运行	Yes	No	No	No
易用性[④]	中	易	中	中
移动版本[⑤]	No	Yes	Yes	No[⑥]

① JUMP 统一映射平台是为 OpenJUMP 服务的平台，但也有其他一些应用将它用作框架，包括同名桌面应用 JUMP。

② Jython 是允许在 JVM 中运行 Python 代码的 Java 框架。

③ Jupyter 始终允许使用 Python 编写脚本，并且允许通过额外的安装启用额外的语言。

④ 指示在执行基本配置后工具启动和运行的容易程度。

⑤ 指示该工具是否有或声称有移动配套版本。

⑥ Jupyter 项目没有移动版本，但有一个专为 Android 和 iPhone 开发的移动应用 Juno，用于开发 Jupyter 记事本文件。

我们以不同的身份使用了上述所有工具，并征求了其他用户的意见。本节将提供我们对每个工具的看法。这些看法是主观的，因此每个人的体验可能会有所不同。本章后面将详细介绍每种工具。

5.1.1　OpenJUMP 简介

OpenJUMP 是我们最喜欢的工具，因为它是轻量级的，允许编写空间 SQL 并立即查看其可视化结果。OpenJUMP 还有很好的修复和分析几何图形的特性，并有用于修复错误形状文件的工具。它可能最适合那些不害怕直接查询数据库并喜欢整洁工作空间的人。对于 Java 和 Python/Jython 程序员，OpenJUMP 使常见任务自动化了。

OpenJUMP 也有缺点，我们希望它能够提供对 PostGIS 栅格类型的支持。此外，它是用 Java 编写的，但没有附带 JRE，因此可能很难在没有安装 Java 运行库的桌面上运行。

5.1.2　QGIS 简介

QGIS 的用户友好界面、GPS 和栅格支持、Python 脚本化，以及整体的优化都吸引了新的 GIS 用户。QGIS 还经常捆绑另一个名为地理资源分析支持系统(Geographic Resources Analysis Support System，GRASS)的开源应用程序，用于栅格分析(2D 像素和 3D 像素)和地理空间建模。许多用户通过 QGIS 安装获得 GRASS。GIS 众包人员和 Python 程序员也倾向于选择 QGIS。它的处理速度和空间 SQL 功能相当不错。它也是我们讨论的唯一一个通过附加插件对 PostGIS 拓扑提供本地支持的工具，并且具有最好的 PostGIS 栅格支持。QGIS 还支持 Oracle 和 SQL Server 空间类型。这种连接到不同数据库产品的能力吸引了需要使用各种空间数据库的用户。

QGIS 对数据源的大部分支持是通过第 4 章介绍的 GDAL 提供的。新的桌面 QGIS 包括 GDAL 命令行工具。

QGIS 提供了用户友好的查询界面。对于一个纯粹的 SQL 程序员，名为数据库管理器(DB Manager)的扩展非常易于安装——在菜单上单击一下即可默认安装。QGIS 拥有庞大的开发者基础和追随者，因此新特性以闪电般的速度出现，出现的 bug 也很快会得到解决。

QGIS 使用 C++ Qt 框架，它类似于 pgAdmin 4 PostgreSQL 管理工具。QGIS 有 32 位和 64 位两种版本。移动用户可使用一个名为 QField 的配套 Android 应用程序随时随地编辑空间数据。

5.1.3　gvSIG 简介

gvSIG 对各种数据库、OGC 服务和非 OGC Esri 产品提供基本支持。它还可以通过 Java 进行扩展。

就 PostGIS 而言，我们发现 gvSIG 有点笨拙。旧版本的 gvSIG 本身支持 PostGIS 栅格，但最新版本似乎已经放弃了对 PostGIS 栅格特性的支持。

如果你已经使用了 Esri，并且正在寻找一种工具来利用遗留的 Esri 堆栈，那么 gvSIG 可能是最佳选择。此外，gvSIG 还有一个移动版本。

5.1.4　Jupyter 记事本和 JupyterLab 简介

Jupyter 是一个开发工具套件。它诞生于另一个名为 IPython(交互式 Python)的项目。记事本和 JupyterLab 应用程序是我们将要介绍的两个工具。

记事本文件(.ipynb 文件)是定义单元格的文件。每个单元格都有一组脚本行，可以逐单元格运行。每个单元格都可以使用在前面运行的单元格中定义的变量。默认情况下，运行单元格后的输出将成为记事本文件的一部分。

记事本文件的脚本行通常是用 Python、Julia 或 R 编写的(因此被称为 Julia Python R)。为方便记事本文件的文档化，Markdown 脚本行也被支持。Jupyter 可通过插件支持其他脚本语言。

JupyterLab 和 Jupyter 记事本都是最常用来编辑和查看.ipynb 文件的工具。JupyterLab 是新一代产品，旨在完全取代 Jupyter 记事本。虽然 Jupyter 记事本和 JupyterLab 通常在桌面上使用，但应用程序托管在一个独立的后台 Web 服务器上，可以使用 Web 浏览器与之交互，这与 pgAdmin 4 的工作方式相似。

如果没有特别说明，本章中提到的 Jupyter 指的是记事本和 JupyterLab 应用程序的功能。

Jupyter 记事本的主要优点在于，它允许人们分享研究分析的步骤，允许使用输出到 PDF、幻灯片等的附加组件进行快速报告，且允许其他用户复制这些内容。它们也是学习数据分析的好工具。Jupyter 的强大之处主要在于插件。在记事本文件中，可以使用许多特定于 GIS 的库来包含地图，加载和分析数据。还可以找到许多可用的数据库驱动程序以连接到 PostgreSQL 和其他数据库。

对于教学和其他非本地需求(需要多个用户共享相同的记事本文件)，可以使用 JupyterHub 或谷歌 Colab。两者都提供服务器端 Jupyter 记事本托管环境。谷歌 Colab 允许启动存储在谷歌硬盘上的记事本文件。

5.1.5 空间数据库支持

我们正在讨论的四种桌面工具都支持PostGIS。前三种不需要额外的插件。最后一个,即 Jupyter,需要安装数据库驱动程序插件和 GIS 插件。

在本节中,我们将对使用这些工具连接到空间数据存储时涉及的各种重要特性进行编目。我们根据以下特性列表研究每个工具:

- 对其他数据库(SpatiaLite、Oracle Spatial、SQL Server、DB2、MySQL)的支持——该工具可以渲染存储在其他数据库中的几何图形吗?
- 多个几何图形列——该工具可以读取包含多个几何列或地理列的 PostGIS 表格吗?它是随机选择一个还是报错?
- PostGIS 地理——该工具可以读取 PostGIS 地理数据类型吗?
- PostGIS 栅格——该工具可以读取 PostGIS 栅格列吗?
- 保存到 PostGIS——该工具可将表格保存到 PostGIS 吗?例如,如果打开一个形状文件,可以将它保存到 PostGIS 吗?
- 编辑 PostGIS——该工具可以加载 PostGIS 数据并允许使用绘图工具和表单字段进行编辑吗?
- 曲线支持——该工具可以渲染曲线几何图形吗?
- 3D 几何图形——该工具可以渲染 3D 几何图形吗?
- 异构列——该工具可以渲染存储多个子类型的几何列吗?
- SQL 查询——可以用 SQL 语句组合 PostGIS 查询并直观地查看其输出吗?
- 整数唯一键——该工具是否需要用一个整数唯一地标识行?
- 视图——该工具可以读取带有 PostGIS 几何/地理列的 PostgreSQL 视图吗?

表 5.2 总结了我们的研究结果。在表中,如果我们将某个工具标记为支持某个特定特性,我们可能不会亲自试用该工具,而是从文档中或通过探索菜单选项筛选信息。如果我们用星号标记"Yes"条目,这意味着该工具声称通过附加扩展支持该功能。如果我们用星号标记一个 "No" 条目,则表明该工具有充分模拟该特性的变通方法。

表 5.2 空间数据库支持

特性	OpenJUMP	QGIS	gvSIG	Jupyter
SpatiaLite	Yes*	Yes	No	Yes*
Oracle Spatial	Yes*	Yes*	Yes*	Yes*
SQL Server	No	Yes	No*	Yes*
DB2	No	No	No	Yes*
MySQL	Yes*	Yes	Yes	Yes*
多个几何图形列	Yes	Yes	Yes	Yes*
PostGIS 地理	No*	Yes	No	Yes*
PostGIS 栅格	No*	Yes*	Yes*	Yes*
读取 PostGIS	Yes	Yes	Yes	Yes*

(续表)

特性	OpenJUMP	QGIS	gvSIG	Jupyter
保存到 PostGIS	Yes*	Yes*	Yes	Yes*
编辑 PostGIS	Yes	Yes	Yes	Yes*
曲线支持	No	No	No	No
3D 几何图形	No	Yes	Yes*	No
异构列	Yes	Yes	Yes*	No
SQL 查询	Yes	Yes	No	Yes*
整数唯一键	No	No	No	No
视图	Yes	Yes	Yes*	Yes*

5.1.6　格式支持

表 5.3 列出了每个工具支持的矢量、栅格和 Web 服务格式。这个列表并不全面，但试图涵盖人们期望在桌面工具中使用的常见格式。"Yes"条目表示该工具支持导入、导出、编辑或所有这些操作。用星号标记的"Yes"条目表示它通过附加扩展(默认情况下未安装)支持该格式。

表 5.3　矢量文件数据格式

格式	OpenJUMP	QGIS	gvSIG	Jupyter
Esri 形状文件	Yes	Yes	Yes	Yes*
SpatiaLite	Yes*	Yes	No	Yes*
GeoPackage(GPKG)	Yes	Yes	Yes	Yes*
GPX	Yes	Yes	No	Yes*
GML	Yes	Yes	Yes	Yes*
KML	Yes*	Yes	Yes	Yes*
GeoJSON	Yes*	Yes	Yes	Yes*
DXF	Yes	Yes	No	Yes*
DWG	No	Yes	Yes	Yes*
MIF/MID	Yes	Yes	No	Yes*
TAB	No*	Yes	No	Yes*
Excel	Yes	Yes	Yes	Yes*
CSV	Yes	Yes	Yes	Yes*
SVG	Yes	No	No	Yes*

以下是关于某些格式的一些注释：
- **TAB**——这是默认的 MapInfo 格式。
- **MIF/MID**——这些是 MapInfo 可以导出的 MapInfo 交换格式，可保留默认 TAB 格式的大部分功能。

- **SpatiaLite**——这是 SQLite 的空间数据库扩展程序。它构建在 GEOS 和 PROJ 上并扩展 SQLite，这与构建在 GEOS 和 PROJ 上并扩展 PostgreSQL 的 PostGIS 类似。可将 SpatiaLite 视为一个轻量级的单文件 PostGIS。
- **GeoPackage**——这是一个用于以 SQLite 格式分发数据的 OGC 标准。它支持矢量和栅格数据。
- **Esri File Geodatabase (gdb)**——这种存储格式通过 OGR/GDAL 库获得支持。据我们所知，只有 QGIS(如果使用 OGR/GDAL 1.10+编译)和商业工具 Esri ArcGIS、Safe FME 支持这种文件存储格式。

表 5.4 列出了这些工具支持的各种栅格格式。我们没有对其编辑和输出能力进行调查，所以这里的"Yes"表示它可以渲染或导出格式。用星号标记的"Yes"表示它可以使用额外的可下载的插件渲染或导出该格式。

表 5.4　栅格文件数据格式

格式	OpenJUMP	QGIS	gvSIG	Jupyter
JPG	Yes	Yes	Yes	Yes
TIFF	Yes	Yes	Yes	Yes
ECW	Yes*	Yes	No	Yes*
PNG	Yes	Yes	Yes	Yes
MrSID	Yes*	Yes	No	Yes*

5.1.7　支持的 Web 服务

表 5.5 列出了常见的 OGC Web 服务以及每个工具对它们的支持。我们没有测试其中的任何一个，因此这纯粹是基于文献或菜单项的。"Yes"表示有内置支持，用星号标记的"Yes"表示支持需要额外的可下载的插件。

表 5.5　Web 服务支持

格式	OpenJUMP	QGIS	gvSIG	Jupyter
WMS	Yes*	Yes	Yes	Yes*
WFS	Yes*	Yes	Yes	Yes*
WFS-T	Yes*	No	Yes	Yes*
WPS	Yes*	No	Yes	Yes*
WCS	No	No	No	Yes*

下面简要描述这些不同 Web 服务的设计目的：

- **WMS(网络地图服务)**——这是这些服务中最古老和最常见的。它允许使用 GetMap 方法对基于图层名称和边界区域的图像数据提出请求。它还有一个简单的 GetFeature-Info 调用方法，允许检索已经格式化的文本信息。

- **WFS(Web 功能服务)**——此 Web 服务通常基于 Web 查询返回矢量格式的数据。标准格式是地理标记语言(GML)。也有返回其他格式的 WFS 服务提供程序，如 KML 和 GeoJSON。
- **WFS-T(Web 功能服务事务)**——这是标准 WFS 协议的扩展，允许通过矢量格式(如 GML 或 WKT)在 Web 上编辑几何图形。
- **WPS(Web 处理服务)**——这是用于公开通用工作流程的 OGC GIS Web 服务协议。它的关键部分是 DescribeProcess、GetCapabilities 和 Execute(Execute 接受一个带参数的指定进程并执行它)。
- **WCS(网络覆盖服务)**——这是用于栅格覆盖等操作的 OGC GIS Web 服务协议。

5.2　OpenJUMP

OpenJUMP 是一个基于 Java 的、跨平台的、开源的 GIS 分析和查询工具。它具有丰富的统计分析和几何处理函数，可以与 Esri 形状文件、PostGIS 数据存储和许多其他数据格式很好地搭配使用。我们发现，对于组合特定的空间查询、覆盖特定的查询和立即查看呈现的结果，它是一个非常好的选择。它提供足够的制图功能，但不像其他桌面工具那么广泛。OpenJUMP 在编辑几何图形时速度很快，但在执行打印等制图任务时却有些滞后。

在底层，OpenJUMP 由 Java 拓扑套件(Java Topology Suite，JTS)引擎提供支持。JTS 是几何引擎开源(Geometry Engine Open Source，GEOS)库的 Java 父库，而 GEOS 库正是 PostGIS 的基础。由于 JTS 在发布新版本的时间安排上领先于 GEOS，因此许多新特性在 PostGIS 中可用之前就会出现在 OpenJUMP 中。

接下来的小节将继续阐述 OpenJUMP 的强大功能，描述它的安装过程，详细介绍有用的插件，并演示一些示例用法。

5.2.1　OpenJUMP 特性总结

OpenJUMP 是渲染 PostGIS 几何图形的首选工具。事实上，我们使用 OpenJUMP 生成本书中的许多几何图形。它的下载文件很小，但前提是已经运行了 Java 虚拟机(JVM)。它使处理几何图形的分析工具易于使用，可以加快联合、修复错误几何图形和获取统计数据等任务的执行。对于 Python 爱好者来说，OpenJUMP 提供了 Jython 脚本和插件框架。

可以使用 OpenJUMP 的即席查询工具编写任何 PostGIS geometry SQL 查询，并毫无障碍地查看几何输出。然而，它缺乏显示 PostGIS 栅格的能力，但 QGIS 能提供这种能力。但是，尽管它不能输出 PostGIS 栅格几何图形，但你仍然可以使用它查询 PostGIS 栅格数据，前提是使用一个几何图形输出函数，如 postgis_raster 扩展提供的 ST_DumpAsPolygons。

5.2.2　安装 OpenJUMP

OpenJUMP 的安装很容易：提取 zip 文件并启动可执行的文件。OpenJUMP 不像 gvSIG 那样封装自己的 JVM，因此它的下载文件很小，但你必须准备好一个 JVM。

在 OpenJUMP 网站上可以获得 OpenJUMP 的副本。

5.2.3　易用性

在易用性方面，我们将 OpenJUMP 排在 QGIS 之后。虽然 OpenJUMP 有创建新表的功能，但我们发现它有点古怪。如果没有额外的插件，数据无法在 SRID 之间转换。

最令人失望的是，我们钟爱的即席查询工具不能处理地理、栅格和拓扑数据类型。一种变通方法是，首先将类型转换为几何(PostGIS 允许直接将地理和拓扑类型转换为几何类型)，但缺点是不能显示栅格。对于栅格的输出，我们选择使用 QGIS。

5.2.4　OpenJUMP 插件

OpenJUMP 支持插件、扩展和注册表：
- **插件**是一个 Java 归档文件(JAR)，可将其放入 OpenJUMP 安装的 lib 或 lib/ext 目录中。插件可以是附加的数据库驱动程序、几何函数等。
- **扩展**管理一组插件以完成特定的工作流，并管理插件的安装和配置。扩展以 JAR 文件、Python 或 BeanShell 脚本的形式出现。这些文件也放在 lib/ext 目录中。
- **注册表**是扩展中可用内容的字典。

5.2.5　OpenJUMP 脚本

除了添加新的 JAR 外，还可通过使用 BeanShell 和 Jython 脚本增强 OpenJUMP。自己编写的脚本和 Python 类应放在 OpenJUMP 安装的 lib/ext 目录下的 BeanTools 或 Jython 子目录中。

5.2.6　OpenJUMP 格式支持

要加载受支持的矢量文件，右击工作空间并选择 Load Dataset 选项或使用 File | Open 菜单选项。要加载栅格文件，可以使用 File | Open File 菜单选项。要加载空间数据库层，可以使用 Load Data Store 或 Ad Hoc Query 工具。

OpenJUMP 支持打开以下矢量格式：GML、JML、Esri 形状文件、WKT 和 PostGIS。可将工作保存为以下矢量格式：可缩放矢量图形(Scalable Vector Graphics，SVG)、Esri 形状文件和 GML。可将数据保存为以下栅格格式：GIF、TIFF、JPG 和 PNG。

通过附加插件，还可以支持 MrSID、MIF、ArcSDE、Oracle、GPX 和 Excel 等格式。访问 SourceForge 并搜索 Plugins_for_OpenJUMP，可以获取所有最新和最高的 OpenJUMP "插件"。

5.2.7　PostGIS 支持

OpenJUMP 对 PostGIS 有很好的支持。它有两个关键特性：
- **异构列**——OpenJUMP 能够在添加数据存储(Add Data Store)模式和即席查询模式下渲染异构的几何图形列，并将该列视为单个层。

- **SQL 查询**——OpenJUMP 通过 Layer |Run Datastore Query 菜单选项，允许自由输入 SQL 语句并查看它们。唯一的限制是即席查询必须至少有一个 geometry 列。如果输出多个 geometry 列，则渲染第一个 geometry 列。

5.2.8　注册数据源

OpenJUMP 维护一个可以连接的数据源列表，但必须在使用之前注册它们。使用 OpenJUMP 连接管理器(Connection Manager)，可以注册数据源。

数据源使用的驱动

在后台，OpenJUMP 使用 JDBC 驱动程序连接到数据库。如果喜欢探索，并且想要最新的 PostgreSQL 驱动，可以使用以下简单的步骤替换封装的驱动：

(1) 从 PostgreSQL 网站下载最新的 PostgreSQL JDBC 3 驱动。

(2) 将 PostgreSQL JDBC 驱动复制到 OpenJUMP lib 目录中，并删除原来的版本。驱动文件名通常以"postgresql"开头。

有几种方法可以访问连接管理器。一种方法如下：

(1) 从菜单中选择 File | Run Datastore Query。

(2) 单击连接下拉列表旁边的数据库图标(见图 5.1)，打开连接管理器(见图 5.2)，然后单击 Add 按钮。

图 5.1　OpenJUMP 数据库连接的下拉列表

图 5.2　添加新的 PostGIS 数据库连接

在 Add Connection 对话框中，输入连接名称、数据库名称(在 Instance 字段中)以及所有其他相关信息，然后单击 OK 按钮。

成功添加连接后，可以在 Connection Manager 列表中看到它，如图 5.3 所示。如果出现连接错误(通常以红点显示)，请删除连接并重试。

OpenJUMP 的一个缺点是不能编辑连接。但是，可以复制现有连接，这提供了一个编辑值的窗口，可用新的名称保存已编辑的连接。

图 5.3　带有新连接的 OpenJUMP 连接管理器

5.2.9　渲染 PostGIS 几何图形

添加数据存储层对话框是渲染存储在现有几何列中的数据的最快方法。要进入这个对话框，右击 Working 并选择 Open | Data Store Layer，如图 5.4 所示。

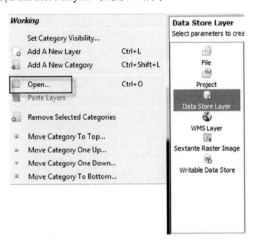

图 5.4　在 OpenJUMP 中使用数据存储层添加一个 PostGIS 表

接下来，选择一个连接，然后选择一个表和要显示的 geometry 列。可以使用可选的 WHERE 子句过滤数据(见图 5.5)，然后单击 Finish 按钮。

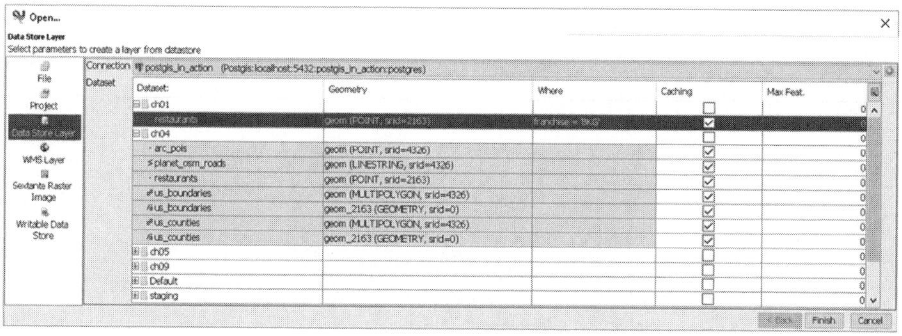

图 5.5　在 OpenJUMP 中设置数据存储层

如果单击 Finish 按钮后主显示窗口上没有显示任何内容，请从 Working 组中选择图层，右击，然后选择 Zoom to Layer。OpenJUMP 很挑剔，它认为区段(完全包含所有数据的区域)总是表中所有记录的区段，即使在 WHERE 子句收缩区段时也是如此。

要显示即席查询的结果，请从菜单中选择 File | (SQL) Run Data Source Query。这将显示一个窗口，可以在其中复制完整的 SQL 语句。

如果要显示以 geography 或 topogeometry 作为空间类型的查询，则需要在 SQL 语句中使用 geog::geometry 或 topo::geometry，从而将类型转换为 geometry。你可以自由地使用任何 SQL 语句或访问连接的数据库中创建的自定义对象。

代码清单 5.1 通过一个艺术示例演示了这一点。

代码清单 5.1　抽象的 SQL 艺术

```
SELECT art.n, art.geom
FROM (
    SELECT
        n,
        ST_Translate(                          随机上下移动
            ST_Buffer(                         缓冲线          将线串转换为
                                                              多边形        通过随机点集
                ST_MakeLine(pt), mod(n,6) + 2,                             合创建一条线
                'endcap=' || endcaps[mod(n,3) + 1] || ' join=' ||
                joins[mod(n,array_upper(joins,1)) + 1] ||
                ' quad_segs=' || n
            ),
            n*10,n*random()*pi()
        ) As geom
FROM (
    SELECT ceiling(random()*100)::integer As n,
        ARRAY['square', 'round', 'flat'] As endcaps,
        ARRAY['round','mitre','bevel'] As joins,
        ST_Point(x*random(),y*random()) As pt
    FROM generate_series(1,200, 7) As x
        CROSS JOIN generate_series(1,500,20) As y
) As foo
GROUP BY foo.n, foo.endcaps, foo.joins
HAVING count(foo.n) > 10) As art;
```

每次运行查询时，查询结果都会改变。

要在 OpenJUMP 中应用样式，右击图层并选择 Style | Change Styles | Enable Color Theming。
图 5.6 显示了应用样式后查询的输出。

图 5.6 应用自定义样式后的 SQL 艺术

5.2.10 导出数据

OpenJUMP 具有基本的导入和导出功能，可将文件保存为 Esri、GML、WKT、栅格和 SVG 格
式。通过安装额外的插件，可将文件导出到 AutoCAD DXF 并打印到 PDF。要导出图层，右击该图
层并选择 Save Dataset As。要将当前视图保存为 PNG 或 JPG，请从菜单中选择 File | Save View as
Raster。

本章介绍了 OpenJUMP 提供的功能。OpenJUMP 还有一个 Jython 脚本环境，允许用 Python 编
写自定义插件。我们鼓励你对这些功能进行探索。

下一节将讨论 QGIS。

5.3 QGIS

QGIS，原名 Quantum GIS，是一款免费的、开源的桌面 GIS 查看、编辑和分析工具。其精致
直观的界面非常适合 GIS 新手。QGIS 还有一个专门的 Python 和地理资源分析支持系统(Geographic
Resources Analysis Support System，GRASS)。QGIS 是基于 Qt 框架构建的，Qt 框架是一个 C/C++
跨平台窗口框架。

QGIS 的突出之处在于：它与 GRASS 的高度集成、它对栅格的广泛支持、它与 OGR/GDAL
套件的丰富集成，以及它的原生 Python 脚本框架。最后，QGIS 最吸引人的方面是用户友好的界面。
使用其他工具时，我们常常不得不猜测 UI；有了 QGIS，一切都井然有序，我们不需要质疑自己是
否只是因为不熟悉它的导航而错过了一个关键特性。

由于 QGIS 与数据表的紧密集成，我们在"易用性"方面将其列为"易用"。使用 QGIS 界面，
可以添加表，编辑行和筛选行。我们特别喜欢的功能是高亮显示数据行，QGIS 将自动缩放到查看
窗口的相应区域。

QGIS 组织得如此直观，因此你可能不需要仔细阅读它那一千多页的手册；但是如果阅读了，
就会发现它有多种语言版本，非常有用。

5.3.1　安装 QGIS

QGIS 的安装非常简单。QGIS 有时会在安装后提示重新启动，但由于 QGIS 不依赖 Java，因此可以避免安装和更新 Java 运行时库带来的麻烦。大多数操作系统都可以使用 32 位和 64 位版本。

QGIS 也是 OSGeo4W 套件的一部分，因此可以选择安装 OSGeo4W，它将提供 QGIS 以及一系列与 GIS 相关的工具。在 QGIS 页面中，还可通过链接访问 OSGeo4W。

5.3.2　将 QGIS 与 PostGIS 结合起来使用

QGIS 与 PostGIS 一起成熟，因此 QGIS 对 PostGIS 空间数据库的支持所经受的考验比它对任何其他空间数据库的支持所经历的都多。QGIS 中对 PostGIS geometry 类型的支持强于对其他 PostGIS 空间类型的支持。QGIS 一直是第一个支持 PostGIS 新空间特性的工具，因此它的 PostGIS 栅格、3D 几何、地理和拓扑支持比大多数其他桌面产品都要强大。查看 Kartoza 的"Introduction to PostgreSQL and PostGIS"视频，了解如何使用 QGIS 与 PostGIS 交互。

Database | DB Manager 菜单选项是我们最喜欢的。在数据库管理器中，可以找到 DB Manager_TopoViewer，它允许查看 PostGIS 拓扑(将在第 13 章中介绍)。启动数据库管理器后，该选项会显示在 Schema 菜单下，并且只有当所选模式是 PostGIS 时才会显示。可通过数据库管理器插件查看 PostGIS 栅格。TopoViewer 和选择带有栅格列的表格都将在主地图视图中加载各自的项目。

如果要使用 pgRouting，可以查找 pgRouting Layer 插件，它是一个额外的扩展。通过单击 extensions 菜单选项，可以安装大多数扩展。

1. 添加 PostGIS 连接

在 QGIS 中，可以轻松地添加 PostGIS 几何连接。有两种常见的方法。首先转到 Layer 菜单，如图 5.7 所示，选择 Add Layer | Add PostGIS Layers | New。

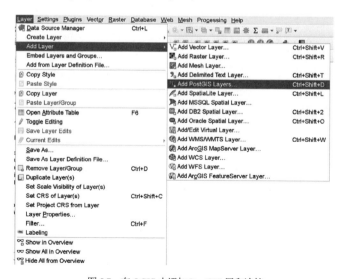

图 5.7　在 QGIS 中添加 PostGIS 层和连接

或者，可以在 Browser 窗格中通过右击 PostGIS 并选择 New Connection 选项创建连接，如图 5.8 所示。如果没有看到 Browser 窗格，可以从菜单 View | Panels | Browser 中启用它。

图 5.9 显示了在 Layer 菜单中单击 New 或在 Browser 窗格中单击 New Connection 后获得的 QGIS PostGIS 连接对话框。如果选中 Use estimated table metadata 复选框，那么对于大型表，你将获得更好的加载速度。缺点是，如果表的统计数据过时，你可能会得到奇怪的结果，比如 QGIS 视图没有完全包含数据的范围。另一个缺点是元数据可能不完整。例如，如果有一个包含点和线串的混合 geometry 类型列，则 QGIS 可能会任意地假定该列完全由其中一种或另一种类型组成。

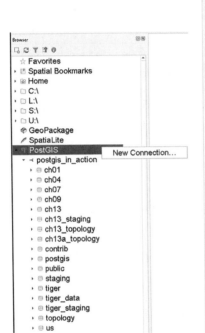

图 5.8 通过 Browser 添加 PostGIS 连接

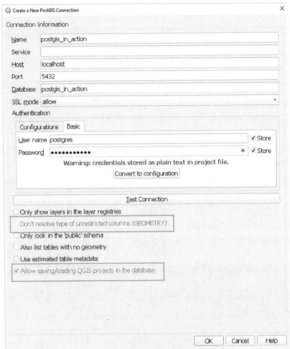

图 5.9 在 QGIS 中添加 PostGIS 连接

如果有许多表或包含许多行的表中有不受约束的 geometry 列(那些不受 typmod 约束的列)，则需要选中 Don't resolve type of unrestricted columns(GEOMETRY)复选框。如果该复选框没被选中，QGIS 会检查这些表中的数据来推断 geometry 类型。这样会减慢列出图层的速度。

QGIS 3.2 中新增的一个特性允许将 QGIS 项目保存到 PostgreSQL 数据库中。如果需要与其他用户共享项目数据库层、自定义表单和样式，可以非常方便地使用此特性。这需要在 Connection Information 对话框中选中 Allow saving/loading qgis projects in the database 复选框。默认情况下，此设置未选中，图 5.9 显示的是已选中的情况。我们在博客"New in QGIS 3.2 Save Project to PostgreSQL"中介绍了这一点。

2. 查看和过滤 PostGIS 数据

当使用 Add Layer | Add PostGIS Layers 菜单选项时，将得到用于添加新表的 QGIS 对话框。此对话框显示每个带有样式化图标的空间列。如果一个表有多个空间列或一个特定列包含混合几何图

形，QGIS 会将每种类型列为一个单独的层，如图 5.10 所示。

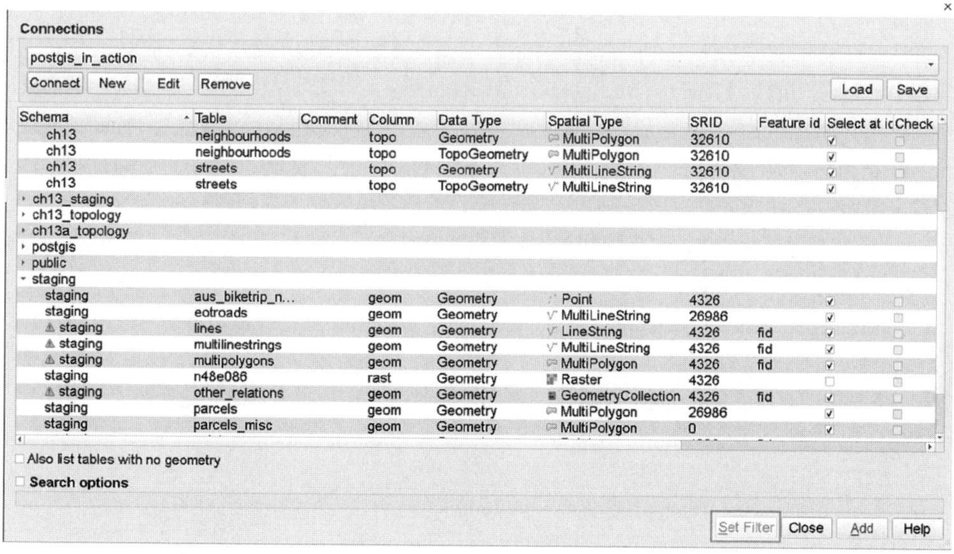

图 5.10　在 QGIS 中添加 PostGIS 表

　　选择一个图层后，Set Filter 按钮已启用。如果单击 Set Filter，将出现一个 Query Builder 对话框，允许过滤想要返回的行集，如图 5.11 所示。双击 Fields 或 Values 列中的项，把它们放入过滤表达式框中。设置完列过滤器之后，单击 OK 按钮，将返回图 5.10 所示的屏幕。

　　对于每个要设置过滤器的列，可以再次单击 Set Filter。当单击图 5.10 所示的 Add 按钮时，QGIS 将所有选中的空间列添加到视口中，并应用它们各自的过滤器。

　　警告：QGIS 3.12.0 中有一个漏洞阻止了 PostGIS 栅格层被显示。这在 QGIS 的更高版本中已经得到修复，早期版本中不存在这个问题。

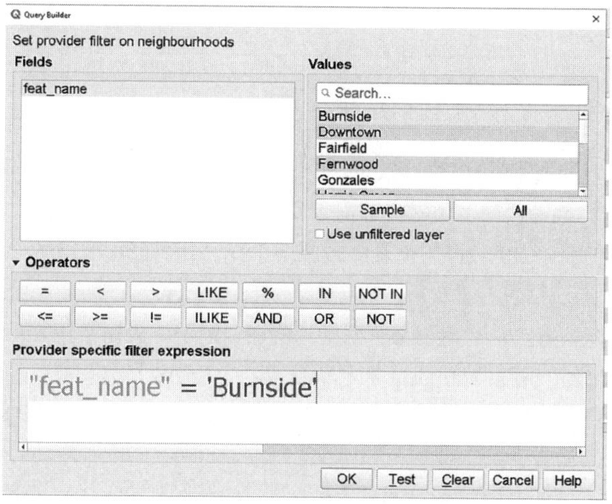

图 5.11　在 QGIS 中过滤表数据

3. 使用数据库管理器

更高级的 PostGIS 用户可能会发现 QGIS 查询结构存在局限性。幸运的是，QGIS 的数据库管理器插件允许编写即席查询。在新版本的 QGIS 中，数据库管理器似乎是默认安装的，但如果没有在安装中看到它，请转到 Plugins | Manage and Install Plugins 菜单选项来安装它。一切就绪后，可从 Database | DB Manager 菜单选项启动数据库管理器。在主数据库管理器窗口中选择 Database | SQL Window，可以启动数据库管理器的 SQL 窗口。图 5.12 显示了打开 SQL 窗口的数据库管理器窗口。可在这个窗口中编写 QGIS 的任何查询以进行渲染，但前提是遵守下列规则：

- 不要用分号结束 SQL。这是因为数据库管理器有时会更改现有查询并添加一个虚拟整数键，但不能将现有查询包装在一个更大的查询中。
- 如果想渲染 raster、geography 或 topogeometry 等数据类型，则必须将其转换为 geometry 类型。
- geometry 列必须是单一的几何类型。例如，同时包含点和多边形的列是不能进行渲染的。

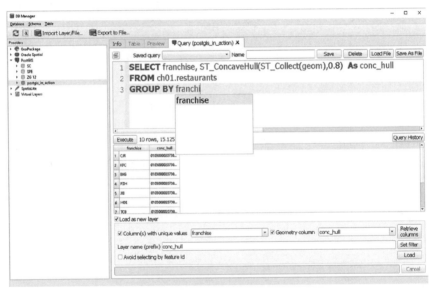

图 5.12　QGIS 数据库管理器

如果想看到整个表的渲染，可以跳过 SQL 窗口，直接从数据库管理器中将带有 geometry 或 raster 列的表拖放到主 QGIS 地图窗口。虽然在数据库管理器中拖放 topogeometry 的操作不起作用，但 topogeometry 列可以在 PostGIS 数据层工具中很好地工作。还可使用专门的 PostGIS 拓扑查看工具查看拓扑网络。

令人惊讶的是，拖放方法也适用于带有栅格列的表，但是如果栅格较大，建议使用附带的概览表，第 4 章中讨论了如何使用 raster2pgsql 加载概览表——QGIS 足够智能，可以利用它们并加快加载速度。另一种方法是创建一个视图来隔离感兴趣的区域。总之，我们发现 QGIS 中的栅格支持在每个后续版本中都有所改善。

除了 SQL 和拖放渲染，数据库管理器还有一些功能：

- 它允许查看所有表的树视图列表，并允许浏览属性数据和预览表的地图渲染。此特性也适用于栅格表。
- 它有一个 PostGIS 拓扑查看器，可从 DB Manager | Schema | TopoViewer 菜单选项访问。
- 使用数据库管理器，可将数据导入和导出到 PostGIS。可通过 Table 菜单选项或使用导入和导出图标访问它。
- 它可以执行数据库管理任务，如删除表，创建新模式，等等。
- SQL 窗口具有语法着色和输入提示功能，表名在下拉列表中列出以供选择。
- 它有一个版本控制特性，可以向指定的用于跟踪更改的表中添加触发器。

4. 导入和导出图层

QGIS 可以导入数量惊人的文件格式，这个数量还在不断增长。GDAL/OGR 库使这些导入成为可能。

要导入矢量文件，请选择 Layer | Add Vector Layer | File or Directory；可用文件类型的数量让人惊讶，如图 5.13 所示。

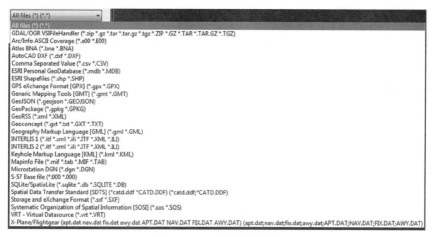

图 5.13　QGIS 矢量文件示例

QGIS 还可导入多种栅格格式，我们最后数出了 15 种。安装额外的插件，将引入更多的栅格格式。

若要将图层导出为其他文件格式，操作起来同样简单。右击一个图层，然后选择 Save Vector Layer As。可以选择超过 10 种不同的格式。

在 QGIS 中，将数据导入 PostGIS 的首选方法是使用 DB Manager Import 菜单，如图 5.14 所示。可在 DB Manager | Import Layer/File 菜单选项中访问导入菜单。导入器可以导入空间数据和通用分隔符数据，例如.csv 文件和电子表格。

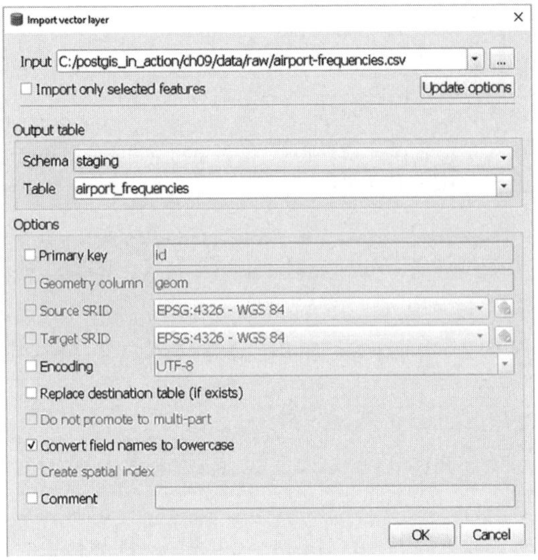

图 5.14 QGIS DB Manager Import Vector Layer 对话框

本节只触及了 QGIS 提供的所有内容的表面。强烈建议访问 QGIS 网站或阅读精心准备的用户手册以了解更多信息。还要关注越来越多的插件，特别是用于处理 PostGIS 栅格、PostGIS 拓扑和 PostGIS 3D 数据类型的插件。

最后，QGIS 还运行了一个名为 QGIS Server 的服务器组件。这个组件可将工作空间转换为适合在 QGIS Server 中使用的 Web 服务。OSGeoLive 中包含了与 PostGIS 和许多其他 OSGeo 项目搭配使用的 QGIS Server。关于 OSGeoLive 的使用，详见 QGIS Server Quickstart 页面。

QGIS 还附带了一个名为 QT Designer 的 Python 开发工具，该工具带有 QGIS 的自定义小部件，允许为 QGIS 插件开发前端。关于 QGIS 插件开发的讨论超出了本书的范围，但可以在 PyQGIS 开发者手册中探索它。

下一节将介绍 gvSIG，这是另一种流行的 GIS 桌面工具。

5.4 gvSIG

gvSIG 旗下有三款产品：

- gvSIG 桌面版(gvSIG desktop)——一款基于 GNU/GPL 许可的 GIS 工具，用于从桌面访问各种数据源。
- gvSIG 在线版(gvSIG online)——一款基于 AGPL(Affero)许可的工具，用于跨组织共享数据，可作为软件即服务(SaaS)或本地部署使用。ArcGIS 中的许多布局、工作流程和习惯用法都已被移植到 gvSIG 中。
- gvSIG 移动版(gvSIG mobile)——一款专注于现场工作的 Android 设备应用程序。

本节仅介绍 gvSIG 桌面版。

gvSIG 构建在 Java 之上，使用 Java 高级成像(Java Advanced Imaging，JAI)框架进行图像处理。与其他工具一样，gvSIG 既是一个桌面工具，又是一个可扩展的绘图平台，允许你用 Java 编写自己的扩展。所有扩展都位于 gvSIG/extensions 目录中。每个扩展都有自己的子目录，由一个或多个 JAR 文件、各种语言配置文件、一个 XML 配置文件和一个定义在扩展对话框中显示的字段列的.def 文件组成。除了通过 Java 编程支持扩展外，还可以使用由 Jython 编写的脚本。

可在 gvSIG 页面中下载 gvSIG。Linux 和 Windows 有 32 位和 64 位安装程序。在本书撰写之时，macOS 的 64 位安装程序即将推出。安装程序包含需要的全部文件(包含 Java 运行环境 JRE)。因此，它的下载包有点大，为 500~800 MB。除了安装程序外，还有一些可移植版本，提取后不必安装即可运行。

5.4.1　gvSIG 与 PostGIS 搭配使用

gvSIG 是围绕文档组织的。要添加 PostGIS 数据，首先必须创建视图文档。建立了视图文档后，就可以随意添加任意多的层。步骤如下：

(1) 从项目管理器窗口创建新的视图文档并为其命名。本例使用了 PostGIS Test，如图 5.15 所示。

(2) 选择创建的视图，单击 Open 按钮，然后在视图中右击并选择 Add Layer。切换到 Database 选项卡，单击 Connect，创建一个新的 PostGIS 连接，如图 5.16 所示。

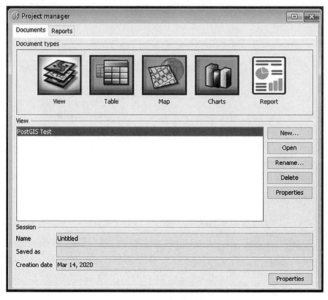

图 5.15　gvSIG 中的项目管理器窗口

图 5.16 在 gvSIG 中添加新的 PostGIS 连接

(3) 填写连接信息,单击 Ok 按钮。然后选择要添加的连接和表,并填写每个连接和表的参数,如图 5.17 所示。

可在过滤文本框中输入 SQL WHERE 子句以过滤行,这是唯一可以使用 SQL 进行处理的地方。

gvSIG 可以处理异构 geometry 列,但不能处理 geography、raster 或 topogeometry 列。

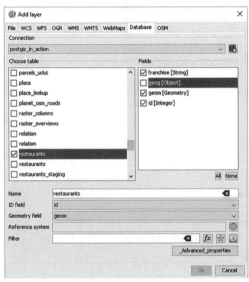

图 5.17 在 gvSIG 中选择 PostGIS 图层

5.4.2　导出数据

在 gvSIG 中，可以轻松地将数据导出为其他格式。步骤如下：

- 选择图层。
- 选择 Layer | Export to 菜单选项。
- 选择要导出的格式，如图 5.18 所示。

图 5.18　gvSIG 导出选项

Database(Throws JDBC)选项允许将数据导出到其他安装了 JDBC 驱动程序的数据库，如 MySQL 和 PostgreSQL。

5.5　JupyterLab 和 Jupyter 记事本

Jupyter 是在 BSD 风格许可下发布的开源项目。它包括一套主要用于数据分析和教学的工具。本节将介绍它的旗舰产品记事本(Notebook)和下一代产品 JupyterLab，它们可以在大多数操作系统上运行。记事本和 JupyterLab 界面都允许编辑、运行和查看记事本文件。按照约定，这些文件以.ipynb 扩展名结尾。记事本界面上有一个浏览器，允许浏览包含记事本文件的文件夹，每次只能查看一个。JupyterLab 界面除了允许打开记事本文件外，还允许有多个窗口(可以是其他 IDE)。

记事本和 JupyterLab 都提供多种用于导出记事本文件的格式。我们最喜欢 revealjs 格式输出，它可将记事本文件输出为演示文稿中使用的幻灯片和便于放入出版物(如本书)中的 AsciiDoc 格式。

虽然最常用于查看和编辑 Jupyter 记事本文件的工具是 Jupyter 记事本和 JupyterLab，但还有许多托管代码存储库也可以呈现 Jupyter 记事本文件。还有一些托管工具，如 JupyterHub 和 Google Colab，可以在托管服务器上(而不是在桌面上)运行记事本文件。

虽然 Jupyter 项目本身不提供移动版本，但可以使用 Pydroid 应用程序在 Android 设备上安装 Jupyter 记事本。还有一个名为 Juno 的专有工具，它为 iOS 和 iPad 提供运行 Jupyter 记事本的插件。

托管解决方案，如 JupyterHub 或谷歌 Colab，可以在未进行安装的情况下在手机上正常工作，因为 Jupyter 界面是作为 Web 应用程序公开的。即使在桌面上，Jupyter 记事本和 JupyterLab 也运行在它们自己独立的 Web 服务器上。

Jupyter 构建在 Python 之上。虽然它仍然适用于 Python 2，但 Python 3 是首选，它对 Python 2 的支持将是短暂的。Jupyter 记事本包含过程代码和描述工作簿中正在做什么的叙述代码。Jupyter 记事本文件中，大多数过程代码都是用 Python 编写的，而叙述代码通常是用 Markdown 标记语言编写的。如果安装了必要的环境，可以使用其他脚本语言，如 Julia 或 R。Jupyter 有三十多个语言插件，支持使用其他语言编写脚本。还可以在记事本文件中启动命令行工具，方法是在命令前加上 "!"。命令行特性可以轻松地与 psql、gdal 和第 4 章中介绍的其他命令行加载工具进行交互。

在桌面上安装 Jupyter 最简单的方法是使用 Anaconda 发行版。Anaconda 提供 Linux、Windows 和 macOS 的安装程序。运行 Jupyter 的另一种流行方式是在 Docker 容器上运行。接下来将介绍如何通过 Anaconda Python 发行版安装 Jupyter。

5.5.1 安装 Jupyter

要安装 Jupyter，需要下载桌面版 Anaconda Python，然后安装它。通常在安装程序中接受默认选项即可。Anaconda 是一个庞大的安装程序，大小约为 500 MB。它预先打包了相当多的 Python 库，包括 Jupyter 应用程序。

安装了 Anaconda 后，可以更新安装程序并下载更多的扩展，让记事本更便于使用。

在应用程序菜单中找到 Anaconda 提示符并启动它。使用中应该以 Admin 模式或提升权限启动此程序。

Anaconda 使用名为 conda 的包管理器来安装和更新位于 Anaconda 安装文件夹中的库。安装完成后要做的第一件事是更新 Anaconda，以确保拥有最新的库：

```
conda update --all --yes
```

接下来，安装连接到 PostgreSQL 服务器所需的数据库 library：

```
conda install -y sqlalchemy psycopg2
```

对于其他包，有一个名为 conda-forge 的 libs 存储库。在这里，可以获得不太常见或更前沿的库。接下来，从 conda-forge 安装以下包：

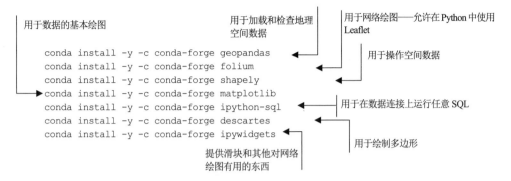

安装过程中，GeoPandas 和 Shapely 还会下载其他的库，如 GEOS、Proj 和 GDAL 等，PostGIS 使用这些库完成繁重的工作。

5.5.2　启动 Jupyter 记事本

可以从操作系统启动记事本应用程序，也可以使用 Anaconda 控制台启动。如果通过控制台启动，可以轻松指定包含记事本文件的路径。

在控制台执行以下操作，将 notebook-dir 路径替换为 postgis_in_action chapter 5 下载文件的路径：

```
jupyter notebook --notebook-dir=/postgis_in_action/ch05/
```

当执行上述命令时，Web 浏览器应打开记事本界面，列出指定的 notebook-dir 文件夹中的所有文件，如图 5.19 所示。

图 5.19　Jupyter 记事本应用程序

5.5.3　启动 JupyterLab

可以用类似于打开记事本的方式打开 JupyterLab 应用程序，只需要将单词 notebook 替换为 lab：

```
jupyter lab --notebook-dir=/postgis_in_action/ch05/
```

记事本和 JupyterLab 之间的主要区别在于，记事本是一个单一的文档界面。当使用记事本时，可以查看文件夹或特定的记事本文件。相反，JupyterLab 应用程序是一个多文档界面，允许打开 shell 窗口或选择的其他窗口，所有窗口都作为选项卡整齐地排列在 JupyterLab 界面中，如图 5.20 所示。

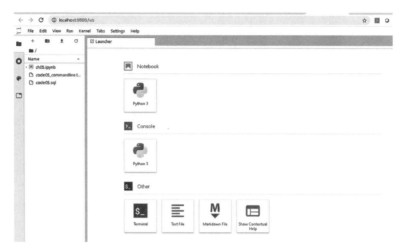

图 5.20　JupyterLab 应用程序

5.5.4　创建 Python 记事本文件

可以从记事本或 JupyterLab 界面创建 Python 记事本文件。

在记事本中，使用 Files 选项卡上的 New 按钮，并选择 Python 3，可以创建记事本文件，如图 5.19 所示。在 JupyterLab 中，使用 File | New | Notebook 菜单选项，并从下拉列表中选择 Python 3，如图 5.20 所示。接下来，打开在 Files 中选择创建的记事本文件。使用记事本屏幕上的 File | Rename 菜单选项或单击记事本文件的文件名，可以重命名记事本文件。

记事本文件由单元格组成，每个单元格都有一些可执行内容。当单击单元格上的 Run 图标时，输出将显示在下面的输出单元格中。

5.5.5　魔术命令

Jupyter 中有以%作为前缀的特殊命令。这些被称为魔术命令(magic commands)。当单元格的前缀为%%时，这意味着应该由指定的魔术命令解释器读取整个单元格中的内容。如果行的前缀只有 1 个%，这意味着该行应该由指定的魔术命令解释器读取。

添加一个包含以下内容的单元格，可以获取可用的魔术命令列表：

```
%lsmagic
```

然后运行它，可以看到类似于图 5.21 的内容。

魔术命令有两种。以%%为前缀的是单元格魔术命令，它使整个单元格变为魔术命令。以%为前缀的是行魔术命令，仅使它所在的行变成魔术命令。有些魔术命令既是行魔术命令，又是单元格魔术命令。

对于有些魔术命令，在加载包含它们的相关扩展之前，它们并不可用。其中一个这样的魔术命令是 sql 魔术命令，后面的内容将会介绍它。

```
[1]: ▼ root:
       ► line:
       ▼ cell:
           js: "DisplayMagics"
           javascript: "DisplayMagics"
           latex: "DisplayMagics"
           svg: "DisplayMagics"
           html: "DisplayMagics"
           markdown: "DisplayMagics"
           prun: "ExecutionMagics"
           debug: "ExecutionMagics"
           timeit: "ExecutionMagics"
           time: "ExecutionMagics"
           capture: "ExecutionMagics"
           sx: "OSMagics"
           system: "OSMagics"
           !: "OSMagics"
           writefile: "OSMagics"
           script: "ScriptMagics"
           sh: "Other"
           bash: "Other"
           perl: "Other"
           ruby: "Other"
           python: "Other"
           python2: "Other"
           python3: "Other"
           pypy: "Other"
           cmd: "Other"
           SVG: "Other"
           HTML: "Other"
           file: "Other"
```

图 5.21　Jupyter 魔术命令

5.5.6　使用 Jupyter 记事本执行原始查询

在记事本文件中查询数据库的方法有许多种。一种方法是使用前面安装的 ipython-sql 库，它引入了 SQL magic。为了能够使用这个 SQL，需要在记事本文件中添加一个包含以下内容的单元格：

```
%load_ext sql
```

然后单击 Run 图标。如果使用%lsmagic 重新运行单元格，会看到行和单元格部分现在都有额外的 magic sql。

现在，当以%%sql 开始单元格中的一行时，记事本文件就会知道单元格中的其余行将是 SQL 或到启用 SQL 的数据库的连接字符串。单元格中可以包含几行代码，每个 SQL 命令后面都跟着一个分号(;)。运行单元格时，将执行单元格中所有的 SQL 命令。

要使用 magic %%sql 命令连接到数据库，需要在下一个单元格中指定连接到 postgis_in_action 数据库的数据库连接字符串：

```
%%sql
postgresql://postgres:mypassword@localhost:5432/postgis_in_action
```

后续单元格中的所有命令都将使用此数据库。

我们先复制第 4 章中创建的表。创建含有以下内容的单元格：

```
%%sql
CREATE SCHEMA IF NOT EXISTS ch05;          ← 如果第 5 章模式不存
CREATE TABLE ch05.arc_test AS    ◄───────    在，则创建它
SELECT * FROM ch04.arc_pois;        └──── 利用第 4 章中的表创
                                          建第 5 章的新表
```

上述命令的输出应如下所示：

```
* postgresql://postgres:***@localhost:5432/postgis_in_action
Done.
508 rows affected.
```

在单元格中，可以使用以下代码将表的内容加载到名为 arc_pois 的内存变量中：

```
%%sql arc_pois << SELECT osm_id, name, geom
    FROM ch05.arc_test
    ORDER BY name
```

<<命令允许在多行上继续一条语句。要查看内存变量的前 5 行，需要将以下代码添加到新单元格中并运行它。注意，DataFrame()函数会将输出转换为 pandas 数据帧(data frame)，以允许应用标准 pandas 函数：

```
df = arc_pois.DataFrame()
df.head(5)
```

得到的输出应该类似于表 5.6。

表 5.6　Jupyter 记事本将输出一个 Python 变量，然后将变量输出到单元格

	osm_id	name	geom
0	4885347732	1.2.3	0101000020E610000096AC2FB7206002408384CDA55D70…
1	4418418790	20 rue Lauriston, Paris	0101000020E61000009EC59CB17956024077AC08ED8B6F…
2	4971661021	À l'Étoile d'Or	0101000020E6100000101DA78D8F5B02408CFA7F304B70…
3	2733570086	Acuitis	0101000020E61000007F24366964610240918CE6125870…
4	1549564356	airbnb-Philip	0101000020E610000046ABFF18DF5C0240114CDAF92370…

注：20 rue Lauriston, Paris 意为 "巴黎劳瑞斯顿街 20 号"；À l'Étoile d'Or 意为 "在金星上"。

注意，表 5.6 以 hexewkb 格式显示 geometry 列，这是 PostGIS geometry 的标准格式。因为 pandas 本身没有处理空间数据的机制，所以它没有以有用的格式显示空间数据的机制。

5.5.7　使用 GeoPandas、Shapely 和 Matplotlib 处理空间数据

为了理解空间数据，需要使用一个名为 GeoPandas 的库，它是 pandas(Python 数据分析库)的扩展。如前所述，如果安装了 pandas 库，ipython_sql 中有一个名为 DataFrame()的方法，可以将数据输出到 pandas DataFrame。

pandas Python 库在处理基本表格数据方面很受欢迎。GeoPandas 应用程序增加了对 PostGIS 空间列等内容的支持,并使用 GDAL 和 Shapely 来读取和操作其他空间格式,如形状文件。

代码清单 5.2 中的单元格示例将使用 Shapely 库将 PostGIS hexewkb 格式转换为 Shapely 几何格式(这是 GeoPandas 用于几何的格式),从而将数据帧 df 转换成名为 gdf 的 geodataframe。

代码清单 5.2　将 pandas 数据帧转换成 GeoPandas 数据帧

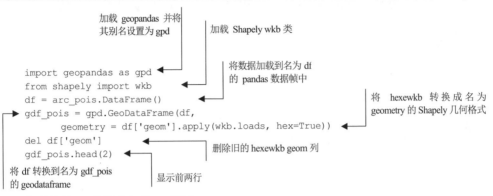

代码清单 5.2 的输出如表 5.7 所示。

表 5.7　Jupyter 记事本输出(从 pandas 转换为 GeoPandas 数据帧)

	osm_id	name	geometry
0	4885347732	1.2.3	POINT (2.29694 48.87786)
1	4418418790	20 rue Lauriston, Paris	POINT (2.29222 48.87146)

注意,也可以使用 gpd.read_postgis(sql,con),其中的 con 是一个用于直接从 PostGIS 读取数据以创建 GeoPandas 数据帧的 psychopg2 连接,sql 是 SELECT 语句。

将以下内容粘贴到记事本文件的下一个单元格中并运行它,会看到一个简单的点图,如图 5.22 所示。

```
gdf_pois.plot()
```

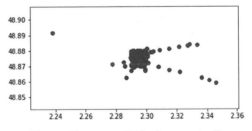

图 5.22　用 Matplotlib 绘制一个 GeoPandas 帧

在内部，当在 geodataframe 上调用 plot 方法时，GeoPandas 使用 Matplotlib 处理绘图。

然后可以用 GeoPandas 支持的格式将数据输出到文件中。下一个单元格代码的输出为记事本文件目录中的形状文件格式：

```
gdf_pois.to_file("pois.shp")
```

要将数据输出到记事本文件所在文件夹的子文件夹，可将名称替换为相对路径，例如 data/pois.shp。若要输出到计算机上的另一个文件夹，则应使用完整路径，例如/postgis_in_action/ data/pois.shp。输出文件夹必须是已经存在的文件夹。

使用 GeoPandas 加载数据

geopandas 库的一个常见用途是加载来自网站等外部源的空间数据。在内部，GeoPandas 使用一个名为 fiona 的库，它本身封装了 GDAL 的功能。

下一个示例(见代码清单 5.3)从自然地球(Natural Earth)网站提取时区多边形数据集，然后将其加载到名为 timezones 的 GeoPandas 数据帧中：

```
import geopandas as gpd
timezones = gpd.read_file('https:/ /www.naturalearthdata.com/http/ /
    www.naturalearthdata.com/download/10m/cultural/ne_10m_time_zones.zip')
```

可以使用 Matplotlib 查看数据，如下所示。输出如图 5.23 所示。

```
timezones.plot(figsize=(20,8),
    edgecolor='white', column='zone', legend=True,
    linewidth=2)
```

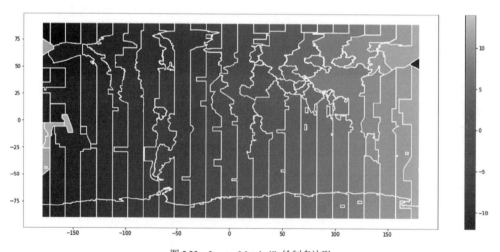

图 5.23　Jupyter Matplotlib 绘制多边形

注意： 如果报错，请检查是否安装了 descartes 库。绘制多边形和线串时需要用到该库。

如果想将此数据集存储在数据库中，可借助 sqlachemy 和 geoalchemy2 Python 库进行如下操作。

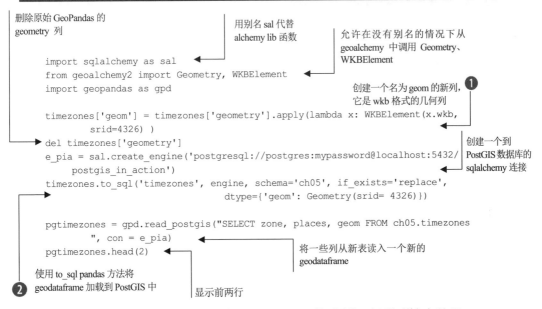

代码清单 5.3　将 GeoPandas 数据帧加载到 PostGIS

删除原始 GeoPandas 的
geometry 列

用别名 sal 代替
alchemy lib 函数

允许在没有别名的情况下从
geoalchemy 中调用 Geometry、
WKBElement

```
import sqlalchemy as sal
from geoalchemy2 import Geometry, WKBElement
import geopandas as gpd

timezones['geom'] = timezones['geometry'].apply(lambda x: WKBElement(x.wkb,
        srid=4326) )
del timezones['geometry']
e_pia = sal.create_engine('postgresql://postgres:mypassword@localhost:5432/
    postgis_in_action')
timezones.to_sql('timezones', engine, schema='ch05', if_exists='replace',
                        dtype={'geom': Geometry(srid= 4326)})

pgtimezones = gpd.read_postgis("SELECT zone, places, geom FROM ch05.timezones
    ", con = e_pia)
pgtimezones.head(2)
```

创建一个名为 geom 的新列，❶
它是 wkb 格式的几何列

创建一个到
PostGIS 数据库的
sqlalchemy 连接

将一些列从新表读入一个新的
geodataframe

❷ 使用 to_sql pandas 方法将
geodataframe 加载到 PostGIS 中

显示前两行

to_sql 函数 ❷ 是从 sqlalchemy 借用的 geodataframe 函数。因此，它不知道如何处理 GeoPandas 几何类型来将其转换为 PostGIS 类型。使用 geoalchemy2 的 Geometry 和 WKBElement 类型，可将 GeoPandas 类型转换为众所周知的二进制(well-known binary，WKB)geometry 格式 ❶，并且可以使用 geoalchemy2 提供的 Geometry 数据类型将其转换为 PostGIS geometry 类型。对于 Geometry 类型，我们只传递 SRID，因为 geodataframe 几何图形是多边形和多边形集合的混合体。如果数据都是相同类型的，比如说都是多边形，则可以将 Geometry(srid=4326)替换为 Geometry('POLYGON'，srid=4326)。在本例中，这样做会导致 to_sql 调用出错。

5.5.8　使用 folium 查看地图上的数据

如前面的小节所示，可以使用 Matplotlib 查看绘制几何图形的地图。要查看空间数据，更有用的方法是在覆盖着其他地理数据的地图上查看空间数据。Python 有许多库来实现这一点，其中许多库可以用于 Jupyter 记事本文件中。

下一个示例(见代码清单 5.4)将探讨如何使用 folium，这是一个封装了 Leaflet JavaScript Mapping API 的通用 Python 网络地图库。通过它，可以在记事本文件中使用带有 Python 类的 Leaflet。第 17 章将进一步讨论 Leaflet 在网络应用中的使用。在 Jupyter 中使用 Leaflet 的两种最常见的方法是使用 ipyLeaflet 或 folium 库。我们发现 folium 比 ipyLeaflet 更易于使用，但得到的效果可能会有所不同。可以在它们的网站上阅读更多关于 ipyLeaflet 和 folium 的信息。

代码清单 5.4　创建 Folium Leaflet 地图并覆盖 PostGIS 数据

```
import folium
import geopandas as gpd
import sqlalchemy as sal
```

```
e_pgia = sal.create_engine('postgresql://postgres:mypassword@localhost:5432/post
   gis_in_action')
pgtimezone_et = gpd.read_postgis("SELECT concat('#',right(to_hex(
   (random()*255*255*255)::integer ),6) ) AS color, zone, places, geom FROM
   ch05.timezones WHERE zone BETWEEN '-8' AND '-3' ORDER BY zone", con = e_pgia)

m = folium.Map([42.359283, -71.058831], zoom_start=5)  ◀── 创建地图
folium.GeoJson(  ◀── 将 GeoPandas pgtimezone_et 数据集转换为
   pgtimezone_et,       GeoJSON 并覆盖它
   style_function=lambda feature: {
       'fillColor': feature['properties']['color'],  ◀──
       'color': 'black',                         在地理数据帧中应用基
       'weight': 2,                              于列颜色的样式函数
       'dashArray': '5, 5'
   }                        为地图添加一个
).add_to(m)  ◀──              图层

m.fit_bounds(m.get_bounds())  ◀── 缩小到图层的边界

folium.LayerControl().add_to(m)  ◀──
display(m)  ◀──              添加一个图层控件
            显示地图
```

代码清单 5.4 的输出如图 5.24 所示。

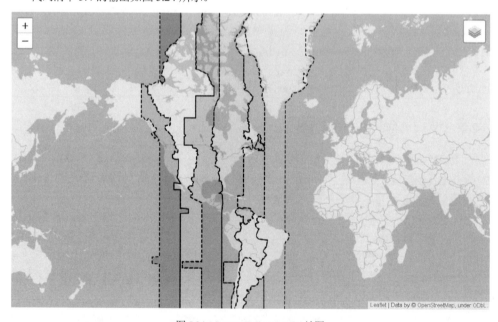

图 5.24　Jupyter Folium Leaflet 地图

如果使用的是 JupyterLab，则需要在 Anaconda 提示符下安装以下插件，否则地图不会被渲染。使用 Jupyter 记事本时不需要安装：

```
jupyter labextension install @jupyter-widgets/jupyterlab-manager
jupyter labextension install @jupyter-widgets/jupyterlab-sidecar
jupyter labextension install jupyter-leaflet
pip install sidecar
```

然后，要在 JupyterLab 的侧面板(而不是单元输出字段)中显示地图，可以执行以下操作：

```
from sidecar import Sidecar
sc = Sidecar(title='Timezones from -8 to -3')
with sc:
    display(m)
```

5.6　本章小结

- OpenJUMP、QGIS 和 gvSIG 是用于查看和编辑地理空间数据的开源工具。
- GRASS 是另一个主要用于分析栅格数据的 GIS 工具，它通常与 QGIS 封装在一起。
- Jupyter 记事本和 JupyterLab 是分析数据(包括空间数据)的通用工具。
- 所有这些工具都可用于查看、加载和编辑 PostGIS 数据。

第 **6** 章

几何和地理函数

本章内容：
- 输出函数
- 构造函数
- 访问器和设置器函数
- 测量函数
- 合成和分解函数
- 简化函数

前面的章节讨论了 PostGIS 空间类型——如何创建它们以及如何将它们添加到数据库中。本章将介绍处理 geometry 和 geography 空间类型的核心函数集。本章主要介绍处理单个几何图形和地理图形的函数。

PostGIS 提供了许多函数和运算符，在本章中，我们根据使用目的对它们进行了分类。这不是一个严格的分类，也不是一个可将每个函数准确地分到一个特定的类而不产生歧义的分类，但根据我们的经验，最简便的方法是按照将要完成的任务类型对函数进行分组。在讨论几何图形和地理图形时，我们将它们称作空间对象。以下是我们使用的分类方案：

- 输出函数——这些函数以各种标准格式(WKT、WKB、GML、SVG、KML、GeoJSON、MVT、PBF)输出空间对象表示。
- 构造函数——这些函数使用 well-known text(WKT)格式、well-known binary(WKB)格式或地理 JavaScript 对象表示法(GeoJSON))创建 PostGIS 空间对象。
- 访问器和设置器函数——这些函数针对单个空间对象进行操作，返回或设置对象的属性。
- 测量函数——这些函数返回空间对象的标量测量值。
- 分解函数——这些函数从输入空间对象中提取其他空间对象。
- 合成函数——这些函数对空间对象进行组合、拼接，或将它们归在一起。
- 简化函数——有时不需要空间对象的完整分辨率。对于 geometry 和 geography 类型，这些函数通过删除点或线串或者舍入坐标返回简化表示。生成的空间对象仍具有原始对象的基本外观，但包含较少的点或精度较低的元素。

本章将介绍十几个常用函数。官方 PostGIS 手册提供了所有函数及其用法的详尽列表。

6.1 输出函数

我们将首先探讨 PostGIS 提供的各种以标准格式输出几何和地理图形的函数。这些函数允许 PostGIS 与非专为 PostGIS 设计的工具搭配使用。输出函数以另一种标准格式返回空间对象，允许将没有 PostGIS 常识的第三方渲染工具用作 PostGIS 的显示工具。

本节将总结可用的输出格式，给出一般使用场景，并讨论输出这些格式的 PostGIS 函数。我们会介绍一些流行的输出格式，但应该查看官方 PostGIS 网站以获取不断增长的支持格式清单。要了解有关各种输出格式本身的更多信息，可以访问该格式的网站。本书不会详细介绍各种格式。

最后，建议在确定输出格式是否适用于特定几何类型时进行仔细的判断。例如，如果只知道某个特定函数支持使用 SRID 4326 的 2D 图形，那么在将它应用到其他类型之前应该查阅 PostGIS 手册。PostGIS 手册通常阐明函数经历的更改和它们支持的几何图形类型。在手册描述不清楚的情况下，可以进行一些实验来验证输出是否符合预期。

我们将介绍的许多函数同时支持 geometry 和 geography 类型。在仅支持 geometry 的情况下，通常可将 geography 类型转换为 geometry 类型，然后使用这些函数。

6.1.1 WKT 和 WKB

WKT(well-known text)和 WKB(well-known binary)是空间对象最常见的 OGC 文本和二进制格式。事实上，包括 PostGIS 在内的许多空间数据库都以基于 WKB 标准的格式存储几何数据。本书中，我们已经广泛使用了 WKT 格式显示查询的输出，因为它提供了底层几何图形的清晰文本表示。

以 WKT 格式输出几何图形的两个函数是 ST_AsText 和 ST_AsEWKT。回想一下之前的讨论，ST_AsEWKT 函数是一个大致基于 SQL/MM 和 OGC SFSQL WKT 标准的 PostGIS 专用扩展，但不能认为它完全符合 OGC 标准。符合 OGC 的函数是 ST_AsText，但该函数不能输出 SRID。在 2.0 版之前的 PostGIS 中，它也不能输出 M 或 Z 坐标。文本表示在精度上不如二进制表示，只保留大约 15 位有效数字。

以 WKB 格式输出几何图形的两个函数是 ST_AsBinary 和 ST_AsEWKB。ST_AsBinary 是符合 OGC 和 SQL/MM 标准的版本，而 ST_AsEWKB 是包含 SRID 的 PostGIS 专用版本。

6.1.2 Keyhole 标记语言

Keyhole 标记语言(KML)是 Keyhole 公司构建的一种基于 XML 的格式，用于在其应用程序中渲染地理空间数据。被谷歌收购并整合到谷歌 Maps 和谷歌 Earth 之后，KML 获得了巨大的人气。OGC 将 KML 用作自己的标准传输格式。

用于导出到 KML 的 PostGIS 几何和地理函数是 ST_AsKML。该函数的默认输出为第 2 版 KML，具有 15 位精度。ST_AsKML 不是一个函数，而是多个具有相同名称但接受不同参数的函数。该函数的其他变体允许更改目标 KML 版本和精度级别。

KML 的空间参考系统始终是 WGS 84 lon/lat (SRID 4326)。只要几何图形使用已知的 SRID(存在于 spatial_ref_sys 表中)，ST_AsKML 就会自动将其转换为 SRID 4326。

ST_AsKML 支持 2D 和 3D 基本几何图形，但在导出曲线几何图形、几何图形集合、多面体表面或 TIN(不规则三角网)时会报错。记住，尽管 ST_AsKML 接受包含 M 坐标的几何图形，但它不会输出 M 坐标。

虽然 KML 是一种可包含空间以外的其他类型数据的格式，但 ST_AsKML 仅适用于空间部分。

6.1.3　地理标记语言

地理标记语言(Geography Markup Language, GML)是一种基于 XML 的格式，它是用于 geometry 和 geography 类型的 OGC 定义传输格式。在网络要素服务(WFS)中，它通常用于输出查询的列。它也是刚刚起步的 CityXML 标准的组成部分，该标准用于建模建筑物和桥梁等城市景观。

用于导出到 GML 的 PostGIS 函数是 ST_AsGML，它同时支持 geometry 和 geography 空间类型。ST_AsGML 有许多变体，可以控制 GML 版本和精度。该函数支持的 GML 版本为 2.1.2(传入参数 2 以表示版本号)和 3.1.1(传入参数 3 以表示版本号)。如果未传入版本参数，则默认使用的 GML 的版本为 2.1.2。另外两个参数控制有效位数和是否使用短 CRS(坐标参考系统)。

ST_AsGML 支持 2D 和 3D 的几何图形和几何图形集合。如果几何图形有 M 坐标，M 坐标将会被丢弃。在 PostGIS 1.4 和更高版本中，传入曲线几何图形时会报错，在旧版本中将返回 NULL。第 3 版 ST_AsGML 支持 TIN 和多面体表面等高级 3D 几何图形。第 2 版变体仅支持基本 3D 几何图形，如 3D 线串、点和多边形。

6.1.4　几何 JavaScript 对象表示法

几何 JavaScript 对象表示法(Geometry JavaScript Object Notation，GeoJSON)是一种基于 JavaScript 对象表示法(JSON)的格式。GeoJSON 为面向 Ajax 的应用程序(如 OpenLayers 和 Leaflet)而改变，因为它的输出表示法是 JavaScript 格式的。JSON 是 JavaScript 数据结构中的标准对象表示形式，GeoJSON 通过添加存储地理对象的规范来扩展 JSON。

用于将 geography 和 geometry 数据类型导出到 GeoJSON 的 PostGIS 函数是 ST_AsGeoJSON (PostGIS 1.3.5 中首次引入)。从 PostGIS 3 开始，该函数有七种变体。它们的参数与 ST_AsGML 的参数类似，有针对不同目标版本的重载、小数位数、短 CRS 或长 CRS、表示是否包含边界框的编码标志以及其他选项。ST_AsGeoJSON 支持 2D 图形、基本 3D 图形和几何图形集合。它会丢弃 M 坐标，处理 TIN、多面体表面和曲线几何图形时会报错。

在 PostGIS 3 之前，PostGIS 中的 ST_AsGeoJSON 函数仅处理空间组件。PostGIS 3 中引入了一个变量，它以 PostgreSQL 记录作为输入并返回 GeoJSON 特性。GeoJSON 特性包括项目的几何属性和非空间属性。

6.1.5　可缩放矢量图形

可缩放矢量图形(Scalable Vector Graphics，SVG)格式已经存在了一段时间，在高端渲染工具以及 Inkscape 等绘图工具中很流行。ImageMagick 等工具包可以轻松地将 SVG 转换为许多其他图像格式。大多数 Web 浏览器支持 SVG，不是本身支持，就是通过安装插件支持。

用于导出到 SVG 的 PostGIS 函数是 ST_AsSVG。此函数只能输出没有 SRID、Z 或 M 坐标的 2D 几何图形，不能输出曲线几何图形。该函数的三种变体允许指定输出点是相对于原点还是相对于坐标系，并指示所需的精度水平。

6.1.6　Mapbox 矢量切片和协议缓冲区

Mapbox 矢量切片是 Mapbox 公司推广的一种新格式。PostGIS 2.4 中引入了对该格式的支持，并在更高版本中对其进行了增强，以支持更多属性并获得更好的性能。MVT 是用谷歌协议缓冲区标准封装为切片的矢量和属性数据块。它们类似于栅格切片，通常位于 Web 墨卡托空间参考系统中，并且对每个 *z-x-y* 都进行了优化，以便在 256×256 像素分辨率下查看。这使得它们可以轻松地与栅格切片结合使用。

MVT 本质上是矢量而不是栅格，并且包含其他属性数据，因此它们允许使用专用样式语言(如 CartoCSS)对特性的客户端样式进行设置。MVT 切片通常比同等栅格切片小得多。事实上，它们是矢量，因此允许用高于原设计的分辨率查看它们，而不会像栅格切片那样看起来似像素。在没有锯齿状像素的情况下以更高分辨率查看特征的能力通常被称为分辨率的优雅降级(graceful degradation of resolution)。MVT 在功能上与 GeoJSON 非常相似，但它更简洁，因为它使用 PBF 二进制压缩格式，而且几何图形被简化为目标缩放级别。

许多工具已被设计为使用这种格式，包括许多支持将 PostGIS 数据转换为快速且简单的 MVT 切片分发器的项目。在 GitHub 中搜索"postgis+mvt"，可以获取大量示例。

尽管 MVT 比 GeoJSON 小巧，但如果有大量属性数据，你可能仍然希望将其存储为 JSON 格式。这是因为特性的属性数据将在相交几何图形的每个切片中重复。对于经常有许多切片相交的大型几何图形，MVT 是不可取的。

PostGIS 提供了几个相关的格式函数：

- **ST_AsGeobuf** 是一个聚合函数，它将一组 PostgreSQL 数据行编码为 PBF 格式，但不涉及切片。
- **ST_TileEnvelope** 在 PostGIS 3 中引入。它以 tileZoom、tileX、tileY(XYZ 切片系统，通常由栅格切片使用)作为输入，返回以这些参数为边界的正方形几何图形。如果不使用可选参数覆盖它，它返回的默认空间参考系统将是 Web 墨卡托。
- **ST_AsMVTGeom** 是一个将几何图形剪裁到指定的边界并将其简化为 256×256 分辨率的函数，不过可以使用 buffer 参数更改分辨率大小。此函数经常与 ST_TileEnvelope 搭配使用，ST_TileEnvelope 计算边界并将结果提供给 ST_AsMVTGeom。
- **ST_AsMVT** 是一个聚合函数，它获取一组行，将其裁剪到指定范围，并返回 MVT 格式编码的二进制 blob 类型数据。此函数经常与 ST_AsMVTGeom 搭配使用，ST_AsMVTGeom 返回经过裁剪并简化为输入切片尺寸的几何图形。

虽然 ST_TileEnvelope 被设计为制作 MVT 切片的辅助函数，但通过将其与 PostGIS 栅格函数 ST_Clip 和 ST_Transform 相结合，同样可以轻松地使用它创建栅格切片。除了将此函数添加至 PostGIS 3 中以外，还使用 Mapbox Wagyu 库将 MVT 函数的主要增强功能添加到 PostGIS 3 中。Wagyu 库目前用于制作 MVT 切片所需的简化和联合工作。

有关如何利用 MVT 的示例，可以查看 Paul Ramsey 在 YouTube 上的"Serving Dynamic Vector Tiles"视频。

6.1.7　Tiny WKB

Tiny WKB(TWKB)是 PostGIS 2.2 中引入的另一种用于 Web 绘图的格式。与 MVT 格式类似，它是一种压缩二进制格式，但它基于 WKB 格式。类似于 GeoJSON/GML/KML，它处理整个几何图形，而不是像 MVT 那样将矢量切片。为引用集合图形，TWKB 将几何图形和 ID 封装在一起。它不支持像 MVT 或 GeoJSON 那样存储其他属性信息。因此，常见的做法是将 TWKB 与具有引用 TWKB 记录 ID 的普通 JSON 数据集结合起来使用。

为了使用 TWKB 格式，PostGIS 提供以下函数：

- **ST_AsTWKB** 是将 PostGIS 几何图形转换为 TWKB 二进制格式的函数。
- **ST_GeomFromTWKB** 函数将 TWKB 二进制格式作为输入，并将其中的几何图形部分以 PostGIS 几何图形的形式返回。

6.1.8　可扩展 3D 图形

可扩展 3D(X3D)图形是一种 ISO XML 格式，用于定义 3D 空间中的对象。它诞生于旧的虚拟现实建模语言(Virtual Reality Modeling Language，VRML)。PostGIS 3D 对象，如 TIN 和多面体表面，在 X3D 中分别转换为 IndexedTriangleSet 和 IndexedFaceSet 元素。可以在 Web3D 联盟标准页面上获得此格式的最新信息。

用于 X3D 的最流行的 JavaScript 库是 X3DOM，它是麻省理工学院许可的开源库，用于在浏览器(包括智能手机 Web 浏览器)中呈现 X3D，且不需要任何插件。我们已经在 ASP.NET/PHP postgis_x3d_viewer 和基于 NodeJS 的 node_postgis_express 两款 PostGIS 查询查看器中演示了它的使用。

ST_AsX3D 函数在 PostGIS 2.0 中引入，并在 PostGIS 2.2 中进行了增强以支持坐标翻转。ST_AsX3D 只支持几何图形，不支持地理类型——它主要关注 3D 几何图形。除了 ST_AsGML 之外，ST_AsX3D 是唯一支持 TIN 和多面体表面几何图形的格式函数。

6.1.9　输出函数示例

现在来看一个将上述所有输出函数组合在一起的示例。代码清单 6.1 使用这些函数以五位有效数字的精度输出 SRID 4326 中的 3D 线串。该线串起源于法国北部，终止于英格兰南部，海拔高度为 1 个单位(通常假定为米)。

代码清单 6.1　以各种标准格式输出几何图形

```
SELECT
    ST_AsGML(X.geom,5) as GML,
    ST_AsKML(X.geom,5) As KML,
    ST_AsGeoJSON(X,'geom', 5) As GeoJSON,
    ST_AsSVG(X.geom,0,5) As SVG_Absolute,
```

```
    ST_AsSVG(X.geom,1,5) As SVG_Relative,
    ST_AsX3D(X.geom,6) As X3D,
    ST_AsTWKB(X.geom,5) AS TWKB,
    ST_AsGeobuf(X, 'geom') OVER() AS PBF
FROM
    (SELECT
       'My street' As label, ST_GeomFromText('LINESTRING(2 48 1,0 51
    1)',4326) As geom
) X;
```

代码清单 6.1 使用了 PostGIS 3 中引入的 GeoJSON 变量，它可以输出整个记录，并要求指定要使用的 geometry 列。我们将 ANSI-SQL 窗口 OVER() 子句与 ST_GeoBuf 结合起来使用，因为 ST_GeoBuf 是一个聚合函数，如果不这样做的话，将需要一个 GROUP BY 子句来聚合数据。OVER() 的使用将被视为 ANSI-SQL 窗口聚合，以防止行的崩溃。关于 ANSI-SQL 窗口 OVER() 和相关的窗口子句，详见附录 C。

代码清单 6.1 的输出如下所示：

```
---
gml     | <gml:LineString srsName="EPSG:4326"><gml:coordinates>2,48,1 0,51,
    1</gml:coordinates></gml:LineString>
kml     | <LineString><coordinates>2,48,1 0,51,1</coordinates></LineString>
geojson | {"type": "Feature", "geometry": {"type":"LineString","coordinates
    ":[[2,48,1],[0,51,1]]},
            "properties": {"label": "My street"}}
svg_absolute | M 2 -48 L 0 -51
svg_relative | M 2 -48 l -2 -3
x3d     | <LineSet vertexCount='2'><Coordinate point='2 48 1 0 51 1'
    /></LineSet>
twkb    | \xa208010280b51880f8c90402ffb418c0cf2400
pbf     | \x0a056c6162656c10031800221f0a1d0a0a08021a060460020306006a0b0a094
    d79207374726565747472020000
---
```

除 SVG 函数外，代码清单 6.1 中的所有函数都输出 Z 坐标，SVG 函数是严格的 2D 函数。

6.1.10 Geohash

Geohash 是一种有损的经纬度地理编码系统。这意味着与其说它是用于视觉呈现的，不如说它是一种用于方便交换坐标的工具，或者一个廉价的索引策略。Geohash 是轻量级空间应用程序的首选，这些应用程序不需要精确的邻近性检查。可以在 NoSQL 阵营中找到许多这样的应用程序。

PostGIS 使用函数 ST_GeoHash 将数据输出为 Geohash。ST_GeoHash 始终输出 WGS 84 lon/lat 坐标，并且源数据必须使用已知的 SRID，这样 ST_GeoHash 可以在输出过程中自动进行转换。ST_GeoHash 支持曲线几何图形，但不支持 M 或 Z 坐标。

记住，对于点来说，Geohash 是最精确的。如果输出点以外的任何内容，ST_GeoHash 将输出与几何图形的边界框相对应的哈希值。边界框越大，哈希值越短。事实上，对于一些大的区域，Geohash 将直接放弃，什么也不输出。代码清单 6.2 演示了在取一个点并将其扩展到更大的圆时的这种特性。

代码清单 6.2　当半径从 0.02 m 不断扩大时，计算缓冲区的 Geohash

```
SELECT i As rad_meters, ST_GeoHash(geog::geometry) as ghash
FROM (
    SELECT i, ST_Buffer(ST_GeogFromText('POINT(2 48)'), i) As geog
    FROM unnest(ARRAY[0.02,1,1000,10000,50000,150000]) AS i
) As X;
```

输出如下：

```
rad_meters  | ghash
------------+------------
      0.02  | u093jd0k72
         1  | u093jd0k
      1000  | u093j
     10000  | u09
     50000  | u0
    150000  |
(6 rows)
```

哈希值随着边界框增大而减短的原因是，Geohash 被设计为一种简单的用于通过边界框过滤几何图形的策略，它甚至可用于仅支持文本索引的数据库。在前面的示例中，要查找 $1000 \times 1000 \text{ m}^2$ 的边界框中的任何对象，只需要查找所有哈希值以 u093j 开头的几何图形。通过这种方式，可以创建一个简单的地图应用程序，该应用程序通过哈希值框筛选窗口中的许多内容。

在继续下一节之前，需要记住本节介绍的许多输出函数只能导出 geometry 和 geography 组成部分。实现 ST_AsGeoJSON、ST_AsMVT 和 ST_AsGeoBuf 功能的新函数也支持输出非空间数据。

许多格式都携带非空间数据。例如，KML 和 GML 数据格式通常包括 KMLed 和 GMLed 数据中的名称、日期和类别等数据。第 17 章将演示如何使用脚本工具导出伴随数据。

PostGIS 不仅有以标准格式输出数据的函数，还具有进行反向操作的函数，可以使用各种表示格式构建几何图形和地理图形。下一节将介绍这些构造函数。

6.2　构造函数

顾名思义，构造函数创建新的空间对象。有两种常见的方法可以做到这一点：

- 使用各种格式的原始数据从头开始构建它们。
- 利用现有的空间对象并对它们进行分解、拼接、切片、分块或变形，以形成新的空间对象。

本节将从第一种方法开始讲解。我们将对照常见表示形式的列表，介绍用于将它们转换为真正的 PostGIS 几何图形和地理图形的函数。然后，我们将介绍利用现有几何图形和地理图形创建新几何图形和地理图形的函数。

6.2.1　使用文本和二进制格式创建几何图形

本节将介绍若干函数，向这些函数传入各种文本或二进制表示后，它们将返回几何图形。在各种桌面工具中，这些函数对于快速查看几何图形特别有用。在只接受几何图形而不接受其文本表示的工具中，必须使用这些函数。

1. ST_GeomFromText

well-known 文本(WKT)表示是描述几何图形的常用方法，ST_GeomFromText 函数可以利用 WKT 构建几何图形。在 PostGIS 2.0 之前，此函数仅接受 2D 几何图形；从第 2 版开始，它接受所有维度的几何图形。ST_GeomFromText 是一个 SQL/MM 函数，常出现在其他符合 SQL/MM 标准的空间数据库产品中。代码清单 6.3 演示了它的用法。

代码清单 6.3　使用 ST_GeomFromText

```
SELECT * INTO ch06.unconstrained_geoms
FROM (
    VALUES
        (ST_GeomFromText('POINT(-100 28 1)',4326)),
        (ST_GeomFromText('LINESTRING(-80 28 1,-90 29 1)',4326)),
        (ST_GeomFromText('POLYGONZ((10 28 1,9 29 1,7 30 1,10 28 1))')),
        (ST_GeomFromText(
            'POLYHEDRALSURFACE(
                ((0 0 0,0 0 1,0 1 1,0 1 0,0 0 0)),
                ((0 0 0,0 1 0,1 1 0,1 0 0,0 0 0)),
                ((0 0 0,1 0 0,1 0 1,0 0 1,0 0 0)),
                ((1 1 0,1 1 1,1 0 1,1 0 0,1 1 0)),
                ((0 1 0,0 1 1,1 1 1,1 1 0,0 1 0)),
                ((0 0 1,1 0 1,1 1 1,0 1 1,0 0 1))
            )'
        ))
) As z(geom);
```

代码清单 6.3 创建了一个名为 unconstrained_geoms 的表，表中包含一个没有任何实质性约束的通用几何列。通常，这不是一个好主意，因为很容易遇到数据完整性问题。

代码清单 6.4 演示了如何通过类型修饰符来应用强制约束，格式是::geometry(type, srid)。为了使强制转换生效，几何图形必须是该类型的且 SRID 正确。通过将 SRID 作为第二个参数传递给 ST_GeomFromText，可以确保 SRID 的准确性。

代码清单 6.4　使用指定 SRID 的 ST_GeomFromText

```
SELECT geom::geometry(LineString,4326) INTO ch06.constrained_geoms
FROM (
    VALUES
        (ST_GeomFromText('LINESTRING(-80 28, -90 29)', 4326)),
        (ST_GeomFromText('LINESTRING(10 28, 9 29, 7 30)', 4326 ))
) As x(geom);
```

代码清单 6.4 只添加了线串，且它们的 SRID 都是 4326。此外，还明确地对输出结果进行类型转换：geom::geometry(LineString, 4326)。上述操作将使创建的表受几何图形类型和 SRID 约束。如果省略了强制转换步骤，生成的表格的几何列仍然是不受约束的。

在执行批量插入时，如果忘记将数据强制转换为受约束的类型并指定 SRID，随时可以通过如下方式修改表来解决这个问题：

```
ALTER TABLE ch06.constrained_geoms
ALTER COLUMN geom TYPE geometry(LineString,4326);
```

如果只想约束空间参考系统以便将来插入数据，而不想约束几何图形类型，则可执行以下操作：

```
ALTER TABLE constrained_geoms
ALTER COLUMN geom TYPE geometry(Geometry,4326);
```

2. ST_GeomFromWKB 和 ST_GeomFromEWKB

通常，需要从已经以二进制表示形式存储几何图形的客户机应用程序中导入数据。这就是 ST_GeomFromWKB 和 ST_GeomFromEWKB 函数发挥作用的地方。ST_GeomFromWKB 是 SQL/MM 定义的函数，而 ST_GeomFromEWKB 是提供 SRID 编码的 PostGIS 扩展。

这两个函数接受字节数组而不是文本字符串，PostGIS 几何类型派生自字节数组。从这个意义上讲，将字节数组用作输入或输出格式时不会导致数据损失。

任何文本表示只包含大约 15 位有效数字。因此，对于具有超过 15 位有效数字的几何图形，以下操作将导致损失：

```
SELECT ST_GeomFromText(ST_AsText(geom));
```

相反，以下操作不会导致损失：

```
SELECT ST_WKBFromText(ST_AsWKB(geom));
```

以下示例使用 ST_GeomFromWKB：

```
SELECT ST_GeomFromWKB(
    E'\\001\\001\\000\\000\\000\\321\\256B\\312O
    \\304Q\\300\\347\\030\\220\\275\\336%E@',
    4326
);
```

WKB 表示形式将反斜杠用作内部分隔符。因为反斜杠是 SQL 中的一个标记，所以必须再用一个反斜杠对其进行转义。

为了避免额外斜杠带来的麻烦，可将 PostgreSQL standard_conforming_strings 变量设置为 on，如下所示：

```
SET standard_conforming_strings = on;
SELECT ST_GeomFromWKB(
    '\001\001\000\000\000\321\256B\312O\304Q\300\347\030\220\275\336%E@'
);
```

类似的 PostgreSQL 变量 bytea_output 用于控制输出的格式。它的默认值通常是 hex(十六进制)，试运行以下命令：

```
SET bytea_output = hex;
SELECT ST_AsBinary(

  ST_GeomFromWKB(
      E'\\001\\001\\000\\000\\000\\321\\256B\\
      312O\\304Q\\300\\347\\030\\220\\275\\336%E@',
      4326
  )
);
```

输出如下:

```
\x0101000000d1ae42ca4fc451c0e71890bdde254540
```

bytea_output 的另一个选项是 escape, 它使用单斜杠呈现输出, 如下所示:

```
\001\001\000\000\000\321\256B\312O\304Q\300\347\030\220\275\336%E@
```

标准表示形式

如果查看存储在 geometry 列中的数据, 可以看到类似于包含字母数字的长字符串的内容。这是使用 ST_AsEWKB 函数得到的 Enhanced Well-Known Binary(EWKB)符号的十六进制表示。不使用任何函数就可以将其转换为几何图形, 并且不会丢失任何内容:

```
SELECT '0101000020E61000008048BF7D1D20...'::geometry;
```

为符合 OGC-MM 标准, PostGIS 还提供了其他函数, 如 ST_PointFromText、ST_LineFromText、ST_PolyFromText、ST_GeometryFromText 以及其他需要特定几何图形子类型的纯文本或二进制输入函数。就 PostGIS 而言, 建议不要使用它们, 而是坚持使用 ST_GeomFromText 和 ST_GeomFromWKB。ST_PointFromText 等函数是对 ST_GeomFromText 和 ST_GeomFromWKB 进行封装后的函数, 它们执行额外的检查以确保输入的是正确的子类型(如果输入的子类型不正确, 则返回 NULL)。这些检查会增加开销, 如果没有意识到这一副作用, 还可能导致数据丢失。在设置表的过程中, 已经添加了必要的子类型约束。如果要筛选出不符合类型约束的行, 并防止表被空值污染, 则应使用 ST_GeometryType 或 GeometryType 函数进行筛选。

3. ST_GeomFromGML、ST_GeomFromGeoJSON、ST_GeomFromKML、ST_GeomFromTWKB 和 ST_GeomFromGeoHash

除了 WKT 和 WKB 函数外, PostGIS 还提供各种其他格式的输入函数:

- Geography Markup Language (GML)——ST_GeomFromGML
- GeoJSON——ST_GeomFromGeoJSON
- Keyhole Markup Format (KML)——ST_GeomFromKML
- Tiny WKB——ST_GeomFromTWKB
- GeoHash——ST_GeomFromGeoHash

KML 是谷歌 Maps 和谷歌 Earth 使用的格式。与其他格式的不同之处在于, 它的空间参考系统始终被假定为 WGS 84 lon/lat (SRID 4326)。因此, ST_GeomFromKML 函数始终输出 SRID 4326 的几何图形。如果要将其转换为另一个 SRID, 需要使用函数 ST_Transform。

6.2.2 使用文本和二进制格式创建地理图形

geography 具有与 geometry 类型相似的函数, 用于将各种格式的数据转换为地理图形: ST_GeogFromText、ST_GeogFromWKB、ST_GeogFromKML、ST_GeogFromGML 和 ST_GeogFrom-GeoJSON。

与同类 geometry 函数相比, 这些函数存在一些明显的局限性:

- 它们不支持 TIN、多面体表面或曲线几何图形等类型, 因为 geography 本身不支持这些类型。

- 除非具体指定，否则这些函数将始终假定输入格式使用 SRID 4326。

6.2.3 将文本或二进制表示用作函数参数

有时会遇到这样的情况：有人获取 geometry 或 geography 的文本或二进制表示的数据，并将其用作函数的参数。虽然这样做很方便，但应该避免这样做。下面的示例演示了可能出现的错误：

```
SELECT ST_Perimeter('POLYGON((
    145.007 13.581,144.765 13.21,
    144.602 13.2,144.589 13.494,
    144.845 13.705,145.007 13.581
))');
```

该示例提示"ST_Perimeter(unknown) is not unique"错误。PostGIS 不知道 WKT 表示是什么类型的，因为 PostGIS 2.1 以上版本中的 geometry 和 geography 类型都存在 ST_Perimeter 函数。

当使用的函数没有重载时，可以使用文本/二进制表示方法输入，并让 PostgreSQL 自动将其转换为正确的空间数据类型。例如，以下代码可在 PostGIS 2.1 甚至 PostGIS 3.0 中执行：

```
SELECT (ST_Centroid('LINESTRING(1 2,3 4)'));
```

但某件事行得通并不意味着这是个好主意。当 PostGIS 重载 ST_Centroid 函数并接受地理图形时，前面的示例会立即中断。建议始终使用构造函数，如下一个示例所示：

```
SELECT ST_Centroid(ST_GeomFromText('LINESTRING(1 2,3 4)'));
```

或者可以明确地对文本或二进制表示形式进行类型转换：

```
SELECT ST_Centroid('LINESTRING(1 2, 3 4)'::geometry);
```

几何图形和地理对象有各种各样的属性，通过读取这些属性或设置这些属性，可以更改使用访问器和设置器函数进行访问的对象。下一节将介绍一些常见的访问器和设置器函数。

6.3 访问器和设置器函数

如果你有面向对象语言的经验，那么访问器和设置器函数对你来说并不新鲜。这些术语来自面向对象编程，指的是访问或设置对象固有属性的函数。

因为相当多的函数属于这一类，所以我们仅使用术语访问器和设置器来表示返回或设置文本值或标量的函数。例如，对于一个正方形，只有返回或设置类型、SRID 和维度的函数才会被视为访问器和设置器。返回形心(一个点)、对角线(一个线串)或边界(一个线串集合)的函数称为分解函数(decomposition function)，这个函数在后面章节中进行讨论。我们也不将测量函数(例如计算长度、面积和周长的测量函数)视作访问器。

使用空间访问器函数时，务必了解空间对象的一些定义特征：

- 空间参考标识符(SRID)定义 geometry 或 geography 坐标的投影、椭球体或球体以及基准。
- 子类型是 geometry 和 geography 类型的更精细分类，例如点、线串、多边形、多边形集合、曲线集合等。

- 坐标维度是几何图形所在的向量空间的维度。在 PostGIS 中，坐标维度可以是 2、3 或 4。
- 几何维度是完全包含几何图形所需的向量空间的最小维度(几何维度有更严格的定义，但我们使用最直观的定义)。在 PostGIS 中，几何维度可以是 0(点)、1(线串)、2(多边形)、3(TIN 和多面体表面)。

本节将详细介绍几何图形的这些固有属性以及用于检索和设置这些属性的各种函数。

6.3.1 空间参考标识符

在 PostGIS 中，ST_SRID 函数检索几何图形的 SRID。地理图形的 SRID 通常为 4326，因此地理图形中不存在 ST_SRID 函数。你可以在大多数空间数据库中找到这个 OGC SQL/MM 标准函数。从 PostGIS 2.2 起，地理图形可以使用任何基于度的空间参考系统。因此，如果不使用默认的 SRID，可能需要确定实际的 SRID。通过将 geography 强制转换为 geometry，可以获得 SRID，如下所示:

```
SELECT ST_SRID(geog::geometry);
```

ST_SRID 对应的设置器函数是 ST_SetSRID，它也是 SQL/MM 标准。同样地，geography 类型中不存在 ST_SetSRID 函数。这个设置器函数将替换嵌入 geometry 中的空间参考元数据。记住，所有几何图形都必须具有 SRID，即使它的 SRID 是未知的(PostGIS 2 或更高版本将 SRID 设为 0)。

下面看看上述访问器和设置器的用法(代码清单 6.5)。

代码清单 6.5 ST_SRID 和 ST_SetSRID 的用法示例

```
SELECT ST_SRID(ST_GeomFromText('POLYGON((1 1,2 2,2 0,1 1))',4326));       ◄──── ST_SRID
                                                                               的简单使用
SELECT ST_SRID(geom) As srid, COUNT(*) As number_of_geoms   ◄──────
FROM sometable
GROUP BY ST_SRID(geom);
                                                                  统计不同 SRID 的个数

SELECT
    ST_SRID(geom) As srid,
    ST_SRID(ST_SetSRID(geom,4326)) as srid_new   ◄────          使用 ST_SetSRID 修
FROM (                                                          改 SRID
    VALUES
        (ST_GeomFromText('POLYGON((70 20,71 21,71 19,70 20))',4269)),
        (ST_Point(1,2))
) As X (geom);
```

如果正确设置了生成表，那么几何图形应仅包含可在 spatial_ref_sys 表中找到的 SRID。尽管 OGC 规范中没有要求 SRID 具有现实意义，但 PostGIS 仅使用 EPSG 批准的 SRID 预填充 spatial_ref_sys 表。

你可以自由发明自己的 SRID 并将其添加到表中。Esri 产品用户通常会添加 Esri 定义的空间参考系统，以便在 PostGIS 和 Esri 产品之间进行数据共享。

6.3.2 将几何图形转换为不同的空间参考

ST_Transform 函数将给定 geometry 的所有点转换为另一个空间参考系统中的坐标。这个函数

的常见应用是获取用经纬度表示的几何图形并将其转换为平面 SRS，以便进行有意义的测量，或将非 WGS 84 的 geometry 类型数据转换为 WGS 84，以便将其转换为 geography 类型。

以下示例将纽约州某处以 WGS 84 lon/lat(经纬度)表示的道路转换为 WGS 84 UTM Zone 18N(米)：

```
SELECT ST_AsEWKT(
    ST_Transform('SRID=4326;LINESTRING(-73 41,-72 42)'::geometry,32618)
);
```

此代码段的输出如下所示：

```
SRID=32618;
LINESTRING(
    668207.88519421 4540683.52927698,
    748464.920715711 4654130.89132385
)
```

现在已经将经度和纬度转换为平面坐标，可以简单地应用勾股定理获得长度了。

人们经常混淆 ST_SetSRID 和 ST_Transform。只需要记住，ST_SetSRID 不会改变 geometry 的坐标，它只设置了一个名为 SRID 的属性。在 PostGIS 中，没有任何内容要求几何图形的真实 SRID 必须与它显示的 SRID 相匹配。

当意识到在数据导入过程中犯了错误时，可以使用 ST_SetSRID。例如，如果将几何图形作为 WGS 84 lon/lat (SRID 4326)导入，后来发现它们是使用 NAD 27 lon/lat 坐标(SRID 4267)定义的，可以使用 ST_SetSRID 快速更正错误。

如果表被约束为错误的 SRID，则将数据更新为正确的 SRID 时会产生数据类型验证错误。为了解决这个问题，需要在更正数据的 SRID 的同时更改数据类型修饰符，如下所示：

```
ALTER TABLE my_table
    ALTER COLUMN geom TYPE geometry(POINT,4267)
    USING ST_SetSRID(geom,4267);
```

6.3.3　使用地理类型的转换

geography 类型没有 ST_Transform、ST_SetSRID 或 ST_SRID 函数，因为这种类型几乎总是使用 WGS 84 lon/lat。然而，对于 geography 类型，ST_Transform 函数至关重要。有时，可能需要使用不能用于地理类型的几何类型函数。如果使用的是一个小区域，并且不需要精确定位，则可以在地理类型中使用几何类型函数，且不会造成问题。

下面的代码显示了如何将数据转换为 geometry 类型以寻找直线上距离几何图形最近的点，然后将其转换回 geography 类型：

```
SELECT
    ST_Transform(
        ST_ClosestPoint(
            ST_Transform(geog::geometry,32618),
            ST_Transform(
                'SRID=4326;LINESTRING(-73 41,-72 42)'::geometry,32618
            )
        ),
```

```
    4326
  )::geography
FROM ( VALUES
    (
        'SRID=4326;LINESTRING(-73.5 41,-72.456 41.34)'::geography
    ) ,
    (
        'SRID=4326;POINT(-73.2 41.123)'::geography
    )
)AS f(geog);
```

上面的代码对一组地理图形进行操作，这些地理图形位于或靠近纽约州。对于每个地理图形，代码都会找到地理图形上距离特定道路最近的点。它首先将 geography 类型转换为 geometry 类型，然后将其转换为纽约州平面(SRID 32618)。ST_ClosestPoint 函数仅接受几何图形。与我们将讨论的其他需要两个或更多几何图形的函数一样，输入的所有几何图形必须具有相同的 SRID。在平面坐标中得到答案后，需要将 SRID 转换回 4326，因为只有 4326 中的几何图形才能被转换为 geography 类型。

许多地理函数(如 ST_Buffer)通过底层的转换来利用几何图形。这些函数在 PostGIS 手册中用(*T*)表示。使用这些函数时应该谨慎，对于需要考虑地球曲率的大区域，以及位于经度和纬度奇点的区域，如极点，尤其如此。

6.3.4　几何类型函数

在大多数情况下，你应该非常清楚正在使用的几何类型，但在导入包含异构 geometry 列的数据时，可能会不清楚。PostGIS 提供了两个帮助识别几何类型的函数：GeometryType 和 ST_GeometryType。前面已经提到，PostGIS 中不带 ST 前缀的函数是不推荐使用的函数，但是对于 GeometryType 与 ST_GeometryType，它们不仅彼此不同，而且都很常用。

GeometryType 函数是两个函数中较早出现的一个。它是 SQL 的 OGC 简单特性的一部分。它以大写形式返回熟悉的几何类型。它的新版本 ST_GeometryType 是 OpenGIS SQL/MM 标准的一部分。它输出熟悉的几何类型名称，但在前面添加 ST_，以符合 MM 几何类层级命名标准。代码清单 6.6 演示了两者之间的区别。

代码清单 6.6　ST_GeometryType 和 GeometryType 的区别

```
SELECT ST_GeometryType(geom) As new_name, GeometryType(geom) As old_name
FROM (VALUES
        (ST_GeomFromText('POLYGON((0 0,1 1,0 1,0 0))')),
        (ST_Point(1,2)),
        (ST_MakeLine(ST_Point(1,2), ST_Point(1,2))),
        (ST_Collect(ST_Point(1,2), ST_Buffer(ST_Point(1,2),3))),
        (ST_LineToCurve(ST_Buffer(ST_Point(1,2),3))),
        (ST_LineToCurve(ST_Boundary(ST_Buffer(ST_Point(1,2),3)))),
        (ST_Multi(ST_LineToCurve(ST_Boundary(ST_Buffer(ST_Point(1,2),3)))))
) As x(geom);
```

表 6.1 显示了代码清单 6.6 的结果。

表 6.1　ST_GeometryType 和 GeometryType 的使用

new_name	old_name
ST_Polygon	POLYGON
ST_Point	POINT
ST_LineString	LINESTRING
ST_Geometry	GEOMETRYCOLLECTION
ST_CurvePolygon	CURVEPOLYGON
ST_CircularString	CIRCULARSTRING
ST_MultiCurve	MULTICURVE

当必须对异构 geometry 列应用各种函数时，确定几何类型的做法特别有用。记住，某些函数仅接受特定的几何类型，或者对于不同的几何类型可能有不同的表现。例如，求直线的面积是没有意义的，求多边形的长度也是没有意义的。

使用 SQL CASE 语句是针对异构 geometry 列有选择地应用函数的简练方法。下面是一个示例：

```
SELECT
    CASE
        WHEN GeometryType(geom) = 'POLYGON' THEN ST_Area(geom)
        WHEN GeometryType(geom) = 'LINESTRING' THEN ST_Length(geom)
        ELSE NULL
    END As measure
FROM sometable;
```

6.3.5　几何维度和坐标维度

在讨论几何图形时，有两种维度是相关的：

- 几何维度——完全包含几何图形的最小维度空间。
- 坐标维度——几何图形所在空间的维度。

坐标维度始终大于或等于几何维度。

PostGIS 提供了 ST_CoordDim 和 ST_Dimension 函数，两者分别用于返回坐标维度和几何维度。在以下示例中，这两个函数被应用于前面创建的 3D 几何图形的混合包：

```
SELECT
    ST_GeometryType(geom) As type,
    ST_Dimension(geom) As gdim,
    ST_CoordDim(geom) as cdim
FROM unconstrained_geoms;
```

表 6.2 显示了上述代码的输出。

表 6.2　几何维度和坐标维度之间的差异

类型	几何维度	坐标维度
ST_Point	0	3
ST_LineString	1	3
ST_Polygon	2	3
ST_PolyhedralSurface	3	3

在表 6.2 中，所有几何图形的坐标维度(cdim)均为 3，因为所有几何图形都有 X、Y、Z 坐标。只有多面体表面的几何维度(gdim)为 3，因为它是唯一真正的 3D 类型。

6.3.6　检索坐标

ST_X、ST_Y 和 ST_Z 是用于返回几何点的基础坐标的函数。虽然地理类型中的点没有这个函数，但可以通过将地理类型点转换为几何点来使用这些函数。通常将这些函数与 ST_Centroid 相结合，从而获得形状不是点的几何图形形心的 X 坐标和 Y 坐标。

ST_Xmin、ST_Xmax、ST_Ymin、ST_Ymax、ST_Zmin 和 ST_Zmax 都是以边界框作为输入的函数，但也可以使用这些函数处理几何图形，因为 PostGIS 会在需要时将几何图形自动转换为其边界框。这些函数用于返回每个几何图形的最小或最大坐标。它们很少单独使用，通常会搭配使用以获得近似的宽度和高度，从而绘制几何图形的范围。我们将在讨论 translation 时演示它们的用法。

6.3.7　检查几何有效性

第 2 章介绍了有效性的概念。正如前面章节所述，"病态"几何图形(例如具有自相交的多边形和在外环外部具有孔的多边形)是无效的。一般来说，几何图形的几何维度越高，就越容易无效。遗憾的是，用于检查有效性的函数只适用于几何图形，而不适用于地理图形。

ST_IsValid 函数用于测试有效性，ST_IsValidReason 简要说明了几何图形无效的原因。ST_IsValidReason 将仅对遇到的第一个无效情形提供描述，因此如果几何图形因多种原因而无效，你将只能看到第一个原因。如果几何图形有效，它将返回字符串"Valid Geometry"。

ST_IsValidDetail 是 PostGIS 2.0 以后版本可用的函数。此函数返回一组 valid_detail 对象，每个对象包含特定无效的原因和位置，且允许查看所有无效原因，而不仅仅是第一个。PostGIS 2.0 版中也引入了 ST_MakeValid 函数，它尝试修复无效的几何图形。这两种函数都需要使用 GEOS 3.3.0 或后续版本编译 PostGIS。

所有有效性检查函数仅检查 X 和 Y，而不检查 Z。它们会自动拒绝多面体表面和 TIN。

再次提醒，务必确保几何图形有效。除非确认几何图形是有效的，否则不要尝试处理它们。在 PostGIS 中，有许多基于 GEOS 的函数在遇到无效几何图形时会表现出不可预测的行为。

6.3.8　定义几何图形的点数

ST_NPoints 函数返回定义几何图形的点数。它不适用于地理图形，但可将 geography 类型强制转换为 geometry 类型，然后使用该函数，这样不会丢失任何信息。ST_NPoints 是 PostGIS 的产物，你可能无法在其他符合 OGC 的空间数据库中找到它。

许多人错误地使用函数 ST_NumPoints 而不用 ST_NPoints。按照 OGC 规范的规定，ST_NumPoints 仅在应用于线串时有效。

当一个函数的功能完全覆盖另一个函数时，为什么会同时存在这两个函数？这涉及一个事实：大多数空间数据库(包括 PostGIS)都提供严格遵守 OGC 规范的函数。在完全符合 OGC 规范之后，空间数据库会在发现的不足之处继续扩展 OGC 函数。

在 PostGIS 2.0 之前的版本中，当与线串集合一起使用时，ST_NumPoints 显示了仅使用第一个线串的非法行为。为了避免这个问题，PostGIS 2.0 及后续版本中完全取消了 ST_NumPoints 函数对线串集合的支持。如果传入线串集合或包含线串集合的集合，ST_NumPoints 将返回 NULL，这样更符合 OGC 要求。其他具有类似行为变化的函数有 ST_StartPoint 和 ST_EndPoint。建议避免将这三个函数与线串集合一起使用，即使线串集合仅由单个线串组成。

代码清单 6.7 演示了 ST_NPoints 和 ST_NumPoints 之间的结果差异。

代码清单 6.7　使用 ST_NPoints 和 ST_NumPoints 的示例

```
SELECT
    type,
    ST_NPoints(geom) As npoints,
    ST_NumPoints(geom) As numpoints
FROM (VALUES
    ('LinestringM',
        ST_GeomFromEWKT('LINESTRINGM(1 2 3,3 4 5,5 8 7,6 10 11)')
    ),
    ('Circularstring',
        ST_GeomFromText('CIRCULARSTRING(2.5 2.5,4.5 2.5,4.5 4.5)')
    ),
    ('Polygon (Triangle)',
        ST_GeomFromText('POLYGON((0 1,1 -1,-1 -1,0 1))')
    ),
    ('Multilinestring',
        ST_GeomFromText('MULTILINESTRING((1 2,3 4,5 6),(10 20,30 40))')
    ),
    ('Collection',
        ST_Collect(
            ST_GeomFromText('POLYGON((0 1,1 -1,-1 -1,0 1))'),
            ST_Point(1,3)
        )
    )
) As x(type, geom);
```

表 6.3 显示了代码清单 6.7 的输出。

表 6.3　ST_NPoints 和 ST_NumPoints 的输出

类型	ST_NPoints 的输出	ST_NumPoints 的输出
LinestringM	4	4
Circularstring	3	3
Polygon (Triangle)	4	NULL
Multilinestring	5	NULL
Collection	5	NULL

表 6.3 显示，ST_NPoints 适用于所有几何子类型，而 ST_NumPoints 仅适用于线串和圆弧串。对于线串集合，在第 2 版或更高版本的 PostGIS 中，ST_NumPoints 将返回 NULL，但在更早的版本中，仅计算第一个线串中的顶点。

6.4　测量函数

在利用 GIS 进行测量之前，必须关注测量的范围。这是因为我们生活在地球上，正在测量它表面的东西。当测量覆盖地球曲率不起作用的一个小区域时，完全可以使用一个平面模型并假设地球是基本平坦的。

什么距离应该被视为小距离？这取决于试图达到的测量精度。即使是很长的测量，人们的首选通常也是平面测量。人们更喜欢平面测量的简单性和直观性，为此，甚至不惜牺牲精度。平面测量通常以米或英尺为单位，平面模型更受 GIS 工具的支持，处理速度也更快。

一旦测量开始跨越大陆和海洋，例如整个大陆的面积和周长，或者长的航空旅行路线，平面测量的精度就会迅速恶化。在这种情况下，必须考虑地球的球形性质，且必须使用大地测量。大地测量将世界建模为球体或扁球体。坐标用度或弧度表示。经典的 SRID 4326(WGS 84 lon/lat)是目前使用的最常见的大地测量空间参考系统。

本节将介绍两种测量，但我们只关注内部测量，如长度、周长和面积。对象之间的测量(如距离测量)是下一章的主题。PostGIS 有仅适用于球体并且可以与 geometry 类型一起使用的专用函数。当应用程序要求将数据保留为 geometry 类型，但偶尔需要使用大地测量模型进行测量时，可以使用这些函数。

最后要记住一点：测量函数总是用作 getter 方法。设置几何图形测量值的做法没有意义。要更改测量值，必须更改几何图形本身。

6.4.1　几何平面测量

下面将要讨论的平面测量函数都与定义几何图形的空间参考系统具有相同的单位。例如，如果空间参考系统以英尺为单位，则长度和面积以英尺和平方英尺为单位。常用的测量函数有 ST_Length、ST_3DLength、ST_Area、ST_Perimeter 和 ST_3DPerimeter。如果空间参考系统以经度和纬度(球坐标)为单位，那么在 PostGIS 将经度映射为 X 坐标值，将纬度映射为 Y 坐标值之后，测量单位以度为单位。这只适用于远离两极的小区域，在这些区域，经纬度网格在某种程度上仍然是均匀的正方形。

从 PostGIS 2.0 开始，可以传入 3D 几何图形，但注意只测量几何图形的 2D 投影。要获得真正的 3D 测量值，必须使用新的函数：ST_3DClosestPoint、ST_3DDistance、ST_3DIntersects、ST_3DMaxDistance 或 ST_3DPerimeter。为进一步符合 SQL/MM 标准，PostGIS 2.0 中的 ST_Length3D 被重命名为 ST_3DLength。新的 3D 函数支持点、多边形、线串及其集合项。

函数 ST_3DIntersects、ST_3DDistance、ST_3DMaxDistance 和 ST_3DClosestPoint 也适用于多面体表面和 TIN。

以下示例演示了 3D 线串的 2D 和 3D 长度：

```
SELECT ST_Length(geom) As length_2d, ST_3DLength(geom) As length_3d
FROM (
    VALUES
        (ST_GeomFromText('LINESTRING(1 2 3,4 5 6)')),
        (ST_GeomFromText('LINESTRING(1 2,4 5)')))
As x(geom);
```

对于 2D 坐标空间中的线串(表 6.4 中的第一行)，ST_Length 和 ST_Length3D 返回的长度相同；而对于 3D 坐标空间中的线串(第二行)，这两个函数返回的长度不同。

表 6.4　2D 和 3D 长度比较

2D 空间参考系统中的长度	3D 空间参考系统中的长度
4.24264068711928	5.19615242270663
4.24264068711928	4.24264068711928

另外两种常见的面积和周长的测量函数是相当直观的。显然，只能对有效的多边形和多边形集合使用它们。对于多边形集合，ST_Perimeter 计算所有环的长度。还应记住，ST_Area 和 ST_Perimeter 只考虑 *X* 和 *Y* 坐标；如果要同时考虑 *Z* 坐标，应该使用配套的 ST_3DArea 和 ST_3DPerimeter 函数。

6.4.2　大地测量

到目前为止，我们讨论的所有测量都仅适用于笛卡儿坐标系中的几何图形。因为地球不是平的，当你观察地球上的大片区域时，更合适的坐标系是球坐标系。大地测量这一术语听起来比球形这个词更奇特，因为它与地球有关。

从字面上讲，球坐标将曲线的概念纳入了我们对长度、面积和周长的常识性理解中。以一个简单的问题为例：连接休斯顿和孟买的最短路线的长度是多少？唯一的直线会穿过地球的中心。沿着地球表面，无数条曲线连接着这两座城市。即使选择最短的曲线，也不能保证它是唯一的。试着在两个地理极点之间画一条最短的线。结果不是一个，而是无限多个。

PostGIS 创建了 geography 类型来处理经度和纬度的坐标，特别是处理 WGS 84 lon/lat (SRID 4326)空间参考系统的数据。当数据覆盖的区域足够大，大到地球的曲率发挥作用时，应该考虑使用 geography。但是，即使选择不使用 geography 类型，也可通过在 geometry 类型数据中使用球形函数族来进行球体计算。这些函数利用地理大地测量函数，省去了来回转换的麻烦。

下面看看休斯顿和孟买之间长度测量的三个示例：

```
SELECT ST_Length(
    ST_GeomFromText('LINESTRING(-95.40 29.77,72.82 19.07)')
);
```

第一个测量结果是 168.56，单位是度。如果要将度转换成千米，假设每 1° 约为 111 km，答案仍然是灾难性的错误，因为在休斯顿，经度 1°代表的距离已经下降到 96 km。

接下来将使用 geography 类型，它总是以米为单位，所有距离都是根据一个椭球体来计算的：

```
SELECT ST_Length(
    ST_GeogFromText('LINESTRING(-95.40 29.77,72.82 19.07)')
);
```

这种情况下，答案是 14 456 km 或接近 9000 英里。这是两个城市之间的正确距离，也称为大圆距离。使用 geometry 中的球体计算，可以得出此距离：

```
SELECT ST_LengthSpheroid(
    ST_GeomFromText('LINESTRING(-95.40 29.77,72.82 19.07)'),
    'SPHEROID["GRS_1980",6378137,298.257222101]'
);
```

同样，答案是 14 456 km，与使用 geography 类型时相同。注意，在这个椭球体示例中，需要指定要使用的椭球体。GRS 80 和 WGS 84 基本相同。因为可以指定椭球体，因此也可以使用几何椭球体测量方法来计算火星、月球甚至冥王星上的距离。

在选择数据存储的 geometry 和 geography 类型时，应该考虑将数据用于什么用途。如果只需要对数据进行简单的测量和关系检查，并且数据覆盖了相当大的区域，那么 geography 类型存储数据可能更适用。

尽管 geography 数据类型可以覆盖全球，但 geometry 类型远未过时。geometry 类型的函数集比 geography 类型更丰富，关系检查速度也更快，目前它在桌面和 Web 绘图工具中得到了更广泛的支持。如果只需要对有限的区域(如州、镇或小乡村)提供支持，最好使用 geometry 类型。如果要执行大量几何处理，例如合并几何图形、简化、执行线性插值等，geometry 会提供现成的函数，而 geography 必须转换为 geometry 以进行处理，然后转换回 geography。

我们现在已经完成了标量属性的基础研究，下面将继续讨论更令人兴奋的主题，即本身就是空间对象的属性。首先是分解函数，它们是将空间对象分解成子元素或返回空间对象的函数。

6.5　分解函数

你可能经常需要提取现有几何图形的一部分。可能需要查找包围一个多边形的闭合线串或构成一个线串的点集合，或者将一个多边形集合展开为单独的多边形。提取并返回一个或多个几何图形的函数称为分解函数。本节将演示一些常见的 PostGIS 分解函数。

6.5.1　几何图形的边界框

边界框是几何图形中的无名英雄。虽然边界框很少用于建模地球上的特征，但它们在空间查询中起着重要作用。通常，在比较两个或多个几何图形的相对空间关系时，通过比较几何图形的边界框，可以更快地回答这个问题。通过将完全不同且复杂的几何图形封装在边界框中，可以忽略其中几何图形的细节，而只需要处理矩形。借用工程学的概念，边界框是空间分析的黑盒。

根据定义，2D 几何图形的边界框是 box2D 对象，它是完全包围几何图形的最小轴对齐二维框。PostGIS 还有一种称为 box3D 的长方体框，这种长方体框不太常用，但适用于处理 3D 对象，可在由 PostGIS 2 引入的 3D 索引内部使用。box3D 也是轴对齐的。

所有几何图形都有边界框，甚至点。边界框不是几何图形，但可以转换为几何图形。自然地，2D 边界框转换成的几何图形为矩形，但必须注意退化情况，例如点、垂直线、水平线或沿水平或垂直方向的点集合。2D 边界框的语法和文本表示为 BOX(p1, p2)，其中，p1 和 p2 是任意两个相对的顶点。

box2D 和 box3D 是轴对齐的

box2D 和 box3D 从不旋转，这意味着边界框的边与坐标轴平行。相比之下，真正的最小边界框不一定是轴对齐的。

PostGIS 2.5 中引入的函数 ST_OrientedEnvelope 提供 2D 几何图形真正的最小边界框。如果运行的是 PostGIS 的早期版本，则可以考虑用凸包和最小边界圆替代最小边界框。使用 ST_ConvexHull 和 ST_MinimumBoundingCircle 函数以获得结果。

尽管可以认为地理图形具有边界框，但它们只是 PostGIS 用于空间关系查询的内部构造，而且没有物理表现。

代码清单 6.8 演示了如何计算各种几何图形的 box2D 和 box3D。

代码清单 6.8　各种几何图形的 box2D 和 box3D

```
SELECT name, Box2D(geom) As box2d, Box3D(geom) As box3d
FROM (VALUES
    ('2D Line',
     ST_GeomFromText(
         'LINESTRING(121.63 25.03,3.03 6.58,-71.06 42.36)',4326
     )
    ),
    ('3D Line', ST_GeomFromText('LINESTRING(1 2 3,3 4 1000.34567)')),
    ('Vert 2D Line', ST_GeomFromText('LINESTRING(1 2,1 4)')),
    ('Point', ST_GeomFromText('POINT(1 2)')),
    ('Polygon', ST_GeomFromText('POLYGON((1 2,3 4,5 6,1 2))')),
    ('Cube',
        ST_GeomFromText(
            'POLYHEDRALSURFACE(
                ((0 0 0,0 0 1,0 1 1,0 1 0,0 0 0)),
                ((0 0 0,0 1 0,1 1 0,1 0 0,0 0 0)),
                ((0 0 0,1 0 0,1 0 1,0 0 1,0 0 0)),
                ((1 1 0,1 1 1,1 0 1,1 0 0,1 1 0)),
                ((0 1 0,0 1 1,1 1 1,1 1 0,0 1 0)),
                ((0 0 1,1 0 1,1 1 1,0 1 1,0 0 1))
            )'
        )
    )
)
AS x(name,geom);
```

代码清单 6.8 的输出如下：

```
name          | box2d                | box3d
--------------+----------------------+-------------------------------
2D line       | BOX(-71.06 6.58,...) | BOX3D(-71.06 ..,121.63 42.36 0)
3D line       | BOX(1 2,3 4)         | BOX3D(1 2 3,3 4 1000.34567)
Vert 2D line  | BOX(1 2,1 4)         | BOX3D(1 2 0,1 4 0)
Point         | BOX(1 2,1 2)         | BOX3D(1 2 0,1 2 0)
Polygon       | BOX(1 2,5 6)         | BOX3D(1 2 0,5 6 0)
Cube          | BOX(0 0,1 1)         | BOX3D(0 0 0,1 1 1)
```

6.5.2　生成边界和将多边形转换为线串

ST_Boundary 适用于所有几何图形，但不适用于地理图形，它返回的几何图形决定了几何图形中的点与坐标空间的其他点之间的距离。第 9 章中讨论两个几何图形之间的相互作用时，这种定义边界的特殊方式将使问题变得简单。还要注意，几何图形的边界至少比几何图形本身低一个维度。

ST_Boundary 用于以线串或线串的起止点的形式返回多边形和多边形集合的内环和外环。这通常是构建新几何图形时的一个步骤。ST_Boundary 同样适用于曲线几何图形，但它会在返回边界之前对曲线几何图形应用曲线到直线的操作，如表 6.5 中的实心圆输出所示。

代码清单 6.9 显示了 ST_Boundary 的一些示例。

代码清单 6.9　使用 ST_Boundary 的示例

```
SELECT object_name,ST_AsText(ST_Boundary(geom)) As WKT
FROM (VALUES
        ('Simple linestring',
          ST_GeomFromText('LINESTRING(-14 21,0 0,35 26)')
        ),
        ('Non-simple linestring',
          ST_GeomFromText('LINESTRING(2 0,0 0,1 1,1 -1)')
        ),
        ('Closed linestring',
          ST_GeomFromText('
              LINESTRING(
                  52 218,139 82,262 207,245 261,207 267,153 207,
                  125 235,90 270,55 244,51 219,52 218)'
          )
        ),
        ('Polygon',
          ST_GeomFromText('
              POLYGON((
                  52 218 1,139 82 1,262 207 1,245 261 1,207 267 1,153 207 1,
                  125 235 1,90 270 1,55 244 1,51 219 1,52 218 1))'
          )
        ),
        ('Polygon with holes',
          ST_GeomFromText('
              POLYGON(
                  (-0.25 -1.25,-0.25 1.25,2.5 1.25,2.5 -1.25,-0.25 -1.25),
                  (2.25 0,1.25 1,1.25 -1,2.25 0),
                  (1 -1,1 1,0 0,1 -1))'
          )
        ),
        ('Solid circle',
        ST_GeomFromText('CURVEPOLYGON(
          CIRCULARSTRING(0 0, 2 0, 2 2, 0 2, 0 0)
        )'))

    )
  AS x(object_name,geom);
```

表 6.5 中的输出显示了对象名称和 WKT 表示。

表 6.5　ST_Boundary 的输出

对象名称	WKT
简单线串	MULTIPOINT(−14 21, 35 26)
非简单线串	MULTIPOINT(2 0, 1 −1)
闭合线串	MULTIPOINT EMPTY
多边形	LINESTRING Z (52 218 1, 139 82 1, 262 207 1, 245 261 1, 207 267 1, 153 207 1, 125 235 1, 90 270 1, 55 244 1, 51 219 1, 52 218 1)
带孔的多边形	MULTILINESTRING(−0.25−1.25, −0.25 1.25, 2.5 1.25, 2.5 −1.25, −0.25−1.25), (2.25 0, 1.25 1, 1.25 −1, 2.25 0), (1−1, 1 1, 0 0, 1−1)
实心圆	LINESTRING(0 0, 0.050272218122245−0.04786313053259, 0.102832413657364 −0.093201867001758, 0.157553964490581−0.135906984420143, 0.214305041612898 −0.175875602419359...)

代码清单 6.9 中一些几何图形的可视化表示如图 6.1 所示。

图 6.1　用 ST_Boundary 生成的边界覆盖简单线串、多边形和带孔的多边形

观察查询及其输出，可以推测 ST_Boundary 的以下行为：

- 简单或非简单的开放线串将返回一个由两个点组成的点集合，其中的点为两个端点。
- 闭合线串没有边界。
- 没有孔的多边形将返回外环的线串。
- 带孔的多边形返回线串集合，其中的线串是每个环返回的闭合线串。线串集合的第一个元素始终是外环。
- 多边形集合始终返回线串集合。

ST_Boundary 的一个更专业的对等函数是 ST_ExteriorRing。此函数仅接受多边形并返回外环。如果想找到多边形的外边界，ST_ExteriorRing 比 ST_Boundary 执行得更快，但顾名思义，它不会返回内环。可以使用 ST_InteriorRingN 以获取单个内环或使用 ST_DumpRings 以获取外环和所有内环。

6.5.3　形心、中间点和表面上的点

我们都见过这样一些地图：其中小的几何图形被简化为一个点，隐藏了几何图形的外观形状。大多数地图都用星号(而不是城市边界)表示首都。如果将在线地图放大到足够大，比如街道级别，

可能会在希望看到一个巨大的多边形的地方发现一个标记的点。不妨在有绝密军事设施的位置上试一下。哪怕进行足够的放大，也只能看到一个点，而看不到任何期望的细节，表明这是政府不希望无关人员去的地方。

在 PostGIS 中，ST_Centroid 和 ST_PointOnSurface(少数情况下)通常用于生成多边形的标记点。这两个函数仅适用于 2D 几何图形。虽然可将它们用于 3D 多边形，但 Z 和 M 坐标会被忽略。假设几何图形中的每个点都具有相等的质量，几何图形的形心可以被视为重心。唯一需要注意的是，形心可能不在几何图形内部(想想甜甜圈或百吉饼)。ST_Centroid 函数不适用于曲线几何图形。

当求得的点不在几何图形上时，ST_Centroid 有时会产生不理想的视觉效果。以岛国密克罗尼西亚联邦(Federated States of Micronesia)为例，若对它使用 ST_Centroid 函数，得到的结果很可能位于太平洋中的某个地方。地图服务提供商不希望人们按照指引的点航行到密克罗尼西亚，结果却发现终点并不在陆地上。这种情况下，函数 ST_PointOnSurface 可以解决问题。它始终返回边界几何图形上的任意点。ST_PointOnSurface 适用于除曲线外的所有 2D 几何图形。对于点、线串、点集合和线串集合，它考虑 M 和 Z 坐标，并返回一个通常用于定义几何图形的点。对于多边形，它将删去 M 和 Z 坐标。

ST_GeometricMedian 是 PostGIS 2.3 中引入的一个用于点集合的函数。它在分析观察点时非常方便，返回位于所有点中间的点。中间点不像 ST_Centroid 那样容易受异常值的影响，因此在处理点集合时，ST_GeometricMedian 比 ST_Centroid 更适用。

代码清单 6.10 比较了对各种几何图形应用 ST_Centroid 和 ST_PointOnSurface 后的输出。

代码清单 6.10 各种几何图形的形心和位于表面上的点

```
SELECT
    name,
    ST_AsEWKT(ST_Centroid(geom)) As centroid,
    ST_AsEWKT(ST_PointOnSurface(geom)) As point_on_surface,
    CASE WHEN ST_GeometryType(geom) ILIKE '%Point%'
      THEN ST_AsEWKT(ST_GeometricMedian(geom))
      ELSE NULL END As geom_median
  FROM (VALUES
    ('Multipoint',ST_GeomFromText('MULTIPOINT(-1 1,0 0,2 3)')),
    ('Multipoint 3D',ST_GeomFromText('MULTIPOINT(-1 1 1,0 0 2,2 3 1)')),
    ('Multilinestring',
      ST_GeomFromText('MULTILINESTRING((0 0,0 1,1 1),(-1 1,-1 -1))')
    ),
    ('Polygon',ST_GeomFromEWKT('
      POLYGON(
          (-0.25 -1.25,-0.25 1.25,2.5 1.25,2.5 -1.25,-0.25 -1.25),
          (2.25 0,1.25 1,1.25 -1,2.25 0),
          (1 -1,1 1,0 0,1 -1)
      )')
    )
  )
  As x(name,geom);
```

代码清单 6.10 中的代码输出各种几何图形的形心、位于表面上的点和几何中点。我们只将 ST_GeometricMedian 应用于点集合，因为对于其他几何图形，该函数将返回“不支持的几何图形类型"(Geometry type not supported)错误。虽然形心可能不是几何图形的一部分，但表面上的点总在几何图形上。图 6.2 使用代码清单 6.10 中的代码在原始几何图形上显示了它们的形心。

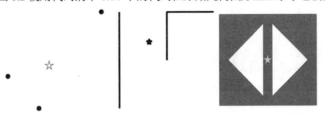

图 6.2　代码清单 6.10 中简单的线串、多边形和带孔的多边形，图形上标出了它们的形心

下面是文本输出。注意，ST_GeometricMedian 保留 Z 坐标，如果存在 M 坐标，也会保留 M 坐标，而 ST_Centroid 会删除 Z 坐标：

```
name             | centroid                    | point_on_surface | geom_median
-----------------+-----------------------------+------------------+------------------
 Multipoint      | POINT(0.333... 1.3333...)   | POINT(-1 1)      | POINT(
     -0.210... 0.789...)
 Multipoint 3D   | POINT(0.333... 1.333...)    | POINT(-1 1 1)    | POINT(
     -0.19... 0.88... 1.38...)
 Multilinestring | POINT(-0.375 0.375)         | POINT(0 1)       |
 Polygon         | POINT(1.125 0)              | POINT(0.125 0.5) |
(4 rows)
```

如图 6.2 所示，形心可能不是几何图形的一部分。在本示例中，点集合和线串集合的形心位于外部。

6.5.4　返回定义几何图形的点

ST_PointN 是一个仅适用于线串和圆弧串的简单小函数。它返回线串上索引从 1 开始的第 n 个点。下面是一个返回点(3 4)的简单示例：

```
SELECT ST_AsText(
    ST_PointN(ST_GeomFromText('LINESTRING(1 2,3 4,5 8)'),2)
);
```

如果要提取几何图形(无论是什么几何图形)所有的点或大量的点，可以使用函数 ST_DumpPoints。ST_DumpPoints 返回一组 geometry_dump 对象。geometry_dump 有两个组件：一维路径数组和一个 geometry 类型的数据。对于 ST_DumpPoints，geometry 数据始终是一个点，路径数组列出了点转储的顺序。

ST_DumpPoints 特别适用于解构几何图形并将其传递给 R 之类的工具，因为 R 无法直接处理 PostGIS 类型。它还可用于将大的几何图形拆分为较小的片段，例如将长线串拆分为较小的线段。

6.5.5　分解多个几何图形和几何图形集合

ST_GeometryN 和 ST_Dump 都用于将多个几何图形和几何图形集合分解为其组件几何图形，

但它们并不总是返回相同的答案。ST_Dump 递归转储所有包含的几何图形，而 ST_GeometryN 仅获取一种几何图形。ST_Dump 与 ST_DumpPoints 相似，返回一组 geometry_dump 对象。返回的几何图形将始终是单一几何图形，而不是几何图形集合。

代码清单 6.11 演示了 ST_Dump 的用法。

代码清单 6.11   ST_Dump 实践

```
WITH foo(gid,geom) As (                    ◄────── 公用表表达式(CTE)
    VALUES (                                    ❶
    1,
    ST_GeomFromText('
        POLYHEDRALSURFACE(
            ((0 0 0,0 0 1,0 1 1,0 1 0,0 0 0)),
            ((0 0 0,0 1 0,1 1 0,1 0 0,0 0 0)),
            ((0 0 0,1 0 0,1 0 1,0 0 1,0 0 0)),
            ((1 1 0,1 1 1,1 0 1,1 0 0,1 1 0)),
            ((0 1 0,0 1 1,1 1 1,1 1 0,0 1 0)),
            ((0 0 1,1 0 1,1 1 1,0 1 1,0 0 1))
        )'
    )
),
    (
    2,
    ST_GeomFromText('
        GEOMETRYCOLLECTION(
            MULTIPOLYGON(
                ((2.25 0,1.25 1,1.25 -1,2.25 0)),
                ((1 -1,1 1,0 0,1 -1))
            ),
            MULTIPOINT(1 2,3 4),
            LINESTRING(5 6,7 8),
            MULTICURVE(CIRCULARSTRING(1 2,0 4,2 8),(1 2,5 6)))'))
)
SELECT                                          ❷
    gid,                          ST_Dump 的扩展          ❸
    (gdump).path As pos,          用法
    ST_AsText((gdump).geom) As exploded_geometry  ◄───         输出路径和几何
FROM (SELECT gid, ST_Dump(geom) As gdump FROM foo) As foofoo;  ◄───  图形要素
```

代码清单 6.11 中使用了名为 foo 的公用表表达式(有关公用表表达式的更多信息，请参阅附录 C)创建一组几何图形❶。然后将每个几何图形转换为一组 geometry_dump 对象❸，再将每个转储对象的路径和几何图形属性分解为单独的列❷，以了解 geometry_dump 对象的外观。此查询的输出如下所示：

```
gid | pos   | exploded_geometry
----+-------+----------------------------------------
  1 | {1}   | POLYGON((0 0 0,0 0 1,0 1 1,0 1 0,0 0 0))
  1 | {2}   | POLYGON((0 0 0,0 1 0,0 1 1 0,1 0 0,0 0 0))
  1 | {3}   | POLYGON((0 0 0,1 0 0,1 0 1,0 0 1,0 0 0))
  1 | {4}   | POLYGON((1 1 0,1 1 1,1 0 1,1 0 0,1 1 0))
  1 | {5}   | POLYGON((0 1 0,0 1 1,1 1 1,1 1 0,0 1 0))
  1 | {6}   | POLYGON((0 0 1,1 0 1,1 1 1,0 1 1,0 0 1))
  2 | {1,1} | POLYGON((2.25 0,1.25 1,1.25 -1,2.25 0))
  2 | {1,2} | POLYGON((1 -1,1 1,0 0,1 -1))
  2 | {2,1} | POINT(1 2)
  2 | {2,2} | POINT(3 4)
  2 | {3}   | LINESTRING(5 6,7 8)
  2 | {4,1} | CIRCULARSTRING(1 2,0 4,2 8)
  2 | {4,2} | LINESTRING(1 2,5 6)
```

注意，输出中的 pos 列是一个 n 维整数数组，表示子几何图形在集合中的位置。对于多面体表面这样的单层几何图形，整数数组是一维的，包含它在整个集合图形中的索引位置。对于嵌套集合(例如几何图形的混合集合)，第一个元素是最外层的几何图形，随后的每个整数是内部几何图形中的索引位置。

ST_GeometryN 从几何图形集合或集合几何图形中提取第 n 个几何图形。它返回提取的单个几何图形，不递归，因此不报告提取的几何图形的位置。如果只有一个几何图形需要提取，可以使用 ST_GeometryN。如果发现需要反复调用 ST_GeometryN 来分解出所有的组件几何图形，则应该使用 ST_Dump，否则会严重影响性能。ST_GeometryN 通常与 PostgreSQL 函数 generate_series 搭配使用，后者提供迭代索引。

现在我们已经了解了可以分解几何图形的函数，下一节研究将多个几何图形组合在一起以形成更大几何图形的合成函数。

6.6 合成函数

前面已经介绍了如何使用非几何图形数据(文本或二进制)创建几何图形。本节将展示如何将几何图形组合在一起。

6.6.1 合成点

点是最基本的几何图形。可以通过原始坐标创建点的函数有两个：ST_Point 和 ST_MakePoint。坐标不是几何图形，但它们与几何图形的关系比文本表示更密切，所以我们将 ST_Point 和 ST_MakePoint 归到合成函数一类。

ST_Point 仅适用于 2D 坐标，你可以在其他数据库产品中找到此函数。ST_MakePoint 和它的变体 ST_MakePointM 可以接受 2D 之外的带 M 值的 2D、3D 和 4D 坐标，但这两个函数是 PostGIS 特有的。以上三个函数具有相同的语法：只有一个由逗号分隔的坐标参数。因为这些函数不以 SRID 作为参数，所以它们需要与 ST_SetSRID 一起使用以包含 SRID 信息。

你可能会问，相比于 ST_GeomFromText，这些额外的合成点的函数提供了什么。简而言之：

速度和精度。创建几个点甚至几百个点并不需要太多时间，但加载有数百万个点和许多位有效数字的文件(处理通过仪器收集的数据时的常见任务)是另一回事，这种情况更适合使用 ST_Point 或 ST_MakePoint，而不是 ST_GeomFromText。

为了说明这些函数，代码清单 6.12 模拟了从与灰鲸相连的跟踪装置读取数据点的过程，这些灰鲸每年从下加利福尼亚州迁徙到白令海。根据读取的间隔和跟踪的鲸鱼数量，进入数据库的数据点的数量可能非常庞大，这使得导入速度成为重要考虑因素。

代码清单6.12　点构造函数：我的鲸鱼在哪里

```
SELECT whale, ST_AsEWKT(spot) As spot
FROM (VALUES
    ('Mr. Whale', ST_SetSRID(ST_Point(-100.499, 28.7015), 4326)),
    ('Mr. Whale with M as time',
      ST_SetSRID(ST_MakePointM(-100.499,28.7015,5), 4326)
    ),                                            ❶ 带时间的鲸鱼数据
    ('Mr. Whale with Z as depth',
      ST_SetSRID(ST_MakePoint(-100.499,28.7015,0.5), 4326)
    ),
    ('Mr. Whale with M and Z',                         带深度的鲸鱼数据
      ST_SetSRID(ST_MakePoint(-100.499,28.7015,0.5,5), 4326)
    )
) As x(whale, spot);
                    ❷ 带时间和深度的鲸鱼数据
```

代码清单 6.12 演示了函数 ST_Point 和 ST_MakePoint 的各种重载情况。第一种情况下，使用一个额外的 *M* 单元将时间存储为一串数据❶。例如，如果每 5 小时读取一次数据，那么 *M*=1 表示该读数是从开始时间起的第 5 小时读取的数据，*M*=2 表示第 10 小时读取的数据，以此类推。将数据保存为单个点的做法并不是很有用，但如果以后决定将它们添加到一个 LINESTRINGM 中，则可以在该行中对时间间隔进行编码。你可能还想知道鲸鱼在到水面呼吸空气之前要潜游多远，第二种变体使用 Z 坐标存储深度。SRID 4326 是未投影的数据，ST_Transform 当前原封不动地返回 Z 坐标。第三种情况包括 Z 和 M ❷。*M* 是一个额外的测量值，可以随意使用。在本例中，它用于存储时间。

代码清单 6.12 的输出如下：

```
whale                      | spot
---------------------------+---------------------------------------
Mr. Whale                  | SRID=4326;POINT(-100.499 28.7015)
Mr. Whale with M as time   | SRID=4326;POINTM(-100.499 28.7015 5)
Mr. Whale with Z as depth  | SRID=4326;POINT(-100.499 28.7015 0.5)
Mr. Whale with M and Z     | SRID=4326;POINT(-100.499 28.7015 0.5 5)
```

6.6.2　合成多边形

ST_MakeEnvelope、ST_MakePolygon、ST_BuildArea 和 ST_Polygonize 函数都可以用来构建多边形。此外，第 1 章中演示的 ST_Buffer 函数能够使用线串和点生成多边形。这些函数仅支持 geometry。

1. ST_MakeEnvelope

边界框在绘图中起着重要作用，因为它们通常用于查询适合地图可视区域的几何图形。为此设

计的一个常用函数是 ST_MakeEnvelope，它包含 4 个或 5 个参数。前 4 个参数是边界框的 xmin、ymin、xmax 和 ymax。最后一个参数是可选的，表示几何图形的 SRID。如果未使用最后一个参数，ST_MakeEnvelope 将假定未知的 SRID 为 0。

2. ST_MakePolygon

ST_MakePolygon 使用表示外环的闭合线串构建多边形。另外，它可以将闭合线串数组表示的内环作为第二个参数。ST_MakePolygon 不会以任何方式验证输入的线串。这意味着，如果不小心传入开放的线串或无法形成多边形的线串，可能会导致错误或生成相当不合理的多边形，例如外环外有孔的多边形，或外环未完全包含内环的多边形。

ST_MakePolygon 完全不进行验证，确实可以在速度上提供优势。它比其他创建多边形的函数运行得更快，而且是唯一一个不会忽略 Z 和 M 坐标的函数。ST_MakePolygon 只以闭合的线串作为输入，而不接受线串集合。

3. ST_BuildArea

可以把 ST_BuildArea 想象成比 ST_MakePolygon 更简洁的函数。与不做验证的 ST_MakePolygon 不同，ST_BuildArea 可以用于任何需要的地方，它会将提供的内容组织成有效的多边形。

ST_BuildArea 接受线串、线串集合、多边形、多边形集合和几何图形集合。不必担心输入 ST_BuildArea 的几何图形的顺序或有效性。它会检查输入的每个几何图形的有效性，并确定哪些几何图形应该是内环以及哪些几何图形应该是外环，最后将它们重新排列并输出多边形或多边形集合。ST_BuildArea 不能使用数组，但这一缺点可以通过接受线串集合和几何图形集合而得到弥补。如果要向函数提供各种线串和多边形，可以先执行 ST_Collect，将所有松散的部分收集到一个几何图形中。

这种整洁性是有代价的：它牺牲了性能，而且不能用来构建带 M 值的 3D 多边形。如果已经使用另一个步骤清理了输入的几何图形，并且对速度有极高的要求，可以使用 ST_MakePolygon。如果输入的几何图形来自可疑的来源，并且只想观察结果是哪个区域，那么 ST_BuildArea 的"清洁"功能值得等待。

4. ST_Polygonize

ST_Polygonize 有两种形式：聚合函数和接受线串几何图形数组的函数。作为数据库聚合函数，它的使用仅对已经存在的有几何列的表有意义。此函数用于接受几行线串并返回一个几何图形集合，该集合由这些线串可能形成的多边形组成。ST_Polygonize 的数组输入形式接受一个线串数组并返回多边形的几何图形集合。当试图从一大堆开放和闭合的线串中形成多边形时，通常会使用这个函数，然后将这些线串传递到 ST_Dump，并将各个多边形作为单独的行转储输出。

6.6.3　将单个几何图形提升为几何图形集合

ST_Multi 函数通常在 PostGIS 中使用，主要用于将点、线串和多边形提升为对应的集合，即使它们只有一个几何图形。如果几何图形已经是集合，它将保持不变。

ST_Multi 的主要用例是确保表列中的所有几何图形都具有相同的类型，以确保一致性。例如，假设你获取了代表所有国家/地区的多边形。莱索托王国(The Kingdom of Lesotho)可能是一个多边形，因为它是一个小小的内陆飞地，而印度尼西亚是一个多边形集合，因为它拥有 17 508~18 306 个岛屿和环礁。为了保持列的一致性，应该把莱索托王国提升为一个多边形集合。

6.7　简化函数

本节介绍四个函数——ST_SnapToGrid、ST_QuantizeCoordinates、ST_Simplify 和 ST_Simplify-PreserveTopology，以及 PostGIS 3.1 中最新添加的 ST_ReducePrecision。这些函数的行为各不相同，但它们都实现相同的目标：减少描述几何图形所需的字节数。

在互联网上传递几何图形时，简化函数变得非常重要。近年来带宽虽然取得了一些进步，但仍然是一种宝贵的资源，对于可穿戴无线设备而言，尤其如此。GPS 手表上只有一个 200×300 分辨率的黑白小屏幕，显然没必要向它传输有数千个顶点的几何图形或有大量有效数字的坐标。

6.7.1　栅格捕捉和坐标舍入

ST_SnapToGrid 通过舍入坐标来缩减几何图形数据的大小。如果舍入后，两个或多个相邻坐标变得不可区分，它将自动仅保留其中一个，从而减少顶点的数量。

此函数有四种变体。最常见的一种变体使用一个参数表示公差，并舍入 X 和 Y 坐标，同时保持 Z 和 M 不变。其他变体可将四个坐标全部四舍五入，或允许指定公差。例如，公差 50 意味着只有彼此之间相差不到 50 个单位的坐标才能舍入到相同的值。

ST_SnapToGrid 的一个常见用途是裁剪 ST_Transform 引入的额外浮点小数。这些额外的数字会降低性能，通常表现为噪声，因为它们不能反映数据的真实精度。ST_SnapToGrid 的另一个用途是将不同的邻近点归为单个代表点。例如，如果获取了涵盖全国每所学校的点数据，但只关心学区的位置，那么一种可行的方法是将邻近的学校归为单个的点。

PostGIS 2.5 中新增的 ST_QuantizeCoordinates 是另一个缩减坐标大小的函数。它的工作原理与 ST_SnapToGrid 稍有不同。它不舍入数字，而是将定义坐标的位归零到指定精度。它通常比 ST_SnapToGrid 产生更好的结果。

与大多数简化操作一样，使用简化函数时应该保持克制。过分的舍入可能会在不经意间将有效多边形变成无效多边形，在更糟糕的情况下甚至可能将其变成单个点。

PostGIS 3.1 中引入了函数 ST_ReducePrecision，它仅在与 GEOS 3.9 一起运行时启用，通过将几何图形叠加在精确的网格上来缩减坐标的大小。它减少了点数和坐标中的有效位数，但不会导致无效几何图形。它的输出类似于 ST_SnapToGrid。因此，相比于 ST_SnapToGrid 和下面讨论的简化函数，它通常是更好的选择。

以上这些函数都有公差或精度，公差用几何图形的空间参考系统单位表示。

6.7.2　简化函数

ST_Simplify 和 ST_SimplifyPreserveTopology 函数都使用了道格拉斯-普克(Douglas Peucker)算法的变体，通过减少几何图形的顶点数来缩减几何图形的数据大小。ST_SimplifyPreserveTopology 函

数比 ST_Simplify 更新，且具有防止过度简化的保护措施，虽然速度稍微慢一点，但通常比旧版本更受欢迎。

ST_Simplify 和 ST_SimplifyPreserveTopology 都接受第二个参数，我们称之为公差。可以粗略地将其视为能将两个顶点折叠为一个顶点的最大距离。例如，如果将参数设置为 100，则这两个函数将尝试折叠间距不超过 100 个单位的任何顶点。随着公差的增大，可以实现更多的简化。换言之，对丢失顶点的容忍度越高，可以实现的简化程度就越高。

与 ST_SnapToGrid 不同，这两个简化函数不保留 M 和 Z 坐标，这两个坐标(如果存在的话)将会被删除。它们也仅适用于线串、线串集合、多边形、多边形集合和包含这些几何图形的集合。对于点集合，它们会返回输入的几何图形而不进行任何简化。原因是 ST_Simplify 和 ST_SimplifyPreserveTopology 需要通过处理边(顶点之间的线)来实现简化。点集合没有边。

不要使用 ST_Simplify 函数处理经纬度数据，ST_Simplify 和 ST_SimplifyPreserveTopology 假定要处理的是平面坐标数据。如果将这些函数与 SRID 4326 一起使用，则生成的几何图形可能会略微倾斜甚至完全崩溃。处理 SRID 4326 数据时，首先将数据转换到更好的、保留测量的空间参考系统，然后应用 ST_Simplify，最后将数据转换回 lon/lat SRID。

代码清单 6.13 比较了 ST_Simplify 和 ST_SimplifyPreserveTopology。

代码清单 6.13 比较 ST_Simplify 和 ST_SimplifyPreserveTopology

```
SELECT
    pow(2,n) as tolerance,
    ST_AsText(ST_Simplify(geom, pow(2,n))) As simp1,
    ST_AsText(ST_SimplifyPreserveTopology(geom, pow(2,n))) As simp2
FROM
    (SELECT ST_GeomFromText(
        'POLYGON Z(
            (10 0 1,20 0 1,30 10 1,30 20 1,20 30 1,10 30 1,0 20 1,0 10 1,10 0 1)
        )') As geom) As x
    CROSS JOIN
    generate_series(1,5) As n;
```

代码清单 6.13 的结果如表 6.6 所示。

表 6.6 ST_Simplify 与 ST_SimplifyPreserveTopology

公差	ST_Simplify	ST_SimplifyPreserveTopology
2	POLYGON Z ((10 0 1, 20 0 1, 30 10 1, 30 20 1, 20 30 1, 10 30 1, 0 20 1, 0 10 1, 10 0 1))	POLYGON Z ((10 0 1, 20 0 1, 30 10 1, 30 20 1, 20 30 1, 10 30 1, 0 20 1, 0 10 1, 10 0 1))
4	POLYGON Z ((10 0 1, 20 0 1, 30 10 1, 30 20 1, 20 30 1, 10 30 1, 0 20 1, 0 10 1, 10 0 1))	POLYGON Z ((10 0 1, 20 0 1, 30 10 1, 30 20 1, 20 30 1, 10 30 1, 0 20 1, 0 10 1, 10 0 1))
8	POLYGON Z ((10 0 1, 30 10 1, 20 30 1, 0 20 1, 10 0 1))	POLYGON Z ((10 0 1, 30 10 1, 20 30 1, 0 20 1, 10 0 1))
16		POLYGON Z ((10 0 1, 30 10 1, 20 30 1, 0 20 1, 10 0 1))
32		POLYGON Z ((10 0 1, 30 10 1, 20 30 1, 0 20 1, 10 0 1))

注意，一旦 ST_Simplify 的公差达到 16，几何图形将消失(值为 NULL)。ST_Simplify-PreserveTopology 将八边形简化为四边形，然后停止简化，并不考虑公差。

ST_SimplifyVW 是 PostGIS 2.2 中引入的一个函数。它使用 VisvalingamWhyatt 算法，该算法基于面积，而不是基于边。ST_SimplifyVW 函数仅适用于线串、线串集合、多边形和多边形集合。代码清单 6.14 将重复前面的练习，但要将公差平方，因为 ST_SimplifyVW 公差是以面积单位(而不是长度单位)表示的。

代码清单 6.14　使用 ST_SimplifyVW

```
SELECT
    pow(2,n)*pow(2,n) as tolerance,
    ST_AsText(ST_SimplifyVW(geom, pow(2,n)*pow(2,n))) As simpvw
FROM
  (SELECT ST_GeomFromText(
        'POLYGON Z(
        (10 0 1,20 0 1,30 10 1,30 20 1,20 30 1,10 30 1,0 20 1,0 10 1,10 0 1)
    )') As geom) As x
CROSS JOIN
generate_series(1,5) As n;
```

注意，与 ST_SimplifyPreserveTopology 一样，ST_SimplifyVW 在几何图形消失之前停止，而不管设置的公差是多少：

```
tolerance |  simpvw
----------+------------------------------------
    4     | POLYGON Z ((10 0 1,20 0 1,30 10 1,...))
   16     | POLYGON Z ((10 0 1,20 0 1,30 10 1,...))
   64     | POLYGON Z ((10 0 1,30 10 1,30 20 1,...))
  256     | POLYGON Z ((10 0 1,30 20 1,10 30 1,10 0 1))
 1024     | POLYGON Z ((10 0 1,30 20 1,10 30 1,10 0 1))
```

6.8　本章小结

- PostGIS 有许多函数，能以各种格式输出 geometry 和 geography，这些格式对 Web 应用程序和桌面应用程序非常有用。
- PostGIS 流行的用于 GeoBuf、MVT、GeoJSON 等的 Web 格式函数，还可以输出除空间部分外的其他属性数据。
- PostGIS 有输出内部测量(如 geometry 或 geography 的长度、周长和面积)的函数。
- PostGIS 有允许设置 geometry 或 geography 的属性并访问这些属性当前值的函数。
- PostGIS 有可用于提取几何图形子元素的函数。
- PostGIS 有可将一个或多个几何图形组合成更大几何图形的函数。
- PostGIS 有可以输出简化版几何图形的函数。

第 7 章

栅 格 函 数

本章内容：
- 构造函数
- 输出函数
- 栅格波段和像素的访问器与设置器
- 地理配准函数
- 重分类函数
- 多边形化函数

栅格类型的组成与第 6 章中介绍的几何类型不同。几何类型将对象建模为一组线性方程，而栅格将对象建模为一块单元格。在 PostGIS 中，这两种类型一起工作，发挥各自的优势。例如，可以用栅格文件格式(如 PNG)输出几何图形。还可使用矢量边界裁剪栅格图像。本章会讨论栅格处理，但第 12 章会进行更深入的研究。第 12 章将演示高级栅格处理函数，如栅格聚合函数、地图代数函数和集合返回函数。

PostGIS 栅格类型仅支持像素，即 X-Y 网格上的 2D 单元格。体素是具有两个以上维度的像素，PostGIS 还不支持体素，但有两种变通方法：将高维数据存储为一个波段或使用具有相同覆盖区域的多个栅格。例如，如果有一个包含高程和测量值的栅格，可以再添加两个波段：一个用于保存 Z 值，另一个用于保存 M 值。PostGIS 的一个配套项目是 pgpointcloud 扩展，它用于存储和分析点云数据。点云超出了本书的讨论范围，它是栅格的前身，通常来自激光雷达(光探测和测距)图像，是包含颜色强度等指标的 n 维点的 BLOB 格式数据。

有关栅格函数的全部内容，可以阅读官方 PostGIS 栅格参考。

如果正在运行 PostGIS 3.0 或更高版本，开始之前应执行以下操作以确保已安装 postgis_raster 扩展：

```
CREATE EXTENSION IF NOT EXISTS postgis_raster SCHEMA postgis;
```

如果扩展安装成功，运行以下命令：

```
SELECT postgis_full_version();
```

运行后应该可以看到包含栅格和 GDAL 的输出，如下所示：

```
POSTGIS="3.1.1 3.1.1" [EXTENSION] PGSQL="130" GEOS="3.9.1-CAPI-
    1.14.1" PROJ="7.1.1" GDAL="GDAL 3.2.1,
released 2020/12/29" LIBXML="2.9.9" LIBJSON="0.12" LIBPROTOBUF="1.2.1" WAGYU=
    "0.5.0 (Internal)" TOPOLOGY RASTER
```

本章将首先介绍栅格构造函数，以便为本章中的示例创建栅格。

7.1 栅格术语

在开始之前，先定义一些栅格术语:

- **地理配准**——地理坐标参考的栅格是指像素固定在 spatial_ref_sys 表中定义的地理参考系统上的栅格。空间参考系统的标识符通常记录在 spatial_ref_sys 表的 srid 列中。只有指定了 SRID，才能将其转换为其他 SRS。"georeference"一词有点不恰当，因为 SRID 不一定是基于地球的，它也可以用于另一个行星或人造坐标系(例如用于建筑平面图或虚拟游戏世界)。每个像素代表参考系统的 x 个单位(像素宽度)和参考系统的 y 个单位(像素高度)。相反，非地理参考栅格意味着像素与任何坐标系都没有相关性。最常见的非地理参考栅格示例是使用相机拍摄的家庭照片。相比之下，如果登上一架高空间谍飞机以拍摄敌方目标，那么在没有地理参考的情况下将会造成失误。
- **数据库外**——栅格可以被自由地存储为数据库之外的文件。如果选择"数据库外存储"，PostGIS 会在数据库中记录指向文件的指针，然后就可以引用数据库外的栅格，这和引用数据库内的其他栅格一样。PostGIS 会在后台处理所有文件的读取和转换，且不修改数据库外的栅格，而将它们视为只读栅格。当有大量的参考数据，且其他程序必须访问这些数据时，数据库外存储非常有用。使用数据库外栅格时，要确保 postgres 服务账户可以访问路径，并且有文件的读取权限。如果数据库外栅格的某些方面发生更改，例如路径、维度、地理参考、波段数或波段类型发生变动，则需要重新注册数据库外数据。
- **栅格切片**——栅格切片与任何其他栅格一样都是栅格。之所以将栅格切片与栅格区分开，是为了表明栅格切片是通过将较大的栅格分割为一组较小的栅格而创建的，栅格切片可通过各种栅格操作重建原始栅格。人们使用栅格切片的主要原因是它的速度和可管理性。
- **覆盖范围**——覆盖范围仅与地理参考数据相关，它表示不重叠的空间范围，其中的每个第 n 波段表示栅格列的每个栅格切片中的相同读数。在 PostGIS 栅格的上下文中，覆盖范围通常存储为栅格表，其中特定表列中的每个栅格表示一块空间。作为一个整体，表列中的所有栅格形成一个连续的地理空间。此外，每个切片具有相同数量的波段，每个第 n 波段存储相同种类的信息。例如，可以定义一个覆盖欧洲的栅格，将其制作成切片，每个切片存储为一个栅格，该栅格有两个波段：一个表示温度，另一个表示高程。当被合在一起考虑时，这组栅格形成一个覆盖欧洲的巨大栅格，且没有任何切片重叠。虽然可以在同一表格列中存储可变像素大小的栅格，但如果每行的像素大小不同，则某些操作(如 ST_Union)可能会失败。指定波段与栅格切片中的其他波段共享像素元数据，因此同一栅格列/行中的所有波段与其同级的波段具有相同的维度和像素大小。

- **相同的对齐方式**——如果两个栅格具有相同的倾斜度、相同的像素比例(一个像素在空间坐标中表示的大小),并且设置了栅格左上角的空间坐标以使两个像素可以放在同一个网格上,则两个栅格具有相同的对齐方式。如果两个栅格是经过地理配准的,则它们还必须共享相同的空间参考系统。许多操作(如联合)要求栅格具有相同的对齐方式。如果要创建覆盖范围表,则构成覆盖范围的切片必须具有相同的对齐方式。同样地,如果要为栅格定义覆盖范围表,则所有切片都必须具有相同的对齐方式。
- **地图代数**——地图代数是一个奇特的术语,用于在一个或多个波段上对一组像素进行数学运算。可以对任意多个波段使用"地图代数",但任何 ST_MapAlgebra 操作的结果都是单波段栅格。地图代数可以使用所有 PostgreSQL 数学运算。此外,PostGIS 允许使用 PostgreSQL 支持的任何过程语言(PL)定义自己的地图代数函数。地图代数是 PostGIS 栅格中许多函数(如 ST_Union、ST_Slope 和 ST_HillShade)的基础。
- **邻域**——在地图代数的上下文中,邻域是以特定像素为中心的连续矩形像素网格。邻域从中心像素向左右各扩展 n 个像素,向上下各扩展 m 个像素。因此,邻域包含$(2n+1)\times(2m+1)$ 个像素(注意,宽度和长度始终为奇数)。有几个函数进行了重载,与 ST_MapAlgebra 使用相同的函数名称。从 API 的角度看,因为它们都有相同的名称,所以可将它们视为具有许多可选参数的单个函数。邻域是一个可选参数,它可以是 0(这是未指定时的默认值,表示地图代数操作在单个单元格上工作),也可以是中心像素左/右的 n 个像素,以及上/下的 m 个像素。
- **重分类**——重分类是一种更改栅格范围值的操作。例如,可将所有正像素值重分类为+1,并将所有负像素值重分类为–1。如果像素值表示相对海平面的高程,而不是存储实际高度,则栅格可以表示海平面以上或海平面以下位置的含义。重分类通常用于消除仪器引入的噪声,简化栅格或将栅格的浮点值转换为整数值。虽然它类似于地图代数,甚至可以被视为地图代数的一个子集,但重分类通常比地图代数执行得更快——在许多情况下,快几个数量级。

7.2 栅格构造函数

创建 PostGIS 栅格的方法有以下几种:
- 使用 ST_AsRaster 将 PostGIS 几何图形转换为栅格。PostGIS 3.2 中,ST_InterpolateRaster 将一组 3D 点转换为平面高程网格。
- 使用 raster2pgsql 加载程序加载栅格。如果要维护数据库外的栅格,可以使用加载程序的-R 开关注册它们,而不是将它们导入数据库。
- 使用 ST_MakeEmptyRaster 和 ST_AddBand 从头开始创建栅格,然后使用各种其他栅格函数设置像素值,或将波段路径设置为外部栅格文件。
- 使用联合、切片、地图代数、重分类、调整大小、重投影、重采样等处理函数从现有栅格构建栅格。

- 使用 ST_FromGDALRaster 函数将各种其他栅格格式的栅格转换为 PostGIS 栅格格式。采用此方法时，只需要输入栅格的二进制 BLOB(字节数组)。如果需要保持栅格数据的源形式，但偶尔需要利用 PostGIS 栅格函数，那么此函数特别方便。

本节会详细介绍一些创建栅格的方法。

注意: 出于安全原因，默认情况下所有 GDAL 驱动程序和数据库外栅格会被禁用。许多 GDAL 驱动程序(以及数据库外栅格)可以与网络交互，这使它们更容易受到网络攻击。因此，最好禁用它们，并让数据库管理员决定需要什么。有关如何重新启用选定的驱动程序和数据库外支持的详细信息，请参阅详细文档。此默认设置意味着 ST_AsPNG 和其他基于 GDAL 的输入/输出函数可能无法工作，并且如果没有启用这两个设置，本章中将讨论的 ST_GDALDrivers 不会列出任何驱动程序。

为了利用数据库外栅格和所有的栅格输入/输出函数，我们将在数据库中进行以下更改。这些参数也可以在服务器、会话或用户级别进行设置:

```
ALTER DATABASE postgis_in_action SET postgis.enable_outdb_rasters = true;
ALTER DATABASE postgis_in_action SET postgis.gdal_enabled_drivers =
    'ENABLE_ALL';
```

如果要在数据库或系统级别设置这些参数，则需要断开连接并重新连接到数据库，才能使更改生效。

本节中，我们将创建一个名为 bag_o_rasters 的表来容纳我们创建的栅格:

```
CREATE SCHEMA ch07;
CREATE TABLE ch07.bag_o_rasters(
    rid serial primary key, rast_name text, rast raster
);
```

记住，如果想在将栅格表推送到其他表之前将其用作传输表，或者想使用 PostGIS 管理图库，那么不妨创建一个没有约束的栅格表，这对于演示非常有用。对于 GIS 工作，需要表上具有定义良好的切片、波段、SRID 和其他约束的地理参考栅格，以确保每个栅格行都是连续覆盖的切片。

7.2.1 使用 ST_AsRaster 将几何图形转换为栅格

可以使用 ST_AsRaster 函数将几何图形转换为栅格。如果需要执行以下任一操作，这将非常有用:

- 将几何图形输出为图像格式以供查看。
- 将几何图形覆盖在栅格上以高亮显示特定区域或合并边界、道路或关注点。
- 存储有关区域的数字统计信息，然后可以使用栅格分析函数族查询该区域。

以下小节将介绍如何使用 ST_AsRaster 从几何图形构建栅格，以及如何使用各种可选参数。虽然 ST_AsRaster 可以单独使用，但它通常与其他栅格函数(如 ST_Union、ST_MapAlgebra 和 ST_SetValues)搭配使用。

遗憾的是，ST_AsRaster 不支持曲线或 3D 几何图形。

1. 利用几何图形创建单波段栅格

代码清单 7.1 利用一个几何图形创建了两个单波段栅格。由于未指定波段类型或波段值，因此 ST_AsRaster 使用 8BUI 波段类型创建波段，这是未指定波段类型时的默认设置(波段类型已在第 2 章中讨论)。像素值 1 表示几何图形，像素值 0 表示空白。

代码清单 7.1 不成比例和成比例固定宽度栅格

```
INSERT INTO ch07.bag_o_rasters(rast_name, rast)
WITH a1 AS (
    SELECT ST_Buffer(
        ST_GeomFromText(
            'LINESTRING(
                448252 5414206,448289 5414317,448293 5414330,
                448324 5414417,448351 5414495
            )',
            32631),                 ❶
        10                              巴黎的道路
    ) As geom
)                                                      ❷
SELECT 'disprop road', ST_AsRaster(geom,50,500) FROM a1    50×500 不成比
UNION ALL                                                 例的栅格
SELECT 'disprop road', ST_AsRaster(geom,50,500) FROM a1
    UNION ALL
    SELECT 'proport fixed w road',
        ST_AsRaster( geom, 200,
            ( ST_YMax(geom) - ST_YMin(geom) ) * 200 /    ❸
            ( ST_XMax(geom) - ST_XMin(geom) )::integer)    成比例的栅格
    FROM a1;
```

在代码清单 7.1 中，公用表表达式(CTE)❶定义了巴黎的一条道路，其 UTM 分区为 31 N SRID(32631)，每个单位代表 1 m。代码利用巴黎道路的几何图形创建了一个 50×500 像素的栅格❷。因为道路的比例不是 50/500，所以栅格是不成比例的。UNION ALL 创建另一个栅格❸，其比例与巴黎道路几何图形相同，但固定宽度为 200 像素，方法是将巴黎几何图形边界框宽度和高度用作比率因子来计算像素高度。

代码清单 7.1 中的代码生成的栅格如图 7.1 所示。

图 7.1 ST_AsRaster：左边的线固定为 50×500，第二条线与道路成比例，但宽度为 200 像素

图 7.1 显示了在固定的 50×500 框中绘制的巴黎道路。因为道路的尺寸比例不是 50×500，所以第一个图像不能正确反映道路的倾斜度。在第二个图像中，宽度固定为 200 像素，而高度是基于几

何维度进行计算的。因此，右侧的图像正确显示道路的倾斜度和道路相对宽度。

2. ST_AsRaster 对齐

如果计划将多个几何图形合并到一个栅格中，或在现有栅格上覆盖几何图形，则需要确保几何图形和栅格对齐。完美的对齐要求所有几何图形与栅格使用相同的 SRID、网格和像素大小。

可以把参考栅格视为几何图形所在的网格。如果参考栅格覆盖的坐标区域没有完全覆盖几何图形，那么几何图形的一部分将被裁剪。如果参考栅格覆盖的面积大于几何图形，那么生成的栅格将是参考栅格的子集。若要从头构建参考栅格，可以使用 ST_MakeEmptyRaster 或使用现有栅格。

代码清单 7.2 类似于代码清单 7.1，但不允许几何图形占据 50×500 的区域，而是将其定位于一个现有的网格，最终的栅格将是该网格的子集。

代码清单 7.2　通过坐标定位的几何图形

```
WITH
    r AS
        (SELECT
            ST_MakeEmptyRaster(
                500,500,445000,5415000,2,-2,0,0,32631        ❶
            ) As rast
        ),
    g AS
        (SELECT ST_Buffer(
            ST_GeomFromText(
                'LINESTRING(
                    448252 5414206,448289 5414317,448293 5414330,
                    448324 5414417,448351 5414495)',
                32631),              ❷
            10) As geom
        )
INSERT INTO ch07.bag_o_rasters(rast_name, rast)
SELECT 'canvas aligned road', ST_AsRaster(geom,rast,'8BUI'::text)   ❸
FROM r CROSS JOIN g;
```

❶ 以(445000, 5415000)为起点创建一个 500×500 的参考栅格

❷ 巴黎的道路

❸ 几何图形生成的与参考栅格对齐的 8BUI 类型栅格

代码清单 7.2 使用 CTE 定义 500×500 像素的参考栅格，空间参考系统为 32631，其中每个像素代表 2 m 宽/高❶。接下来，创建一个名为 g 的公用表表达式，它将巴黎的道路保存为几何图形❷。最后一步是利用与参考栅格对齐的几何图形道路创建栅格❸。插入 bag_o_rasters 的最终栅格的尺寸为 60 像素宽，155 像素高，而且该栅格被标记为画布对齐道路(canvas aligned road)。

7.2.2　使用 raster2pgsql 加载栅格

可以使用 raster2pgsql 创建栅格表，然后用一组相关的栅格文件填充它。如果栅格包含大量像素，raster2pgsql 将创建切片，其中一个切片占据一行。

第 4 章介绍了如何加载栅格，因此这里只展示一个示例。我们将使用命令行命令将名为 Reo 的大象加载到 bag_o_rasters 表中。Reo 将是数据库外的大象。

下面的示例省去了通常添加的约束和索引开关的细节，因为要将其添加到一个混合栅格包的现有表中。-a 开关表示将数据加载到现有的表中，因此不会创建新表。-R 开关表明数据来自数据库

外，只在数据库中注册文件路径。如果从数据库外加载数据，应当涵盖完整路径，并确保可以从
postgres 进程访问该路径：

```
raster2pgsql -e -R -a C:/pics/adbadge_tall.png ch07.bag_o_rasters
| psql -U postgres -d postgis_in_action -h localhost -p 5432
```

运行此命令后，表中应该有一个未命名栅格，该栅格对应于刚才加载的大象图像。然后，可将
这个没有名称的栅格的 "rast_name" 字段设置为 Reo：

```
UPDATE ch07.bag_o_rasters SET rast_name = 'Reo'
WHERE rast_name IS NULL;
```

7.2.3 从头开始构建栅格：ST_MakeEmptyRaster 和 ST_AddBand

代码清单 7.3 使用 ST_MakeEmptyRaster 创建一个空栅格，使用 ST_AddBand 向栅格中添加一
个 8BUI 类型的波段，并通过传入 255(作为新像素的默认值)将所有像素值设置为 255。

代码清单 7.3 从头开始构建栅格

```
INSERT INTO ch07.bag_o_rasters(rast_name, rast)
SELECT
    'Raster 1 band scratch',          添加波段          创建空栅格
    ST_AddBand(
        ST_MakeEmptyRaster(
            500,500,445000,5415000,2,-2,0,0,32631
        ),
        '8BUI'::text,255,0          将新 8BUI 类型的波段的值初始
) As rast;                           化为 255
```

代码清单 7.3 中的所有像素都是相同的值。它太单调了，但在下一个示例中，它将生动起来。

7.2.4 设置像素：ST_SetValue 和 ST_SetValues

栅格在其波段中存储数值，PostGIS 中用于以数值更新栅格波段的像素值的函数有两个：
ST_SetValue 和 ST_SetValues。这两个函数一个是单数，一个是复数。

要使用 ST_SetValue 设置像素的值，需要指定像素(或几何图形)的列号和行号以及新值，如代
码清单 7.4 所示。参数的输入顺序如下：栅格名、波段编号、列号、行号、新值。

代码清单 7.4 根据列号和行号位置使用 ST_SetValue

```
UPDATE ch07.bag_o_rasters AS b
SET rast = ST_SetValue(rast,1,10,20,146)
WHERE b.rast_name = 'Raster 1 band scratch';
```

PostGIS 栅格能够生成热力图和气泡图，这些图使用不同的颜色(例如，随着温度的升高，颜色
会变得更红)或气泡大小(气泡会随着测量值的增大而增大)显示人口、温度和植被等测量值。为了完
成此任务，需要将与栅格相交的像素设置为现有栅格上的特定像素值。

ST_SetValues 允许设置与一组 geomval 相交的所有像素的值。geomval 是由几何图形和浮点

值组成的复合 PostgreSQL 数据类型——所有与几何图形相交的像素都可被设置为 geomval 中的指定值。

代码清单 7.5 将创建一个更新后的 "Raster 1 band scratch" (来自代码清单 7.4)的副本，然后使用 ST_SetValues 在这个新栅格中生成一组气泡。ST_SetValues 对于创建专题地图特别有用，在专题地图中，需要在栅格中使用特定值设置特定地理区域。

代码清单 7.5   ST_SetValues：创建热力图

```
WITH heatmap As (              ←———— CTE 热力图
    SELECT array_agg(
        (ST_Buffer(
            ST_Translate(              geomval 总数
                ST_SetSRID(      ❷
                    ST_Point(445500,5414500), 32631
                ),
                -500 + i * 150,
                -200 + 160 * i
            ),
            i * 50),
            50 + i * 15.0
        )::geomval
    ) As gvals
    FROM generate_series(-3,4) As i
)
INSERT INTO ch07.bag_o_rasters(rast_name, rast)
SELECT                                      ❸
    'Raster 1 band heatmap',                    用 gvals 生成热
    ST_SetValues(rast,1, heatmap.gvals) As rast  力图
FROM ch07.bag_o_rasters As b CROSS JOIN heatmap
WHERE b.rast_name = 'Raster 1 band scratch';
```

代码清单 7.5 创建了一个名为 heatmap 的公用表表达式(CTE)❶，该 CTE 由一个名为 gvals 的值组成，gvals 是一个由 PostgreSQL 数组聚合器函数 array_agg 累计而成的 geomval 数组❷。通过缓冲和转变几何图形，可以创建更大的圆，然后将 geomval 数组生成到栅格的第 1 波段上❸。为了使此操作成功，需要确保几何图形具有与参考栅格相同的空间参考。

图 7.2 显示了代码清单 7.5 生成的栅格图像。

图 7.2   ST_SetValues：热力图

如图 7.2 所示，不同气泡的灰度不同。气泡的大小和着色强度都取决于 i 的值。顶部气泡被切断，因为其面积超出了画布的边界。

7.2.5 利用其他栅格创建栅格

PostGIS 提供了许多利用其他栅格创建栅格的函数。本节将介绍以下函数:

- **ST_ColorMap**——将单波段栅格转换为三波段 RGB 或四波段 RGBA 栅格。
- **ST_Clip**——将栅格裁剪到输入几何图形的边界。这是使用几何图形的交叉操作,返回的是栅格。
- **ST_Band**——从现有栅格中构造由一个或多个波段组成的新栅格。

1. ST_ColorMap:使灰度栅格着色

ST_ColorMap 函数可将单波段栅格转换为有 RGB 波段的栅格。通过应用 ST_ColorMap 函数,可以将代码清单 7.5 中创建的灰度热力图转换为强度涵盖蓝色至红色的彩色热力图,如下所示:

```
INSERT INTO ch07.bag_o_rasters(rast_name, rast)
SELECT 'Raster 1 band heatmap color' AS rast_name,
    ST_ColorMap(b.rast, 1, 'bluered') AS heatmap_color
FROM ch07.bag_o_rasters As b
WHERE b.rast_name = 'Raster 1 band heatmap';
```

PostGIS 封装了几个预定义的彩色地图。我们使用的是蓝红色图,它将低值的颜色设置为蓝色,随着像素值的变大,颜色逐渐转变为红色。如果对所有预设的色图都不满意,可以定义自己的色图。

2. ST_Clip:裁剪栅格

ST_Clip 函数允许以几何图形作为裁剪工具来裁剪栅格的一部分。该函数能以波段编号或波段编号数组作为参数。如果省略波段编号,几何图形将裁剪所有波段。请记住,作为裁剪工具使用的几何图形必须与栅格具有相同的 SRID。

以下示例(代码清单 7.6)使用 ST_Clip 创建单波段栅格 Reo。

代码清单 7.6 使用 ST_Clip

```
INSERT INTO ch07.bag_o_rasters(rast_name, rast)
SELECT
    'Reo 1 band crop',
    ST_Clip(
        rast,
        1,
        ST_Buffer(ST_Centroid(rast::geometry), 75),
        255
    )
FROM ch07.bag_o_rasters
WHERE rast_name = 'Reo';
```

代码清单 7.6 中的代码选择第一个波段,并用一个半径为 75 的圆圈对其进行裁剪,圆圈的中心位于图像的中间(得到图像是 Reo 的一片耳垂,如图 7.3 所示)。最后一个参数(255)是可选的无数据值参数——如果裁剪区域包含没有任何值的像素,则 ST_Clip 将使用无数据值填充裁剪的栅格。

图 7.3 Reo 的耳垂

ST_Clip 有许多可选参数。值得一提的是 crop，其默认值为 true。在默认设置下，新栅格的范围是栅格与裁剪几何图形相交的范围。如果传入 false，则新栅格的尺寸将与原始栅格的尺寸相同。

如果要处理一个包含数万像素的巨大栅格，但只需要一个孤立的区域，那么一定要记得使用 ST_Clip。如果在开始仔细查看前将感兴趣的区域裁剪到一个新的栅格，那么它处理起来会更简单。

3. ST_Band：选择特定波段

ST_Band 函数允许选择栅格的一个或多个波段，以形成具有相同维度、坐标、SRID 和像素值的新栅格。新栅格中的波段数将等于选择的波段数。还可以使用此函数对波段进行重新排序，若将 ST_Band 与 ST_AddBand 一起使用，可以将单波段栅格组合为多波段栅格。

函数的第一个参数始终是栅格，第二个参数要么是一个整数(表示波段编号)，要么是一个整数数组(表示多个波段或表示打乱的顺序)。以下示例通过打乱原始 Reo 的波段顺序来创建新栅格：

```
INSERT INTO ch07.bag_o_rasters (rast_name,rast)
SELECT 'Reo band shuffle', ST_Band(rast,ARRAY[3,1,2])
FROM ch07.bag_o_rasters
WHERE rast_name = 'Reo';
```

Reo 在输出中呈现紫色色调，如图 7.4 所示。

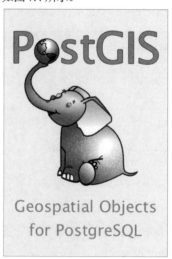

图 7.4 打乱波段顺序的 Reo

ST_Band 不关注栅格是在数据库内还是在数据库外。除非要将 ST_Band 的输出保存回数据库，否则不必担心。如果还使用 ST_AddBand，则源栅格既可以是 in-db，也可以是 out-of-db。这很实用。

　　如果无法与世界上的其他人共享栅格，那么栅格的创建和操作就没有什么意义。下一节将展示一些栅格输出函数。

7.2.6　使用 ST_FromGDALRaster 转换其他栅格格式

　　PostGIS 栅格类型是 PostGIS 特有的格式。使用 raster2pgsql 加载栅格并选择 in-db 存储时，加载程序会将外部栅格格式转换为 PostGIS 栅格格式。但有时，数据库中已经存储了原始图像字节的 bytea 数据(字节数组)，而你需要在数据库中正确处理这些数据，例如可能要调整它们的大小。要使用 PostGIS 栅格函数，需要将这些栅格转换为 PostGIS 栅格格式。

　　ST_FromGDALRaster 可以将其他栅格类型(如 PNG 或 JPEG 图像)转换为 PostGIS 栅格格式。它还足够智能，可以确定最初使用的栅格格式。

　　假设一个表中包含各种格式的图片，如位图(BMP)、PNG 和 JPEG，表中存储了每张图片的 bytea 数据(二进制 BLOB)。该表的结构如下所示:

```
CREATE TABLE ch07.pics(pic_name varchar(255), pic bytea);
```

　　如果想将它们转换为 PostGIS 栅格格式，以便将它们与不断增长的栅格包中的其他栅格保存在一起，可以运行如下查询:

```
INSERT INTO ch07.bag_o_rasters(rast_name, rast)
SELECT pic_name, ST_FromGDALRaster(pic) As rast
FROM ch07.pics;
```

　　这会将所有图片(只要它们是 PostGIS GDAL 驱动程序支持的格式)转换为 PostGIS 栅格格式，并将它们插入 bag_o_rasters 表中。如果想把图像保存为更常见的格式，比如 PNG 或 JPEG，那么可以使用 PostGIS 栅格输出函数中的一种(ST_AsGDALRaster、ST_AsPNG、或 ST_AsJPEG)将其格式转换回来，下一节将进行介绍。

7.3　栅格输出函数

　　为了分发和互通性，需要将 PostGIS 栅格转换为其他栅格格式。PostGIS 提供了几个输出函数来完成此转换。

　　PostGIS 栅格输出函数返回字节数组(bytea)，字节数组是构成图像的字节。许多渲染应用程序可以轻松地使用字节数组。流行的报表生成软件(如 LibreOffice/OpenOffice Base 和 Pentaho)都可以从数据库中读取字节数组。

7.3.1　ST_AsPNG、ST_AsJPEG 和 ST_AsTiff

　　ST_AsPNG、ST_AsJPEG 和 ST_AsTiff 函数将 PostGIS 栅格输出为流行的 PNG、JPEG 和 TIFF 图形格式。为了使用这些函数，栅格必须以二进制无符号整数(BUI)值作为像素。

　　如果栅格中包含 BUI 以外的值，可能需要执行 reclass(本章稍后讨论)或 colormap 操作。输出具有 3 个或 4 个波段的栅格时往往不会出现问题，但也可能会输出缺少部分波段的栅格。要输出 4 个以上的波段，需要应用某种栅格操作，例如 ST_Band，它将从现有栅格中提取最多 4 个波段。

即席栅格查询

我们使用 ST_AsPNG 和 ST_AsJPEG 生成本章的图形。使用这些函数，我们还构建了一个简单的即席 PHP/ASP.NET 网络应用程序，前端界面使用 JQuery 和 HTML。可以从本书的网站(见本书扩展资源)下载此 ASP.NET 或 PHP 工具，并根据需要对其进行修改。

ST_AsPNG、ST_AsJPEG 和 ST_AsTiff 函数接受可选参数，例如压缩和要输出的波段编号，但唯一必需的参数是栅格本身。若要将图 7.2 中生成的热力图输出为 PNG 格式，可以运行以下查询：

```
SELECT ST_AsPNG(rast) As png
FROM ch07.bag_o_rasters
WHERE rast_name = 'Raster 1 band heatmap';
```

7.3.2　使用 ST_AsGDALRaster 进行输出

除了上述 PNG、JPEG 和 TIFF 格式外，PostGIS 还允许将栅格输出为 GDAL 库支持的任何格式。记住，GDAL 支持多种格式，通常只使用可能的格式子集进行编译。可以使用 ST_GDALDrivers 确定可选择的输出格式，并使用 ST_AsGDALRaster 以其中的一种格式进行输出。

1. 使用 ST_GDALDrivers 列出可用于输出的栅格类型

如果与 PostGIS 一起安装的 GDAL 版本没有使用任何其他库进行编译，那么仍然应该有二十多种可用格式。要查看可用格式列表，可以使用 ST_GDALDrivers 函数，如下所示：

```
SELECT short_name, long_name
FROM ST_GDALDrivers()
ORDER BY short_name;
```

查询的输出如下所示。根据编译 GDAL 库时使用的驱动程序以及你决定允许的驱动程序，输出可能会有所不同：

```
short_name      | long_name
----------------+----------------------------------
AAIGrid         | Arc/Info ASCII Grid
DTED            | DTED Elevation Raster
EHdr            | ESRI .hdr Labelled
FIT             | FIT Image
GIF             | Graphics Interchange Format (.gif)
GSAG            | Golden Software ASCII Grid (.grd)
GSBG            | Golden Software Binary Grid (.grd)
GTiff           | GeoTIFF
:
PNG             | Portable Network Graphics
R               | R Object Data Store
:
USGSDEM         | USGS Optional ASCII DEM (and CDED)
:
(25 rows)
```

这个输出格式列表是使用 raster2pgsql -G 命令得到的结果的子集,它使用 raster2pgsql 输出可读格式列表。GDAL 能读取的格式比能输出的格式多。

如果你发现自己的列表比我们列出的要小得多,这可能是因为 GDAL 驱动程序在默认情况下是禁用的,正如本章前面提到的。详细信息请参见 7.2 节中关于安全性的说明。

为了导出,可能需要满足其他要求。ST_GDALDrivers 输出了第三列(create_options),前面的输出中没有列出它。这是一个 XML 列,详细说明了输出中必须包含或可以包含的特定格式的信息。原始 XML 并不那么容易理解,但是 PostgreSQL 有一些可以扩展标记的函数,使列更易于阅读。下面的代码将演示如何使用 PostgreSQL 内置的 xpath 函数提取 XML 字段的子元素,以及如何使用 PostgreSQL unnest 函数将 XML 元素数组扩展到单独的行中。这将应用于 USGS 数字高程模型(USGS Digital Elevation Model,USGSDEM)ST_GDALDrivers 行的 create_options 列:

```
SELECT
    (xpath('@name', g.opt))[1]::text As oname,
    (xpath('@type', g.opt))[1]::text As otype,
    (xpath('@description', g.opt))[1]::varchar(30) As descrip
FROM (
    SELECT
        unnest(
            xpath('/CreationOptionList/Option',create_options::xml)
        ) As opt
    FROM ST_GDALDrivers()
    WHERE short_name = 'USGSDEM'
) As g;
```

上面的代码使用::varchar(30)将描述列缩短为 30 个字符,以便将其简洁地显示在页面上。输出如下:

```
oname           | otype          | descrip
----------------+----------------+-------------------------------
PRODUCT         | string-select  | Specific Product Type
TOPLEFT         | string         | Top left product corner (ie. 1
RESAMPLE        | string-select  | Resampling kernel to use if re
TEMPLATE        | string         | File to default metadata from.
DEMLevelCode    | int            | DEM Level (1, 2 or 3 if set)
DataSpecVersion | int            | Data and Specification version
PRODUCER        | string         | Producer Agency (up to 60 char
OriginCode      | string         | Origin code (up to 4 character
ProcessCode     | string         | Processing Code (8=ANUDEM, 9=F
ZRESOLUTION     | float          | Scaling factor for elevation v
NTS | string    | NTS Mapsheet name, used to der
INTERNALNAME    | string         | Dataset name written into file
```

2. 使用 ST_AsGDALRaster 导出栅格

确定输出格式并满足其要求后,使用 ST_AsGDALRaster 执行输出,如代码清单 7.7 所示。

代码清单 7.7　将栅格切片输出为 USGSDEM 文件

```
SELECT
```

```
    ST_AsGDALRaster(ST_Band(rast,1), 'USGSDEM',
    ARRAY[
        'PRODUCER=' || quote_literal('postgis_in_action'),
        'INTERNALNAME=' || quote_literal(rast_name)
    ]) As dem
FROM ch07.bag_o_rasters
WHERE rast_name='Raster 1 band heatmap';
```

ST_AsGDALRaster 接受三个参数：要输出的波段、输出栅格的格式以及 GDAL 执行输出所需的可选或必需的信息数组。

提示：PostgreSQL 允许将查询用作函数的输入，只要它返回的是单个值(标量查询)——你必须将标量查询放在括号内。如果需要在代码清单 7.7 中执行更复杂的操作，例如从另一个表的一组行构建栅格，可以使用相关子查询替换 ST_Band(rast, 1)，例如(SELECT ST_Union(ST_Band(rast,1)) FROM some_table WHERE ST_Intersects(some_table.rast,ch07.bag_o_rasters.rast))。这将为 ch07.bag_o_rasters 中的每一行返回一个栅格，该栅格由来自另一个表的栅格切片的联合组成。这种查询称为关联子查询，因为它返回的是来自 ch07.bag_o_rasters 的输入值的函数。ST_Union 是一个聚合函数，将在第 12 章中介绍；它接受一组栅格并将它们组合成一个栅格。

7.3.3　使用 psql 导出栅格

截至目前，我们只展示了如何使用函数进行输出。通常，客户端应用程序或数据库连接器会调用这些函数并执行渲染或将输出保存到文件，正如前面在两个基于网络的即席查询工具中所演示的：

- **Postgis_webviewer**(PHP 和 ASP.NET)
- **Node_postgis_express**(NodeJS)

当从 Web 浏览器传递空间查询时，这两个工具都会输出 PostGIS 生成的图像。

但是，若想在不使用其他应用程序的情况下将数据导出到栅格文件，应该怎么办？PostgreSQL 及其命令行工具 psql 都有这样做的机制。适用于旧版 PostgreSQL 的最简单方法是使用"大对象存储"机制以及配套的 SQL 函数和 psql 命令。SQL 函数的前缀为 lo_，而 psql 命令的前缀是\lo_。SQL 函数在服务器进程环境中运行，而 psql 命令在使用 psql 的系统用户的环境中运行。

其理念是使用一个输出函数创建二进制 BLOB，将该 BLOB 临时存储在大型对象系统表中，然后使用 psql 或 PostgreSQL 将 BLOB 导出到文件中。如果拥有超级用户权限并要将文件导出到 postgres 服务有权访问的文件夹(通常在服务器上)，可以使用 PostgreSQL 的 SQL 函数进行输出。如果希望在本地导出图像，则可以使用 psql。所谓本地，指的是运行 psql 的地方。如果从服务器运行 psql，可以在服务器上或运行 psql 的用户账户能够访问的任何位置输出文件。使用 psql 输出时不需要超级用户权限。

代码清单 7.8 演示了如何使用 psql 将代码清单 7.7 中的查询输出到文件。

代码清单 7.8　使用 psql 将栅格导出为 DEM 文件

```
SELECT lo_from_bytea(0,
       ST_AsGDALRaster(ST_Band(rast,1),        创建大对象
```

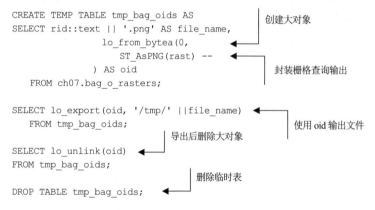

```
                'USGSDEM',
                ARRAY[
                    'PRODUCER=' || quote_literal('postgis_in_action'),
                    'INTERNALNAME=' || quote_literal(rast_name)]
                ) -- <2>
            ) AS oid
    FROM ch07.bag_o_rasters
      WHERE rast_name = 'Raster 1 band heatmap';
```
封装栅格查询输出

```
\lo_export 79906 'C:/temp/heatmap.dem'
```
使用从栅格查询返回
的 oid 引用输出文件

```
SELECT lo_unlink(79906);
```
导出后删除大对象

在代码清单 7.8 中逐个运行每个查询, 确保将数字 79906 替换为查询返回的数字❶。连接到数据库后, 在 psql 客户机中运行代码清单 7.8。

psql 在本地计算机上创建一个 USGSDEM 格式的文件。要查看 USGSDEM 文件, 应启动 QGIS 并从菜单中选择 Layer|Add Raster Layer。

如果运行的是超级用户(或者是 pg_write_server_files 角色成员的用户), 则只需要使用 SQL 即可将表中的所有栅格导出到服务器的文件系统, 如代码清单 7.9 所示。

代码清单 7.9 使用服务器端 SQL 将所有栅格导出为 PNG

```
CREATE TEMP TABLE tmp_bag_oids AS
SELECT rid::text || '.png' AS file_name,
                lo_from_bytea(0,
                    ST_AsPNG(rast) --
                ) AS oid
    FROM ch07.bag_o_rasters;

SELECT lo_export(oid, '/tmp/' ||file_name)
    FROM tmp_bag_oids;

SELECT lo_unlink(oid)
FROM tmp_bag_oids;

DROP TABLE tmp_bag_oids;
```
创建大对象

封装栅格查询输出

使用 oid 输出文件

导出后删除大对象

删除临时表

代码清单 7.9 将整个栅格表作为 PNG 图像导出到服务器的文件系统。注意, 代码清单 7.9 中的步骤与代码清单 7.8 中的非常相似, 但使用的是 SQL 函数 lo_export, 它允许在单个 SQL 查询中运行。在 SQL 查询中, 它对查询的每一行执行。psql 中类似的\lo_export 是命令而不是函数, 因此必须为表的每一行创建一条 SQL 语句。

可以在 PostGIS 文档 "Outputting Rasters with PSQL" 中找到有关使用 psql 的其他文档, 以及使用各种编程语言(如 PL/Python、PHP、Java 和 NET)接口的信息。

虽然栅格输出函数只接受栅格输入, 但并非只能使用它们来处理栅格。只需要使用一个解析为 PostGIS 栅格的表达式。例如, 如果创建了要输出为 JPEG 的几何图形, 可以使用 ST_AsRaster 将几何图形转换为栅格, 然后使用 ST_AsJPEG 函数将其转换回去。不需要创建栅格类型的列。

7.4 栅格访问器和设置器

栅格有许多固有属性，例如宽度、高度、比例、倾斜度和 SRID，可以使用栅格访问器函数读取这些属性。通常会使用表约束来约束这些属性，表约束是使用栅格访问器函数构建的。例如，如果要使用表将高分辨率图片存储为每行 100×100 的栅格切片，则需要向表格添加检查约束，指定宽度和高度(必须为 100)，然后使用 ST_Width 和 ST_Height 栅格函数获取每个栅格的相应属性值。

7.4.1 基本栅格元数据属性

大多数情况下，bag_o_rasters 表不受约束，因为它是由不相关的栅格组成的大杂烩。但仍然可以通过调用相关的栅格访问器函数检索属性。下面将首先介绍返回测量和位置属性的访问器函数。

1. 栅格访问器函数：ST_Width、ST_Height、ST_PixelWidth 和 ST_PixelHeight

代码清单 7.10 显示了栅格元数据和波段元数据函数。

代码清单 7.10 显示栅格元数据

```
SELECT
    rid As r, rast_name,
    ST_Width(rast) As w,
    ST_Height(rast) As h,
    round(ST_PixelWidth(rast)::numeric,4) AS pw,
    round(ST_PixelHeight(rast)::numeric,4) As ph,
    ST_SRID(rast) AS srid,
    ST_BandPixelType(rast,1) AS bt
FROM ch07.bag_o_rasters;
```

前面的查询输出 bag_o_rasters 表中每个栅格的第一个波段的宽度、高度、像素宽度、像素高度、SRID 和波段类型。结果如下：

```
r |    rast_name       | w   | h   | pw     | ph      | srid  | bt
--+--------------------+-----+-----+--------+---------+-------+-----
1 | disprop road       | 50  | 500 | 2.3791 | 0.6179  | 32631 | 8BUI
2 | proport fixed w road| 200 | 519 | 0.5948 | 0.5953  | 32631 | 8BUI
3 | Reo                | 600 | 878 | 1.0000 | 1.0000  | 0     | 8BUI
4 | canvas aligned road| 60  | 155 | 2.0000 | 2.0000  | 32631 | 8BUI
5 | Raster 1 band scratch| 500 | 500 | 2.0000 | 2.0000  | 32631 | 8BUI
6 | Raster 1 band heatmap| 500 | 500 | 2.0000 | 2.0000  | 32631 | 8BUI
7 | Reo 1 band crop    | 150 | 150 | 1.0000 | 1.0000  | 0     | 8BUI
8 | Reo band shuffle   | 600 | 878 | 1.0000 | 1.0000  | 0     | 8BUI
```

2. ST_MetaData 和 ST_BandMetaData

如果要同时检索多个属性，可以调用 ST_MetaData 或 ST_BandMetaData 函数。这两个函数将所有属性作为一个复合对象输出。ST_MetaData 函数输出栅格的属性，如宽度和高度，而 ST_BandMetaData 输出栅格波段的属性，如波段像素类型和 nodata 值。

下面的查询(代码清单 7.11)演示了这两个函数的使用。

代码清单 7.11   显示栅格波段元数据

```
SELECT rid As r, (rm).upperleftx As ux, (rm).numbands As nb, (rbm).*
FROM (
    SELECT
        rid,
    ST_MetaData(rast) As rm,
    ST_BandMetaData(rast,1) As rbm
FROM ch07.bag_o_rasters) As r;
```

输出如下所示:

```
r| ux             | nb | pixeltype |nodatavalue|isoutdb| path
--+--------------+----+-----------+-----------+-------+-------------
1 | 448242.02.. |  1 |    8BUI   |      0   |    f|
2 | 448242.02.. |  1 |    8BUI   |      0   |    f|
3 |            0 |  4 |    8BUI   |          |    t| ..ge_tall.png
4 |       448242 |  1 |    8BUI   |      0   |    f|
5 |       445000 |  1 |    8BUI   |      0   |    f|
6 |       445000 |  1 |    8BUI   |      0   |    f|
7 |          225 |  1 |    8BUI   |    255   |    f|
8 |            0 |  3 |    8BUI   |          |    t| ..ge_tall.png
```

在前面的查询中，只输出 ST_MetaData 函数选择返回的属性。ST_BandMetaData 返回每个栅格第一个波段的所有属性。

7.4.2 像素统计

除了提供用于获取栅格和波段级别的元数据的函数外，PostGIS 还提供了几个用于获取有关波段内像素组成和像素值的统计信息的函数。这些函数返回描述性统计信息，有助于决定如何裁剪或重新分类栅格。

这类函数有 ST_Count、ST_CountAgg、ST_Histogram、ST_Quantile、ST_SummaryStats、ST_SummaryStats、ST_SummaryStatsAgg 和 ST_ValueCount。默认情况下，所有这些函数忽略没有数据的像素值。以 Agg 结尾的版本与无 Agg 的版本完全相同，区别是它使用一组栅格行。如果要使用 GROUP BY 跨一组行进行统计，请使用以 Agg 结尾的版本。PostgreSQL 中的所有聚合函数都是用作窗口聚合函数的，因此也可以在 WINDOW 结构中使用它们，附录 C 将介绍这一点。

本节将演示 ST_Histogram 和 ST_SummaryStats 的使用。其他函数在工作方式上与这两个函数相同，但返回包含不同列的表。PostGIS 手册的"Raster Band Statistics and Analytics"部分提供了这些函数的示例。

1. ST_Histogram

ST_Histogram 提供指定波段内像素值的汇总统计信息。通过指定总区间的数量或提供每个区间所需考虑的像素百分比，可以要求函数将值划分到不同的区间。记住，直方图不会把像素的位置考虑在内；它只考虑像素的值。

下面的查询要求 ST_Histogram 将像素数据划分为 6 个区间。第 2 个参数是波段编号。虽然本例中没有演示，但可以通过传入数字数组改变区间的大小:

```
SELECT (stats).*
FROM (
    SELECT ST_Histogram(rast,2,6) As stats
    FROM ch07.bag_o_rasters
    WHERE rast_name = 'Reo'
) As foo;
```

输出如下：

```
min              | max              | count    | percent
-----------------+------------------+----------+--------------------
              29 | 66.6666666666667 |     9433 | 0.0179062262718299
66.6666666666667 | 104.333333333333 |    10126 | 0.0192217160212604
104.333333333333 |              142 |    15964 | 0.0303037205770691
             142 | 179.666666666667 |    43079 | 0.0817748671222475
179.666666666667 | 217.333333333333 |    19205 | 0.036455960516325
217.333333333333 |              255 |   428993 | 0.814337509491268
(6 rows)
```

该查询返回 Reo 栅格第 2 波段的直方图，数据分为 6 个区间。因此，前面的输出返回与栅格中特定波段的每个区间对应的 6 行，每行给出该区间内的最小值、最大值、值在该范围内的像素计数和该区间像素数量相对于整个波段中所有像素数量的百分比。

2. ST_SummaryStats

ST_SummaryStats 函数提供单个波段或整个栅格的汇总统计信息。下面的查询获取第 2 个波段的汇总统计信息。如果省略波段编号，则 ST_SummaryStats 将仅统计第一个波段中的像素值：

```
SELECT (stats).*
FROM (
    SELECT ST_SummaryStats(rast,2) As stats
    FROM ch07.bag_o_rasters
    WHERE rast_name = 'Reo'
) As foo;
```

汇总统计如下：

```
count  | sum       | mean             | stddev           | min  | max
-------+-----------+------------------+------------------+------+----
526800 | 119211159 | 226.293012528474 | 43.0372444228884 | 29   | 255
```

汇总统计信息和它的书面意思一样，只生成汇总信息，但某些时候，可能需要深入研究像素级别的信息。PostGIS 有多个像素访问器。有些会精确定位特定像素，有些则会考虑使用几何图形分割特定的区域。下面来看看这些访问器。

7.4.3　像素值访问器

有几个函数可以返回像素值，比较流行的是 ST_Value、ST_DumpValues 和 ST_DumpAsPolygons 函数。

1. ST_Value

ST_Value 返回在几何点或栅格行/列位置上的单个像素值。通常将它与高程数据一起使用,以返回感兴趣的特定位置的高程。

2. ST_DumpValues

ST_DumpValues 以 2D 数组的形式返回一个波段,其中数组中的位置对应于栅格列/行,值是像素值。该函数还可通过返回一组复合数据来处理多个波段,复合数据中的每个记录由波段编号和像素值的 2D 数组组成。有些计算环境(如 R)最适合使用数组。

3. ST_DumpAsPolygons

返回几何像素值组合的函数使用一种名为 geomval 的特殊类型。代码清单 7.5 使用这种类型创建了用于在栅格中设置像素的 geomval 数组。

ST_DumpAsPolygons 函数以栅格为输入,然后输出一组 geomval。每个 geomval 的 geom 部分是合并指定像素值的所有像素时形成的一个多边形。

ST_DumpAsPolygons 通常用于在只能处理几何数据的 GIS 软件(如 OpenJUMP)中渲染栅格。然后使用 geomval 的相应值字段为多边形着色。

下一个查询将代码清单 7.5 中创建的栅格以及相应多边形的区域转储为一组 geomval:

```
WITH X AS (
    SELECT ST_DumpAsPolygons(rast) As gv
    FROM ch07.bag_o_rasters
    WHERE rast_name = 'Raster 1 band heatmap'
)
SELECT
    ST_AsText((gv).geom)::varchar(30) AS wkt,
    ST_Area((gv).geom) As area,
    (gv).val
FROM X;
```

查询的文本输出如下所示:

```
wkt                                 | area   | val
------------------------------------+--------+-----
POLYGON((445018 5414962,445018      | 4      | 146
POLYGON((445410 5415000,445410      | 85992  | 110
POLYGON((445400 5414922,445400      | 46208  | 95
POLYGON((445290 5414720,445290      | 28884  | 80
POLYGON((445140 5414510,445140      | 7840   | 65
POLYGON((445000 5415000,445000      | 831072 | 255
```

注意,大部分转储是由对应于栅格中大片空白的值为 255 的区域组成的。

第 12 章将演示另一个返回 geomval 集合的函数,即 ST_Intersection。ST_Intersection 的工作原理与 ST_DumpAsPolygons 非常相似,不同的是它在输出转储结果之前先通过几何图形对栅格进行过滤。与 ST_DumpAsPolygons 不同,ST_Intersection 可以为 geomval 的 geom 部分返回任何类型的几何图形。

本节探讨了如何访问栅格的属性。下一节将讨论如何直接设置栅格属性或通过栅格处理函数间接更改栅格属性。

7.4.4　波段元数据设置器

可以通过给栅格波段设置一个值来指示该波段没有数据值。本节将介绍两个相关函数：
ST_SetBandNoDataValue 和 ST_SetBandIsNoData。

1. ST_SetBandNoDataValue

ST_SetBandNoDataValue 对指定波段设置表示无数据的值。记住，栅格中的所有像素都必须有
一个非空值，因此需要指定一个非空值来表示"无数据"。如果要禁用指定无数据值的功能，应该
将无数据值设置为 NULL。这意味着 NULL 表示无数据值，栅格中将不会有无数据值。同样，无数
据值不是 NULL，所有像素必须有一个数字值。

下面的示例将像素值设置为 255 以表示没有数据。这意味着对于大多数操作，255 值将被忽略：

```
UPDATE ch07.bag_o_rasters
SET rast = ST_SetBandNoDataValue(rast,1,255)
WHERE rast_name = 'Raster 1 band heatmap';
```

当需要将多个值映射为无数据时，通常将这个函数与 ST_Reclass 结合起来使用。ST_Reclass
允许将一系列值设置为相同的值。然后，使用 ST_SetBandNoDataValue 将它们标记为无数据。

2. ST_SetBandIsNoData

ST_SetBandIsNoData 将整个波段标记为不包含任何有用数据的波段。在处理栅格覆盖时，这个
函数很有用。假设在太平洋环礁上导入了一个被分成 100 行切片的表示高程的单波段栅格(它本身
就是 100 个栅格)。其中有大约 50 行是海洋，没有分析价值，但许多第三方软件希望覆盖范围是矩
形的。任何切片都不能丢失。为了防止 PostGIS 在使用处理函数时考虑代表海洋的切片，应该将这
些切片的波段设置为"无数据"。

当导入多波段栅格但不需要某些波段中的数据时，也会存在类似的处理情况。甚至可将整个波
段设置为"无数据"。

在创建接收数据的栅格模板时，此函数也很有用。模板可能不会一次填充所有波段。例如，如
果对冰川高度进行为期 10 年的研究，那么可能会为将要跟踪的每个冰川创建一个栅格，然后用 10
个无数据值的波段预先填充它们。在长达 10 年的测量过程中，仍然可以编写包含所有波段的查询，
但 PostGIS 会自动跳过没有数据的波段。

7.5　地理配准函数

创建栅格后，并非可以更改它的所有属性。例如，可以重置栅格的左上角坐标，也可以认为波
段的某个像素值表示无数据，但不能直接更改栅格的宽度和高度。

下面的小节将介绍一些可以使用设置器更新的属性。然后，将深入研究像素级的处理函数，这
些函数允许对栅格进行更基本的更改，例如修改栅格宽度和高度。

7.5.1　元数据设置器

栅格数据的原点从左上角开始，因此像素有正的 X 值和负的 Y 值。另一方面，空间坐标的原点通常从左下角开始，X 和 Y 都为正值。

world 文件

world 文件是栅格的元数据姊妹文件，它列出了在参照系统中定位旋转的(或未旋转的)栅格所需的 6 个数字：4 个数字表示像素的大小和形状，2 个数字指定栅格的左上角。

对于某些栅格格式，这些元数据直接嵌入文件中，而不作为单独的文本文件出现。如果未提供任何信息，raster2pgsql 将猜测 X 和 Y 像素的比例大小和方向。

本节将探讨用于设置像素相对于空间坐标的方向和大小的地理配准函数。可以在 PostGIS 官方参考手册的"Raster Editors"部分找到这些函数的完整列表。

1. ST_SetGeoReference

ST_SetGeoReference 可以在一条语句中设置 6 个基本的地理配准数字。6 个数字按以下顺序排列：X 的缩放、Y 的倾斜、X 的倾斜、Y 的缩放以及左上角 X 和 Y 坐标。例如，ST_SetGeoReference(rast, '10 0 0 -10 446139 2440440')会对名为 rast 的 PostGIS 栅格对象进行设置，使得 1 像素宽度表示 10 个空间单位，1 像素高度表示-10 个空间单位，无倾斜，左上角设置为：X=446139 且 Y=2440440。如果空间单位是米，那么 1 个像素为 10 m 宽。

2. ST_SetSRID

ST_SetSRID 设置栅格使用的空间坐标系。左上角坐标和像素大小应以这个系统的坐标和单位表示。

如果没有在加载过程中设置 SRID，或者发现栅格的 SRID 错误，可以使用此函数。不要将此函数与 ST_Transform 混淆，ST_Transform 也可以更改 SRID，但会将所有像素从一个已知空间参考系统重投影到另一个已知空间参考系统。ST_SetSRID 不会重投影！

3. ST_SetUpperLeft

ST_SetUpperLeft 将栅格左上角的 X 和 Y 坐标设置为 SRID 中的坐标。

4. ST_SetScale

ST_SetScale 以坐标参考系统的单位设置像素宽度和高度。它指定了每个像素表示的空间坐标宽度和高度的单位数。这个函数有两个版本。一个采用不同的 X 和 Y 值设置高宽比例不同的像素，另一个采用单个值设置高宽比例相同的像素。

此函数只是更改了元数据，而不实际更改像素。相关函数 ST_Rescale 是一个处理函数，它通过算法将栅格的底层像素从一个已知比例更改为另一个比例。

5. ST_SetSkew

ST_SetSkew 设置地理参考 X 和 Y 倾斜(旋转参数)。如果只传入一个坐标，则 X 和 Y 的倾斜值将相同。通常倾斜值 0 适用于大多数栅格，但如果栅格坐标轴偏离了空间参考坐标轴，则可能需要更改此值。磁偏角的解释是一个很好的示例。

此函数仅更改元数据，不触及像素。相关函数 ST_ReSkew 是一个处理函数，它通过算法将栅格的底层像素从一个已知倾斜比例更改为另一个倾斜比例。

6. 地理配准示例

下一个示例演示了如何通过在一条语句中设置左上角、右上角、倾斜、比例和 SRID 值来对不带地理参考坐标的栅格进行地理配准：

```
UPDATE ch07.bag_o_rasters
SET rast = ST_SetSRID(
    ST_SetGeoReference(rast, '1 0 0 -1 445139 5415000'),32631
)
WHERE rast_name = 'Reo 1 band crop';
```

提示：尽管系统允许，但除了 SRID 之外，不要尝试设置数据库外栅格的地理参考属性。这会导致 ST_Transform 和 ST_Rescale 等函数出现定位问题。

7.5.2 处理函数

有时，仅更改栅格的元数据是不够的，必须访问底层像素。本节将描述这些函数中最常见的几个。

所有这些函数都采用了重采样算法，该算法规定如何转换像素以达到新的地理参考状态。所有这些函数使用的默认算法称为最近邻算法(nearest neighbor，NN)。NN 算法速度很快，但与其他算法(如 bilinear 算法、cubic 算法、cubic spline 算法或 Lanczos 算法)相比，它时常导致不太可靠的变换。重采样算法可以作为可选参数传入每个函数中。例如，ST_Transform(rast, 4326, 'Cubic')会将算法更改为 Cubic。

1. ST_Transform

ST_Transform 通过将所有像素从一个已知的空间参考系统投影到另一个已知的空间参考系统来改变空间坐标系。它对栅格的作用与 ST_Transform 对几何图形的作用完全一样。

2. ST_Rescale

ST_Rescale 是与 ST_SetScale 配合使用的函数。它更改栅格的像素大小，但这是通过访问每个像素来实现的，同时减少或增加了像素数。因此，该函数既影响像素比例，也影响栅格宽度和高度(每列和每行像素的数量)。此函数仅适用于具有已知 SRID 的栅格。

3. ST_Resample

ST_Resample 与 ST_Rescale 类似，但它不指定目标像素的大小，而是提供目标栅格的总宽度和高度。

4. ST_Resize

ST_Resize 允许将宽度和高度设置为固定的数字或原始值的百分比。它不需要有已知 SRID 的栅格。与 ST_Rescale 函数一样，它不仅改变宽度和高度，还改变像素比例，以确保新栅格与旧栅格占据相同的几何空间。

5. 栅格处理示例

代码清单 7.12 演示了上述所有函数。

代码清单 7.12　各种地理参考处理操作的效果

```
WITH
    r As (
    SELECT rast
    FROM ch07.bag_o_rasters
    WHERE rast_name = 'canvas aligned road'
),
    r2 AS (
    SELECT 'orig' As op, ST_MetaData(rast) As rm FROM r
    UNION ALL
    SELECT 'resamp' AS op,
           ST_MetaData(ST_Resample(rast,300,300)) As rm FROM r
    UNION ALL
    SELECT 'tform' AS op,
           ST_MetaData(ST_Transform(rast,4326)) As rm FROM r
    UNION ALL
    SELECT 'resize' AS op,
           ST_MetaData(ST_Resize(rast,0.5,0.5)) As rm FROM r
    UNION ALL
    SELECT 'rescale' AS op,
           ST_MetaData(ST_Rescale(rast,0.5,-0.5)) As rm FROM r
)
SELECT
    op,
    (rm).srid,
    (rm).width::text || 'x' || (rm).height::Text as wh,
    (rm).scalex::numeric(7,5)::text || ',' ||
    (rm).scaley::numeric(7,5)::text as sxy,
    (rm).upperleftx::numeric(11,2)::text || ',' ||
    (rm).upperlefty::numeric(12,2)::text As uplxy
FROM r2;
```

❶ 重采样至 300×300 像素

❷ 转换至 lon/lat

❸ 调整到 50%

❹ 缩放到 0.5 和 −0.5m 每像素

代码清单 7.12 的输出如下：

```
op        | srid  | wh      | sxy              | uplxy
----------+-------+---------+------------------+---------------------
  orig    | 32631 | 60x155  | 2.00000,-2.00000 | 448242.00,5414506.00
  resamp  | 32631 | 300x300 | 0.40000,-1.03333 | 448242.00,5414506.00
  tform   | 4326  | 86x143  | 0.00002,-0.00002 | 2.29,48.88
  resize  | 32631 | 30x78   | 4.00000,-3.97436 | 448242.00,5414506.00
  rescale | 32631 | 240x620 | 0.50000,-0.50000 | 448242.00,5414506.00
```

代码清单 7.12 通过各种处理函数传递代码清单 7.2 中创建的栅格。

首先，重新采样，强制将栅格宽度和高度设定为 300×300 像素❶。作为补偿，在 X 方向上，像素从 2 m 缩放至 0.400 00 m；在 Y 方向上，像素从-2 m 缩放至-1.033 33 m。

然后将栅格转换为 lon/lat 投影，使左上角显示经度和纬度❷。缩放比例以及宽度和高度也会发生变化。

然后将宽度和高度调整为原始尺寸的 50%❸。因为缩放比例不会改变，所以每个像素占用的坐标空间是原来的两倍(约 4 m)，而不是原来的 2 m。

最后，重新缩放栅格，使每个像素代表 0.5 m×(-0.5 m)的坐标空间。因为现在每个像素代表更小的空间，所以栅格的总体尺寸在 X 和 Y 方向上放大 4 倍以进行补偿。

7.6 重分类函数

ST_Reclass 及更通用的同类函数 ST_MapAlgebra 是适用于像素级的强大函数。这些函数可以用于以下目的：

- 通过将浮点数波段映射为整数值来更改波段类型，反之亦然。
- 将像素值识别和分类为无数据。
- 将数值接近的像素值或相邻像素重新映射为 1 个值，以便将其矢量化。例如，将 0~10 范围内的所有像素值视为 0，将 50~60 范围内的所有像素值视为 1。为了使由于仪器噪声而发生值变化的斑点区域变得更平滑，可能会希望所有像素都取邻近像素的平均值。
- 通过减少总的像素数量来隔行扫描栅格。

尽管 ST_Reclass 的功能是使用 ST_MapAlgebra 可以实现的功能的子集，但 ST_Reclass 语法通常比地图代数函数更简单，而且 ST_Reclass 速度更快。

代码清单 7.13 使用 7.4.2 节中的直方图统计数据分离 Reo 的边界。结果如图 7.5 所示。

代码清单 7.13 使用重分类函数创建一个简化的栅格

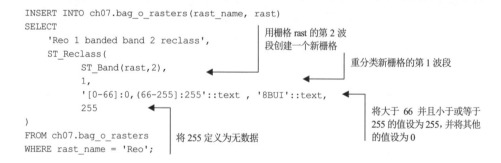

ST_Reclass 始终返回重分类指定波段后的完整栅格。如果不希望返回完整栅格，则可能需要使用 ST_Band 限制输入栅格，如前面的示例所示。

关于 ST_MapAlgebra 的详细讨论，请参见第 12 章。

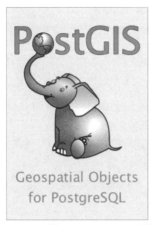

图 7.5 ST_Reclass：重分类前后的第 2 波段

7.7 多边形化函数

多边形化是栅格到多边形的转换。最简单的多边形化函数以整个栅格、一个波段或一组波段作为输入，然后返回单个多边形。

本节将讨论以栅格或栅格波段作为输入并返回单个几何图形的函数。第 12 章将探讨更高级的多边形化函数，这些函数将返回多个多边形或 geomval 类型数据。

7.7.1 ST_ConvexHull

ST_ConvexHull 返回栅格的凸包，包括无数据的像素。ST_ConvexHull 速度快，只稍逊于 ST_Envelope。PostGIS 内部使用这个函数将栅格转换为几何图形，并建立空间索引。

ST_ConvexHull 关注栅格的倾斜。对于非倾斜栅格，返回的凸包始终为矩形。对于倾斜栅格，返回的凸包将是平行四边形。

7.7.2 ST_Envelope

ST_Envelope 与 ST_ConvexHull 类似，但它始终返回最小的边界矩形，因此速度稍快。如果栅格有倾斜，ST_Envelope 将返回平行四边形。

7.7.3 ST_Polygon

ST_Polygon 将通过合并所有像素的几何表示来创建多边形或多边形集合。

当与 ST_Reclass 结合使用时，ST_Polygon 对于图像识别是必不可少的。考虑以下场景：冰岛的一座火山爆发，将一团火山灰送入平流层。卫星生成了一幅地球背景下的灰尘的栅格图像。对于这个栅格，首先使用重分类函数来挑出灰色像素，并将其他像素设置为无数据。再使用 ST_Polygon 将烟流投射到多边形。然后可以将多边形与北大西洋航线的线串相交，以确定哪些航线会受到影响。

更精确的做法是使用多个卫星创建多波段栅格，每5000英尺一个波段。可将特定波段或整个栅格传递给 ST_Polygon。

7.7.4 ST_MinConvexHull

ST_MinConvexHull 与 ST_ConvexHull 函数返回相同的结果，但 ST_MinConvexHull 从边缘向内移除了 nodata 像素。完全被数据像素包围的 nodata 像素也不例外。

这个函数可用于删除添加到栅格的填充，使栅格满足给定的像素宽度或高度要求。想想旧的宝丽来(Polaroid)照片，它们参差不齐的白色边框毫无用处。

以下查询显示了 ST_ConvexHull 和 ST_MinConvexHull 之间的差异：

```
SELECT
    rast_name::varchar(10),
    ST_AsText(ST_ConvexHull(rast)) As hull,
    ST_AsText(ST_MinConvexHull(rast)) As minhull
FROM ch07.bag_o_rasters
WHERE rast_name IN('Reo','Reo 1 banded band 2 reclass');
```

代码的输出如下所示：

```
rast_name | hull                  | minhull
----------+-----------------------+-------------------------
Reo       | POLYGON((0 0,600 0,   | POLYGON((0 0,600 0,
          | 600 -878,0 -878,0 0)) | 600 -878,0 -878,0 0))
Reo 1 ban | POLYGON((0 0,600 0,   | POLYGON((75 -104,490 -104,
          | 600 -878,0 -878,0 0)) | 490 -626,75 -626,75 -104))
```

注意，尽管这两个栅格具有相同的凸包，但栅格的最小凸包占据的区域较小，因为在边缘上无数据的像素被删除了。

当不带波段编号使用 ST_MinConvexHull 时，它将考虑所有的波段，只有当像素中的所有波段值都为 nodata 值时，才会认为该像素无数据。当应用于特定波段时，ST_MinConvexHull 只检查特定的波段，如果该波段的像素值为 nodata，则认为该像素无数据。ST_ConvexHull 始终适用于所有波段，因为它不检查像素值。

7.8 本章小结

- PostGIS 有许多可以输出各种格式栅格的函数，这对数据互操作性很有用。
- PostGIS 有许多在像素级和地理参考位置分析栅格的函数。
- PostGIS 有允许在栅格和几何图形之间转换的函数。
- 使用内置的栅格函数和封装的 raster2pgsql 命令行工具，可以通过各种格式加载栅格数据。

第 *8* 章

空 间 关 系

本章内容：

- 边界框
- 交点
- 关系
- 相等的含义
- 维数扩展的 9 交集矩阵(DE-9IM)

俗话说："没有人是一座孤岛。"空间对象也是如此。前面的章节单独描述了几何图形和栅格。之后我们将不再每次用一个几何图形或栅格。当你开始处理多个单例时，空间查询的丰富性和强大性就会显现出来。

如果我们将空间对象比作表，那么单表的 SQL 查询的功能是有限的。只有在你加入操作之后，一切才开始变得有趣起来。是否掌握连接操作，是普通数据库用户和重要数据库分析师的区别所在。空间数据库也有相似的出发点：空间数据库的普通用户可以使用 PostGIS 来存储几何图形数据或过滤符合特定条件的几何图形。而重要空间数据库分析师能够通过编写连接、转变多个几何图形和栅格的查询，以轻快而优雅的方式解决看似棘手的问题。

但正如另一句俗话所说："没有付出，就没有收获。"使用多个几何图形或栅格时会遇到新的概念上的挑战。在非空间数据库中，不同的数据通过数学或字符串操作进行交互。当一个数字遇到另一个数字时，你可以使用加、减、除、乘或它们的某种组合。当一个字符串遇到另一个字符串时，可将它们拼接在一起或者使用一个替代另一个。然而，在空间数据库中，当一个几何图形遇到另一个几何图形，或一个栅格遇到另一个栅格时，情况就开始变得有趣了。当一个栅格遇到一个几何图形时，甚至会更有趣。PostGIS 提供了许多方式，本章会探讨最常见的选择。我们将分别描述每种类型的关系，但请记住，空间 SQL 的全部分析能力通常需要同时应用不同的关系函数、运算符和处理函数。

下面将从每个几何、地理和栅格的精髓——边界框开始讨论。

8.1 边界框和几何比较器

每个几何图形和栅格都有一个边界框，即边缘平行于完全包围对象的坐标平面的轴的最小矩形框。每个地理区域也都有一个边界框，但它的边界框是在三维空间中，所以这略微超出了本书讨论的范围。我们只需要知道地理边界框的存在，它也是地理信息的灵魂，但它与几何和栅格共享的简单矩形类型不同。真正让 PostGIS 关系查询快速运行的是大多数查询中嵌入的基于框的比较，不需要比较对象，比较边界框通常就足够了，并且可以更快地得到答案。

栅格和地理有边界框？真的吗

尽管本章中的大部分讨论将集中在二维几何图形上，但请记住，栅格有一个作为二维几何图形的外壳，并且外壳也有一个边界框。栅格和几何图形具有相同类型的边界框，使我们能够用空间关系函数对它们进行比较。三维几何图形同时具有二维边界框和三维边界框。

地理区域也有边界框，但它们有一种三维边界框。在将一个图形转换为几何图形或将另一个图形转换为地理类型之前，你不应该使用空间关系函数将几何图形与地理类型关联起来。

8.1.1 边界框

下面用一个简单的示例演示边界框。假设你有两个多边形集合：一个代表华盛顿州，另一个代表佛罗里达。你想知道华盛顿州是否确切地位于佛罗里达州的西北部。如果华盛顿州的边界框确切地位于佛罗里达州的上方和左侧，那么你将确信这些几何图形也一定具有相同的关系。边界框方法首先在每个州周围绘制矩形框，然后询问包围华盛顿州的框是否位于包围佛罗里达州的框的左上方，从而简化逐点检查。你几乎马上就能得到答案。

此外，矩形框完全由两个相对角的坐标指定，因此可以预先计算表中几何图形的所有边界框，并将其坐标存储在索引中。一旦索引了每个几何图形的边界框，比较任意两个几何图形的任务就变成了比较两对数字的简单任务。

边界框是空间查询的基础，因此 PostGIS 在几何图形更改时始终会计算边界框，并将边界框存储为几何图形的一部分。但要充分利用边界框，仍然需要定义空间索引。

虽然边界框很有用，但在很多情况下它们对你没有多大好处。假设你想知道华盛顿州的形心是否在俄勒冈州形心的左侧，你不能简单地通过查看两个州的边界框来快速地得到答案。简而言之，边界框既可用于更复杂的空间关系检查的预检查，也可用于一般性经验法则测试。

代码清单 8.1 包含几何图形及其边界框的示例。

代码清单 8.1 生成各种几何图形及其边界框

```
SELECT ex_name, Box2D(geom) As bbox2d , geom
FROM (
VALUES
    ('A line', ST_GeomFromEWKT('LINESTRING (0 0, 1 1)')),
    ('A multipoint', ST_GeomFromText('MULTIPOINT (4.4 4.75, 5 5)')),
    ('A square', ST_GeomFromText('POLYGON ((0 0, 0 1, 1 1, 1 0, 0 0))'))
)
AS x(ex_name, geom);
```

图 8.1 展示了代码清单 8.1 的输出，显示了被包围在边界框中的几何图形。

下一节将介绍处理几何图形边界框的运算符。

图 8.1　各种几何图形及其边界框

8.1.2　边界框比较器

PostGIS 一直为二维几何图形提供几何边界框比较器，PostGIS 2.0 为三维几何图形添加了比较器。这些比较器中的一些(不是全部)具有检查整个几何图形的对应物。

PostGIS 将符号用作比较器。例如，如果 A 的二维边界框与 B 的二维边界框相交，则 A&&B 返回 true，反之亦然。双与符号(&&)是交叉比较器。在后台，PostGIS 首先检查许多关系函数(如 ST_Intersects 和 ST_DWithin)的边界框交集。如果边界框无法相交，PostGIS 可以立即返回一个答案。

对于三维几何图形，&&比较器将比较二维示意图。对于真正的三维边界框交集，可以使用&&& 运算符。

表 8.1 列出了几何图形和栅格的比较器以及它们使用的索引类型(如果存在的话)。比较器列中的"(g)"表示该运算符仅适用于几何图形，而不适用于栅格。几何图形、栅格和地理列几乎总是使用 gist 索引。如果几何图形没有很多点(例如，单点、短线串或小多边形)，则可以使用 B-tree。请记住，你可以在同一个几何图形列上同时使用 gist 和 B-tree 索引。

表 8.1　PostGIS 几何图形和栅格的比较器

比较器	真实状况	索引
&&	如果 A 的二维边界框与 B 的相交	gist, spgist, BRIN
&&& (g)	如果 A 的三维边界框与 B 的相交	gist (geometry_ops_nd)
&<	如果 A 的二维边界框与 B 的重叠或位于 B 的左侧	gist, spgist
&<|	如果 A 的二维边界框与 B 的重叠或在 B 的下方	gist, spgist
&>	如果 A 的二维边界框与 B 的重叠或位于 B 的右侧	gist, spgist
<<	如果 A 的二维边界框严格位于 B 的左侧	gist, spgist
<<|	如果 A 的二维边界框严格低于 B 的	gist, spgist
=	Pre-PostGIS 2.4：A 的二维边界框与 B 的相同 PostGIS 2.4+：真实几何图形相等	B-tree
>>	如果 A 的二维边界框严格位于 B 的右侧	gist
@	如果 A 的二维边界框包含在 B 的二维边界框中	gist, BRIN
|&>	如果 A 的二维边界框与 B 的重叠或位于 B 的上方	gist
|>>	如果 A 的二维边界框严格高于 B 的	gist, spgist
~	如果 A 的二维边界框包含 B 的	gist

(续表)

比较器	真实状况	索引
~=	如果 A 的二维边界框与 B 的相同	gist, spgist
~	如果 A 的二维边界框完全包含 B 的	gist, spgist

　　自 PostGIS 2.2 以来，几何图形还支持空间划分的广义搜索树(spgist)类型的索引。PostGIS 2.3 引入了区块范围指数(block range indexes，BRIN)和相关运算符。BRIN 索引主要用于大型点数据集。后面关于性能的章节将讨论这些问题。

8.2　两个几何图形的关系

　　当两个几何图形有共同点时，它们便是相交的，但有时需要知道的不仅仅是它们是否相交。例如，需要更详细地了解公共点、非公共点和边界上的点。PostGIS 有一系列描述两个几何图形如何相交或不相交的函数。这些函数依赖于具有相同 SRID 的两个几何图形，并假定它们都是有效的。如果输入数据包含无效的几何图形，请不要信任输出结果。

8.2.1　几何图形的内部、外部和边界

　　二维相交函数依赖于内部、外部和边界的几何概念：
- 内部——几何图形内部而非边界上的空间
- 外部——几何图形外部而非边界上的空间
- 边界——既不是内部也不是外部的空间

　　具有几何图形的平面上的任何点都必须是内部的、边界上的或外部的，它不可能同时出现在两个地方，这对于多边形而言应该是直观的。对于开放的线串，边界是端点；对于闭合的线串和点，边界是不存在的，并且在 PostGIS 中，它们被表示为某种形式的空几何图形。对于点，它是一个空的几何图形集合；对于闭合线串，它是一个空的点集合。如有疑问，请使用 ST_Boundary 函数检查边界几何图形。

什么是空几何图形
空几何图形是指内部没有点的几何图形。它与数据库 NULL 不同！
可用以下命令创建空几何图形：SELECT ST_GeomFromText ('GEOMETRY EMPTY');。
　　如果对空几何的概念不完全满意，并且希望进行深入的哲学讨论，可以使用空多边形、空点、空点集和其他类型的空几何图形来提升自己。自从 PostGIS 2 以来，PostGIS 已经涵盖了空的世界，当你试图让非相交几何图形相交时，你会发现各种不同的空几何图形出现。
　　提一个有禅意的问题：如果一个点和一个多边形不相交，那么这个交点是一个空点，一个空多边形，还是一个谜？

　　在交叉操作期间，PostGIS 在两个几何图形之间创建内部、边界和外部的配对，并分别对每个配对进行检查。例如，它将检查一个图形的内部是否与另一个图形的内部相交，然后检查内部是否

与边界相交以及内部是否与外部相交，以此类推，总共进行 9 次成对检查。这 9 对交集的结果可以是无维(无交集)、零维(点阵)、一维(直线)、二维(面)，或者集合几何图形的组合。

同样，请确保输入的几何图形是有效的。否则内部、外部和边界的概念会完全瓦解。

8.2.2 相交

相交的概念包含了几何图形可以具有共同点的多种方式。本章将深入研究细微差别，但让我们从相交的基本定义开始：两个具有共同的内部点或边界点的几何图形是相交的。所有共同点的集合称为交集。

PostGIS 有两个用于二维交集的函数。第一个是 ST_Intersects，它返回 true 或 false。另一个是 ST_Intersection，它返回相交区域的几何图形。

PostGIS 也有名为 ST_3DIntersects 和 ST_3DIntersection 的函数来处理三维几何图形。它们的内部工作方式与 ST_Intersects 和 ST_Intersection 完全不同，但 ST_3DIntersects 的确依赖于二维边界框检查，以在执行更全面的三维检查之前确保两个几何图形的轨迹在二维中相交(如果必要的话)。

下面将通过两个巧妙的示例演示 ST_Intersects 和 ST_Intersection 函数的实际操作。

1. 用多边形分割线串

我们将从一个多边形和一个线串开始，利用 ST_Intersects 函数看看它们是否相交，并利用 ST_Intersection 函数查看结果几何图形是什么样子的。

这个示例在实际场景中非常常见。线串可以表示新道路的规划路线，多边形可以表示私有土地。ST_Intersects 函数将快速告诉你新道路是否将穿过私有土地。如果新道路穿过私有土地，你可以使用 ST_Intersection 确定与征用域接管相关的成本，从而确定道路的哪一部分位于边界内。我们只看一个简单的示例，但你可以想象，如果你有一个城市中所有私有土地的记录，并且你想确定道路将穿过哪些土地，这将多么有用。路线规划者实际上可以追踪穿过城市的任何路径，并立即获得征用权购买的计算结果。

图 8.2 显示了规划的道路(线串)、私有土地(多边形)，以及相交区域的几何图形。

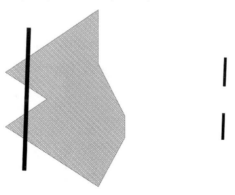

图 8.2　在左图中，多边形(私有地产)与线串(规划道路)重叠。右图是两者的相交区域。相交的结果是线集合

生成图 8.2 的代码如代码清单 8.2 所示。

代码清单 8.2　多边形和线串的交集

```
SELECT
    ST_Intersects(g.geom1,g.geom2) As intersect,
    GeometryType(ST_Intersection(g.geom1,g.geom2)) As intersection
FROM (
SELECT
    ST_GeomFromText('
        POLYGON((
            2 4.5,3 2.6,3 1.8,2 0,
            -1.5 2.2,0.056 3.222,
            -1.5 4.2,2 6.5,2 4.5
        ))'
    ) As geom1,
    ST_GeomFromText('LINESTRING(-0.62 5.84,-0.8 0.59)') As geom2
) AS g;
```

栅格还有一个 ST_Intersection 函数，以及第 7 章讨论过的 ST_Clip 函数。ST_Intersection 和 ST_Clip 函数都涉及栅格和几何图形之间的交集，这两种交集都是相交的类型。ST_Clip 函数总是用于栅格和几何图形之间，产生的交集是栅格与几何图形相交的部分。ST_Intersection 函数可以用于两个栅格之间或者一个栅格和一个几何图形之间。当该函数用于两个栅格之间时，结果是一个栅格，它是相交的像素和值的函数。用于栅格和几何图形之间的 ST_Intersection 返回一组 geomval。

如果你对自己的地块高程足迹感兴趣，那么不妨看一个经典的示例。你可以使用 ST_Clip 函数切割与你的地块相交的数字高程模型的部分。因此，它是数字高程模型栅格的一部分，并覆盖了你的地块。然后可以使用一个 ST_Intersection(raster, geometry)栅格函数返回定义土地上每个高程水平的多边形，也可以创建地块的三维几何模型，并将高度注入 ST_Intersection 返回的多边形中。第 12 章将对此进行演示。

如果你对上一个示例不感兴趣，那么下一个示例应该会改变你的想法。

2. 用多边形裁剪多边形

ST_Intersection 函数的一个常见用法是通过提供与另一个多边形(如正方形或矩形网格)相交的部分来分割多边形。这个过程通常被称为裁剪。

例如，如果你负责一个城市范围内的销售，并且你的员工中有 12 个销售代表，你可以使用销售区域裁剪城市，将城市的多边形分解为 12 个销售区域，每个销售代表负责一个区域。

裁剪的另一个常见用途是通过预先分解几何图形来加快空间数据库查询的速度。如果数据覆盖的区域超出了通常需要处理的范围，则可以裁剪原始几何图形，以便对更小的几何图形进行查询。例如，如果你正在处理覆盖整个伊斯帕尼奥拉岛(Hispaniola)的数据，但你只需要报告海地(Haiti)的数据，那么你可以使用海地的几何图形裁剪数据，从而分离出只含海地那一半的数据。

接下来的示例中，我们将一个任意形状的多边形(代码清单 8.2 中使用的多边形)分割成正方形网格区域，如图 8.3 所示。

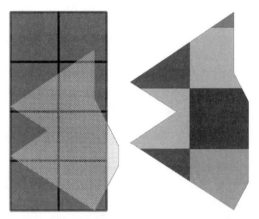

图 8.3 在左图中，多边形叠加在方块上。右图是方块与多边形相交的结果

要执行这个分割，应从一个矩形开始，将其分割成 8 个正方形单元格，然后将其与多边形相交，如代码清单 8.3 所示。

代码清单 8.3 使用另一个多边形裁剪一个多边形

```
SELECT
    x || ' ' || y As grid_x_y,          ❶ 用于分割的正方形
    CAST(
        ST_MakeBox2d(
            ST_Point(-1.5 + x, 0 + y),
            ST_Point(-1.5 + x + 2, 0 + y + 2)
        ) As geometry
    ) As geom2
FROM generate_series(0,3,2) As x CROSS JOIN generate_series(0,6,2) As y;
SELECT
    ST_GeomFromText(
        'POLYGON((
        2 4.5,3 2.6,3 1.8,2 0,-1.5 2.2,0.056 3.222,-1.5 4.2,2 6.5,
        2 4.5
        ))'
    ) As geom1;          ❷ 分割区域                              ❸ 分割产生多
SELECT                                                              个记录
    CAST(x AS text) || ' ' || CAST(y As text) As grid_xy,
    ST_AsText(ST_Intersection(g1.geom1, g2.geom2)) As intersect_geom
FROM (
    SELECT
        ST_GeomFromText(
            'POLYGON((
                2 4.5,3 2.6,3 1.8,2 0,
                -1.5 2.2,0.056 3.222,
                -1.5 4.2,2 6.5,2 4.5
            ))'
        ) As geom1
) As g1
INNER JOIN (
SELECT x, y, ST_MakeEnvelope(-1.5+x,0+y,-1.5+x+2,0+y+2) As geom2
```

```
FROM
    generate_series(0,3,2) As x
    CROSS JOIN
    generate_series(0,6,2) As y
) As g2
ON ST_Intersects(g1.geom1,g2.geom2);
```

在上述代码中，首先使用 generate_series 创建从多边形的最小 X 坐标到最大 X 坐标的两个序列，并跳过两个单位❶。对 Y 执行相同的操作，得到 8 个 2×2 的正方形。城市是你希望分割的多边形❷。然后你交叉连接城市多边形和正方形网格，并取交集❸，这会导致你的城市多边形被分割。

表 8.2 列出了通过代码清单 8.3 创建的西西里(Sicilian)披萨的每一片的 WKT。

表8.2   销售区域 WKT

grid_xy	intersect_geom
0 0	POLYGON((0.5 0.942857142857143...))
2 0	POLYGON((2.5 0.9, 2 0, 0.5 0.942857142857143, 0.5 2, 2.5 2, 2.5 0.9))
0 2	POLYGON((−1.18181818181818 2, −1.5 2.2...))
2 2	POLYGON((2.26315789473684 4, 2.5 3.55...))
0 4	POLYGON((−1.18179959100204 4, −1.5 4.2,0.5 5...))
2 4	POLYGON((2 4.5, 2.26315789473684 4, 0.5 4, 0.5 5.51428571428571...))
2 6	POLYGON((1.23913043478261 6, 2 6.5, 2 6, 1.23913043478261 6))

代码清单 8.3 显示了在将单个几何图形划分为单独的记录时，交集是如何发挥作用的。注意，用于分割的方块不需要完全覆盖多边形。这个示例省略了一些细节。

请记住，ST_Intersection 函数返回的几何类型可能看起来与输入的几何图形非常不同，但它肯定与最小维度或更低维度(几何维度和坐标维度)的几何图形相同。例如，如果有两个多边形共享一条边，那么这两个多边形的交集是表示共享边的线串。多边形是二维的，但合成的线串是一维的。

注意: PostGIS 2.2 引入了几何函数 ST_Subdivide 和 ST_ClipByBox2D，它们将几何图形切割成更小的位。这两个几何函数适用于处理任何类型的几何图形。在内部，它们使用了一个类似于前一个示例的交集，当然，它们使用起来更快。后面的章节将讨论 ST_Subdivide。PostGIS 3.1 引入了 ST_HexagonGrid 和 ST_SquareGrid 函数，它们将根据输入几何图形的边界框和大小值自动生成网格，然后你可以使用该边界框与之相交。六边形网格的概念已经被 Uber 的分级地理空间索引系统(H3)所普及。H3 系统严格地基于 Dymaxion 投影，而 ST_HexagonGrid 函数被设计用于任何平面空间参考系统。

你的输出还可能形成几何图形集合，即使输入的两个几何图形都不是集合形式的。例如，可能有两个多边形类型的几何图形相交。如果两个多边形共享一部分边(与地块的情况相同)，并且地块的一部分与另一个地块的边界相交(因为土地纠纷)，则两个几何图形的交集将为 GEOMETRYCOLLECTION 类型。该几何图形集合将由表示商定的边界的线串和争议区域的多边形组成。

总而言之，如果 A 和 B 是输入 ST_Intersection 的几何图形，则以下几点是正确的:

- ST_Intersection 返回 A 和 B 的共享部分(包括边界)。
- ST_Intersection 和 ST_Intersects 都是可交换的，这意味着 ST_Intersection(A, B) = ST_Intersection (B, A)且 ST_Intersects(A, B) = ST_Intersects(B, A)。
- A 和 B 不必具有相同的几何子类型。
- 由 ST_Intersection 返回的几何图形的维度不能高于 A 和 B 之间的最低维度，即 Least(ST_Dim(A), ST_Dim(B))。
- 如果 A 和 B 不相交，交集就是一个空的几何图形。

介绍了相交的基本概念后，我们将深入研究相交关系的细节。

8.2.3　房屋平面图模型

下面将使用一个如图 8.4 所示的房屋平面图示例来演示更具体且不那么直观的相交关系。代码清单 8.4 生成房屋平面图，它使用带孔的多边形来表示带有中心庭院的房屋。线串将表示通道，而点集合将代表守卫。单个三角形的点代表前门。图 8.4 将它们分开布置，但当将它们组合在一起时，如图 8.5 所示，你将看到它们在不同的位置相交。

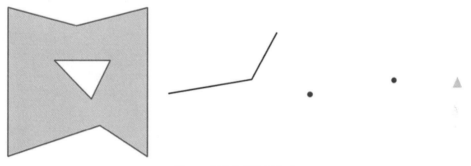

图 8.4　房屋平面图组成部分

代码清单 8.4　拼接房屋平面图

```
CREATE TABLE example_set(ex_name varchar(150) PRIMARY KEY,
    geom geometry);
INSERT INTO example_set(ex_name, geom)
VALUES
    (
        'A polygon with hole',
        ST_GeomFromText(
            'POLYGON(
                (110 180, 110 335,184 316,260 335,260 180,209 212.51,
                110 180), (160 280,200 240, 220 280,160 280)
            )'
        )
),
('A point', ST_GeomFromText('POINT(110 245)')),
(
    'A linestring',
    ST_GeomFromText('LINESTRING(110 245,200 260, 227 309)')
```

```
),
('A multipoint', ST_GeomFromText('MULTIPOINT(110 245,200 260)'));
```

当你查看这些组件时，房屋平面图如图 8.5 所示。

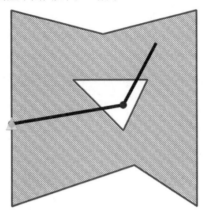

图 8.5　所有组件就位的房屋平面图

在房屋中，有四个几何图形代表房屋的不同方面：

- 带有三角形孔的多边形代表房屋的建筑部分——覆盖结构。这所房子有一个古雅的庭院，它是房子外部的一部分。
- 一条线串代表一条红地毯，引领客人穿过庭院进入屋内。
- 三角形图标代表的点是房子的前入口。
- 由两个圆点组成的点集代表在前门入口和庭院中保护客人的两个守卫。

下一节将探讨房子、地毯、入口和守卫之间的不同空间关系。

8.2.4　包含和内部

当几何图形 A 包含几何图形 B 时，B 的任何点都不能位于 A 的外部，并且 B 至少有一点位于 A 的内部。因此，如果 B 仅位于 A 的边界上，则 A 不包含 B。如果 B 位于边界上且在 A 的内部，则 A 包含 B。

这个定义的一个奇怪之处，几何图形从不包含自己的边界点。例如，作为开放线串起点的点不包含在线串中，因为它在线串内部没有点。但是，如果你有一个包含起始点和线段中间某个点的点集，那么点集被线串所包含。

包含(contain)和内部(within)是反向关系。如果几何图形 A 在几何图形 B 中，那么几何图形 B 包含几何图形 A。要检查包含和内部，应使用函数 ST_Contains 和 ST_Within。这两个函数都是 OGC SQL/MM 函数，因此你可能会在其他空间数据库产品中遇到它们，但它们在含义上没有太大差别。

几何图形 A 包含几何图形 B 的一个令人困惑但必要的条件是，A 与 B 的边界的交集不能是 B。换句话说，B 不能完全位于 A 的边界上。几何图形不包含其边界，但始终包含自身。

下面用 ST_Contains 和 ST_Within 函数写一个查询，以列出前一节中所有房屋的配对比较。通过比较，对于一些问题，比如"两个守卫都在房子里而不是在庭院里吗？""他们都在红地毯上吗？""还有一个在前门吗？"等，你将能推断出答案。

代码清单 8.5　比较包含和内部

```
SELECT
    A.ex_name As a_name, B.ex_name As b_name,
    ST_Contains(A.geom,B.geom) As a_co_b,
    ST_Intersects(A.geom,B.geom) As a_in_b
FROM example_set As A CROSS JOIN example_set As B;
```

代码清单 8.5 的运行结果如表 8.3 所示。

表8.3　全部相交但不全部包含

a_name	b_name	a_co_b	a_in_b
有孔多边形	有孔多边形	t	t
有孔多边形	点	f	t
有孔多边形	线串	f	t
有孔多边形	点集合	f	t
点	有孔多边形	f	t
点	点	t	t
点	线串	f	t
点	点集合	f	t
线串	有孔多边形	f	t
线串	点	f	t
线串	线串	t	t
线串	点集合	t	t
点集合	有孔多边形	f	t
点集合	点	t	t
点集合	线串	f	t
点集合	点集合	t	t

这个示例证实了以下几点：

- 所有对象相交。这告诉我们，至少有一名守卫在前门入口处，至少有一名守卫在红地毯上，且至少有一名守卫完全在建筑物的范围内或边界上。他们不能都在庭院里，因为如果在，他们作为一个整体就不会与建筑相交。不要忘记形成点集几何图形的是两个守卫。
- 因为建筑不包含守卫，但守卫与建筑相交，所以我们知道一个守卫必须在庭院或建筑的外边界。
- 红地毯并不完全在建筑中，而是与建筑相交，这意味着地毯必须在庭院中或延伸到建筑之外。
- 如果几何图形 B 完全位于几何图形 A 的边界上，则几何图形 A 不包含几何图形 B。因为前入口与建筑相交，但建筑不包含入口，所以我们知道入口必须位于建筑的边界上。前门与红地毯相交，但地毯不包含前门，因此，前门必须位于红地毯的边界(地毯的起点或终点)上。

- 地毯上有两个守卫，所以最多只能有一个守卫在红地毯的起点或终点，而不能让两个守卫都站在一处。
- 所有的几何图形都包含它们自身。

使用 ST_Within 函数得到的结果，与使用 ST_Contains 函数得到的结果相反。a_co_b 列将会有相反的值。

8.2.5 覆盖和被覆盖

正如你在"包含"示例中看到的，边界上的"包含"遵循的是约定而不是直觉。大多数人断言一个几何图形应该包含它的边界，但 PostGIS 没有改变 OGC SQL/MM 对包含的定义，而是引入了覆盖和被覆盖的概念，来表示含边界的包含。相关的 PostGIS 函数有 ST_Covers 和 ST_CoveredBy；它们不是 OGC SQL/MM 定义的函数。

ST_Covers 的操作与 ST_Contains 函数完全相同，不过，当一个几何图形完全位于另一个几何图形的边界内时，ST_Covers 会返回 true。ST_CoveredBy 是 ST_Covers 的反函数，因此其行为与 ST_Within 相似，但不包括边界处理。

代码清单 8.6 和表 8.4 演示了 ST_Contains 覆盖一个几何图形但不包含它的情况。

代码清单 8.6　ST_Covers 与 ST_Contains 的区别

```
SELECT
    A.ex_name As a_name, B.ex_name As b_name,
    ST_Covers(A.geom,B.geom) As a_cov_b,
    ST_Contains(A.geom,B.geom) As a_con_b
FROM example_set As A CROSS JOIN example_set As B
WHERE NOT (ST_Covers(A.geom,B.geom) = ST_Contains(A.geom,B.geom));
```

代码只输出特定情况下的几何图形，在该情况下，ST_Covers 的输出与 ST_Contains 的输出不同。结果见表 8.4。

表 8.4　ST_Covers 和 ST_Contains 的区别

a_name	b_name	a_cov_b	a_con_b
有孔多边形	点	t	f
线串	点	t	f

因为我们将结果限制在 ST_Covers 输出与 ST_Contains 输出不同的情况下，所以只得到两种情况：A 覆盖 B，B 完全位于 A 边界。红地毯和建筑都覆盖了门，但它们不包含门。

接下来查看 ST_ContainsProperly 函数，它提供了比 ST_Contains 函数更严格的包含检查。

8.2.6 完全包含

完全包含是一个比包含或覆盖关系更严格的概念。如果几何图形 B 的所有点都在几何图形 A

的内部,那么 A 完全包含 B。因为不必考虑边界,所以完全包含的计算比其他关系函数的计算更快。如果你想要绝对确保一个几何图形完全在另一个几何图形中,请使用完全包含。例如,你可能想要确保你的新豪宅位于一个自治市内,以确保你不会被重复征税。

完全包含得出的结果与包含得出的相同,除非几何图形 B 的任何部分均位于 A 的边界上。ST_ContainsProperly 是 PostGIS 特有的一个函数,并没有在 SQL/MM 或 OGC 规范中定义。

代码清单 8.7 重复了前面的比较练习,只是它只列出了完全包含选项,其中 ST_ContainsProperly 给出的结果与 ST_Contains 给出的不同。

代码清单 8.7 ST_ContainsProperly 与 ST_Contains 的区别

```
SELECT
    A.ex_name As a_name, B.ex_name As b_name,
    ST_ContainsProperly(A.geom,B.geom) As a_cop_b,
    ST_Contains(A.geom,B.geom) As a_con_b
FROM example_set As A CROSS JOIN example_set As B
WHERE NOT ( ST_ContainsProperly(A.geom,B.geom) =
    ST_Contains(A.geom,B.geom) );
```

表 8.5 显示了代码清单 8.7 的结果。注意,ST_ContainsProperly 给出的结果与 ST_Contains 函数给出的相同,除了面几何图形、与自身相比的直线几何图形或部分位于另一个几何图形边界上的几何图形。除了点和点集合之外,几何图形永远不会完全包含自身。点和点集合完全包含它们自己的原因是它们由有限数量的点组成,因此没有边界可言。一个点永远不能部分位于其不存在的边界上。

表 8.5 包含和完全包含的区别

a_name	b_name	a_cop_b	a_con_b
有孔多边形	有孔多边形	f	t
线串	线串	f	t
线串	点集合	f	t

从表中可以看出,ST_ContainsProperly 的输出结果与 ST_Contains 不同的情况包括:一个多边形相对于自身,一条线串相对于自身,以及一个点或点集部分位于另一个几何图形边界的情况。这告诉我们,在房子里,一个人必须在红地毯的起点或终点,因为红地毯不能完全包含两个人,但它确实包含了两个人。

8.2.7 几何图形重叠

当两个几何图形具有相同的几何维度时,它们会重叠;当一个几何图形未完全包含在另一个几何图形中时,它们会相交。PostGIS 重叠函数 ST_Overlaps 是一个 OGC SQL/MM 函数。

如果你要检查房子是否有重叠的地方,你会发现并没有重叠结果。原因如下:

- 红地毯与这栋建筑的维度不同。一个是线性的,另一个是面性的,所以它们不能重叠。前门和大楼之间以及前门和红地毯之间的维度不匹配也是如此。
- 守卫不能与前门重叠,因为前门由一名守卫包含和覆盖。

● 没有自我对自我的比较重叠，因为一个几何图形始终包含自身。

8.2.8 接触几何图形

如果两个几何图形至少有一个公共点，并且没有一个公共点位于两个几何图形的内部，则两个几何图形会相互接触。发挥作用的 PostGIS 函数 ST_Touches 是一个 OGC SQL/MM 函数。

代码清单 8.8 对比了 ST_Touches 和 ST_Contains。

代码清单 8.8　ST_Touches 与 ST_Contains 的区别

```
SELECT
    A.ex_name As a_name,B.ex_name As b_name,
    ST_Touches(A.geom,B.geom) As a_tou_b,
    ST_Contains(A.geom,B.geom) As a_co_b
FROM example_set As A CROSS JOIN example_set As B
WHERE ST_Touches(A.geom,B.geom) ;
```

代码清单 8.8 的输出如表 8.6 所示。

表 8.6　相互接触的几何图形

a_name	b_name	a_tou_b	a_co_b
有孔多边形	点	t	f
有孔多边形	点集合	t	f
点	有孔多边形	t	f
点	线串	t	f
线串	点	t	f
点集合	有孔多边形	t	f

检查表 8.6 中的结果：

● 接触关系是可交换的。如果 A 接触 B，那么 B 接触 A。

● 还可以从结果中推断出，如果两个几何图形接触，则其中一个不能包含另一个。

● 因为前门位于建筑的边界上，所以建筑与前门接触。前门本身就是一个共同点。它仅位于一个几何图形的内部——它本身。这同样适用于前门和红地毯的接触。

● 正如预期的那样，点集合和前门入口都不在列表中。点集合代表的两个守卫不接触前门入口，因为作为整体的守卫包含前门入口，而共同点在两个几何图形的内部。一般规则下，一个点永远不能与另一个点或点集合接触，因为共同点总是在二者内部。

● 点集合代表的两个守卫和多边形建筑相接触，因为一个守卫在建筑边界上，另一个在庭院中。庭院是建筑外部的一部分，而不是内部，所以即使一个守卫在庭院里晒太阳，另一个在门口，作为一个整体，他们也接触了建筑。

1. 交叉几何图形

如果两个几何图形有一些共同的内部点，但不是全部，则它们会相互交叉。此处可以想象一下两条垂直的跑道。实现交叉的函数 ST_Crosses 是一个 OGC SQL/MM 函数。

代码清单 8.9 对比了 ST_Crosses 和 ST_Contains。

代码清单 8.9　　ST_Crosses 与 ST_Contains 的区别

```
SELECT
    A.ex_name As a_name,B.ex_name As b_name,
    ST_Crosses(A.geom,B.geom) As a_cr_b,
    ST_Contains(A.geom,B.geom) As a_co_b
FROM example_set As A CROSS JOIN example_set As B
WHERE ST_Crosses(A.geom,B.geom) ;
```

表 8.7 列出了代码清单 8.9 的查询输出。

表 8.7　相互交叉的几何图形

a_name	b_name	a_cr_b	a_co_b
有孔多边形	线串	t	f
线串	有孔多边形	t	f

我们可以从这个示例中了解到一些事实。

- 只有一对几何图形交叉：红地毯和建筑。它们不会相互接触或相互包含，但它们是相交的，所以它们是交叉关系。共享区域包含两个内部的点，但其中一个并没有完全被另一个包含。注意，由于庭院的存在，交叉成为可能。红毯有一部分在庭院里，所以它的内部并没有完全包含在建筑的内部。
- 接触的几何图形不能交叉。比较交叉输出和接触输出。

我们已经分析了各种交叉关系，最后将探讨独特的非交叉关系——不相交关系。

2. 不相交几何图形

不相交关系是相交关系的对立面。如果两个几何图形没有共享的内部或边界，则它们是不相交的。在无效几何图形的情况下，ST_Intersects 和 ST_Disjoint 函数可能都返回 false 或都返回 true。如果出现这样的不符合逻辑的结果，则输入的几何图形必定是无效的。

PostGIS 使用 ST_Disjoint(一个 OGC SQL/MM 函数)检查不相交的关系。虽然 ST_Disjoint 函数似乎会被频繁使用，但事实并非如此。ST_Disjoint 的问题在于它不能使用索引。要检查一组几何图形是否与另一组几何图形相交，最好使用 ST_Intersects 函数执行不等连接，并过滤空值，如下所示：

```
A LEFT JOIN B ON ST_Intersects(A.geom,B.geom) WHERE B.gid IS NULL
```

因为 ST_Intersects 函数可以使用索引，所以这个查询将比 ST_Disjoint 函数运行得更快。有了这个更好的选择，就不能说 ST_Disjoint 函数有很多用处。你可以将此函数从脑海中移除，并为更有用的函数保留空间。

既然我们已经讨论了几何图形的各种相交方式，现在可以进一步讨论相等这个话题了。你会发现在空间领域，相等有多种形式。

8.2.9 相等的不同方面：几何

对于传统数据库，在使用等号"="之前，你可能从来没有仔细考虑过它，但是这种目的清晰性并不适用于空间数据库。当你比较两个空间对象时，相等是一个多方面的概念。你可以问几何图形是否占据相同的空间。你可以问它们是否由相同的点表示。你甚至可以问它们是否被相同的边界框所包围。

在 PostGIS 中，二维几何图形有三种基本的"相等"：

- **空间相等**意味着两个几何图形占据相同的空间。
- **几何相等**比空间相等更强，几何相等意味着两个几何图形占据相同的空间并具有相同的基本表示。
- **边界框相等**意味着两个几何图形的边界框共享相同的空间。最后一种相等是"="运算符在 PostGIS 2.4 之前的意思。

接下来将探讨相等的这些方面。

1. 空间相等和几何相等

如果两个几何图形占据相同的底层空间，则认为它们在空间上是相等的。PostGIS 使用 ST_Equals 检验空间均匀性；这是一个 OGC SQL/MM 函数，你可以在很多空间数据库产品中找到它。

当两个几何图形的方向性差异对你来说不重要时，使用 ST_Equals。例如，从点 A 开始延伸到点 B 的线串和从点 B 开始延伸到点 A 的线串在空间上是相等的。类似地，ST_Equals 将忽略集合几何图形和几何图形集合之间的区别。例如，以下三个几何图形在空间上是相等的：

- 点 A
- 只有点 A 的点集合
- 只有点 A 的几何图形集合

几何相等比空间相等更严格。这两个几何图形不仅必须共享相同的空间，还必须共享相同的底层表示。因此，尽管 A 到 B 线串在空间上等同于 B 到 A 线串，但它们在几何上并不相等。

几何相等对于路由是很重要的。以美国任意一条州际公路为例。根据你行驶在道路的哪一边，州际公路被标记为北对南或东对西。虽然这是同一条州际公路，但旅行的方向很重要。在你迷路时，这尤其重要。

为了进行几何相等性比较，PostGIS 使用 ST_OrderingEquals，它不是符合 OGC SQL/MM 的函数。代码清单 8.10 演示了 ST_OrderingEquals 和 ST_Equals 之间的区别。

代码清单 8.10 ST_OrderingEquals 与 ST_Equals

```
SELECT
    ex_name,
    ST_OrderingEquals(geom,geom) As g_oeq_g,
    ST_OrderingEquals(geom, ST_Reverse(geom)) As g_oeq_rev,
    ST_OrderingEquals(geom, ST_Multi(geom)) AS g_oeq_m,
    ST_Equals(geom, geom) As g_seq_g,
    ST_Equals(geom, ST_Multi(geom)) As g_seq_m
```

```
FROM (
VALUES
    ('A 2D linestring', ST_GeomFromText('LINESTRING(3 5,2 4,2 5)')),
    ('A point', ST_GeomFromText('POINT(2 5)')),
    ('A triangle', ST_GeomFromText('POLYGON((3 5,2.5 4.5,2 5,3 5))')),
    (
        'An invalid polygon',
        ST_GeomFromText('POLYGON((2 0,0 0,1 1,1 -1,2 0))')
    )
)
AS foo(ex_name, geom);
```

表 8.8 显示了代码清单 8.10 的结果。

表 8.8 ST_OrderingEquals 和 ST_Equals 的比较

ex_name	g_oeq_g	g_oeq_rev	g_oeq_m	g_seq_g	g_seq_m
二维线串	t	f	f	t	t
点	t	t	f	t	t
三角形	t	f	f	t	t
无效多边形	t	f	f	t	f

如表 8.8 所示,在 PostGIS 中,即使是一个无效的多边形,对于它自身也是几何相等的。还要注意几何图形集合变量在几何上并不等同于单个形式,但它们在空间上是相等的。

对于无效几何图形,当两个无效几何图形占用同一空间时,ST_Equals 可能为 false(旧版本的 PostGIS 就是这种情况)。在 PostGIS 2.5 及更高版本中,情况可能是这样,也可能不是这样。只有在这种情况下,你才会遇到几何相等(ST_OrderingEquals 返回 true)但不一定空间相等(ST_Equals)的悖论。虽然 PostGIS 可以通过比较构成几何图形的二进制字节来断言它们在几何上是否相等,但它无法将相交矩阵原则应用到几何图形上,以查看它们是否重叠。再次强调,远离无效的几何图形。

如果你希望忽略 SRID 中的差异,可以使用 ST_AsBinary(A)=ST_AsBinary(B)。

2. "=" 运算符

在 PostGIS 2.4 之前,世界公认的等号 "=" 是为边界框相等保留的。这在十多年的时间里造成了巨大的困惑,因为用户难以理解在几何图形上执行 GROUP BY、DISTINCT 和 "=" 操作时得到的答案。在多次回答相同的问题后,PostGIS 2.4 重新定义了 "=",它真正的意思是二进制相等,而这也是大多数人最初认为的意思。

如果需要边界框等式,你应该使用 "~="。PostGIS 2.4+ 版本的 "=" 非常类似于 ST_OrderingEquals,但它使用 B-tree 索引,而不是 gist 索引。

"=" 操作在内部由 UNION、DISTINCT 或 GROUP BY 等操作针对几何列进行使用。

注意:二维边界框运算符适用于曲线几何图形和三维几何图形,但 Z 坐标将被忽略。

接下来将研究关系函数的基础。

8.2.10 关系函数的基础

前面介绍的相交关系函数可能会让你认为 ST_Intersects 是两个几何图形之间最通用的关系。实际上，我们可以进一步推广。PostGIS 和其他空间数据库产品中大多数二维几何关系函数的基础是维度扩展的 9-Intersection 模型(DE-9IM)，我们将其粗略地称为相交矩阵。可直接与相交矩阵一起使用的 PostGIS 函数是 ST_Relate 函数。

相交矩阵是 OGC SQL/MM 标准支持的大多数几何关系的基础，它是 M. J. Egenhofer 和 J. R. Herring 工作的成果。要了解更多关于相交矩阵的信息，请参阅他们的文章"Categorizing Binary Topological Relations Between Regions, Lines, and Points in Geographic Databases"。

1. 相交矩阵

相交矩阵是一个 3×3 矩阵，定义了两个几何图形相互作用时外部、边界和内部的所有可能成对的组合。你可以通过两种方式使用矩阵：声明命名关系必须满足的需求，或者描述存在于两个几何图形之间的关系。

当用于定义命名关系时，矩阵单元可以采用以下值：T、F、*、0、1 或 2。当用于描述两个相互作用的几何图形时，矩阵单元可以采用以下值：F、0、1 或 2。表 8.9 解释了每个值代表的内容。

表 8.9 相交矩阵的可能单元值

值	描述
T	交集必须存在；生成的几何图形的维度可以是 0、1 或 2(点、线、面)
F	交集不一定存在
*	交集是否存在并不重要
0	交集必须存在，且交集必须位于有限点(维度=0)
1	交集必须存在，且交集的维度必须为 1(有限线)
2	交集必须存在，且交集的维度必须为 2(面)

图 8.6~图 8.8 分别表示 ST_Disjoint、ST_Equals 和 ST_Within 的相交矩阵。

		B		
		内部	边界	外部
A	内部	F	F	*
	边界	F	F	*
	外部	*	*	*

图 8.6 ST_Disjoint 的相交矩阵

	B		
	内部	边界	外部
A 内部	T	*	F
A 边界	*	*	F
A 外部	F	F	*

图 8.7　ST_Equals 的相交矩阵

	B		
	内部	边界	外部
A 内部	T	*	F
A 边界	*	*	F
A 外部	*	*	*

图 8.8　ST_Within 的相交矩阵

从示例中的 ST_Within 可以看出，一个几何图形在另一个几何图形中，两个几何图形的内部必须相交，A 的内部不能落在 B 的外部(它不能与 B 的外部相交)，边界不能落在 B 的外部(边界不能与 B 的外部相交)。然而，边界可以自由相交，也可以不相交。

如不想绘制交叉矩阵的井字棋框，可以使用九个字符的简写形式。ST_Disjoint 将是 FF*FF****，ST_Equals 将是 T*F**FFF*，而 ST_Within 将是 T*F**F***。穿过矩阵，然后沿着矩阵填充速记符号的槽。

对于给定的命名关系或现有关系，交集可能不是唯一的。此外，在定义命名关系时，可将相交矩阵与布尔运算符连接在一起，以获得所需的确切需求。

顺便一说，相交关系至少需要三个由布尔运算符连接的矩阵，或者对 ST_Disjoint 矩阵求负。可以使用 ST_Relate 确定两个几何图形是否满足关系。下面将继续进行讲解。

2. 使用 ST_Relate

PostGIS 中 ST_Relate 函数有两个变体。第一个变体返回一个布尔值(true 或 false)，该值表明几何图形 A 和 B 是否满足指定的关系矩阵。第二个变体返回两个几何图形所满足的最具约束性的关系矩阵。

理论上，PostGIS 可以用一个或多个通用的 ST_Relate 调用替换我们描述的所有关系函数。实际上，PostGIS 从不在内部使用 ST_Relate，原因有二。首先，ST_Relate 不会自动使用索引。第二，可以使用单独的关系函数让 PostGIS 嵌入快捷方式，从而绕过需要检查相交矩阵的所有单元格的情况。

代码清单 8.11 将练习 ST_Relate 函数的两个变体。本例中使用的几何图形如图 8.9 所示。

代码清单 8.11　ST_Relate 变体

```
WITH example_set_2 (ex_name,geom) AS (
    SELECT ex_name, geom
    FROM (
```

```
                    VALUES
                        ('A 2D line',
                        ST_GeomFromText('LINESTRING(3 5, 2.5 4.25, 1.6 5)')),
                        ('A point',
                        ST_GeomFromText('POINT(1.6 5)')),
                        ('A triangle',
                        ST_GeomFromText('POLYGON((3 5, 2.5 4.25, 1.9 4.9, 3 5))'))
                    ) AS x(ex_name, geom)
            )
            SELECT
                A.ex_name As a_name, B.ex_name As b_name,
                ST_Relate(A.geom, B.geom) As relates,
                ST_Intersects(A.geom, B.geom) As intersects,
                ST_Relate(A.geom, B.geom, 'FF*FF****') As relate_disjoint,
                NOT ST_Relate(A.geom, B.geom, 'FF*FF****') As relate_intersects
            FROM example_set_2 As A CROSS JOIN example_set_2 As B;
```

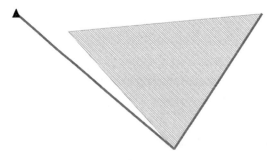

图 8.9　ST_Relate 示例中的几何图形

表 8.10 列出了 SQL 输出。

前面提到过相交关系需要三个相交矩阵。在示例中，我们用 NOT ST_Disjoint 代替 ST_Intersects。这是因为相交意味着非不相交，而非不相交只需要计算一个相交矩阵。

表 8.10　ST_Relate 查询结果

a_name	b_name	关系	相交	不相交	非不相交
二维线	二维线	1FFF0FFF2	t	f	t
二维线	点	FF1FF00F2	t	f	t
二维线	三角形	F11F00212	t	f	t
点	二维线	FF0FFF102	t	f	t
点	点	0FFFFFFF2	t	f	t
点	三角形	FF0FFF212	f	t	f
三角形	二维线	FF2101102	t	f	t
三角形	点	FF2FF10F2	f	t	f
三角形	三角形	2FFF1FFF2	t	f	t

下面更详细地查看线串和三角形，图 8.10 显示了这对关系的井字棋符号。

		二维线		
		内部	边界	外部
三角形	内部	F	F	2
	边界	1	0	1
	外部	1	0	2

		三角形		
		内部	边界	外部
二维线	内部	F	1	1
	边界	F	0	0
	外部	2	1	2

图 8.10　ST_Relate(三角形，二维线)和 ST_Relate(二维线，三角形)

注意在图 8.10 中，如果你使用 FF2101102 并翻转行和列，你最终会得到 F11F00212。相交矩阵是对称的。以下是其他一些发现：

- 三角形的内部和线串的内部无法相交。你可以通过图 8.9 中的几何图形图像验证这一点。
- 三角形的内部与线串的边界不相交(回忆一下，线的边界是起点和终点)，但线串的内部确实与三角形的边界相交。交集的维度是线性的(一维)。
- 你将在线串的外部与三角形的内部和外部找到二维交集。这是因为线串的外部包含线串以外的所有点，即一个面。

8.3　本章小结

- 空间关系的基础是边界框关系。
- 栅格、几何图形和地理图形都有边界框。
- 因为栅格和几何图形共享同一种边界框，所以它们可以有直接关系。
- 地理边界框是三维的。
- PostGIS 提供了许多用于确定和使用空间关系的运算符和函数。

第II部分

将 *PostGIS* 投入工作

在本书第 I 部分中，你已学习解决空间问题的构造设计。现在你应该能够建立 PostGIS 数据库，用数据填充它，并能在不同空间参考系统之间实现数据转换。你还能够自如地使用 PostGIS 中最常见的函数，并在编写 SQL 时充分利用它们的强大功能。

在第 II 部分中，你将把各个部分放在一起以解决实际问题。我们希望你在第 II 部分中学会如何解决每个问题——从构造正确的公式开始，设置适当的结构以支持分析，选择最合适的 PostGIS 函数，并使用 SQL 将它们组合在一起。

第 9 章介绍 PostGIS 最基本的用途：找到事物并提升查找速度。

第 10 章介绍 PostGIS TIGER 地理编码。你将学习如何使用 PostGIS TIGER 地理编码器封装的函数加载美国人口普查 TIGER 数据。加载数据之后，你将学习如何使用封装好的函数对数据进行标准化、地理编码以及反向地理编码。

第 11 章和第 12 章介绍矢量和栅格空间分析中存在的各种问题。你将在为应用程序构建空间查询时遇到这些问题。你将学习如何使用 PostGIS 空间函数、ANSI SQL 构造以及 PostgreSQL 特有的增强方式来解决这些问题。

第 13 章中你将了解到 PostGIS 拓扑以及如何用它管理和修复空间数据。

第 14 章将指导你使用各种数据库存储技术，并深入探讨用于维持数据一致性的触发器和视图主题。

第 15 章重点介绍数据库的性能。在本章中，你将学习如何加快查询速度以及如何避免 SQL 陷阱。你将深入了解空间索引和非空间索引的使用以及 PostgreSQL 的微调设置。另外，你会了解到一种经常被忽视的策略，即简化几何图形以快速获得足够好的问题答案，而不是缓慢求取过于精确的答案。

第 *9* 章

邻近度分析

本章内容:
- 最近邻搜索
- K-最近邻(KNN)距离运算符
- KNN 在 geography 和 geometry 中的应用
- 地理标记
- PostGIS 聚类窗口函数

一旦你用一组坐标确定了位置,就会遇到以下问题:我家离最近的高速公路有多远? 1 英里车程内有多少家汉堡店? 人们上下班的平均距离是多少? 哪 3 家离我最近的医院提供紧急输精管切除术? 如果我需要做一定量的锻炼但又不想过度,那么在离家 1~2 km 的地方有多少羽衣甘蓝奶昔店? 我如何安排现场销售代表的访问以平衡工作? 我们将把所有这些问题放在邻近性分析的标题下,或者粗略地说,研究某物与其他物体的距离。

本章将介绍寻找最近邻的传统方法,以及使用 K-最近邻(KNN)索引和 PostGIS 聚类窗口函数的新方法。在执行邻近性分析时,速度通常是一个问题,我们将提供相关的技术和建议来帮你加快查询的速度。

你将学习在 geography 和 geometry 类型之间进行选择时应该考虑什么,并将了解性能、功能和易用性等方面的权衡。

你将学习利用另一种空间特征数据进行空间特征标记(也称为地理标记),例如将位置划分成不同的销售区域,查找位于街道沿线的所有房屋,等等。地理标记允许你更快地汇总统计数据,并以方便使用电子表格和图表的格式导出。

最后,你将学习 PostGIS 聚类窗口函数,这些函数用于根据一组几何图形彼此接近的程度对其进行分组。

在深入研究之前,我们想明确指出,本章中提到的距离通常是最小距离("直线距离"),不受任何路径约束。对于几何图形,有一个名为 ST_MaxDistance 的函数,它给出了两个几何图形之间可以绘制的最长直线的长度。关于处理路径约束的 pgRouting,请参阅第 16 章。

这是一个数据密集的章节,我们从各种来源收集了将使用的数据。你可以扫描封底二维码以下载数据。数据文件夹中的 readme.txt 文件详细说明了如何整理数据。

使用以下命令将数据加载到数据库中：

```
psql -d postgis_in_action -f code09_data.sql
```

9.1　最近邻搜索

本节将回答两个最常见的问题：哪些位置在 X 距离内？N 个最近的位置是什么？这类问题通常被称为最近邻搜索。

9.1.1　哪些位置在 X 距离之内

你在第 1 章中初步了解了多用途的 ST_DWithin 函数。在这里，你将看到更多使用它的示例。

你可以使用 ST_DWithin 函数查找彼此相邻的位置，或者确定一个位置是否在另一个位置的 X 个单位内。可将 geometry 和 geography 类型传递给函数，但不能在同一个函数调用中使用 geometry 和 geography。使用 geography 时，始终以米为单位，而 geometry 的单位特定于几何图形的空间参考系统。

以下查询使用 ST_DWithin 函数的 geography 变量查找距离某个位置 100 km 以内的机场：

```
SELECT name, iso_country, iso_region
FROM ch09.airports
WHERE ST_DWithin(geog, ST_Point(-75.0664, 40.2003)::geography, 100000);
```

虽然这个查询使用 geography 数据类型，但它在包含 55 636 个机场的数据集上运行得相当快，在我们的 Windows PostgreSQL 13、64 位 PostGIS 3.1、Intel 6 核的机器上，该查询将在 70 ms 内返回 649 行数据。

9.1.2　对 N 个最接近的结果使用 ST_DWithin 和 ST_Distance 函数

可以修改前面的查询，通过在 LIMIT N 基础上添加一个按距离排序的子句来返回最近的 N 个机场，如下所示：

```
SELECT ident, name
FROM
    ch09.airports
    CROSS JOIN
    (SELECT ST_Point(-75.0664, 40.2003)::geography AS ref_geog) As r
WHERE ST_DWithin(geog, ref_geog, 100000)
ORDER BY ST_Distance(geog, ref_geog)
LIMIT 5;
```

使用此查询时，你要确保搜索半径足够大，可以返回至少 5 个结果。

9.1.3　使用 ST_DWithin 函数和 DISTINCT ON 查找最近的位置

许多情况下，你将从一组位置开始，并需要找到与另一组位置最近的位置。例如，试找出在一

个大城市里，所有的疗养院 10 英里距离内有多少紧急医疗中心。你可以通过结合 ST_DWithin 函数
和 PostgreSQL DISTINCT ON 构造来完成此任务。DISTINCT ON 执行隐式的 GROUP BY，但它并
不仅限于返回分组的字段。

以下查询将查找距离每个机场最近的助航设备(导航设备)：

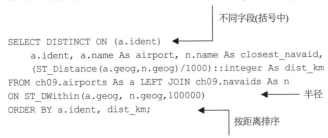

```
SELECT DISTINCT ON (a.ident)
    a.ident, a.name As airport, n.name As closest_navaid,
    (ST_Distance(a.geog,n.geog)/1000)::integer As dist_km
FROM ch09.airports As a LEFT JOIN ch09.navaids As n
ON ST_DWithin(a.geog, n.geog,100000)
ORDER BY a.ident, dist_km;
```

在上面的代码中，括号中逗号分隔的不同字段列表必须跟在 DISTINCT ON 后面。同样的列表
必须首先出现在 ORDER BY 子句中，然后指定扫描匹配项的最大半径。半径越大，查询就越慢，
但更能保证匹配。

此查询使用 left join 而不是 inner join，以确保即使你没有找到助航设备，机场仍将出现在结果
中。可以按 dist_km 对助航设备进行排序，以确保为每个机场的输出选择的助航设备最接近该机场。

部分结果如下：

识别号	机场	最近的助航设备	dist_km
00A	全射频直升机场	北费城	7
00AK	洛厄尔场	荷马	30
00AL	Epps 小型民用飞机场	卡普肖	10
00AR	新港医院	新港	8

ST_DWithin 也可以替代 ST_Intersects 函数。当使用这种方式时，称此方法为"与公差相交"。

在我们的 Windows PostgreSQL 13、64 位 PostGIS 3.1、Intel 6 核机器上，这个查询的输出返回
了 55 636 行，而且只花了略多于 14 s 的时间。

9.1.4　与公差相交

当两个几何图形由于有效位数不同而不能相交时，可使用 ST_DWithin 检查其是否存在交集。
考虑这个示例：

```
SELECT ST_DWithin(
    ST_GeomFromText(
        'LINESTRING(1 2, 3 4)'
    ),
    ST_Point(3.00001, 4.000001),
    0.0001
);
```

这个点和线串的距离非常接近，以至于你想忽略它们之间只有 0.000 1 个单位的事实。你会发
现在处理真实数据时，会经常使用与公差相交的方法，而不是整齐排列所有数据。

使用 ST_DWithin 代替 ST_Intersects 函数,还可获得一个优势:ST_DWithin 不会像 ST_Intersects 函数那样经常被无效的几何图形阻塞,特别是当几何图形有自相交区域时。ST_DWithin 函数不依赖于交集矩阵,因此不必关心有效性。话虽如此,当有无效的几何图形时,你始终应该仔细检查输出。

注意:在 PostGIS 3.0 之前,除非你安装了 PostGIS sfcgal 扩展,否则 ST_3DDWithin 和 ST_3DIntersects 函数不能用于不规则三角网(TIN),且只能返回表面距离(不考虑体积)。在 PostGIS 3.0 中,这些函数的本地版本现在可以使用 TIN 和立体几何图形。因此,如果 ST_IsSolid 函数返回 true,那么它也会考虑体积。ST_Intersects 函数现在也适用于二维 TIN。

9.1.5 距离之间的条目

有时候你可能会对小于或大于某个距离的事物感兴趣。举个示例,假设你在找一个最合适的地方去吃羽衣甘蓝奶昔,这个地方要离你足够远,让你感觉你在锻炼,但又不能离得太远,让你觉得你没有足够的精力往返。既然我们没有羽衣甘蓝商店的数据,那就换个话题,找一个能让你赶上航班的离你足够近的机场,但它又足够远,让你能够在上飞机之前饱览风景。

我们如何执行这种范围查询呢?为什么有两个 ST_DWithin 调用?主要的观察结果是,任何在你的较近范围内的事物都已包含在你的较远距离范围内,但你只希望保留较远范围内的事物,并且这些事物不在较近范围内。

```
SELECT name, iso_country, iso_region
FROM ch09.airports
WHERE ST_DWithin(geog,
        ST_Point(-75.0664, 40.2003)::geography, 100000)
  AND NOT ST_DWithin(geog,
            ST_Point(-75.0664, 40.2003)::geography, 90000);
```

答案返回的时间与前面的单个 ST_DWithin 函数示例相同,但因为它过滤掉了离你太近的机场,所以它只返回 64 行。

接下来将使用距离运算符查找 N 个最近的对象。

9.1.6 使用 KNN 距离运算符查找 N 个最近的位置

一个经典的最近邻问题是寻找固定位置的 N 个最近的兴趣点。PostGIS 包含两个用于二维距离的运算符:

- <->——这是 geometry 和 geography 的 KNN 距离运算符。A<->B 返回两个几何图形 A 和 B 之间的距离。
- <#>——这是 geometry 的 KNN 边界框距离运算符。A<#>B 返回 A 和 B 的边界框之间的最小距离。有关几何图形的边界框的内容,请参阅第 6 章。

注意:在 PostGIS 2.2/PostgreSQL 9.5 之前,<->返回边界框形心之间的距离。在 PostGIS 2.2 中,<->成为一个真正的距离运算符。它现在返回的答案与 ST_Distance 返回的大致相同,因此可以将其用作 ST_Distance 的缩写。一个小的例外是,当<->应用于 geography 类型时,它返回的地理计量距离是球体距离，而不是椭球体距离。大多数情况下，球体距离与椭球体距离足够接近。

从 PostGIS 2.2 开始，你可以对 geometry 和 geography 类型使用<->。以前的 PostGIS 版本仅支持 geometry 类型。

即使你可以传入三维几何图形，二维运算符将只考虑二维 XY-平面。有 n 维 KNN 距离运算符 <<->>和<<#>>，但 n 维运算符只处理边界框，因此除了用于三维和四维几何图形的点之外，它们几乎没有什么用处。

仅当使用保留度量值的平面 SRID 或使用 geography 类型时，才应相信返回的距离。

警告：使用<->时，两个对象必须同时为几何图形或地理图形。然而，经纬度空间参考系统中的几何图形在与地理图形相比较时会自动转换为地理图形；如果几何图形使用非经纬度空间参考系统，你会得到一个错误。我们鼓励你强制地进行类型转换，以尽量减少混乱，并使代码具有可预测性。

对于 LINESTRINGM 几何图形，还有一个距离运算符，名为 KNN 轨迹距离运算符。轨迹是 LINESTRINGM，其中的 M 用来表示时间。因此，M 必须在直线方向上增大，才能代表真实的轨迹。对一个轨迹来说，如果其 M 可以减小，则意味着该轨迹可以逆时间前进。PostGIS 还不支持逆时间旅行！

KNN 轨迹距离运算符为|=|。A |=| B 返回两个轨迹(A 和 B)之间的距离。你可以使用 ST_IsValid-Trajectory 函数来确定 LINESTRINGM 是否表示一个有效的轨迹。

注意：KNN 运算符的行为与常用的重叠运算符(&&)、ST_Intersects 函数和其他关系函数存在巨大差异。KNN 运算符只能在 ORDER BY 子句中使用空间索引，并且运算符的一边在查询或子查询的整个生命周期中保持不变。人们常犯的错误是试图在 WHERE 子句中使用 KNN 运算符，并想知道为什么没有获得任何索引速度增益。KNN 运算符也总是返回数值，这与&&、ST_Intersects 函数和其他关系函数不同，它们只在 WHERE 和 JOIN 子句中使用空间索引，并返回布尔类型的 true/false。

因为 KNN 运算符输出距离(你通常希望输出中包含此距离)，所以可在 SELECT 子句中使用别名定义它们。如果你在 ORDER BY 子句中使用已定义的别名而不是在该子句中再次重复整个<->，你仍然会得到相同的索引提升。代码清单 9.1 显示了利用空间索引和别名的最基本的 KNN 示例。

代码清单 9.1　距离一个点最近的十个几何图形

```
SELECT
    pid,
    geom
    <->
    ST_Transform(
        ST_SetSRID(ST_Point(-71.09368, 42.35857),4326)
        ,26986) AS dist                将常量几何图形和别
                                        名距离定义为 dist
FROM ch09.land
WHERE land_type = 'apartment'
```

```
ORDER BY dist
LIMIT 10;
```

◄──────── 通过 ORDER BY 子句中的别名 dist
　　　　　 引用距离运算符调用

可以使用别名使代码变得更短、更容易理解，而且不会影响速度。

与其他关系运算符和函数一样，两种几何图形的空间参考系统必须相同。在代码清单 9.1 中，在运算符的右侧传入一个常量点几何图形。因为两边必须始终共享相同的 SRID，所以需要将 4326 转换为 26986 (马萨诸塞州平面)。

还可以从表中提取值，以便在运算符中使用，但其中一端必须恰好返回一个值。以下查询将查找距离另一个地块最近的十个地块(子查询返回一个几何图形)：

```
SELECT pid,
    geom <-> (SELECT geom FROM ch09.land WHERE pid = '58-162') AS dist
FROM ch09.land
WHERE land_type = 'apartment'
ORDER BY dist
LIMIT 10;
```

前面提到，必须将运算符放在 ORDER BY 子句中，以便几何图形上的索引生效。你只需要知道索引不会带来好处，因为这并不妨碍你在 SQL 中的其他地方使用它。如果你从一个小表绘制几何图形，则索引的使用并不重要，因为扫描表的速度通常比使用空间索引的速度更快或相差无几。

索引在 SELECT 语句和 WHERE 子句中也不起作用。所以如果你要将代码清单 9.1 中的：

```
ORDER BY geom <`-`> ST_Transform(ST_SetSRID(ST_Point(-71.09368,
    42.35857),4326),26986) LIMIT 10
```

替换为：

```
AND geom <`-`> ST_Transform(ST_SetSRID(ST_Point(-71.09368,
    42.35857),4326),26986) < 700
```

将无法使用空间索引。

为了满足运算符的一边必须是常数几何的要求，可以在 SELECT 子句中使用相关子查询，如代码清单 9.2 所示。

代码清单 9.2　使用相关子查询查找离每个地块最近的购物中心

```
SELECT
    l.pid, (
        SELECT s.pid
        FROM ch09.land As s
        WHERE s.land_type = 'church'
        ORDER BY s.geom <-> l.geom LIMIT 1
    ) As n_closest
FROM ch09.land AS l
WHERE land_type = 'apartment';
```

代码清单 9.2 使用距离运算符查找离每个地块最近的购物中心。

遗憾的是，因为在 SELECT 中使用子查询时必须返回单行，所以当 N 不等于 1 时，不能使用它们来回答最接近 N 的情况。在代码清单 9.3 中，LATERAL 连接允许你在 FROM 中使用相关的子查询。

代码清单 9.3　使用 LATERAL 连接查找三个最近的购物中心

```
SELECT l.pid, r.pid As n_closest
FROM
    ch09.land As l
    CROSS JOIN LATERAL
    (
        SELECT s.pid
        FROM ch09.land AS s
        WHERE s.land_type = 'church'
        ORDER BY s.geom <-> l.geom
        LIMIT 3
    ) As r
WHERE land_type = 'apartment';
```

使用横向连接，你可以通过连接访问元素。在代码清单 9.3 中，连接的右侧(r)从左侧(l)的 geom 列中提取值，这样对于 l 的每一行，你都会得到一个新的查询 r，其中 l.geom 被视为一个常量几何图形。

虽然本章不会涉及横向连接，但是它在与 set-returning 函数一起使用时特别有用，set-returning 函数返回一组值，而不是单个值。PostGIS，特别是 postgis_raster 扩展，具有许多 set-returning 函数。set-returning 函数也大量用于 JSON 中，以解析嵌套很深的数据。你经常会看到 set-returning 函数的输出被传递到其他 set-returning 函数中，这种 SQL 技巧只有在 PostgreSQL 中才能实现。在第 12 章中，你会看到一些返回 set-returning 函数的横向连接的示例。对于 set-returning 函数，LATERAL 关键字是可选的，因此很难识别它在该上下文中的使用。

相关子查询和 LATERAL 连接在数据库工作中被大量使用，特别是在 PostGIS 工作中，掌握这两个概念将大有帮助。如果需要对相关子查询和横向连接的更详细解释，请参阅附录 C。

9.2　将 KNN 用于地理类型

在地理类型的数据中使用 KNN 运算符的效果与几何图形中的效果非常相似。

本节将展示一个使用机场的 KNN 示例。我们想找到离波士顿洛根最近的十个机场：

```
SELECT ident, name,
    geog <-> (SELECT geog
            FROM ch09.airports WHERE ident = 'KBOS') AS dist
FROM ch09.airports
```

与前面一样，我们创建了一个返回波士顿(KBOS)地理位置的子查询。此外，我们只想要波士顿以外的大型机场，所以添加了额外的过滤器。最后，我们使用别名 dist 结束，它用一个常量 KBOS 点封装了<->调用。我们在 70 ms 内就能得到答案。

使用窗口函数对最近的 *N* 个位置进行编号

前面的示例只输出最接近的 *N* 个位置，但没有对它们编号。有时候用数字表示比直接列出距离更有用。ROW_NUMBER、RANK 和 DENSE_RANK 窗口函数可以方便地输出行的顺序。

窗口函数可用于查看查询的整个数据集，并提供与其在数据中的位置相关的信息。它的工作原理与 AGGREGATE 类似，不同的是它返回所有的行，而不是将它们聚合在一行中。事实上，所有的聚合函数都可以用作 WINDOW 聚合函数。所有窗口函数调用都必须有一个 OVER 子句，该子句指示如何对窗口中的记录进行分区和排序。OVER 子句可以是空的，也可以包含 PARTITION BY 或 ORDER BY 子句，或者是一个指定的 WINDOW 子句。OVER 子句也可以包含其他种类的子句，详见附录 C。

最流行的窗口函数是那些为集合的值编号的函数。本节将演示如何使用 ROW_NUMBER、RANK 和 DENSE_RANK 函数。

ROW_NUMBER、RANK 和 DENSE_RANK

RANK 和 ROW_NUMBER 之间的区别在于它们处理关系的方式。RANK 将用相同的数字标记关系，并跳过后面的数字(例如 1, 2, 3, 3, 3, 6, 7)。ROW_NUMBER 将任意断开关系，所以你总是有一个不同的序列(1, 2, 3, 4, 5, 6, 7)。根据 PostgreSQL 惯例，除非排序列后面跟着 NULLS FIRST，否则任何涉及 ORDER BY 的操作都将在最后对 NULL 值进行排序。

DENSE_RANK 就像 RANK 一样会将相同的数字赋给相同的 ORDER BY 值，但它不会跳过数字。DENSE_RANK 返回的序列是 1, 2, 3, 3, 3, 4, 5 而不是 1, 2, 3, 3, 3, 6, 7。

在下一个示例(代码清单 9.4)中，我们将列出每所学校 100 m 范围内的道路，并根据距离学校的远近给这些道路编号。

代码清单 9.4 在 100 m 半径范围内找出两条离学校最近的路

```
SELECT
    pid, rnum,
    rank, drank,
    road_name,
    round(CAST(dist_km As numeric),2) As dist_km
FROM (
    SELECT
        ROW_NUMBER() OVER w_dist As rnum,          窗口函数使用命名的
        RANK() OVER w_dist AS rank,                w_dist 窗口输出
        DENSE_RANK() OVER w_dist AS drank,      ◄
        E.pid, E.road_name,
        E.dist_km
    FROM
        (SELECT l.pid,
            round((r.geom <-> l.geom)::numeric/1000,2) As dist_km
          FROM ch09.land As l
    LEFT JOIN    ◄
        ch09.road As r                即使 100 m 范围内没
    ON ST_DWithin(r.geom,l.geom,100)  有道路也要输出土地
    WHERE l.land_type = 'education'                       定义在 OVER 中
        AND l.pid LIKE '143-1%') AS E                     使用的窗口子句
    WINDOW w_dist AS (PARTITION BY E.pid ORDER BY e.dist_km)  ◄
) As X
WHERE X.drank < 3    ◄
ORDER BY pid, rnum;        只返回紧密排序小于
                          3 的道路
```

代码清单 9.4 将道路集缩小到只包含 0.1 km 以内的道路，但是 LEFT JOIN 确保即使在学校的特定距离内没有道路，每个学校仍然至少被代表一次。这意味着你可能会遇到学校只有一条路甚至没有路的情况。

学校由唯一标识符 PARTITION BY E.pid 划分，这意味着窗口函数将独立地作用于每个学校。因为我们以 DENSE_RANK < 2 作为过滤器，所以即使道路相距很远，我们也会得到道路。

ORDER BY dist_km 按到学校的距离强制顺序编号(四舍五入到 2 个小数点，单位为 km)。任何额外的小数点都将被忽略。

因为我们对每个窗口函数调用使用相同的分区和排序子句，所以我们创建一个命名的 WINDOW 子句来重用它。如果你只有一个 WINDOW 函数调用，或者每个函数有不同的子句，那么可以把 WINDOW 子句直接放在 OVER 中，如下所示：

```
OVER(PARTITION BY E.pid ORDER BY e.dist_km)
```

结果如下：

pid	rnum	rank	drank	road_name	dist_km
143-10	1	1	1	剑桥街	0.01
143-11	1	1	1	剑桥街	0.01
143-11	2	2	2	昆西街	0.06
143-11	3	2	2	剑桥街	0.06
143-11	4	2	2	剑桥街	0.06
143-13	1	1	1	柯克兰街	0.01
143-13	2	2	2	昆西街	0.07
143-15	1	1	1	剑桥街	0.06
143-15	2	2	2	柯克兰街	0.09
143-17	1	1	1	剑桥街	0.01
143-17	2	1	1	昆西街	0.01
143-17	3	3	2	百老汇	0.02
143-17	4	3	2	柯克兰街	0.02
143-17	5	3	2	剑桥街	0.02
(14 rows)					

注意，在前面的输出中，你获得了 143-17 的 5 条记录，但每条记录的紧密排序(drank)都小于 3。因为我们没有其他排序子句，行号首先按距离顺序编号，然后任意编号。对于排序(rank)，我们得到了 1 和 3，并且将 2 空了出来，因为前两条道路并列第一，其余道路并列第三。对于紧密排序(drank)，我们得到 1 和 2，因为前两个并列第一，由于不允许间隔，接下来的三个并列第二。

尽管该示例演示了如何将 ST_DWithin 和 <-> 与使用 geometry 类型的各种窗口排序函数一起使用，但请记住，也可以轻松地将这种方法用于 geography 类型，因为地理类型具有相同的可用函数。

9.3 地理标记

地理标记指的是一类空间技术，通过这种技术，你可以尝试定位另一个几何图形上下文中的点。地理标记通常有两种形式：

- **区域标记(region tagging)**——在这个过程中，你可以使用几何图形所在区域的名称(如州、市或省)标记几何图形，例如感兴趣的点。
- **线性参照(linear referencing)**——这是另一种标记，特别适用于线串。对于感兴趣的点，你可以通过线串上离它最近的点来引用它。标记可以是线串上最接近兴趣点的点，也可以是一个测量值，例如从线串起点到线串上最接近兴趣点的点所测量的里程标记或百分比分数。线性参照在地理编码和反向地理编码中被大量使用，详见第 10 章。

区域标记和线性参照是 GIS 从业人员的两个常见任务，因为它们是许多统计分析的准备步骤。例如，假设你有一个包含加州所有麦当劳门店的列表，并且你有一个以几何图形表示的涵盖所有县的表格。通过区域标记，可以尝试找出哪些县有哪些麦当劳门店，这样就可以很容易地得到每个县中麦当劳门店的数量。如果你有一个包含加州所有主要高速公路的列表，线性参照可能用于确定哪些高速公路的路边有哪些麦当劳门店。

9.3.1　特定区域的标记数据

空间数据库最常见的用途之一是标记区域。通常你会将命名的空间区域划分成多边形或多边形集合。这些可能是政治区域、销售区域、州或任何东西。你也会有一些有坐标的点，并且需要确定每个点在哪个区域。最后，需要在点表中添加一列来标识匹配的区域。

接下来查看一个基于机场表的示例。假设需要找到并存储每个机场的时区。你的时区区域将来自一个多边形集合表(ch09.tz_world)，你将针对每个机场找到其所在的时区多边形集合，并将其时区设置为该地区的时区值。下面的示例用相应时区多边形集合中的时区值更新了机场的时区字段：

```
ALTER TABLE ch09.airports ADD COLUMN IF NOT EXISTS tz varchar(30);
UPDATE ch09.airports
SET tz = t.tzid
FROM ch09.tz_world As t
WHERE ST_Intersects(ch09.airports.geog, t.geog);
```

在此更新完成后，你的大多数机场将各有一个时区。这个特别的更新在配备了 PostgreSQL 13 和 PostGIS 3.1 的 6 核(双核芯片)Intel 计算机上花了大约 1.5 min，且更新了 54 345 行。

要显示每个机场的当前本地时间，可以使用 PostgreSQL 内置的时区函数，如下所示，并根据计算的 tz 列指定显示时间：

```
SELECT ident, name, CURRENT_TIMESTAMP AT TIME ZONE tz AS ts_at_airport
FROM ch09.airports
WHERE ident IN('KBOS','KSAN','LIRF','OMDB','ZLXY');
```

9.3.2　线性参照：线串的最近捕捉点

线性参照的一种常见形式是将最近的线串上的最近点返回到一个参照点。这种线性参照通常被称为线串的最近捕捉点。从一组点和一组线串开始，然后尝试将每个点与离它最近的线串关联，再与该线串上最近的点关联。与前面演示的区域标记不同，兴趣点(在前面的示例中是机场)几乎从不在最近的几何图形上。

例如，假设你在大街上不按规律开车，并记录 GPS 数据。在旅程中，你收集了许多在街道中心线的两侧左右转向的曲线点。你不希望简单地将相连的 GPS 点叠加在街道中心线的地图上而暴露你的不良驾驶习惯，因此你执行线性参照，参考街道中心线捕捉其中每个点。

Paul Ramsey 是 PostGIS 的创始人，他的博客"Snapping Points in PostGIS"启发了下一个示例(代码清单 9.5)。当时，保罗只能使用两个函数：ST_Line_Interpolate_Point 和 ST_Line_Locate_Point(在 PostGIS 2.1 中重命名为 ST_LineInterpolatePoint 和 ST_LineLocationPoint)。

本例中，我们选择使用 ST_ClosestPoint 函数。PostGIS 1.5 中引入的 ST_ClosestPoint 比旧的线性引用函数更快，而且输入不局限于点。在本例中，参照最近道路中心线上的最近点捕捉地块(多边形)。

注意：感谢 Nicklas Avén 的努力，PostGIS 2.0 推出了 ST_3DDWithin、ST_3DDistance 和 ST_3DClosestPoint。也要感谢 Darafei Praliaskouski 的努力，PostGIS 3.0 在 ST_3DDWithin 和 ST_3DDistance 函数上进行了改进，以处理 TIN 和更好地处理多面体表面。这些函数可用于三维点、线串、多边形和多面体表面。二维邻近函数将忽略 Z 坐标，即使输入中包含 Z 坐标，该坐标也会被忽略。

解决方案的基本方法如下：

(1) 使用 ST_DWithin 函数缩小选择范围。如果地块在 30 m 范围内没有道路，则将其排除在考虑范围之外。

(2) 对于每一对地块和道路，使用 ST_ClosestPoint 函数精确定位道路上距离地块最近的点。

(3) 使用 DISTINCT ON 和 ST_Distance 函数的组合来筛选出离彼此最近的一对地块和道路。

当为几何维度大于 0 的任何东西寻找最接近的几何图形时，你可能不会得到唯一的答案。例如，当你考虑两条平行线串时，有无数个离彼此最近的点。ST_ClosestPoint 函数将只返回其中一个。所选的点将始终是 ST_ShortestLine 函数返回的两点线段的顶点之一。ST_ShortestLine 和 ST_ClosestPoint 函数一样，只返回一个答案，即使有多个答案，也是如此。

代码清单 9.5　在道路上找到离地块最近的点

```
SELECT DISTINCT ON (p.pid)
    p.addr_num || ' ' || full_str AS parcel,
    r.road_name AS road,
    ST_ClosestPoint(p.geom,r.geom) As snapped_point
FROM ch09.land AS p INNER JOIN ch09.road AS r
ON ST_DWithin(p.geom,r.geom,20.0)
ORDER BY p.pid, ST_Distance(p.geom,r.geom);
```

图 9.1 显示了原始地块和代码清单 9.5 生成的捕捉点。

为了可视化地块上最接近捕捉点的原点，我们使用了伴随函数 ST_ShortestLine。

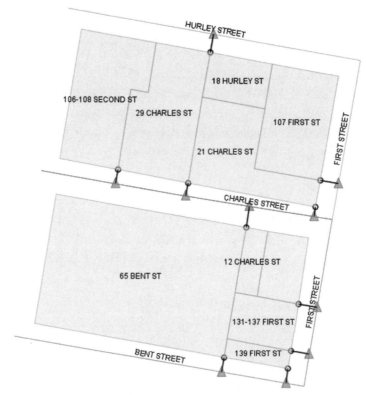

图 9.1 参照一条线捕捉位置。三角形是捕捉点，圆圈是陆地上离捕捉点最近的点

9.3.3 PostGIS 聚类窗口函数

PostGIS 2.3 发布了最早的特定于 PostGIS 的窗口函数：ST_ClusterDBSCAN 和 ST_ClusterKMeans。

注意：得益于 Daniel Baston 和 Paul Ramsey 的工作，PostGIS 2.3 推出了二维几何图形的 ST_ClusterDBSCAN 和 ST_ClusterKMeans 函数。Darafei Praliaskouski 在 PostGIS 3.1 中进一步改进了 ST_ClusterKMeans 函数，以支持三维几何图形和权重。PostGIS 3.2 将进一步增强。

这些函数让你可以根据事物彼此接近的程度把相邻的东西聚在一起。回想一下，本章前面讨论了 ROW_NUMBER()、RANK() 和 DENSE_RANK()，并演示了如何在 PostGIS 距离函数中使用它们。这样做的问题是，如果不借助一些并不美观的自连接，它们将无法帮助你确定相对于数据中其他行的距离。

假设你有一大群医护人员等待被派往各户人家提供 COVID-19 疫苗注射。现在，你要确保没有员工因为需要访问的人数过多而感到不知所措，也没有员工没能被充分利用。你也不希望为一个地址分配多个工作人员。你没有边界或任何东西，但你有一块土地，上面有需要接种疫苗的人的地址。

你将如何划分你的土地？一种方法是使用 PostGIS 聚类窗口函数，它可以将数据集划分为多个聚类，每个聚类代表一组紧密相连的东西。窗口函数返回聚类号。具有相同聚类号的记录将代表应该分配给特定工作人员的一批地址。

　　在开始之前，需要了解 ST_ClusterDBSCAN 和 ST_ClusterKMeans 函数使用的不同方式，以便确定最适用的方法。

　　ST_ClusterKMeans 函数要求你决定要将数据拆分成多少个聚类，它将根据记录与集合中其他行的接近程度，使用这个数字将聚类分配给记录。你将拥有少于或等于指定数量的聚类。ST_ClusterDBSCAN 不需要指定聚类的个数。ST_ClusterDBSCAN 用于指定一个对象需要离聚类中的一个对象多近才能获得聚类中的成员资格。此外，还有一个 minpoints 数，它用于指定聚类中拥有的最少成员数。

　　现在，如果你有固定数量的员工，而且你感兴趣的区域按人口分布得相当均匀，那么最合理的选择可能是使用 ST_ClusterKMeans 函数。但是，如果你想知道需要雇用多少员工来覆盖一个区域，并且每个员工应该只涉及一个特定的区域和特定数量的家庭，那么 ST_ClusterDBSCAN 函数可能更适合你的需求。请记住，ST_ClusterDBSCAN 函数可能无法为某些几何图形找到合适的聚类。这种情况下，它将为聚类号返回 NULL。

　　下面使用地块表来练习这些窗口函数，如代码清单 9.6 所示。

代码清单 9.6　按窗口函数划分的聚类位置

```
SELECT p.pid, p.geom,
    COALESCE(p.addr_num || ' ','') || full_str AS address,
    ST_ClusterKMeans(p.geom, 4) OVER() AS kcluster,        ← 使用 KMeans 将行最
    ST_ClusterDBSCAN(p.geom, 15, 2) OVER() AS dcluster     多分为 4 个聚类
FROM ch09.land AS p
WHERE ST_DWithin(p.geom,                ← 使用 DBSCAN 将行分为多个聚
    ST_GeomFromText('POINT(233110 900676)',  类，最大距离为 15 m，每个聚
        26986),                               类中至少包含 2 个成员
        500);
```

　　代码清单 9.6 在一个查询中演示了 ST_ClusterKMeans 和 ST_ClusterDBSCAN 函数的使用。在这两种情况下，选择的指标都会产生大约 4 个聚类。ST_ClusterDBSCAN 函数的距离始终在数据的空间参考系统中测量。本例中使用的是以米为单位的马萨诸塞州平面，但如果你的数据使用的是另一个单位(如经纬度)，那么你的距离需要使用 0.001 之类的单位。

　　注意，在 ST_ClusterKMeans 的示例中，每个聚类中的地块数量(见图 9.2)分布得相当均匀。

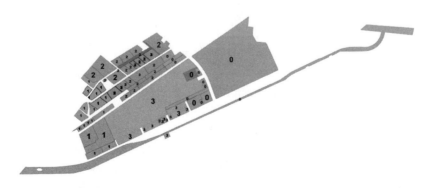

图 9.2　使用 ST_ClusterKMeans 聚类

如图 9.3 所示，在 ST_ClusterDBSCAN 函数中，聚类由代码清单 9.6 的 dcluster 列生成，聚类分布不均匀，距离的作用更大。在此函数下，如果你将距离设置得足够小，那么相比于 ST_ClusterKMeans 函数的情况，聚类穿过大马路的可能性会更小。

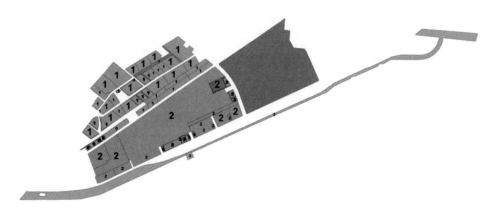

图 9.3　使用 ST_ClusterDBSCAN 聚类

若不需要穿过大马路，将可以节省不少时间，所以这种方法可以让工作人员在行程更长的情况下拜访更多的人。

这些练习不使用任何其他窗口特性(如 PARTITION BY)，但是你可以根据其他因素进一步对聚类进行分组，例如通过使用 PARTITION BY 子句对工作人员的技能集和患者所需的技能集进行分组。PARTITION BY 将重新为每个分区的聚类编号。

9.4　本章小结

- KNN 距离运算符允许你将 N 个最近的项目快速返回到另一个项目。
- PostGIS 包含许多用于二维和三维几何图形、地理以及轨迹距离的 KNN 距离运算符，如果在 ORDER BY 中使用这些运算符，则可以使用空间索引。
- ST_DWithin 函数对于 geometry 和 geography 都是可用的，用于查找另一个二维距离内的所有项目。
- ST_3DWithin 函数处理三维距离，但仅适用于 geometry。
- ST_Distance 函数将返回 geometry 和 geography 的距离。
- 对于 PostGIS 2.2+和 PostgreSQL 9.5+，<->可被用作几何图形 ST_Distance 函数的简写形式，也可以用作地理 ST_Distance 的近似形式。
- ST_3DDistance 函数仅处理 geometry 的三维距离。
- DISTINCT ON 是 PostgreSQL 特有的一个有用构造，允许在不使用 GROUP BY 和重新连接未分组列的情况下选择不同的行。
- SQL 窗口函数 ROW_NUMBER()、RANK()和 DENSE_RANK()对结果编号很有用。
- PostGIS 有自己的窗口函数：ST_ClusterDBSCAN 和 ST_ClusterKMeans 函数。

第 *10* 章

PostGIS TIGER 地理编码

本章内容：
- 地理编码
- 地址标准化
- 反向地理编码

什么是地理编码器？它是一个利用街道中心线几何图形等数据对街道地址进行文本表示并找到其地理位置的工具。地址的文本表示通常经过地址标准化(address normalization 或 address standardization)的过程，并将其分解为若干组成部分，如街道编号、街道名称、后缀等，并确保相同类型的片段总是以相同的方式表示。地理编码器使用的就是这个标准化的地址。地理编码器通常返回经度和纬度。

本章将重点介绍专门为 TIGER 设计的 PostGIS 地理编码器。TIGER 是 Topologically Integrated Geographic Encoding and Referencing(拓扑上集成的地理编码和引用)的首字母缩写词，它是一个由美国人口普查局维护的地理空间数据库。其结构的拓扑定义为边、节点和面，其结构与 postgis_topology 扩展数据的结构非常相似。该数据库包含整个美国的重要地理特征，包括政治边界、湖泊、保留地、主要和次要道路、河流等。

注意： postgis_tiger_geocoder 扩展通常使用 PostGIS 进行分布。在 PostGIS 3.0 之前，它需要超级用户权限才能进行安装。在 PostGIS 3.0 中，此限制被取消，以便非超级用户在数据库中安装该扩展，但前提是该用户已经在数据库中安装了 postgis 和 fuzzystrmatch 扩展。从 PostgreSQL 13 开始，fuzzystrmatch 扩展也可以由非超级用户安装。

本章将带领你完成以下步骤，以便你最终获得一个功能完整的地理编码器：

(1) 安装 PostGIS TIGER 地理编码器。

(2) 从美国人口普查局下载你感兴趣地区的数据。

(3) 使用一个地址标准化程序来准备你的地址。

(4) 进行地理编码并解释结果。

(5) 反向地理编码。

设置 PostGIS TIGER 地理编码器的说明也可以在 PostGIS 安装文档中找到。

美国国家统计局每年更新 TIGER 的数据，以反映新的建筑。此外，在许多年里，数据结构本身可能会略有修改。PostGIS 试图跟上 TIGER 最新的结构变化：PostGIS 3.0 处理 2019 年的数据结构，而 PostGIS 3.1.2+将处理 2020 年的数据。2020 年的数据比前几年的数据有更大的差异变化。这是因为每隔 10 年该统计局会对参考数据进行一次重大更新，同时进行 10 年一次的普查。

10.1 安装 PostGIS TIGER 地理编码器

要安装地理编码器，只需要运行两个 SQL 命令或在 pgAdmin 中单击几下。

在 psql 或 pgAdmin 查询窗口中运行以下两个命令：

```
CREATE EXTENSION fuzzystrmatch;
CREATE EXTENSION postgis_tiger_geocoder;
```

可以通过以下步骤将上述步骤简化为一步：

```
CREATE EXTENSION postgis_tiger_geocoder CASCADE;
```

PostgreSQL 9.5 中引入了 CREATE EXTENSION 的 CASCADE 子句。它将安装所有需要但还没有安装的扩展。本例还没有安装 postgis，所以应安装 postgis，还有 fuzzystrmatch。地理编码器需要使用字符串匹配来找到拼写相似的街道，因此应安装 fuzzy-string-match 扩展。

因为 TIGER 数据是公开的，所以你应该授予其他用户不受限制的读取访问权限，如下列代码所示：

```
GRANT USAGE ON SCHEMA tiger TO PUBLIC;            ◄─────────┐
GRANT USAGE ON SCHEMA tiger_data TO PUBLIC;                 │
GRANT SELECT, REFERENCES, TRIGGER               授予现有的权限
   ON ALL TABLES IN SCHEMA tiger TO PUBLIC;
GRANT SELECT, REFERENCES, TRIGGER
   ON ALL TABLES IN SCHEMA tiger_data TO PUBLIC;
GRANT EXECUTE
   ON ALL FUNCTIONS IN SCHEMA tiger TO PUBLIC;
ALTER DEFAULT PRIVILEGES IN SCHEMA tiger_data
GRANT SELECT, REFERENCES            授予未来的权限
   ON TABLES TO PUBLIC;            ◄─────────
```

注意，按照惯例，我们对 PUBLIC 角色使用大写字母，以使其区别于 public 模式。

CREATE EXTENSION postgis_tiger_geocoder;代码行除了安装所有必要的骨架表和函数之外，还将 tiger 模式添加到数据库搜索路径中，但如果你有自定义的 search_path，则可能不会发生这种情况。在继续之前，请先断开数据库的连接，重新连接并运行 psql 或 pgAdmin 中的 SHOW search_path;以验证 tiger 是否在你的 search_path 中。

安装地理编码器时不会加载地理编码所需的 TIGER 数据。接下来将讨论如何加载 TIGER 数据。

10.2 加载 TIGER 数据

要填充地理编码器安装期间创建的表，你必须访问 US Census FTP 站点，下载压缩的形状文件，

解压它们，并使用 shp2pgsql 工具将文件加载到适当的表中。听起来像要受几个小时的折磨？幸运的是，地理编码器有几个函数可以生成涵盖所有这些步骤的脚本。下面将看看如何在 PostGIS 2.4 及后续版本中生成和使用这些脚本。

脚本会根据你的操作系统而有所不同，它们依赖于必须在服务器上的两个免费的附加工具：Wget 和 7-Zip(或 unzip)。对于 Linux、UNIX 和 macOS 用户，Wget 和 unzip 应该已经存在了。Windows 用户可以安装 Windows 版 Wget 和 7-Zip。有关安装这些工具的详细信息，请参见第 4 章。

10.2.1　配置表

postgis_tiger_geocoder 扩展将创建一个名为 tiger 的模式和该模式中的几个表。你将需要编辑两个或三个控制加载器脚本输出的表。这些表分别是 tiger.loader_platform、tiger.loader_variables 和 tiger.loader_lookuptables。

tiger.loader_variables 表是一个包含各种路径的记录表。你可能需要编辑 staging_fold 字段，该字段指定了你将下载数据和创建临时文件夹的路径。你可能还需要编辑其他字段，但没那么频繁。例如，由于普查数据结构不会频繁地改变，如果你运行的是指向较老 TIGER 年份的旧版 PostGIS，则通常只需要编辑数据的年份和 URL。你可能还希望使用托管数据的普查镜像以加快访问速度，在这种情况下，需要更改 URL。

tiger.loader_platform 表包含用于生成加载器脚本的配置文件。有两条记录，每个记录都由 os 字段值唯一标识：Windows 生成一个 DOS 批处理脚本，sh 生成一个与 UNIX sh/bash 兼容的脚本。

为了防止你的设置在 TIGER 地理编码器升级期间被覆盖，建议你创建一个最适合你的操作系统的记录副本。例如，如果你在 Linux/UNIX/macOS 上，你将按如下方式复制 sh 记录：

```
INSERT INTO tiger.loader_platform(os, declare_sect, pgbin, wget, unzip_command,
            psql, path_sep, loader, environ_set_command, county_process_command)
SELECT 'postgis_in_action', declare_sect, pgbin, wget, unzip_command,
      psql, path_sep, loader, environ_set_command, county_process_command
  FROM tiger.loader_platform
  WHERE os = 'sh';
```

如果你在 Windows 上，请用 windows 替换前面代码中的 sh。

我们称此设置为 postgis_in_action。可以使用 pgAdmin 编辑 declare_sect 字段，以将数据库连接字符串或路径更改为 PostgreSQL bin 或 shp2pgsql、unzip 和 Wget。

tiger.loader_lookuptables 表包含地理编码器使用的每种普查表的基本下载和加载脚本，以及用户认为方便的一些其他脚本。在这个表中，你将发现一个名为 load 的布尔类型字段，对于大多数表，该字段的值被设置为 true，但对于 tabblock、bg(区块群)、addrfeat、zcta5_raw，其值被设置为 false。地理编码器不使用这些表，但用户发现它们可用于其他需求，例如按制表块和区块群编制统计表。

如果加载了 reverse_geocoder 函数，它可以使用 zcta5 表，但该表只在街道上没有邮政编码的情况下才能派上用场，比如高速公路。addrfeat 表相当无用，并且占用了大量的空间，因为它实际上是边和特征名称之间的非规范化连接。

要启动在 tiger.loader_lookuptable 中定义的其他表的加载，可以运行下面的语句：

```
UPDATE tiger.loader_lookuptables SET load = true
```

```
WHERE lookup_name IN('tabblock', 'bg', 'zcta5_raw');
```

警告：zcta 加载涉及一些额外的工作，需要将统计局提供的单个 zcta 表分解为州子表。因此，根据你的处理能力和磁盘，该任务本身可能需要 15 min~2 h。

新版本的 PostGIS 经常更新 TIGER 地理编码器的版本以适应每年的变化。例如，PostGIS 3.1.2 包含了加载 TIGER 2020 数据的配置，而上一个版本包含了 2019 年的配置。安装最新的 PostGIS 二进制文件后，可以按以下方式将它更新到最新版本：

```
ALTER EXTENSION postgis_tiger_geocoder;
```

或

```
SELECT postgis_extensions_upgrade();
```

升级 TIGER 地理编码扩展时，tiger.loader_lookuptables 表被重新加载，且加载设置被重置为初始状态。因此，如果对该表进行了更改，建议你对该表进行备份。

10.2.2 加载国家/地区和州数据

在开始加载数据之前，需要创建一个文件夹来存放下载的 TIGER zip 文件，并创建一个临时文件夹来提取和处理这些文件。在 tiger.load_variables 表的 staging_fold 字段中指定的位置创建一个名为 gisdata 的目录和一个名为 temp 的子目录。你在哪里创建目录并不重要，但要确保这些目录是可写的。在下面的示例中，将路径/gisdata 替换为 staging_fold 字段的设置。

以下示例中使用的所有 loader 脚本函数都使用 tiger.loader_platform 中指定的设置。可执行文件的位置在 tiger.loader_platform.declare_sect 字段中定义。

现在，请从交互式 psql 控制台连接到数据库，并确保你已连接到 postgis_in_action 数据库。

如果你使用的是 Linux、UNIX 或 macOS，请运行代码清单 10.1 中的代码。如果你在 Windows 上，则运行代码清单 10.2。

代码清单 10.1 生成 nationscript(Linux/UNIX/macOS)

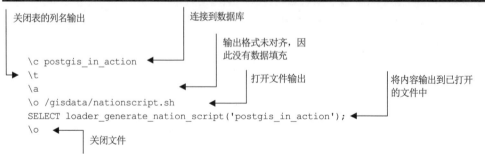

对于 Windows 用户，psql 通常不在默认路径中。你应该在 Start Menu | PostgreSQL 13(或任何版本) | psql 中有一个菜单选项。psql 的步骤与 Linux 的步骤基本相同，只是要将.sh 替换为.bat。

代码清单 10.2　生成 nationscript (Windows)

```
\c postgis_in_action
\t
\a
\o /gisdata/nationscript.bat
SELECT loader_generate_nation_script('postgis_in_action');
\o
```

也可以使用 pgAdmin 4 生成脚本。如果你使用的是 pgAdmin，则只需要运行前面步骤中的 SELECT…的部分，然后将输出复制并粘贴到文件中。

注意：pgAdmin 在复制和粘贴时默认引用文本字段。为防止这种情况发生，请访问 File | Preferences | Query Tool | Results Grid 菜单选项，并将 Result Copy Quoting 设置更改为 None。这将文本字段输出设置为未引用。在旧版的 pgAdmin 中，只会显示前 255 个字符，因而切断了部分脚本。为了防止这种截断，在 Query Tool | Results 首选项中，将显著提升最大字符数。

psql 将把脚本文件放在 gisdata 目录中。在编辑器中打开该文件，并进行你想要的任何其他更改。一旦你做了更改并再次检查，请继续从操作系统命令行执行 nationscript 脚本文件。

在执行完该脚本后，你应该会在 tiger_data 数据库架构中看到几个新表。其中两个最重要的表是 states_all 和 county_all。通过运行以下命令来确认其中的数据：

```
SELECT count(*) FROM tiger_data.county_all;
SELECT count(*) FROM tiger_data.state_all;
```

如果遇到问题，或者计数为 0，可按如下方式删除表并重新启动处理过程：

```
DO language plpgsql
$$
DECLARE var_sql text;
BEGIN
var_sql = tiger.drop_nation_tables_generate_script();
EXECUTE var_sql;
END;
$$
```

加载国家/地区表需要相当长的时间，通常要 0.5~1.5 h。大部分时间都花在按州界拆分 zcta(邮政编码表格)上。

既然你已经在加载数据方面进行了一些练习，接下来可以生成一个脚本来加载各州数据了。为了使数据库更轻量一些，可以从 tiger_data.county_all 和 tiger_data.state_all 表中删除所有不需要的县和州。每个县记录都有一个 statefp 字段，该字段对应于 state_all 表中的一个州。

下面展示的州数据加载脚本只会下拉 county_all 表中指定的某个州的县文件。如果只对一个州的某个县感兴趣，那么可以删除所有其他县。

警告：如果你的 county_all 和 state_all 表为空，则不要继续进行州数据加载，因为这些表已被州数据加载脚本使用。

如果使用的是 Linux、UNIX 或 macOS，请运行代码清单 10.3。如果使用的是 Windows，请务必在运行代码清单之前将 statescript.sh 更改为 statescript.bat。此外，一定要将数据替换成你最喜欢的州。如果要运行本章中的示例，则至少需要加载 DC。即使需要所有州的数据，你仍然需要将它们逐个添加到数组中。

代码清单 10.3　生成 statescript

```
\c postgis_in_action
\t
\a
\o /gisdata/statescript.sh
SELECT loader_generate_script(ARRAY['DC','CO'],'postgis_in_action');
```

警告：在本书撰写之时，统计局网站往往会阻止服务器同时下拉太多数据。因此，不要试图同时拉取所有州的数据，这是不现实的。这样的尝试会让你被列入黑名单。每个州的数据需要 10 min~2 h 的加载时间，这取决于州的大小和网络连接。DC 和 RI 是加载速度最快的。

一旦编辑了 statescript 脚本(如果必要的话)，就可以执行它。脚本将加载你选择的所有州的数据。你应该会在 tiger_data 中看到新的表，所有表的前缀都是州名的缩写。如果下面的许多示例没有为你提供任何输出，那么你很可能丢失了 DC 数据。如果希望稍后加载其他州的数据，使用不同的州数据重新生成 statescript 即可。

加载数据后，运行以下 SQL 语句：

```
SELECT install_missing_indexes();
```

正如 PostGIS 安装文档中所解释的那样，清空所有表也是一个好主意。这将确保地理编码器函数所需的所有索引都已就绪，并且所用的统计信息是最新的。

10.3　标准化地址

在进行地理编码之前的一个准备步骤是将地址解析为一些组件，如街道编号、方向前缀、街道名称、后缀等。此步骤通常被称为地址标准化(address standardization 或 address normalization)。

虽然地址标准化通常作为地理编码的一部分进行，但你应该将其视为单独的步骤。一旦对地址进行了标准化，就可以将它们传递给许多不同的地理编码器，而不仅仅是 PostGIS TIGER 地理编码器。甚至可以使用标准化的地址来满足邮政地址标准或删除重复的地址。没有什么可以阻止你在工作日执行更快的标准化步骤，并把较慢的地理编码步骤留到周末运行。

10.3.1　使用 normalize_address

标准化输入地址以匹配 TIGER 的协议，能大大提高地理编码的准确性。PostGIS TIGER 地理编码器包括一个名为 normalize_address 的函数，该函数用于按照 TIGER 惯例标准化地址。你将地址作为字符串传入，输出是 norm_addy 数据类型的复合对象。norm_addy 是与 postgis_tiger_geocoder 扩展一起打包的复合数据类型，在单独的列中公开地址的子元素。

下面来看一个标准化 5 个地址的示例：

```
SELECT normalize_address(a) As addy
FROM (
    VALUES
        ('ONE E PIMA ST STE 999, TUCSON, AZ'),
        ('4758 Reno Road, DC 20017'),
        ('1021 New Hampshare Avenue, Washington, DC 20010'),
        ('1731 New Hampshire Ave Northwest, Washington, DC 20010'),
        ('1 Palisades, Denver, CO')
) X(a);
```

该查询将在列 addy 中选择 norm_addy 对象的 5 个元素，这些元素的别名较短。输出如下：

```
addy
------------------------------------------------------
(,,"ONE E PIMA ST",St,,"STE 999",TUCSON,AZ,,t)
(4758,,Reno,Rd,,,,DC,20017,t)
(1021,,"New Hampshare",Ave,,,Washington,DC,20010,t)
(1731,,"New Hampshire",Ave,NW,,Washington,DC,20010,t)
(1,,Palisades,,,,Denver,CO,,t)
```

要查看 addy 复合列的某些组成部分，可以使用以下 SQL 语句：

```
WITH A AS (
    SELECT normalize_address(a) As addy
    FROM (
    VALUES
        ('ONE E PIMA ST STE 999, TUCSON, AZ'),
        ('4758 Reno Road, DC 20017'),
        ('1021 New Hampshare Avenue, Washington, DC 20010'),
        ('1731 New Hampshire Ave Northwest, Washington, DC 20010'),
        ('1 Palisades, Denver, CO')
    ) X(a)
)
SELECT
    (addy).address As num,
    (addy).predirabbrev As pre,
    (addy).streetname || ' ' || (addy).streettypeabbrev As street,
    (addy).location As city,
    (addy).stateabbrev As st
FROM A;
```

可以在以下代码中清楚地看到组成 norm_addy 的不同字段：

```
num  | pre |       street       |    city    | st
------+-----+--------------------+------------+----
     |     | ONE E PIMA ST St   | TUCSON     | AZ
4758 |     | Reno Rd            |            | DC
1021 |     | New Hampshare Ave  | Washington | DC
1731 |     | New Hampshire Ave  | Washington | DC
   1 |     |                    | Denver     | CO
```

如果想让 addy 的所有组成部分作为单独的列显示，可以用(addy).*替换选定的字段。使用.*的缺点是无法控制列名。像(addy)这样使用圆括号是 PostgreSQL 在复合列中引用子列的一种特殊方式。

10.3.2 使用 PAGC 地址标准化程序

normalize_address 函数并非没有缺点。我们发现，当地址有方向前缀(如北或南)，或者有与地理编码无关的其他元素(如楼层号码)时，它无法正确解析。

PostGIS 包括另一个名为 address_standardizer 的扩展，你可以在 PostGIS 的大多数发行版中找到它。这个扩展是一个名为公共地址地理编码器(PAGC)的项目的地址标准化组件的一个分支，它被 Stephen Woodbridge 包装到一个 PostgreSQL 扩展中。有一种更新的、完全重写的地址标准化程序，利用它，可以更好地处理非美国地址和其他违规行为。

我们将把 PostGIS 中打包的 address_standardizer 扩展称为 PAGC address_standardizer 或简称为 PAGC，以使其区别于其他地址标准化程序，比如 postgis_tiger_geocoder 中内置的一个。

还要记住，postgis_tiger_geocoder 将地址标准化过程称为 address normalization，此类函数的后缀为 normalize_address。

在使用 PAGC 地址标准化程序之前，需要按以下方法安装扩展：

```
CREATE EXTENSION address_standardizer SCHEMA postgis;
```

pagc_normalize_address 函数与 postgis_tiger_geocoder 打包，并封装 address_standardizer 扩展的更通用的 standardize_address 函数来完成标准化工作。为了能与常规的 normalize_address 函数互换，pagc_normalize_address 函数返回一个 norm_addy 自定义对象，就像 normalize_address 函数一样，而且它接受相同的输入。

下面用 pagc_normalize_address 函数尝试相同的地址集：

```
WITH A AS (
    SELECT pagc_normalize_address(a) As addy
    FROM (
        VALUES
            ('ONE E PIMA ST STE 999, TUCSON, AZ'),
            ('4758 Reno Road, DC 20017'),
            ('1021 New Hampshare Avenue, Washington, DC 20010'),
            ('1731 New Hampshire Ave Northwest, Washington, DC 20010'),
            ('1 Palisades, Denver, CO')
    ) X(a)
)
SELECT
    (addy).address As num,
    (addy).predirabbrev As pre,
    (addy).streetname || ' ' || (addy).streettypeabbrev As street,
    (addy).location As city,
    (addy).stateabbrev As st
FROM A;
```

输出如下：

```
num  | pre | street            | city        | st
-----+-----+-------------------+-------------+----
   1 | E   | PIMA ST           | TUCSON      | AZ
4758 |     | RENO RD           | DC          |
1021 |     | NEW HAMPSHARE AVE | WASHINGTON  | DC
```

```
1731 |    | NEW HAMPSHIRE AVE | WASHINGTON | DC
   1 |    |                   | DENVER     | CO
```

如果比较 normalize_address 和 pagc_normalize_address 的输出，你会注意到后者对 Tucson 地址的处理更好。PAGC 可以破译拼写出来的街道号码。还要注意，PAGC 输出总是大写的。尽管地理编码器不关心大小写，但美国邮政管理局(USPS)确实只喜欢使用大写。

许多标准化程序遵循一组规则，以便将地址的组件解析为不同的部分。这些规则的表达方式以及它们是否可配置因标准化程序的不同而不同。此外，标准化程序通常带有一套字典，以便将标准术语的常见变体标准化。

例如，一些 USPS 标准化程序坚持使用一系列后缀缩写，并且总是大写。但是，不必为每一组规则编写一个新的标准化程序，而是考虑模块化设计 PAGC address_standardizer 扩展。PAGC 允许用户简单地通过指定一组不同的表来更改标准。

除了要求输入地址外，standardize_address 函数还要求输入规则表、词典表和地名索引表的名称。

PostGIS TIGER 地理编码器包括它自己的一组 PAGC 兼容的字典和规则表：tiger.pagc_lex、tiger.pagc_gaz 和 tiger.pagc_rules。它们用作 standardize_address 函数的输入。这些表确保标准化过程的输出符合 TIGER 数据的结构。

词典和地名表都是字典表。词典处理通用替换，例如将单词 five 改为数字 5。地名词典处理地理名称替换，如将 California 改为 CA。词典和地名表的结构是相同的，它们至少必须有以下列：id、seq、word、stdword 和 token。

规则表是包含一系列规则的表，其中每一行包含一个 ID 和一个规则。ID 是标识规则的唯一数字。该规则是一个表示令牌和分隔符的数字序列。有关令牌号对应的内容以及规则如何设置的详细信息，请参阅 PostGIS 手册中的"地址标准化表"部分。

可以创建一组替代的规则、地名表和词典表来满足你的需要，并将表名称作为输入传递给标准化程序。这将允许你在传统的地址地理编码和一些古怪的地址(比如犹他州的网格式地址和威斯康星州的字母数字地址)之间进行切换。

代码清单 10.4 演示了对 standardize_address 的调用。

代码清单 10.4　用 standardize_address 将一个地址分解成几个部分

```
WITH A(a) AS (
    VALUES
        ('ONE E PIMA ST STE 999, TUCSON, AZ'),
        ('4758 Reno Road, DC 20017'),
        ('1021 New Hampshare Avenue, Washington, DC 20010'),
        ('1731 New Hampshire Ave Northwest, Washington, DC 20010'),
        ('1 Palisades, Denver, CO')
)
SELECT (s).house_num, (s).name, (s).predir, (s).suftype, (s).sufdir
FROM (
    SELECT standardize_address(
        'pagc_lex','pagc_gaz','pagc_rules', a
    ) As s FROM A
) AS X;
```

代码清单 10.4 的输出如下：

```
house_num   | name           | predir | suftype | sufdir
------------+----------------+--------+---------+--------
1           | PIMA           | E      | ST      |
4758        | RENO           |        | RD      |
1021        | NEW HAMPSHARE   |        | AVE     |
1731        | NEW HAMPSHIRE   |        | AVE     | NW
1           | PALISADES      |        |         |
```

  standardize_address 函数的输出是一个名为 stdaddr 的复合类型对象，它在风格上与前面已经介绍过的 norm_addy 复合类型相似。这些示例只输出组成 stdaddr 的一些字段。如果想查看所有的字段，请输入\(s).*而不是单独选择每个组件。

standardize_address 和 pagc_normalize_address 的速度

  standardize_address 的输出不是一个 norm_addy 对象，而是一个 stdaddr 对象，而 PostGIS 地理编码器无法接受该对象。pagc_normalize_address 函数会自动将 stdaddr 字段映射到 norm_addy 字段，以便你将结果交给地理编码器，但是 pagc_normalize_address 是一个围绕 standardize_address 的低效封装器。

  如果速度很重要，建议你直接调用 standardize_address，而不是通过 pagc_normalize_address 来使用它。需要投入额外的工作，将 stdaddr 映射到 norm_addy，但是你在标准化过程中可能会获得 10 倍或更高的速度。PostGIS 手册提供了一个示例。

10.4   地理编码

  当调用 geocode 函数时，你有两个选项。你可以传给它一个 norm_addy 复合对象，也可以传给它一个地址字符串。如果你选择后者，geocode 将在地理编码之前应用 normalize_address 函数。

  这意味着如果希望使用 pagc_normalize_address，就必须首先标准化，然后将 norm_addy 对象传递给地理代码。或者，也可以运行以下 SQL 语句：

```
SELECT set_geocode_setting('use_pagc_address_parser', 'true');
```

  此代码将永久更改 geocode 函数的默认行为，以在给定纯文本地址时使用 pagc_normalize_address，而不是 normalize_address 函数。如果需要改回去以使用 normalize_address，则将其切换回 false。

  默认情况下，geocode 最多返回一个评级的 10 个匹配对象。评级越低，匹配就越好。评级为 0 意味着完全匹配。如果你没有其他的方法来判断这些选项，并且只想要最佳的匹配，geocode 允许你传入一个额外的参数来指示要返回的记录的数量。如果你只想要最好的匹配，则传入 1。

10.4.1   使用地址文本进行地理编码

  下一个示例(代码清单 10.5)将使用 geocode 函数对纯文本地址进行地理编码。因为传入了纯文本地址，geocode 函数将在地理编码之前对地址进行标准化。

代码清单 10.5　基本地理编码

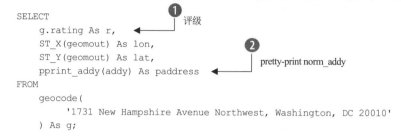

```
SELECT
    g.rating As r,
    ST_X(geomout) As lon,
    ST_Y(geomout) As lat,
    pprint_addy(addy) As paddress
FROM
    geocode(
        '1731 New Hampshire Avenue Northwest, Washington, DC 20010'
    ) As g;
```

geocode 函数接受一个地址，并返回一组可能与该地址匹配的记录。geocode 函数输出的列之一是评级字段❶。数字越高，匹配就越差。其中一个对象是复合类型 norm_addy，它在返回的记录中作为一个名为 addy 的字段输出。你可以将返回的 addy 字段传递给 pprint_addy 函数❷，该函数与 TIGER 地理编码打包，这将返回地址的优质打印文本版本。

geocode 输出的经纬度上的点几何图形被称为 geomout。该点通过其街道编号沿街段插值。TIGER 数据知道街道号码应在街道的哪一侧，它会自动添加一个距离中心线 10 m 的偏移量。10 m 的偏移量对于路边的专属庄园来说太小了，对于路边的柠檬水摊来说又太大了。偏移量与插值结合意味着地理编码器无法达到极高精度，但这也许是一件好事。

以下列表显示了代码清单 10.5 的输出：

```
r  | lon        | lat        | paddress
---+------------+------------+----------------------------------------
 2 | -77.039..  | 38.913..   | 1731 New Hampshire Ave NW, Washington, DC 20009
 8 | -77.024..  | 38.935..   | 3643 New Hampshire Ave NW, Washington, DC 20010
10 | -77.022..  | 38.938..   | 3801 New Hampshire Ave NW, Washington, DC 20011
(3 rows)
```

如果想要 addy 对象的单个元素，可以编写一个查询，如代码清单 10.6 所示。

代码清单 10.6　geocode 函数和 addy 字段的提取属性

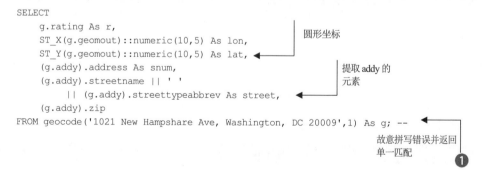

```
SELECT
    g.rating As r,
    ST_X(g.geomout)::numeric(10,5) As lon,          圆形坐标
    ST_Y(g.geomout)::numeric(10,5) As lat,
    (g.addy).address As snum,                       提取 addy 的
    (g.addy).streetname || ' '                      元素
        || (g.addy).streettypeabbrev As street,
    (g.addy).zip
FROM geocode('1021 New Hampshare Ave, Washington, DC 20009',1) As g; --
                                                    故意拼写错误并返回
                                                    单一匹配
```

在代码清单 10.6 中，输入地址被故意拼错，以查看模糊字符串匹配是否可以纠正错误❶。从代码清单 10.7 显示的结果中可以看出，地理编码器确实找到了一个匹配项，但分配给它的分数为 21 分，而不是前面示例中的 1 分。代码还指定只返回一个结果(最佳匹配)❶。

代码清单 10.7　geocode 函数的输出和 addy 字段属性的提取

```
r | lon      | lat      | snum | street            | zip
----+----------+----------+------+-------------------+-------
21 | -77.04142 | 38.91165 | 1601 | New Hampshire Ave | 20009
(1 row)
```

最后，将返回的坐标数字四舍五入为数字(10, 5)：总共 10 位，小数点右侧不超过 5 位。如果你发现自己不需要这么多有效数字，可以更改数字(10, 5)转换设置。

将经度和纬度四舍五入的几何方法是使用 PostGIS 函数表达式 ST_X(ST_SnapToGrid(geom))，如下所示：

```
SELECT ST_X(ST_SnapToGrid(g.geomout, 0.00001)) AS lon,
  ST_Y(ST_SnapToGrid(g.geomout, 0.00001)) AS lat
  FROM geocode('1021 New Hampshare Ave, Washington, DC 20009',1) As g
```

ST_SnapToGrid 函数将把 geomout 点移到最接近的 0.000 01° (X 和 Y)，最终得到的舍入结果与转换为数值的舍入结果相同。

还可以使用普通 round 函数保持坐标的双精度。

10.4.2　使用标准化地址进行地理编码

可将 norm_addy 对象传递给地理编码器，使地理编码器不必首先调用 normalize_address 函数。将地址标准化与地理编码分开，还使你可以在不同的标准化程序中进行切换。例如，下面的示例使用了 pagc_normalize_address 标准化应用程序：

```
SELECT g.rating As r, ST_X(geomout) As lon, ST_Y(geomout) As lat
FROM geocode(
    pagc_normalize_address(
        '1731 New Hampshire Avenue Northwest, Washington, DC 20010'
    )
) As g;
```

如前所述，地理编码器将只接受 norm_addy 对象。你不能传入由 address_standardize 函数返回的 stdaddr 对象。

10.4.3　地理编码交集

通常情况下，可以用交叉十字来描述一个地址，比如在报告犯罪时。为此，有一个名为 geocode_intersection 的函数(见代码清单 10.8)。

代码清单 10.8　geocode_intersection

```
SELECT
    g.rating As r,
    ST_X(geomout) As lon,
    ST_Y(geomout) As lat,
    pprint_addy(addy) As paddress
FROM
```

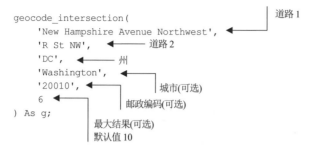

如代码清单 10.8 所示，geocode_intersection 函数最多可以接受 6 个参数，其中城市代码和邮政编码是可选的。虽然城市编码和邮政编码是可选的，但通过提供它们，你可以获得更好的速度和准确性。输出如下：

```
r | lon       | lat       | paddress
--+-----------+-----------+------------------------------------------------
 3 | -77.04066 | 38.912608 | 1700 New Hampshire Ave NW, Washin.., DC 20009
 3 | -77.04066 | 38.912608 | 1701 New Hampshire Ave NW, Washin.., DC 20009
 3 | -77.04066 | 38.912608 | 1698 New Hampshire Ave NW, Washin.., DC 20009
 3 | -77.04066 | 38.912608 | 1699 New Hampshire Ave NW, Washin.., DC 20009
(4 rows)
```

如果只有一个交集，你将得到与它对应的 4 个地址。道路的顺序很重要。注意，这个示例中的地址都在新罕布什尔州的大街上。如果改变道路的顺序，将会得到 R 街的地址。

10.4.4　批处理地理编码

地理编码很少逐个地址进行。通常你必须对数千甚至数百万个地址进行地理编码，而地理编码并不是一个快速的函数。当面对繁重的地理编码任务时，建议你在睡觉前开始查询，然后醒来时发现工作已经完成。

当在批处理中进行地理编码时，你几乎总是只想要最佳结果。稍后可以很容易地删除排名靠前但评级太低的记录，从而使你对匹配有信心。

例如，下面创建一个小表，其中填充了要进行地理编码的地址，并准备好了输出字段，如代码清单 10.9 所示。

代码清单 10.9　创建一个地址表

```
DROP TABLE IF EXISTS addr_to_geocode;
CREATE TABLE addr_to_geocode (
    addid serial NOT NULL PRIMARY KEY,
    rating integer,
    address text,
    norm_address text,
    pt geometry
);
INSERT INTO addr_to_geocode(address)
VALUES
    ('ONE E PIMA ST STE 999, TUCSON, AZ'),
    ('4758 Reno Road, DC 20017'),
```

```
('1021 New Hampshare Avenue, Washington, DC 20010'),
('1731 New Hampshire Avenue Northwest, Washington, DC 20010'),
('1 Palisades, Denver, CO');
```

代码清单 10.9 中的代码执行地理编码，并使用结果更新表。下面尝试进行批处理地理编码，如代码清单 10.10 所示。

代码清单 10.10　批处理地理编码

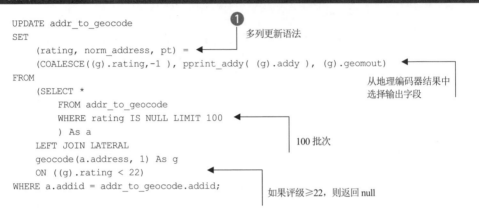

```
UPDATE addr_to_geocode                              ❶
SET                                                     多列更新语法
    (rating, norm_address, pt) =
    (COALESCE((g).rating,-1 ), pprint_addy( (g).addy ), (g).geomout)
FROM
                                                        从地理编码器结果中
    (SELECT *                                           选择输出字段
        FROM addr_to_geocode
        WHERE rating IS NULL LIMIT 100
        ) As a
    LEFT JOIN LATERAL                                   100 批次
    geocode(a.address, 1) As g
    ON ((g).rating < 22)
WHERE a.addid = addr_to_geocode.addid;
                                                        如果评级≥22，则返回 null
```

在代码清单 10.10 中，你使用了多列更新，使用代码(...)=(...)❶ 将一个行对象设置为另一个行对象。这个语法比许多 SET 语句更容易阅读，比如 SET a1=v1，a2=v2，等。

为了确保你没有继续重试错误的匹配项，可以使用 SQL COALESCE 函数将 NULL 替换为-1。

通过使用小批量处理，可以预防地理编码器中可能中断夜间处理的未处理错误。此外，还可以节省内存，如果电源中断或服务器崩溃，你将不会丢失已经完成的工作。

如果你有数百万个地址要处理，那么还可以使用 psql\watch 命令，该命令允许你重复运行相同的更新语句。如果要发挥 psql\watch 命令作为一个非常轻量级的循环引擎的优势，请删除 WHERE 子句末尾的分号(;)，并将其替换为\watch10，然后在 psql 中运行该命令。这将使 psql 每 10 s 重复一次相同的更新。

如果\watch 被添加到代码清单 10.10 中，psql 将继续提取下一批没有评级的地址(100 个)，然后尝试对它们进行地理编码。COALESCE((g), rating, -1)确保每个被检查的地址即使不能被地理编码，也都能得到一个评级。

如果你正在运行 PostgreSQL 11 或更高版本，则可以利用存储过程。与存储函数不同，存储过程不能返回值，但可以在该过程中提交事务，从而允许你提交已完成的部分工作。这使得存储过程特别适用于批处理过程，如批处理地理编码。

代码清单 10.11　PostgreSQL 11+的批处理地理编码过程

```
CREATE OR REPLACE PROCEDURE batch_geocode()         当表中仍有未编码的
LANGUAGE 'plpgsql' AS                                  记录时
$$
BEGIN
    WHILE EXISTS (SELECT 1 FROM addr_to_geocode WHERE rating IS NULL) LOOP
        WITH a AS ( SELECT addid, address FROM addr_to_geocode
```

```
                    WHERE rating IS NULL ORDER BY addid LIMIT 5
                        FOR UPDATE SKIP LOCKED)
        UPDATE addr_to_geocode
            SET (rating, new_address, pt)
            = (COALESCE(g.rating,-1),
                COALESCE ((g.addy).address::text, '')
                || COALESCE(' ' || (g.addy).predirabbrev, '')
                || COALESCE(' ' || (g.addy).streetname,'')
                || ' ' || COALESCE(' ' || (g.addy).streettypeabbrev, '')
                || COALESCE(' ' || (g.addy).location || ', ', '')
                || COALESCE(' ' || (g.addy).stateabbrev, '')
                || COALESCE(' ' || (g.addy).zip, '')
                ,
                ST_SetSRID(g.geomout,4326)::geography
                )
            FROM (SELECT addid, (gc).rating, (gc).addy, (gc).geomout
                FROM a
                LEFT JOIN LATERAL geocode(address,1) AS gc ON (true)
                ) AS g
            WHERE g.addid = addr_to_geocode.addid;

        COMMIT; --
    END LOOP;
    RETURN;
END;
$$;
```

选择下 5 个尚未被其他进程锁定的进程

提交更改

代码清单 10.11 是 PostgreSQL 存储过程的一个基本示例，该存储过程可以分批处理用于地理编码的记录。

使用 CALL 命令(而不是 SELECT 命令)调用存储过程。执行代码清单 10.11 中的存储过程，如下所示：

```
CALL batch_geocode();
```

现在你已经知道如何从真实世界的地址开始进行地理编码，但是通常从经度和纬度数据开始，比如智能手机用户可能会传递的位置数据，且通常需要将坐标解析为地址。这个过程被称为反向地理编码(reverse geocoding)，下面马上介绍它。

10.5　反向地理编码

反向地理编码与地理编码相反。从空间坐标开始，将其解析为地址。PostGIS 地理编码器附带一个名为 reverse_geocode 的函数，该函数以 WGS 84 lon/lat 坐标中的一个几何点作为输入，并返回一个复合对象，该对象由一个名为 addy[]的字段中的 norm_addy 对象数组和一个由该点的十字街道组成的文本数组 street[]组成。

在计算上，反向地理编码比地理编码容易得多，因为不涉及模糊字符串匹配。为了保持性能，reverse_geocode 首先针对州、市和邮政区，然后深入街道，每一步都对点进行过滤。一旦反向地理编码器位于街道级别，反向地理编码器将根据街道长度和街道两侧的地址范围获取你的坐标并插值街道编号。

反向地理编码最棘手的部分是确定你的点在街道的哪一边，因为 TIGER 的街道只有中心线。在不深入研究拓扑结构的情况下，可将 TIGER 街道中心线视为一个由连接节点组成的网络。在拓扑学中，中心线被称为边，节点是边的交点。因为美国被完全划分成各个区域，各个区域的四周都是街道，所以一个点必须位于其中的一个区域，该区域从地形的角度来说就是"面"。如果该点落在相对于最近边的右侧，则它必须位于街道的右侧。如果点在左边，那么它在左边。反向地理编码器能够找到唯一的、最近的插值数字街道编号，除非你的点缺少足够的有效数字，并最终位于十字路口或多层道路上。

如果反向地理编码器无法精确定位一个地址，例如两条街道的拐角处，它将返回所有可能的地址集。为了帮助你从多个可能的地址中进行选择，反向地理编码器还包括地址的坐标和最近的十字路口。

代码清单 10.12 显示了在代码清单 10.9 中创建的 addr_to_geocode 表的反向地理编码。

代码清单 10.12　批处理反向地理编码

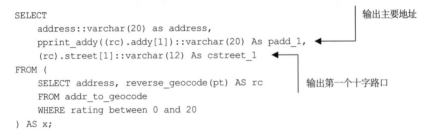

```
SELECT
    address::varchar(20) as address,                          输出主要地址
    pprint_addy((rc).addy[1])::varchar(20) As padd_1,
    (rc).street[1]::varchar(12) As cstreet_1
FROM (
    SELECT address, reverse_geocode(pt) AS rc               输出第一个十字路口
    FROM addr_to_geocode
    WHERE rating between 0 and 20
) AS x;
```

反向地理编码器返回一个地址数组。如果反向地理编码能够精确地定位，则该数组将只有一个成员，即主地址。如果你的点落在十字路口或多层道路上，则该阵列可能有多个地址。代码清单 10.12 中的代码输出主地址和十字路口地址。反向地理编码器将以数组形式提供十字街道。

下面显示代码清单 10.12 的输出。我们使用了 varchar(.)强制转换以截断文本，使其可以简明地显示在页面上：

```
address                |          padd_1       |   cstreet_1
-----------------------+-----------------------+--------------
 4758 Reno Road, DC 2  | 4760 Reno Rd, Washin  | Davenport St
 1731 New Hampshire A  | 1733 New Hampshire A  | S St NW
```

注意，反向地理编码地址与我们的地理编码地址非常接近，正如你所期望的相反过程。

10.6　本章小结

- PostGIS 为美国地理编码提供了 postgis_tiger_geocoder 扩展。
- postgis_tiger_geocoder 扩展附带了加载美国人口普查的数据的常规程序。
- postgis_tiger_geocoder 具有标准化地址并将其解析为子元素的函数。
- postgis_tiger_geocoder 具有地理编码、地理编码交集和反向地理编码函数。
- address_standardizer 是一个扩展，通常与 PostGIS 一起打包，用于可定制的通用标准化规则。

第*11*章

几何与地理处理

本章内容:
- 空间聚合
- 裁剪、拆分、嵌格、分片和细分
- 平移、缩放和旋转几何图形(仿射运算)
- 将几何类型函数运用于地理类型

本章将介绍处理几何和地理数据的技术,最终结果通常是另一种几何或地理数据。如果没有另外说明,本章中介绍的所有函数都适用于这两种数据类型。

这些年,我们根据 GIS 用户遇到的问题编了一个目录,本章将分享最常见的问题及解决方案。请记住,一个问题存在多种解决方案。我们并非宣称所给的解决方案胜于其他所有解决方案。事实上,如果足够多的用户遇到同一个普遍化的问题,PostGIS 则会引入一个封装函数,允许用户通过调用函数来解决该问题。

11.1 利用空间聚合函数

聚合是将几行数据聚为一行的处理过程。对于任意一个表,聚合首先要区分可汇总的列和不可汇总的列。SQL 在可汇总的列中找到相似值并另创一个组。然后运用聚合函数,对不可汇总的列进行求和与平均等运算。

在一个文本关系数据库中,最常使用的聚合函数有 COUNT、SUM、MIN、MAX 和 AVG。有了 PostGIS 这样的空间扩展程序,许多空间聚合函数被添加到常用函数组合中。最常见的 geometry 聚合函数有 ST_MakeLine、ST_Union、ST_Collect 和 ST_Polygonize 函数。ST_Union 是迄今为止最常用的空间聚合函数,在 PostGIS 手册的"PostGIS 聚合函数"部分可以找到 PostGIS 空间聚合函数的完整列表。

11.1.1 利用多个多边形集合记录创建一个多边形集合

很多情况下,由于需要查看或报道单独地区,一个城市可能会按行政区、社区、郡或选区分成多条记录。然而有时出于汇报目的，需要将整个城市视为一个独立单元。在此情况下，可以用 ST_Union 聚合函数将子多边形集合聚合成一个独立的多边形集合。

例如，美国的最大城市纽约由曼哈顿(Manhattan)、布朗克斯(Bronx)、皇后区(Queens)、布鲁克林(Brooklyn)和斯坦顿岛(Staten Island)5 个行政区组成。要聚合纽约市，首先需要创建一个有 5 条记录的行政区表——每个沿海行政区呈现为一个多边形集合(见图 11.1)。

图 11.1　纽约市 5 个行政区的 5 条记录

然后可以利用 ST_Union 空间聚合函数将所有行政区组合成一个单独的城市，如代码清单 11.1 所示。

代码清单 11.1　合并后的纽约市

```
SELECT ST_Union(geom) As city FROM ch11.boroughs;
```

图 11.2 显示了代码清单 11.1 中合并操作的结果。

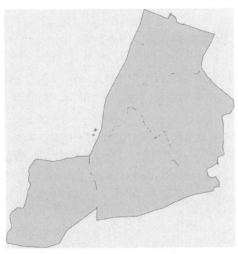

图 11.2　合并后的纽约市

PostGIS 3.1 增加了 ST_Union 函数以允许在固定精度的网格上进行合并。有时在固定精度的网格上合并会快很多，且能同时去除任意浮动精度造成的伪影。遗憾的是只有具有 GEOS 3.9+版本的 PostGIS 才能启用此功能。许多 PostGIS 3.1 发行版自带的 GEOS 都是较低版本。如果你同时拥有 PostGIS 3.1 和 GEOS 3.9+，代码清单 11.2 将不会出错。

代码清单 11.2　采用 500 英尺网格合并的纽约市

```
SELECT ST_Union(geom, 500) As city FROM ch11.boroughs;
```

代码清单 11.2 中 PostGIS 3.1 新的网格大小特性使用几何图形所在的空间参考系统单位。因为几何图形以 "NY State Plane Feet" 为空间参考系统，所以网格单位为英尺。网格大小选项可以控制输出图像的分辨率，并去除浮动精度造成的伪影。

代码清单 11.2 的输出结果如图 11.3 所示。

图 11.3　采用 500 英尺网格合并的纽约市

注意，图 11.3 并没有图 11.2 中行政区相交处的小间隙。使用下列查询比较二者点的数量：

```
SELECT ST_Union(geom, 500) As city FROM ch11.boroughs;
```

默认合并行为得到的是有 1410 个点的几何图形，而 500 英尺网格上的几何图形只有 443 个点。这是因为该行为类似于用固定大小像素将几何图形栅格化，在同一像素中相交的点会自行合并。如果将网格大小设置为 10 000 英尺，图像将会缩略到如图 11.4 所示。

下面利用城市表格来研究旧金山地区的一个示例：通过查询，列出了拥有多个记录的城市、每个城市拥有的多边形的数量以及消除边界后每个城市剩下的多边形的数量。

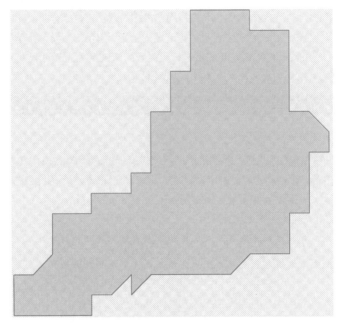

图11.4　采用 10 000 英尺网格合并的纽约市

```
SELECT
    city,
    COUNT(city) AS num_records,
    SUM(ST_NumGeometries(geom)) AS numpoly_before,
    ST_NumGeometries(ST_Multi(ST_Union(geom))) AS num_poly_after
FROM ch11.cities
GROUP BY city
HAVING COUNT(city) > 1;
```

运行上述代码，会看到 10 个城市有多条记录，但只能消除布里斯班(Brisbane)和旧金山(San Francisco)的边界，因为只有这两个城市几何图形中多边形的数量比开始时少。

上述代码的输出结果如下：

city	num_records	numpoly_before	num_poly_after
ALAMEDA	4	4	4
BELVEDERE TIBURON	2	2	2
BRISBANE	2	2	1
GREENBRAE	2	2	2
LARKSPUR	2	2	2
REDWOOD CITY	2	2	2
SAN FRANCISCO	7	7	6
SAN MATEO	2	2	2
SOUTH SAN FRANCISCO	2	2	2
SUISUN CITY	2	2	2
(10 rows)			

代码清单 11.3 实行聚合并将聚合记录插入名为 ch11.distinct_cities 的表中，之后为每个城市添

加一个主键，以确保每个城市都有一个标识。

代码清单 11.3　每个城市聚合成一条记录

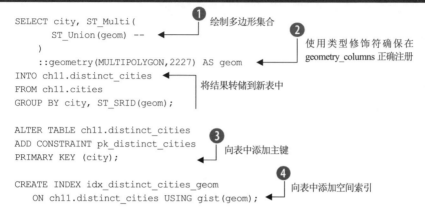

代码清单 11.3 中创建并填充了一个名为 ch11.distinct_cities❶ 的新表。使用 ST_Multi 函数以确保结果中的几何图形都是多边形集合而不是单个多边形。如果几何图形只有单独一个多边形，则 ST_Multi 函数会将它升级为只有一个多边形的多边形集合。然后使用 typmod 转换几何图形，以确保几何类型和空间参考系统在 geometry_columns 视图中正确注册❷。为了方便操作，还添加了一个主键❸和空间索引❹。

11.1.2　将点连为线串

过去 20 年间，GPS 设备的使用已经成为主流。GPS 撒马利亚人(Samartians)利用闲暇时间访问兴趣点(points of interest，POI)，获取 GPS 读数，并通过网络分享他们的冒险经历。常见的场所包括当地价格最低的酒馆、餐厅、钓鱼洞和加油站。Foursquare 和 Pokémon 之类的公司利用人们愿意被追踪的事实开发了很多这样的游戏 app，如 Foursquare Swarm 和 Pokémon GO。GPS 的另一种用途是追踪动物行踪，例如你家的猫。收集兴趣点原始位置后，常见后续任务是将它们连起来以形成一条完整路线。

下面的练习使用澳大利亚(Australian)跟踪点创建线串。这些点由 7 月寒冷的一天从下午到凌晨大约 10 h 内获得的 GPS 读数组成，我们并不知道这些读数代表什么。假设一个动物学家在一只袋鼠脖子上系了一个 GPS，并跟踪了它一晚上。读数大约每 10 s 出现一次，我们将读数划分成每 15 min 的间隔并为每个间隔创建单独的线串，而不是一次创建有两千多个点的线串。

ST_MakeLine 是一个空间聚合函数，它取一组点并生成一个线串。可以将 ORDER BY 子句添加到聚合函数中——当需要控制聚合发生的顺序时，这尤其有用。本例(代码清单 11.4)按照读数的输入时间排序。

代码清单 11.4　利用观测点创建线性路径

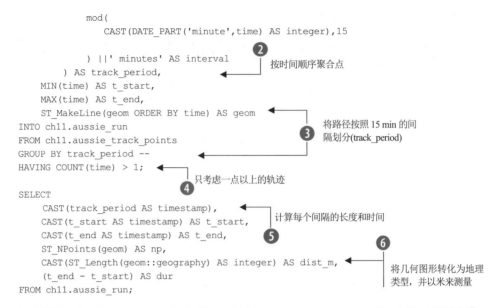

```
                mod(
                    CAST(DATE_PART('minute',time) AS integer),15
                                              ❷
                ) ||' minutes' AS interval              按时间顺序聚合点
            ) AS track_period,
        MIN(time) AS t_start,
        MAX(time) AS t_end,
        ST_MakeLine(geom ORDER BY time) AS geom
    INTO ch11.aussie_run                              ❸   将路径按照 15 min 的间
    FROM ch11.aussie_track_points                         隔划分(track_period)
    GROUP BY track_period --
    HAVING COUNT(time) > 1;
                              ❹   只考虑一点以上的轨迹

    SELECT
        CAST(track_period AS timestamp),             计算每个间隔的长度和时间
        CAST(t_start AS timestamp) AS t_start,
        CAST(t_end AS timestamp) AS t_end,        ❺
        ST_NPoints(geom) AS np,                               ❻
        CAST(ST_Length(geom::geography) AS integer) AS dist_m,
        (t_end - t_start) AS dur                              将几何图形转化为地理
    FROM ch11.aussie_run;                                    类型，并以米来测量
```

首先创建一个名为 track_period 的列，将 1 h 按过去 15 min、30 min、45 min 的一刻钟时段划分❶。将每个 GPS 点分配到时段中，然后通过 GROUP BY 子句创建每个时段的独立线串❸。并非所有时段都要有点，有些时段也许只有一个点。如果一个时段没有点，则不会成为输出结果的一部分。如果一个时段只有一个点，则将其删除❹。分配时会用到 DATE_PART 函数和模运算符。

使用 ST_MakeLine 函数为每个时段创建一个线串❷，因为想要线串遵从观测时序，所以向 ST_MakeLine 函数中添加一个 ORDER BY 子句。

SELECT 指令直接插入名为 aussie_run 的新表中，如果不是首次运行该代码，需要先将 aussie_run 表删除。

最后，查询 aussie_run 表，利用 ST_NPoints 函数查找每个线串中点的数量，将最后一点的时间与第一个点的时间相减以得到持续时间，并使用 ST_Length 函数计算 15 min 时段内首末两点间的距离❺。注意，将经纬度坐标中的几何图形转换为地理图形，并确保度量单位为米❻。

表 11.1 列出了代码清单 11.4 的部分输出结果。

表 11.1　查询 aussie_run 的输出结果

track_period	t_start	t_end	np	dist_m	dur
2009-07-18 04:30:00	2009-07-18 04:30:00	2009-07-18 04:44:59	33	2705	00:14:59
2009-07-18 04:45:00	2009-07-18 04:45:05	2009-07-18 04:55:20	87	1720	00:10:15
2009-07-18 05:00:00	2009-07-18 05:02:00	2009-07-18 05:14:59	100	1530	00:12:59
2009-07-18 15:00:00	2009-07-18 15:09:16	2009-07-18 15:14:57	45	1651	00:05:41

现在已知如何用点生成线串，接下来利用裁剪和拆分从较大几何图形中得到较小几何图形。

11.2　裁剪、拆分和嵌格

裁剪指利用一个几何图形对另一个几何图形进行相交剪切。第 9 章简要介绍了相交函数并演示了如何利用它们进行裁剪。本节将探索其他可用于裁剪和拆分的函数。

11.2.1　裁剪

顾名思义，裁剪(clipping)指移除几何图形中不想要的部分，只留下感兴趣的部分。想象一下从报纸上剪下来的优惠券，修剪某人的头发，或是日食中被月亮遮挡住的太阳。

差异(difference)和对称差分(symmetric difference)是与相交密切相关的操作。它们都返回除去交集后剩下的部分。ST_Difference 函数是一个非交换函数，而 ST_SymDifference，顾名思义，是交换函数。

差异函数返回两个几何图形除去交集后剩下的部分。给出几何图形 A 和 B，ST_Difference(A, B) 返回 A 中与 B 不共享的部分。而 ST_SymDifference(A, B)返回 A 与 B 不共享的部分。

下面是符号化表达式：

```
ST_SymDifference(A,B) = Union(A,B) - Intersection(A,B)
ST_Difference(A,B)=A- Intersection(A,B)
```

代码清单 11.5 显示了一个与第 9 章的相交练习相似的练习，区别在于此处得到的是线串与多边形的差异部分，而不是交集部分。

代码清单 11.5　裁剪后的多边形和线剩下了什么

❶ 多边形与线串的差异是一个多边形

```
SELECT
    ST_Intersects(g1.geom1,g1.geom2) AS they_intersect,
    GeometryType(
        ST_Difference(g1.geom1,g1.geom2) ) AS intersect_geom_type
FROM (
    SELECT ST_GeomFromText(
        'POLYGON((
            2 4.5,3 2.6,3 1.8,2 0,-1.5 2.2,
            0.056 3.222,-1.5 4.2,2 6.5,2 4.5
        ))'
    ) AS geom1,
    ST_GeomFromText('LINESTRING(-0.62 5.84,-0.8 0.59)') AS geom2
) AS g1;
```

❷ 线串和多边形的差异是一个线串集合

```
SELECT
    ST_Intersects(g1.geom1,g1.geom2) AS they_intersect,
    GeometryType(
        ST_Difference(g1.geom2,g1.geom1) ) AS intersect_geom_type
FROM (
    SELECT ST_GeomFromText(
        'POLYGON((
            2 4.5,3 2.6,3 1.8,2 0,-1.5 2.2,
            0.056 3.222,-1.5 4.2,2 6.5,2 4.5
```

```
        ))'
    ) AS geom1,
    ST_GeomFromText('LINESTRING(-0.62 5.84,-0.8 0.59)') AS geom2) AS g1;

SELECT
    ST_Intersects(g1.geom1,g1.geom2) AS they_intersect,
    GeometryType(
        ST_SymDifference(g1.geom1,g1.geom2)
    ) AS intersect_geom_type
FROM (
    SELECT ST_GeomFromText(
        'POLYGON((
            2 4.5,3 2.6,3 1.8,2 0,-1.5 2.2,
            0.056 3.222,-1.5 4.2,2 6.5,2 4.5
        ))'
    ) AS geom1,
    ST_GeomFromText('LINESTRING(-0.62 5.84,-0.8 0.59)') AS geom2) AS g1;
```

对称差分是一个几何图形集合 ❸

在代码清单 11.5 中，第一个 SELECT 指令返回了一个多边形(与开始时的多边形基本相同)❶。第二个 SELECT 指令返回了一个被多边形切过的三条线串组成的线串集合 ❷。第三个 SELECT 指令返回了一个由线串集合和一个多边形组成的几何图形集合 ❸。图 11.5 展示了代码清单 11.5 的结果。

图 11.5　差异操作的结果

当移除线串时，多边形的剩余部分仍然是原来的多边形，但并不能移除来自多边形的线串，因为它没有面积。

注意： 在以前版本的 PostGIS 中，所有集合处理操作运用的都是双精度数学，这经常会出现拓扑异常之类的问题。PostGIS 3.1 引入了一个额外参数 gridScale，它表示执行操作的精度。这个功能只在具有 GEOS 3.9+ 的 PostGIS 3.1 中可用。支持这个新功能的函数有 ST_Difference、ST_ReducePrecision、ST_SymDifference、ST_Subdivide、ST_Union 和 ST_UnaryUnion。

11.2.2　拆分

从代码清单 11.5 中可知，使用 ST_Difference 函数以线串拆分多边形的做法是行不通的。为此，

PostGIS 提供了另一个名为 ST_Split 的函数。ST_Split 函数只能用于单个的几何图形，并不能用于几何图形集合。用于切割的刀片必须比你正在切的图形低一个维度。

下面的代码演示了如何使用 ST_Split 函数：

```
SELECT gd.path[1] AS index, gd.geom AS geom    ◀        将 gd geometry_dump
FROM (                                                    分为路径和几何图形
    SELECT                        定义两个几何图形：         部分
        ST_GeomFromText(          geom1 和 geom2
            'POLYGON((            ❶
                2 4.5,3 2.6,3 1.8,2 0,-1.5 2.2,0.056
                3.222,-1.5 4.2,2 6.5,2 4.5
            ))'
        ) AS geom1,
        ST_GeomFromText('LINESTRING(-0.62 5.84,-0.8 0.59)') AS geom2
) AS g1,                                          ❷
    ST_Dump(ST_Split(g1.geom1, g1.geom2)) AS gd   ◀   在同一步中向 ST_Split 和
                                                       ST_Dump 添加 LATERAL 连接
```

ST_Split(A, B)函数总是返回一个包含被几何图形 B 切割后的几何图形 A 的所有部分的几何图形集合，即使结果是一个单独的几何图形，也是如此。上述代码定义了两个几何图形：geom1 和 geom2❶。利用 geom1 切割 geom2 并将个体几何图形结果转储为几何图形集合❷。

由于几何图形集合并不方便，通常会将 ST_Split 函数和 ST_Dump 函数结合起来使用，如上述代码所示；或者搭配使用 ST_CollectionExtract 函数，以尽可能将结果简化为单个几何图形。ST_Dump 函数返回一组复合类型的行，称为 geometry_dump。geometry_dump 包含一个整数数组(路径要素)，该要素定义了组件在其转储的几何图形集合中的位置。

上述代码的输出结果如图 11.6 所示。

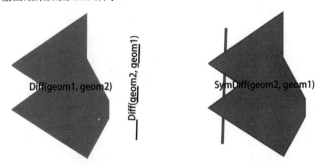

图 11.6　用线串切割多边形，然后将结果转储到单独的多边形中

11.2.3　嵌格

使用矩形、六边形和三角形等形状将多边形划分为多个区域的过程称为嵌格(tessellating)。为便于统计和分析，经常需要将研究区域划分为等面积或等密度的图块，本节将演示实现等面积图块划分的技术。

1. 创建网格并用网格切割表格几何图形

本例将纽约各行政区分成小矩形块。图 11.7 展示了预期结果，代码清单 11.6 展示了切割方法。

代码清单 11.6 使用一个在 PostGIS 3.1 版本中引入的方形网格函数 ST_SquareGrid。ST_SquareGrid 是一个集合返回函数，返回一个由三列(i、j、geom)组成的表。i 是网格上的行数，j 是网格上的列数。

代码清单 11.6 将纽约行政区划分为矩形图块

```
WITH bounds AS (
    SELECT ST_SetSRID(ST_Extent(geom), ST_SRID(geom)) AS geom        ◄──── 创建一个涵盖行政
        FROM ch11.boroughs                                                 区范围的边界框几
    GROUP BY ST_SRID(geom)                                                 何图形
),                                         创建一个方形网格；每个
    grid AS (SELECT g.i, g.j, g.geom  ◄─── 网格长/宽 10 000 英尺
        FROM bounds, ST_SquareGrid(10000,bounds.geom) AS g
        )
SELECT b.boroname, grid.i, grid.j,
    CASE WHEN ST_Covers(b.geom,grid.geom) THEN grid.geom          ❶
    ELSE ST_Intersection(b.geom, grid.geom) END AS geom    ◄──┤ 用网格剪切行政区
INTO ch11.boroughs_square_grid   ◄───────────────
FROM ch11.boroughs AS b                            创建一个新表来
    INNER JOIN grid ON ST_Intersects(b.geom, grid.geom);   存储数据

CREATE INDEX ix_boroughs_square_grid  ◄──────
    ON ch11.boroughs_square_grid
        USING gist(geom);                        索引这个新表
```

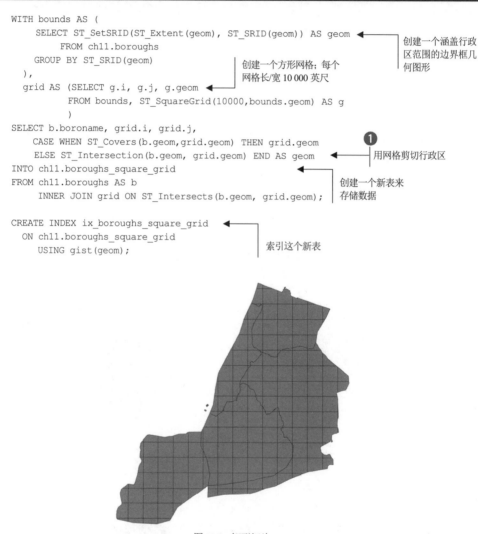

图 11.7 矩形切片

对于代码清单 11.6 所使用的网格，每个格的长/宽为 10 000 个单位，并且覆盖纽约所有行政区范围。因为这些行政区使用 NY State Plane Feet(SRID=2263)坐标系，所以测量单位为英尺。当用网格切割市区时，区边界的切片会呈现出各种形状和大小。若想要所有切片都同样大小，那是不现实

的。这种情况下你可能会停止切割，并按原样返回网格。注意，你使用的 CASE 语句的处理结果❶相当于 ST_Intersection 函数的效果，但由于 ST_Intersection 函数是一个集约操作，你可以只返回完全被行政区覆盖的网格，以节省大量处理周期。

代码清单 11.6 定义了一个完整覆盖感兴趣区域的边界，你可以在其中建立网格，然后用网格切割几何图形。ST_SquareGrid 函数在代码清单 11.6 中的一个不明显的特征是，给定任意的 SRID 和 size，存在一个特定的网格划分方法，该方法可以在所有空间中运用。对于任意给定的 SRID 和 size，特定的点存在于 i、j、geom 相同的切片中。这意味着即使没有先计算出兴趣点的范围，也可以在代码清单 11.7 中得出相同结果。

代码清单 11.7　将纽约各行政区切割为矩形图块

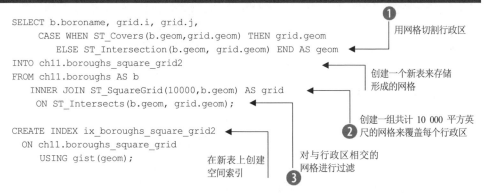

```
SELECT b.boroname, grid.i, grid.j,
    CASE WHEN ST_Covers(b.geom,grid.geom) THEN grid.geom
        ELSE ST_Intersection(b.geom, grid.geom) END AS geom
INTO ch11.boroughs_square_grid2
FROM ch11.boroughs AS b
    INNER JOIN ST_SquareGrid(10000,b.geom) AS grid
    ON ST_Intersects(b.geom, grid.geom);

CREATE INDEX ix_boroughs_square_grid2
    ON ch11.boroughs_square_grid
        USING gist(geom);
```

①　用网格切割行政区

创建一个新表来存储形成的网格

②　创建一组共计 10 000 平方英尺的网格来覆盖每个行政区

对与行政区相交的网格进行过滤

③　在新表上创建空间索引

如果这是一个经常使用的网格，最好在 bounds 外创建一个物理表(将其具体化)，并根据需要用它切割选定区域。然而，如果这是对特定区域的分组，或者说区域很大，你想将其分片进行，那么最好使用代码清单 11.7 中的模型。代码清单 11.7 中，ST_SquareGrid 函数在每个行政区边界框内形成一组共计 10 000 平方英尺的方形网格❷。因为 ST_SquareGrid 函数使用的是边界框，而许多边界框没有完全跟市区相交，所以它们可能会被过滤掉❸。与市区相交的网格要么被完全覆盖，要么被部分覆盖❶。如果一个网格被完全覆盖，则保留这个网格；如果它只是部分被覆盖，则只需要保留相交部分。尽管你可以不用 CASE 语句而只使用 ST_Intersection 函数，但 ST_Intersection 函数的开销要比 ST_Covers 函数检验大得多，而且针对方形网格被行政区完全覆盖的情况，二者会得到相同结果。

通常，六边形网格的中心点到相邻的六个六边形距离相等，因此它更适用于空间切割，而方形网格并非如此。世界上流行的网格划分系统是 Uber 创建的用于驾驶区域划分的 H3 系统。它使用六边形和一个 Dymaxion 投影划分地球。这种方法允许每个大六边形或多或少地包含小六边形。

PostGIS 3.1 引入了一个 ST_HexagonGrid 函数，与基于 Dymaxion 的 Uber H3 网格划分不同，它可以使用任何空间参考系统。与 ST_SquareGrid 函数类似，ST_HexagonGrid 函数是一个集合返回函数，返回一个由三列(i、j、geom)组成的表。与 ST_SquareGrid 类似，ST_HexagonGrid 函数被给定一个(srid, size)以形成网格空间。size 表示六边形各边的长度。

代码清单 11.8 类似于代码清单 11.6，但使用了六边形网格。

代码清单 11.8 将纽约市各行政区切割为六边形

```
SELECT grid.i, grid.j, grid.geom,
   COUNT(DISTINCT b.boroname)::integer AS num_boros
FROM ch11.boroughs AS b
   INNER JOIN ST_HexagonGrid(1000,b.geom) AS grid
     ON ST_Intersects(b.geom, grid.geom)
GROUP BY grid.geom, grid.i, grid.j;
```

返回网格和每个网格
中行政区计数

生成一组覆盖行政区
边界框的六边形

只考虑与行政区相交
的六边形

代码清单 11.8 的输出结果如图 11.8 所示。

图 11.8 六边形切片

代码清单 11.8 展示了网格划分的另一种办法，该方法用于计算每个聚类并将它们呈现为热图。本例计算与六边形相交的行政区数量，该数值并不是很有用。如果六边形的尺寸足够小，会得到一个沿行政区边界的狭小区域，对于大多数分析而言，这个区域是可以忽略的。这意味着你可以得到感兴趣区域的子区域汇总，并基于 i、j 列做简单统计。

2. 创建单独的线将区域二等分

当需要许多分片且不必注意分片大小时，嵌格运行速度很快，效果也很好。然而在大部分情况下，需要以较少的切割获得相等的面积。

要创建相等面积的切片，可采用的第一种策略是不断尝试直至找到切割方案。在代码清单 11.9 中，先对一个区域进行试切，然后衡量切割的面积。如果其面积比需要的大，则平移切线以获得较小的切片，一直这样做，直至找到面积相等的切法。

代码清单 11.9 对等分皇后区

```
WITH RECURSIVE
```

```
x (geom,env) AS (
    SELECT
        geom, ST_Envelope(geom) AS env, ST_Area(geom)/2 AS targ_area,
        1000 AS nit
    FROM ch11.boroughs
    WHERE boroname = 'Queens'
),
T (n,overlap) AS (
    VALUES (CAST(0 AS float), CAST(0 AS float))
    UNION ALL
    SELECT
        n+nit,
        ST_Area(ST_Intersection(geom,ST_Translate(env,n+nit,0)))
    FROM T CROSS JOIN x
    WHERE
        ST_Area(ST_Intersection(geom,ST_Translate(env,n+nit,0)))
        >
        x.targ_area
),
bi(n) AS (SELECT n FROM T ORDER BY n DESC LIMIT 1)
SELECT
    bi.n,
    ST_Difference(geom,ST_Translate(x.env, n,0)) AS geom_part1,
    ST_Intersection(geom,ST_Translate(x.env, n,0)) AS geom_part2
FROM bi CROSS JOIN x;
```

此查询中使用了递归 CTE 进行迭代。这也很好地验证了 PostgreSQL 的强大功能——为了清晰和方便，建议创建一个执行切割的函数，以便根据切割需要随时调用该函数。

图 11.9 显示了代码清单 11.9 的输出结果，它演示了将区域垂直切割为两个相等部分(东半部分和西半部分)的基本操作。当然，也可通过反复切割来创建更多的切片。如果要切成四部分，则需要进行两次切割。对于 2 的倍数的切片，可以在另一图层使用递归进一步平分结果区域，直至得到所需的切片数。还可将水平切割与垂直切割结合起来，穿过 Y 轴进行迭代，从而将一个区域四等分。

图 11.9　将皇后区一分为二

3. 通过切割创建近似相等的区域

下个不同方法将使用一种结合了许多函数的技术。Darafei Praliaskouski 的分片技术和 Paul Ramsey 在他的博客("PostGIS Polygon Splitting")与 YouTube 视频("PostGIS Introduction Presented by

Paul Ramsey at STL PostGIS Day 2019"）上的示范都值得称赞。

基本步骤如下：

(1) 使用 ST_GeneratePoints 函数以点填充几何图形——得到一个点集合。

(2) 使用 KMeans 将这些点存储到 n 个聚类中。

(3) 按照聚类将点聚合到一起，然后找到这些聚类的形心。

(4) 使用 ST_VoronoiPolygons 函数根据形心点进行空间切割(这将产生超出原始区域的多边形)。

(5) 使用 ST_Intersection 函数裁剪已用过 ST_VoronoiPolygons 的原几何图形。

(6) 使用 ST_Dump 函数转储需要的输出结果。

上述步骤的代码封装在 utility.upgis_shardgeometry 函数中，该函数存在于 code11.sql 文件中，稍后即将讨论。该函数安装完后，将以几何图形和聚类数量作为输入对象，并将几何图形切割为 n 个近似相等的部分。

你可以按如下方式调用该函数：

```
SELECT bucket, geom, ST_Area(geom) AS the_area
FROM utility.upgis_shardgeometry(
    (SELECT geom FROM ch11.boroughs WHERE boroname = 'Queens'),
    4
) AS x;
```

该示例将皇后区分成 4 个部分，如图 11.10 所示。遗憾的是，由于皇后区的尾部区域，输出的并不是完全均匀的 4 个区域。最终得到的是三个面积大致相等的部分外加一个奇怪的部分。

图 11.10　将皇后区进行四等分

可通过检查区域来验证完成的工作，如表 11.2 所示。由于 ST_GeneratePoints 函数产生的点是任意的，具体结果可能会不同。

表 11.2　皇后区各部分的面积

区域	面积
1	1 120 860 801
2	400 499 161
3	1 143 672 393
4	1 193 241 882

下面查看代码清单 11.10 中的函数，看看它是如何构造的。

代码清单 11.10　upgis_shardgeometry 将几何图形切割成大致相等的区域

```sql
CREATE OR REPLACE FUNCTION utility.upgis_shardgeometry(
    ageom geometry,
    numsections integer)
    RETURNS TABLE(bucket bigint, geom geometry)
    LANGUAGE 'sql'

    COST 1000
    IMMUTABLE STRICT PARALLEL SAFE          将近邻点聚为数组
    ROWS 1000
AS $$
WITH r AS (SELECT gd.geom,
        ST_ClusterKMeans(gd.geom,numsections) OVER() AS rn --
FROM
        ST_Dump(                             生成填充几何图形区域的
            ST_GeneratePoints(ageom, numsections*1000 )   numsections*1000 个点的点
                    ) AS gd                  集合
            )
, c AS (SELECT ST_Centroid(ST_Collect(r.geom)) AS geom, r.rn
FROM r                                        找到每组点的形心
GROUP BY r.rn)
, v AS (SELECT (
        ST_Dump(ST_VoronoiPolygons(ST_Collect(c.geom)))
            ).geom                            创建 Voronoi 多边形，使每个
FROM c)                                       点成为每个多边形的中心
SELECT (ROW_NUMBER() OVER())::integer,
    ST_Intersection(v.geom, ageom )
FROM v;                                       利用 Voronoi 多边形对原几何
$$;                                           图形进行裁剪
```

将点集合转储为一组独立的点

上述代码中，numsections*1000 是点的数目。点的数目是任意的，但我们希望它们能充分覆盖感兴趣的几何图形。

4. 使用 ST_Subdivide 切割几何图形

将几何图形切割成更小片的普遍目的是提升性能。类似于相交和交叉这样的操作在拥有更少的

点、更小图块的几何图形上会快得多。如果你有这样的需求,最快的分片函数便是 ST_Subdivide 函数。ST_Subdivide 是一个集合返回函数,它以几何图形 geom、整数 max_vertices 和可选的 gridSize(在 PostGIS 3.1+版本中)作为输入对象。ST_Subdivide 函数返回一组几何图形,其中没有哪个几何图形的顶点数超出了 max_vertices。它可以用来处理面、线、点形式的几何图形。

代码清单 11.11 是切割皇后区的示例,没有哪个多边形的顶点数超出了输入几何图形顶点总数的四分之一。

代码清单 11.11 通过切割使每个多边形的顶点数不超过输入顶点总数的四分之一

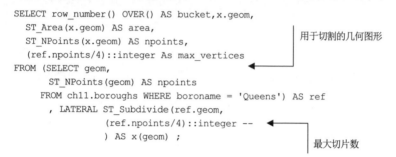

```
SELECT row_number() OVER() AS bucket,x.geom,
  ST_Area(x.geom) AS area,
  ST_NPoints(x.geom) AS npoints,
  (ref.npoints/4)::integer As max_vertices      用于切割的几何图形
FROM (SELECT geom,
      ST_NPoints(geom) AS npoints
    FROM ch11.boroughs WHERE boroname = 'Queens') AS ref
  , LATERAL ST_Subdivide(ref.geom,
            (ref.npoints/4)::integer --
            ) AS x(geom) ;                      最大切片数
```

结果如表 11.3 所示。在代码清单 11.11 中,输入多边形的顶点总数为 956,将其除以 4,得到的结果为 239,这就是 max_vertices 的输入值。注意,在表 11.3 中,没有哪个切片的顶点数超过 239 个。

表 11.3 分块 npoints 的输出最多为 239

聚类	面积	npoints	max_vertices
1	326 683 238	26	239
2	542 270 728	73	239
3	206 152 641	166	239
4	289 936 900	88	239
5	509 849 533	161	239
6	3 848 026	4	239
7	219 535 088	172	239
8	390 074 770	104	239
9	1 373 386 538	197	239

代码清单 11.11 的空间结果如图 11.11 所示。

ST_Subdivide 函数经常与 ST_Segmentize 函数搭配使用。ST_Segmentize 函数用于均匀切割,这样在 ST_Subdivide 进行切割时,各个区域会更趋于均等。

图 11.11　再细分后的皇后区

代码清单 11.11 中调用的 ST_Subdivide 函数使用了附录 C 中的 LATERAL 连接，对于集合返回函数，LATERAL 关键字是可选的，所以你会发现人们在使用 ST_SquareGrid 和 ST_Dump 这类函数时即使使用了 LATERAL 连接，也经常忽略关键字 LATERAL。有些人认为这是多余的，有些人则喜欢加上它以便区分是在进行 LATERAL 连接还是常规的集合返回函数调用操作。

11.3　将线串分段

本节将列举几个拆分线串的示例。将线串拆分成小段的几个原因如下：

- 为了更好地使用空间索引——较小的线串具有较小的边界框。
- 防止线串超过一个单位度量。
- 作为拓扑和路由的一个步骤，确定共享边。
- 获取线串的方向性，与 ST_Azimuth 函数联用以求方位角。

11.3.1　拆分线串

如果有顶点相距很远的长线串，可用 ST_Segmentize 函数为其注入中间点。ST_Segmentize 函数在线串上添加点，确保线串中的各个线段不会超过给定长度。ST_Segmentize 函数适用于 geometry 和 geography 类型。

对于 ST_Segmentize 函数的几何版本，指定的最大测量长度为空间参考系统的单位长度。地理数据总是以米为单位。

下列查询将一个 4 交点的线串分为 10 000 m 的线段：

```
SELECT
    ST_NPoints(geog::geometry) AS np_before,
    ST_NPoints(ST_Segmentize(geog,10000)::geometry) AS np_after
FROM ST_GeogFromText(
    'LINESTRING(-117.16 32.72,-71.06 42.35,3.3974 6.449,120.96 23.70)'
) AS geog;
```

代码从一个 4 点线串开始。分段后，最终得到一个包含 3585 个点的线串，其中任意两个相邻点之间的距离不超过 10 000 m。将一个地理对象转换为几何图形并对其使用 ST_NPoints 函数——因为对于地理而言，ST_NPoints 函数并不存在。

如前所述，ST_Subdivide 函数经常与 ST_Segmentize 函数联用。这是因为 ST_Subdivide 函数在顶点处执行切断操作，所以如果你想将线串拆分成单独的线段，可以使用 ST_Subdivide 函数，但首先需要将其转换为 geometry，再转换回 geography，如下所示：

```
SELECT
    sd.geom::geography,
    ST_NPoints(sd.geom) AS np_after
FROM ST_GeogFromText(
    'LINESTRING(-117.16 32.72,-71.06 42.35,3.3974 6.449,120.96 23.70)'
) AS geog,
  LATERAL ST_Subdivide( ST_Segmentize(geog,10000)::geometry,
                        3585/8) AS sd(geom);
```

11.3.2 用多点线串创建两点线串

一个常见任务是将一个具有各种点的线串或线串集合拆分为具有两个点的更小线串。下列代码获取 GPS 追踪的线串集合，并将它们转换为两点线串。

你将看到几种不同方法。你可能会想："嘿，为什么我不能只使用 ST_Subdivide(geom, 2)呢？"可惜的是你的确不能。ST_Subdivide 函数不允许生成 5 个以下的顶点。

这使我们转向其他策略，例如运用 generate_series 或者窗口函数。这两种方法下面都将演示。同时，请自行思考你认为可行的其他方法。在我们的测试中，这两种方法的运行速度大致相同，但速度有可能会随着点数的增加而不同。

ST_MakeLine 函数的非聚合版本用于在此两种方法中构造两点线串。ST_Dump 函数用于将线串集合拆分为单个线串。因为它是集合返回函数，所以会为线串集合中的每个线串返回单独一行。ST_Dump 函数返回一组包括两个部分(geom 和 path[ ])的 geometry_dump 对象，这是一个指示了复合几何图形嵌套级别和顺序的数组。例如，{3, 2}意味着提取的几何图形嵌套在第三个集合的第二个几何图形中。ST_Dump 函数始终追踪到个体几何图形层面——集合永远不会成为它的输出结果。在线串集合的情况下，数组中只有一个元素：线串集合中线串的位置。

代码清单 11.12 使用 LATERAL/generate_series 的方法。

代码清单 11.12　利用 generate_series 从线串集合中生成两点线串

```
SELECT ogc_fid, n AS pt_id,(sl.g).path[1] AS nline,
    ST_MakeLine(
        ST_PointN((sl.g).geom,n),
        ST_PointN((sl.g).geom,n + 1)                    绘制一个两点线段
```

```
    ) AS geom
FROM
    (SELECT ogc_fid, ST_Dump(geom) AS g
     FROM ch11.aussie_tracks) AS sl        ← 将线串集合分解
    CROSS JOIN LATERAL                        为线串
    generate_series(1,ST_NPoints((sl.g).geom) - 1) AS n  ←
ORDER by ogc_fid, nline, pt_id;
                                           ← 迭代这些点
```

通过使用 LATERAL 和 generate_series，可以绕过迭代和过滤的过程，从而迭代到比每个线串点计数少 1 的结果。它始终迭代到 ST_NPoints(geom) – 1 的结果，因为每个线串最终的 $n+1$ 所对应的是最后一个点。

使用 ST_DumpPoints 函数和 lag 或 lead 窗口函数，可得到相同的结果，如代码清单 11.13 所示。

代码清单 11.13　利用 ST_DumpPoints 从线串集合中生成两点线串

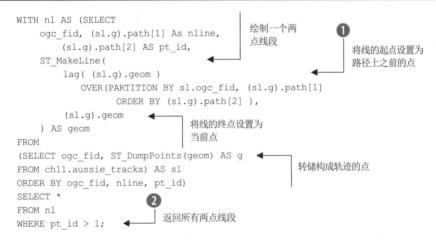

```
WITH nl AS (SELECT                        绘制一个两
    ogc_fid, (sl.g).path[1] As nline,     点线段        ❶
        (sl.g).path[2] AS pt_id,                    将线的起点设置为
    ST_MakeLine(                                     路径上之前的点
        lag( (sl.g).geom )
            OVER(PARTITION BY sl.ogc_fid, (sl.g).path[1]
                ORDER BY (sl.g).path[2] ),
        (sl.g).geom                    将线的终点设置为
    ) AS geom                          当前点
FROM
(SELECT ogc_fid, ST_DumpPoints(geom) AS g
FROM ch11.aussie_tracks) AS sl              转储构成轨迹的点
ORDER BY ogc_fid, nline, pt_id)
SELECT *                    ❷
FROM nl
WHERE pt_id > 1;            返回所有两点线段
```

ST_DumpPoints 函数用于将任意的线串集合或线串转化为单独的点。ST_DumpPoints 函数与 ST_Dump 函数非常相似，它同样返回一组包含两部分(geom 和 path[ ])的 geometry_dump 对象，它是一个指示了复合几何图形嵌套级别和顺序的一维数组。ST_DumpPoints 函数的输出结果始终是单独的点(且只包含点)。在线串集合的情况下，数组部分包含两个内容：线串在线串集合中的位置和点在线串中的位置。当绘制线时，确保两个点属于同一条线且相邻。因此，需要先按记录，再按线串 PARTITION BY sl.ogc_fid, (sl.g).path[1]进行划分❶。两点线段的个数始终是 1~总点数。代码清单 11.13 中排除了每个线串的第一个点❷，因为第一个点是线串中第二个点的 lag 值。

11.3.3　在点连接处切断线串

如果要为公交车创建路线系统，需要确保公交车站在道路网络中表示为节点，这样每个公交车站都是道路线串的起点或终点。可将车站存储为点表，将路线存储为线串表，然后需要在公交车与点交汇处拆开线串。虽然这个练习很好地运用了线性参考函数，但人们不会将其视为线性参考活动。

最简单的情况是两点线串。当途中有一个点轻微偏向一边时，必须将线串重新拆分为两个，使其成为包含两个两点线串的线串集合。

基本步骤如下：

(1) 找出与道路的距离在指定容差范围内的公交车站。

(2) 如果一个公交车站离街道足够近，则利用 ST_LineLocatePoint 函数找出道路上离公交车站最近的点。

(3) ST_LineLocatePoint 函数返回一个介于 0 到 1 之间的数，代表最近点的位置在线串上的比例。例如，0.25 意味着如果一条线为 1 km 长，那么最近的一个公交车站位于 250 m 标记处。我们称之为标记(marker)。

(4) 确定标记后，利用 ST_LineSubString 函数将线串一分为二。例如，如果有一个公交站在 0.25 标记处，那么有一个 0~0.25 和一个 0.25~1 的子线串。

(5) 最后，利用 ST_SetPoint 函数确保每个道路线串的起点是另一条的终点。这么做是因为浮点精度问题可能会导致少数线串终点与交界处的下一个线串的起点不匹配。

由于很多用户要求解决这一问题，所以我们在 PL/pgSQL 中创建了一个通用函数：传入一个线串和一个点(或线串集合和点集合)，然后在离这一系列点最近的点处切断以形成一个新的线串或线串集合。我们的函数还允许你指定一个容差，线串上任何超出容差的点会被删除。代码清单 11.14 展现了我们的杰作。

代码清单 11.14　在最近的点连接处切割线串和线串集合的函数

```
CREATE OR REPLACE FUNCTION ch11.upgis_cutlineatpoints(
    param_mlgeom geometry,
    param_mpgeom geometry,
    param_tol double precision
)
RETURNS geometry AS
$$
DECLARE
    var_resultgeom geometry;
    var_sline geometry;
    var_eline geometry;
    var_perc_line double precision;
    var_refgeom geometry;
    var_pset geometry[] :=
        ARRAY(SELECT geom FROM ST_Dump(param_mpgeom));
    var_lset geometry[] :=
            ARRAY(SELECT geom FROM ST_Dump(param_mlgeom));
BEGIN

FOR i in 1 .. array_upper(var_pset,1) LOOP
    FOR j in 1 .. array_upper(var_lset,1) LOOP
        IF
            ST_DWithin(var_lset[j],var_pset[i],param_tol) AND
            NOT ST_Intersects(ST_Boundary(var_lset[j]),var_pset[i])
        THEN
            IF ST_NumGeometries(ST_Multi(var_lset[j])) = 1 THEN
                var_perc_line :=
                ST_LineLocatePoint(var_lset[j],var_pset[i]);
                IF var_perc_line BETWEEN 0.0001 and 0.9999 THEN
```

❶ 将点集合转换为点的数组

❷ 循环经过每个点

❸ 循环经过每一条线

❹ 如果点在线的容差范围内，则进行一次切断

```
                    var_sline :=
                        ST_LineSubstring(var_lset[j],0,var_perc_line);
                    var_eline :=
                        ST_LineSubstring(var_lset[j],var_perc_line,1);
                    var_eline :=
                        ST_SetPoint(var_eline,0,ST_EndPoint(var_sline));
                    var_lset[j] := ST_Collect(var_sline,var_eline);        ❺
                END IF;
        ELSE
            var_lset[j] :=
                upgis_cutlineatpoints(var_lset[j],var_pset[i]);
            END IF;
        END IF;
    END LOOP;
END LOOP;

RETURN ST_Union(var_lset);

END;
$$
LANGUAGE 'plpgsql' IMMUTABLE STRICT PARALLEL SAFE;
```

如果是线串集合，则递归重复整个过程

　　我们使用的模板将几何图形集合拆分为单个几何图形块，然后为了方便处理，将其转化为几何图形数组❶。这会把线串集合或线串转化为一个线串的数组，并将点集合转化为众多点的数组。

　　接下来查阅每个点❷和每条线❸。对于每条与选择的点相交但并不在边界(端点处)的线，运用 ST_LineSubstring、ST_LineLocatePoint 和 ST_SetPoint 函数执行前面列示的步骤❹。注意，如果一条线被切断多次(线串集合被切成两段以上)，则使用递归重复整个过程❺，这样在任何时间点我们总是处理单个的线串和单个的点。

　　现在进行一个简单的测试以验证函数起到的作用。将道路切割成离你需求点 100 英尺范围内的两条线，再次使用 ST_Dump 函数将线串集合变为单个线串：

```
SELECT
    gid, S.geom AS orig_geom,
    (ST_Dump(
        ch11.upgis_cutlineatpoints(S.geom, X.the_pt, 100 )
        )
    ).geom AS changed_geom
FROM
    ch11.stclines_streets AS S
    CROSS JOIN
    (SELECT ST_SetSRID(ST_Point(6011200,2113500),2227) AS the_pt) AS X
WHERE ST_DWithin(s.geom,X.the_pt,100);
```

　　查询返回被切割的街道 ID 和作为独立行的单个线段。它还包含原始线串以供比较。可视化图像如图 11.12 所示。

使用 ST_Split 和 ST_Snap 函数

　　理论上，可以使用 ST_Split 和 ST_Snap 函数代替代码清单 11.14 中的自定义函数。然而在实践中这只适用于有限情况，即所有的点都很完美的情况。如果几何图形占据了所有有效数字，ST_Snap 函数最终只会很接近正确结果，线串不会很好地与点切合。

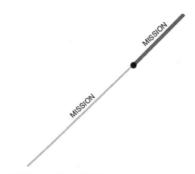

图 11.12　在距离道路 100 英尺的范围内,将 Mission 街道切割成两个使用点

11.4　平移、缩放、旋转几何图形

你还记得在第一堂线性代数课上学到了什么吗?平移、缩放和旋转构成平面上的仿射变换。为了实现这三个操作,PostGIS 包含以下内置函数:ST_Translate、ST_Scale 和 ST_Rotate。这三个函数都归于伞形函数 ST_Affine 之下,可以让你明确得到转换矩阵。因为很少直接使用它,所以我们不会详细讨论 ST_Affine 函数。

尽管你会认为地图上的形状大多是不会经常换位的静态对象,但这些函数却经常被用到。我们目前遇到了以下常见用法,并确信会有更多创造性用法:

- 使用颜色变化生成热图。
- 模拟道路上的运动。
- 模拟位置变化。
- 在给定移动数据时校正几何图形坐标。
- 创建平行道路线或边,并将线转化为多边形。
- 通过旋转轴来补偿 GEOS 函数中对 Z 轴支持的不足,从而切换比较平面。

下面进一步探讨这三个函数。

11.4.1　平移

ST_Translate 函数的一个常见用例是通过使用一个几何图形在一个区域内上下绘制来创建网格。由于前面讨论的 ST_SquareGrid 函数和 ST_HexagonGrid 函数的存在,这个特殊用法不再是必需的。如果想把几何图形分成三角形,可以使用 SFCGAL 的 ST_Tesselate 函数(尽管这不会产生均匀大小的三角形)。但是如果想用其他空间填充图形来绘制某一区域,则可能需要用到 ST_Translate 函数。

ST_Translate 函数的另一个用例是将中心线向右或向左平移。这与地理编码密切相关,因为试图确定地址在街道的哪一边。不过,新的 ST_OffsetCurve 函数用更少的代码达到了同一目的。

11.4.2 缩放

缩放函数有四种重载:

- ST_Scale(geometry, xfactor, yfactor)——针对二维目标。
- ST_Scale(geometry, xfactor, yfactor, zfactor)——针对三维目标。
- ST_Scale(geometry, factor)——针对任何几何图形维度,但会基于指定为点的因子缩放坐标。
- ST_Scale(geom, factor, geometry origin)——PostGIS 2.5 中引入的最新补充,缩放数量相同但是围绕一个指定的点。

缩放是指取一个坐标并将其乘以因子参数,如果传入一个介于-1 到 1 之间的因子,则几何图形缩小。如果传入负数因子,那么除了缩放,几何图形还会翻转。代码清单 11.15 显示了一个缩放六边形的案例。

代码清单 11.15 将一个六边形缩放为不同大小

```
SELECT
    xfactor, yfactor, zfactor,                          要使用的缩放因子        在 X 轴和 Y 轴方
    ST_Scale(hex.geom, xfactor, yfactor) AS scaled_geometry,   向上缩放
    ST_Scale(hex.geom, ST_MakePoint(xfactor,yfactor, zfactor) ) AS scaled_usi
      ng_pfactor            以 PointZ 作为因
FROM                        子进行缩放
    (                                                                 ❶
        SELECT ST_GeomFromText(                                    原始六边形
            'POLYGON((0 0,64 64,64 128,0 192, -64 128,-64 64,0 0))'
        ) AS geom
    ) AS hex
    CROSS JOIN
    (SELECT x*0.5 AS xfactor FROM generate_series(1,4) AS x) AS xf    ❷
    CROSS JOIN                                                     生成 X、Y、Z 轴
    (SELECT y*0.5 AS yfactor FROM generate_series(1,4) AS y) AS yf   上以 0.5 刻度递
    CROSS JOIN                                                     增的缩放因子
    (SELECT z*0.5 AS zfactor FROM generate_series(0,1) AS z) AS zf;
```

代码清单 11.15 将一个六边形❶在 X 轴和 Y 轴方向上收缩、扩展,通过使用一个交叉连接在 X 轴和 Y 轴分别生成 0~2 的数字(每一步递增 0.5❷),使其大小从原来的一半逐渐变化为原来的两倍。结果如图 11.13 所示。

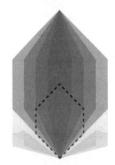

图 11.13 虚线轮廓是原始六边形

从图 11.13 中可以看出，缩放操作使坐标倍增。由于六边形的起点为原点，缩放得到的所有几何图形的基点仍是原点。

在缩放时我们通常希望形心保持不变，如代码清单 11.16 所示，PostGIS 2.5 中引入的 ST_Scale 函数的变体可将原点作为输入对象。对于之前版本的 PostGIS，需要用到 ST_Scale 函数和 ST_Translate 函数。

代码清单 11.16　围绕形心进行缩放

```
SELECT xfactor, yfactor,
       ST_Scale(hex.geom, ST_MakePoint(xfactor, yfactor),
    ST_Centroid(hex.geom) ) AS scaled_geometry
FROM
    (
        SELECT ST_GeomFromText(
            'POLYGON((0 0,64 64,64 128,0 192,-64 128, -64 64,0 0))'
        ) AS geom
    ) AS hex
    CROSS JOIN
    (SELECT x*0.5 AS xfactor FROM generate_series(1,4) AS x) AS xf
    CROSS JOIN
    (SELECT y*0.5 AS yfactor FROM generate_series(1,4) AS y) AS yf;
```

我们将六边形围绕形心在 X 轴和 Y 轴方向上扩展，使其大小从原来的一半变为原来的两倍，但形心保持不变。见图 11.14。

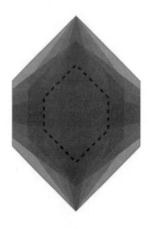

图 11.14　围绕形心进行缩放

11.4.3　旋转

ST_RotateX、ST_RotateY、ST_RotateZ 和 ST_Rotate 函数以弧度为单位，围绕 X、Y 或 Z 轴旋转几何图形。因为默认的旋转轴是 Z，所以 ST_Rotate 和 ST_RotateZ 函数是相同的。这些函数很少单独使用，因为它们的默认行为是围绕作为原点的 $(0, 0)$ 点(而不是形心)旋转几何图形。可以传入一个名为 pointOrigin 的可选参数，如下列代码所示。当 pointOrigin 参数被指定时，旋转便围绕这个点进行。在 PostGIS 2 引入 pointOrigin 参数之前，用户必须通过平移和旋转几何图形来补偿没有原点的缺陷，从而实现围绕指定点的旋转。现在很少使用没有 pointOrigin 参数的 ST_Rotate 函数。

代码清单 11.15 以 45° 增量围绕形心旋转六边形。形心是 pointOrigin 参数：

```
SELECT
    rotrad/pi()*180 AS deg,
    ST_Rotate(hex.geom,rotrad,
    ST_Centroid(hex.geom)) AS rotated_geometry
FROM
    (
        SELECT ST_GeomFromText(
            'POLYGON((0 0,64 64,64 128,0 192,-64 128,-64 64,0 0))'
        ) AS geom
    ) AS hex
CROSS JOIN
    (
        SELECT 2*pi()*x*45.0/360 AS rotrad
            FROM generate_series(0,6) AS x
    ) AS xf;
```

图 11.15 展示了 45° 旋转。

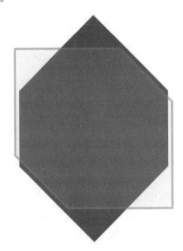

图 11.15　围绕其形心以 45° 增量将六边形从 0° 旋转到270°。图中显示了原始图和前 45° 的旋转

11.5　利用几何函数操作和创建地理数据

几何函数远多于地理函数。但是可将地理数据转化为几何图形，再将其转化回去，从而应用众多几何函数。从设计上来看，PostGIS 并不能隐式地将地理数据转化为几何图形。需要使用 cast 运算符::或普通写法 CAST(geog As geometry)。在将地理类型转换为几何图形时，生成几何图形的 SRID 必须是 4326 lon/lat。当将几何图形转换回地理类型时，你的几何图形必须在 SRID 4326 或在未知的 SRID 0 中，并且坐标必须在其经纬度范围内。如果几何数据在另一个空间参考系统中，则必须在

转换前切换到 SRID 4326。

本节将介绍一些常用但不适用于地理类型的几何函数，以及当几何函数不存在时的一些替代方法。我们将函数归为两类：cast-safe 和 transformation-recommended。

11.5.1 cast-safe 函数

在没有空间参考系统的 geography 环境中，可以安全地使用任何 geometry 函数。将几何图形分解为子元素的函数或构造函数等都符合要求。对于不执行测量的函数，如果用于小型区域，通常可以不进行转换。

以下是属于上述类型的一些常用函数：

- ST_Collect——这是一个将个体的几何图形汇总为集合的聚合函数。与 ST_Union 不同，ST_Collect 函数不会消除边界，这很容易生成无效多边形。将此函数运用于 geography，如下所示：

```
SELECT somefield, ST_Collect(geog::geometry)::geography AS geog
FROM sometable
GROUP BY somefield;
```

- ST_Dump、ST_DumpPoints、ST_DumpRings——这些都是只关注顶点的集合返回函数。因此，可以将它们用于地理数据：

```
SELECT sometable.somefield, gd.geom::geography AS geog
FROM sometable, ( ST_Dump(sometable.geog::geometry) ) AS gd
```

- ST_Point(x, y)、ST_MakePoint(x, y, z)——这些函数返回一个点。在 geography 中，还有如 ST_Point(lon, lat)::geography 这样的使用经纬度的函数。
- ST_MakeEnvelope(minx, miny, maxx, maxy, srid)——该函数利用坐标创建一个矩形多边形几何图形。为了形成地理类型，使用 SRID 4326 的坐标系并将其转换为 geography，如下：

```
ST_MakeEnvelope (minlon,minlat,maxlon,maxlat,4326)::geography
```

- ST_Transform(geom, srid)——geography 必须在经纬度坐标中，但一旦转换为几何图形，就可以脱离限制。使用以下语句：ST_Transform(geog::geometry, srid)。为你的特定数据集选择一个 SRID，最大限度地减少将大地坐标系转换为笛卡儿坐标系时产生的偏差。

11.5.2 transformation-recommended 函数

许多几何函数依赖一个测度不变的平面空间参考系统。要将其用于 geography 数据类型，首先要将 geography 转换为 geometry，然后选择适用于所选区域的测度不变平面空间参考系统。ST_Simply 函数最适合在测度不变平面空间参考系统下使用。注意，对于球坐标能在多大程度上拟合笛卡儿坐标，始终有一个限度。如果地理数据范围跨整个地球，那么在使用几何函数前应将它们拆分开。

转换往往会引入一些干扰数字，可以利用 ST_SnapToGrid 函数消除那些干扰性的额外数字。若准备好转换回 geography，可以应用 ST_SnapToGrid (processed_geom, 0.0001)::geography。

当使用执行转换的几何函数时，如 ST_Transform(ST_SomeGeomFunc(ST_Transform(geog, some_srid)), 4326)::geography，多个函数嵌套的语句可能会变得难以处理。因此，建议针对常用操作建立一个封装函数。代码清单 11.17 显示了一个封装函数，它将第 6 章中介绍的 ST_SimplifyPreserveTopology 几何函数用于地理数据。

代码清单 11.17　创建 ST_SimplifyPreserveTopology 地理封装函数

```
CREATE OR REPLACE FUNCTION
    utility.ugeog_SimplifyPreserveTopology(geography, double precision)
RETURNS geography AS
$$
SELECT
    geography(                                                    ❶
        ST_Transform(                                          转换成适用的
            ST_SimplifyPreserveTopology(                      平面 SRID
                ST_Transform(geometry($1),_ST_BestSRID($1,$1)), --◄──
                $2
            ),
        4326)
    )                                    ❷
$$                                    标记为并行安全(要求
LANGUAGE sql IMMUTABLE STRICT PARALLEL SAFE ◄── PostgreSQL 9.6+)
COST 300;
```

在这里，使用一个名为_ST_BestSRID 的 PostGIS 准私有函数在给定地理数据输入❶下确定一个平面 SRID，_ST_BestSRID 返回一个在 spatial_ref_sys 表中无法找到的内部 SRID。因此，除非需要中间转换，否则不会用到它。函数名以下画线为开头，表示这是一个私有函数。有时需要利用如_ST_BestSRID 的 PostGIS 私有函数来创建自定义函数。如果使用的是 PostgreSQL 9.6+❷，可将函数标记为并行安全。如果没有并行安全标记，任何使用自定义函数的查询都无法并行化。

代码清单 11.17 中封装的 ST_SimplifyPreserveTopology 以及它的配套函数 ST_Simplify 通过删除指定容差内的顶点来减少用于定义几何图形的点数。它们是向地图应用程序提供轻量级几何图形的重要函数。因为这些函数通常用于呈现几何图形，所以在没有转换的情况下不应使用它们。我们不知道简化对大地坐标有何影响，但不简化的图形看起来不会很吸引人。

对地理有用的另一个函数是 ST_Union(geom)，这是一个聚合函数，它将一组几何图形聚合起来并消除边界。该函数依赖于仅存在于几何图形中的相交矩阵，如果涉及的是小片区域，则可以直接在 SRID 4326 中使用 ST_Union 函数；如果涉及的是大范围区域，最好在合并前转换至平面测度不变的 SRID。

11.6　本章小结

- PostGIS 包含许多用于拆分、剪切、切片和提取几何图形中子集的几何函数。这些函数通常用于提高空间查询性能或用于地图标注及渲染。

- PostGIS 包含将几何图形聚合成更大几何图形的函数。如果需要生成比所提供的区域更大的区域的报告，如相对于社区的城市报告，这些函数会很有用。
- PostGIS 包含旋转和平移几何图形的函数，这些函数通常用于创建特定的切片或模拟移动。
- 几何函数比地理函数多得多，但可将 geography 转换为 geometry，从而使用几何函数。
- 可将 PostGIS 函数封装到你的任务中，以简化你的常用用例。

第 *12* 章

栅 格 处 理

本章内容:
- 加载栅格数据
- 空间聚合栅格函数
- 访问像素值和分离波段
- 重塑栅格
- 利用几何图形对栅格进行裁剪
- 栅格统计函数
- 地图代数函数

PostGIS 最强大的一个方面是它能够同时运用几何图形和栅格。本章重点介绍栅格聚合函数、操作栅格到像素级层面的函数以及派生额外栅格和几何图形的函数。你还将了解用于探索像素值分布的内置汇总统计函数，并学习如何使用几何图形分离感兴趣的像素值。

本章中的许多示例使用了来自 WorldClim 的气候数据。我们下载了涵盖 1970—2000 年关于海拔、降水和平均温度的栅格月度数据，按照 10 min 的单位间隔划分，并将其打包为.tif 文件(海拔高度以米为单位，降水量以毫米为单位，温度以摄氏度为单位)。我们还偶尔去夏威夷考艾(Kauai)岛旅行，并下载相关海拔数据。

12.1　加载和准备栅格数据

首先，可以为本章创建一个模式，以保存你所加载的栅格数据。

```
CREATE SCHEMA ch12;
```

其次，可以使用第4章介绍的PostGIS自带的raster2pgsql命令行工具将分块文件加载到256×256的像素切片上去，通过使用-F开关添加具有原始栅格文件名的列，并添加-I以创建一个空间索引。

再者，将-C选项应用于添加栅格约束，以使有关栅格的所有元数据都可在 raster_columns 视图中使用。通过-C添加的约束之一是范围约束，它在 raster_columns.extent 列提供有关栅格表全范围的信息。范围约束会花很长一段时间去生成一个大型栅格表，如果你计划稍后将数据加载到此表中，或者不需要有关元数据的信息，则应使用-X 开关将它关闭。

虽然这里没有设置-R 开关(一个将数据存储在数据库之外的开关)，但很多情况表明，可将数据存储在数据库之外以提高性能。如果要使用-R 开关，请确保服务器可以访问你所指定的路径，这意味着你很可能必须指定完整的文件夹路径。

```
raster2pgsql -s 4326 -I -C -M wc2.1_10m_elev.tif -F
    -t 256x256 ch12.elev | psql -d postgis_in_action
raster2pgsql -s 4326 -I -C -M tavg/*.tif -F -t 256x256 ch12.tmean | psql
    -d postgis_in_action
raster2pgsql -s 4326 -I -C -M prec/*.tif -F -t 256x256 ch12.prec | psql
    -d postgis_in_action
raster2pgsql -s 26904 -Y -I -C -M kauai/*.bil -t 200x200 ch12.kauai | psql
    -d postgis_in_action
```

可以使用 QGIS 查看加载的数据。QGIS/GDAL 的较新版本都能查阅数据库外的数据。图 12.1 是 QGIS DB 管理器预览选项卡中的降水数据视图。我们有遍及全世界的降水量和温度数据，并将这些数据按日历上的月份分开，每个月都在一个单独的文件夹中，文件名的格式为 prec/month1.tif。

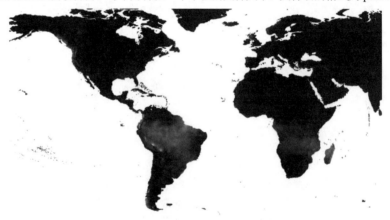

图 12.1　以 WGS 84 lon/lat 加载的降水数据 QGIS 视图

因为你正在向数据库中存储栅格，所以可以轻松地在表中添加其他列。例如，可以在降水量和温度数据中添加一个名为 month 的列，并通过从 filename 列中提取月份来填充此列。

```
ALTER TABLE ch12.prec ADD COLUMN month smallint;        ◄────     添加一个列来
UPDATE ch12.prec                                                  存储月份
SET month = regexp_replace(
    filename,
    E'(.*)([0-9]{2}).tif', E'\\2'      根据文件名更
)::integer;                            新月份列
         ◄────
```

在前面的代码中，ADD COLUMN 指令向 prec 表中添加了一个 month 列。

PostgreSQL 具有丰富的正则表达式支持(详见 PostgreSQL 文档中"字符串函数和运算符"和"匹配模式"部分)。

前面的代码使用了一个 PostgreSQL regexp_replace 函数，该函数接受字符串、正则表达式和替换形式。进行替换的可以是文字，也可以是引用正则表达式的一部分。本例在 regexp_replace 函数

调用中使用反向引用正则表达式对 month 列进行填充。(.*)([0-9]{2}).tif 与文件名相匹配，其中([0-9]{2})为月份的子表达式。\\2 是对第二个子表达式([0-9]{2})的反向引用。该表达式将匹配的字符串替换为子表达式。然后使用::integer 将其转换为整数。

regexp_replace 函数只是 PostgreSQL 中许多正则表达式函数中的一个，也可使用其他函数来获得相同的结果。例如，可以使用 regexp_match 函数：

```
(regexp_match(filename,E'.*([0-9]{2}).tif'))[1]
```

regexp_match 会返回一个与正则表达式中类引用相匹配的元素数组。类引用是括号中的项，如([0-9]{2})，表示你要取数组中的第一个元素。选择哪种函数主要取决于个人偏好。

继续在 tmean 表中添加一个 month 列，并用 filename 中的月份填充它。在后面的示例中，你会用到此列。

12.2　利用空间聚合函数形成更大的栅格

栅格的 ST_Union 函数与几何图形的 ST_Union 函数类似。本节将介绍使用栅格 ST_Union 的各种方法。

12.2.1　重组切片文件

为了提高栅格性能，在将大型栅格文件(如数字高程模型文件或航空文件)导入数据库时，可对其进行分块处理。例如，你可能希望将一个具有 5000×5000 像素的栅格文件分块成 10 000 行 50×50 的栅格。当栅格是更大整体的一部分时，它通常被称为切片。

在 12.1 节中用 raster2pgsql 加载气候数据时，我们预先添加了-F 开关，这会自动随着原始文件名的输入生成一个名为 filename 的列。有了这些信息，可以通过合并分块的栅格重建原始文件。

下面的代码重新构建了加载到 PostGIS 中的降水量文件。

```
SELECT
    filename,
    COUNT(rast) As num_tiles,          将行聚合为一个单独
    ST_Union(rast) As rast             栅格
FROM ch12.prec                                                  选择切片
WHERE filename IN ('wc2.1_10m_prec_01.tif','wc2.1_10m_prec_12.tif')
GROUP BY filename;
```

前面的查询返回两行。每行都有一个文件名、一个包含文件中所有切片的单独栅格以及栅格中切片数量的计数。利用 ST_Union 函数按照文件名对结果中的所有切片进行聚合。注意，栅格切片都是以 WGS 84 为地理坐标参考系统的，而且因为它们的创建方式大致相同，所以它们都具有相同的像素大小、栅格布局和空间参考系统(也就是相同的对齐方式)。栅格 ST_Union 要求同样的对齐方式。当采取合并操作时，只考虑将相同位置的像素放在一起以构成一个新像素。

ST_Union 可以采用一个可选参数来指示合并行为,该参数可以是以下单引号中的一个:'LAST'、'FIRST'、'SUM'、'MEAN'和'RANGE'。ST_Union 在未指定时的默认行为是取重叠像素最后一个(LAST)非空值(non-nodata value)。写下 ST_Union(rast)等同于写下 ST_Union(rast, 'LAST')，因为这是文件的合并重组，没有重叠区域，所以无论写'LAST'还是'FIRST'，都会得到相同的栅格。

WHERE 条件选择要合并的切片，本例按照文件名将组成原始文件的所有切片聚合在一起。计数告诉你，对于每个文件，你正在合并 45 个切片。

12.2.2　利用裁剪和合并分割出感兴趣的区域

即使你将栅格拆分成切片，但如果对某个特定区域感兴趣，也可通过先裁剪再合并的方式分割出你感兴趣的区域，以此来提高效率。裁剪往往比合并更快，所以可以先通过裁剪限制传送给合并操作的像素数量。

代码清单 12.1 是一个通过裁剪和合并操作分离出特定区域的示例。

代码清单 12.1　裁剪和合并

上面的代码清单返回一个栅格的一行，这个栅格将只包含感兴趣区域完全覆盖的像素。ST_MakeEnvelope 函数创建一个边界框矩形多边形❷。然后，利用 ST_Intersects 函数选择与你感兴趣区域相交的切片❸。最后，用 ST_Clip 函数分离每块切片与矩形相交的部分❶，然后执行合并操作并生成新的切片。

12.2.3　使用 ST_Union 的特定表达式类型

要使用 ST_Union，所有栅格就必须具有相同的对齐方式，或者更具体地说，它们必须具有相同的像素大小、相同的倾斜度、相同的尺度比，并且必须设置它们的左上角以保证它们的像素不会相互切割。我们还建议使它们具有相同数量的波段。

在栅格与栅格的合并过程中，可以完全覆盖相同区域，而不是相交或者共享某个区域。例如，如果你有两块完全相同的井字棋板，它们可以并排放置，没有重叠；可以一块直接放在另一块上面，形成完全的交叠；也可以定位其中一块，使其下半部分与另一块的上半部分重叠。

给定一组像素，ST_Union 的默认行为是取最后一个非空像素值，并将其作为输出像素的值。这可能是相当随意的，取决于你输入栅格的顺序。若将三个完全相同的井字棋板叠放在一起，ST_Union 会生成一块单独的井字棋板。如果中心单元格中的值为 X、O 和 NULL，那么合并后板子的中心值为 O，因为它是最后一个非空值。

在某些情况下，特别是对于重叠的栅格，你可能希望对相交的非空像素执行一些操作：求和、计数、平均，或其他一些操作。因此你可能不会想用 LAST 参数下的默认行为进行合并。对于更高级的操作，你必须求助于 ST_MapAlgebra。

例如，我们有包含同一地区 12 个月的降水量数据。如果希望查找年平均降水量，可以使用带有 MEAN 选项的 ST_Union 函数，如代码清单 12.2 所示。

代码清单 12.2　使用 MEAN 进行合并

```
SELECT ST_Union(ST_Clip(rast,geom), 'MEAN') As rast          ◀──────── 用 MEAN 进行
FROM                                                                   合并
    ch12.prec
    CROSS JOIN
ST_MakeEnvelope(8,47,8.5,47.5,4326) As geom
WHERE ST_Intersects(rast,geom) AND month BETWEEN 1 and 12;
```

代码清单 12.2 与代码清单 12.1 类似，只是代码清单 12.2 对重叠单元格中的值进行平均处理，而不是读取最后一个值。

12.3　与波段有关的处理

本节将演示可从单个波段创建多个波段的函数，或者将多个波段折叠为单个波段的函数。

12.3.1　利用 ST_AddBand 将单波段栅格合并成多波段栅格

对于覆盖同一区域的相关数据，你可能希望将多个单波段栅格合并为一个多波段栅格。以 CMYK 颜色空间中的图像为例。你可能很难解释为什么要将每个波段作为单独的栅格存储。因为要输出图像，必须合并四行数据。

在将单个栅格组合成一个多波段栅格之前，必须满足以下几个要求：

● 所有栅格必须具有相同的对齐方式，即相同的单位大小和倾斜度。

● 所有栅格必须有相同的高度和宽度。在相同的对齐方式下，这意味着每个栅格在横向和纵向上都具有相同数量的像素。

● 单元尺寸与空间参考系统(像素比例和大小)之间的比例必须是相同的，所有栅格必须覆盖相同的地理坐标参考系统区域，这意味着所有栅格的左上方坐标必须相同。

以气候数据为例，该数据以两组栅格的形式输入：一组代表降水，另一组代表温度。代码清单 12.3 将它们叠加在一起以形成一个双波段的栅格。

代码清单 12.3　将单波段栅格组合成一个多波段栅格

```
CREATE TABLE ch12.tmean_prec (
    rid serial primary key,
    rast raster,
    filename_tmean text,
    filename_prec text,          ❶
    month smallint                    为新的栅格创建一个
);                                    新表

INSERT INTO ch12.tmean_prec (rast, filename_tmean, filename_prec, month)
SELECT
    ST_AddBand(t.rast, p.rast) As rast,     ◀──❷ 添加波段
```

```
        t.filename As filename_tmean, p.filename As filename_prec, t.month
FROM ch12.tmean As t INNER JOIN ch12.prec As p
ON t.rast ~= p.rast AND t.month = p.month;
```
❸ 将相同的边界框和月份匹配

```
CREATE INDEX idx_tmean_prec_rast_gist ON ch12.tmean_prec
USING gist (ST_ConvexHull(rast));
```
添加一个索引 ❹

该代码清单首先创建一个新表以保存多波段栅格❶。然后利用 ST_AddBand 将温度波段添加到 1-波段的降水量栅格中，从而得到一个由降水量波段和温度波段共同组成的 2-波段的栅格❷。上述两个栅格都满足相同性要求，因此，温度表中切片的边界框与降水量表中切片的边界框是相匹配的。

栅格的边界框等式运算符(~=)用于匹配覆盖相同区域的切片❸。因为两个栅格都有 gist 索引，所以你可以使用更新且更快的 gist 边界框等式运算符(~=)，而不是旧的基于 B-tree 索引的边界框等式运算符(=)。最后一步，你基于每个切片的凸包添加一个空间索引❹。使用基于 ST_ConvexHull 函数索引的原因是，栅格的可转位运算符使用的是几何类型的 gist 索引，并且以栅格的 ST_ConvexHull 为基础(如第 7 章所述，它返回的是几何图形)。

12.3.2　利用 ST_Band 处理波段的子集

可以使用 ST_Band 访问栅格中的一个波段。代码清单 12.4 从代码清单 12.3 中创建的双波段栅格中取出第一个波段(温度波段)。

代码清单 12.4　从多波段栅格中选择一个波段

```
SELECT rid, ST_Band(rast,1) As rast
INTO ch12.tmean2
FROM ch12.tmean_prec;
CREATE INDEX idx_tmean2_rast_gist ON ch12.tmean2
USING gist (ST_ConvexHull(rast));
```

12.4　生成栅格切片

ST_Tile 函数允许将较大的栅格切片分割成较小的栅格切片。假设 256 × 256 的切片对于你现在正在进行的工作来说太大了，可以利用 ST_Tile 函数将其重新切割为 128 × 128 大小的切片。

代码清单 12.5　利用 ST_Tile 形成更小的、均匀分块的切片

```
CREATE TABLE ch12.tmean_prec_128_128 (
    rid serial primary key,
    rast raster,
    month smallint
);
```
创建一个新表

```
INSERT INTO ch12.tmean_prec_128_128 (rast,month)
SELECT ST_Tile(rast, 128, 128, true) AS rast, month
```

```
FROM ch12.tmean_prec;

CREATE INDEX idx_tmean_prec_128_128_rast_gist
  ON ch12.tmean_prec_128_128 USING gist (ST_ConvexHull(rast));
```
←──── 分割为 128×128 的切片

```
SELECT AddRasterConstraints(
    'ch12'::name,
    'tmean_prec_128_128'::name,
    'rast'::name
);
```
←──── 在 raster_columns 中添加约束条件以获取更多信息

代码清单 12.5 中 ST_Tile 函数的变体使用了一个可选布尔参数(默认情况下为 false)，以 nodata 值表示内补。因为希望所有切片都是 128×128 的规格，该代码清单将 pad_with_ nodata 参数设置为 true。如果将其设置为 false 或者不进行处理，则不会对非 128×128 的切片进行内补以保证相同规格。在本例中，所选的新切片大小完全适应原来切片的大小：128 能够整除 256。如果新切片大小为 200×200，将会对其使用 nodata 内补。如果将 pad_with_nodata 参数设置为 false，那么有些行可能不会是 200×200 的像素。

该代码清单还增加了添加约束的步骤，以确保像素类型、像素大小和波段计数在 raster_columns 视图中正确注册。注册意味着 PostGIS 对栅格列强制约束，如果以后你要将一个不同像素大小的栅格追加到栅格列中，则会追加失败。

注意：请记住，你不能对数据库外栅格进行更改。在有数据库外栅格的情况下，ST_Tile 函数只创建数据库外栅格文件与该切片对应部分的新的元数据。因此，ST_Tile 函数的操作在数据库外栅格上执行时要比在数据库内栅格上执行时快得多。因为对于数据库内栅格，除了元数据以外，原始栅格的像素子集也需要被复制到新栅格。对于其他许多操作，数据库外栅格将比数据库内栅格处理得更慢。

如果你将栅格作为切片导入，但想要更大的切片，则 ST_Retile 函数会帮你达到这个目的。ST_Retile 函数将表类别和列作为输入对象，并返回一组重新切割的栅格。如果需要对栅格添加一些额外信息(例如降水量与温度的文件名和月份)，则不太适合使用 ST_Retile 函数。但是它适用于单独不重叠的栅格集，例如我们所拥有的海拔相关资料。因为关于海拔数据，我们只有一个文件且其内部没有重叠区域，所以文件名的丢失并非一个大问题。

代码清单 12.6 使用我们现有的海拔数据，这些数据呈 256×256 大小的切片，我们将其重新切割为 512×512 规格。

代码清单 12.6　利用 ST_Retile 形成更大的、均匀分块的切片

```
CREATE TABLE ch12.elev_512_512 (
    rid serial primary key,
    rast raster
);

INSERT INTO ch12.elev_512_512(rast)
SELECT rt.rast
FROM (SELECT scale_x, scale_y, extent
    FROM raster_columns
```
❶ 返回原始元数据

```
            WHERE r_table_schema = 'ch12' AND              创建一组 512×512 的
                r_table_name = 'elev' ) AS m               切片但维持原有比例
   , ST_Retile('ch12.elev'::regclass, 'rast',
            m.extent,
            m.scale_x,
            m.scale_y, 512, 512, 'CubicSpline'            利用一种比 NearestNeighbor
                    ) AS rt(rast);                         更平滑的算法 CubicSpline
CREATE INDEX ix_elev_512_512_rast_gist
   ON ch12.elev_512_512
     USING gist (ST_ConvexHull(rast));                     创建一个索引

SELECT AddRasterConstraints(
     'ch12'::name,                                         向 raster_columns 注册
     'elev_512_512'::name,                                 元数据
     'rast'::name
);
```

ST_Retile 函数需要多个参数：比例因子(每个像素在地理空间中所代表的大小)、要重新切割的原始表格区域以及像素切片的宽度和长度。另外，它采用了变形算法名称。默认的是最快的 NearestNeighbor 算法，但是它比 CubicSpline 这类方法损耗更多。

想要重新切割 256×256 大小的切片，除了确保规格是 512×512 外，还要保证所有内容是相同的。因为你已经将约束条件(raster2pgsql 中的-C 开关)添加到表中，所以不需要重新计算相关数值，而是可以从 raster_columns 视图中读取它们❶。

这里再次使用到了 LATERAL 连接(前面的章节已经进行演示，附录 C 中也有相关介绍)，它将元数据提供给 ST_Retile 集合返回函数(set-returning function)，但是 LATERAL 这个词对集合返回函数来说是可选的，为了简洁起见，可以省略。本例中，新切片大小是原始切片大小的整数倍，但实际上新切片的长和宽不必是原始切片的整数倍，长和宽也不必相等。你可以自由选择想要的任何大小，输出的切片也可以比原来切片小。

如果有一个大型表需要重新切割，与其使用表的全范围一次性处理，不如进行分块处理。

12.5　栅格和几何图形的交集

PostGIS 栅格具有一系列支持栅格和矢量协同工作的相交函数，之前已经使用过 ST_Clip 函数了，它将返回栅格与几何图形相交的部分。你还使用过 ST_Intersects 函数，如果一个栅格与几何图形相交或者两个栅格相交，该函数会返回 true。本节将讨论支持栅格类型的 ST_Intersection 函数变体。

当应用于两个栅格时，ST_Intersection 函数返回其交集的新栅格。当应用于栅格和几何图形时，ST_Intersection 函数返回一组 geomval 对象。回顾第 7 章可知，geomval 是一种由几何图形和数值组成的 PostGIS 复合数据类型。

例如，将 ST_Intersection 函数应用于考艾岛海拔栅格和一个点周围的缓冲区域。代码清单 12.7 将进行详细说明。

代码清单 12.7　栅格与几何图形的交集

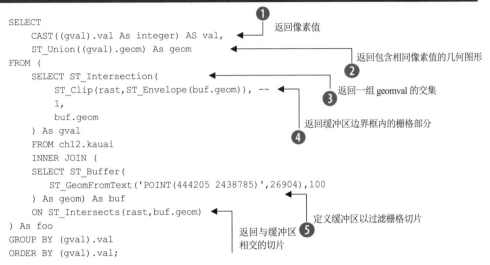

```
SELECT
    CAST((gval).val As integer) AS val,          ①返回像素值
    ST_Union((gval).geom) As geom
                                                 ②返回包含相同像素值的几何图形
FROM (
    SELECT ST_Intersection(
        ST_Clip(rast,ST_Envelope(buf.geom)), --  ③返回一组 geomval 的交集
        1,
        buf.geom
    ) As gval                                    ④返回缓冲区边界框内的栅格部分
    FROM ch12.kauai
    INNER JOIN (
    SELECT ST_Buffer(
        ST_GeomFromText('POINT(444205 2438785)',26904),100
    ) As geom) As buf
    ON ST_Intersects(rast,buf.geom)              ⑤定义缓冲区以过滤栅格切片
) As foo
                                                 ⑤返回与缓冲区
GROUP BY (gval).val                                相交的切片
ORDER BY (gval).val;
```

在上述代码清单中,首先创建一个子查询来返回所有考艾岛栅格行❺与100 m 缓冲区❹的交集❸。该交集返回一组称为 geomval 的复合对象,其中包含属性 geom(一个几何图形)❷和 val(该几何图形中所有点的像素值)❶。

此代码中还使用了 ST_Clip 函数❹。如果省略 ST_Clip 函数和 ST_Envelope 函数,你也会得到相同的答案,但这会花费十倍的时间,因为 ST_Intersection 函数要检索更多的像素。在 PostgreSQL 服务器页面上, 使用与不使用 ST_Clip (rast, ST_Envelope(..))的差异是 118 ms 和 1 s 96 ms。

然后, 对结果进行编排,以便在 OpenJUMP 中显示它们, 并使用渐变主题。

使用 CAST 指令取整数❶的原因是 val 返回了一个双精度对象, 当前版本的 OpenJUMP 将其视为文本, 且不允许使用渐变主题。可将 OpenJUMP 的主题设置为 Quantile/Equal Number 分级, 这样颜色会随着数值增加而变深。

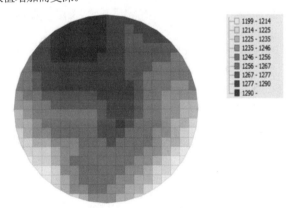

图 12.2　考艾岛与100 m 半径缓冲区交集的栅格(斑块越深代表海拔越高)

12.5.1　像素统计

栅格分析的一个常见用途是计算与几何图形定义区域相交的栅格覆盖范围的统计信息。例如，代码清单 12.8 将计算考艾岛上前一段缓冲区域的平均海拔。

代码清单 12.8　栅格与几何图形的交集：像素统计

```
SELECT
    SUM((gval).val * ST_Area((gval).geom)) /
    ST_Area(ST_Union((gval).geom)) As avg_elesqm
FROM (
    SELECT ST_Intersection(          ◄——  返回栅格与几何图形
        ST_Clip(                            的交集
            rast, ST_Envelope(buf.geom)  ◄——┐
                ) ,1, buf.geom                │
        ) As gval                             │  利用圆圈的矩形包络
    FROM ch12.kauai                           │  进行裁剪
      INNER JOIN                              │
    (                                         │
        SELECT ST_Buffer(
            ST_GeomFromText('POINT(444205 2438785)',26904),100
        ) As geom
    ) As buf
ON ST_Intersects(rast,buf.geom)) As foo;
```

运行代码后会得到 1258.409 的答案，这与使用图 12.2 进行的可视化检查结果一致。

和代码清单 12.7 一样，在代码清单 12.8 中使用 ST_Clip 函数和 ST_Envelope 函数以减少代码运行时间，ST_Clip 函数会忽略部分像素，因此如果一个像素没有被几何图形完全覆盖，则会被排除。这就解释了为什么希望裁剪的几何图形要大于感兴趣的区域，以及为什么 ST_Envelope 函数是一个好选择。

12.5.2　利用 ST_Value 函数和 ST_SetZ 函数向二维线串添加 Z 坐标

表示考艾岛轨迹的二维线串会在高程数据存储到 Z 坐标的同时转化为三维线串。为此，可转储组成线串的所有点，获取每个点的高程像素值，再通过添加 Z 坐标重塑线串。你将得到一个三维线串，并利用它计算相对于其他轨迹的长度距离。

代码清单 12.9 展示了如何利用二维线串生成三维线串。

代码清单 12.9　利用 ST_Value 向二维线串添加 Z 坐标

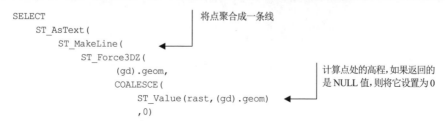

```
SELECT
    ST_AsText(                    将点聚合成一条线
        ST_MakeLine(
            ST_Force3DZ(   ◄————┘
                (gd).geom,
                COALESCE(                      计算点处的高程，如果返回的
                    ST_Value(rast,(gd).geom)   是 NULL 值，则将它设置为 0
                    ,0)               ◄————————┘
```

```
            )
          )
      ) As line_3dwkt            ← 利用给 Z 的像素值将点转化
FROM                               为三维的
      (
          SELECT ST_DumpPoints(
              ST_GeomFromText(
                  'LINESTRING(
                      444210 2438785,434125 2448785,
                      466666 2449780,466670 2449781
                  )',
                  26904
              )
          ) As gd                ← 转储线串顶点
      ) As t
      LEFT JOIN
      ch12.kauai                  确定哪些栅格与
      ON ST_Intersects(rast,(t.gd).geom);  ← 顶点相交
```

利用 ST_Force3DZ 和 ST_Force3D(PostGIS 3.0 及较早版本中)

代码清单 12.9 在 PostGIS 3.1 的 ST_Force3DZ 函数中应用了可选的 Z 值参数,可选值参数也存在于 ST_Force3DM 和 ST_Force4D 函数中。如果你使用的 PostGIS 低于 3.1 版本,则需要进行以下操作。

将以下代码:

```
ST_Force3DZ( (gd).geom,
            COALESCE(
                ST_Value(rast,(gd).geom)
                ,0
            )
)
```

改为:

```
ST_Translate(
        ST_Force3DZ(
                (gd).geom),
                0, 0,
                COALESCE(
                    ST_Value(rast,(gd).geom),
                    0
                )
)
```

如果数据中存在一些缺失,但仍希望它能返回像素值,那么类似于 ST_Value 的 ST_NearestValue 函数是有用的。

有了这些新的三维点,便可使用 ST_MakeLine 聚合函数形成三维线串,将空间参考系统设置成与考艾岛相同,并将结果输出到熟悉的文本表示。

通过在线串上使用 ST_Segmentize 函数产生更多转储的点,可以得到更精确的三维线串。这允许你沿着轨迹存储更多 Z 坐标。

PostGIS 3.2 版本中新增了 ST_SetM 和 ST_SetZ 函数。代码清单 12.9 中的结果也可通过使用 ST_SetZ 函数来实现,如代码清单 12.10 所示。

代码清单 12.10　利用 ST_SetZ 向二维线串添加 Z 坐标

```
SELECT ST_AsText(
    ST_SetZ(k.rast, geom)          ◄──────── 在几何图形每个顶点
    )                                        上设置 Z 坐标
FROM (SELECT ST_GeomFromText(
              'LINESTRING(
                    444210 2438785,434125 2448785,
                    466666 2449780,466670 2449781
              )',
              26904               ◄──── 参考几何图形
    ) AS geom ) AS t
CROSS JOIN LATERAL                 ❶
(                                     合并裁剪内容以形成
                                      一个单独的栅格
        SELECT ST_Union(   ◄─────────
            ST_Clip(rast,
                ST_Expand(t.geom,10)  ◄──── 将切片裁剪到几何图形边
                )                            界框 10 m 范围内
        ) AS rast                      ❷
          FROM ch12.kauai AS k
         WHERE ST_Intersects(k.rast, t.geom)
) AS k;
```

代码清单 12.10 综合使用 ST_Clip、栅格 ST_Union 和 ST_Expand 函数创建了一个覆盖整个几何图形❶❷区域的单独栅格。ST_Expand 函数返回一个在水平和垂直方向向外扩展 10 m 的包络几何图形的矩形。之所以使用 ST_Expand 函数,是因为如果一个像素没有被完全覆盖,ST_Clip 函数不会返回该像素,而且由于数据的分辨率很低,很可能存在像素没有完全覆盖线串的情况。你可以使扩展区域更大,但它至少与像素同宽。相交切片被充分裁剪后,可将它们合并成一个切片。这是必需的,因为 ST_SetZ 函数只能处理一个切片与一个几何图形。

12.5.3　将二维多边形转化为三维多面体

本节将演示三维多面体的构建。我们已知用栅格构造三维几何体的一种方法:使用 ST_Value 函数为二维线串的每个顶点添加一个高程数据。这里讨论第二种方法——使用 ST_Intersection 函数将二维几何图形转化为一组 geomval。利用 geomval 中的像素值将几何图形提升为三维几何体。ST_Intersection 函数方法更适用于多边形。

代码清单 12.11 与代码清单 12.7 的操作大致相同。但这种方法并不是将像素值作为单独的列输出,而是将其作为每个多面体新的 Z 坐标输出。该示例还利用 ST_Clip 函数来加快处理速度,并利用 LATERAL 结构来实现更简洁的语法。

为此,我们构造了一个二维多边形表,并向该表中添加任意两个缓冲区域。

```
CREATE TABLE ch12.kauai_polys (
    gid serial primary key,
    geom geometry(POLYGON,26904)
);
```

```
INSERT INTO ch12.kauai_polys (geom)
SELECT ST_Buffer(ST_GeomFromText('POINT(444205 2438785)',26904),100)
UNION ALL
SELECT ST_Buffer(ST_GeomFromText('POINT(444005 2438485)',26904),10);
```

可将这些二维多边形提升为三维多面体，如代码清单 12.11 所示。

代码清单 12.11　利用二维多边形构造三维多面体

```
SELECT                                                    ❶
    p.gid,                                 通过 Z val 单元转换多
    ST_Translate(                          边形                    将二维几何图形转化
        ST_Force3DZ((r.gval).geom), 0, 0, (r.gval).val  ◄──      为三维几何体
) As geom3d
FROM
    ch12.kauai_polys As p,
    LATERAL (
        SELECT ST_Intersection(                          得到与几何图形相交
            ST_Clip(rast,ST_Envelope(p.geom)  ◄──        的栅格
            ), 1, p.geom
        ) AS gval
    FROM ch12.kauai
    WHERE ST_Intersects(rast,p.geom)
) As r;  ◄──
              得到多边形与栅格的
              交集
```

代码清单 12.11 利用 ST_Intersects 函数在 kauai_polys 表中选择所有与多边形相交的栅格。如果你使用的是 PostGIS 3.1+，你可以利用代码清单 12.9 中 ST_Force3DZ 函数的 Z 值特性来代替 ST_Translate 函数❶。

对于每个相交的栅格和多边形，ST_Intersection 函数返回一组 geomval，并使用代表高程的 val 部分来转换多面体的 val 单元❶。

可以使用 ST_Clip 函数加速处理过程。ST_Force3D 和 ST_Force3DZ 函数是等价函数，但 ST_Force3DZ 函数更为清晰。此外，还有 ST_Force4D 和 ST_Force3DM 函数。如果跟踪的是某物的毒性水平或者温度之类的其他指标，并希望在几何图形中对它们进行编码，那么上述两个函数是很有用的。

如果使用的是 PostGIS 3.1+，可以跳过代码清单 12.11 中有关 ST_Translate 的步骤，并用 ST_Force3DZ((r.gval).geom, (r.gval).val)替代它。

这种方法的常见用途是生成等高线或多边形，尤其适用于那些呈规律距离间隔的几何图形。PostGIS 3.2 引入了一个 ST_Contour 函数，利用该函数生成等高线所要写的代码比使用其他函数时少很多。你可以使用 ST_Polygonize 函数将这些线转化为多边形，这些线也可按照固定的距离间隔生成。

12.6　栅格统计

将栅格(无论是数据库内栅格还是数据库外栅格)存储在 PostgreSQL 数据库中的好处是可以利

用已经存在的大量函数。本节将讨论 PostGIS 提供的栅格统计函数，以及从栅格中输出数值的基本函数。

12.6.1 提取像素值

像素访问函数是指返回特定区域的像素值的函数。两种函数经常被用到。

- **ST_Value**：返回一个给定的几何点上的值或栅格的 column, row。前面示例中有此用法。
- **ST_DumpValues**：返回一个与行、列或像素值对应的每个选定波段的二维数组。

1. ST_Value：返回一个单独的值

代码清单 12.12 是瑞士苏黎世(Zurich)附近某地 1 月和 7 月的月平均气温和降水量。

代码清单 12.12　ST_Value 的应用

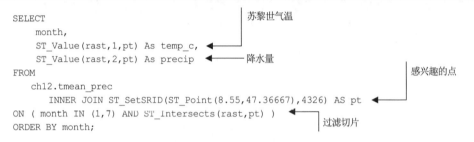

代码清单 12.12 利用 2-波段气温和降水量栅格提取苏黎世的温度数据。

第二个波段是降水量波段。将栅格与感兴趣的几何点(在本例中该点靠近苏黎世，因此温度低，降水量高)连接起来。使用 ST_Intersects 函数寻找覆盖感兴趣点的栅格切片。然后 ST_Value 函数会选出与这些点相交的特定单元格。ST_Value 函数始终返回单个值，如果点落在了单元格边界或者角落上，ST_Value 函数会任意选择一个值。

代码清单 12.12 的输出结果如下：

```
month | temp_c | precip
----+-------+--------
  1 | 0.195 |   65
  7 | 14.9  |  119
```

2. ST_DumpValues 函数：返回一个数值阵列

如果想要返回一组二维数组形式的栅格，那么 ST_DumpValues 函数很合适。将数组输出反馈给 ST_SetValues 栅格函数，从而设置一个栅格中的多个像素。

在代码清单 12.13 中，使用 ST_DumpValues 函数将感兴趣区域的降水量数值以数组形式返回(其中数值是降水量数值，单元位置对应的是这个区域的像素)。与 ST_Value 函数一样，必须明确波段数量。注意，若搭配使用 ST_Union 函数，会将感兴趣的栅格切片分离成独立的单元。

代码清单 12.13　阵列形式下目标区域单个月份的降水量(全部切片)

```
SELECT
    ST_DumpValues(
        ST_Union(rast,2),
        1
    ) AS ary_precip
FROM
    ch12.tmean_prec
    INNER JOIN
    (
        SELECT
            ST_Buffer(
                ST_GeogFromText('POINT(8.55 47.36667)'),5000
            )::geometry AS geom
    ) AS f
ON (month = 7 AND ST_Intersects(rast,geom) );
```

将栅格切片(波段 2)转储为阵列

返回第二个合并后的波段

返回第一个阵列

定义感兴趣的区域

只考虑 7 月和相交的切片

代码清单 12.13 中，使用 ST_Buffer 地理函数在一个点周围创建了一个 5000 m 的缓冲区域。之所以使用 geography 而不是 geometry，是因为几何图形的 ST_Buffer 函数需要你为此投影指定经纬度单位。因为缓冲区覆盖多个切片，所以用 ST_Union 函数将第二波段的切片聚合在一起。然后，ST_Intersects 函数对数据应用几何过滤器。最后，转储像素值。这种方法的好处是数组长度始终是切片中的要素。本例结果是两个切片合并生成的 256×512 的阵列。可使用 array_upper(ary_precip, 1) 生成的列数和 array_upper(ary_precip, 2)生成的行数进行检查。

这个方法存在的问题是，将全部切片转换为数组的工作量是巨大的。因为 ST_DumpValues 函数只返回被几何图形完全覆盖的像素值，如果使用 ST_Clip 函数截取波段的一部分，得到的可能全部都是 NULL 或大部分都是 NULL。如果几何图形覆盖多个像素，但没有完全覆盖住任何一个像素，那么即使有重叠的像素，得到的也全都是 NULL 的结果。

解决该问题的另一个方法是将几何图形转换为栅格并在栅格空间中进行叠加。代码清单 12.14 与代码清单 12.13 类似，唯一的不同点是，它选出的是与感兴趣区域重叠的像素，而不是全部切片。

代码清单 12.14　阵列形式下目标区域单个月份的降水量(重叠像素)

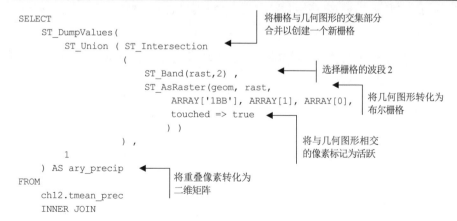

```
SELECT
    ST_DumpValues(
        ST_Union ( ST_Intersection
            (
                ST_Band(rast,2) ,
                ST_AsRaster(geom, rast,
                    ARRAY['1BB'], ARRAY[1], ARRAY[0],
                    touched => true
                ) )
            ),
        1
    ) AS ary_precip
FROM
    ch12.tmean_prec
    INNER JOIN
```

将栅格与几何图形的交集部分合并以创建一个新栅格

选择栅格的波段 2

将几何图形转化为布尔栅格

将与几何图形相交的像素标记为活跃

将重叠像素转化为二维矩阵

```
    (
        SELECT
            ST_Buffer(
                ST_GeogFromText('POINT(8.55 47.36667)'),5000
            )::geometry AS geom
) AS f                          ◄──────   定义用于过滤交集
                                          的几何图形

ON month = 7 AND ST_Intersects(rast,geom);
```

代码清单 12.14 的输出结果如下：

```
ary_precip
-----------------------
{{116,119},{NULL,143}}
(1 row)
```

输出结果为 2×2 的矩阵，其中单元格包含降水量数值。缓冲区域占据三个单元格，但是与数组一样，每一行的列数必须相同，所以最后一个单元格用 NULL 填充以求平衡。

数组中将出现许多 NULL 值。因为缓冲区是圆形的而且只能部分覆盖住边界的单元格，所以对于这些单元格，ST_DumpValues 函数返回一个 NULL，而非像素值。换言之，ST_DumpValues 函数只返回被裁剪几何图形完全覆盖的单元格像素值。

12.6.2 栅格统计函数

PostGIS 3.0 包含 5 个关键的统计函数：ST_Histogram、ST_Count、ST_ValueCount、ST_SummaryStats 和 ST_Quantile。这些函数返回基于函数变化属性的一组记录。此外，还有几种统计聚合函数，最常用的是 ST_CountAgg 和 ST_SummaryStatsAgg。它们返回的可以是数据子集的统计量，或者是整个栅格表中一个或多个波段的精确或近似统计量。

本节将讨论 ST_Histogram、ST_Count 和 ST_ValueCount 函数。ST_SummaryStats 和 ST_Quantile 函数的运行方式与 ST_Histogram 函数很相似，但它们返回的结果不同。

1. 直方图

ST_Histogram 函数提供像素值分布情况。你可以设置间断的数量或自行指定间距。ST_Histogram 函数经常与其他函数协同工作，如 ST_Clip、ST_Reclass、ST_Union 和 ST_MapAlgebra 函数。代码清单 12.15 是特定感兴趣区域的海拔分布直方图。

代码清单 12.15 感兴趣区域的海拔分布

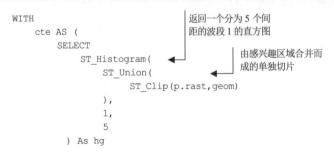

```
WITH
    cte AS (
        SELECT                            返回一个分为 5 个间
            ST_Histogram(    ◄─────────   距的波段 1 的直方图
                ST_Union(
                                          由感兴趣区域合并而
                    ST_Clip(p.rast,geom)  成的单独切片
                ),
                1,
                5
            ) As hg
```

```
FROM
    ch12.elev AS p
    INNER JOIN
    ST_MakeEnvelope(7.5,47,8.5,48.5,4326) As geom          ◀── 只考虑与感兴趣区域
ON ST_Intersects(p.rast,geom)                                    相交的切片
)
SELECT                              ◀── 输出直方图柱
    (hg).min As min,
    (hg).max As max,
    (hg).count,
    (hg).percent::numeric(5,2)*100 As percent
FROM cte;
```

在代码清单 12.15 中，使用 ST_Clip 函数从相交的切片中选出感兴趣的区域，再用 ST_Union 函数将切片合并。

代码清单 12.15 的输出结果如下：

```
min | max | count | percent
-----+-----+-------+---------
149 | 313 |   10  |  19.00
313 | 477 |    9  |  17.00
477 | 641 |   17  |  31.00
641 | 805 |   11  |  20.00
805 | 969 |    7  |  13.00
(5 rows)
```

输出结果显示将像素值等分为 5 个间距。例如，最后一行表示 13%的像素落在 805~969 m 海拔范围内。像素中值落在第 3 个间距中，其范围为 477~641 m。

2. 计数

PostGIS 栅格包含两组计数函数。

- **ST_Count**：提供一个区域或一个栅格表内的像素计数。它对没有数据值的像素单独计数。ST_CountAgg 是 ST_Count 的聚合变体，有了它，你可以跳过额外的聚合操作(如 SUM)，因为 ST_CountAgg 包含这些内容。
- **ST_ValueCount**：输出像素值和包含这些像素值的像素计数。

代码清单 12.16 展示了提供更多信息的 ST_ValueCount 函数。这些代码输出感兴趣区域每个海拔高度的像素数量。

代码清单 12.16　依据海拔计数

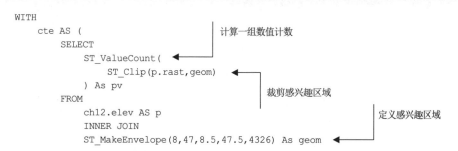

```
WITH
    cte AS (
        SELECT                              ◀── 计算一组数值计数
            ST_ValueCount(
                ST_Clip(p.rast,geom)   ◀──
            ) As pv                              裁剪感兴趣区域
        FROM
            ch12.elev AS p
            INNER JOIN                           定义感兴趣区域
            ST_MakeEnvelope(8,47,8.5,47.5,4326) As geom  ◀──
```

```
            ON ST_Intersects(p.rast, geom)
    )
SELECT (pv).value, sum((pv).count) As total_count  ◄
FROM cte
GROUP BY (pv).value
ORDER by total_count DESC  ◄
LIMIT 5;
```

返回来自 ST_ValueCount 结
果的数值和计数

将计数逆向排序，限制为 5

代码清单 12.16 的输出如下：

```
value | total_count
-------+-------------
  430 |          30
  432 |          27
  433 |          26
  431 |          24
  429 |          23
```

12.7 地图代数

地图代数(map algebra)中的术语"地图"指的是从旧像素值到新像素值的规则，而不是地理意义上的地图。第 7 章讨论过 ST_Reclass，它根据范围将一组像素值绘制成另一组像素值。ST_Reclass、ST_Intersection 和 ST_Union 函数是更普遍的 ST_MapAlgebra 函数的特殊表达形式。我们将 ST_MapAlgebra 函数视为最后求助手段。当没有其他函数可以达到你的预期处理效果时，ST_MapAlgebra 提供了希望，但这并不意味着该函数是高效的。

ST_MapAlgebra 函数可通过只考虑某时刻的一个像素或由某个像素周围的像素共同组成的邻域来运行。对每个像素和一个或多个栅格波段重复该操作。不管是基于单独像素还是像素邻域，ST_MapAlgebra 总是返回一个新的单波段栅格，该栅格是原始栅格像素值的函数。该函数可以基于单个波段，也可基于多个波段。

在使用 ST_MapAlgebra 时可以选择使用表达式还是回调函数。虽然 PostGIS 附带了几个预定义的地图代数回调函数示例，但你仍需要创建自己的表达式或回调函数。本节将介绍如何使用表达式的 ST_MapAlgebra 函数以及如何构造一个简单的回调函数。

12.7.1 在表达式和回调函数之间做选择

ST_MapAlgebra 函数实际上是一组同名函数。它是一个超级重载函数。无论使用哪种 ST_MapAlgebra 组合，其核心都是地图代数表达式或地图代数回调函数。将 ST_MapAlgebra 看作 Zamboni，它访问你感兴趣区域的每个像素。在每个像素处，它都会停下并仅为该像素运行表达式或回调函数。待完成后，它会继续操作。

许多情况下，你可以选择使用表达式或回调函数。对于简单的操作，你可以使用表达式，但对于复杂情况，则需要花时间去编写一个回调函数。这样不仅条理清晰，还可提高效率。一个表达式可以是任何接受像素值或位置的 PostgreSQL 代数表达式。表达式在单元格中返回新值。如果请求的是一个邻域，那么你必须使用回调函数。一个回调函数只需要一个简单表达式，但可向其中自由添加复杂条件循环和临时变量。

以下是 ST_MapAlgebra 的一些示例。在开始之前需要创建一个表来保存新的栅格数据，这些温度数据将以华氏度为单位，而非摄氏度。

```
CREATE TABLE ch12.tmean_fah (
    rid integer primary key,
    rast raster,
    month integer
);
```

12.7.2　使用一个单波段地图代数表达式

任何可以用于像素值或像素坐标的有效 PostgreSQL 数学表达式都可以充当地图代数表达式。还可在地图代数表达式中添加自定义函数。最简情况是将一个像素值绘制成另一个值。

代码清单 12.17 是用 PL/pgSQL 编写地图代数的一个普通示例。PL/pgSQL 是 PostgreSQL 函数编写中最流行的程序语言之一。第 10 章有一个示例，之后你会在本书中看到更多示例。如果你一直使用的温度表将温度记录为摄氏度，但其实你更喜欢华氏度，则可以用 ST_MapAlgebra 函数执行一个转换表达式，如代码清单 12.17 所示。

代码清单 12.17　使用表达式的 ST_MapAlgebra

```
CREATE OR REPLACE PROCEDURE ch12.load_tmean_fah()        ◄─── 创建一个存储程序来加
language plpgsql AS                                           载数据
$$
BEGIN
WHILE EXISTS
  (SELECT 1 FROM ch12.tmean AS c
    LEFT JOIN ch12.tmean_fah AS f ON c.rid = f.rid WHERE f.rid IS NULL
    LIMIT 1) LOOP
INSERT INTO ch12.tmean_fah(rid, month, rast)              循环到没有记
SELECT                                                    录出现
    rid, month,
    ST_MapAlgebra(
        rast,
        1,
        '32BF'::text,
        '[rast.val] * 9/5 + 32'::text,   │ 将摄氏度转换
        -999                             │ 为华氏度
    )
FROM ch12.tmean AS t
WHERE
    NOT EXISTS (                         只考虑尚未插
        SELECT 1                         入的
        FROM ch12.tmean_fah As f    ◄───
        WHERE f.rid = t.rid
    );           ┌─ 一次插入五行
LIMIT 5;    ◄───┘
```

```
COMMIT;
END LOOP;
END$$;

CALL ch12.load_tmean_fah();
```

在每插入五行后填
写表格

运行程序

代码清单 12.17 创建了一个名为 tmean_fah 的新表来保存新栅格。它使用了一个地图代数表达式([rast.val] * 9/5 + 32)将摄氏度转换为华氏度。它还创建了一个存储程序(需要 PostgreSQL 11+)，对表进行增量插入，然后用 CALL 指令运行这一程序。

32BF 可用来存储浮点数据，它是最小的可容纳浮点数据的浮点像素类型。PostgreSQL 的 8-core、128 GB 内存服务器在 20 s 内处理了这组特定数据。这个特例可通过一次插入完成，因为数据集相当小。然而在大多数情况下，将处理更多的记录，因此最好使用存储程序。此处使用了一个程序而不是函数，因为函数必须一次性提交所有数据，它不能一边运行一边提交。

如果表达式更加简单，可以使用 ST_Reclass 函数来完成操作，那么你应该使用 ST_Reclass。与表达式相比，ST_Reclass 函数有两个优点：它返回的所有波段只改变选定的波段，而且它的运行速度大约快 25%~50%。

与本章中其他函数一样，ST_MapAlgebra 函数可以联合 ST_Clip 和 ST_Union 函数来处理切片子集。ST_MapAlgebra 函数的一个缺点是尽管它能够读取所有波段的信息,却总是返回单波段栅格。

12.7.3 使用一个单波段地图代数函数

代码清单 12.18 重复了代码清单 12.17 的示例，但这次使用的是回调函数而不是表达式。
在开始之前，使用以下命令清除在代码清单 12.17 插入的数据：

```
TRUNCATE TABLE tmean_fah;
```

代码清单 12.18 尽可能精简地展示了一个基本的回调函数。

代码清单 12.18　使用回调函数的 ST_MapAlgebra

```
CREATE OR REPLACE FUNCTION ch12.tempfah_cbf (
    value double precision[][][],
    pos integer[][],
    VARIADIC userargs text[]
)
RETURNS double precision AS
$$
BEGIN
RETURN value[1][1][1] * 9/5 + 32;
END;
$$
LANGUAGE plpgsql IMMUTABLE PARALLEL SAFE COST 1000;

CREATE OR REPLACE PROCEDURE ch12.load_tmean_fah()
language plpgsql AS
$$
BEGIN
```

创建地图代
数回调函数

在一个独立单元
格上操作

创建一个存储程序来
加载数据

```
WHILE EXISTS
   (SELECT 1 FROM ch12.tmean AS c
      LEFT JOIN ch12.tmean_fah AS f ON c.rid = f.rid WHERE f.rid IS NULL
      LIMIT 1) LOOP
INSERT INTO ch12.tmean_fah (rid, month, rast)          ◄──── 循环到没有更多
SELECT                                                        记录出现
   rid, month,
   ST_MapAlgebra(
      rast,
      1,
      'ch12.tempfah_cbf(
          double precision[],integer[],text[]
      )'::regprocedure,        ◄──── 运用回调函数
      '32BF'::text)
FROM ch12.tmean AS t
WHERE
   NOT EXISTS (          ◄──── 只考虑尚未插入的
      SELECT 1
      FROM ch12.tmean_fah As f
      WHERE f.rid = t.rid
   )
LIMIT 5;
COMMIT;          ◄──── 在每插入五行后
END LOOP;                填写表格
END$$;                                     运行程序

CALL ch12.load_tmean_fah();          ◄────
```

一个回调函数总是包含一个数值矩阵。矩阵的第一个维度是波段数量，第二和第三个维度是与像素坐标对应的行和列。矩阵数值与像素值一致。对于不考虑邻域的单波段栅格，波段数为 1，并且矩阵其他部分将只有一个单元格。

为了应用回调函数，可以将它输入 ST_MapAlgebra 函数。

在使用 ST_MapAlgebra 时通常接受大部分的默认值。如果想让 ST_MapAlgebra 成为标准资源储备的一部分，那请研究 PostGIS 的相关文献，以了解所有的重载和默认设置。

你还会想实验用哪种语言去编写地图代数回调函数。对于这个特定的示例，在 PostgreSQL 13 和 PostGIS 3.1 中用 PL/pgSQL 编写的摄氏度转华氏度函数处理此特定数据时大约花费了 28 s，而地图代数表达式只需 22 s。SQL 中编写的相同函数花费了长达 1 min，不过有些时候用 SQL 编写函数会更快。不要认为一种语言总是比另一种语言快，或者表达式总是更慢。另一种用于编写地图代数函数的语言是 PL/V8 (即 PL JavaScript)，本书后面会有一个关于它的示例。V8 引擎在数学运算和矩阵运算方面的表现令人惊讶，因此它通常比 PL/pgSQL 或 SQL 的同类引擎快 10 倍。

12.7.4　邻域地图代数

有时候要设置的像素新值取决于与其相邻像素的值。比如当你在执行平滑操作时，寻找坡度、局部最大值和局部最小值时，或者在玩 Game of Life 时(正如我们在 "PostGIS Day Game of Life Celebration" 中一样)，就需要知道相邻像素。为了考察相邻像素，需要将邻域传送给回调函数。

邻域是一个矩形的像素区域，感兴趣的像素位于其中心，向左向右延伸 x 个像素，向上向下延

伸 y 个像素。除非邻域超出了栅格切片的边界，否则邻域的水平和垂直像素数量都应该是奇数的。

当使用一个邻域时，ST_MapAlgebra 的基本语法如下所示：

```
ST_MapAlgebra( raster rast,
integer[] nband,
regprocedure callbackfunc,
text pixeltype=NULL, text extenttype=FIRST,
raster customextent=NULL,
integer distancex=0, integer distancey=0,
text[] VARIADIC userargs=NULL
);
```

PostGIS 自带一些邻域回调函数：如 ST_Max4ma、ST_Mean4ma、ST_StdDev4ma 和 ST_InvDistWeight4ma 等。代码清单 12.19 演示了在 5×5 像素邻域内找到局部最大值的过程。

代码清单 12.19　邻域中的最大值

```
SELECT
    ST_MapAlgebra(                          ← 在包络栅格上的地图代数
        ST_Union(
            ST_Clip(rast,ST_Envelope(buf.geom))  ← 裁剪到包络的单独栅格
        ),
        1,
        'ST_Max4ma(
            double precision[][][],
            integer[][],                    ← 最大像素值回调
            text[]
        )'::regprocedure,
        '32BF',
        'FIRST',
        NULL,
        2,                                  ← 邻域扩展像素
        2
    )
FROM
    ch12.kauai
    INNER JOIN
    (
        SELECT
            ST_Buffer(
                ST_GeomFromText('POINT(444205 2438785)',26904),100
            ) As geom
    ) As buf
ON ST_Intersects(rast,buf.geom)
GROUP BY buf.geom;
```

对于感兴趣区域边界框中的每个像素，该函数将返回矩形像素范围中的最大像素值(该矩形像素范围由中心像素向左向右两个单位、向上向下两个单位组成)。传递给回调函数的是一个三维矩阵，其中第一维度是波段，第二维度和第三维度是邻域的轮廓。

12.8 本章小结

- PostGIS 具有强大的专门用于 PostGIS 栅格类型的函数体系。
- PostGIS 包含许多与栅格和几何类型结合使用的栅格函数。
- PostGIS 的 ST_Clip 函数使用几何图形分割栅格的一部分，它用于提高 ST_Union 和 ST_Intersection 等其他栅格操作的效率。
- 通过 PostGIS，你可以用几何图形分割感兴趣的像素，从而加快分析速度。
- 地图代数函数允许你将一个栅格的一组像素值转换成另一组像素值。
- PostGIS 提供专业版本的地图代数，如 ST_Union、ST_Reclass 和 ST_Intersection。
- PostGIS 还提供了一个 ST_MapAlgebra 函数，它允许你以速度代价来设计你的操作。建议只在别无选择的情况下使用它。

本章内容:

- 什么是拓扑
- 创建拓扑
- 构建拓扑几何
- 加载和编辑拓扑几何
- 简化与验证

拓扑表示告诉我们,在现实中,几何特征很少彼此独立存在。当你从飞机上俯视大都市时,你会看到迷宫般的街道勾勒出相互交错的街区。借助简单的几何模型,可以使用线串表示街道,并使用多边形表示街区。但是一旦你规划了街道,就已经知道街区在哪里,所以不必再为它们创建多边形,这是一种冗余工作。祝贺你,你已经发现了拓扑。

在本章中,你将了解什么是拓扑,如何从头开始构建拓扑,以及如何使用常见的几何数据。你还将学习如何在拓扑中创建所谓的拓扑几何图形。你将了解如何检测加载数据中的问题,如何修复空间数据中的问题,以及如何使用保持组成对象连通性的拓扑模型创建简化的几何图形。

在本章中,我们将使用两组示例。第一组非常简单,创建时不必加载数据。这组示例将帮助你了解拓扑是如何创建和组织的。第二组示例将利用来自网络的数据。这些示例将反映你在使用拓扑时通常要做的工作。

对于第二组示例,我们将探索风景如画的加拿大不列颠哥伦比亚省维多利亚(Victoria)市,并将城市边界、社区和街道的几何表示转换为基于 PostGIS 拓扑的表示。维多利亚是 PostGIS 的诞生地,也是加拿大不列颠哥伦比亚省的省会。除了具有历史意义外,它还是一个拥有完整数据的小城市,非常适合探索工作。我们使用在维多利亚市官方网站上找到的市政数据,把准备好的形状文件加载到临时模式中,然后使用临时数据填充一个拓扑模式,最后构建拓扑几何图形的列,并在本章数据模式中填充这些列。

使用以下命令创建临时模式和数据模式:

```
CREATE SCHEMA ch13_staging;
CREATE SCHEMA ch13;
```

我们已将 ch13_staging 模式数据打包为本章下载内容的一部分,并且已将其加载到表

cityboundary、neighbourhoods 和 streetcentrelines 中。ch13 模式包含本章的拓扑几何图形表。

13.1 什么是拓扑

地球表面是有限的。我们差不多有 1.969 亿平方英里(5.101 亿平方千米)的活动范围(包括水域)。人类有领地意识，所以我们把所有的土地划分成大大小小的国家/地区。除了南极洲和少数有争议的地区，移动一个国家/地区的边界时至少涉及两个国家/地区。地理的铁律规定，当一国/地区获得土地时，另一国/地区必须割让土地。这种零和土地游戏是人类在地球上创造完全穷尽且相互独立的国家/地区的结果。

这种完全穷尽且相互独立的区域划分是拓扑的要求。在此前提下，创建几何图形时你不必重申显而易见的事情。例如，假设你在国内有一块土地，并决定将北部的一半用于农业，将另一半用于非农业，那么必须存在某种用于进行划分的分界线。你为可耕种区域创建一个多边形，再为不可耕种区域创建另一个多边形，并使用线串将二者分开。

再举另外一个示例。1790 年，美国国会在毗邻州割让的土地上创建了华盛顿特区。该地区分为四个象限，两条垂直的轴线从国会大厦向外辐射。四个象限被恰当地命名为：西北、东北、西南和东南。假设本着平等的精神，国会决定使所有象限面积相等。这意味着将轴的中心向北和向西移动。如果你在模型中使用拓扑，那么这个过程仅意味着移动一个点。通过移动这一点，你的线串(轴)将随之移动，而形成象限的多边形将收缩或膨胀。你只需要移动一个点即可实现这一切！

这就是拓扑的力量：通过定义一组规则来确定几何图形如何相互关联，当你在进行最轻微的调整时，就不用重新审视整个布局了。

在 PostGIS 中，矢量数据有三种表示方式。比较标准的是几何模型，其中每个几何图形都是一个独立的单元。在几何模型中，共享的对象(如陆块的边界)在每个几何图形中都是重复的。另一种是地理模型，它和几何模型一样，将每一块空间视为一个独立的单元，边界是重复的，但它在球体空间中查看这些单元。然后是拓扑模型，它借用了几何学的二维视角，但有一个重要区别：在拓扑模型中，共享边界和区域一旦存储于数据库中，就链接到共享边界的几何图形。这些有链接边的几何图形称为拓扑。

它的优势在于：

- 如果你简化了一个对象的分布，那些被简化的边仍然是共享的，因此不会出现之前没有的重叠或间隙。
- 如果你有一组不应该重叠的对象，如建筑物、社区或地块，那么在拓扑模型中更容易检测和避免这些问题。

现在你已经对拓扑的概念有了新的认识，我们将继续使用 PostGIS 的拓扑函数构建拓扑。

13.2 使用拓扑

拓扑在空间特性方面与几何图形完全不同。回想一下你的第一门几何学课程：在欧几里得几何中，点、线和多边形没有坐标系背景。你关心的不是事物的绝对测量，而是它们之间的关系。在某种程度上，拓扑模型还原了经典几何，你可以在其中描述两个自由几何图形如何相互作用，而不必考虑坐标系。

因为 GIS 拓扑是图论的产物，它适用于不同的术语集。无论出于何种目的，都可以将几何中的点看作拓扑中的节点，将线串看作边，并将多边形看作面。总体而言，节点、边和面都是拓扑原语，用于代替几何图形。

注意： 我们使用的术语"拓扑"既指所研究的拓扑领域，也指拓扑网络。

13.2.1　安装拓扑扩展

在创建拓扑之前，必须确保已经安装了拓扑扩展。如果无法确定，请在数据库中查找名为 topology 的模式。此模式包含用于创建拓扑和拓扑目录表的函数。如果未找到，说明你尚未安装扩展。扩展必须逐个数据库安装：

```
CREATE EXTENSION postgis_topology;
```

在安装 topology 的过程中，PostGIS 将拓扑模式添加到数据库的 search_path 中。这意味着你不必显式地在 topology 前加前缀即可引用拓扑函数。

某些情况下，你所登录的角色可能自定义了 search_path 设置，该设置将覆盖数据库的 search_path。在继续之前，请运行以下 SQL 语句来验证 topology 是否属于 search_path 的一部分：

```
SHOW search_path;
```

如果没有在 search_path 中找到 topology 模式，请断开与数据库的连接并重新连接。

完成这些以后，就可以创建拓扑了。

13.2.2　创建拓扑

在本节中，你将基于矩形的科罗拉多(Colorado)州(SRID 为 4326)创建一个样式化拓扑。以下代码片段展示了如何创建拓扑：

```
SELECT CreateTopology('ch13a_topology',4326);
```

在执行上述 SQL 之后，你会发现一个名为 ch13a_topology 的新模式。topology.topology 目录表中将出现一个新条目，用于注册新拓扑。当你查看 ch13a_topology 模式内部时，你会看到四个正在等待数据输入的新表：node、edge_data、face 和 relation。

PostGIS 使用一个单独的模式来容纳每个拓扑网络，在本例中，该模式为 ch13a_topology。所选的 SRID 适用于模式中的所有表以及将使用 ch13a_topology 模式的所有拓扑几何列。因为拓扑涉及几何图形之间的关系，所以使用不同的 SRID 是没有意义的。

在每个拓扑中，你总会发现四个表：node、edge_data、face 和 relation。前三个只是点、线串和多边形的拓扑描述。在这三个用于存储原语的表中，edge_data 包含用于构建网络的所有信息。当你开始利用拓扑原语构建空间对象时，每个空间对象与拓扑的关系都将驻留在 relation 表中。

对于科罗拉多州，第一步可以使用 TopoGeo_AddLineString 函数添加构成该州四个边界的线串，如代码清单 13.1 所示。

代码清单 13.1   构建科罗拉多州的拓扑网络

```
SELECT TopoGeo_AddLineString(
    'ch13a_topology',
    ST_GeomFromText(
        'LINESTRING(
            -109.05304 39.195013,
            -109.05304 41.000889,
            -104.897461 40.996484
        )',
        4326
    )
);

SELECT TopoGeo_AddLineString(
    'ch13a_topology',
    ST_GeomFromText(
        'LINESTRING(
            -104.897461 40.996484,
            -102.051744 40.996484,
            -102.051744 40.003029
        )',
        4326
    )
);

SELECT TopoGeo_AddLineString(
    'ch13a_topology',
    ST_GeomFromText(
        'LINESTRING(
            -102.051744 40.003029,
            -102.04874 36.992682,
            -104.48204 36.992682
        )',
        4326
    )
);

SELECT TopoGeo_AddLineString(
    'ch13a_topology',
    ST_GeomFromText(
        'LINESTRING(
            -104.48204 36.992682,
            -109.045226 36.999077,
            -109.05304 39.195013
        )',
        4326
    )
);
```

为了确保你输入或复制的一切都是正确的，请执行以下 SQL：

```
SELECT ST_GetFaceGeometry('ch13a_topology',1);
```

如果查看 pgAdmin 中 Geometry 查看器上的输出，你应该会看到图 13.1 所示的内容。

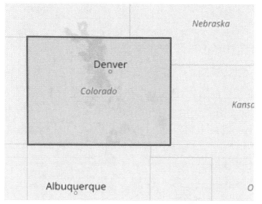

图 13.1　pgAdmin 4 中显示的科罗拉多州

整个科罗拉多州是一个大的面，是一个完美的矩形多边形几何图形。

运行代码清单 13.1 中的代码后查看表的内部，你将看到四条新边、四个新节点和一个新面。TopoGeo_AddLineString 函数使用边数据自动生成拓扑网络，并填充节点和面。你现在有了科罗拉多州矩形轮廓的拓扑结构。

两条主要的州际公路纵横交错地贯穿全州：I-25 向北/南延伸，I-70 向西/东延伸。可以使用代码清单 13.2 中的代码添加 I-70。

代码清单 13.2　添加 I-70 公路

```
SELECT TopoGeo_AddLineString(
    'ch13a_topology',
    ST_GeomFromText(
        'LINESTRING(
            -109.05304 39.195013,
            -108.555908 39.108751,
            -105.021057 39.717751,
            -102.051744 40.003029
        )',
        4326
    )
);
```

成功添加 I-70 后，SELECT 将返回新边的 ID 号。你应该在输出中看到数字 5。

现在，添加 I-25(见代码清单 13.3)。

代码清单 13.3　添加 I-25 公路

```
SELECT TopoGeo_AddLineString(
    'ch13a_topology',
    ST_GeomFromText(
        'LINESTRING(
            -104.897461 40.996484,
```

```
            -105.021057 39.717751,
            -104.798584 38.814031,
            -104.48204 36.992682
        )',
        4326
    )
);
```

因为你先添加 I-70，然后添加 I-25，后者会将 I-70 一分为二，为自己创建两条边并将 I-70 分成两条边。输出将返回 I-25 两个新边的 ID 号：7 和 8。

此时，图表会有所帮助。我们使用 QGIS PostGIS Topology Viewer 生成了图 13.2，其中显示了 4 个面的 ID、8 个边的 ID 以及 5 个节点(面、边、节点使用不同的数字样式)。

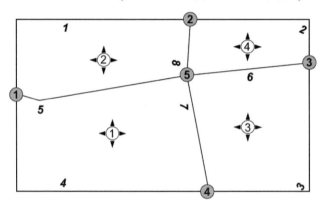

图 13.2　科罗拉多州的拓扑网络

I-25(边 8 和边 7，节点 2、5、4)由北向南。I-70(边 5 和边 6，节点 1、5、3)从西向东。这两条公路在州首府丹佛相交(节点 5)。

新添加的高速公路将原来单面的科罗拉多州分为 4 个面。再次仔细查看表格：PostGIS 自动重新组织了你的拓扑。角点不再是节点，而只是勾勒出边的顶点。PostGIS 为丹佛添加了一个节点，两条高速公路的边在此处相交。

我们用纽结建模高速公路。I-25 的纽结是科罗拉多斯普林斯。I-70 的纽结在大章克申。这些纽结只是用于完善几何图形的顶点，它们在关系中不起任何作用。因此，它们不是节点。边只在节点处相交。

现在总共有 8 条边。两条高速公路将科罗拉多州分割成 4 个不同的多边形或面。新增的 I-25 公路将原来的单边 I-70(边 5)一分为二(边 5 和边 6)。

如果使用下面的查询查看 face 表，你将看到所有面被列出，以及它们的最小边界矩形(minimum bounding rectangle)，这就是面的边界框。face 表不存储实际的多边形，因为导出它们所需的所有数据都可以在 edge_data 表中找到。这种存储方法遵循仅将数据保存在一处的数据库原则。和之前一样，可以使用 ST_GetFaceGeometry 函数查看实际的面几何图形：

```
SELECT face_id, mbr,                                          返回面几何图形
ST_GetFaceGeometry('ch13a_topology',face_id) AS geom  ◄───────
FROM ch13a_topology.face          排除没有几何图形的
WHERE face_id > 0;  ◄───────      通用面
```

上方查询中 geom 列的输出如图 13.3 所示。该查询只考虑非通用面。通用面的 ID 总是 0，表示它不是拓扑的一部分，所以总是空的。

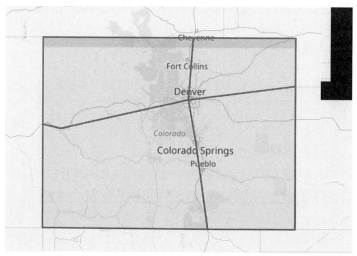

图 13.3　在 pgAdmin 4 中可见，丹佛将科罗拉多州分为 4 份

edge 视图和 edge_data

edge 视图包含 edge_data 表的列的一个子集。edge_data 表包含了未在 OGC 拓扑规范中定义，但在 PostGIS 拓扑中使用的附加列。对于一般用途，为了遵循 OGC 拓扑标准，应该使用 edge 视图，而不是直接查询 edge_data 表。

请记住，拓扑所关注的不是描述几何图形，而是它们之间的关系。接下来，删除科罗拉多州中所有多余的顶点，这将创建一个骨架网络图，如图 13.4 所示。

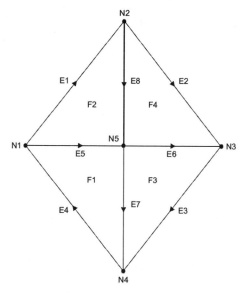

图 13.4　简化的网络拓扑

可以使用代码清单 13.4 中的代码，通过查询边视图查看构成拓扑的边。

代码清单 13.4　查询 edge_data

```
SELECT *
FROM ch13a_topology.edge
ORDER BY edge_id;
```

代码清单 13.4 的 pgAdmin 输出结果如图 13.5 所示，该图展示了基于简化拓扑的边视图的内容。如果你的输出略有不同，不要惊慌。但是，此时应该有八条边。

edge_id [PK] integer	start_node integer	end_node integer	next_left_edge integer	abs_next_left_edge integer	next_right_edge integer	abs_next_right_edge integer	left_face integer	right_face integer	geom geometry
1	1	1	2	2	2	5	5	0	2 0102000020E6100...
2	2	2	3	3	3	7	7	0	3 0102000020E6100...
3	3	3	4	4	4	-6	6	0	4 0102000020E6100...
4	4	4	1	1	1	-8	8	0	1 0102000020E6100...
5	5	1	5	-7	7	-4	4	2	1 0102000020E6100...
6	6	5	3	-2	2	8	8	3	4 0102000020E6100...
7	7	2	5	6	6	-1	1	3	2 0102000020E6100...
8	8	5	4	-3	3	-5	5	1	0 0102000020E6100...

图 13.5　简化的网络拓扑

13.2.3　拓扑几何图形类型

构建好拓扑以后，就可以对原语进行分组以构成拓扑几何图形(topogeometry)，在拓扑术语中，它被称为图层。

假设你想收集科罗拉多州模型中组成高速公路的四条边。首先，可以创建一个新表来存储拓扑几何图形，如代码清单 13.5 所示。可以使用 PostGIS 的 AddTopoGeometryColumn 函数向该表添加一个 topogeometry 列，并且始终应该使用 AddTopoGeometryColumn 函数创建新列，因为它负责在 topology.layer 表中注册新的 topogeometry 列。

代码清单 13.5　创建一个表来存储高速公路并定义一个 topogeometry 列

```
CREATE TABLE ch13.highways_topo (highway varchar(20) PRIMARY KEY);
SELECT AddTopoGeometryColumn(
    'ch13a_topology',
    'ch13',
    'highways_topo',
    'topo',
    'LINESTRING'
);
```

运行上述代码后，你应该会在 topology.layer 表中看到一个新条目。AddTopoGeometryColumn 将返回自动分配的新图层 ID。请记住，拓扑几何图形总是与一个图层相关联。

一旦有了 topogeometry 列，就可以使用 CreateTopoGeom 函数添加 I-70 公路，如代码清单 13.6 所示。

代码清单 13.6　使用 CreateTopoGeom 定义 I-70 拓扑几何图形

```
INSERT INTO ch13.highways_topo (highway, topo)
```

```
VALUES (
    'I70',
    CreateTopoGeom(                          ← 为I-70 定义一个条目，其中拓扑元素由
        'ch13a_topology',                        ch13a_topology 构成
        2,                            ← 该拓扑几何所属图层的 ID。这是定义
        1,                               拓扑几何列时返回的数字
        '{{5,2},{6,2}}'::topoelementarray    ←
    )
);                                              构成此拓扑几何的元素。数组中的每个
                                                元素都由元素 ID 和元素类型(1=节点，
拓扑几何类型：2=线                                2=边，3=面)构成。在本例中，所有元
                                                素都是边
```

当定义一个新的拓扑几何列时，需要用以下数字之一表示拓扑几何类型：1=点，2=线，3=面。在拓扑几何图形中，多边形和多边形集合被归于面类型，点和点集合是点类型，线串和线串集合是线类型。

一个拓扑结构被实现为由 4 个元素组成的数据库域类型。可以通过以下查询进行查看：

```
SELECT highway, topo, (topo).*
FROM ch13.highways_topo WHERE highway = 'I70';
```

以上查询命令的输出为：

```
highway |    topo    | topology_id | layer_id | id | type
--------+-----------+------------+----------+----+------
  I70   | (1,1,1,2) |      1     |     1    | 1  |  2
(1 row)
```

如你所见，扩展(topo).*以列的形式列出了构成拓扑结构的部分。第一项是拓扑几何图形所属的拓扑结构。第二个元素是拓扑几何结构所属的 layer，它是你添加列时分配给 ch13.highways_topo 列的图层 ID。第三项是 topogeo_id 列中 ch13a_topology 模式 relation 表中拓扑几何图形的 ID。最后的第四项是类型，在本例中是 2=lineal。

如果你已有几何图形，可以使用强大的 toTopoGeom 函数将几何图形转换为拓扑几何图形，并将新形成的拓扑几何图形添加到表中，如代码清单 13.7 所示。

代码清单 13.7　使用 toTopoGeom 定义拓扑几何图形

```
INSERT INTO ch13.highways_topo (highway, topo)
SELECT
    'I25',                         使用 toTopoGeom 函数定义 I-25
    toTopoGeom(                  ←
        ST_GeomFromText(
            'LINESTRING(
                -104.897461 40.996484,
                -105.021057 39.717751,
                -104.798584 38.814031,
                -104.48204 36.992682
拓扑             )',
                4326              几何图形；如果它不存在，那么将创
        ),                    ←   建形成几何图形所需的任何边或节点
      'ch13a_topology',
    1                     ←
);
                     图层
```

在代码清单 13.7 中，使用 toTopoGeom 函数添加了 I-25 的拓扑几何图形。使用此函数的风险和好处在于，默认情况下，如果不存在用于形成新拓扑几何的原语，它将根据需要创建新的原语的边、节点和面。

在本例中，你已经在代码清单 13.3 中添加了原语的边，所以 toTopoGeom 不应该引入新的边。你需要添加拓扑的名称，以及将与此新拓扑几何图形关联的图层。该图层 ID 必须与代码清单 13.5 中创建拓扑几何图形列时返回的 ID 相同。

如果形成新拓扑几何图形所需的节点或边不存在，toTopoGeom 函数将自动应用一个容差 (tolerance) 来查找匹配的节点或边，然后创建它们。换句话说，如果现有节点在线串几何图形的捕捉距离内，toTopoGeom 将移动线串以将节点合并为顶点，而不是创建新节点。如果你想覆盖默认的容差，可以向 toTopoGeom 传递一个附加末尾参数来设置容差。toTopoGeom 使用的默认容差是输入几何图形的边界框的函数。这个默认容差是使用函数 topology._ST_MinTolerance 在内部计算的。

要确认新拓扑几何图形的组成，可以使用 GetTopoGeomElements 函数，如代码清单 13.8 所示。

代码清单 13.8　查询科罗拉多州公路的原语元素

```
SELECT highway, (topo).*, GetTopoGeomElements(topo) As el
FROM ch13.highways_topo
ORDER BY highway;
```

此代码清单输出使用 (topo).* 访问的 4 个拓扑几何子元素标识符和使用 GetTopoGeomElements 函数的一组拓扑元素：

```
highway | topology_id | layer_id | id | type | el
--------+-------------+----------+----+------+-------
  I25   |           1 |        1 |  2 |    2 | {7,2}
  I25   |           1 |        1 |  2 |    2 | {8,2}
  I70   |           1 |        1 |  1 |    2 | {5,2}
  I70   |           1 |        1 |  1 |    2 | {6,2}
```

代码清单 13.8 中的代码为每个拓扑几何图形返回一组被称为拓扑元素的对象。虽然 highways_topo 表中只有两行，但是在使用 GetTopoGeomElements 函数时返回了四行，这是因为 GetTopoGeomElements 为每条公路的每条边返回一行。

topoelement 对象是一个包含两个元素的整数数组域类型。第一个是对应表中元素的 ID。因为边组成了高速公路，所以这些 ID 是 ch13a_topology.edge 中的 edge_ids。topoelement 的第二个元素表示图层/类类型(1=节点，2=边，3=面，更高的数字是图层的 ID)。

建立命名约定

PostGIS 没有明确区分描述拓扑网络的数据库对象和你自己在拓扑几何图形列中使用的拓扑。建议你建立一个命名约定。支持拓扑的模式和表不计其数，使人困惑，对于那些负责维护底层网络的人来说，尤其如此。

13.2.4　对拓扑用法的简要回顾

PostGIS 拓扑模型为处理拓扑提供了以下特性：

- 启用拓扑扩展，可立即创建拓扑模式和函数。
- topology.topology 表记录了数据库中的所有拓扑。
- topology.layer 表记录了数据库中的所有拓扑几何图形列(图层)。
- 每个拓扑网络都有自己的网络模式。
- 原语(边、节点、面)在网络模式中有各自的表。
- 特定拓扑网络模式中的 relation 表(本例中为 ch13a_topology.relation)记录了哪些拓扑原语和图层元素属于哪些拓扑几何图形。

一旦构建好拓扑，就可以在数据库中的任何位置使用它们。通过拓扑构建拓扑几何图形，可以在数据库中的其他位置使用它们。过程如下：

- 将拓扑几何图形列(图层)添加到你的表中。
- 从原语或其他图层创建拓扑几何图形，并将它们添加到你的拓扑几何图形列中。
- 从几何图形中添加拓扑几何图形，并使用 toTopoGeom 函数一次性更改你的底层网络。但请记住，一旦你这样做，会自动添加边、面和节点，并分割现有的边、面和节点。一旦以这种方式更改了拓扑，就无法通过删除引入的拓扑几何图形来还原拓扑。

在下一节中，你将了解如何使用从各种来源获取的数据，以及如何修复由于引入不完美的数据而生成的错误拓扑。

13.3　维多利亚市的拓扑

本节将展示一个使用拓扑的真实示例，所选的城市是不列颠哥伦比亚省的维多利亚市。

13.3.1　创建维多利亚的拓扑

使用拓扑的第一步是创建拓扑。和之前一样，要使用 CreateTopology 函数；第一个参数是拓扑的名称，第二个参数是 SRID。

维多利亚的数据格式为 WGS 84 lon/lat(SRID 4326)。你可以坚持使用这个空间参考系统，但是以度为单位来测量容差是很麻烦的，我们更倾向于以米为单位。对于维多利亚，一个不错的平面空间参考系统是 UTM Zone 10N(SRID 32610)。UTM 允许你以米为单位进行测量,而且可以保留面积。

首先，可以创建拓扑来保存数据：

```
SELECT CreateTopology('ch13_topology', 32610, 0.05);
```

该函数用于在 topology 模式下的拓扑表中注册拓扑，topology 模式是在安装 postgis_topology 扩展时创建的。该函数还创建了 ch13_topology 数据库模式以容纳拓扑元素。

上述代码指定了 0.05 m 的默认容差。对于函数中的可选容差参数，如果没有传入值，函数将使用默认值。粗略地说，容差是两个点之间的最小距离，使它们被认为是不同的点。例如，如果一个节点与另一个节点的距离只有 0.01 m，那么 PostGIS 会将这两个节点捕捉为一个节点。

13.3.2 向拓扑中添加原语

在本节中，你将学习如何使用几何图形将原语添加到拓扑中。为了将拓扑原语添加到拓扑中，并将几何图形用作数据源，PostGIS 拓扑提供了三个函数：TopoGeo_AddPoint、TopoGeo_AddLineString 和 TopoGeo_AddPolygon。每个函数都接受一个可选的容差参数，该参数依据拓扑的空间参考系统单元，用于表示构成要素的原语与现有的拓扑原语之间的距离应当有多近，或构成要素的原语彼此之间的距离应当有多近，才能与该原语接合在一起。若没有传入容差参数，该函数将查找为拓扑指定的容差。若没有为拓扑指定容差，那么函数将通过检查所添加几何图形的边界框来得到一个可接受的容差。

这些函数还可以创建其他原语。例如，若使用 TopoGeo_AddLineString 添加一个线串，可能会创建两条边和一个面，但结果只会返回创建的边。

如果你不想要自动添加原语的不确定性和便利性，可以使用以下三个函数：AddNode、AddEdge 和 AddFace。它们分别添加一个节点、一条边和一个面。这些函数更具可预测性，因为它们永远不会将边分割或以边形成面，如果它们在违反拓扑要求的情况下向拓扑添加了原语，它们就会报错。如果你对所有原语及其构造序列心中有数，那么你应该能够使用这些低级函数。

在本节中，你将学习如何使用 TopoGeo_AddLineString 和 TopoGeo_AddPolygon。与这两个函数相比，TopoGeo_AddPoint 函数的使用频率要低得多，其工作方式完全相同，只是它操作的对象是一个点，而不是线串或多边形。

1. 函数 TopoGeo_AddLineString

TopoGeo_AddLineString 函数向拓扑添加节点、边和面，其输入为单个线串。首先，加载维多利亚市的边界线串，如代码清单 13.9 所示。

代码清单 13.9 加载行政边界的线串

```
SELECT
    gid,
    TopoGeo_AddLineString(
        'ch13_topology', ST_Transform(geom, 32610)
    ) As edge_id          ◀────────  创建边
FROM (
    SELECT gid, (ST_Dump(geom)).geom FROM ch13_staging.cityboundary
) As f;          ◀────────
                         将线串集合展开为线串
                    ❶
```

TopoGeo_AddLineString 只接受线串，不接受线串集合。这意味着需要使用 ST_Dump ❶ 将线串集合分解为线串。需要为这个子选择添加一个别名，因为 PostgreSQL 要求 FROM 中的所有子选择都有一个名称。本例中我们使用 f。用什么名字并不重要。

对于维多利亚的行政边界数据，所有记录都是单行的线串集合，因此 f 子查询中的记录数与

cityboundary 表中的行数相同。

　　代码清单 13.10 显示了代码清单 13.9 的输出。

```
gid | edge_id
+----+---------
  1 |      1
```

　　TopoGeo_AddLineString 是一个集合返回函数，这意味着它能够扩展行数，因为每次调用可能返回多个值。

　　现在，拓扑由两个面、一条边和一个节点组成，如图 13.6 所示。

　　代码清单 13.11 检查拓扑的当前状态。

图 13.6　维多利亚的拓扑(显示边界)

```
SELECT 'faces' As type, COUNT(*) As num FROM ch13_topology.face
UNION ALL
SELECT 'edges' As type, COUNT(*) As num FROM ch13_topology.edge
UNION ALL
SELECT 'nodes' As type, COUNT(*) As num FROM ch13_topology.node
UNION ALL
SELECT 'relations' As type, COUNT(*) As num FROM ch13_topology.relation;
```

　　代码清单 13.11 的输出如下：

```
    type | num
-----------+-----
 faces     | 2
 edges     | 1
 nodes     | 1
 relations | 0
```

　　注意，即使你只在拓扑中添加线串以创建单个边，PostGIS 也会自动创建一个面来包围边，并创建一个节点来划分边的起点和终点。一个更巧妙的补充是通用面。每个拓扑都有一个通用面，其中包含了拓扑外部的部分。因此你有两个面：一个是维多利亚的面，一个不是维多利亚的面。

2. 函数 TopoGeo_AddPolygon

TopoGeo_AddPolygon 利用多边形创建面，但在此过程中，它很可能会创建其他原语来填充拓扑。TopoGeo_AddPolygon 接受多边形而不是多边形集合，然后返回创建的新面的 ID 或输入多边形中包含的面的 ID。

在下一个示例(代码清单 13.12)中，我们将添加维多利亚社区。

代码清单 13.12　使用带容差的 TopoGeo_AddPolygon

```
SELECT
    gid,
    TopoGeo_AddPolygon(
        'ch13_topology', ST_Transform(geom, 32610), 0.05
    ) As face_id
FROM (
    SELECT
        gid,
        (ST_Dump(geom)).geom
    FROM ch13_staging.neighbourhoods
) As f;
```

代码清单 13.12 利用由 14 个单多边形组成的多边形集合创建了 27 个面。此示例应用了 0.05 的容差，接合了 0.05 m 范围内的所有对象。

你可能会发现，当你使用相同的数据集第二次运行 TopoGeo_AddPolygon 或 TopoGeo_AddLineString 时，返回的 ID 数可能会多于第一次。这是因为第一轮只返回所创建原语的 ID。如果在函数运行过程中需要拆分现有的原语，那么直到第二轮你才会看到所拆分原语的 ID。但建议不要太相信这些函数返回的 ID。

你也许会困惑，为什么仅用 14 个多边形就能得到 28 个面。这与重叠有关。理想情况下，形成维多利亚的 14 个多边形应该完全代表维多利亚的面，且社区间没有重叠或间隙——我们称之为"相互独立、完全穷尽"。而现实世界中，数据永远不会如此完美。你将不得不应对重叠的小块多边形。后面的部分将向你展示如何重新对齐这些多边形以消除烦人的碎片。

13.3.3　创建拓扑几何图形

构建拓扑的主要原因是为空间对象提供一个"脚手架"，我们称之为拓扑几何图形。为什么需要它？与几何图形不同，拓扑几何图形由拓扑中的元素组成，这些元素可与其他拓扑几何图形或拓扑中的其他元素共享。如果一个相邻拓扑几何图形的边界改变了，那么该拓扑几何图形的边界也会改变。这是地籍测量、地块边界研究中一个非常重要的特性。

创建拓扑几何图形的过程分三步：

(1) 通过在表中定义一个拓扑几何图形列来创建一个图层。

(2) 通过收集原语元素，收集其他图层元素或从几何图形中构建它们来创建拓扑几何图形。

(3) 将拓扑几何图形插入拓扑几何图形列中。

在本节中，你将重温如何创建拓扑几何图形列并使用拓扑几何图形填充它们。你将了解如何使用现有的几何图形以及如何利用拓扑中的现有元素进行构建。你将使用维多利亚数据进行这些练习。

拓扑几何图形记录在拓扑的 relation 表中。

1. 使用 AddTopoGeometryColumn 构建图层

代码清单 13.13 中的代码构建了两个拓扑图层。

代码清单 13.13　创建表格并添加拓扑几何图形列

```
CREATE TABLE ch13.neighbourhoods (feat_name varchar(50) primary key);
SELECT AddTopoGeometryColumn(
    'ch13_topology',
    'ch13',
    'neighbourhoods',
    'topo',                      ❶
    'MULTIPOLYGON'
);

CREATE TABLE ch13.cities (feat_name varchar(150) primary key);
SELECT AddTopoGeometryColumn(
    'ch13_topology',
    'ch13',
    'cities',
    'topo',
    'MULTIPOLYGON',              ❷
    1
);
```

❶ 社区集合的拓扑几何图形列

❷ 城市集合的拓扑几何图形列

代码清单 13.13 创建了两种类型的拓扑几何图形列。在 neighbourhoods 表中定义一个名为 topo 的列来存储每个社区由❶组成的面。然后在 cities 表中定义一个名为 topo 的列来存储每个城市由❷组成的社区(图层=1)。

每个城市都由一个拓扑几何图形定义。在维多利亚这个示例中，你只需要一个城市，因此只有一个拓扑几何图形。

可以使用\d ch13.neighbourhoods 和\d ch13.cities 通过 psql 查询表：

```
Table "ch13.neighbourhoods"
   Column |          Type           | Modifiers
-----------+-------------------------+-----------
 feat_name | character varying(50)   | not null
 topo      | topogeometry            |

Indexes:
   "neighbourhoods_pkey" PRIMARY KEY, btree (feat_name)
Check constraints:
   "check_topogeom_topo"
   CHECK ((topo).topology_id = 2
   AND (topo).layer_id = 1 AND (topo).type = 3)
```

```
Table "ch13.cities"
 Column    |          Type          | Modifiers
-----------+------------------------+-----------
 feat_name | character varying(150) | not null
 topo      | topogeometry           |

Indexes:
    "cities_pkey" PRIMARY KEY, btree (feat_name)
Check constraints:
    "check_topogeom_topo"
    CHECK ((topo).topology_id = 2
    AND (topo).layer_id = 2 AND (topo).type = 3)
```

虽然很难从表的描述中看出城市被构建为由社区组成的模型，但你可以检查 topology.layer 表，它列出了所有的拓扑几何图形列。在其中，你会看到城市图层 child_id 字段被填充为 1，表明每个城市都由子社区组成。

2. 将几何图形转换为拓扑几何图形

正如你在科罗拉多州示例中已经看到的，强大的 toTopoGeom 函数能够将一个几何图形转换为对应的拓扑几何图形。但在使用它之前，你必须已经有一个图层——图层的 ID 是 toTopoGeom 的必填参数，并且传入的图层必须是原语的图层。在目前的维多利亚示例中，这意味着只有 neighbourhoods 表中的 topo 列可以用于 toTopoGeom。你不能使用 toTopoGeom 将拓扑几何图形添加到 cities 表，因为 cities.topo 对应的拓扑图层是一个必须由社区(非原语图层类型)组成的、有层级结构的图层。

提前警告！如果不能在容差范围内找到节点、边和面，那么对 toTopoGeom 的每次调用都可能在底层拓扑中生成新的原语。根据要维持的拓扑几何图形数量以及希望控制拓扑本身更改的严格程度，你可能不希望使用这个函数，或者至少在使用时要非常小心。

例如，假设你精心创建了北京快速发展的地铁网络的拓扑结构，并授予你的同事创建拓扑几何图形的权利。负责站点的同事创建了节点图层，负责环路的同事创建了边图层，以此类推。一天，一位笨手笨脚的、负责机场地铁线路的新同事决定为他的地铁线路和分支创建一个图层。他下载了北京高速公路的线串，并以为这是机场快线地铁的几何图形。他使用了多功能的 toTopoGeom 函数添加他的线串。这个故事的结局请自行想象。

下面的示例展示了如何利用 neighbourhoods.topo 图层创建拓扑几何图形：

```
INSERT INTO ch13.neighbourhoods (feat_name, topo)
SELECT
    neighbourh,
    toTopoGeom(
        ST_Transform(geom, 32610), 'ch13_topology', 1, 0.05
    )
FROM ch13_staging.neighbourhoods;
```

3. 利用现有的拓扑元素创建拓扑几何图形

在更可控的情况下，比如维护拓扑和创建拓扑几何图形的不是同一个人，你只希望允许利用拓扑中现有的拓扑元素来形成新的拓扑几何图形。如果你知道这些元素是什么，或者可以根据几何包含等关系计算它们，则可以使用函数 CreateTopoGeom 和 TopoElementArray_Agg，如代码清单 13.14
所示。

代码清单 13.14　利用非原语创建拓扑几何图形

```
INSERT INTO ch13.cities (feat_name, topo)
SELECT
    'Victoria',
    CreateTopoGeom(        ❶
        'ch13_topology',      面
        3,
        2,      ←  ❷  图层
        (
            SELECT TopoElementArray_Agg(
                ARRAY[(topo).id,(topo).layer_id]
            )
            FROM ch13.neighbourhoods  ←
        )                              收集所有元素
);
```

代码清单 13.14 将维多利亚添加到 cities 表中。CreateTopoGeom 函数能将拓扑几何图形集中到
一起。它在本例中的参数表示你将新的拓扑几何图形指定为面类型，元素类型为 3 ❶。你还指定新
的拓扑几何图形将属于 cities 拓扑几何图形列，图层为 2 ❷。

在本例中，你将收集维多利亚社区中的所有面，但更常见的是，你会发现需要使用 ST_Contains
(geom, topo::geometry)之类的工具执行包含检查。例如，如果你的 neighbourhoods 表还包括附近萨
尼奇(Sannich)的区域，你就必须使用维多利亚多边形筛选维多利亚城市边界内的社区。

大多数桌面查看工具没有拓扑几何的概念。要获取图片，你必须将拓扑几何图形转换为几何图
形，如下例所示：

```
SELECT topo::geometry FROM ch13.cities WHERE feat_name = 'Victoria';
```

现在可以将你的结果导入 OpenJUMP、pgAdmin 或 QGIS 中，如图 13.7 所示。

图 13.7　作为几何图形的维多利亚

要显示社区，需要将每个面转换为一个多边形几何图形，如下例所示：

```
SELECT face_id, ST_GetFaceGeometry('ch13_topology', face_id)
FROM (
    SELECT (GetTopoGeomElements(topo))[1] As face_id
    FROM ch13.cities
    WHERE feat_name = 'Victoria'
) As x;
```

通过主题化，OpenJUMP 中的输出如图 13.8 所示。

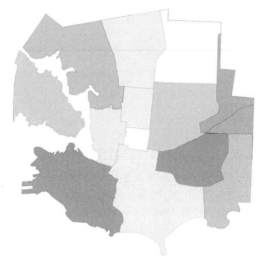

图 13.8　维多利亚的面

13.4　通过编辑拓扑原语来修复拓扑几何问题

回想一下，在代码清单 13.12 中，你添加了 14 个多边形，最终拓扑中共有 38 个面。其中，有社区多边形重叠的情况，也有社区没有完全填满城市多边形的情况。你最终得到的碎片本身就是多边形，但它们太小，你无法从地图上将其分辨出来。除了固有的有误数据之外，简化也是导致错误的常见原因。简化是一个几何过程，因此它关注的是相互独立的几何图形。当你使用 PostGIS 中的几何简化函数(如 ST_Simplify 或 ST_SimplifyPreserveTopology)，通过减少顶点的数量来简化社区多边形几何图形时，PostGIS 并不关心如何调整多边形以避免引入小间隙。本章后面将演示此问题，并展示如何在拓扑几何上使用 ST_Simplify 以避免此问题。

目前，示例 ch13_topology 有 37 个面，包括通用面。neighbourhoods 图层有 14 个拓扑几何图形。借助 QGIS，你可以使用 ch13_topology.faces 覆盖 neighbourhoods。在图 13.9 中，社区以各自名称标记，面用各自的 ID 标记。

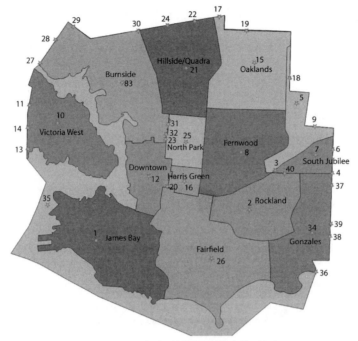

图 13.9　QGIS 中显示的带有面的维多利亚社区

请仔细看看伯恩赛德(Burnside)。它有很小的面(用数字 21、22、25、28、29 表示)，几乎不占边界。运行代码清单 13.15 中的代码，查看社区中所有繁杂的小面。

代码清单 13.15　有多个面的社区

```
SELECT feat_name, COUNT(face_id) As num_faces,
    MIN(
        ST_Area(ST_GetFaceGeometry('ch13_topology',face_id))
    )::numeric(10,2) As min_area,
    MAX(
        ST_Area(ST_GetFaceGeometry('ch13_topology',face_id))
    )::numeric(10,2) As max_area
FROM (
    SELECT feat_name, (GetTopoGeomElements(topo))[1] As face_id
    FROM ch13.neighbourhoods
) As x
GROUP BY feat_name
HAVING COUNT(face_id) > 1
ORDER BY COUNT(face_id) DESC;
```

代码清单 13.15 的输出如下：

```
  feat_name     | num_faces | min_area | max_area
----------------+-----------+----------+------------
  Burnside      |         6 |     1.48 | 2383705.36
  Gonzales      |         4 |     0.03 | 1366871.65
  Victoria West |         4 |     2.22 | 1579455.03
  North Park    |         3 |    41.29 |  554622.59
```

```
   Oaklands        |         2 | 11997.94 | 1733012.41
   North Jubilee   |         2 |    39.05 |  629632.96
   Hillside/Quadra |         2 |    62.23 | 1658087.55
(7 rows)
```

代码清单 13.15 中的代码列出了所有不止一个面的社区，它们共有 25 个面。未列出的另外 6
个社区各有一个面，使我们总共有属于社区的 30 个面。显然，有些面可能不属于任何社区，因为
我们有 37 个非通用面。

13.4.1　通过删除边来移除面

ST_RemEdgeNewFace 函数可删除一条边。如果边分割了两个面，则原来的面被破坏，并创建
一个结合原有两个面的新面。

在代码清单 13.16 中，你将毫无顾忌地使用该函数，并尝试对形成这些小块多边形面的所有边
进行盲目的删除。你敢这样大胆的原因在于，如果最后删除了 ch13.neighbourhoods 中定义的拓扑几
何图形所使用的面，则进程将失败，且拓扑几何图形不会完全覆盖所创建的新面。因此，无论失败
与否，你都将删除那些不会影响社区几何定义(topo::geometry)的边。

代码清单 13.16　移除小面积的多余面

```
DO
LANGUAGE plpgsql
$$
DECLARE r record; var_face integer;
BEGIN
    FOR r IN (
    SELECT DISTINCT abs(
        (ST_GetFaceEdges(
            'ch13_topology',face_id)
        ).edge
    ) As edge
    FROM (
        SELECT feat_name, (GetTopoGeomElements(topo))[1] As face_id
        FROM ch13.neighbourhoods
    ) As x
    WHERE ST_Area(ST_GetFaceGeometry('ch13_topology',face_id)) < 55000
      )
    LOOP
      BEGIN
        var_face := ST_RemEdgeNewFace('ch13_topology',r.edge);
        EXCEPTION
            WHEN OTHERS THEN
        RAISE WARNING 'Failed remove edge: %, %', r.edge, SQLERRM;
      END;
    END LOOP;
END
$$;
```

在代码清单 13.16 中，如果移除步骤失败，你将引发警告，但因为它只是一个警告，所以代码
将继续运行以处理剩余的边。

在运行代码清单 13.16 之后，再次运行代码清单 13.15，看看你做了什么：

```
 feat_name   | num_faces | min_area | max_area
+-------------+-----------+----------+------------
 North Park  |        3 |    41.29 |  554621.97
 Burnside    |        3 |    41.29 | 2383714.40
```

原先有八个社区拥有不止一个面，现在只剩下两个这样的社区了。你缩减了多余的面，但没有把它们消除。如图 13.10 所示，使用 QGIS，你会发现北方公园(North Park)和伯恩赛德(Burnside)之间存在边界纠纷(面 21 和面 28 周围)。构成这些面的边不会被之前的过程破坏，因为它们会通过给予北部公园土地或从北部公园夺走土地而改变北部公园和伯恩赛德的边界。

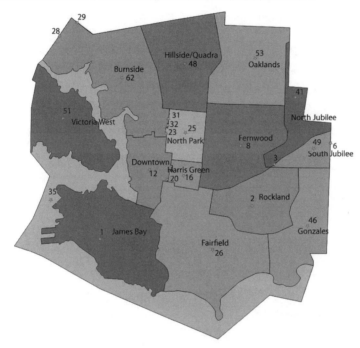

图 13.10　QGIS 中显示的被面覆盖的维多利亚社区

13.4.2　检查共享面

通常来说，仅凭观察难以分辨共享面(如果有的话)。更明确的办法是使用查询。代码清单 13.17 将先转储两个相邻社区的拓扑元素 ID，并且只返回那些共同的面。

代码清单 13.17　查找共享面

```
SELECT (GetTopoGeomElements(topo))[1] As face_id     ◄──────────        北方公园的面 ID
FROM ch13.neighbourhoods
WHERE feat_name = 'North Park'
INTERSECT
SELECT (GetTopoGeomElements(topo))[1] As face_id     ◄──────────        伯恩赛德的面 ID
FROM ch13.neighbourhoods
```

```
WHERE feat_name = 'Burnside';
```

代码清单 13.17 的输出如下:

```
face_id
--------
21
28
```

现在你明白了,原来面 21 和面 28 是共享的。这就需要改变底层的拓扑几何,使社区不会相互重叠。

13.4.3 编辑拓扑几何

修复重叠的最简单方法是从每个拓扑几何图形中移除一个共享面。遗憾的是,PostGIS 拓扑没有提供这样的功能;你需要直接操作拓扑表。回想一下,ch13_topology.relation 表保存了拓扑几何与拓扑之间的所有关系。可以编辑此表将面与拓扑几何图形分离。

代码清单 13.18 删除了 relation 表中关于北方公园和伯恩赛德的共享条目。

代码清单 13.18　从拓扑几何图形中移除共享区域

```
DELETE FROM ch13_topology.relation AS r    ◄──────── 从 relation 表中删除
WHERE EXISTS (
    SELECT topo               ◄────────
    FROM ch13.neighbourhoods As n          从北方公园移除面 21
    WHERE
        feat_name = 'North Park' AND
        (topo).id = r.topogeo_id AND
        r.element_id = 21 AND
        r.element_type = 3
);


DELETE FROM ch13_topology.relation AS r    ◄──────── 从伯恩赛德移除面 28
WHERE EXISTS (
    SELECT topo
    FROM ch13.neighbourhoods As n
    WHERE
        feat_name = 'Burnside' AND
        (topo).id = r.topogeo_id AND
        r.element_id = 28 AND
        r.element_type = 3
);
```

运行代码清单 13.18 之后,重新运行代码清单 13.16。现在,你所有的社区都应该只有一个面。

13.5　插入和编辑大型数据集

到目前为止,你已经学习了如何插入小组的多边形和线串。当你开始加载大城市的街道和地块时,你将看到成千上万的边和面。在加载大型数据集时,一个棘手的问题是可能会遇到拓扑错误,这些错误会阻碍导入过程。

　　和大多数关系数据库一样，PostgreSQL 是基于事务的。每条插入语句或更新语句都作为一个事务运行，这意味着所有记录必须成功或失败，没有部分更新或插入。如果 PostGIS 在 1 h 的插入过程结束时出现了一个错误记录，那么你浪费了整整 1 h。为了避免事务的 "全有或全无" 特性，建议以小批量的方式执行插入或更新。要实现这一点，请在 DO 命令或函数中运行进程：

- DO 命令将运行单个事务，但每次出错时都会提示。如果选择忽略该错误，则执行将继续。
- 在函数方法中，可以将插入或更新嵌入函数中，然后使用小批量数据迭代调用该函数。如果出现错误，则只影响当前批数据。

　　下方示例演示了一种增强的函数方法，还可以在该方法中捕获函数本身的错误。首先，需要创建一个包含拓扑列的新表，如代码清单 13.19 所示。

代码清单 13.19　创建表格以保存街道拓扑几何

```
CREATE TABLE ch13.streets (
    gid integer primary key,
    feat_name varchar(50),
    access varchar(20),
    rd_class varchar(20),                    ❶  创建街道表
    max_speed numeric(10,2)
);


SELECT AddTopoGeometryColumn(
    'ch13_topology',
    'ch13',
    'streets',
    'topo',                                  ❷
    'MULTILINESTRING'                            在街道表中添加一个
);                                               拓扑列


CREATE TABLE ch13.log_street_failures (
    gid integer primary key,
    error text
); --                                            创建错误表以记录拓
                                                 扑错误
                                        ❸
```

　　代码清单 13.19 在保存 MULTILINESTRING 类型拓扑几何的拓扑几何列❷中创建了一个表来保存街道❶。还创建了一个表来记录加载期间的拓扑插入错误❸，这将在下一步中用到。

　　代码清单 13.20 是执行插入操作的逻辑。

代码清单 13.20　批量加载街道的函数

```
CREATE OR REPLACE PROCEDURE ch13.load_streets(param_num integer) AS
$$
DECLARE r record;
BEGIN
    FOR r IN
        SELECT *
        FROM ch13_staging.streetcentrelines
```

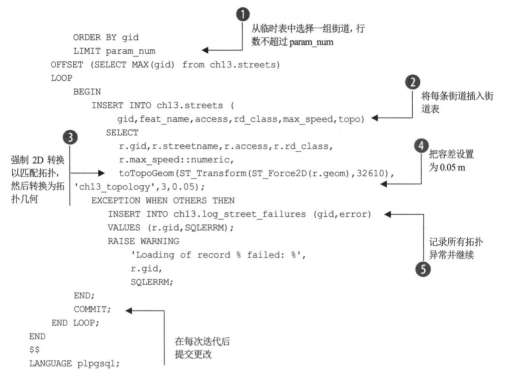

```
                  ORDER BY gid                          ❶从临时表中选择一组街道, 行
                  LIMIT param_num                          数不超过 param_num
        OFFSET (SELECT MAX(gid) from ch13.streets)
        LOOP
            BEGIN                                       ❷将每条街道插入街
                INSERT INTO ch13.streets (                 道表
                    gid,feat_name,access,rd_class,max_speed,topo)
    ❸           SELECT
                    r.gid,r.streetname,r.access,r.rd_class,
强制 2D 转换            r.max_speed::numeric,              ❹把容差设置
以匹配拓扑,             toTopoGeom(ST_Transform(ST_Force2D(r.geom),32610), 为 0.05 m
然后转换为拓         'ch13_topology',3,0.05);
扑几何               EXCEPTION WHEN OTHERS THEN
                    INSERT INTO ch13.log_street_failures (gid,error)
                    VALUES (r.gid,SQLERRM);
                    RAISE WARNING                          记录所有拓扑
                        'Loading of record % failed: %',    异常并继续
                        r.gid,
                        SQLERRM;                          ❺
            END;
            COMMIT;
        END LOOP;
    END
    $$
    LANGUAGE plpgsql;       在每次迭代后
                           提交更改
```

代码清单 13.20 定义了一个 PL/pgSQL 过程，每次调用时将加载指定数量的街道。

注意： 存储过程是在 PostgreSQL 11 中引入的，它允许在存储过程中提交，而不像函数那样，必须以整体提交。这使得它们非常适用于拓扑加载时所需的批处理。如果你的 PostgreSQL 版本较低，你可以用 CREATE FUNCTION 重写代码清单 13.20，并忽略错误日志 ❺。对于 PostgreSQL 11+，也可以在 DO 结构中使用 COMMIT。

本数据集中约有 2500 条街道，因此函数每次运行时限制为 500 条 ❶。OFFSET (SELECT MAX(gid))...这段代码用于检查目标表的 ID，并在源表中跳过该 ID。要利用此代码段，你的 ID 必须是唯一的、连续且没有间隔的。

INSERT 在 FOR 循环中。正在处理的记录集暂时存储在变量 r 中 ❷。源数据在 WGS 84 坐标系下，输入的几何图形是 linestringZM。因为你将 ch13_topology 定义为 2D，所以它只能容纳两个维度。因此，可以通过删除更高维度来强制几何图形转换为 2D。还可以执行到 UTM 的转换 ❸。

接下来，使用 toTopoGeom 将几何图形转换为根据街道图层(图层 ID 为 3)形成的拓扑几何图形，并将容差设置为 0.05 m❹。任何小于 0.05 m 的点都将被接合。插入失败的街道会被跳过，并记录在 log_street_failures 表中 ❺。

然后，可以运行以下程序：

```
CALL ch13.load_streets(2500);
```

在 PostgreSQL 13，Windows 2012 64 位，装有 PostGIS 3.1.1 和 GEOS 3.9.1 的 8 核服务器下，运行这段代码大约需要 45 s。GEOS 的版本对性能影响最大，较新的 GEOS 提供的性能更好。

13.6 拓扑的简化

拓扑的简化需要确保本身连接的东西仍然连接，没有出现缺口。

为了简化拓扑结构，可以使用 ST_Simplify，重载参数以接受拓扑几何图形。ST_Simplify 函数接受一个 topogeometry 作为输入，并返回一个几何图形。该函数的几何版本和拓扑几何版本之间的区别在于，拓扑几何版本对构成拓扑几何的边进行了简化，但不会导致边之间出现间隙，也不会破坏面。因为一个拓扑几何图形仅是对边的引用，所以具有共享边的重构几何图形现在简化了共享边。

最后，请记住，对拓扑几何进行的任何简化都不会简化底层拓扑。简化过程创建了拓扑几何所包含的边的简化版本，并由简化的边重新构成几何图形。函数运行后，新创建的简化版本的边将被舍弃。

下面来看两个示例。在第一个示例中，将应用 ST_Simplify 把社区拓扑几何转换为几何图形。你将直接目睹如何解决重叠和间隙问题。然后，直接对拓扑几何使用 ST_Simplify，你会看到这些社区仍然和谐地组合在一起。

首先，在 150 m 的容差下简化几何图形，如代码清单 13.21 所示。

代码清单 13.21 基于几何图形的简化

```
SELECT feat_name, ST_Simplify(topo::geometry,150) As geom_simp
FROM ch13.neighbourhoods
```

输出结果如图 13.11 所示。

接下来，在代码清单 13.22 中使用相同的容差简化拓扑几何。

图 13.11 基于几何图形的简化

代码清单 13.22　基于拓扑的简化

```
SELECT feat_name, ST_Simplify(topo,150) As topo_simp
FROM ch13.neighbourhoods
```

可视化输出如图 13.12 所示。

如你所见，在拓扑简化之后，社区在没有互相重叠的情况下保持了连通性，尽管它们的形状有所改变。

图 13.12　基于拓扑的简化

13.7　拓扑验证和汇总函数

本章曾多次提到由于错误编辑而使拓扑失效的情况。现在将展示两个重要的函数，你应该定期使用它们以密切关注拓扑。

如果你的基本拓扑存在问题，ValidateTopology 函数会给予提示。它将为拓扑中的每个问题返回记录。手册中列出了可被检测到的问题。注意，它不会检查拓扑几何！下面是一个示例：

```
SELECT *
FROM ValidateTopology('ch13_topology');
```

请记住，有效性的标准定义相当松散。不相互关联的孤立元素将通过有效性测试。可以开发额外的有效性检查，并将 ValidateTopology 设置为其中的步骤之一。

在此数据集上运行时，ValidateTopology 未返回任何错误，如果有错误，则会显示如下内容以指示错误位置：

```
error            | id1  | id2
-------------------+-----+-----
 face has no rings | 209 |
(1 row)
```

TopologySummary 是另一个有用的管理函数。它为你提供拓扑和图层的基本汇总，使你不必查看表。

使用如下代码运行它：

```
SELECT TopologySummary('ch13_topology');
```

TopologySummary 的输出如下：

```
Topology ch13_topology (2), SRID 32610, precision 0.05
2070 nodes, 3137 edges, 1074 faces, 2395 topogeoms in 3 layers
Layer 1, type Polygonal (3), 14 topogeoms
  Deploy: ch13.neighbourhoods.topo
Layer 2, type Polygonal (3), 1 topogeoms
  Hierarchy level 1, child layer 1
  Deploy: ch13.cities.topo
Layer 3, type Lineal (2), 2380 topogeoms
  Deploy: ch13.streets.topo
```

13.8   本章小结

- 拓扑将空间建模为一组相互连接的对象。
- 一个对象边界的改变会影响其他对象。
- 拓扑对于管理地块边界之类的数据很有用，一块领土的增大意味着另一块领土的缩小。
- 与简化几何图形不同，在拓扑空间中简化几何时保持了连通性，而几何图形的简化则将每个对象视为独立和分离的。这可确保在简化时，国家/地区、县、城市和社区等区域之间不会出现间隙。

第 *14* 章

组织空间数据

本章内容：
- 用于构造空间数据的选项
- 模拟一个真实的城市
- 使用视图进行数据抽象
- 表和视图的触发器

第 2 章介绍了 PostGIS 提供的所有可能的几何图形、地理和栅格类型，以及如何创建和存储它们。本章将演示用于存储空间数据的不同表格布局。随后，我们会把这些设计方法应用到一个真实的示例(法国巴黎)中。本章末尾将讨论如何使用视图进行数据库抽象，以及如何使用触发器管理表和视图中的插入和更新。geometry 是我们关注的主要类型，它仍然是 PostGIS 中最常用的类型。

可以通过扫描本书封底二维码下载本章的所有数据和代码。在开始之前，需要从本章下载文件中加载 ch14_data.sql 和 ch14_staging_data.sql 脚本。

14.1 空间存储方法

在数据库设计中，难免需要适当的妥协。许多因素会影响你的最终结构，比如它必须支持的分析、查询的速度等。对于空间数据库，在设计过程中还需要考虑一些其他因素：数据的可用性、存储数据所需的精度以及数据库需要兼容的映射工具。在具有数值和文本数据的数据库中，糟糕的设计会拖慢查询速度，而在空间数据库中，糟糕的设计可能会导致你的查询永远无法完成。显然，很多因素在一开始是无法确定的。你可能无法确切地知道，最终数据库中将驻留多少或什么类型的空间数据。你甚至可能不知道用户将如何查询数据。所以，你应像做决策那样，利用当前的信息尽力而为。随着需求的变化，你可以随时修改设计，但是数据库从业者知道，在一开始尽量正确设计的话能省去许多麻烦。

本节将介绍空间数据库中组织数据的四种常见方法：异构空间列、同构空间列、继承和分区。在这些不同的组织中，可以通过 typmod 或数据库约束来约束空间列。我们将说明如何使用这些方法设置数据库结构，并指出每种方法的优缺点。这些方法并非详尽无遗，你可以根据特定需求混合使用。此外，相较于其他空间类型，geometry 数据类型所占的篇幅会更大。因为到目前为止，几何图形是 PostGIS 中最主要的数据类型，它们是拓扑和栅格数据类型的基础。而且，对于大多数空间计算来说，几何类型本身就比空间家族中的其他类型更快。随着其他空间类型的成熟，所有这些可能会改变，但是你会发现，本节中介绍的一般概念也适用于其他空间类型。

14.1.1 异构列

你不能在同一个表列中混合 geometry、geography、raster 和 topogeometry 四种类型，除非你不遗余力地定义了一个字节数组(bytea)列，并根据需要将数据转换为各种类型。即使这样，它也只能允许你混合使用 geometry、geography 和 raster 类型。我们不会探讨这种方法，因为它只在极少数(而且大多是临时的)存储用例中才有用。

在每个基本空间类型中，可以根据需要或多或少地添加约束。例如，若要存储城市中的地理特征，可以创建一个空的 geometry 表列并完成。在这个列中，可以存储几何图形的点、线串、多边形、2D/3D 集合或其他几何类型，但不能在定义为 geometry 的列中添加 geography 类型。

如果对城市的地理分区更感兴趣，你可能希望混合子类型。例如，和许多其他规划的城市一样，华盛顿特区被划分为西北、西南、东南、东北四个象限。城市规划人员可以在文本列中使用带有象限名称的单个表，并使用另一个通用几何图形列存储每个象限中的几何图形。通过将数据类型保留为通用 geometry 类型，该列可以存储多个多边形(华盛顿特区中多边形形状的政府大厦)、线串(主要道路)以及点(地铁站)。

异构方法有程度之分。没有子类型的基本空间列不一定没有额外的约束。你仍然应该明智而审慎地应用约束(或类型修饰符)以确保数据完整性。建议你至少要执行空间参考系统、坐标维度、波段约束的数量和类型，因为在 PostGIS 中，绝大多数非一元函数和所有聚合函数在一定程度上具有同一性。

1. 异构列的优点

异构列方法有几个主要优点：
- 它允许你对几个感兴趣的要素运行单个查询，同时享有用最合适的空间子类型进行建模的优势。
- 它很简单。如果几何图形有一些相同的非空间属性，那么可以将所有几何图形塞入表中的一列。

2. 异构列的缺点

异构列方法也有一些缺点：
- 你将面临为对象插入不合适的几何图形的风险。例如，如果你已经获得了地铁站数据，且应该将其建模为点，那么数据中错误的线串可能会进入异构表。此外，如果你没有约束空间参考系统或坐标几何图形，并且无意中设置了多个，那么你的查询可能完全不正确或中断。
- 许多第三方工具不能处理异构的空间类型列，也无法尝试检查列中的所有数据来产生元数据，因此它们的查询速度非常慢。一种解决方案是，对该表创建视图，使其显示为独立的表，并添加几何类型、波段编号或空间参考索引，或者确保你的查询仅从异构列中选择单个分组。

- 当你只想提取某种特定的几何图形时，需要按几何类型进行过滤。这种做法对大规模的表来说会很慢，还得一遍又一遍地重复。
- 若将所有几何数据放入一个表中，可能会导致大量的自连接。

例如，假设你将感兴趣的点与勾勒城市社区的多边形放在同一个表中，那么每当你要确定哪些兴趣点(points of interest，POI)位于哪些社区时，都需要在此表上执行自连接。

自连接不仅对处理器来说是一种负担，对你的大脑来说也是一种负担。试想一下，假设你有 100 个 POI 和 2 个社区，总共 102 条记录。要确定哪个 POI 属于哪个社区，需要将一个 102 行的表与一个 102 行的表(它本身)连接起来。如果将社区分离到它们自己的表中，那么你只需要将一个 100 行的表与一个 2 行的表连接起来。

考虑到异构存储方法的缺点，现在来讨论同构空间列方法。

14.1.2 同构列

对于几何和地理类型，严格的同构方法可以避免在单个列中混合不同的子类型。多边形存储的列中只有多边形，多边形集合存储的列中只有多边形集合，以此类推。这至少意味着每个空间子类型必须驻留在自己的列中，但将不同的空间子类型分解为完全独立的表的做法也是常见的。

在华盛顿特区示例中，如果你更关心要素的类型，而不是每个要素所在的象限，那么你可以采用同构列设计。一种可行的表结构是定义一个具有名称列和三个几何列的要素表。你可以按如下方式进行约束：一列只存储点，一列只存储线串，一列只存储多边形。如果一个要素是点数据，则填充点列，并使其他两列仍为 NULL；如果它是线串数据，则只需要填充线串列；等等。但是，你不一定要把所有的列都塞到一个表中。更常见的设计是使用三个不同的表，并将每种几何类型分别存储在单独的表中。

1. 同构列的优点

同构几何列方法具有以下优点：

- 它加强了一致性，以避免空间子类型和空间参考系统的意外混合。
- 第三方工具依赖于空间类型的一致性，有些甚至只允许每个表有一个空间列。流行的 Esri 形状文件仅支持每条记录对应一个几何图形，因此当你将数据转储为形状文件格式时，则需要显式地声明 geometry 列。许多渲染或输出栅格数据的工具依赖于其同构性，这意味着它是均匀组织的，具有相同的空间参考系统、相同的波段像素类型、相同的波段数量以及相同的像素尺寸，尤其是在显示覆盖范围时。

注意: Esri 形状文件允许多个文件与单个文件混合使用。例如，MULTIPOLYGON 和 POLYGON 可能出现在同一个表中。

- 通常，将具有较大几何图形和少量记录的表与具有较小几何图形和大量记录的表相连接时，可获得更好的性能；反之性能变差。

- 如果你面对的是庞大的数据集，那么单独的表还允许你通过表空间的方式将数据存放于每个表所在的单独物理磁盘上，这会带来一定的好处。

什么是 PostgreSQL 表空间

在 PostgreSQL 中，表空间是一个物理的文件夹位置，而不是模式(模式是一个逻辑位置)。默认设置下，你创建的所有表都进入同一个表空间，但随着表的增多，你可能希望创建额外的表空间(可能在单独的物理磁盘上)，并将表放入不同的表空间，以实现最大的磁盘 I/O 并减少磁盘开销。一种常见的做法，将不常用的大型表分组到单独的表空间中，并将它们存放在更慢、更便宜且更大的磁盘上。

表空间可以有单独的设置，如 random_page_cost 和 seq_page_cost。查询规划器通过这两个参数判断数据来自慢速磁盘还是快速磁盘。

2. 同构列的缺点

另一方面，如果你选择同构几何列方法，可能会遇到以下障碍：

- 当需要运行一个绘制多个几何类型的查询时，将不得不使用联合查询。这会提高查询的复杂度并降低查询的速度。例如，在华盛顿特区示例中，如果你编写的 99% 的查询都涉及仅按象限返回所有几何图形的单个集合，那么你应该使用异构方法。
- 如果你选择同构方法，但在每个表中驻留多个空间列，则可能会遇到性能问题。

一个表中的多个空间列意味着更宽的行。在选择和更新时，较宽的行会导致查询变慢。在更新时，因为 PostgreSQL 会为更新记录创建一个新行，并使旧行作废，空间列往往会特别宽，这样，即使对一个简单的属性列(如姓名和日期)进行更新，大量的记录也会比小规模表花费更多的时间。

14.1.3 typmod 与约束对比

typmod 是 type modifier(类型修饰符)的缩写。它是一种直接在数据类型中添加约束的工具。typmod 和约束是强制同构或部分同构的两种不同方式。第 2 章介绍了 typmod。

对于 PostGIS 的几何图形来说，如果一个列被定义为 geometry(POINT, 4326)，那么它的数据类型是 geometry，类型修饰符限制为 2D POINT 且 SRID 为 4326。还可以将几何图形定义为 geometry(geometry, 4326)，这意味着它是一个由类型修饰符约束 SRID 和维度的 geometry。它只能存储 2D 几何图形，但几何图形的类型不限。类似地，geometry(GeometryZ, 4326)则允许 WGS 84 lon/lat 下所有类型的 3D 几何图形。

虽然约束几何图形的首选方法是 typmod，但你仍可选择较为费力的基于约束的方法。如果你只希望约束 SRID 而不约束坐标维度，则需要使用这种方法。

使用 typmod 处理地理类型时，没有管理函数来帮助添加约束。若要使用旧的基于约束的方法，则必须手动添加约束并创建一个表注册所有约束。

尽管这种约束方法已经过时，但某些情况下，typmod 模型将会失效，或者不如约束模型有效。

1. typmod 存在的问题

尽管我们最推荐使用 typmod 定义列，但在某些情况下它会失效。

- 直接删除和添加约束通常会比通过 typmod 更改数据类型更快。

在 PostgreSQL 10+版本中，这种情况得到了一定改善，typmod 变得同样快了。但是，对于约束，你可以选择将其创建为 NOT VALID，这意味着该约束将只在以后的插入和更新中进行检查，从而加快验证速度。这对于大型表来说非常有用，因为验证现有数据以确保它不会违反新创建的检查约束，可能是一个需要访问锁的漫长过程。如果出于某种原因，旧数据不需要遵守新规则，那么使用检查约束是你唯一的选择。随后，为了确保旧记录的有效性，可以运行 ALTER TABLE sometable.somecolumn VALIDATE CONSTRAINT *constraint_name*;。

- 部分类型的触发器不适用于 typmod。

例如，假设你定义了一个触发器，它会执行以下操作：当用户尝试在表中插入或更新几何图形时，触发器会确定几何图形的中心，以确保生成的几何图形是一个点。然后，触发器将生成的形心存储在几何图形列中，而不是在用户提供的几何图形中。如果你将几何图形列定义为 geometry(POINT, 4326)，猜猜会发生什么？如果用户尝试使用 SRID 4326 以外的点进行更新，你的触发器将会失效。如果列的几何子类型受 typmod 约束，那么你试图插入的任何不是点的几何图形在到达触发器之前都将失效，因为类型修饰符检查在几何图形到达表之前就启动了——NEW 触发器行的几何图形本身被定义为受约束的 typmod 几何图形。如果使用约束，你的点固定触发器(使用形心将几何图形强制为一个点)将会生效，因为直到记录即将添加到表中时，约束检查才会启动。

- 如果需要使用表继承或表分区，其中每个子表或分区都受到了约束，必须具有不同的几何子类型，那么当你使用 typmod 时，就不能得到具有不同子类型的几何图形。可以在子级定义父级没有的检查约束，使子级也可继承父级定义的检查约束。但是如果使用 typmod 约束父级的几何列子类型，那么所有子级必须遵守与之相同的 typmod 子类型要求，并且你对子级列的 typmod 列定义必须与父级的一致。

2. 为什么使用 typmod

尽管前面列举了 typmod 的所有问题，但为什么在大多数情况下还要使用它们呢？

- typmod 可以通过 CREATE TABLE 和简短的列定义创建，这意味着你不需要额外的步骤来添加几何列，也不必记住要包含在 CREATE TABLE 中的冗长约束列表。
- 如果你构建了一个选择 typmod 列的视图，那么该视图列的列属性会正确地显示在 geometry_columns 表中。

对于没有强制转换的仅约束的基础表列，geometry_columns 表中会缺少所有其他关键属性，例如子类型、维度和 SRID。此问题可能会在以后的 PostGIS 版本中得到改善。

- 通过 typmod，可以使用更标准的 ALTER TABLE...USING 语法一步到位地改变几何类型。

14.1.4　表继承

表继承(table inheritance)是一种存储方法，它自 PostgreSQL 诞生以来就存在，而且非常独特。

目前，它是各种存储方法中最通用的一种，但它比之前两种存储方法稍微复杂一些。可以利用这一特性的精髓提取同构和异构列方法的有用之处。

表继承意味着表可以从父表继承结构。父表不需要存储任何数据，而是将所有数据存储转移到子表。这种方式下，父表通常被称为抽象表(来自抽象类的面向对象概念)。每个子表都继承其父表的所有列，但也可以有自己额外的列，这些列只有在直接查询子表时才会显示。检查约束也会继承，但主键和外键约束不继承。PostgreSQL 支持多重继承，即一个子表可以有多个父表，列也来自父表。PostgreSQL 不限制继承的代的数量，父表可以有自己的父表。

要实现表继承存储方法，可以创建一个抽象表，根据其非几何属性组织数据，然后创建具有约束几何类型的继承子表。使用这种模式，用户最终可以从父表查询并查看所有子表数据，或者当用户只需要子表数据或子表特有的列的数据时，可从每个子表进行查询。

在华盛顿特区示例中，单个通用异构几何列的表可以充当父表。然后，可以创建三个用于继承的子表，分别约束为保存点、线串和多边形。如果要提取特定几何图形的数据，则需要查询其中一个子表。

只有使用 PostgreSQL，你才能编写出如此优雅的解决方案。其他主流的数据库产品均不支持直接表继承——至少目前还没有。

约束排除

PostgreSQL 中有一个名为 constraint_exclusion 的配置选项，它通常与表继承搭配使用。当此选项被设置为 on 或 partition(默认值)时，查询规划器将检查表约束，以确定在查询中是否跳过表。

分区设置仅在对继承层次中的表进行查询或运行 UNION 查询时才执行约束排除检查，从而节省查询计划周期。

1. 表继承的优点

使用表继承的好处在于:

- 可以像查询单个表一样查询表的层次结构，也可根据需要分别查询它们。
- 如果按几何类型进行分区，就可以根据需要查询特定的几何类型或查询所有的几何类型。
- 使用 PostgreSQL 约束排除时，如果没有行符合过滤条件，就可以巧妙地跳过子表。例如，假设需要存储一些按国家/地区进行组织的数据。通过将数据划分到每个国家/地区的子表中，你编写的按国家/地区名称过滤的任何查询都将完全跳过不需要的国家/地区表，就好像它们不存在一样。当你有大量记录时，查询速度将得到显著提高。
- 继承可以动态地设置和取消，在执行数据加载时非常方便。例如，可以先取消继承子表，然后加载数据，清除数据，添加必要的约束，再重新继承子表。这可以防止在加载数据过程中对其他数据的查询变慢。
- 大多数第三方工具会将父表视为真正的表，只要表中注册了相关的几何列并在父表上设置了主键，那么即使表中没有任何数据，也会被视为真正的表。继承可以与 OpenJUMP、QGIS、GeoServer 和 MapServer 无缝协作。任何轮询标准 PostgreSQL 元数据的工具最终都应将父表当作无异于其他表的表来处理。

2. 表继承的缺点

表继承也有一些缺点：

- 其他主流数据库不支持表继承。如果需要从 PostgreSQL 切换到另一个数据库，你的应用程序代码可能无法移植。这并不是一个大问题，因为大多数数据库驱动程序会将父表视为包含子表所有数据的单个表。你不应因此而放弃使用 PostgreSQL！
- 主键和外键约束不会传递给子表，但是检查约束可以。在华盛顿特区示例中，如果你在要素表父表上设置一个主键约束，规定每个地名必须是唯一的，那么子表不会遵守这个约束。即使你将主键约束分配给子表，在查询多个子表或父表和子表一起查询时，仍然不能保证唯一的结果。
- 如果使用表继承，并且每个子表的几何列中包含不同的几何子类型，则需要使用检查约束执行几何子类型要求。不能使用 typmod 功能(该功能允许在一个 CREATE TABLE 中将一个列定义为几何图形和几何类型)，但是可以使用 geometry(geometry, SRID)的混合形式约束带有 typmod 的 SRID，然后使用约束来限制几何子类型。

这一点在 PostGIS 中并不特殊。在 varchar 和 numeric 中也会遇到类似的问题。你不能将父表中的列定义为 varchar(60)，然后在每个子表中将列重新定义为 varchar(50)、varchar(40)等。你必须使用约束检查来强制子表中的较低要求。

- 为了在添加数据时保持表继承的层次结构，必须采取额外步骤以确保将行适当地添加到父表或它的一个子表中。

对于表更新来说，如果更新导致检查冲突，你可能希望设置一个逻辑，自动将一条记录从一个子表移到另一个子表。这通常意味着，在插入父表时，必须创建规则或触发器来插入子表，反之亦然。14.4 节将详细讨论这个问题。

幸运的是，PostgreSQL 继承足够智能，在大多数情况下能够自动处理更新和删除。当你对父表进行更新或删除时，它将自动下钻到子表，但对于将数据从一个子表移到另一个子表的更新，则需要使用子表上的规则或触发器进行管理。如果不嫌麻烦，可以创建更新和删除触发器，以确定在更新或删除父表时，子表中的哪些记录需要更新。这通常会比依赖于 PostgreSQL 继承的自动下钻更快。

- 如果你使用约束排除将表完全跳过，那么在第一次执行查询时会出现性能损失。
- 需要注意继承层次结构中表的总数。表的数量达到几百个之后，查询性能开始明显下降。从 PostgreSQL 9.0 开始，规划器将为继承层次生成统计信息。在查询继承表时，这应该有助于提高性能。

3. 表继承示例

代码清单 14.1 演示了如何实现表继承模型。在本例中，首先为美国的所有道路创建一个父表。在这个父表中，设置 SRID 和几何类型。然后生成两个子表：第一个将存储新英格兰 6 个州的道路，第二个将存储西南各州的道路。然后只在子表中填充数据，而父表中没有任何行。

代码清单 14.1　通过继承将道路划分到不同的州

```
CREATE TABLE ch14.roads(
    gid integer GENERATED BY DEFAULT AS IDENTITY,          ←─── 自增长列
    road_name character varying(100),
    geom geometry(LINESTRING,4269), state varchar(2),            ❷
    CONSTRAINT pk_roads PRIMARY KEY (gid)
);                                                          ←─── 子表

CREATE TABLE ch14.roads_NE (CONSTRAINT pk_roads_ne PRIMARY KEY (gid))
INHERITS (ch14.roads);

                                                           ←─── 约束
ALTER TABLE ch14.roads_NE
ADD CONSTRAINT chk CHECK (state IN ('MA','ME','NH','VT','CT','RI'));

CREATE TABLE ch14.roads_SW (CONSTRAINT pk_roads_sw PRIMARY KEY (gid))
INHERITS (ch14.roads);

ALTER TABLE ch14.roads_SW                                  ←─── 约束排除
ADD CONSTRAINT chk CHECK (state IN ('AZ','NM','NV'));

SELECT gid, road_name, geom FROM ch14.roads WHERE state = 'MA';
```

在代码清单 14.1 中，首先创建一个带有自增长列❶的道路表父表。然后创建道路表子表❷。接着向表中添加约束，当 constraint_exclusion 被设置为 partition 或 on 时，这将有助于加快查询速度。如果请求的州不在 MA、ME、NH、VT、CT 或 RI 中，它将确保跳过 roads_NE 表。

GENERATED BY 与 serial

本书以前的版本使用了 gid serial 结构，而不是 gid integer GENERATED BY DEFAULT AS IDENTITY。GENERATED BY 结构是在 PostgreSQL 10 中引入的，现在它是定义自动生成的整数列的首选方法。两者在后台都有一个底层的 SEQUENCE 对象，但与 serial 方法不同的是，GENERATED BY 关联序列始终被视为表的一部分，因此本身不需要权限，不能再用于其他目的，并且在表被删除时也随之被删除。GENERATED BY 结构在 ANSI-SQL 规范中也有定义，而 serial 则仅适用于 PostgreSQL。

GENERATED BY 还支持其他模式，例如 GENERATED BY ALWAYS，这在你希望防止用户直接插入列时会很有用。

最后，编写一个简单的 SELECT 来调取马萨诸塞州的所有道路。若使用约束排除，将只会搜索包含新英格兰道路的子表。可以通过运行解释计划或查看 pgAdmin 中的图形解释计划来了解这一点。

14.1.5　表分区

以前，人们通过表继承来采用另一种称为表分区或表分片的策略。表分区是一种将逻辑表划分为物理分区的存储策略，但是对于大多数情况，例如查询、插入、更新或删除，分区被抽象为单个表的一部分。与继承不同，子表不能有额外的列。分区最常用于按某些维度(如时间或地理区域)分

隔一个大型表。

表分区也存在于其他关系数据库，比如 MySQL、Oracle 或 SQL Server，它在 ANSI-SQL:2011 规范中定义。分区的引入带来了新的术语：分区表和分区。分区表是一个父表，它不能有任何行。分区是可包含数据的子表。一个分区也可以是分区表，这意味着它也不能有数据，但它的分区可以。

PostgreSQL 10 中引入了表分区，PostgreSQL 11、PostgreSQL 12 和 PostgreSQL 13 则做了很多补充。PostgreSQL 14 中还会有更多的改进，详情请见附录 C。就性能而言，PostgreSQL 10 的表分区和使用继承执行的性能大致相同。主要的区别在于语法，以及直接插入表并使其重定向插入的能力。

PostgreSQL 中用来对数据进行分区的语法和其他关系数据库中的语法是一样的。乍一看，PostgreSQL 似乎创建了类似于继承的东西(实际上，底层实现使用了继承管道)，但是合理设置了所有限制规则。

可以将分区表视为继承意义上的父表，并将分区视为子表。

使用分区时有一些限制：

- 分区表必须预先定义分区列和策略，即使在 PostgreSQL 13 中，分区表也不能转换为普通表，普通表也不能转换为分区表。
- 分区不能有任何额外的列。所有列都是在分区表级别(也就是最终父级)定义的。
- 父表(分区表)不能有任何数据。
- 对路由数据(分区键)的约束必须是相互独立且完全穷尽的。这意味着，如果你有两条记录，那么每条记录都可以是一个分区的成员。PostgreSQL 11 引入了 DEFAULT 分区的特性，当没有其他分区可以根据传入或更新数据的分区键值保存数据时，DEFAULT 分区是最后的选项。稍后你会看到，如果你有一个嵌套的层次结构，那么可以为每个分区级设置一个 DEFAULT。
- 分区键非常有限——可以使用 LIST、RANGE 或 HASH，但也可以使分区键基于不可变函数。

对于如何存储数据，人们为什么需要更多的限制？最大的原因在于速度和可维护性。

分区相较于继承的优势如下：

- 在 PostgreSQL 11 中，所有分区索引(包括主键)都继承自分区表，但主键必须包含分区键。
- 插入会自动路由到分区，不需要触发器。这是有可能的，因为分区键规定只有一个分区可以符合条件。这与继承不同。
- 对于 PostgreSQL 11+版本，如果你更新了一条记录，使其不再满足分区的分区键，那么该记录将被重新路由。
- 对于 PostgreSQL 11+版本，如果涉及两个分区表的连接，那么规划器会比继承生成更好的规划。

只要分区表以相同的方式进行分区(例如，按 customer_id=3 分区的 orders 和按 customer_id=3 分区的 orders_lineitems)，那么在内部连接期间，规划器可以利用此信息来简化规划。PostgreSQL 配置必须把 enable_partitionwise_join 的值设置为 on 才能利用此特性。此设置可以在运行中进行。PostgreSQL 13 中改进了此特性，不再要求分区键相同。例如，你可以有一个包含 customer_id IN(1, 3)的 orders 表，但 orders_lineitems 分区只能为一个客户存储 lineitems。注意，enable_partitionwise_join 的默认设置为 off。类似地，当按照 customer_id 聚合数据时，PostgreSQL 也可利用特定客户的所有数据都在同一个表中这一特点。为实现此目的，配置必须把 enable_partitionwise_aggregate 设置为 on。PostgreSQL 配置设置将在第 15 章中介绍。

- 分区键严格受限，因此规划器能够更好地进行规划。

PostgreSQL 会执行一种称为"分区修剪"的分析(作为查询规划的一部分)。分区修剪是确定在查询分区表时可跳过哪些分区的过程。在 PostgreSQL 11 中，分区修剪得到了改进，可以在语句执行时进行。这意味着，对于一些非常量的参数(例如，CURRENT_DATE 和使用日期字段的分区键)，规划器确切地知道哪些表可以在运行时保存数据。如果使用继承检查约束的类似设置，且遵循类似于 log_date>(CURRENT_DATE-10)的条件，则会要求查询规划器遍历所有表，因为规划基于一个非常量值，并且它需要获取该值以判断如何最好地构造规划。相反，如果你使用 PostgreSQL 11+版本，且分区修剪在运行时进行，那么它会考虑(CURRENT_DATE-10)的实际值。

- PostgreSQL 12 极大地提高了分区性能，能够为分区表轻松处理数千个分区。你拥有的分区的数量可以远高于继承支持的分区数。

继承也有一些好处：

- 你可以附加和拆分分区，这比删除行要快得多。附加的语法是 ALTER TABLE <partitioned table> ATTACH PARTITION partition_name { FOR VALUES partition_bound_spec | DEFAULT }。拆分与取消继承类似，你可以执行 ALTER TABLE<partition table>DETACH PARTITION<partition_name>。

- 在分区表级更改的列类型定义会下钻到分区。此外，PostgreSQL 11+版本允许继承索引和主键，因此不需要向分区添加索引和主键。相比之下，继承表需要为每个子表添加索引。

对于 PostgreSQL 11+版本，如果使用表分区而不是继承，代码清单 14.1 会更高效。让我们重新实现它。

可惜的是，即使是在 PostgreSQL 13 中，也没有将普通表转换为分区的机制。但是，你可以取消继承你的继承表，并使其成为新分区表的分区。代码清单 14.2 会将代码清单 14.1 中原本创建的继承层次结构转换为分区表。

代码清单 14.2 将继承转换为分区

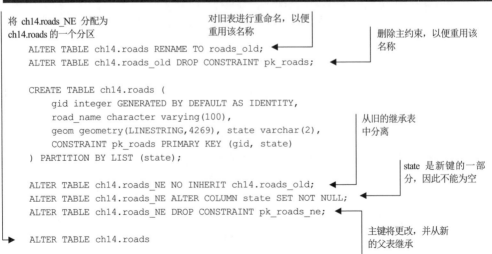

```
将 ch14.roads_NE 分配为          对旧表进行重命名，以便
ch14.roads 的一个分区            重用该名称                    删除主约束，以便重用该
                                                             名称
    ALTER TABLE ch14.roads RENAME TO roads_old;
    ALTER TABLE ch14.roads_old DROP CONSTRAINT pk_roads;

    CREATE TABLE ch14.roads (
        gid integer GENERATED BY DEFAULT AS IDENTITY,
        road_name character varying(100),
        geom geometry(LINESTRING,4269), state varchar(2),    从旧的继承表
        CONSTRAINT pk_roads PRIMARY KEY (gid, state)          中分离
    ) PARTITION BY LIST (state);
                                                             state 是新键的一部
    ALTER TABLE ch14.roads_NE NO INHERIT ch14.roads_old;     分，因此不能为空
    ALTER TABLE ch14.roads_NE ALTER COLUMN state SET NOT NULL;
    ALTER TABLE ch14.roads_NE DROP CONSTRAINT pk_roads_ne;

                                                             主键将更改，并从新
                                                             的父表继承
    ALTER TABLE ch14.roads
```

```
    ATTACH PARTITION ch14.roads_NE
    FOR VALUES IN ('MA','ME','NH','VT','CT','RI');

ALTER TABLE ch14.roads_NE DROP CONSTRAINT chk;          ◄──── 不再需要检查约束，
                                                              可以将其删除
ALTER TABLE ch14.roads_SW NO INHERIT ch14.roads_old;
ALTER TABLE ch14.roads_SW ALTER COLUMN state SET NOT NULL;
ALTER TABLE ch14.roads_SW DROP CONSTRAINT pk_roads_sw;

ALTER TABLE ch14.roads
    ATTACH PARTITION ch14.roads_SW                       ◄──── 对 SW 重复
    FOR VALUES IN('AZ','NM','NV');                             上述步骤

ALTER TABLE ch14.roads_SW DROP CONSTRAINT chk;
```

警告: 依赖对象(如视图和物化视图)必须重新创建，因为 PostgreSQL 使用表的内部 ID 引用视图和物化视图。因此，即使重命名表，视图和物化视图仍然与旧名称绑定，必须更新才能使用新名称。

接下来，删除为继承和分区创建的表，以便重新开始:

```
DROP TABLE ch14.roads CASCADE;
DROP TABLE ch14.roads_old CASCADE;
```

如果从头开始构建一个分区层次结构，则需要按照代码清单 14.3 的方式进行。

代码清单 14.3　通过表分区将道路划分到不同的州

```
CREATE TABLE ch14.roads(
    gid integer GENERATED BY DEFAULT AS IDENTITY,
    road_name character varying(100),                    ◄──── 创建一个带有主
    geom geometry(LINESTRING,4269), state varchar(2),          键的表
    CONSTRAINT pk_roads PRIMARY KEY (gid, state)
) PARTITION BY LIST (state);                             ◄──── 按州分区

CREATE TABLE ch14.roads_NE
  PARTITION OF ch14.roads
    FOR VALUES IN('MA','ME','NH','VT','CT','RI');        ◄──── 添加 NE 分区

CREATE TABLE ch14.roads_SW
  PARTITION OF ch14.roads
    FOR VALUES IN('AZ','NM','NV');                       ◄──── 选取 MA 数据

SELECT gid, road_name, geom FROM ch14.roads WHERE state = 'MA';
```

如你所见，使用分区实现的代码要短一些，但重要的是它更容易维护。如果在分区表上创建索引或主键，所有分区也会继承索引或主键，因此不需要像继承那样在每个分区上再重复设置。主键在整个分区表中必须是唯一的，所以不能只将 gid 列作为主键。分区键也应作为主键的一部分，以确保每个表的主键在整个集合中是唯一的，不需要再检查其他表。主索引中必须包含分区键这一限制将在未来的 PostgreSQL 版本中取消。

大多数情况下，分区表可替代继承，但你可能仍然需要向子表添加额外的列等。这种情况下，可以在同一个数据库中同时使用分区和继承。

现在,你已经了解了组织空间数据的四种方法。在下一节中,你将借助这些方法对真实的城市进行建模,来将这些想法付诸实践。

14.2　建模真实的城市

在本节中,你将探索建模一个真实城市的各种方法,从而应用上一节所讨论的知识。我们将放弃华盛顿特区象限和美国各州,转身跨越大西洋,将巴黎这座灯光之城(或爱之城,取决于你的喜好)作为我们的扩展示例。我们之所以选择巴黎,是因为看中了这里的"区"。

或许你对巴黎并不熟悉,这座城市被划分为 20 个行政区,这些行政区被称为区(arrondissement)。与其他大城市的人们不同,巴黎人对自己的行政区域非常清楚。有些人常说自己住在第几区,巴黎人便明白他们所谈论的巴黎大致区域。与其他大城市中的社区(neighbourhood)不同,区在地理上定义明确,因此非常适合 GIS 用途。最重要的是,巴黎人经常用序数(而不是法文名称)来指代这些区,这对于我们这种擅长数字思维的人来说非常不错。

巴黎基本的区的地理分布如图 14.1 所示。

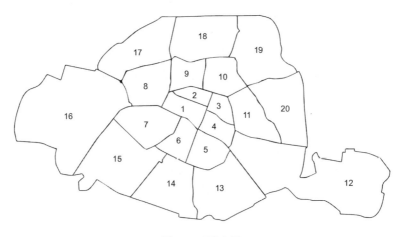

图 14.1　巴黎各区

区的布局很有趣,它从巴黎中心顺时针旋转,反映了自 19 世纪以来,巴黎吞并邻近地区的发展模式。

我们从法国政府网站以及 OpenStreetMap 下载了巴黎的数据,并将所有数据转换为 SRID 32631(WGS 84 UTM Zone 31)。整个巴黎都属于该 UTM 分区,并且因为 UTM 是基于米的,所以我们不需要额外的工作就可以用米测量。

先将每个区建模为一个多边形集合,并将它们全部插入一个称为区的表中。该表共有 20 行。它不仅是我们的基础层,而且我们要借助它将额外的数据标记到特定的区。可以使用以下语句加载本章下载文件中的 ch14_data.sql,将表加载到数据库中:

```
psql -d postgis_in_action -f ch14_data.sql
```

巴黎数据的转换

我们一开始使用的原始文件位于 raw_files/paris_-_arrondissement.zip 中，用的是 WGS 84 lon/lat(EPSG:4326)。使用 shp2pgsql 加载之后，执行以下操作，使其成为你在 ch14_data.sql 中看到的形式：

```
ALTER TABLE ch14.arrondissements
ALTER COLUMN geom TYPE geometry(MultiPolygon,32631)
USING ST_Transform(geom,32631);

ALTER TABLE ch14.arrondissements
ADD COLUMN ar_num integer;

UPDATE ch14.arrondissements
SET ar_num = (regexp_match(l_ar, E'[0-9]+'))[1]::integer;
```

14.2.1   使用异构几何列建模

如果你侧重于按区查询数据，而不考虑要素类型，则可以使用单个 geometry 列来存储所有数据。创建这个表：

```
CREATE TABLE ch14.paris_hetero (
    gid integer GENERATED BY DEFAULT AS IDENTITY,
    osm_id bigint,
    geom geometry(Geometry,32631),
    ar_num integer,
    tags jsonb,
    CONSTRAINT pk_paris_hetero
    PRIMARY KEY (gid)
);
```

注意，这里显然省略了约束(constraint)或限制几何类型的 typmod。此 geometry 列能够包含点、线串、多边形、集合几何图形、几何图形集合——总之，你可以将任何几何类型放入其中。注意，上述代码采取了额外的一步，使用 typmod 来将列的 SRID 限制为 32631。

你还会注意到一个名为 hstore 的数据类型。这是一种用于存储键/值对的数据类型，概念上类似于关联数组。hstore 与 geometry 列非常相似，可使用 gist 进行索引。

OSM 广泛使用标签来存储不适合其他地方的要素的属性。为了引入 OSM 数据而不使表复杂化，我们使用了第 4 章中介绍的 ogr_fdw 外部数据封装器，并将 tags 列转换为 hstore，再转换为 jsonb。目前，jsonb 比 hstore 更受欢迎，它现在是 PostgreSQL 的一种原生类型。

hstore 数据类型与 PostgreSQL

hstore 是一个 PostgreSQL 扩展。要启用此模块，请使用以下 SQL 语句：

```
CREATE EXTENSION hstore;
```

从 PostgreSQL 9.3 开始，hstore 得到了增强，加入了新的函数(hstore_to_json 和 hstore_to_json_loose)，以便轻松地将数据转换为 json 类型。PostgreSQL 9.4 的 hstore 扩展添加了更多的函数来将 hstore 转换为新的二进制 JSON 格式 jsonb，比如 hstore_to_jsonb，它允许 hstore 直接

转换为 json 和 jsonb 原生 PostgreSQL 类型。

ch14.paris_hetero 表包含一个名为 ar_num 的列，该列用于保存要素的区号。遗憾的是，这个属性不是由 OSM 维护的。但是不用担心——可以将 OSM 数据与区表相交，以确定每条 OSM 记录属于哪个区。尽管你可以即时做到这一点，但如果预先将区确定，则意味着可以查询一个整数，而不必在之后不断地执行空间相交。

代码清单 14.4 演示了如何将区与 OSM 数据相交，以生成 ar_num 值。

代码清单 14.4　使用区域标签以及将数据剪裁到特定的区

```
INSERT INTO ch14.paris_hetero (osm_id, geom, ar_num, tags)        ← 插入数据并将其裁剪
SELECT o.osm_id, ST_Intersection(o.geom,a.geom) As geom,            到特定的区
    a.ar_num, o.tags                                          ❶
FROM
    (
        SELECT osm_id, ST_Transform(way,32631) As geom, tags::jsonb
        FROM ch14_staging.planet_osm_line
    ) AS o
    INNER JOIN
    ch14.arrondissements AS A
    ON (ST_Intersects(o.geom, a.geom));          添加索引并更新统计
CREATE INDEX ix_paris_hetero_geom                信息
ON ch14.paris_hetero USING gist(geom); ←
CREATE INDEX ix_paris_hetero_tags
ON ch14.paris_hetero USING gin(tags);            在大批量加载/更新后进行 vacuum
VACUUM ANALYZE ch14.paris_hetero; --             分析，以提高查询性能
```

在代码清单 14.4 中，你将下载的所有 OSM 数据加载到 paris_hetero 表中❶。

此代码清单只显示了来自 planet_osm_line 表的插入，但是需要对 OSM 点和 OSM 多边形重复此操作。完整的代码可在本章的下载文件中找到。

像长线串和大多边形这样的要素将跨越多个区，但相交操作会对其进行裁剪，最终，每个区会对应一条记录。例如，著名的圣日耳曼大道穿过第 5、第 6 和第 7 区。

在裁剪操作之后，单个线串的记录会被分解为三条，每条记录都有较短的线串，对应于原始线串穿过的每个区。

最终，在批量加载❶之后，执行惯常的统计信息索引和更新。

正如我们所演示的，如果几何列上未设置几何类型约束，可以按需将线串、多边形、点甚至几何图形集合填充到同一个表中。从某种意义上来说，这个模型又好又简单，因为如果你想选取或计算符合特定用户定义区域的所有要素，以用于映射或统计目的，那么你可以通过一个简单的查询来完成。下面是一个计算每个区中要素数量的示例：

```
SELECT ar_num, COUNT(DISTINCT osm_id) As compte
FROM ch14.paris_hetero
GROUP BY ar_num;
```

计算结果如下：

```
ar_num | compte
--------+--------
     1 |      4
     8 |   1460
     9 |      4
    16 |   1574
    17 |   2268
    18 |      3
```

　　值得一提的是，在这个示例中，我们仅从 OSM 中提取了巴黎凯旋门周围的区域，即位于 8 区、16 区和 17 区中心的区域。因此，我们的大部分要素集中于这三个区域。图 14.2 展示了我们通过将 planet_hetero 表覆盖在区多边形上，在 OpenJUMP 中快速生成的一个地图。

　　使用 jsonb 保存杂项属性数据的主要优点是，在导入数据前，不必为以后可能很少使用的属性设置真正的列。可以先导入数据，再根据需求的变化将属性添加到列中。使用 jsonb 还意味着，在添加和删除属性时不需要担心数据结构。

　　当你确实需要使属性成为完整的列时，其中的缺点就会显露出来。你不能像查询字符或数字列那样容易地在 jsonb 列中进行查询，也不能对 jsonb 值强制执行数字和其他数据类型约束。尽管你可以使用 gin 和 gist 向 jsonb 添加索引，但是对于一个完整的列，索引仍然比 B-tree 要慢。

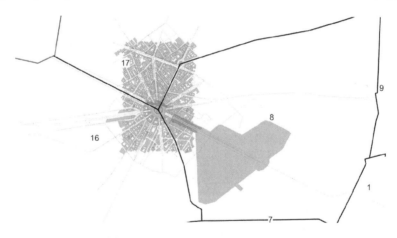

图 14.2　覆盖在区上的 paris_hetero 数据集

　　克服 jsonb 列缺点的一个简单方法是创建一个视图，将 jsonb 列中的属性映射到虚拟数据列，如下所示：

```
CREATE OR REPLACE VIEW ch14.vw_paris_points AS
SELECT
    gid, osm_id, ar_num, geom,
    tags->>'name' As place_name,
    tags->>'tourism' As tourist_attraction
FROM ch14.paris_hetero
WHERE ST_GeometryType(geom) = 'ST_Point';
```

　　在这段代码中，你创建了一个视图，将两个标记(name 和 tourism)添加到两个文本数据列中。在 PostGIS 2 或更高版本中，geometry_columns 不再是一个可以手动更新的表；它现在从系统目录中读取。因为唯一被 typmod 定义的类型是 geometry, 32612，所以你的视图会将 vw_paris_points 显示为 SRID 32631 的几何图形。

有些工具无法识别混合几何子类型表，若要使用它们，需要将视图注册为点表。如果希望视图在 geometry_columns 中将类型正确地注册为 POINT，则可以定义视图，如代码清单 14.5 所示。

代码清单 14.5　在强制转换中使用 typmod 在 geometry_columns 中正确注册视图

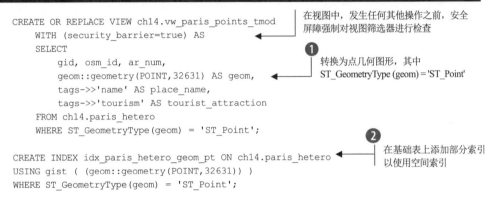

```
CREATE OR REPLACE VIEW ch14.vw_paris_points_tmod
    WITH (security_barrier=true) AS
    SELECT
        gid, osm_id, ar_num,
        geom::geometry(POINT,32631) AS geom,
        tags->>'name' AS place_name,
        tags->>'tourism' AS tourist_attraction
    FROM ch14.paris_hetero
    WHERE ST_GeometryType(geom) = 'ST_Point';

CREATE INDEX idx_paris_hetero_geom_pt ON ch14.paris_hetero
USING gist ( (geom::geometry(POINT,32631)) )
WHERE ST_GeometryType(geom) = 'ST_Point';
```

① 在视图中，发生任何其他操作之前，安全屏障强制对视图筛选器进行检查

转换为点几何图形，其中 ST_GeometryType(geom) = 'ST_Point'

② 在基础表上添加部分索引以使用空间索引

为了将视图的 geom 列注册为点几何的子类型，需要将其转换为点几何图形❶。转换会使原始几何索引无效，因此需要创建一个仅适用于点几何图形的部分空间索引❷。它必须是局部的，因为在没有应用一些处理函数的情况下，线串和多边形不能转换为一个点。你不能在常规视图上创建索引，因此需要在基础表上创建索引。如果这是一个物化视图，你就可以直接在视图上(而不是在基础表上)创建索引。

在视图中，你还用到了安全屏障。安全屏障特性是在 PostgreSQL 9.0 中引入的，它的设计主要是为了防止人们对不属于视图输出的数据应用函数，但它还有一个额外用途。它强制在任何其他条件之前先应用 ST_GeometryType 过滤器。

在没有设置安全屏障的情况下，如果运行以下查询：

```
SELECT *
FROM ch14.vw_paris_points_tmod
WHERE ST_DWithin(geom,ST_SetSRID(ST_Point(453121,5413887),32631),4000);
```

则可能会对多边形或线串应用强制转换操作(如果在一开始使用了空间过滤器的话)。这将导致转换和查询失败。

14.2.2　使用同构几何列建模

同构列方法将每种几何类型存储在自己的列或表中。这种存储方式比异构方法更常见，也是第三方工具最支持的方式。为不同的几何类型提供不同的列或表，允许你强制几何类型约束或完全使用 typmod，以防止不同的几何数据类型意外混合在一起。它的缺点是，如果你希望提取不同几何类型的数据，你的查询将不得不对多个列或表进行枚举。

代码清单 14.6 对巴黎数据使用同构列方法。

代码清单 14.6 将数据分解为单独的、具有同构几何列的表

```
CREATE TABLE ch14.paris_points(
    gid integer GENERATED BY DEFAULT AS IDENTITY PRIMARY KEY,
    osm_id bigint,
    ar_num integer,
    feature_name varchar(200),
    feature_type varchar(50),
    geom geometry(POINT, 32631)
);
INSERT INTO ch14.paris_points (
    osm_id, ar_num, geom,
    feature_name, feature_type
)
SELECT
    osm_id, ar_num, geom,
    tags->'name' As feature_name,
    COALESCE(
        tags->>'tourism',
        tags->>'railway',
        tags->>'station',
        'other'
    )::varchar(50) As feature_type
FROM ch14.paris_hetero
WHERE ST_GeometryType(geom) = 'ST_Point';
```

❶ 用 typmod 约束点
几何列

❷ 添加点

　　一开始,你创建了一个表来存储巴黎空间参考系统 UTM(SRID 32631)下的点几何数据❶。最后,你执行插入操作❷,但不是从 OSM 数据入手,而是利用 paris_hetero 表中已有的数据,挑选出关心的标记,并将它们转换为所需的列。如果你希望一个完全同构的解决方案,则可以为 paris_polygons 和 paris_linestrings 创建类似的表。

　　如果你想按区对所有要素进行计数,那么你的查询需要联合所有不同的表,如下所示:

```
SELECT ar_num, COUNT(DISTINCT osm_id) As compte
FROM (
    SELECT ar_num, osm_id FROM ch14.paris_points
    UNION ALL
    SELECT ar_num, osm_id FROM ch14.paris_polygons
    UNION ALL
    SELECT ar_num, osm_id FROM ch14.paris_linestrings
) As X
GROUP BY ar_num;
```

UNION 与 UNION ALL

　　在执行联合操作时,通常需要使用 UNION ALL,而不是 UNION。UNION 有一个内置的隐式 DISTINCT 子句,会自动消除重复的行。在联合过程中,如果你知道此集合不能或不需要删除重复数据,那么 UNION ALL 会更快。

　　现在接着讨论分区存储设计,你会发现,通过额外的努力,可以同时获得异构和同构这两种方法的好处。

　　在继续之前,请确保删除之前创建的表,因为你将使用分区重新创建:

```
DROP TABLE IF EXISTS ch14.paris_linestrings;
DROP TABLE IF EXISTS ch14.paris_polygons;
DROP TABLE IF EXISTS ch14.paris_points;
```

14.2.3　使用分区建模

本书的上一版演示了如何使用表继承按类型和区对数据进行分区。与 PostgreSQL 10 中引入的新分区方案相比，继承的好处在于，子表可比父表拥有更多的列。遗憾的是，这一好处伴随着一个主要成本，即必须使用插入触发器管理数据路由，并且查询的性能会降低。本节将讨论如何使用表分区做类似的事情。遗憾的是，即使在 PostgreSQL 13 中，也无法将表分区与继承结合起来，以便同时从两者中获益。

与采用继承时一样，你可以使用带有分区的嵌套分区方案。现将巴黎划分为两个分区级别——第一个是几何类型，第二个是区。

先创建一个分区表来存储所有分区将共享的属性，如以下代码所示：

```
CREATE TABLE ch14.paris (
    gid bigint GENERATED BY DEFAULT AS IDENTITY,
    osm_id bigint,
    ar_num integer,
    feature_name varchar(200),
    feature_type varchar(50),
    geom geometry(geometry, 32631),
    tags jsonb
) PARTITION BY LIST( GeometryType(geom) ) ;
```

理想情况下，你希望在父表上添加主键，但分区表要求主键必须下钻到子表，不能有表达式，并且必须包含分区列，因此当你为 PARTITION BY 使用类似于 GeometryType(geom)的表达式时，你不能有主键。如果你只需要简单地对 ar_num 做除法，就可以添加主键。你仍然可以直接在分区上创建主索引，但它们是彼此独立的。

对于 PostgreSQL 11+版本，所有的索引都是继承的，因此你只需要创建一次空间索引和 jsonb gin 索引，PostgreSQL 就会为将来的分区创建它们：

```
CREATE INDEX ix_paris_geom_gist
  ON ch14.paris USING gist(geom);

CREATE INDEX ix_paris_tags_gin
  ON ch14.paris USING gin(tags);
```

有了父表，就可以创建子表了。对于子表，需要进一步按区进行分区(如代码清单 14.7 所示)，因为在后面你将面临 L'Arc 地区的大量数据。

代码清单 14.7　创建分区

```
CREATE TABLE ch14.paris_linestring          ◀────     保存所有线串的一个
    PARTITION OF ch14.paris                           分区
    ( CONSTRAINT pk_paris_linestring PRIMARY KEY (gid) )  ❶
    FOR VALUES IN('LINESTRING');
```

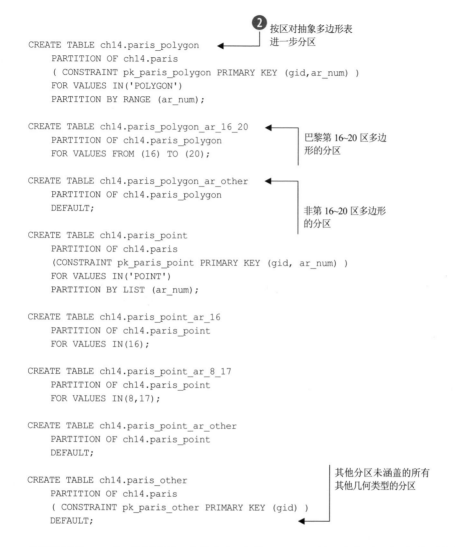

❷ 按区对抽象多边形表
进一步分区

```
CREATE TABLE ch14.paris_polygon
    PARTITION OF ch14.paris
    ( CONSTRAINT pk_paris_polygon PRIMARY KEY (gid,ar_num) )
    FOR VALUES IN('POLYGON')
    PARTITION BY RANGE (ar_num);

CREATE TABLE ch14.paris_polygon_ar_16_20
    PARTITION OF ch14.paris_polygon
    FOR VALUES FROM (16) TO (20);

CREATE TABLE ch14.paris_polygon_ar_other
    PARTITION OF ch14.paris_polygon
    DEFAULT;

CREATE TABLE ch14.paris_point
    PARTITION OF ch14.paris
    (CONSTRAINT pk_paris_point PRIMARY KEY (gid, ar_num) )
    FOR VALUES IN('POINT')
    PARTITION BY LIST (ar_num);

CREATE TABLE ch14.paris_point_ar_16
    PARTITION OF ch14.paris_point
    FOR VALUES IN(16);

CREATE TABLE ch14.paris_point_ar_8_17
    PARTITION OF ch14.paris_point
    FOR VALUES IN(8,17);

CREATE TABLE ch14.paris_point_ar_other
    PARTITION OF ch14.paris_point
    DEFAULT;

CREATE TABLE ch14.paris_other
    PARTITION OF ch14.paris
    ( CONSTRAINT pk_paris_other PRIMARY KEY (gid) )
    DEFAULT;
```

巴黎第 16~20 区多边
形的分区

非第 16~20 区多边形
的分区

其他分区未涵盖的所有
其他几何类型的分区

在代码清单 14.7 中，你创建了一个线串表，它是 ch14.paris 的一个分区，用于保存所有线串❶。你还创建了一个多边形表，它也是 ch14.paris 的一个分区，并按区进一步分区❷。还可向分区表添加主键，这些键将由子分区继承。

完成这些之后，你将看到 pgAdmin 显示了一个带有分区的表，并且索引已被继承，如图 14.3 所示。

下一步，加载表并从 paris_hetero 表中获取行，见代码清单 14.8。

图 14.3 paris 表分区

代码清单 14.8 加载数据到巴黎分区

```
INSERT INTO ch14.paris (
    osm_id,ar_num,geom,tags,              加载数据
    feature_name,feature_type
)
SELECT
    osm_id, ar_num, geom, tags,
    tags->>'name' AS feature_name,
    COALESCE(
        tags->>'tourism',
        tags->>'railway',
        tags->>'amenity',
        tags->>'shop',
        tags->>'boundary',
        'other'
    )::varchar(50) As feature_type
FROM ch14.paris_hetero;

ALTER TABLE ch14.paris_polygon
    ADD CONSTRAINT enforce_geotype_geom
    CHECK (geometrytype(geom) = 'POLYGON');              ❶

ALTER TABLE ch14.paris_point
    ADD CONSTRAINT enforce_geotype_geom
    CHECK (geometrytype(geom) = 'POINT');           添加约束，使几何列类
                                                    型正确地注册在
                                                    geometry_columns 中
ALTER TABLE ch14.paris_linestring
    ADD CONSTRAINT enforce_geotype_geom
    CHECK (geometrytype(geom) = 'LINESTRING');
```

如果查看源自 ch14.paris 的各种子表，你会发现多边形、线串和点都整齐地归入其相应的几何类型和区指定的分区。检查约束的添加看似多余，因为 GeometryType 分区已经进行了处理，但是

geometry_columns 视图还不知道如何解析分区子句，所以仍然需要检查约束❶。你可以在加载后添加约束，因为提前添加约束会使插入过程减缓，而且批量检查比插入时检查更快。

最后，你收获了劳动成果。分区以后，你的计数查询与你在之前的异构建模中使用的简单查询相同：

```
SELECT ar_num, COUNT(DISTINCT osm_id) As compte
FROM ch14.paris
GROUP BY ar_num;
```

有了分区，就可以更灵活地仅对多边形表进行查询(如果只关心计数的话)：

```
SELECT ar_num, COUNT(DISTINCT osm_id) As compte
FROM ch14.paris_polygons
GROUP BY ar_num;
```

如你所见，分区需要一到两个额外步骤来进行正确的设置，但这样做的好处是，你可以明智地查询父表或一个子表，从而使查询变得简单。正如一位著名的巴黎人所说的："让他们鱼与熊掌兼得吧。"

警告：如果 ch14.paris 是一个使用继承来分区的表，则必须执行 DROP TABLE ch14.paris CASCADE;来删除所有子表。这是一步额外的安全措施，不会清除所有的数据。对于内置分区来说，分区不是简单地依赖于分区表，而是分区表的一部分。因此，你可以执行 DROP TABLE ch14.paris;并在没有警告的情况下丢失所有巴黎分区。

应用

通常情况下，分区和继承是事后考虑的，而不是初始表设计的一部分。例如，假设你已经设置了一个 paris_multipolygon 表来存储关键要素的多边形集合几何图形，并且已经使用代码清单 14.9 中的代码以数据填充了该表。

代码清单 14.9　一个独立的多边形集合表

```
CREATE TABLE ch14.paris_multipolygon (          ◀─────────┐
    gid bigint GENERATED BY DEFAULT AS IDENTITY,          │
    osm_id bigint,                                使类型与 ch14.paris
    ar_num integer,                                相同
    feature_name varchar(200),
    feature_type varchar(50),
    geom geometry(multipolygon, 32631),
    tags jsonb,
    CONSTRAINT pk_paris_multipolygon PRIMARY KEY (gid)
) ;

INSERT INTO ch14.paris_multipolygon(osm_id, ar_num,
                        feature_name, feature_type,
                        geom, tags)
SELECT MAX(osm_id) AS osm_id,
  CASE WHEN array_upper(array_agg(ar_num),1) = 1       进行绑定
    THEN MAX(ar_num) ELSE NULL END AS ar_num,      ◀────
        feature_name, feature_type,
        ST_Multi(ST_Union(geom)) AS geom, json_agg(tags) AS tags
```

```
FROM ch14.paris_polygon
WHERE feature_name > ''
GROUP BY feature_name, feature_type;
```

你肯定不希望被迫删除 paris_multipolygon 表,然后重新创建它以使其成为 paris 表的一个分区。代码清单 14.10 演示了如何将一个现有的表变成 ch14.paris 表的分区。

代码清单 14.10　将独立的表变成 ch14.paris 表的分区

```
ALTER TABLE ch14.paris_multipolygon
    ALTER COLUMN geom TYPE geometry(geometry, 32631);    ◀──── 使类型与 ch14.paris 相同

ALTER TABLE ch14.paris
  ATTACH PARTITION ch14.paris_multipolygon
    FOR VALUES IN ('MULTIPOLYGON');    ◀───┐
                                           │ 进行绑定
ALTER TABLE ch14.paris_multipolygon
    ADD CONSTRAINT enforce_geotype_geom                   确保几何类型在
    CHECK (geometrytype(geom) = 'MULTIPOLYGON');   ◀──── geometry_columns 中注册
```

在将独立的表添加为分区表的分区时,有几个注意事项。首先,在绑定之前,独立表必须确保它的列集合在类型和 typmod 上与父表相同。分区表中不能有新分区中没有的列,尽管列的物理顺序可以不同。

注意,代码清单 14.9 中创建的独立表中带有含主键的标识列。当该表变成分区时,这一列会发生什么情况?

如果你直接将一条记录插入 ch14.paris_multipolygon 中,像下方代码那样,那么它使用的标识是为 ch14.paris_multipolygon 表所创建的标识。你很容易确定这一点,因为通过 RETURNING 返回的 gid 编号很小,大约是 50 s:

```
INSERT INTO ch14.paris_multipolygon(ar_num, feature_name, feature_type, geom)
SELECT ar_num, 'Regina Spot', 'sites', ST_Multi(ST_Buffer(geom,2))
FROM ch14.paris_linestring
LIMIT 1
RETURNING *;
```

如果重复上述代码,但是将记录插入 ch14.paris 中,就会发现生成的 gid 是为 ch14.paris 表创建的标识:

```
INSERT INTO ch14.paris(ar_num, feature_name, feature_type, geom)
SELECT ar_num, 'Regina Spot 2', 'sites', ST_Multi(ST_Buffer(geom,2))
FROM ch14.paris_linestring
LIMIT 1
RETURNING *;
```

你所插入的记录被路由到 ch14.paris_multipolygon 中,这是分区所规定的,但 gid 编号要高得多,因为它使用了 ch14.paris 的 gid 编号生成器。

那如何确保从头到尾只使用一个标识呢?可以通过删除 ch14.paris_multipolygon IDENTITY 来做到这一点,如下所示:

```
ALTER TABLE ch14.paris_multipolygon
    ALTER gid DROP IDENTITY IF EXISTS;
```

这个解决方案的唯一问题在于，它阻止了对 ch14.paris_multipolygon 表的直接插入，因为与 serial 和 bigserial 所创建的常规 SEQUENCE 对象不同，新的 IDENTITY 结构与特定的表相绑定。如果需要直接插入分区，并希望使用相同的自增序列，则应该使用旧的 serial 或 bigserial，而不是 IDENTITY 方法。

向分区表添加列

当你向分区表添加一个新列时，PostgreSQL 会自动将该列添加到所有分区。

尝试向 paris 表中添加 address：

```
ALTER TABLE ch14.paris ADD COLUMN address text;
UPDATE ch14.paris
    SET address = (tags->>'addr:housenumber') || ' ' || (tags->>'addr:street')
    WHERE tags ? 'addr:housenumber' AND tags ? 'addr:street';
```

14.3　创建可自动更新的视图

PostgreSQL 允许你不用额外的操作就可以创建可更新视图。如果一个视图只对应一个表，那么它通常是可更新的。

例如，可以创建一个名为 ch14.subways 的视图：

```
CREATE OR REPLACE VIEW ch14.subways AS
SELECT gid, osm_id, ar_num, feature_name, geom
FROM ch14.paris_points
WHERE feature_type = 'subway';
```

为了更新视图中的记录，需要运行如下的更新语句：

```
UPDATE ch14.subways
SET feature_name = 'subway 1'
WHERE osm_id =5155161998;
```

同样，可以在不编写任何触发器或规则的情况下，从视图中删除记录：

```
DELETE FROM ch14.subways WHERE feature_name = 'subway 1';
```

虽然也可以在视图中进行插入，但是我们不会在这个特定示例中用到 feature_type，因此插入操作不会生成满足过滤条件的记录。为了保证所有的新记录都被标记为 feature_type = 'subway'，需要使用规则或触发器。

自动更新视图可对列设置不同于父表的默认值。例如，如果希望在没有指定 feature_name 的情况下将所有新添加的地铁都称为 subway，那么可以按代码清单 14.11 中的方式更改视图。

代码清单 14.11　可自动更新的视图

```
ALTER VIEW ch14.subways ALTER COLUMN feature_name SET DEFAULT 'subway';
```

如果你的视图涉及多个表或计算字段，或者需要执行默认视图更新行为提供不了的额外处理，则需要使用规则或触发器。尽管规则和触发器可以用于任何有需要的地方，但我们发现，在处理继承层次结构时，它们格外方便。

PostgreSQL 中的 WITH CHECK OPTION

尽管视图可以自动更新，但可能出现一种情况：一个值在更新后不再出现在视图中。例如，如果你将 feature_type 列公开为 SELECT 子句的一部分，那么可将 feature_type 更新为其他内容，比如 bus，这将使更新后的记录从视图中消失。我们通常不希望这种情况发生。

PostgreSQL 9.4 引入了一个名为 WITH CHECK OPTION 的新特性，它将确保在查询视图时(基于视图的 WHERE 子句)，任何不可见的视图更新或插入都会引发错误。视图创建语句的格式为：

```
CREATE OR REPLACE VIEW name_of_view AS ... WITH CHECK OPTION
```

14.4　使用触发器和规则

成熟的 RDBMS 通常提供一些方法来捕捉表或视图上的某些 SQL 命令，并允许对这些事件进行某种形式的条件处理。PostgreSQL 当然有这样的特性，当它遇到四个核心 SQL 命令——SELECT、UPDATE、INSERT 和 DELETE 时，能够执行额外的处理。执行这种条件处理的两种机制是触发器和规则。

规则是关于如何重写查询的指令。它们不会直接改变数据，而是仅仅重写修改数据的指令。

尽管 PostgreSQL 对规则的支持从很早之前就开始了，而且很多视图的逻辑都是通过底层的规则实现的，但是你应该避免使用它们，因为未来的 PostgreSQL 版本有可能不允许直接使用规则特性。如今可以在视图上应用 INSTEAD OF 触发器，这一新功能使直接使用规则的做法多少有些过时了。因此，本章将不涉及规则的使用。

另一方面，与规则相比，触发器具有以下优势：

- 任何一条记录上的操作满足触发事件时，触发器可按语句或按行执行，因此它们比重写规则更容易调试。
- 它们可以用任何 PL 语言编写，比只能用 SQL 编写的规则更灵活。

当涉及分区表时，触发器的应用方式存在一些限制。你以前使用触发器将数据重定向到另一个表，对于大多数这样的情况，你刚刚了解的内置表分区都能自动处理。

现在，假设你已经完成了示例，并且在测试数据库中有四个表：paris、paris_points、paris_linestrings 和 paris_polygons。现在，我们将通过添加触发器来改进巴黎示例。

14.4.1　触发器

触发器是一段过程代码，用于以下情况之一：

- 防止某些情况发生，例如在不满足某些条件时取消 INSERT、UPDATE 或 DELETE 命令。
- 在 INSERT、UPDATE 或 DELETE 命令请求时，执行另外某种操作。
- 除 INSERT、UPDATE 或 DELETE 命令之外，还执行其他操作。

触发器永远不能应用于 SELECT 事件。

触发器基于行、语句或数据定义语言(data definition language，DDL)事件。对参与 INSERT、

UPDATE 或 DELETE 操作的每一行，执行基于行的触发器。除了用于语句记录，基于语句的触发器很少使用，因此这里不进行讨论。每个 UPDATE、DELETE 或 INSERT 语句都会调用一次基于语句的触发器。DDL 事件触发器是在 PostgreSQL 9.3 中引入的，用于响应 DDL 事件，例如创建表、约束、表列、视图等。

在 PostgreSQL 中，可以选择多种语言(SQL 除外)来编写触发器。只有规则支持 SQL，而触发器必须是独立的函数。PostgreSQL 中编写函数的常用语言有 PL/pgSQL、PL/Python、PL/R、PL/V8 和 C。你甚至可以开发自己的语言。还可以在一个表上设置多个触发器，每个触发器分别用适合特定任务的不同语言编写。

注意: 如前所述，由单个表得出的视图通常是可自动更新的。对于更复杂的视图，可以使用 INSTEAD OF 触发器来更新基础表。注意，视图不能设置 BEFORE 或 AFTER 触发器，因为不可以直接将数据插入视图。

14.4.2　使用 INSTEAD OF 触发器

在代码清单 14.11 创建的可自动更新的视图中，默认的插入行为不是你所希望的，因为 feature_type 列不会被设置。此外，如果没有数据传入，最好设置区。要解决这个问题，可以使用 INSTEAD OF 触发器覆盖默认的插入行为。INSTEAD OF 触发器仅能用于视图。

代码清单 14.12 演示了一个 INSTEAD OF 插入触发器。当一条记录插入 ch14.stations 视图中时，将运行触发器，而不是默认的插入行为。

代码清单 14.12　视图上的一个 INSTEAD OF 触发器

```
CREATE OR REPLACE FUNCTION trig_subway_insert()
  RETURNS trigger AS --        ◄──────
                                        定义触发器函数
$$
BEGIN
    INSERT INTO ch14.paris_points (
        gid, osm_id, ar_num, feature_name, feature_type, geom
    )
    VALUES (
        DEFAULT,
        NEW.osm_id,
        COALESCE(NEW.ar_num,
            (SELECT a.ar_num
                FROM ch14.arrondissements AS a
            WHERE ST_Intersects(NEW.geom, a.geom )) ) ,
        NEW.feature_name,
        'subway',
        NEW.geom
    );
    RETURN NEW;
END;
  $$ language plpgsql;
                                        将触发器绑定到视图
                                        的插入事件上
CREATE TRIGGER t01_trig_subway_insert   ◄──────
```

```
INSTEAD OF INSERT
ON ch14.subways
FOR EACH ROW
EXECUTE PROCEDURE trig_subway_insert();
```

一个触发器至少包含两部分:

- 一个返回 trigger 类型的函数。
- 将触发器函数绑定到事件。

一个触发器可以用于多个事件,多个触发器函数也可以处理同一个事件。如果你对一个事件设置了多个触发器,那么它们将按名称的字母顺序运行。在代码清单 14.12 中,触发器名为 t01_trig_subway_insert。

要测试此插入触发器,可以重新添加已删除的车站:

```
INSERT INTO ch14.subways(osm_id, geom)
SELECT osm_id, geom
FROM ch14.paris_hetero WHERE osm_id = 243496729;
```

如果你查询该地铁的视图,就会找到它。它使用了 feature_name 的默认列值,并且填充了 ar_num,尽管你没有显式地插入这些列。

更重要的是,你所在的分区会自动将数据重新路由到正确的分区,即使你将数据插入 ch14.paris 中,也是如此。可以通过以下查询确认数据最终位于哪个分区:

```
SELECT tableoid::regclass
  FROM ch14.paris
  WHERE osm_id = 243496729;
```

对于我们的数据集,该查询将返回 ch14.paris_point_ar_16。

14.4.3 使用其他触发器

对于触发器,我们必须将 INSERT、UPDATE 和 DELETE 这三个核心事件扩展为六个: BEFORE INSERT、AFTER INSERT、BEFORE UPDATE、AFTER UPDATE、BEFORE DELETE 和 AFTER DELETE。BEFORE 事件在触发器命令执行之前触发,AFTER 事件则在执行完成后触发。

如前所述,INSTEAD OF 触发器只能用于视图,视图不能使用 BEFORE 或 AFTER 触发器。

如果你希望对表执行一个替代操作(就像在视图上使用 INSTEAD OF 触发器一样),则需要创建一个触发器并将其绑定到 BEFORE 事件,但会抛出结果记录。对于这种情况,AFTER 触发器会明显滞后。

如果希望修改将插入或更新的数据,还需要在 BEFORE 事件中执行此操作。在 PostgreSQL 13 之前,BEFORE 触发器不能应用于分区表,因为它们会干扰分区逻辑。但是,可以应用 AFTER 触发器。

如果希望执行一些依赖于主要语句完成的操作,则需要绑定到 AFTER 事件。例如,需要在 INSERT 或 UPDATE 语句成功执行时插入或更新相关表,比如保存更改的记录,或在任务完成时发送电子邮件。

对于 DDL 触发器,事件要多得多。PostgreSQL 对象类型(如表、视图、约束等)的创建、删除和修改都有自己的事件。关于 PostgreSQL 9.3+中支持的 DDL 事件的完整列表,请参阅 PostgreSQL

事件触发矩阵。我们在 Postgres OnLine Journal 的"Materialized Geometry_columns Using Event Triggers"一文中描述了 DDL 事件触发器的一个用例。

PostgreSQL 触发器被实现为一种特殊类型的函数，称为触发器函数，然后绑定到一个表或 DDL 事件。这种额外的间接级别意味着可以为不同的事件、表和视图重用相同的触发器函数。稍微有点麻烦的是，需要经历两个步骤：先定义触发器函数，然后将其绑定到表、视图或 DDL 事件。

PostgreSQL 允许为每个表的每个事件定义多个触发器，但是每个触发器的命名在整个表中必须是唯一的。触发器按字母顺序触发。如果你的数据库喜欢使用触发器，建议你设立一种命名触发器的约定，以使它们井然有序。

触发器功能强大，掌握了它们，就可以开发能够控制业务逻辑的数据库应用程序，而不必接触前端应用程序。

在结束对规则和触发器的讨论之前，先来回顾一下约束排除。还记得在开始探讨前面的扩展示例之前，我们是如何描述启用约束排除的有用性的？为了测试约束排除是否正常工作，请运行以下查询并查看 pgAdmin 图形化解释规划：

```
SELECT * FROM ch14.paris WHERE ar_num = 8;
```

此查询的图形化解释规划输出如图 14.4 所示。

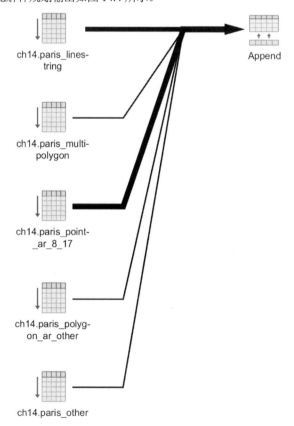

图 14.4　仅考虑能够具有 ar_num=8 数据的分区

注意，尽管存在 paris_points_ar_other、paris_polygons_ar_16_20 等表，但规划器策略性地跳过了这些表，因为我们只要求在 ar_num = 8 中查找数据。约束排除适用于分区！

此外，如果你有一个按类型进行过滤的查询，如下所示：

```sql
SELECT * FROM ch14.paris WHERE GeometryType(geom) = 'POINT';
```

规划器将跳过所有不能包含点的表，而只提供符合 GeometryType(geom) = 'POINT'标准的分区，如图 14.5 所示。

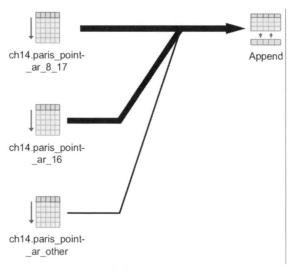

图 14.5　仅能保存点数据的分区

14.5　本章小结

- PostgreSQL 提供许多存储数据的策略。
- PostGIS 空间数据和其他数据一样，存储在可索引的列中。
- PostGIS 空间数据可以保留为几何的一般类型，也可以更具体，如 geometry(geometry, <some_srid>)或 geometry(<some_type>, <some_srid>)。
- PostGIS 目录使用表列定义和类型检查约束来确定在 geometry_columns、geography_columns 和 raster_columns 视图中输出的内容。
- 分区和继承允许将数据拆分为表，但仍然允许查询单个表。
- 几何类型(包括它们的类型修饰符)在分区表或继承层次结构的所有分区中必须一致。这可能需要放宽列类型定义，并对这些类型使用约束。
- jsonb 和 hstore 允许将数据存储为一个属性包，你不必担心每个属性意味着什么。
- 虽然 jsonb 和 hstore 可用于存储任意数据，但更常用的数据应提升到专用列，因为索引性能会更好，表定义也更具有描述性。

第15章

查询性能调优

本章内容：
- 如何使用规划器和读取查询规划
- 如何编写高效的查询
- 如何监控查询性能
- 如何组织空间数据以提高查询性能
- 如何设置 PostgreSQL 配置以获得更好的性能

当同时处理多个表，尤其是大型表时，调优查询就成为一个主要的考虑因素。编写查询的方式也很重要。例如，两个查询可以返回完全相同的数据，但是其中一个可能要多花一百倍的时间才能完成。空间对象的复杂性、内存分配、并行化甚至存储都会影响性能。

本章中的大部分内容与 PostgreSQL 本身和一般 SQL 有关，但 PostgreSQL 是 PostGIS 的基础。进一步了解 PostgreSQL 以及它执行查询的方式，不仅会加快你的非空间查询，也会显著改进你的空间查询。

PostgreSQL 有很多配置旋钮可以用来优化你的系统，而且旋钮的数量通常会随着 PostgreSQL 主要版本的更新而增加。为了与时俱进，postgresqlco 网站介绍了 PostgreSQL 中所有可用的配置选项、它们可用的版本，以及它们是如何随着新版本变化的。

本章中的一些示例使用了前面章节的数据。运行输出基于 PostgreSQL 14 开发版和 PostGIS 3.2 开发版。PostgreSQL 13 和 PostGIS 3.1 添加了许多性能增强。因此，如果你使用的是早期版本，可能会发现输出的时间要长得多。

15.1 查询规划器

所有的关系数据库都使用查询规划器处理原始 SQL 语句，并在执行查询之前，将其转换为可执行步骤。虽然规划器并不完美，但它可以更好地优化某些 SQL 语句。

查询规划器将 SQL 解析为执行步骤，并决定应该使用哪些索引(如果有的话)以及哪些搜索策略。它基于各种启发式方法和对数据分布的了解来制订规划。它知道你通常不知道的一些事情：你的数据在任意时间点是怎样分布的。但是，它不会替你编写高效的查询。

查询规划器有许多选项供你选择，特别是在连接表时。规划器可以选择某些特定的索引，导航这些索引的顺序，以及将要使用的搜索策略(嵌套循环、位图扫描、顺序扫描、索引扫描、哈希连接等)。这些都会影响查询的速度和效率。

SQL 是一种声明性语言，允许你声明请求而不用担心最终实现的方式，但这并不完全正确。由于数据的分布发生了变化，数据库规划器可能在第一天使用一种方法，然后在第二天使用另一种方法来处理相同的查询。实际上，你陈述问题的方式会极大地影响规划器回答问题的方式。规划器选择的规划对速度有直接影响。因此，所有的高端数据库都提供解释规划或展示规划，让你能了解规划器的策略。SQL 只允许你提出问题，而不允许定义明确的步骤，但你仍应注意提问的方式。

15.1.1 不同类型的空间查询

PostGIS 的空间世界提供了一些经典示例来说明以不同的方式提出相同的问题，会导致性能大相径庭。下面是一些示例。

1. 一定范围内 *N* 个最近的物体

前面有一个示例要求在某个半径内，例如在 50 英里(50×1609 m)半径内，找到 5 个最近的物体，详见第 9 章。比较有效的方法是，查找 50 英里范围内的所有物体，然后对结果进行排序。而简单直接的方法是，找到距离小于 50 英里的所有物体，然后按距离排序。

在第一种情况下，规划器可以使用空间索引来排除所有不在 50 英里范围内的对象，然后扫描剩余的对象。

下面的示例展示了两组不同的 SQL 语句。你会发现，如果没有空间索引，这两个查询将执行相同的操作；但是有了空间索引，第一个查询的执行速度将比第二个快得多，因为第二个查询不能使用空间索引。

首先，如果没有索引，所谓的快速方法就没有那么快了——它在我们的系统上需要238~770 ms。耗时可能会因你的 CPU、磁盘速度和 PostGIS/PostgreSQL 版本而异。你应该多运行几次，因为PostgreSQL 会在内存中缓存数据，所以后续运行有时会更快：

```
SELECT franchise
FROM ch15.restaurants AS p
WHERE ST_DWithin(
        ST_GeogFromText('SRID=4326;LINESTRING(-72.795 42.434,-72.794 42.434)'),
            p.geog,50*1609)
ORDER BY ST_Distance(
    ST_GeogFromText('SRID=4326;LINESTRING(-72.795 42.434,-72.794 42.434)'),
    p.geog)
LIMIT 5;
```

现在，添加一个地理的空间索引，并再次运行它：

```
CREATE INDEX ix_restaurants_geog_gist
  ON ch15.restaurants USING gist(geog);
```

在我们的系统上，添加索引后运行相同的查询，耗时降低到45~79 ms。

接下来是慢一些但思路更清晰的方法：

```
SELECT franchise
FROM ch15.restaurants AS p
WHERE ST_Distance(
    ST_GeogFromText('SRID=4326;LINESTRING(-72.795 42.434,-72.794 42.434)'),
    p.geog) < (50*1609)
ORDER BY ST_Distance(
    ST_GeogFromText('SRID=4326;LINESTRING(-72.795 42.434,-72.794 42.434)'),
    p.geog)
LIMIT 5;
```

这种方法给出的耗时与添加空间索引之前的方法类似。此查询无法使用空间索引，因此是否有空间索引对其并无影响。

2. 不靠近其他任何物体的物体

另一个进行筛除的示例是使用反连接，在反连接中，需要明确所有不符合特定标准的对象。简单直接的查询通常会导致规划器策略效率低下。

相反，你得收集所有符合标准的对象，以及不符合标准的对象。然后，丢掉符合标准的那些对象。

令人惊讶的是，这种策略比简单的方法更高效。

下面是一个示例，要求找到在 0.5 英里(804 m)内没有餐厅的所有道路：

```
SELECT r.rt_number
FROM ch15.ma_roads AS r
  LEFT JOIN ch15.restaurants AS p
ON ST_DWithin(p.geog,r.geog,804)
WHERE p.id IS NULL;
```

它的工作方式是，左连接始终返回左表(在本例中为 ch15.ma_roads)的所有记录，与右表(ch15.restaurants)一一进行匹配，匹配不上的，则创建带有 NULL 占位符的 NULL 行。因此，在本例中，如果不满足"0.5 英里以内"这一条件，那么餐厅的主键将为 NULL。

这个特定的查询使用了空间索引，耗时应该不超过 2 s，在更好的系统上可能只需 200 ms。如果改用几何图形列，那么查询会在 500~880 ms 内结束。使用几何图形和使用地理类型之间的时间差异会因所涉几何图形的复杂性而不同。对于点对点的比较，可以进行类似的耗时估计。在其他情况下，几何图形总是优于地理类型。一般的经验法则是，使用地理类型的速度是使用除点以外的几何图形的十分之一。

3. N 个最接近的物体，不考虑范围

KNN 距离运算符<->、轨迹距离运算符|=|和 3D 距离运算符<<->>减少了对几何和地理类型使用 ST_DWithin 的需求。第 9 章讲过一个这样的示例。KNN GiST 查询允许按邻近度进行排序。所有的索引都在 ORDER BY 子句中进行。

在 PostGIS 2.2 之前，这些距离运算符有一些限制：

- 它们只比较了边界框或边界框邻近度的形心，所以它们只适用于点几何图形之间的比较。
- 它们只适用于 geometry 类型，并且在查询中，其中一个几何图形必须保持不变。

PostGIS 2.2+为地理引入了 2D 运算符，但如果你没有使用 PostgreSQL 9.5+版本，这些运算符将只能执行边界框计算。在 PostgreSQL 9.5+和 PostGIS 2.2+的组合下，几何图形和地理的 2D 距离

运算符都是精确的,因此对于线串和多边形,它们现在变得更有用了。然而,即使在以后的版本中,运算符一侧必须是常量的限制也会一直存在。

KNN GiST 查询采用以下形式:

```
SELECT p.franchise, p.geog
FROM ch15.restaurants AS p
ORDER BY ST_GeogFromText('SRID=4326;LINESTRING(-72.795 42.434,-72.794 42.434)')
    <-> p.geog
LIMIT 5;
```

这个查询在我们的系统上花费了 40~90 ms,它使用了空间地理索引。

可以通过使用子查询和 LATERAL 连接来部分地弥补常量几何图形/地理问题,第 9 章探讨过这些示例。要确定离餐厅最近的 5 条道路,需要将 LATERAL 与 KNN 距离运算符结合起来使用。在此例中,每个餐厅在 p 子查询中被视为常量。对于点对点数据,地理的性能几乎和几何图形的性能一样好。对于像高速公路这样的长线串,几何图形要快得多。使用几何图形时请记住,空间参考系统必须相同,否则会出错。我们已将 ch15.ma_roads 表和 ch15.restaurants 表标准化为 SRID 2163,这是一个适用于全美的空间参考系统,并且仍然适于测量。

下面使用几何图形完成此示例。在这两种情况下,几何空间参考系统必须相同。我们的数据集都具有 SRID 2163(国家地图集以米为单位的格式)下的几何图形:

```
SELECT r.rt_number, p.franchise
FROM ch15.ma_roads AS r
   LEFT JOIN LATERAL
     (SELECT p.id, p.franchise
      FROM ch15.restaurants AS p
       ORDER BY r.geom <-> p.geom LIMIT 5) AS p ON true ;
```

15.1.2 公用表表达式及其对规划的影响

你学过的另一个重要结构是公用表表达式(CTE),前面的示例已经对其进行了演示,详情请见附录 C。它们的用法散布于整本书中。CTE 允许将复杂的查询分解成可管理的、能够复用的子查询,从而实现简化。

CTE 是语法利器,但它们也会或好或坏地影响规划器的规划方式。规划器通常将每个 CTE 与查询的其余部分分开。CTE 中的表表达式通常是物化的,这意味着执行器在后台创建了临时表。

注意: 在 PostgreSQL 12 之前,CTE 总是物化的。在以后的版本中,规划器会决定物化是否更有效。

如果你的计算比较困难,比如距离计算,那么物化是很有帮助的,因为计算将在 CTE 中执行一次。但是,如果你的 CTE 返回一个巨大的表,那么相比于将 CTE 嵌入为子查询,这个表最终可能会占用更多的内存。

当 CTE 被视为单个单元并被物化时,对它的后续引用将无法利用在产生 CTE 结果时使用的任何索引。这是一个黑匣子。规划器看不到它的外部,也看不到它的内部。

如果你大量使用 CTE 并遇到性能问题,请尝试使用常规子查询重写它们,或尽量减少 CTE 返回的行数。

15.2　规划器策略

大多数关系数据库规划器使用有关数据分布的统计信息，并结合各种服务器配置(如内存分配、共享缓冲区和随机页访问成本)来进行决策。

当你执行 vacuum 分析命令或一条如下的分析命令时，PostgreSQL 会更新规划器的统计信息：

```
vacuum (analyze) sometable;
```

如果你启用了 autovacuum(这是默认设置)，那么每当 autovacuum 进行清理时，统计信息都会刷新。可以有选择地设置 vacuum 运行的频率或关闭某些表的 autovacuum。选择性地更改有问题的表的 vacuum 设置，要比完全禁用 autovacuum 更好。如果要对特定的表禁用 vacuum，可以执行以下操作，将 ch15.ma_roads 替换为你选择的表：

```
ALTER TABLE ch15.ma_roads SET (
    autovacuum_enabled = false,
    toast.autovacuum_enabled = false);
```

关闭对表的 vacuum 并非一劳永逸的解决方案。更好的方法是在系统负荷过重时不进行 vacuum，或者减少对特定有问题的表进行 vacuum 的频率。关于所有这些选项的详细信息，可参阅 2ndQuadrant 博客中的 "Autovacuum Tuning Basics" 一文。

除了更新统计信息外，vacuum 分析还会彻底地清除已删除的行，因此被称为 vacuum(真空)。对于大批量的插入和更新，建议对受影响的表手动运行 vacuum(analyze)，而不是等待下一次 autovacuum 的运行。

如果希望在不进行 vacuum 清理的情况下更新统计信息，也可以只运行以下命令：

```
analyze verbose sometable;
```

添加 verbose 后能够看到 analyze 的进度。在不指定表名的情况下运行 analyze 或 vacuum analyze，将对数据库中的所有表应用此操作。

规划器的统计信息是表中独立数值的汇总，以及表中常用值分布的简单直方图。通过使用以下命令先更新统计信息，可以了解它们是什么样子的：

```
vacuum analyze ch15.restaurants;
```

然后运行代码清单 15.1 中的查询。

代码清单 15.1　规划器统计信息查询

```
SELECT
    attname AS colname,
    n_distinct,
    array_to_string(most_common_vals, E'\n') AS common_vals,
    array_to_string(most_common_freqs, E'\n') AS dist_freq
FROM pg_stats
WHERE schemaname = 'ch15' AND tablename = 'restaurants'
```

```
ORDER BY colname;
```

代码清单 15.1 的运行结果如下：

```
colname | n_distinct | common_vals | dist_freq
-----------+------------+-------------+-------------
id         |         -1 |             |
franchise  |         10 | MCD        +| 0.2732       +
           |            | BKG        +| 0.14916667  +
           |            | PZH        +| 0.12626667  +
           |            | TCB        +| 0.1234       +
           |            | WDY        +| 0.1201       +
           |            | KFC        +| 0.10786667  +
           |            | JIB        +| 0.04146667  +
           |            | HDE        +| 0.036066666 +
           |            | CJR        +| 0.018466666 +
           |            | INO         | 0.004
geom       |         -1 |             |
geog       |         -1 |             |
(4 rows)
```

　　n_distinct 列中的数字-1 意味着该列中的值在整个表中是唯一的；n_distinct 列中小于 1 但大于 0 的数字代表唯一值的占比；n_distinct 列中大于 1 的数字则表示找到的唯一值的确切数目。common_vals 数组列列出了最常用的数值，相应的 dist_freq 条目则列出了这些常用值的百分比。

　　例如，n_distinct 列中 franchise 对应的数字 10 告诉我们有 10 个 franchise，其中，值 MCD 约占所有值总数的 27%，由 dist_freq 列中的 0.2732 表示。

　　这些信息对规划器很有用，因为它可以利用这些信息来决定浏览表和应用索引的顺序，以及规划查询的策略。

　　规划器会判断使用索引是否比顺序扫描更快。如果列中的大多数值都是相同的，并且在 WHERE 中过滤了这些值，那么规划器通常会选择顺序扫描来检索行。

　　它还能通过查看查询的 WHERE 和 JOIN 条件并估计每个表的结果数，来猜测嵌套循环是否比哈希更有效。

规划器统计信息采样

　　规划器在运行 analyze 时会对记录进行随机采样分析。记录的采样数量通常在 10%左右，具体取决于表的大小和 default_statistics_target 服务器参数的设置。

　　可以使用以下命令，按列改变采样数量：

```
ALTER TABLE ALTER COLUMN somecolumn SET STATISTICS somevalue;
```

　　附录 C 将更详细地介绍这一问题。

　　在下一节中，你将深入学习规划器的内部工作原理，并了解它是如何制订攻击规划的。

15.3　使用解释来诊断问题

　　在对查询性能进行故障排除时，你应该想了解以下问题：

- 正在使用哪些索引(如果有的话)?
- 索引应用的顺序是什么?
- 函数求值的顺序是什么?
- 使用了哪些策略:嵌套循环、哈希连接、合并连接、位图扫描还是顺序扫描?
- 预计执行成本与实际执行成本的区别在哪里?
- 扫描了多少行?
- 规划器使用了并行工作方式吗?

查询的解释规划(特别是 explain analyze,可提供实际规划)回答了所有这些问题。

本节将展示查询的各种解释规划,包括纯文本的和图形化的。在学习这些规划时,请找出上述关键问题的答案。与大多数关系数据库一样,PostgreSQL 允许查看实际的和计划的执行规划。

PostgreSQL 中的解释规划有三种级别:

- EXPLAIN 不运行查询,只提供规划器可能采取的一般方法。自然地,你几乎立刻就能得到最终规划。
- EXPLAIN ANALYZE 运行查询但不返回答案。它会生成实际规划和执行时间,但不返回结果。EXPLAIN ANALYZE 通常比简单的 EXPLAIN 慢得多,至少需要运行查询的时间(不包括将数据从服务器传递到你眼前所需的时间),但它提供了实际的行数、内存的使用情况以及每个步骤消耗的时间。将实际的行数与估计的行数进行比较,是一种判断规划器统计信息是否过期的好方法。
- EXPLAIN (ANALYZE, VERBOSE)进行深入的规划分析,并生成更多的信息,比如列的输出。

15.3.1　文本解释与 pgAdmin 图形化解释

在 PostgreSQL 中,可以使用两种规划展示:文本解释规划和图形化解释规划。这两种方法我们都会用到,但通常图形化解释规划更易于浏览且更具视觉吸引力。如果你只有单色控制台窗口,那么你将只能使用文本解释。本节将向你展示两种方法。

有许多 PostgreSQL 工具提供了具有不同特性的图形化解释规划和文本解释规划。本章将重点关注 pgAdmin 图形化解释规划(通常与 PostgreSQL 打包在一起并允许免费下载),以及由 PostgreSQL 输出的原始文本解释规划。

1. 什么是文本解释

文本解释是数据库解释输出的原始格式。这是大多数关系数据库中的一个常见特性。PostgreSQL 中的文本解释以缩进文本的形式呈现,说明了操作的顺序和子操作的嵌套。可以使用 psql 或 pgAdmin 进行输出。

为了输出格式良好的文本解释,psql 接口往往比 pgAdmin 好一些。在线规划分析器也能较好地输出文本解释,并突出显示你应该关注的行。

PostgreSQL 还能以 XML、JSON 和 YAML 格式输出文本解释。这为分析和查看解释规划提供了更多选项。我们在 Postgres OnLine Journal 的 "Explain Plans PostgreSQL 9.0 - Part 2: JSON and JQuery Plan Viewer" 一文中提供了一个使用 JQuery 美化 JSON 规划并使之具有交互性的示例。

相比于图形化解释规划，文本解释规划通常能提供更多的信息。接下来讨论图形化解释规划，但由于信息过多，它往往更难解读。

2. 什么是图形化解释

图形化解释是文本解释的图解式视图，由底层的文本解释生成。pgAdmin 图形化解释规划设计得非常精美，它使用不同的图标表示聚合、哈希连接、位图扫描、外部扫描、并行扫描和 CTE。若你将鼠标悬停在图元上，它就会弹出工具提示来指导你。pgAdmin 严谨地设计了一个步骤连接到另一个步骤的箭头的粗细度，较粗的箭头表示执行成本较高的步骤。甚至可以将规划保存为图像文件。

在下一组示例中，你将仔细分析规划并理解它们提供给你的信息，并探究文本和图形化的解释规划。

15.3.2 无索引的规划

我们故意不对表使用索引，以演示没有索引的规划。文本解释显示为由规划节点组成的根。每个节点都是缩进的，表示根中的更深层次。根的底部是收集数据的扫描节点。根的顶部显示执行成本，由下面所有的成本汇总而来。

代码清单 15.2 展示了一个没有索引扫描的查询规划。

代码清单 15.2　无索引的 EXPLAIN 查询

```
EXPLAIN
SELECT t.town, r.rt_number
FROM
    ch15.ma_towns AS t
    INNER JOIN
    ch15.ma_roads AS r
    ON ST_Intersects(t.geom,r.geom)
WHERE r.rt_number = '9';
```

代码清单 15.2 的运行结果如代码清单 15.3 所示。

代码清单 15.3　无索引的规划器 EXPLAIN 的输出

```
QUERY PLAN
------------------------------------------------------------
Nested Loop (cost=0.00..31334.24 rows=1 width=28)
    Join Filter: st_intersects(t.geom, r.geom)
    -> Seq Scan on ma_roads r (cost=0.00..3.38 rows=1 width=52)
        Filter: ((rt_number)::text = '9'::text)
    -> Seq Scan on ma_towns t (cost=0.00..243.43 rows=1243 width=8287)
```

代码清单 15.3 中的文本解释规划告诉了你规划器的策略并估计每一步的执行成本。EXPLAIN 不执行查询，所以要比 EXPLAIN ANALYZE 快一些。

代码清单 15.4 会重复代码清单 15.2 中的查询，但使用了 EXPLAIN ANALYZE。

代码清单 15.4　无索引的规划器 EXPLAIN ANALYZE 查询

```
EXPLAIN ANALYZE
SELECT t.town, r.rt_number
FROM
    ch15.ma_towns AS t
    INNER JOIN
    ch15.ma_roads AS r
    ON ST_Intersects(t.geom,r.geom)
WHERE r.rt_number = '9';
```

EXPLAIN ANALYZE 的运行结果如代码清单 15.5 所示。

代码清单 15.5　无索引的规划器 EXPLAIN ANALYZE 的输出

```
Nested Loop (cost=0.00..31334.24 rows=1 width=28)
         (actual time=11.781..88.540 rows=28 loops=1)
    Join Filter: st_intersects(t.geom, r.geom)
    Rows Removed by Join Filter: 1215
    -> Seq Scan on ma_roads r
        (cost=0.00..3.38 rows=1 width=52)
        (actual time=0.047..0.077 rows=1 loops=1)
        Filter: ((rt_number)::text = '9'::text)
        Rows Removed by Filter: 29
    -> Seq Scan on ma_towns t
        (cost=0.00..243.43 rows=1243 width=8287)
        (actual time=0.024..0.960 rows=1243 loops=1)
Planning Time: 0.178 ms
Execution Time: 89.061 ms
```

可以看出，EXPLAIN ANALYZE 提供的信息比单独的 EXPLAIN 更多。除了规划之外，它还报告每个步骤所用的实际时间、总时间、规划器必须扫描的行数以及过滤器删除的行数。

在前面的示例中，查询中最慢的一步是嵌套循环。嵌套循环往往是一个查询里执行成本最高的步骤，因为规划器必须一行一行地读取记录。此外，对于每一行，它都必须扫描另一组记录。循环是不可避免的，但你可以在查询到达循环之前过滤掉尽可能多的行。

现在，向解释中添加 VERBOSE。代码清单 15.6 会重复代码清单 15.3 中的查询，但使用 EXPLAIN ANALYZE VERBOSE。

代码清单 15.6　无索引的规划器 EXPLAIN (ANALYZE, VERBOSE)查询

```
EXPLAIN (ANALYZE, VERBOSE)
SELECT t.town, r.rt_number
FROM
    ch15.ma_towns AS t
    INNER JOIN
    ch15.ma_roads AS r
    ON ST_Intersects(t.geom,r.geom)
WHERE r.rt_number = '9';
```

EXPLAIN ANALYZE VERBOSE 的运行结果如下。

```
QUERY PLAN
----------------------------------------------------------------
Nested Loop
    (cost=0.00..31334.24 rows=1 width=28)
    (actual time=10.464..84.982 rows=28 loops=1)
  Output: t.town, r.rt_number
  Join Filter: st_intersects(t.geom, r.geom)
  Rows Removed by Join Filter: 1215
  -> Seq Scan on ch15.ma_roads r
         (cost=0.00..3.38 rows=1 width=52)
         (actual time=0.033..0.045 rows=1 loops=1)
    Output: r.gid, r.admin_type, r.rt_number, r.shape_len, r.geom
    Filter: ((r.rt_number)::text = '9'::text)
    Rows Removed by Filter: 29
-> Seq Scan on ch15.ma_towns t
     (cost=0.00..243.43 rows=1243 width=8287)
     (actual time=0.006..0.551 rows=1243 loops=1)
   Output: t.gid, t.town, t.town_id, t.pop1980, t.pop1990, t.pop2000,
t.popch80_90,
       t.popch90_00, t.type, t.island, t.coastal_po, t.fourcolor,
t.fips_stco,
       t.ccd_mcd, t.fips_place, t.fips_mcd, t.fips_count, t.acres,
t.square_mil,
       t.pop2010, t.popch00_10, t.shape_area, t.shape_len, t.geom
Planning Time: 0.172 ms
Execution Time: 85.553 ms
```

VERBOSE 形式告诉你每个步骤的输出中包含哪些列。注意，这一次查询比 EXPLAIN ANALYZE 运行的速度更快，这可能令人费解。速度提升的原因是缓存。规划器很聪明，它知道如果你两次给它相同的查询，它就不需要重新规划第二次。而且，第一次运行检索到的数据可能仍然存在于共享缓冲区内存中。

规划器会关注函数是否被标记为 immutable。标记为 immutable 的函数应该对相同的输入产生相同的输出。这样的函数不能依赖于任何不断变化的动态变量，比如 CURRENT_TIMESTAMP。当规划器遇到 immutable 函数时，它会根据函数的 COST 和可用的共享内存来决定是否缓存数据，因为输出不应该随后续运行而变化。考虑到这一点，你在将函数标记为 immutable 时应该谨慎。如果你的函数只是一系列的数学运算，那么，务必将函数标记为 immutable。1 加 1 总是等于 2。但是，如果你的函数将绘制数据，并且被标记为 immutable，那么你可能不会总是得到最新的记录。此外，对于计算开销很大的 immutable 函数，请根据你有多希望缓存它(相对于池中其他函数)，酌情将函数的 COST 属性设置为高于默认值(100)的值。

并行设置

自 9.6 版以来，PostgreSQL 支持了越来越复杂的并行化。可以将函数修饰为 PARALLEL SAFE、PARALLEL UNSAFE(默认值)和 PARALLEL RESTRICT。从 PostGIS 2.4 以后，许多函数都被标记为 PARALLEL SAFE。将函数标记为 PARALLEL SAFE，可使规划器将工作推进到并行工作节点。一般来说，如果一个函数可被修饰为 immutable 或 stable，那么也可被修饰为并行安全。函数的执行成本和函数调用的次数(总成本)会影响规划器对于是否应该并行化一个可并行化的函数的决定。

　　根据 shared_buffers 设置的大小，规划器可能会在 RAM 中缓存大量数据。那么，规划器会从 RAM(而不是从磁盘)检索结果，这可能要快一个数量级。规划器很聪明，无论查询什么，它总能识别需要的数据。例如，假设你要查询一个包含世界上所有国家/地区名称的表。规划器从磁盘中检索大约 200 行，并将它们存储在一个共享缓冲区中。如果你的后续查询仅要求以字母 A 开头的国家/地区，那么规划器会知道在共享缓冲区中进行搜索。

　　使用共享缓冲区存储公共查找表的做法带来了预热的概念。因为对内存的访问要快得多，所以预热允许在数据库启动期间，将经常使用的小型查找表加载到共享缓冲区中。为此，PostgreSQL 提供了一个扩展：pg_prewarm。要了解更多信息，请参阅 Relational Database Technologies 博客中的"Caching in PostgreSQL"一文。pg_prewarm 作为打包的扩展包含于 PostgreSQL 9.4+版本中。

　　现在把注意力转向图形化解释。要在 pgAdmin 中调用图形化解释，请突出显示你通常会在查询窗口中运行的 SQL 语句，然后单击 Explain Query 图标选项。可以选择性地检查 Analyze 和 Verbose 选项，如图 15.1 所示。注意，你的查询不应包含 EXPLAIN、ANALYZE 或 verbose，因为菜单选项会进行处理。

图 15.1　图形化解释控制选项

图 15.2 展示了代码清单 15.6 中图形化解释生成的图表。

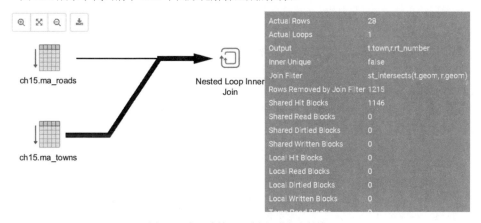

图 15.2　代码清单 15.6 中图形化解释的输出

　　可以从左到右地分析图形化解释。嵌套循环是最后一步操作，因此位于最右侧。图形化解释的一个优点是，它使用箭头的粗细度表示一个步骤的执行成本：箭头线越粗，步骤的成本越高。将鼠标悬停在图表中的一个图标上, 会看到一个弹出的工具提示, 它会提供在文本解释中找到的一些详细信息。工具提示会整理输出。可以一次查看一个步骤, 而不是将所有步骤的所有详细信息显示在一段连续的长文本中。

在下一节中, 你将在添加空间索引和 vacuum 分析表后重新运行相同的查询, 从而了解利用索引的规划是怎样的。

15.4 规划器与索引

PostgreSQL 中主要的索引类型有 B-tree、通用搜索树(GiST)、空间分区通用搜索树(SP-GiST)、通用逆序索引(GIN)和块范围索引(BRIN)。PostGIS 支持除 GIN 之外的上述所有类型。

虽然 PostGIS 支持 B-tree, 但它很少被使用, 因为它有最大规模的限制, 所以, 它只能安全地用于点几何图形。然而, B-tree 不支持重叠运算符 "&&", 因此, 即使是点, 也很少使用它。但是, B-tree 的两个关键特性是 GiST 和 SP-GiST 所不具备的。

首先, B-tree 是无损的。这意味着可以创建一个唯一的 B-tree 索引, 如以下代码所示:

```
CREATE UNIQUE INDEX uq_restaurants_geog
  ON ch15.restaurants USING btree(geog, franchise);
```

这允许你进一步利用 PostgreSQL 的 UPSERT(又名 MERGE)特性, 请参见 PostgreSQL 教程中 "PostgreSQL UPSERT Using INSERT ON CONFLICT Statement" 一文。

其次, 当你在 B-tree 索引上集群时, 它使用 Hilbert 几何排序, 这比使用 GiST 集群或在使用 ST_GeoHash 的函数索引上集群所得到的 R-tree 要高效得多。在本章的后面, 你将了解到函数索引和集群。

BRIN, 正如其名称 "块范围索引" 所暗示的, 它按块索引数据行, 而不是按单个记录索引。BRIN 索引在性能上几乎总是比 GiST/SP-GiST 和 B-tree 差, 但它要轻得多。因此, 它主要用于大量几何数据的情况, 例如大量的点数据或点云(大型多点数据), 在这些情况下, 重点在于更快地构建更轻的索引。

数据类型、表中数据的组织方式以及实际查询决定了哪种索引类型最有用。pgSphere、jsonb 和 FTS(全文搜索)都受益于 GiST 和 GIN。GIN 索引比 GiST 占用更多空间, 但它们都是无损的。

SP-GiST 是基于 GiST 的一种较新的索引类型, 由 PostGIS 2.5+版本支持。SP-GiST 可以为内置的 PostgreSQL 几何类型(非 PostGIS 类型)、文本、pg_trgm 和 PostGIS 2.5+版本的几何和地理类型定义。

PostGIS 2.5 中添加了对 SP-GiST 的支持

SP-GiST 是在 PostGIS 2.5 中引入的。该特性由 MobilityDb 扩展项目小组开发, 他们发现 SP-GiST 在新的时间数据类型上要优于 GiST, 它将 PostGIS 的几何/地理类型与 PostgreSQL 的时间范围类型结合在一起。SP-GiST 支持 "&&" 等大多数受 GiST 支持的运算符, 并且在性能上基本与 GiST 相当。但在数据中包含大量重叠边界框的情况下, 它的性能要优于 GiST。要了解更多信息, 请参见 PostGIS 手册。

可将几何图形索引为 SP-GiST, 如下所示:

```
CREATE INDEX ix_sometable_geom_spgist ON sometable USING spgist (geom);
```

对于 PostgreSQL 基本数据类型(如变长字符和数值)，B-tree 是最流行的索引，但也可安全地用于 PostGIS 的点数据。

本章将重点关注 GiST。它应该是 PostGIS 空间类型(几何图形、地理、栅格)的首选索引。SP-GiST 则是 PostGIS 几何图形和地理数据的第二选择。如果不确定你的数据最适合用 SP-GiST 还是 GiST，那么你可以先使用 SP-GiST 创建索引，然后对其与 GiST 的性能差异进行基准测试。

15.4.1　具有空间索引的规划

你已经看到了规划器在没有索引帮助的情况下会如何执行的示例。在接下来的示例中，你将向表添加空间索引来帮助规划器。请观察规划器如何应对这些积极的变化。

代码清单 15.7 添加了索引，然后解释规划。

代码清单 15.7　带有索引的规划器

```
CREATE INDEX ix_ch15_ma_towns_geom
ON ch15.ma_towns USING gist (geom) WITH (FILLFACTOR=90);          ◀──── 添加空间索引

EXPLAIN (ANALYZE, VERBOSE)
SELECT t.town, r.rt_number    ◀──── 展示解释
FROM
    ch15.ma_towns AS t
    INNER JOIN
    ch15.ma_roads AS r
    ON ST_Intersects(t.geom,r.geom)
WHERE r.rt_number = '9';
```

在上述代码中，你创建了索引。然后对查询运行 EXPLAIN (ANALYZE VERBOSE)，以查看添加索引后规划会如何变化。

代码清单 15.8 展示了带有索引的解释规划。可将其与无索引的同一查询(见代码清单 15.6)的规划进行比较。

代码清单 15.8　带有索引的规划器 EXPLAIN ANALYZE VERBOSE 的输出

```
QUERY PLAN
-------------------------------------------------
Nested Loop (cost=0.14..36.55 rows=1 width=28)
         (actual time=8.328..33.217 rows=28 loops=1)
  Output: t.town, r.rt_number
  -> Seq Scan on ch15.ma_roads r
         (cost=0.00..3.38 rows=1 width=52)
         (actual time=0.016..0.031 rows=1 loops=1)
      Output: r.gid, r.admin_type, r.rt_number, r.shape_len, r.geom
      Filter: ((r.rt_number)::text = '9'::text)
      Rows Removed by Filter: 29
  -> Index Scan using ix_ch15_ma_towns_geom on ch15.ma_towns t
         (cost=0.14..33.16 rows=1 width=8287)
         (actual time=6.869..31.728 rows=28 loops=1)
```

```
                Output: t.gid, t.town, t.town_id, t.pop1980, t.pop1990, t.pop2000,
                        t.popch80_90, t.popch90_00, t.type, t.island, t.coastal_po,
                        t.fourcolor, t.fips_stco, t.ccd_mcd, t.fips_place, t.fips_mcd,
                        t.fips_count, t.acres, t.square_mil, t.pop2010, t.popch00_10,
                        t.shape_area, t.shape_len, t.geom
          Index Cond: (t.geom && r.geom)
          Filter: st_intersects(t.geom, r.geom)
          Rows Removed by Filter: 151
 Planning Time: 0.531 ms
 Execution Time: 33.797 ms
```

现在规划使用了索引，有了一些明显的区别。

- 索引扫描代替了顺序扫描。
- 规划器将 ST_Intersects 分解成了两部分：使用空间索引扫描的 “&&” 部分首先执行；执行成本更高的 ST_Intersects 随后执行。
- 规划器列出了被空间连接过滤器 ST_Intersects 删除的行数。你会注意到该数字比无索引时要小得多。这意味着在 “&&” 运算期间，执行的使用索引的空间索引扫描比不使用索引的更高效。换句话说，因为 “&&” 捕获了更多的行，所以 ST_Intersects 需要检查的行更少了。

如果你使用的是 PostgreSQL 11 或较低版本，那么规划器会把 ST_Intersects 函数分解为两个函数：“&&” 运算符执行初始的边界框相交检查，然后 ST_Intersects 执行完全的相交检查。规划器能够深入用 SQL 语言(而不是其他 PL)编写的函数内部。这种技术称为函数内联。

在内联中，规划器会删除函数定义，并将函数中的代码视为 SQL 语句。内联允许规划器对 SQL 进行分解和重新排序，以获得更好的性能。在大多数情况下，内联是有益的，不过在一些情况下，内联会使规划器无法进行更彻底的分析，或者使用多余的索引。

在 PostgreSQL 12+搭配 PostGIS 3+的环境下，ST_Intersects 将如代码清单 15.8 所示。这是因为 PostgreSQL 12+不使用内联，而是创新地采用规划器支持函数(Paul Ramsey 的视频 “2019 年 STL PostGIS 日上由 Paul Ramsey 展示的 PostGIS 3.0 概览” 中有描述)。规划器支持函数允许 PostGIS 为一个函数定义一个支持函数，以告诉规划器在内部使用 “&&” 来支持索引。这种方法优于内联的原因是，它使函数的执行成本更理想，从而允许使用并行化。

在空间查询中，你应该时刻查看规划，以确保索引扫描正在进行，并且越早越好。查询速度慢的首要原因是没有利用空间索引。在前面的示例中，规划器利用支持函数在 ST_Intersects 中使用 “&&” 触发索引搜索，并首先执行带有索引扫描的部分。这是最理想的。

规划器有时还采用一种常见的编程策略——短路。当程序只处理复合条件的第一部分，且处理第二部分不会改变答案时，就会发生短路。例如，如果逻辑条件 A and B 的第一部分返回 false，那么规划器知道自己不必计算第二部分，因为复合答案总是 false。这是关系数据库和许多编程语言的常见行为。但与许多实现短路的编程系统不同，关系数据库(包括 PostgreSQL)一般不会按顺序检验 A 和 B。它们会先检验自己认为执行成本最低的那个。

在前面的索引示例中，你可以看到，现在规划器认为 “&&” 的执行成本低于 ST_Intersects，所以先处理前者。只有在这之后，它才会为那些 geomA && geomB 结果为真的记录处理 ST_Intersects。对于 AND 条件，它通常会查看函数的执行成本，并利用它来预测运算相对于其他运算的执行成本，但对于 OR 复合条件，函数执行成本会被忽略。有时，计算执行成本的成本太高，在这些情况下，它仅按顺序处理条件。因此，即使查询规划器可能不会按顺序来处理条件，但最好还是将你认为求值最快的条件放在首位。

15.4.2　索引

在 PostgreSQL 中，定义索引(包括混合索引)时有几个选项：

- 可以在表的单个列上建立索引，如本章前面所示。
- 可以通过部分索引，仅对表中的一部分行进行索引。索引的行由 WHERE 过滤器(索引定义所指定的一部分)确定。
- 可以由多个列创建复合索引。
- 可以基于从一个或多个列中提取的表达式创建索引。这通常也称为函数索引，因为它是输入列的派生，并且往往基于一个函数来完成。
- 可以将索引定义为 Unique，这能够防止索引使用的列中出现重复数据。与唯一索引相关的是主键和唯一键。这两个键在幕后实现唯一索引。

接下来，你将了解有关这些选项的更多信息，以及使用它们时需要注意的事项。

1. 部分索引

部分索引允许定义条件，只有满足该条件的数据才会被索引。这种方法的主要优点有：

- 部分索引更小，占用的存储空间更少。
- 因为它更小，所以它更容易将整个索引缓存到共享缓冲区中。
- 它引导规划器采用更优的策略。例如，如果你的数据在90%的行中是相同的，而10%是不同的(并且你希望将来的数据也是如此)，那么你可以在这 10%的行上放置一个部分索引。对规划器而言，扫描这 10%的索引比扫描 100%的索引更高效。

部分索引也存在一些局限：

- 查询的 WHERE 条件必须与部分索引相关。例如，假设你在姓氏列上建立索引，但你总是按全名查询，那么索引是没有用的。这一点适用于所有索引，而不仅仅是部分索引。
- 查询的 WHERE 条件必须包含在部分索引的 WHERE 条件中。例如，假设你的部分索引有 WHERE active，那么你的查询也必须只针对 active 记录。如果你有一个条件为 WHERE last_name = 'Smith'的查询，那么 WHERE last_name > 'S'的部分索引仍然可以满足该查询。这是因为 PostgreSQL 足够聪明，知道= Smith 在> 'S'的集合中。
- 你不能按部分索引进行集群。

注意：*PostgreSQL 13 主要的新特性之一是 B-tree 索引的构建更快了，索引本身也变轻了。对于冗余的数据，PostgreSQL 13 中 B-tree 索引的大小可缩减至先前版本的四分之一。这使你不再需要为控制索引大小而使用部分索引。*

下面是一个部分索引的示例：

```
CREATE INDEX ix_stclines_streets_street_partial
ON ch15.stclines_streets
USING btree (street)
WHERE district > '05';
```

当你只关心 06+地区的 street 列时，这个索引是合适的。

2. 函数索引

函数索引，有时也称为表达式索引，可以在应用一个或多个函数后对列进行索引。函数索引在空间查询中十分有用。

在前面的章节中，我们将 ST_Transform 用作函数索引的一部分。下面以它为例：

```
CREATE INDEX ix_stclines_streets_geom_geog
ON ch15.stclines_streets
USING gist(
    (ST_Transform(geom,4326)::geography)
);
```

函数索引有两个值得注意的限制：

- 不能索引聚合函数。
- 函数必须被修饰为 immutable，即相同的输入总是返回相同的输出(本章后面将讨论函数修饰)。

警告：如果你修改了用于索引中的函数的定义，则应该使用 REINDEX TABLE your_table 或 REINDEX TABLE CONCURRENTLY your_table 等命令重新索引你的表。

严格地说，ST_Transform 不是一个 immutable 函数，因为它在 spatial_ref_sys 表中查找数据，而该表可能会发生变化。尽管如此，ST_Transform 仍然被修饰为 immutable，但这并不能保证该函数确实是不可改变的。将 ST_Transform 标记为 immutable，是我们对规划器撒的一个小小的善意谎言，以便让它复用已经计算过的调用，从而使性能更好。

在空间世界中，函数索引的常见用途是利用 ST_Area、ST_Length 或 ST_GeoHash 进行计算，或者在几何列上放置地理空间索引。如果不想用派生的地理列对表集群，但又希望利用索引获得速度增益，就可以使用函数索引。请记住，只有当查询使用了用于定义函数索引的精确表达式时，函数索引才会有效。

如果你确实想在表中存储派生列以简化查询，可以利用 PostgreSQL 12 中引入的生成列。

以下示例与你之前看到的类似，但它使用的是生成列而不是函数索引：

```
ALTER TABLE ch15.stclines_streets
ADD COLUMN
    geog geography (LINESTRING,4326)
    GENERATED ALWAYS AS (
            ST_Transform(
            ST_Force2D(geom),4326
        )::geography
    ) STORED
;

CREATE INDEX ix_stclines_streets_geog
ON ch15.stclines_streets
USING gist (geog);
```

3. 复合索引

与其他大多数关系数据库一样，PostgreSQL 允许从多个表列创建索引。这种类型的索引称为复合索引。部分索引和函数索引也可以来自多个列。

在你急于创建复合索引之前，需要知道 PostgreSQL 可以同时使用多个索引。例如，如果你在 x 和 y 列上有单独的索引，则可能不需要创建 x 和 y 的复合索引。当规划器同时使用两个索引时，你会发现这反映为位图索引扫描。触发位图扫描的 WHERE 条件是 x AND y 或 x OR y。规划器将分别扫描每一列的索引，为满足过滤条件的每一行分配 1，为不满足的分配 0。由于每一行都是 0 或 1，规划器可以通过在二进制行中应用 AND 或 OR 来完成任务。

由于额外的二进制转换，位图索引扫描往往慢于直接索引扫描。这时，你可能想添加一个复合索引，即使单个列已经被索引。试验一下，看看哪种效果最好！

复合索引的另一个好处在于，它们允许覆盖索引扫描。覆盖索引扫描时，如果所需的所有列在索引中均可用，则不需要查看原始表。可以通过两种方式实现这一点：

- 定义一个复合索引，索引 SELECT 或 WHERE 子句中所需的所有列。
- 定义一个普通索引，索引一个或多个列，并加入你可能需要的其他列。

你不能在 GiST 索引中合并数字列和文本列。但是，安装 PostgreSQL btree_gist 扩展后，就可以组合空间列与文本列或数字列以创建 GiST 复合索引。一个复合索引定义的示例如下：

```
CREATE EXTENSION IF NOT EXISTS btree_gist SCHEMA contrib;

CREATE INDEX ix_ch15_ma_roads_geom_rt_number
ON ch15.ma_roads
USING gist (geom, rt_number);
```

即使不使用复合索引，也可以在具有依赖关系的列上创建统计信息(对于 PostgreSQL 10 或更高版本)，例如本例中的州和州中的城市。相关的统计信息将允许规划器进行检测，例如，'MA'州不能包含城市'San Francisco'：

```
CREATE STATISTICS s1_stclients_streets_street_nhood
  (dependencies) ON street, nhood
FROM ch15.stclines_streets;
```

要了解 CREATE STATISTICS，请参见 PostgreSQL 手册。

4. 主键、唯一键、唯一索引和外键

通过主键、唯一键约束(简称唯一键)和唯一索引，可以防止表中出现重复。规划器在扫描具有唯一值的列时，一旦遇到寻找的值，就会结束扫描，因为再无其他。

主键和唯一键都有一个隐式内置的唯一索引。一个表可以有多个唯一键，但只能有一个主键，此外，它们之间再没有太大的区别。一个表中可以有多个唯一索引。主键、唯一键和唯一索引都可以从多个列中提取。

主键、唯一键和唯一索引之间存在一些细微的差别：

- 只有主键和唯一键可以作为一对多关系的一方，参与到外键关系中。
- 物化视图只能有一个唯一索引，但它不能有主键，也不能有唯一键。
- 唯一索引可以基于应用于列的函数，此时它也是函数索引。主键和唯一键则不能。
- 唯一索引可以用 WHERE 限定，此时它也是部分索引。主键和唯一键必须应用于所有行。
- 唯一索引和唯一键可以包含 NULL，主键则不能。唯一索引和唯一键会忽略 NULL 值。

使用外键强制参照完整性怎么样呢？建议你充分使用它们。它们的确会影响更新、插入和删除操作的性能，但为了避免不良数据，这种妥协是值得的。具体来说，外键能够提供以下好处：

- 外键能够防止孤立记录，这意味着规划器要扫描的记录更少。
- 通过级联更新和删除，可以将一些维护工作转移到数据库本身。
- 它们会自我记录。对你的数据库一无所知的用户可以查看外键关系，以了解表之间的关系。
- 第三方 GUI 查询生成器能够利用外键。当用户在设计画布中拖放两个表时，这些表会被直观地链接起来。

5. 索引未被使用

规划器应当利用你创建的索引，但有时却没有。原因通常有两个：

- 你的索引可能未正确设置。这在 B-tree 索引中尤为常见，因为它们在不同版本的 PostgreSQL 中有所不同。
- 对于小型表，规划器可能会选择对表进行扫描，尽管它有索引。例如，对于规划器来说，遍历一个有 10 条记录的表，比遍历该表的索引然后获取这些记录所花费的时间更少。

15.5 常见 SQL 模式及其对规划的影响

本节将探讨四种常见的 SQL 构造，以及它们如何影响规划器。PostgreSQL 完全实现了 ANSI SQL 标准以及更多。这意味着你往往有几种方法来完成相同的任务。在处理大型表时，尽量以最高效的方式编写 SQL。

下面将探讨四种结构：

- SELECT 中的子查询。PostgreSQL 允许你在查询的 SELECT 子句中使用子查询。这是常见的，但过度使用或随意使用会明显降低查询速度。
- CTE 将复杂的查询组织成独立的部分，但是有一个缺点——规划器可能会物化 CTE。这意味着 CTE 中的所有记录都将被提取，即使它们最终没有在主查询中用到。
- PostgreSQL 提供了用于分配行号和运行求和的窗口函数。尽管许多窗口函数也可以利用自连接实现，但窗口方法通常更快、更清晰。
- 横向连接允许将已连接的表中的字段添加到 LATERAL 表的定义中。当关键字 LATERAL 与(通常是返回设置的)函数一起使用时，LATERAL 可以省略，但与子查询一起使用时，LATERAL 不能省略。你将在横向连接的示例中看到，它们既能缩短代码又能提高性能。

15.5.1 SELECT 中的子查询

子查询可以出现在查询的 SELECT、WHERE 或 FROM 短语中。当子查询出现在 SELECT 中时，它只能返回一行和一列。当你在 SELECT 中有一个子查询时，尤其是当它相关时，规划器必须为主查询的每一行处理子查询。对于返回少量记录的子查询，嵌套循环通常不是问题，但我们仍然建议你将子查询保存在 FROM 短语中。请时刻记住，可以用 LATERAL 连接替换相关的子查询。

我们要看的第一个练习是一个经典示例：有多少对象与引用对象相交。

练习 1：每个社区与多少条街道相交

在本练习中，你将使用两种截然不同的查询来确定有多少条街道与社区相交。第一种方法是在 SELECT 短语中使用子选择。第二种方法不使用子查询，而是使用连接。

下面是子查询方法：

```
EXPLAIN ANALYZE
SELECT
    n.neighborho,
    (
        SELECT COUNT(*) AS cnt
        FROM ch15.stclines_streets AS s
        WHERE ST_Intersects(n.geom,s.geom)
    ) AS cnt
FROM ch15.planning_neighborhoods AS n
ORDER BY n.neighborho;
```

上述分析的输出如下：

```
QUERY PLAN
------------------------------------------------------------------
Sort (cost=2314.36..2314.45 rows=37 width=76)
    (actual time=178.370..178.375 rows=37 loops=1)
  Sort Key: n.neighborho
  Sort Method: quicksort Memory: 27kB
  -> Seq Scan on planning_neighborhoods n
        (cost=0.00..2313.39 rows=37 width=76)
        (actual time=3.182..178.167 rows=37 loops=1)
        SubPlan 1
         -> Aggregate
                (cost=62.32..62.33 rows=1 width=8)
                (actual time=4.809..4.810 rows=1 loops=37)
                -> Index Scan using ix_ch15_stclines_streets_geom on
    stclines_streets s
                    (cost=0.28..62.31 rows=2 width=0)
                    (actual time=0.685..4.715 rows=456 loops=37)
                    Index Cond: (geom && n.geom)
                    Filter: st_intersects(n.geom, geom)
                    Rows Removed by Filter: 242
Planning Time: 0.466 ms
Execution Time: 178.542 ms
```

现在，尝试使用连接进行相同的查询：

```
EXPLAIN ANALYZE
SELECT n.neighborho, COUNT(n.gid) AS cnt
FROM
    ch15.planning_neighborhoods AS n
    LEFT JOIN
    ch15.stclines_streets AS s
ON ST_Intersects(n.geom,s.geom)
GROUP BY n.neighborho
ORDER BY n.neighborho;
```

结果如下：

```
QUERY PLAN
------------------------------------------------------------------
Sort (cost=2289.78..2289.87 rows=37 width=76)
     (actual time=193.897..193.902 rows=37 loops=1)
   Sort Key: n.neighborho
   Sort Method: quicksort Memory: 27kB
   -> HashAggregate
       (cost=2288.44..2288.81 rows=37 width=76)
       (actual time=193.725..193.738 rows=37 loops=1)
       Group Key: n.neighborho
       Batches: 1 Memory Usage: 24kB
       -> Nested Loop Left Join
           (cost=0.28..2285.58 rows=573 width=72)
           (actual time=0.911..182.415 rows=16855 loops=1)
           -> Seq Scan on planning_neighborhoods n
               (cost=0.00..7.37 rows=37 width=104)
               (actual time=0.014..0.060 rows=37 loops=1)
           -> Index Scan using ix_ch15_stclines_streets_geom on
   stclines_streets s
               (cost=0.28..61.55 rows=2 width=125)
               (actual time=0.675..4.806 rows=456 loops=37)
               Index Cond: (geom && n.geom)
               Filter: st_intersects(n.geom, geom)
               Rows Removed by Filter: 242
Planning Time: 0.366 ms
Execution Time: 194.055 ms
```

对于大型数据集来说，使用 JOIN 的方法几乎总是快于 SELECT 短语中的子查询。在这种特殊情况下，二者性能大致相同。

练习 2：提出三个关于街道的问题

在本练习中，你将看到子查询存在的隐患。当你发现自己在 SELECT 子句中有多个子查询时，请问问自己这些子查询是否真的是必需的。

我们将使用查询完成以下任务：

- 统计社区中的街道数。
- 统计每个社区中超过 1000 英尺长的街道数。
- 单列出在街道表中有街道的社区。

你将使用几种方法再次运行此查询，如以下代码清单所示：代码清单 15.9 展示了子选择方法，代码清单 15.11 展示了使用 CASE WHEN 的连接方法，代码清单 15.12 展示了使用 FILTER 的连接方法。

代码清单 15.9　过度使用子查询

```
EXPLAIN ANALYZE
SELECT
    n.neighborho,
    (
        SELECT COUNT(*) AS cnt
```

```
        FROM ch15.stclines_streets AS s
        WHERE ST_Intersects(n.geom,s.geom)
    ) AS cnt,
    (
        SELECT COUNT(*) AS cnt
        FROM ch15.stclines_streets AS s
        WHERE ST_Intersects(n.geom,s.geom) AND ST_Length(s.geom) > 1000
    ) AS cnt_gt_1000
FROM ch15.planning_neighborhoods AS n
WHERE EXISTS (
    SELECT s.gid
    FROM ch15.stclines_streets AS s
    WHERE ST_Intersects(n.geom,s.geom)
)
ORDER BY n.neighborho;
```

代码清单 15.9 的结果展示在以下解释规划(代码清单 15.10)中。

代码清单 15.10　过度使用子查询的解释规划

```
QUERY PLAN
------------------------------------------------------------------
Sort (cost=2410.49..2410.50 rows=1 width=84)
      (actual time=303.475..303.480 rows=37 loops=1)
  Sort Key: n.neighborho
  Sort Method: quicksort Memory: 27kB
  -> Nested Loop Semi Join
        (cost=0.28..2410.48 rows=1 width=84)
        (actual time=8.516..303.174 rows=37 loops=1)
      -> Seq Scan on planning_neighborhoods n
            (cost=0.00..7.37 rows=37 width=100)
            (actual time=0.053..0.268 rows=37 loops=1)
        -
    > Index Scan using ix_ch15_stclines_streets_geom on stclines_streets s
            (cost=0.28..61.55 rows=2 width=125)
            (actual time=0.697..0.697 rows=1 loops=37)
            Index Cond: (geom && n.geom)
            Filter: st_intersects(n.geom, geom)
            Rows Removed by Filter: 2
    SubPlan 1
      -> Aggregate (cost=62.32..62.33 rows=1 width=8)
                  (actual time=5.200..5.200 rows=1 loops=37)
            -
  > Index Scan using ix_ch15_stclines_streets_geom on stclines_streets s_1
                  (cost=0.28..62.31 rows=2 width=0)
                  (actual time=0.660..5.105 rows=456 loops=37)
                  Index Cond: (geom && n.geom)
                  Filter: st_intersects(n.geom, geom)
                  Rows Removed by Filter: 242
      SubPlan 2
        -> Aggregate
                  (cost=62.57..62.58 rows=1 width=8)
                  (actual time=2.247..2.247 rows=1 loops=37)
              -
  > Index Scan using ix_ch15_stclines_streets_geom on stclines_streets s_2
```

```
                    (cost=0.28..62.57 rows=1 width=0)
                    (actual time=0.876..2.227 rows=16 loops=37)
                      Index Cond: (geom && n.geom)
                      Filter: ((st_length(geom) > '1000'::double precision)
   AND st_intersects(n.geom, geom))
                        Rows Removed by Filter: 681
   Planning Time: 10.280 ms
   Execution Time: 304.357 ms
```

这个查询令人印象深刻，因为它使用了复杂的构造，如子查询、存在表达式和聚合。此外，规划器还充分利用了索引扫描。然而，查询是缓慢而冗长的，需要简化。

图形化解释规划如图 15.3 所示。

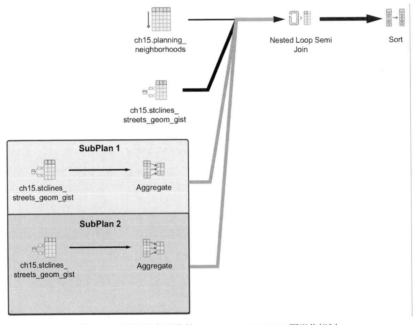

图15.3 大量子选择查询的 EXPLAIN ANALYZE 图形化规划

尽管这看起来令人费解，但它有存在的意义。这是一种缓慢的策略，但对于构建汇总报告(其中，计数列彼此完全不相关，但它们表示的日期范围除外)之类的东西，这不是一个糟糕的方法。它是一个为最终用户构建查询生成器的可扩展模型，在这种模型中，灵活性比速度更重要，即使列没有灵活性的要求，也不会有任何损失。PostgreSQL 中有一个连接删除优化功能，如果没有从连接表中选择任何字段，并且连接结果不会影响最终结果，那么查询规划器能够聪明地跳过连接。

除了图形化解释规划外，pgAdmin 还提供了 Statistics 和 Analysis 选项卡以给出额外信息。Statistics 选项卡如图 15.4 所示。

#	Node	Timings			Rows			
		Exclusive	Inclusive		Rows X	Actual	Plan	Loops
1.	→ Sort (cost=2402.49..2402.5 rows=1 width=84) (actual=265.372..265.375 rows=37...	0.209 ms	265.375 ms		↓ 37	37	1	1
2.	→ Nested Loop Semi Join (cost=0.28..2402.48 rows=1 width=84) (actual=5.34...	0.774 ms	265.167 ms		↓ 37	37	1	1
3.	→ Seq Scan on ch15.planning_neighborhoods as n (cost=0...7.37 rows=37...	0.065 ms	0.065 ms		↑ 1	37	37	1
4.	→ Index Scan using stclines_streets_geom_gist on ch15.stclines_streets as... Filter: st_intersects(n.geom, s.geom) Index Cond: (s.geom && n.geom) Rows Removed by Filter: 8	24.42 ms	24.42 ms		↑ 2	1	2	37
5.	→ Aggregate (cost=62.32..62.33 rows=1 width=8) (actual=4.365..4.365 row...	3.515 ms	161.505 ms		↑ 1	1	1	37
6.	→ Index Scan using stclines_streets_geom_gist on ch15.stclines_stree... Filter: st_intersects(n.geom, s_1.geom) Index Cond: (s_1.geom && n.geom) Rows Removed by Filter: 242	157.99 ms	157.99 ms		↓ 228	456	2	37
7.	→ Aggregate (cost=62.57..62.58 rows=1 width=8) (actual=2.119..2.119 row...	0.704 ms	78.403 ms		↑ 1	1	1	37
8.	→ Index Scan using stclines_streets_geom_gist on ch15.stclines_stree... Filter: ((st_length(s_2.geom) > '1000'::double precision) AND st_intersects (n.geom, s_2.geom)) Index Cond: (s_2.geom && n.geom) Rows Removed by Filter: 681	77.7 ms	77.7 ms		↓ 16	16	1	37

图 15.4　大量子选择查询的 EXPLAIN ANALYZE 分析

　　代码清单 15.11 将解决与代码清单 15.9 相同的问题，但它使用 CASE 表达式，而不是子选择。CASE 表达式对于编写交叉选项卡的报告十分有用，在这种报告中，可以反复使用同一个表，但聚合值的方式不同。

代码清单 15.11　使用 CASE 代替子查询

```
EXPLAIN ANALYZE
SELECT
    n.neighborho,
    COUNT(s.gid) AS cnt,
    COUNT(
        CASE WHEN ST_Length(s.geom) > 1000 THEN 1 ELSE NULL END
    ) AS cnt_gt_1000
FROM
    ch15.planning_neighborhoods AS n
    INNER JOIN
    ch15.stclines_streets AS s
ON ST_Intersects(n.geom,s.geom)
GROUP BY n.neighborho
ORDER BY n.neighborho;
```

结果显示在以下查询规划中：

```
QUERY PLAN
------------------------------------------------------------------
Sort (cost=2364.27..2364.36 rows=37 width=84)
     (actual time=203.934..203.936 rows=37 loops=1)
  Sort Key: n.neighborho
  Sort Method: quicksort Memory: 27kB
  -> HashAggregate
       (cost=2362.93..2363.30 rows=37 width=84)
       (actual time=203.758..203.772 rows=37 loops=1)
       Group Key: n.neighborho
       Batches: 1 Memory Usage: 24kB
       -> Nested Loop
            (cost=0.28..2285.58 rows=573 width=197)
            (actual time=0.950..183.135 rows=16855 loops=1)
            -> Seq Scan on planning_neighborhoods n
```

```
                    (cost=0.00..7.37 rows=37 width=100)
                    (actual time=0.018..0.061 rows=37 loops=1)
            -> Index Scan using ix_ch15_stclines_streets_geom on
    stclines_streets s
                    (cost=0.28..61.55 rows=2 width=129)
                    (actual time=0.682..4.819 rows=456 loops=37)
                Index Cond: (geom && n.geom)
                Filter: st_intersects(n.geom, geom)
                Rows Removed by Filter: 242
Planning Time: 0.312 ms
Execution Time: 204.093 ms
```

可以看到，这个查询不仅比代码清单 15.9 简短，速度也更快。还要注意，你正在执行 INNER JOIN，而不是 LEFT JOIN。这是因为你只关心有街道的城市。

结果如图 15.5 所示。

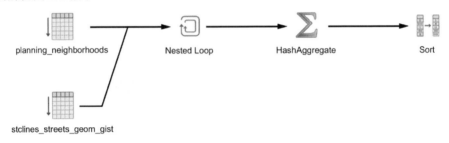

图 15.5　使用 CASE 代替子查询的图形化查询规划

比 CASE 语句更好用的是 FILTER 语句，如代码清单 15.12 所示。

代码清单 15.12　使用 FILTER 代替子查询

```
EXPLAIN ANALYZE
SELECT
    n.neighborho,
    COUNT(s.gid) AS cnt,
    COUNT(1) FILTER (WHERE ST_Length(s.geom) > 1000)
FROM
    ch15.planning_neighborhoods AS n
    INNER JOIN
    ch15.stclines_streets AS s
ON ST_Intersects(n.geom,s.geom)
GROUP BY n.neighborho
ORDER BY n.neighborho;
```

对于这个特定的数据集来说，FILTER 方法与 CASE WHEN 方法的耗时与规划相同。

FILTER 结构

在聚合的使用中，PostgreSQL 的 FILTER 结构可以用于替换 CASE WHEN 子句。FILTER 的语法更简洁，有时还比等效的 CASE WHEN 执行得更快。它在聚合数组时也十分有用，因为 NULL 值会被自动删除，所以你最终的数组中不会出现 NULL 值。当聚合将 NULL 视为值时，无法用 CASE WHEN 做到这一点。

15.5.2　FROM 子查询与基本公用表表达式

在 FROM 短语中放置子选择的做法很常见。它允许将所有这些复杂的计算划分为计算列，并为子查询和计算列分配别名。例如，可以在查询中的任何位置重复使用以下子选择：

```
(SELECT neighborhood, AVG(house_value) AS total GROUP BY neighborhood) AS
    neigh_house
```

另一种子选择是公用表表达式(CTE)，它允许在 SQL 语句中的任意多处复用相同的子选择，而不必重复其定义。

关于 FROM 和 CTE 中所使用的子查询的一些事情并非浅显易懂，即使对于那些具有广泛的 SQL 背景的人来说，也是如此：

- 虽然你在 FROM 中编写了子选择，就好像它是一个确切的实体，但事实并非如此。规划器经常重写子选择，以使其成为主查询必需的一部分，因此，它并不总是物化的，你也不能假设它总是首先被处理。
- 对于版本 12 之前的 PostgreSQL，CTE 总是物化的，这意味着无论是否被使用，CTE 都将完全执行。从 PostgreSQL 12 开始，递归 CTE 将始终是物化的，但常规 CTE 可能不会。

PostgreSQL 12 中的 CTE 陷阱和行为变化

如果你使用的是 PostgreSQL 11 或较低版本，那么要小心使用 CTE，正如前面所述，CTE 总是完全物化的。例如，如果你的 CTE 提取了 10 000 行，但最终在主查询中只使用了 10 行，那就浪费了许多时间。这种情况下，最好使用子查询，尽管它可能看起来不那么好用并且更难调试。

在 PostgreSQL 12+版本中，规划器会决定物化是否值得；然而，你可能希望强制物化。这种情况下，可以使用关键字 MATERIALIZED。

在以下示例中，a 强制规划器物化，b 提示规划器不要物化，c 则让规划器做出决定：

```
WITH
    a AS MATERIALIZED (SELECT * FROM sometable WHERE ...),
    b AS NOT MATERIALIZED (SELECT * FROM sometable WHERE ...),
    c AS (SELECT * FROM sometable WHERE ...)
SELECT *
FROM a INNER JOIN b ON a.id = b.id INNER JOIN c ON c.id = a.id
```

如果你的代码运行在较低版本的 PostgreSQL 中，需要向后兼容，则可以使用 OFFSET 0 来应对，如下所示：

```
WITH
    a AS (SELECT * FROM sometable WHERE ... OFFSET 0),
    c AS (SELECT * FROM sometable WHERE ... OFFSET 0)
SELECT *
FROM a
    INNER JOIN (SELECT * FROM sometable WHERE ...) AS b ON a.id = b.id
    INNER JOIN c ON c.id = a.id
```

OFFSET 0 总能强制物化，即使是在 PostgreSQL 12+版本中，也是如此。

对于返回极少的几行复杂函数计算(如空间函数计算)的 CTE，通常需要物化；对于返回很多行的 CTE，则通常不需要。

CTE 和基本子查询的使用遍及本书。一些相关的基本示例，请参阅附录 C。

既然你已经了解了如何使用子查询和 CTE，那么现在可以开始探索窗口函数和自连接了。

15.5.3 窗口函数与自连接

窗口函数与自连接的使用密切相关；这两种方法通常可以互换，但它们产生的性能不同。窗口方法通常比自连接更高效，并且受益于简洁的代码。

为了比较速度，下面将以两种方式编写相同的查询：代码清单 15.13 使用自连接对结果进行排序，代码清单 15.14 则使用窗口函数。窗口方法(20 ms)大约比自连接方法(90~141 ms)快三倍，并且更易于理解。

代码清单 15.13 使用自连接方法对结果排序

```
WITH main AS (                           ◄────┐
    SELECT
        p1.neighborho AS nei_1,          CTE main
        p2.neighborho AS nei_2,
        p1.geom AS p1_geom,
        p2.geom AS p2_geom,
        p2.gid AS p2_gid,
        ST_Distance(p1.geom,p2.geom) AS dist,
        p1.gid AS p1_gid
    FROM
    (
        SELECT neighborho, gid, geom
        FROM ch15.planning_neighborhoods
        WHERE neighborho = 'Chinatown'
    ) AS p1
    INNER JOIN
    ch15.planning_neighborhoods AS p2
    ON p1.gid <> p2.gid AND ST_DWithin(p1.geom,p2.geom,2500)
)
SELECT COUNT(p3.gid) AS rank, main.nei_2, main.dist
FROM
    main            ◄──────  使用 main
    INNER JOIN
    ch15.planning_neighborhoods AS p3
    ON ST_DWithin(main.p1_geom,p3.geom,2500)   ◄────── 自连接
WHERE
    (
        main.p2_gid = p3.gid OR
        ST_Distance(main.p1_geom,p3.geom) < main.dist
    ) AND
    main.p1_gid <> p3.gid
GROUP BY main.p2_gid, main.nei_2, main.dist
ORDER BY rank, main.nei_2;
```

在代码清单 15.13 中，你同时使用了多种技术。先使用一个名为 main 的 CTE 来定义一个虚拟工作表，该表用于确定距唐人街(Chinatown)2500 英尺以内的社区。然后在查询的最终输出中使用

main。

也可将 main 定义为查询主体中的子选择，而不是使用 CTE。对于这种特殊情况，若将其定义为主查询的一部分，将会阻止物化，还会导致性能降低(从 90 ms 升至 192 ms)。这是因为在使用 CTE 的情况下，高执行成本的距离检查不需要重新计算；如果不使用 CTE，则需要重新计算。

接下来，你将使用自连接收集所有比你在 main 中的引用 p2 更靠近唐人街的社区并进行计数。注意，main.p2_gid = p3.gid OR 旨在确保即使没有更近的对象，RANK 也至少对所参考的几何图形进行计数。

使用窗口语句，可以更高效地完成这一任务。代码清单 15.14 是使用 RANK 窗口函数编写的相同查询。

代码清单 15.14　使用窗口对结果进行编号

```
SELECT
    RANK() OVER w_dist AS rank,          ◀─── 使用窗口
    p2.neighborho AS nei_2,
    ST_Distance(p1.geom,p2.geom) AS dist
FROM
    ch15.planning_neighborhoods AS p1
    INNER JOIN
    ch15.planning_neighborhoods AS p2
    ON p1.gid <> p2.gid AND ST_DWithin(p1.geom,p2.geom,2500)
WHERE p1.neighborho = 'Chinatown'
WINDOW w_dist AS (
    PARTITION BY p1.gid ORDER BY ST_Distance(p1.geom,p2.geom)
)
ORDER BY RANK() OVER w_dist, nei_2;      ◀─── 定义窗口
```

这种使用 RANK 函数的窗口实现更简洁，运行速度也更快(约 20~60 ms)。几何图形数据越大，自连接方法和窗口方法的速度差异就越显著。

在本示例中，你已经看到了 PostgreSQL 中的 WINDOW 声明。并非所有支持窗口结构的关系数据库产品都存在 WINDOW 命名。它允许定义分区、按帧排序，以及在整个查询中复用，而不必重复声明。

代码清单 15.13 和代码清单 15.14 的输出是相同的，如代码清单 15.15 所示。

代码清单 15.15　使用自连接或窗口的排序结果输出

```
rank | nei_2                  | dist
-----+------------------------+------------------
   1 | Downtown/Civic Center  |                0
   1 | Financial District     |                0
   1 | Nob Hill               |                0
   1 | North Beach            |                0
   1 | Russian Hill           |                0
   6 | South of Market        | 1726.01750301085
```

15.5.4 横向连接

横向连接允许使用从连接的另一侧获取输入的子查询或函数。你曾在第9章中用过横向结构。

横向连接只在必要时使用。如果你无缘无故地将关键字LATERAL附加到连接中，规划器不会报错，但会选择较慢的横向路径。在多数情况下，可将横向查询重写为DISTINCT ON。

在下一组练习中，你将学习三种使旧金山社区"碎裂"成点的方法，三种方法按处理效率递增的顺序给出。

代码清单15.16使用了一种常被误用的、朴素且最慢的碎裂方式。它之所以最慢，是因为通过使用(ST_DumpPoints(geom)).*，ST_DumpPoints输出的每一列都会调用ST_DumpPoints函数。因为ST_DumpPoints输出两列，所以每个(ST_DumpPoints(geom)).*将对ST_DumpPoints函数调用两次。

ST_DumpPoints非常快，并且它的耗时在整个查询所需时间中的占比相对较小，因此对于当前的特定任务来说，你仅能注意到这种方法和LATERAL方法在速度上的细微差距。

注意：对于这些练习，输出中所显示的EXPLAIN ANALYZE VERBOSE耗时未考虑将数据返回给客户端的网络影响。实际上，转储所花费的大部分时间都花在了将数据返回到客户端上，因此，根据服务器与客户端的距离以及内存速度，时间可能增至10倍或更多。

代码清单15.16　在SELECT中进行碎裂：不要这样做

```
EXPLAIN ANALYZE VERBOSE
SELECT
    p1.neighborho AS nei_1,
    (ST_DumpPoints(p1.geom)).geom AS geom,
    (ST_DumpPoints(p1.geom)).path[1] AS poly_index,
    (ST_DumpPoints(p1.geom)).path[2] AS poly_ring_index,
    (ST_DumpPoints(p1.geom)).path[3] AS pt_index
FROM ch15.planning_neighborhoods AS p1;
```

代码清单15.16的问题在于，在PostgreSQL 12之前的版本下，该查询会为每个列输出调用ST_DumpPoints。即使将其修改为(ST_DumpPoints(geom)).*，在旧的PostgreSQL版本下，它仍然会调用geom和路径输出。这个示例在我们的开发设备上运行时至少需要20 ms(如果考虑网络传输，则需要330 ms)。输出如代码清单15.17所示。

代码清单15.17　朴素碎裂方式的解释规划输出

```
QUERY PLAN
---------------------------------------------------------------------
Result (cost=0.00..3701487.56 rows=37000 width=112)
     (actual time=0.086..21.716 rows=13254 loops=1)
  Output: neighborho, ((st_dumppoints(geom))).geom,
    ((st_dumppoints(geom))).path[1],
        ((st_dumppoints(geom))).path[2], ((st_dumppoints(geom))).path[3]
  -> ProjectSet (cost=0.00..1117.56 rows=37000 width=100)
      (actual time=0.080..11.412 rows=13254 loops=1)
      Output: st_dumppoints(geom), neighborho
      -> Seq Scan on ch15.planning_neighborhoods p1
          (cost=0.00..7.37 rows=37 width=100)
```

```
              (actual time=0.013..0.035 rows=37 loops=1)
                  Output: gid, neighborho, geom
Planning Time: 0.100 ms
Execution Time: 22.506 ms
```

如果你在规划中看到ProjectSet这一步，则意味着规划器识别出这应该是对函数ST_DumpPoints的一次调用。如果将此方法与下一种能得到相同答案的方法进行比较，你会意识到此方法并没有获得最佳性能。

无论 PostgreSQL 的版本如何，避免多次调用函数的一种方法是将调用包含在子选择中，如代码清单 15.18 所示。

代码清单 15.18 使用子选择进行碎裂

```
EXPLAIN ANALYZE VERBOSE
SELECT
    nei_1,
    (gp).geom,
    (gp).path[1] AS poly_index,
    (gp).path[2] AS poly_ring_index,
    (gp).path[3] AS pt_index
FROM (
    SELECT p1.neighborho AS nei_1, ST_DumpPoints(p1.geom) AS gp
    FROM ch15.planning_neighborhoods AS p1
) AS x;
```

输出如代码清单 15.19 所示。

代码清单 15.19 使用子选择进行碎裂的解释规划输出

```
Subquery Scan on x
  (cost=0.00..1487.56 rows=37000 width=112)
  (actual time=0.081..20.973 rows=13254 loops=1)
  Output: x.nei_1, (x.gp).geom, (x.gp).path[1], (x.gp).path[2], (x.gp).path[3]
  -> ProjectSet
      (cost=0.00..1117.56 rows=37000 width=100)
      (actual time=0.074..11.305 rows=13254 loops=1)
        Output: p1.neighborho, st_dumppoints(p1.geom)
        -> Seq Scan on ch15.planning_neighborhoods p1
        (cost=0.00..7.37 rows=37 width=100)
        (actual time=0.014..0.033 rows=37 loops=1)
            Output: p1.gid, p1.neighborho, p1.geom
Planning Time: 0.119 ms
Execution Time: 21.558 ms
```

在 PostgreSQL 12 之前的版本下，这种子选择方法要比代码清单 15.17 中演示的朴素方法快一倍。而 PostgreSQL 12 中的 ProjectSet 特性可使它们具有相同的性能。

接下来，你将使用横向结构尝试相同的事情。横向结构编写起来稍微短一些，而且通常比子选择方法快一些。LATERAL 是一个可选的关键字，但是我们最好使用它，以更明确地说明我们正在做什么。如果没有关键字，规划器也能聪明地判断出，如果你有一个相关函数(一个依赖于 FROM 条件中的另一个表的函数)，那么你正在请求 LATERAL。

代码清单 15.20 展示了使用横向结构的社区碎裂练习。

代码清单 15.20 使用横向进行碎裂

```
EXPLAIN ANALYZE VERBOSE
SELECT
    p1.neighborho AS nei_1,
    (gp).geom,
    (gp).path[1] AS poly_index,
    (gp).path[2] AS poly_ring_index,
    (gp).path[3] AS pt_index
FROM
    ch15.planning_neighborhoods AS p1,
    LATERAL
    ST_DumpPoints(p1.geom) AS gp;
```

代码清单 15.20 的输出如下：

```
Nested Loop
  (cost=25.00..772.37 rows=37000 width=112)
  (actual time=0.543..20.179 rows=13254 loops=1)
  Output: p1.neighborho, gp.geom, gp.path[1], gp.path[2], gp.path[3]
  -> Seq Scan on ch15.planning_neighborhoods p1
  (cost=0.00..7.37 rows=37 width=100)
  (actual time=0.015..0.036 rows=37 loops=1)
        Output: p1.gid, p1.neighborho, p1.geom
  -> Function Scan on postgis.st_dumppoints gp
      (cost=25.00..35.00 rows=1000 width=64)
      (actual time=0.302..0.333 rows=358 loops=37)
          Output: gp.path, gp.geom
          Function Call: st_dumppoints(p1.geom)
Planning Time: 0.130 ms
Execution Time: 20.912 ms
```

即使是在 PostgreSQL 的较新版本下，横向方法也往往比子选择或朴素方法更快。对于 PostgreSQL 的旧版本，你会发现横向方法比朴素方法快一倍以上，且比子选择方法更快。

除了通过重写查询来提高性能以外，还可通过设置函数的属性，以及禁用各种规划策略以鼓励它使用其他策略来控制规划器的行为。你将在下一节中了解这些设置。

15.6 系统和函数设置

大多数影响规划策略的系统变量可以在服务器、会话、数据库或函数级进行设置。

你可以通过使用 ALTER SYSTEM SQL 结构在服务器级设置变量，而不必直接设置 postgresql.conf 或 postgresql.auto.conf：

```
ALTER SYSTEM SET somevariable=somevalue;
```

通过使用 ALTER SYSTEM 结构，将自定义设置存储在名为 postgresql.auto.conf 的文件中，使它们更容易与默认设置进行区分，也更容易在升级时进行迁移。务必运行 SELECT pg_reload_conf(); 以使新设置生效。

要在会话级设置系统变量,请使用以下命令:

```
SET somevariable TO somevalue;
```

要在数据库级设置它们,请使用以下命令:

```
ALTER DATABASE somedatabase SET somevariable=somevalue;
```

要在函数级设置它们,请使用以下命令:

```
ALTER FUNCTION somefunction(type1, type2) SET somevariable=somevalue;
```

要查看参数当前的值,请使用以下命令:

```
show somevariable;
```

现在来看一些影响查询性能的系统变量。

15.6.1 影响规划策略的关键系统变量

本节将介绍对查询速度和效率影响最大的关键系统变量。对于其中的大多数,尤其是内存,并没有特定的正确或错误设置。

大部分最优的设置取决于你的服务器是否专门用于 PostgreSQL 的工作,你的 CPU 是什么,你的主板 RAM 是多少,甚至你的负载是连接密集型还是查询密集型。是否有更多人访问你的数据库并请求简单的查询,或者你的数据库是否专门用于生成数据源?

对于其中的大部分设置,你可能希望针对特定的查询进行调整,而不是全面调整。我们鼓励你亲自进行测试,以确定哪些设置在何种负载下效果最佳。

1. constraint_exclusion 变量

为了使用继承分区,应将 constraint_exclusion 变量设置为 partition(默认值)。这可以在服务器或数据库级设置,也可以在函数或语句级设置。通常最好在服务器级设置,这样你就不必为所创建的每个数据库都这样做。

旧的 on 值和新的 partition 值之间的区别在于,使用 partition 时,规划器不会检查约束排除条件,除非它正在查看一个具有子表的表。与以前的 on 设置相比,这会节省几个规划器周期。但是,对于联合查询,on 设置仍然有用。

2. maintenance_work_mem 变量

这个变量指定了为索引和 vacuum 分析进程分配的内存数量。在处理大量负载时,你可能希望在会话级暂时将此变量设置为较高的值,而在服务器或数据库级使其保持较低的值。设置方法如下:

```
SET maintenance_work_mem TO '512MB';
```

3. shared_buffers 变量

shared_buffers 变量指定了数据库服务器用于共享内存的内存量。shared_buffers 使共享读取等事情成为可能。它允许服务器将数据缓存在主板内存中,供其他 PostgreSQL 进程使用。你拥有的共享缓存越多，就可以将越多的数据库加载到板载内存中，以实现更快的检索。

你通常希望将此变量设置为比默认值高得多的值，该值约为专用 PostgreSQL 设备可用板载 RAM 的 20%。该设置只能在 postgresql.conf 文件中或通过 ALTER SYSTEM 进行设置，设置完成后需要重启服务器。当变量值达到约 8 GB 时，你的收益会递减。

4. work_mem 变量

work_mem 是每个排序操作使用的最大内存，它被设置为每个内部排序操作的内存量(如果没有指定单位，则以 KB 为单位)。如果想使用其他度规进行设置，务必指定单位。

如果有充足的板载 RAM 来处理大量密集的几何图形，并且很少有用户同时进行密集处理，那么可将变量值设置得非常高，比如 250 MB 或更多。默认值约为 3 MB，这对于密集查询来说太低了。也可在函数级或连接级根据条件进行设置，因此，对于一般的、缺乏经验的用户，可将变量值设置为低值；对于特定的函数，则将其设置为高值。

可以对会话进行如下设置:

```
SET work_mem='50MB';
```

5. enable (各种规划策略)

enable 策略选项均默认为 true/on。你应该很少在服务器或数据库级更改这些设置，但是如果希望阻止导致查询问题的某种规划策略，那么你可能在会话或函数级用到这些设置。但是你很少需要关闭这些功能。

一些 PostGIS 用户根据情况修改了这些设置，并体验到了极大的性能提升:

- enable_bitmapscan
- enable_gathermerge
- enable_groupingsets_hash_disk(PostgreSQL 13 新增，仅适于 GROUPING SETS 的使用)
- enable_hashagg
- enable_hashagg_disk(PostgreSQL 13 新增)
- enable_hashjoin
- enable_incrementalsort(PostgreSQL 13 新增)
- enable_indexonlyscan
- enable_indexscan
- enable_material
- enable_mergejoin
- enable_nestloop
- enable_parallel_append
- enable_parallel_hash
- enable_partition_pruning
- enable_partitionwise_aggregate
- enable_partitionwise_join
- enable_seqscan

- enable_sort

关闭 enable_seqscan 对于故障排除很有用，因为它强制规划器使用一个它似乎可以使用但却拒绝使用的索引。该方法非常适用于检查以下问题：规划器的执行成本是否在某种程度上有误，表扫描是否真的更适合你的特定情况，或者是否因你的索引设置不正确而导致规划器无法使用它。

enable_hashagg 和 enable_hashagg_disk 选项是值得尝试的附加设置。如果禁用 enable_hashagg，它通常会强制使用 hashagg 的规划去执行 groupagg 策略。在 PostgreSQL 13 之前，如果规划器得出结论，认为 hashagg 策略所需的内存要比 work_mem 所允许的内存更多，那么它将求助于 groupagg。PostgreSQL 13 提供了 hashagg 工作表溢出到磁盘的功能，以及一个新参数 enable_hashagg_disk 以禁用该功能。在磁盘速度非常慢的情况下，你可能不希望这样做。

某些情况下，如果规划器没有其他有效选项，甚至关闭的设置也不会被遵守。关闭以下设置，将阻止规划器使用它们，但不能保证阻止：

- enable_sort
- enable_seqscan
- enable_nestloop

要使用这些设置和其他规划器设置，请在运行查询之前设置它们。例如，像这样关闭 hashagg：

```
set enable_hashagg = off;
```

然后重新运行代码清单 15.11 中的 CASE 查询，其中使用了 hashagg。这一设置将使其使用 GroupAggregate，如图 15.6 所示。

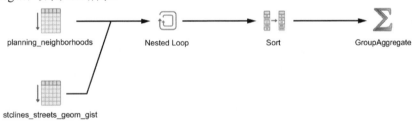

图 15.6　禁用 hashagg 会强制执行组应用策略

禁用特定的规划器策略对于某些关键查询很有用，在这些查询中，你知道特定的规划器策略会产生较慢的结果。通过在函数中划分这些查询，可以借助函数设置来控制策略。

还有一些仅与函数相关的特定设置，将在下一节中进行讨论。

15.6.2　函数专用设置

COST 和 ROWS 设置分别是函数执行成本的估计值和函数所返回行数的估计值。PARALLEL 设置用于控制使用此函数的查询是否可以并行化。对于函数来说，如果使用的是 SQL 和 PL/pgSQL，执行成本通常为 100；如果是 C 语言，则执行成本为 1。如果你清楚自己的函数比其他函数的执行成本更高或者更低，则应该为你的函数进行设置。

这些设置仅适用于函数。它们是函数定义的一部分，而不像其他参数那样单独设置。形式如下：

```
CREATE OR REPLACE FUNCTION somefunction(arg1,arg2 ..)
RETURNS type1 AS
```

```
....
LANGUAGE 'c' IMMUTABLE STRICT
PARALLEL SAFE
COST 100 ROWS 2;
```

1. COST

COST 设置指定了一个函数相对于其他函数的执行成本。

对于 PostGIS 3.0 之前的版本和 PostgreSQL 12，没有显式地设置执行成本估计，因为正确设置函数通常会影响空间索引的使用。而对于 PostgreSQL 12+和 PostGIS 3+，成本估计已经设置妥当，所以很少需要再修改它们。

2. ROWS

ROWS 设置仅与返回结果集的函数相关。它是你期望函数返回行数的一个估计值。

3. IMMUTABLE、STABLE、VOLATILE

如前所述，在编写函数时，可以使用 IMMUTABLE 来声明预期的输出行为类型。如果你没有这样做，则默认该函数为 VOLATILE。这些设置对速度和行为均有影响。

IMMUTABLE 函数是指，在给定相同参数集的情况下，其输出随时间保持不变的函数。如果一个函数是 IMMUTABLE，那么规划器将知道它可以将结果缓存下来，并且如果传入的参数相同，它可以复用缓存的输出。因为缓存通常能够提高速度，对于执行成本较高的计算，尤其如此，所以将这类函数标记为 IMMUTABLE，将大有益处。

在给定相同输入的情况下，STABLE 函数的输出将在一个查询的整个生命周期中保持不变。通常可以假设这些函数产生相同的结果，但不能将它们视为 IMMUTABLE，因为它们具有可能改变的外部依赖关系，比如对其他表的依赖。因此，它们的性能比 IMMUTABLE 函数差(其他条件均相同)，但速度比 VOLATILE 函数快。

VOLATILE 函数会在每次调用时提供不同的输出，即使输入相同，也是如此。依赖于时间或其他随机变化因素的函数或者改变数据的函数，都属于这一类函数，因为它们会改变状态。如果你将一个 VOLATILE 函数(如 random())标记为非 VOLATILE，它会运行得更快但产生错误的行为，因为它会在每次后续调用中返回相同的值。

4. PARALLEL

随着 PostgreSQL 9.6 中并行性的出现，一个新的属性被添加到函数和聚合中。这就是 PARALLEL 设置。如果没有指定，则该设置默认为 PARALLEL UNSAFE。

以下是 PARALLEL 设置的可能选项：

- SAFE——该函数可用于一个并行规划的任意节点。
- UNSAFE——当此函数被使用时，阻止使用并行规划。
- RESTRICTED——可以使用并行规划，但此函数只能用于主节点，不能用于分解规划的工作节点。

15.6.3　鼓励并行规划

当规划器使用并行策略时，它将工作划分为一个主节点以及一个或多个工作节点。如前所述，一个查询中使用的任何标记为 UNSAFE 的函数都将完全阻止并行规划。

要了解更多关于何种查询能够使用并行性的信息，请参见 PostgreSQL 文档中的 "When Can Parallel Query Be Used?" 部分。

除了这一设置，并行策略也对以下 PostgreSQL 设置敏感：

- autovacuum_max_workers
- enable_parallel_append
- enable_parallel_hash
- force_parallel_mode
- max_parallel_maintenance_workers
- max_parallel_workers
- max_parallel_workers_per_gather
- max_worker_processes
- min_parallel_index_scan_size
- min_parallel_table_scan_size
- parallel_leader_participation
- parallel_setup_cost
- parallel_tuple_cost

以下是你最有可能更改的设置：

- max_worker_processes——应设置为至少与可用的 CPU 核数一样多。
- max_parallel_workers——可处于活跃状态的并行工作进程的最大数量。应设置为小于或等于 max_worker_processes。
- max_parallel_workers_per_gather——控制每个执行器的最大并行节点数。它是 max_parallel_workers 的子集，因此应设置为更小或相等的值。

现在，你已经了解了影响速度的各种系统设置，不妨进一步看看几何图形本身。你能否更改几何图形，以便更快地对其应用空间谓词和操作，但仍然保持几何图形的精确性以满足你的需求？

15.7　优化空间数据

一般来说，对于较大或无效的空间数据，空间处理和空间关系检查需要更长的时间。空间关系检查通常较慢，并给出有误的答案，或者在几何数据无效时直接无法工作。

对于任何类型的空间数据对象，无论是几何图形、地理、栅格，还是拓扑，随着空间数据大小的增长，空间检查都会花费更长的时间。其中部分原因是有更多的数据需要处理。如果你的空间数据对象足够大，它们通常会在内部分块，并存储在 TOAST(超大属性存储技术，当对象的大小超过 8 KB 时使用)表中。每个 8 KB 片段本质上作为独立的行存储在 TOAST 表中。当数据被 toast 时，执行更复杂的操作(如密集的 ST_Intersects 检查或 ST_Union 等进程)意味着数据需要被 de-toast，这需要更多的时间。

存储大型空间对象(尤其是较小的属性数据)的另一个问题是，即使你不更新空间对象，它也会显著影响其他数据列的更新速度。这是因为 PostgreSQL 实现多版本并发(MVCC)的方式。为了让 PostgreSQL 提供一致的数据快照，它会跟踪同一张表中一行的多个版本。当你执行 UPDATE 时，PostgreSQL 会"删除"旧行并将其替换为新行，这实际上会将旧记录标记为非活跃的。类似地，DELETE 只是将记录标记为非活跃的。

使用数据库外方法存储栅格的一个好处是，如果你更新的大部分内容是相关的属性数据，则能够显著提高更新和插入性能，因为记录复制期间的栅格表示将只是栅格元数据，而非栅格本身。

本节将介绍一些更常见的用于验证、优化和简化空间数据的技术。

15.7.1　修复无效的几何图形

修复无效几何图形的主要原因在于，你不能使用 GEOS 关系检查和许多依赖于无效几何图形的相交矩阵的处理函数。对于某些类型的无效几何图形，ST_Intersects、ST_Equals 等函数会返回 false 或抛出拓扑错误，而不管相交的真实性质如何。这同样适用于联合、相交和强大的 GEOS 几何处理函数。大多数人无法处理无效的几何图形。

大多数无效的几何图形都涉及多边形。ST_MakeValid 函数可以用来修复无效的多边形、多边形集合、线串集合和线串。

除了确保几何图形有效之外，还可通过减少几何图形中点的数量来提高性能。

15.7.2　通过简化来减少顶点数量

PostGIS 提供了几个简化函数，如 ST_Simplify、ST_SimplifyPreserveTopology 和 ST_SimplifyVW，这些函数可以用来减少多边形或线串中的顶点数量。它们有时与 ST_ChaikinSmoothing 搭配使用。其中一些已经在第 6 章中介绍过了。

15.7.3　通过拆分几何图形来减少顶点数量

你的几何图形越大或偏离边界框越多，ST_Intersects 和 ST_DWithin 等函数的工作量就越大。你希望边界框检查能够尽可能多地筛除几何图形，以减少所需的密集空间检查。在确实需要进行更密集检查的情况(已满足边界框检查的情况)下，可以通过减少顶点数量来降低工作强度。

类似于 ST_Subdivide 的方法(第 6 章中也有介绍)能够符合要求。ST_Subdivide 的缺点是，它会将几何图形分割成多行，导致表中有更多的行要处理。

15.7.4　集群

集群(clustering)可以指两种完全不同的优化技巧，它们听起来很相似，甚至使用相同的术语，但含义不同。我们将第一种称为索引集群，将第二种称为空间集群(或更通俗的聚类)。

- **索引集群**——它是指对一个索引集群或保持数据有序的 PostgreSQL 概念。你保持了相同的行数，但通过索引(在 PostGIS 中，通常是空间索引)对表进行物理排序。这能够保证你的匹配项在磁盘中非常接近彼此而易于选取。你的索引请求会更快，因为每个数据页会有更多的匹配项。
- **空间集群(聚类)**——它通常是利用点几何图形完成的，可以减少行数。它需要获取一组点(这些点通常彼此接近或具有相似的属性)，然后将它们收入点集合来聚合。例如，可以考虑 100 000 行的点集合，而不是 1 000 000 行的点，这既可以节省空间又可以提高速度，因为需要的索引检查更少了。

索引集群的概念相当普遍，其他的数据库中也有类似的名称。

点云

一个名为 Pointcloud 的项目将聚类概念发挥到了极致，并定义了一种新的名为 PCPatch 的空间数据类型，它将多个 n 维的点收集到一个单元中。PCPatch 拥有自己的一组分析和访问器函数，也拥有将数据转换为 PostGIS 几何类型的类型转换。它通常用于存储和分析激光雷达卫星数据。

1. 基于 Geohash 函数索引或 gist 空间索引的索引集群

其他章节已经讨论过 Geohash 索引，但是这部分内容值得回顾一下。为什么要通过基于空间的索引(如 Geohash 函数索引或你构建的 gist 几何索引)对磁盘上的数据进行物理排序？

当 PostgreSQL(实际上也包括许多关系数据库)查询数据时，它们会分批(称为页面)进行。一个页面可能包含许多记录，具体取决于每条记录的大小。如果你可以将经常请求的数据放在相同的数据页或邻近的数据页上，那么检索性能就会更好，因为你的磁盘搜索的效率更高。对于空间查询，你常常请求在空间上彼此接近的东西。因此，你会希望它们在磁盘上实实在在地彼此接近，以便更快地检索。

在 PostGIS 中，有两种常用于数据库集群的空间索引：Geohash 集群，它最适用于小对象，但需要数据在 WGS-84 lon/lat(EPSG 4326)下；更通用的 R-tree 集群，它只是一个基于你在表上创建的 gist 索引的集群。

注意：关于 Geohash 和标准 R-tree 集群的更多详细信息，请参阅 PostGIS 简介中的 "Clustering on Indices" 研讨模块。

Geohash 集群最适合小对象，比如点或小多边形和线串；它无法用于更大的对象，除非你使它基于 ST_GeoHash(ST_Centroid(geom)) 之类的东西。它不可用于或极少用于较大对象的原因是，随着对象变大，它们的 Geohash 表示会越来越小，直到减小为零。PostGIS 所实现的 Geohash 是边界框的 Geohash。

代码清单 15.21 展示了对标准 Geohash 索引的微小改动。该索引结合了 Geohash 和街道名，因此当你集群数据时，数据会先在空间上集群；对于具有相同 Geohash 的街道，你会使名称相似的街道更接近彼此。

代码清单 15.21 根据由 Geohash 和街道名构成的复合索引进行集群

创建索引

```
CREATE INDEX idx_stclines_streets_ghash_street
ON ch15.stclines_streets (ST_GeoHash(ST_Transform(geom,4326)),street);
CLUSTER ch15.stclines_streets
USING idx_stclines_streets_ghash_street;        ❷ 根据索引进行集群
```

在代码清单 15.21 中，你创建了一个由街道中心线的 Geohash 和街道名称构成的复合索引❶。复合索引的优点是，长街道通常被分割成更小的段，并存储为独立的行。如果街道有相同的 Geohash，你会希望连续的街道更靠近彼此一些。只有当你根据索引进行集群时，数据才会在物理位置上被重新排序❷。

更新或插入后，集群不会被维护

在插入和更新时，PostgreSQL 不会维护表的物理顺序以匹配集群索引。如果你有一个频繁更新的表，你将需要运行 CLUSTER table_name 来强制对你集群索引的表进行重新排序。

如果需要对所有已定义集群的表重新集群，只需要运行 CLUSTER verbose。verbose 是可选项，但它会在每个表重新集群时显示表名和集群索引。它还会显示页面数和行数的统计数据。

如果你决定在稍后更改集群以使用 R-tree 索引，则需要运行以下命令：

```
CLUSTER ch15.stclines_streets USING stclines_streets_geom_gist
```

这将强制使用一个名为 stclines_streets_geom_gist 的 gist 索引对表进行重新集群，并且对于将来不指定集群索引的集群操作，将使用此索引。

对于一个像 ch15.stclines_streets 这样的约 15 000 行的小型表，很难看出集群和非集群之间的性能差异。如果你的数据集很小，那么它能够装入板载 RAM，因此磁盘查找并不常见。

2. 希尔伯特曲线的索引集群和物化视图的使用

PostGIS 3 改变了你使用 ORDER BY geom 对数据排序的方式。在 PostGIS 3 之前，ORDER BY geom 通常对 x, y 坐标进行排序，这意味着排序并不是将所有最接近的东西理想地排列起来。在 PostGIS 3 中，排序将使数据按照希尔伯特曲线排序。

几何顺序更改为希尔伯特曲线

PostGIS 3.0 更改了几何图形排序的默认行为。如果你在 PostGIS 3+ 中 ORDER BY 几何图形，你将得到所谓的希尔伯特曲线排序，Paul Ramsey 在他的博客文章 "Waiting for PostGIS 3: Hilbert Geometry Sorting" 中描述了这一点。

你可能期望根据 gist 索引进行集群以得到希尔伯特几何排序，但事实并非如此。使用 B-tree 索引进行集群，的确可以得到希尔伯特几何排序。遗憾的是，B-tree 索引只对点有用。解决这一难题的一种方法是定义一个物化视图，如代码清单 15.22 所示。

代码清单 15.22　服从希尔伯特曲线的物化视图集群

```
CREATE MATERIALIZED VIEW ch15.vw_mat_stclines_streets AS
SELECT *
FROM ch15.stclines_streets                    按照希尔伯特曲线
ORDER BY geom, street; --                      强制物理排序

                                                        添加唯一键，以使用
                                                        并发刷新
CREATE UNIQUE INDEX ux_vw_mat_stclients_streets
  ON ch15.vw_mat_stclines_streets USING btree(gid);

                                                        空间距离的标准空
CREATE INDEX ix_stclines_streets_geom                   间索引
  ON ch15.vw_mat_stclines_streets USING gist(geom);
```

现在可以使用物化视图代替表。若你想在数据更改时强制重新排序，可以运行以下命令：

```
REFRESH MATERIALIZED VIEW CONCURRENTLY ch15.vw_mat_stclines_streets;
```

并发刷新物化视图的好处是，在操作进行时仍然可以读取视图。相反，表的重新集群会在集群操作期间锁定该表。

15.8　本章小结

- 在表上对频繁过滤的列使用索引，可以极大地提高查询性能。
- 可以用不同的方式重写查询，以提高查询的速度。
- 可以设定 PostgreSQL 设置的参数来指导规划器，从而提高性能。
- 可以使用 EXPLAIN、EXPLAIN ANALYZE 和 EXPLAIN(ANALYZE, VERBOSE)对查询规划进行故障排除。

第III部分

搭配其他工具使用 PostGIS

在第 II 部分中，你已学习解决空间查询问题的基础知识，以及最大限度地提高空间查询性能的技巧。然而，PostGIS 很诱人，不断受到商业和开源工具的广泛追捧。在第III部分中，你将了解一些更常见的用于补充和增强 PostGIS 的开源服务器端工具。

第 16 章介绍 PostGIS 常用的其他 PostgreSQL 扩展包。你将了解过程化语言 PL/R、PL/Python 和 PL/V8。它们是 GIS 中常用的工具，你可以在数据库中利用 R 丰富的统计函数和绘图功能、Python 众多的包以及轻快优雅的 JavaScript。你将学习如何用这些语言编写存储函数，并在 SQL 查询中使用它们。此外，我们还将介绍 pgRouting，它是另一个 SQL 功能包，用于构建路由应用程序和解决各种旅行推销员的问题。

在第 17 章中，你将了解服务器端和客户端的地图框架，它们通常用于在 Web 上显示 PostGIS 数据。你将学习如何使用 Leaflet 和 OpenLayers 这两个开源 JavaScript 地图 API，来显示带有第三方地图图层(如 OpenStreetMap、Google Maps 和 Microsoft Bing)的 PostGIS 数据。你还将了解关于设置 GeoServer 和 MapServer 并将它们配置为 WMS/WFS 服务的基础知识。

第 *16* 章

使用 pgRouting 和过程化语言扩展 PostGIS

本章内容：

- pgRouting
- PL/R
- PL/Python
- PL/V8

本章将介绍 PostGIS 中四个常用的 PostgreSQL 扩展。PostgreSQL 扩展将 PostGIS 的功能扩展到了基础安装之外。每个扩展都可以附带额外的函数与数据类型(PostGIS 本身就是一个扩展)，每个扩展都具有特定的任务。它可能允许使用其他语言编写脚本，添加特定函数，或者用更快的实现方法替换现有函数。

本章将讨论以下扩展：

- **pgRouting**——一个与 PostGIS 搭配使用的函数库，用于解决最短路径、行车路线和地理受限资源分配等问题，如著名的旅行推销员问题(TSP)。

- **PL/R**——一种 PostgreSQL 的过程化语言处理程序，允许使用 R 统计语言和图形环境来编写存储的数据库函数。有了这个扩展，可以生成精美的图形，并利用广泛的统计函数在你的 PostgreSQL 数据库中构建聚合和其他函数。这允许将 R 的功能添加到查询中。

- **PL/Python**——一种 PostgreSQL 的过程化语言处理程序，允许用 Python 编写 PostgreSQL 存储函数。这使你可以利用 Python 函数的广度来完成网络连接、数据导入、地理编码和其他任务。

- **PL/V8(又名 PL/JavaScript)**——一种 PostgreSQL 的过程化语言处理程序，允许你用 JavaScript 编写 PostgreSQL 存储函数。这意味着你可以在服务器上使用与客户端 Web 应用程序常用的语言相同的语言，甚至复用其中的一些函数。PL/V8 使用 Google V8 引擎，这也是用于 NodeJS 的管件。

学完本章后，你将更好地体会到直接在数据库中实现解决方案的好处，而不必导出数据供外部处理。

若要探索接下来的示例，需要运行本章下载文件中的 data/ch16_data.sql 脚本。建议使用 psql 加载文件。该脚本将为本章创建模式并加载表。

16.1 使用 pgRouting 解决网络路由问题

一旦你在 PostGIS 中准备好了所有数据，接下来就需要考虑如何解决路由问题，比如从一个地址到另一个地址的最短路径或著名的旅行推销员问题(TSP)，并找到适当的方法来展示解决方案。pgRouting 可以让你做到这一点。你只需要向现有的表中添加一些额外的列来存储参数和解决方案。然后执行 pgRouting 打包附带的许多函数之一。pgRouting 使得看似棘手的问题有可能得到即时答案。如果没有 pgRouting，你将不得不求助于昂贵的桌面工具，如 ArcGIS 网络分析或按次付费的 Web 服务。

pgRouting 本身是一个自由开源软件(FOSS)项目，但它依赖于 PostGIS 以提供空间分析函数。pgRouting 在 3.0 版本中进行了重大改进，并添加了新的函数。一般来说，pgRouting 3.0 中的函数以前缀 pgr_开头。3.1 版本中添加了更多函数，比如中国邮路算法。以下练习在 pgRouting 3.1 进行测试，但它们在 pgRouting 3+版本应该也可以正常运行。

安装 pgRouting

PostGIS 的许多发行版都提供 pgRouting。如果你使用的是 Windows，那么 PostGIS 3+ StackBuilder 会伴随 PostGIS 一起安装 pgRouting 3+二进制文件以及其他与 PostGIS 相关的扩展。也可以在 PostGIS 网站的实践部分中找到适用于 Windows 的开发 pgRouting 二进制文件。有关其他发行版的二进制文件，请参阅 pgRouting 网站。

获取并安装二进制文件后，将 pgRouting 作为 SQL 扩展添加到数据库中。你不一定要将 pgRouting 安装到与 PostGIS 相同的模式中，但是最好这样做，因为它依赖于许多 PostGIS 函数。

```
CREATE EXTENSION pgrouting SCHEMA postgis;
```

如果你的 pgRouting 是从早期版本升级而来，那么以下命令应该可以解决问题：

```
ALTER EXTENSION pgrouting UPDATE;
```

有时，尤其是当你正在使用一个预发布的版本时，你可能会在升级时遇到错误。在这些情况下，请执行以下操作来升级：

```
DROP EXTENSION pgrouting;
CREATE EXTENSION pgrouting SCHEMA postgis;
```

有关使用 pgRouting 的更多详细信息，请访问 pgRouting 网站。如果希望更深入地了解 pgRouting 的使用案例，请阅读关于此主题的书籍《pgRouting：实用指南》(Locate 出版社，2017)。

1. 基本导航

路由最常见的用途是在相互连接的道路网络中找到最短的路线。任何曾借助 GPS 设备寻求行车路线的人都应该非常熟悉这个应用程序。

我们选择以北美城市明尼阿波利斯和圣保罗作为第一个示例。想象自己是一名卡车司机，需要找到穿越这两个城市(又名双子城)的最短路线。在世界上大多数工业化城市中，高速公路通常在大都市的边界处分叉，提供环绕城市的外围路线和进入城市的多条放射状路线。也就是说，高速公路形成了辐条和车轮状的图案。

双子城的格局在美国所有主要城市中是最复杂的格局之一。一名试图以最短路线穿过城市的卡车司机可有多种选择。但仅从地图上看，最短路线并不明显。如图 16.1 所示，从南部进入大都市区，并准备从西北方向离开的司机有相当多的选择。你将使用 pgRouting 为司机指明最短的路线。

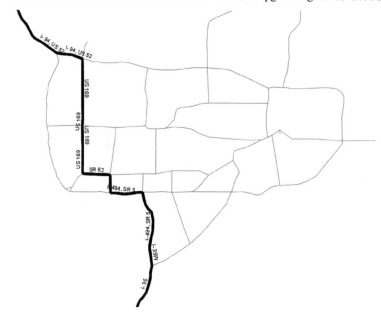

图 16.1　绘制穿越双子城的最短路线

2. 构建网络拓扑

解决路由问题的第一步是根据线串表或边(拓扑术语)创建一个网络拓扑。你将使用 pgRouting 函数 pgr_CreateTopology 构建它。这个综合函数会循环遍历所有记录，并为每个线串分配两个整数标识符：一个用于起点，另一个用于终点。pgr_CreateTopology 可确保相同的点接收相同的标识符，即使它被多个线串共享，也是如此。

为了使 pgr_CreateTopology 函数有位置存储标识符，需要准备两个占位符列：起点的源列和终点的目标列。代码清单 16.1 演示了如何添加源列和目标列，并使用 pgr_CreateTopology 填充它们。

注意：请记住，pgRouting 拓扑与 PostGIS 封装的 postgis_topology 扩展完全无关。

代码清单 16.1　构建网络拓扑

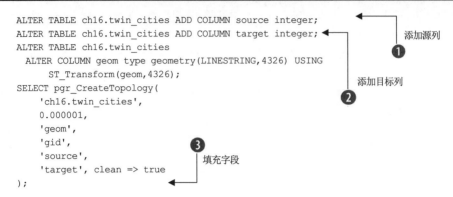

```
ALTER TABLE ch16.twin_cities ADD COLUMN source integer;
ALTER TABLE ch16.twin_cities ADD COLUMN target integer;
ALTER TABLE ch16.twin_cities
  ALTER COLUMN geom type geometry(LINESTRING,4326) USING
      ST_Transform(geom,4326);
SELECT pgr_CreateTopology(
    'ch16.twin_cities',
    0.000001,
    'geom',
    'gid',
    'source',
    'target', clean => true
);
```

添加源列 ❶

添加目标列 ❷

填充字段 ❸

在这个代码清单中，你创建了源列❶和目标列❷，以保存节点连接边的节点标识符。然后，你通过指定容差值填充了源列和目标列，该容差值定义了起点和终点需要多接近才能被视为同一节点。最后，你使用边标识符列 gid 来唯一地标识每条边，并使用一个几何列 geom 来标识边线串❸。

除了填充 twin_cities 表的源列和目标列外，pgRouting 还创建了一个名为 ch16.twin_cities_vertices_pgr 的节点表，以将节点存储为点几何图形。

3. Dijkstra 最短路径算法

pgRouting 使用成本来衡量路线。成本有很多种，你可以根据长度、速度限制、方向性(单向或双向)、坡度等将成本分为若干部分。依据这些成本，可以优化你的行程，以产生一个最低成本的路线。最普遍的成本衡量标准(也是你在这里要用到的)是距离。

首先，为每个线串分配成本。因为你关注的是距离，所以需要创建一个保存长度的列，获取每个线串(在球体表面)的长度，并填充该长度列，如下所示：

```
ALTER TABLE ch16.twin_cities ADD COLUMN length float8;
UPDATE ch16.twin_cities
SET length = ST_Length(geom::geography);
```

添加长度

更新值

为了获得精确的长度，请将用经度和纬度表示的线串转换为 geography，并使用地理 length 函数，该函数会返回以米为单位的长度。

尽管第一个示例中没有展示，但你可以轻松地使用不同的成本因素衡量线串。例如，可以根据限速衡量高速公路，这样，经由较慢的高速公路的成本就更高。甚至可以获取交通状况的实时信息，这样，交通拥堵严重的路线就会有更高的成本。

Dijkstra 算法是一种基于给定成本，为网络中从一个节点到另一个节点的行程找到精确解的方法。对于这种小型网络，实时的精确解是有可能的。而对于大型网络，近似解通常已经足够好，并且可以减少计算时间。

准备好网络并分配成本后，只需要执行 pgRouting 函数即可返回最小成本的答案，如代码清单 16.2 所示。

代码清单 16.2　使用 Dijkstra 算法规划双子城路线

```
SELECT pd.seq, e.geom, pd.cost, pd.node
INTO ch16.dijkstra_result
FROM
    pgr_Dijkstra(
        'SELECT gid AS id, source, target, length As cost
        FROM ch16.twin_cities',                      ←──── 网络查询 ①
        (SELECT id
          FROM ch16.twin_cities_vertices_pgr
          ORDER BY the_geom <-> ST_SetSRID(ST_Point(-93.8,45.2),4326)
        LIMIT 1
          ),                ←──── ② 源节点
        (SELECT id
          FROM ch16.twin_cities_vertices_pgr
          ORDER BY the_geom <-> ST_SetSRID(ST_Point(-93.2,44.6),4326)
        LIMIT 1
          ),            ←──── ③ 目标节点
        directed =>false        ←──── 无向
    ) As pd                          ④
    LEFT JOIN
    ch16.twin_cities As e        为 dijkstra 的输出取
    ON pd.edge = e.gid           的别名为 pd
ORDER BY pd.seq;
```

pgr_dijkstra 以 SQL 作为查询的输入，该查询使用以下列来定义要路由的网络：id(边 id)、source(源)节点、target(目的地)节点以及 cost❶。如果 directed 被设置为 true❹，则查询必须包含一个额外的 reverse_cost 列。有向(directed)意味着从源节点到目标节点的行程成本可能与相反方向的成本不同。此代码清单将 directed 设置为 false，说明将所有道路都视为双向，且任一方向的速度是相同的。

pgRouting 函数的常见变体期望节点以整数类型输入。这些节点定义在由 pgr_CreateTopology 函数创建的_vertices_pgr 表中。你通常会通过地图上的某个位置确定目标点，并通过查找离兴趣点最近的节点将经纬度位置转换为节点标识符。在本示例中，源节点位于城市南部的 35 号州际公路上❷，目标节点位于城市西北部的 94 号州际公路上❸。如果没有指定，directed 默认为 true。

pgr_dijkstra 函数有许多变体。为了保持各种变体的简明性，可以用名称表示参数，就像 directed 这样❹。有一种变体需要多个节点，通过它，你可以一次计算多个行程。

Dijkstra 算法只是 pgRouting 用于路由的众多算法之一。要查看持续增长的可用算法列表(或贡献自己的算法)，请访问 pgRouting 文档。

提示：对于大型网络，记得在执行任何算法之前向表中添加空间索引。

最短路径问题是一种成本最小化或利润最大化的一般性问题。你对成本或利润的定义完全取决于你自己。不要局限于传统的衡量标准，请发挥你的创造性。例如，可以轻松地从当地的麦当劳下载一张卡路里表，将食物分为三明治、饮料和配菜三组，然后查询你食用后最不容易发胖的一餐，前提是你必须从每个组中都订购食物，这就是 McRouting 问题。

4. 旅行推销员

我们在编程实践中曾多次遇到需要为旅行推销员问题(TSP)的变体寻找解决方案的情况。我们常常因问题难以整合而放弃。虽然算法在多种语言中都是可用的，但是建立一个网络并将算法与手中的数据库进行配对的过程实在是太冗长了。我们经常采用次优的、基于 SQL 的解决方案。我们多么希望有 pgRouting 这样的东西出现！

对 TSP 的经典描述是，一位推销员需要到许多城市去销售一些小物件。假设推销员只需要到达每个城市一次，那么最小化总行程的最佳路线是什么？

为了借助pgRouting演示TSP，假设你是来自联合国的核能监督机构——国际原子能机构(IAEA)的检查员，你的任务是检查西班牙的所有核电站。通过快速搜索维基百科(大概 2011 年)发现，整个伊比利亚半岛上有 7 座核电站正在运转。

可以按如下方式创建新表：

```
CREATE TABLE spain_nuclear_plants(
    id serial,
    plant varchar(150),
    lat double precision,
    lon double precision
);
```

这个已填充的表包含在本章加载的数据中。

pgRouting 提供了 TSP 的两种变体：pgr_tsp 采用了成本矩阵，而 pgr_tspEuclidean 采用了基于距离的成本矩阵。代码清单 16.3 展示了最简单形式的 pgr_tspEuclidean。对于 pgr_tspEuclidean，需要你的表具有 *X* 和 *Y* 坐标(经度和纬度就可以)。每一行代表检查员必须访问的一个节点。TSP 函数的另一个要求是，必须使用整数标识符标识每个节点。因此，该表包含一个 ID 列，并为每座核电站分配一个 1~7 的编号。

所有这些都就绪后，就可以执行代码清单 16.3 中的 TSP 函数。

代码清单 16.3 使用 TSP 函数规划前往西班牙核电站的路线

```
SELECT t.seq, t.node, p.plant,
  t.cost::numeric(10,4), t.agg_cost::numeric(10,4)
FROM
    pgr_TSPEuclidean(
        'SELECT id , lon AS x, lat AS y
        FROM ch16.spain_nuclear_plants',     ◀━━①  位置
        1,                        ◀━━②  起点
        7
    ) As t          ◀━━③  终点
    INNER JOIN
    ch16.spain_nuclear_plants As p
    ON t.node = p.id       ◀━━  重新连接
ORDER BY seq;               ④  ch16.spain_nuclear_plants
```

代码清单 16.3 中的 TSP 函数调用有点不同寻常，因为第一个参数是一个 SQL 字符串①。该字符串必须返回一组包含 id、*x* 和 *y* 列的记录：id 是站点标识符，*x* 和 *y* 是地理坐标。SQL 语句的

输出必须始终至少包含上述的列，也可以包含其他列。但其他列将被忽略。

参数 1(Alamaraz 核电站)是起始站点的标识符❷。如果不希望行程的起点和终点相同，可以提供一个可选的结束节点。在本示例中，结束节点被设置为 7(Vendellios 核电站)❸。

TSP 函数是一个返回结果集的函数，返回的表由 4 个字段组成：seq、node、cost 和 agg_cost。seq 是行程顺序，node 是基于输入位置表的站点 ID，cost 提供从当前节点到下一节点的成本，agg_cost 提供截至此行程点的累积成本。最后，将核电站 id 与 node 重新连接以获得核电站名称❹。

结果如下：

```
seq | node |         plant          | cost   | agg_cost
-----+------+------------------------+--------+----------
   1 |    1 | Almaraz                | 3.8449 |  0.0000
   2 |    5 | Santa Maria de Garona  | 2.1616 |  3.8449
   3 |    6 | Trillo                 | 0.4538 |  6.0065
   4 |    4 | Jose Cabrera           | 2.0950 |  6.4604
   5 |    3 | Cofrentes              | 2.5441 |  8.5554
   6 |    2 | Asco                   | 0.3135 | 11.0995
   7 |    7 | Vandellios             | 6.6256 | 11.4131
   8 |    1 | Almaraz                | 0.0000 | 18.0386
(8 rows)
```

结果的可视化表示如图 16.2 所示。

图 16.2　前往西班牙核电站的路线图

因为我们提供的是地理位置表，并没有现成的成本矩阵，所以我们使用 pgRouting 的 pgr_TSPEuclidean 函数，该函数使用欧几里得数学计算每个组合的距离矩阵。如果不想使用欧几里得距离，而是想用真实距离，则可提供一个包含所有两站点之间通行成本的距离矩阵。如果希望成本矩阵基于现有的网络数据，则可使用辅助函数 pgr_dijkstraCostMatrix 计算基于 Dijkstra 算法的距离矩阵。

本节说明了将问题解决算法与数据库配对的便利性。想象一下，你必须使用一种传统的编程语言来解决某些数据集上的最短路径或 TSP 问题。如果没有 PostGIS 或 pgRouting，你只能自己定义数据结构，编写算法代码，并找到一种适当的方式来表示解决方案。如果你的数据性质发生了变化，就不得不重复此过程。

如果数据涉及轨迹，如 GPS 轨迹、卡车路线等，你还应该查看一个名为 MobilityDB 的扩展。MobilityDB 是一个 PostgreSQL 扩展，它建立在 PostGIS 之上，也可以使用 pgRouting。它引入了新的数据类型 tgeompoint 和 tgeogpoint，以紧凑地存储 GPS 轨迹等地理空间运动数据，并添加了扩展 PostgreSQL 时态数据类型的类型——period、timestampset 和 periodset。有了这些，就可以分析轨迹的速度，或轨迹速度高于或低于某特定值的时刻。可以借助 QGIS 时间控制器插件来查看运动轨迹。

下一节将探讨 PL 语言。PL 语言和 SQL 的搭配，有效地将一种通用语言或适用于某类问题的领域特定语言的表达能力与 SQL 的强大功能结合起来。

16.2 使用 PL 扩展 PostgreSQL

在各种关系数据库中，PostgreSQL 的独特之处在于它的可插拔式过程化语言(PL)体系结构。许多乐于贡献的人为 PostgreSQL 创建了 PL 处理程序，允许用 Perl、Python、Java、TCL、R、JavaScript、Lua、Julia 和 Sh(shell 脚本)以及内置的 C、PL/pgSQL 和 SQL 等语言编写数据库存储函数。

存储函数可以直接由 SQL 语句调用。这意味着：

- 可以使用更适合特定任务的语言或者你精通的语言编写存储函数。
- 不必费力地提取数据，将其导入这些语言环境中，最后再将其放回数据库中。
- 可以编写聚合函数和触发器，并在数据库中使用为这些语言开发的函数。
- 可以在一个 SQL 查询中同时使用各种函数，即使这些函数是用不同的语言编写的。
- 为定义 PL 函数编写的代码与你通常用该语言编写的代码几乎相同，附加到 PostgreSQL 数据库的 hook 除外。

这些 PL 语言都以 PL 为前缀：PL/Perl、PL/Python、PL/Proxy、PL/R、PL/Sh、PL/Java、PL/V8。PL 的名单正在不断增长。

16.2.1 PL 的基本安装

为了在数据库中使用各种非内置的 PL 语言，需要满足以下三个先决条件：

- PostgreSQL 服务器上必须安装语言环境。
- PostgreSQL 实例中必须安装 PL 处理程序库(文件名通常以前缀 pl 开头，并以后缀.so 或.dll 结尾)。
- 数据库中必须安装需要使用的语言处理程序。你可以使用 CREATE EXTENSION name-of-language;命令安装这些语言。

PL 扩展的功能通常被封装为文件名以 pl*开头的.so 或.dll 文件。它通过将 PostgreSQL 的数据集和数据类型转换为最适合该语言环境的数据结构，来实现 PostgreSQL 和语言环境之间的交互。当函数返回一个记录集或标量值时，它还会转换回 PostgreSQL 数据类型。

16.2.2 你能用 PL 做什么

每种 PL 都与 PostgreSQL 环境实现了不同程度的集成。你会发现 PL/Perl 是最古老的并且可能是最常见的、受测试最多的 PL。

PL 通常以两种方式注册：受信与非受信。PL/Perl 可以被注册为受信的，也可以被注册为非受信的。PL/V8 仅提供受信的变体。你遇到的其他大多数 PL 仅提供非受信的变体。

受信与非受信有何区别

受信 PL 是一个沙盒 PL，这意味着，它被规定禁止访问数据库集群之外的操作系统的其他部分。受信语言函数可以在非超级用户的上下文中运行，但该语言的某些特性是禁用的。

非受信语言可能会对服务器造成严重破坏，因此，必须格外小心。它可以删除文件，执行进程，并进行 PostgreSQL 守护进程/服务账户有权进行的所有操作。非受信语言函数必须在超级用户的上下文中运行，这也意味着你必须是超级用户才能创建它们。如果要允许非超级用户执行这些函数，必须将这些函数标记为 SECURITY DEFINER。

在接下来的部分中，你将用到 PL/Python、PL/R 和 PL/V8。我们之所以选择 PL/Python 和 PL/R 这两种非受信语言，是因为它们提供了最大的空间包。而受信语言 PL/V8 的优势在于，它拥有大量可用的 JavaScript 包，并且提供了高性能的数字处理能力。而且它们本身就是很酷的语言。它们是地理统计学家和 GIS 程序员的最爱。

Python 是一种动态类型的通用过程化语言。它用简明的方法创建和导航对象，并支持函数式编程、面向对象编程、类的构建、元编程、反射、map reduce，以及你可能有所耳闻的所有那些新颖的编程范式。Python 还拥有最大的数据分析库之一，因此它是数据科学家和机器学习开发人员的热门选择。

相比之下，R 更像是一种领域语言。R 是专门为统计、绘图和数据挖掘而设计的，因此它吸引了研究机构的大量追随者。它拥有许多内置的统计函数，也可通过内置的包管理器下载和安装函数。你很难在其他 FOSS 语言中找到 R 的功能，不过，我们在 SAS、MATLAB 和 Mathematica 等昂贵的工具中见过它们。你会发现，一旦你进入 R 的思维模式，那么你会自然而然地将函数应用到列表中的所有条目和矩阵代数运算等任务。除了处理数据之外，R 还附带了图形引擎，它允许你只用几行代码即可生成精美的图形。你甚至可以绘制 3D 图形。

与其在数据库外编写逻辑，不如使用能够调用外部环境的数据库内 PL(如 PL/R 和 PL/Python)，这样做有许多好处，比如：

- 可以在 PL 中编写函数，使函数从 PostgreSQL 环境中获取数据，而不需要设置混乱的数据库连接；可以让函数返回记录集或更新记录集，也可以返回标量。
- 可以在 PL 中编写数据库触发器，并借助这些环境的强大功能来运行任务，以响应数据库中数据的更改。例如，可以在地址变化时对数据进行地理编码，或者让数据库触发器随着数据库中的数据变化重新生成地图切片，而不必触及应用程序代码。仅依靠语言和数据库连接驱动是不可能做到这一点的。
- 可以使用这些语言编写聚合函数，这些函数允许将一组行传递给一个聚合函数，该聚合函数又使用仅在这些语言中可用的函数来汇总数据。一个聚合函数为每一组数据返回一个图形，所有这些都是通过一个 SELECT 查询完成的。

接下来的示例会稍微偏向 GIS。我们希望向你展示如何开始在 PostgreSQL 数据库中集成这些语言，并让你大致了解这些语言能做的事情。我们还将展示如何找到并安装能够扩展 PL 的库。

16.3 PL/R

PL/R 是一种使用 R 统计语言和图形环境的 PL。可以利用 R 提供的大量统计包，以及众多地理空间附加组件。R 是统计学家和研究人员的最爱，因为操作可以应用于整个数据矩阵，就像应用于单个值一样简单。它内置的图形环境意味着你不需要依靠另一个软件包。R 还支持由各种格式导入数据。

这里的讨论并没有全面涵盖 PL/R 和 R 能做的事情。如需要进一步探索，建议阅读 Robert I. Kabacoff 所著的 *R in Action, Third Edition* (Manning 出版社，2021)，或 Roger Bivand、Edzer Pebesma 和 V. Gómez-Rubio 所著的 *Applied Spatial Data Analysis with R* (Springer 出版社，2013)。附录 A 也列出了更多有用的 R 网站。

接下来，我们会在 Ubuntu 18.04 服务器上使用 R 3.4.4。这里的大多数示例应该同样适用于早期版本。

16.3.1 PL/R 入门

要为 R 设置 PostgreSQL，请进行以下操作：

(1) 将 R 环境安装在与 PostgreSQL 相同的计算机上。R 适用于 UNIX、Linux、macOS 和 Windows。UNIX/Linux 用户可能需要编译 PL/R，但对于 Windows 和 macOS 用户来说，有预编译的二进制文件可用。这些示例在 R 3.0+ 版本中应该都可以运行。

PL/R 还假定 R 库和 R 二进制文件位于服务器的环境 path 设置中。

如果你运行的是 64 位版本的 PostgreSQL，需要使用 64 位版本的 R。对于 32 位的 PostgreSQL，则需要运行 32 位版本的 R，即使你的操作系统是 64 位的，也是如此。

(2) 通过 Package 编译源代码或下载二进制文件，然后将 plr 库复制到 PostgreSQL 安装的 lib 目录中以进行安装。如果你使用的是一个安装程序，这可能已经替你完成了。如果你在 Linux 下运行，则配置 R 时应使用选项-enable-R-shlib。与使用其他 PostgreSQL 扩展时一样，你必须使用为你的 PostgreSQL 版本编译的 plr 库版本。实际上，同一个 R 版本可以用于多个 PostgreSQL 版本，只要你已经将 R 64 位与 PostgreSQL 64 位配对，或将 R 32 位与 PostgreSQL 32 位配对。在数据库中使用 PL/R 之前，你可能需要重新启动 PostgreSQL 服务。

Debian/Ubuntu 用户可以通过 apt.postgresql.org 进行安装，使用以下命令并将 "12" 替换为你的 PostgreSQL 版本。这应该会同时安装 PL/R 和 R 环境：

```
apt install postgresql-12-plr
```

在你将要编写 R 存储函数的数据库中，运行 SQL 命令 CREATE EXTENSION plr;。对于每个要使用 R 的数据库，都需要重复此步骤。请记住，只有超级用户才能安装语言扩展。

PL/R 依赖一个名为 R_HOME 的环境变量来指明 R 安装的位置。R_HOME 变量还必须能够被 postgres 服务账户访问。安装完成后，为了确认是否正确指定了 R_HOME，请运行以下命令：SELECT * FROM plr_environ();。如果你使用的是安装程序，这应该已经为你设置好了。如果你是 Linux/UNIX 用户，可以使用 export R_HOME =...进行设置，并使其成为 PostgreSQL 初始化脚本的一部分。可能需要重新启动 Postgres 服务以使新设置生效。

对于以上步骤，如果你感到困惑或陷入困境，请查看 PL/R wiki 安装技巧。

16.3.2　你能用 PL/R 做什么

现在，让我们对 PL/R 进行一次"试驾"。PL/R 拥有许多用于数据分析的库，你将了解其中的一些特性，但这只是一小部分。你将学习如何将数据保存为 R 数据格式，然后保存回 PostgreSQL。你还将学习如何用 PL/R 构建图表。

1. 将 PostgreSQL 数据保存为 R 数据格式

对于第一个示例，你将从 PostgreSQL 中提取数据并将其保存为 R 的自定义二进制格式(RData)。这样做通常有两个原因：

- 在将不同的绘图风格和其他 R 函数打包到 PL/R 函数中之前，可以轻松地在 R 的交互环境中对真实数据进行交互测试。
- 如果你提供的是样本数据集，那么你可能希望数据集的格式可被 R 用户轻松加载。

代码清单 16.4 使用了 PostgreSQL 的 pg.spi.exec 函数和 R 的 save 函数。

pg.spi.exec 函数是一个 PL 函数，允许将任何 PostgreSQL 数据集转换为语言环境可以使用的形式。在 PL/R 中，这通常是一个 R data.frame 类型结构。

R 中的 save 命令允许将多个对象保存到一个二进制文件中，如代码清单 16.4 所示。这些对象可以是数据框(包括空间数据框)、列表、矩阵、向量、标量等 R 支持的所有对象类型。当你想在 R 会话中加载这些对象时，可以运行命令 load("filepath")。

代码清单 16.4　用 PL/R 将 PostgreSQL 数据保存为 R 数据格式

```
CREATE OR REPLACE FUNCTION ch16.save_places_rdata() RETURNS text AS
$$
places_mega <<- pg.spi.exec("
    SELECT name, latitude, longitude FROM ch16.places WHERE megacity = 1
")
nb <<- pg.spi.exec("
    SELECT name, latitude, longitude
    FROM ch16.places
    WHERE ST_DWithin(geog,ST_GeogFromText('POINT(7.5 9.0)'),1000000)
")


save(places_mega, nb, file="/tmp/places.RData")
return("done")
$$
LANGUAGE 'plr';
```

❶ 将大城市存入一个 R 变量

❷ 将位于点一定距离内的地点存入一个 R 变量

❸ 将 R 变量保存到 R 数据文件中

在代码清单 16.4 中，你创建了两个包含全世界不同地方的数据集：一个基于属性❶，另一个基于与 PostGIS 地理点的接近程度❷。然后，你将其保存到一个名为 places.RData 的文件中❸。RData 是二进制 R 数据格式的标准后缀，在大多数桌面安装中，当你启动它时，它会打开载有数据的 R。

要运行此示例，请运行命令 SELECT ch16.save_places_rdata();。

可以通过单击文件，或者启动 R 并在 R 中运行加载调用来在 R 中加载这份已保存的数据。如果你使用的是 Linux shell，那么可以通过输入大写字母 R 来启动 R。

表 16.1 列出了一些可以在 R 环境中尝试使用的快速命令。

表 16.1　一些 R 命令

描述	命令
在 R 中加载一个文件并清除内存中的所有变量	rm(list=ls())然后 load("/tmp/places.RData")
在 R 中列出加载到内存中的内容	ls()
在 R 中查看数据结构	summary(places_mega)
在 R 中查看数据	nb
查看 R 变量中的一组行	places_mega[1:3,]
查看 R 变量中的数据列	places_mega[1:4,]$name

如果在命令中附加 "<-"，那么输出将赋值到 R 变量中，而不是打印到屏幕上。图 16.3 展示了这些命令的快照。

```
> rm(list=ls())
> load("C:/Temp/places.RData")
> ls()
[1] "nb"          "places_mega"
> summary(places_mega)
    name            latitude          longitude
Length:45        Min.   :-37.820   Min.   :-123.12
Class :character 1st Qu.:  6.132   1st Qu.: -17.47
Mode  :character Median : 23.723   Median :  18.43
                 Mean   : 19.987   Mean   :  14.92
                 3rd Qu.: 39.927   3rd Qu.:  47.98
                 Max.   : 60.176   Max.   : 174.76
> nb
         name    latitude longitude
1   Porto-Novo  6.4833110 2.6166255
2        Lome   6.1319371 1.2227571
3      Niamey  13.5167060 2.1166560
4       Abuja   9.0033331 7.5333280
5    Ndjamena  12.1130965 15.0491483
6      Malabo   3.7500153 8.7832775
7   Libreville  0.3853886 9.4579650
8     Yaounde   3.8667007 11.5166508
9     Cotonou   6.4000086 2.5199906
10   Sao Tome   0.3334021 6.7333252
11      Accra   5.5500346 -0.2167157
12      Lagos   6.4432617 3.3915311
> places_mega[1:3,]
         name  latitude longitude
1      Kigali  -1.95359  30.06053
2       Kyoto  35.02999 135.75000
3  Montevideo -34.85804 -56.17105
> places_mega[1:4,]$name
[1] "Kigali"     "Kyoto"        "Montevideo" "Lome"
> |
```

图 16.3　在 R 中运行表 16.1 语句的输出

2. 用 PL/R 绘图

R 擅长绘图。许多人，甚至是那些不太关心统计数据的人，都被 R 复杂的脚本化绘图和图形环境所吸引。代码清单 16.5 将通过在 PostgreSQL 中生成并绘制一个随机数据集来演示这一点。

代码清单 16.5　使用 PL/R 绘制 PostgreSQL 数据

```
CREATE OR REPLACE FUNCTION ch16.graph_income_house() RETURNS text AS
$$
```

```
randdata <<- pg.spi.exec("
    SELECT x As income,AVG(x*(1+random()*y)) As avgprice
    FROM
        generate_series(2000,100000,10000) As x
        CROSS JOIN
        generate_series(1,5) As y        ①
    GROUP BY x
    ORDER BY x
")
png('/tmp/housepercap.png',width=500,height=400)
opar <- par(bg="white")
plot(x=randdata$income,y=randdata$avgprice,ann=FALSE,type="n") --
yrange = range(randdata$avgprice)
abline(
    h=seq(yrange[1],yrange[2],(yrange[2]-yrange[1])/10),
    lty=1,col="grey"
) --
lines(x=randdata$income,y=randdata$avgprice,col="green4", --
    lty="dotted")
points(x=randdata$income,y=randdata$avgprice,bg="limegreen",pch=23) --
title(
    main="Random plot of house price vs. per capita income",
    xlab="Per cap income",ylab="Average House Price",
    col.main="blue",col.lab="red1",font.main=4,font.lab=3
)
dev.off() --         ⑧ 关闭文件
return("done")
$$
LANGUAGE 'plr';
```

① 创建随机数据 ② 创建一个 PNG 文件 ③ 设置背景 ④ 绘制图形 ⑤ 准备图像空间 ⑥ 绘制网格线 ⑦ 绘制点

这段代码用 PL/R 编写了一个存储函数，该函数将在 PostgreSQL 服务器的/tmp 文件夹中创建一个名为 housepercap.png 的文件。如果你的 PostgreSQL 运行在 Windows 上，则使用 C:/temp 或其他 Windows 路径。它首先通过使用 PostgreSQL 的 generate_series 函数运行 SQL 语句以创建随机数据，并将其转储到 R 变量 randdata 中①。

接下来，它使用 R 的 png 函数创建一个 PNG 文件(pdf、jpeg 等其他函数可以用于创建其他格式)，所有绘图都将被重定向到该文件②。然后，它使用 par 参数设置函数将背景设置为白色③。下一步是绘制图形④。n 类型意味着没有图形；它只是准备了绘图空间⑤，以便你在同一网格上绘制网格线⑥和点⑦。

最后，使用 dev.off()关闭对文件的写入⑧，然后返回文本 done。

无法启动设备 devWindows

即使相同的命令在 R GUI 环境中运行良好，也经常会出现"无法启动设备"的错误。这是因为 PL/R 运行在 postgres 服务账户的上下文中。你希望从 PL/R 写入的任何文件夹都必须具有来自 postgres 服务/守护进程账户的读/写访问权限。

使用以下 SQL 语句运行代码清单 16.5 中的函数：

```
SELECT ch16.graph_income_house();
```

运行此命令后会生成一个 PNG 文件，如图 16.4 所示。

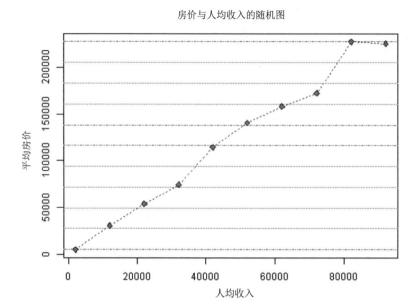

图 16.4 SELECT ch16.graph_income_house()的运行结果

16.3.3 在 PL/R 中使用 R 包

R 环境有一系列可以下载和安装的函数、数据和数据类型。它们分散在包中，通常被称为库。

可以在 R 安装的库文件夹中看到所有已安装的包。通过综合 R 档案网络(CRAN)，还可轻松查找、下载和安装其他库。包一经安装，就可以在 PL/R 函数中使用它的组件。

R 语言特别有启发性的一点在于，很多包都附带了对函数用法的演示。它们还经常附带一种称为小插图的东西，这是关于使用包的快速教程。演示和小插图使 R 成为一个有趣的交互式学习环境。为了使用小插图或演示，得先使用库命令加载库。表 16.2 列出了加载和查看这些包的命令。

表 16.2 安装和导航包的命令

命令	描述
library()	列表显示已安装的包
library(package-name)	将包加载至内存中
update.packages()	升级所有包至最新版本
install.packages("package-name")	安装一个新的包
available.packages()	列出默认 CRAN 中可用的包
chooseCRANmirror()	允许切换到不同的 CRAN
demo()	显示已加载包中的演示列表
demo(package = .packages(all .available = TRUE))	列出已安装包中的所有演示
demo(name-of-demo)	启动演示(需要先加载包)

（续表）

命令	描述
help(package=some-package-name)	为包提供概要帮助
help(package=package-name, function-name)	为包中的项目提供详细帮助
vignette()	列出包中的教程
vignette("name-of-vignette")	启动练习的 PDF

为了测试 CRAN 的安装过程，我们将安装两个包：sp 和 rgeos 绑定。sp 为 R 数据提供空间类，例如空间数据框和图表功能；rgeos 绑定提供 GEOS 函数，如 R 中的转换和空间谓词函数。回想一下，GEOS 库是一个被 PostGIS 用于辅助许多空间函数的库。

要在 R 中安装包，可用 R 命令行或图形化的 R 界面 Rgui。对于本示例，我们将使用命令行。

要进入 R 控制台，请在命令行中输入 R。然后输入以下命令以加载 sp 库：

```
library(sp)
```

如果该命令失败，请使用以下命令安装 sp 并加载它：

```
install.packages("sp")
library(sp)
```

在 R 中安装 sp 后，可能需要退出 R 再重新进入，才能运行命令。

要获取有关 sp 的帮助信息，请运行以下命令：

```
help(package=sp)
```

要退出 R 控制台，请输入以下命令：

```
q()
```

对 rgeos 库重复相同的步骤：

```
install.packages("rgeos")
library(rgeos)
```

如果在安装 rgeos 时遇到错误(可能会遇到“找不到 geos-config”错误)，就需要安装 GEOS 开发 C++包。在 Ubuntu/Debian 上，请通过以下操作系统命令提示符来完成：

```
apt instal libgeos-dev
```

安装好 GEOS 开发包后，连接回 R shell 并重复 rgeos 安装步骤。rgeos 安装和加载完成后，你可以验证正在运行的 GEOS 版本：

```
version_GEOS()
```

该命令应输出如下内容：

```
[1] "3.7.1-CAPI-1.11.1"
attr(,"rev")
[1] "27a5e771"
```

安装包后需要重启

对于这个特定的安装和一些更复杂的包，可能需要先重启 R 才能使用这些库。要从 PL/R 中使用这些库，还需要重启 PostgreSQL 服务。然而，不是所有 R 包都需要这些步骤。

接下来，你将通过编写一个调用 sp 和 rgeos 函数的 PL/R 函数来测试它们的安装。

16.3.4 将几何图形转换为 R 空间对象并绘制空间对象

sp 包含将几何图形表示为 R 对象的类。它有线、多边形和点，还有空间多边形、线和点数据框。数据框类似于拥有几何列的 PostgreSQL 表。

rgeos 包是 GEOS 库的 R 包装器，GEOS 库与 PostGIS 所依赖的库相同。rgeos 公开的函数之一是 readWKT，它将 WKT 表示转换为 sp 几何图形。在下一个示例中，我们会结合 sp 和 rgeos，将 PostGIS 几何图形转换为可在 R 中绘制的形式。

在代码清单 16.6 中，你将把之前双子城的 pgRouting 结果转换为 R 空间对象，随后直接在 R 中进行绘制。

代码清单 16.6 用 R 绘制线串

```
CREATE OR REPLACE FUNCTION ch16.plot_routing_results()
RETURNS text AS
$$
library(sp)
library(rgeos)
geodata <<- pg.spi.exec("
    SELECT gid, route, ST_AsText(geom) As geomwkt          为高速公路WKT创建一个带
    FROM ch16.twin_cities                                  有列的 R 数据框
    ORDER BY gid
")
ngeom <- length(geodata$gid)                    通过循环遍历每个几
row.names(geodata) = geodata$gid                何图形，将 WKT 线串        将第一个线串保
for (i in 1:ngeom) {                            转换为 sp 线               存为 sp 线
    if (i == 1) {
        geo.sp = readWKT(geodata$geomwkt[i],geodata$gid[i])
    }
    else {                      添加后续的线串以生
        geo.sp = rbind(         成 sp 线串集合
            geo.sp,readWKT(geodata$geomwkt[i],geodata$gid[i])
        )
    }
}                   结束线串集合循环                                 按单个几何图形收集
}                                                                   结果
sdf <- SpatialLinesDataFrame(geo.sp, geodata[-3])
georesult <<- pg.spi.exec("
    SELECT ST_AsText(ST_LineMerge(ST_Collect(geom))) As geomwkt
    FROM ch16.dijkstra_result
")
                             将 wkt 存储到 R 变量 georesult 中
sdf_result <- SpatialLinesDataFrame(
    readWKT(georesult$geomwkt[1],"result"),
    data = data.frame(c("result")),
```

```
        match.ID=FALSE
)
png('/tmp/twin_bestpath.png',width=500,height=400)
plot(sdf,xlim=c(-94,-93),ylim=c(44.5,45.5),axes=TRUE);
lines(sdf_result,col="green4",lty="dashed",type="o")
title(
    main="Travel options to Twin Cities",font.main=4,col.main="red",
    xlab="Longitude",ylab="Latitude"
)
dev.off()
return("done")
$$
LANGUAGE plr VOLATILE;
```

根据 id=result 转换至 SpatialLinesDataFrame

创建一个用于绘图的 PNG 文件

绘制 pgRouting 示例中的 Dijkstra 解决方案

添加标题

基于 lon/lat 坐标绘制高速公路

要运行代码清单 16.6 中创建的函数，请执行以下命令：

```
SELECT ch16.plot_routing_results();.
```

此查询的运行结果如图 16.5 所示。

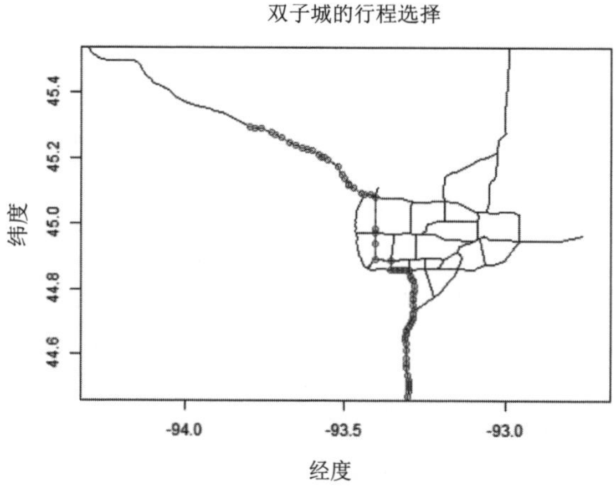

图 16.5　使用 PL/R 绘制 pgRouting 中双子城的结果

sp 包也有自己的绘图函数 spplot，它在设计时考虑了空间数据，并且比基本的 R 绘图更精细。建议你通过在 R 控制台运行以下命令来查看演示：

```
library(sp)
demo(gallery)
```

16.3.5　将绘图输出为二进制文件

在前面的绘图示例中，你生成了绘图并手动将其保存为图形格式。但是，如果需要将图形发送到 Web 浏览器，则需要直接从查询输出文件。目前，可以通过三种方法做到这一点。

第一种方法是使用 RGtk2 和 Cairo 设备，将图形输出为字节数组。这种方法在 PL/R wiki 中有详细说明，要求同时安装 RGtk2 和 Cairo 库。这两个库都很大，需要安装另一个名为 GTK 的图形

工具包。但我们在 Windows 上进行试验时，加载库的操作经常莫名其妙地失败。当然这因人而异。这种方法确实可以生成更好看的图形，并且不需要临时将数据保存到磁盘。这是一个独立的单步骤过程。

第二种方法是将文件保存到磁盘，并让 PostgreSQL 从磁盘读取文件。PostgreSQL 中有一个名为 pg_read_binary_file 的超级用户函数，以及它的旧版文本输出的兄弟函数 pg_read_file，但它们仅限于从 PostgreSQL 数据集群中读取文件。为了实现这种方法，我们创建一个表空间来保存 R 生成的所有文件，然后使用 pg_read_binary_file。

第三种方法是使用对文件系统具有更通用访问权限的 PL 语言，如 PL/Python 或 PL/Perl。为此，需要将 PL/R 函数包装到另一种语言的 PL 函数中，这确实是额外的步骤。

16.4　PL/Python

Python 是另一种受到 GIS 分析师和程序员青睐的语言。现在，大多数流行的 GIS 工具包都可与 Python 结合使用。你会看到 Python 被用于开源 GIS 桌面和 Web 套件(如 QGIS、Jupyter、OpenJUMP 和 GeoDjango)中，甚至用于商业 GIS 系统(如 Safe FME 和 ArcGIS)中。

PL/Python 是 PostgreSQL 中的过程化语言处理程序，它允许调用 Python 库，并将 Python 的类和函数直接嵌入 PostgreSQL 数据库中。PL/Python 存储函数可被任何 SQL 语句调用。甚至可以使用 Python 创建聚合函数和数据库触发器。本节将展示 PL/Python 的一些亮点。

16.4.1　安装 PL/Python

大多数情况下，可在 PL/Python 中使用 Python 的任何特性。这是因为 PostgreSQL PL/Python 处理程序是一个轻包装器，它仅在 PostgreSQL 和原生 Python 环境之间编组消息传递。你安装的任何 Python 包都可被 PL/Python 存储函数访问。遗憾的是，并非所有从数据库数据类型到 PL/Python 对象的映射都受支持。这意味着你无法将一个复杂的 Python 对象返回给 PostgreSQL，除非它可以很容易地被强制转换为一个自定义的 PostgreSQL 数据类型。

为了使用 PL/Python，必须在你的 PostgreSQL 机器上安装 Python。因为 PL/Python 运行在服务器中，所以任何连接到它的客户端(例如 Web 应用程序或客户端 PC)都不必安装 Python 即可使用 PL/Python 编写的 PostgreSQL 函数。

大多数较新的 PostgreSQL 发行版所打包的预编译 PostgreSQL PL/Python 库是针对 Python 3.7 或更高版本编译的。plpython2u 在 PostgreSQL 13+ 版本中已弃用。Python 2 系列的 Python 项目也将被弃用。因此，我们不会讨论 plpython2u。如果你使用的是 PL/Python 3(plpython3u)，则需要 Python 3 的主版本。Python 语言扩展只适用于它们编译时对应的 Python 次版本，因此，如果你的 PL/Python 是用 Python 3.8 编译的，则需要安装 Python 3.8，以此类推。

如果你运行的是 64 位的 PostgreSQL 版本，则需要 64 位的 Python 版本。32 位的 PostgreSQL 版本则需要 32 位的 Python 版本，即使你的操作系统是 64 位的，也是如此。

如果使用 PostgreSQL Yum 库安装 PostgreSQL，那么请在操作系统中通过以下命令安装 PL/Python：

```
yum install postgresql12-plpython3
```

类似地，PostgreSQL Apt 仓库为 Ubuntu 和 Debian 用户提供了包：

```
apt install postgresql-plpython3-12
```

在服务器上安装好 Python 和 plpython 文件之后，请执行以下命令以在数据库中启用该语言：

```
CREATE EXTENSION plpython3u;
```

如果在启用 PL/Python 时遇到问题，请参阅附录 A 中的 PL/Python 帮助链接。用户最常遇到的问题是未在服务器上安装对应版本的 Python，或者是缺失 plpython.so 或 plpython.dll 文件。

注意: 虽然 Python 3 一般不向后兼容旧版本，但不妨一试。本章中的示例都使用了 plpython3u，但是如果你只有 plpython2u(plpythonu)，那么先以它代替 plpython3u，看看 PostgreSQL 是否接受你的函数。

尽管 plpython2u 和 plpython3u 可以同时安装在同一个数据库中，但是由于全局名称冲突，你不能在同一个数据库会话期间运行用这两种版本编写的函数。

16.4.2　编写一个 PL/Python 函数

因为 PL/Python 是一种非受信语言，所以它可以与操作系统的文件系统进行交互。PL/Python 提供了大量的文件和网络管理函数。

PostGIS 栅格可以用多种格式输出栅格，但是普通的 PL/pgSQL 不允许将它们保存到文件系统中。代码清单 16.7 将使用 PL/Python 保存由栅格生成的二进制 BLOB。

代码清单 16.7　将二进制文件保存到磁盘

```
CREATE OR REPLACE FUNCTION ch16.write_bin_file(
    param_bytes bytea,
    param_filename text
)
RETURNS text AS
$$
f = open('/tmp/' + param_filename, 'wb+')          ← 为二进制写入打开文件
f.write(param_bytes)          ← 写入字节
f.close()
return param_filename          ← 返回文件名
$$ LANGUAGE plpython3u VOLATILE;
```

要使用此函数，请使用任意栅格输出格式函数(如 ST_AsPNG 或 ST_AsJPEG)调用它：

```
SELECT
    ch16.write_bin_file(
        ST_AsPNG(ST_AsRaster(ST_Collect(geom),300,300,'8BUI')),
        'dijkstra_result.png'
    )
FROM ch16.dijkstra_result;
```

上述代码将字节数组的内容输出到指定文件夹。

虽然我们借助栅格输出进行演示，但你可以使用 PL/Python 输出存储在数据库中的任何文档。你甚至可以编写一个查询，从包含文档的表中选择记录，并为每条记录生成一个单独的文件。请看以下示例：

```
SELECT write_bin_file(doc_obj,doc_file_name) FROM documents;
```

注意：借助 PostgreSQL 大对象存储，可以使用 SQL 或 PL/pgSQL 来导入和导出文件。PostGIS 手册的"使用 PSQL 输出栅格"部分介绍了 SQL 方法。

16.4.3 使用 Python 包

标准的 Python 安装没有多余的组件。Python 的功能如此强大的原因在于各种各样的包，它们可以处理从矩阵操作到 Web 服务集成的任何事情。稍后你会看到，安装 Python 包的常用方法是使用 pip 或 pip3。有些包不能通过 pip 获取。在介绍 Jupyter 的第 5 章中，你用到了 Anaconda 包管理器，它使用 conda 安装包。

发现可用包的一个理想起点是 Python CheeseShop 包库。需要先安装一个名为 Easy Install 的工具，随后才能体验 CheeseShop。可以从 Python 站点下载 Easy Install 或使用 Linux 仓库更新。

注意：安装完成后，easy_install.exe 文件位于 Windows 用户的 C:\Python32\scripts 文件夹中。

现在尝试安装一些包，并创建使用它们的 Python 函数。

1. 使用 PL/Python 导入 Excel 文件

对于本示例，你将使用 xlrd 包，它将允许在任何操作系统中读取 Excel 文件。请从 CheeseShop 获取此包。

在安装 xlrd 之前，请确保你已经安装了 Easy Install。然后，从操作系统命令行执行 easy_install xlrd(如果你用的是 Windows 系统，那么 xlrd 附带的 setup.exe 文件允许你不使用 Easy Install)。

代码清单 16.8 通过导入 test.xls 文件来测试你的安装，该文件包含一行标题和三列数据。PostgreSQL 9.0 之前的版本不支持 PL/Python 的 SQL OUT 参数，但 PostgreSQL 9.0+提供了与之相同的、存在于 PL/pgSQL 已久的 OUT 参数功能。这允许从 PL/Python 返回 SET OF 记录，并使用 OUT 参数定义结果集的列，而不必先 CREATE TYPE，然后返回 SET OF(不论什么类型)。

代码清单 16.8 读取点数据的 Excel 文件

```
CREATE OR REPLACE FUNCTION ch16.fngetxlspts(
    param_filename text,
    OUT place text, OUT lon float, OUT lat float
)
RETURNS SETOF RECORD AS              ❶  导入包
$$
import xlrd
book = xlrd.open_workbook(param_filename)  ❷  跳过标题
sh = book.sheet_by_index(0)
for rx in range(1,sh.nrows):
yield(
```

```
        sh.cell_value(rowx=rx,colx=0),      ③ 添加到结果
        sh.cell_value(rowx=rx,colx=1),
        sh.cell_value(rowx=rx,colx=2)
)
$$
LANGUAGE plpython3u VOLATILE;
```

首先，导入 xlrd 包以供使用 ❶。对于本例，假设只有第一个电子表格中有数据。接下来，遍历电子表格的行，跳过第一行 ❷，并使用 Python 带有 yield 的函数将其附加到结果集 ❸。在最终的 yield 中，函数将返回所有数据。

可以像查询表格一样查询 Excel 文件：

```
SELECT place, ST_SetSRID(ST_Point(lon,lat),4326) As geom
FROM ch16.fngetxlspts('/tmp/Test.xls') AS foo;
```

Excel 文件路径必须可被 postgres 守护进程账户访问，因为 PL/Python 函数运行在该账户的上下文中。

2. 使用 PL/Python 导入多个 Excel 文件

现在，假设你有多个 Excel 文件需要导入。它们都有相同的结构，且都放在同一个文件夹中，你希望一次性将它们全部导入。

首先，需要创建一个 Python 函数，列出目录中的所有文件。然后，你将另外编写一个查询，它将此列表视为一个表，并对列表应用过滤器。最后，需要编写一个 SQL 函数来使用此列表插入所有数据。

代码清单 16.9 展示了一个函数，它列出了目录路径中的文件。

代码清单 16.9　列出目录中的文件

```
CREATE FUNCTION ch16.list_files(param_filepath text) RETURNS SETOF text
AS
$$
import os
return os.listdir(param_filepath)
$$
LANGUAGE 'plpython3u' VOLATILE;
```

代码清单 16.9 中的 import os 行允许运行操作系统命令。PL/Python 负责将 Python 列表对象转换为 PostgreSQL 的一组文本数据类型。

然后，可以在 SELECT 语句中使用这个函数，就像你对任何表做的那样，对输出应用 LIKE 来进一步缩减返回的记录数：

```
SELECT file
FROM ch16.list_files('C:/tmp') As file
WHERE file LIKE '%.xls';
```

代码清单 16.10 将此列表传递给 Excel 导入函数以获取一组不同的记录。

代码清单 16.10　读取多个 Excel 文件

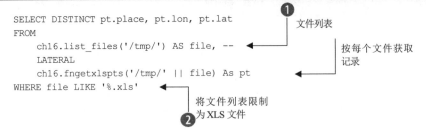

```
SELECT DISTINCT pt.place, pt.lon, pt.lat
FROM
    ch16.list_files('/tmp/') AS file, --
    LATERAL
    ch16.fngetxlspts('/tmp/' || file) As pt
WHERE file LIKE '%.xls'
```

❶ 文件列表
按每个文件获取记录
❷ 将文件列表限制为 XLS 文件

对于临时目录中每个以.xls 结尾的文件❶，它会选取记录，但它只使用 DISTINCT SQL 谓词在所有文件中选择不同的值。

LATERAL 子句允许在 fngetxlspts 函数中使用每个文件名输出，以便为每个文件获得一组不同的记录。LIKE 条件确保只选择以.xls 结尾的文件❷。

16.4.4　地理编码示例

PL/Python 是使用第三方服务(如 OpenStreetMap、Google Maps、MapQuest 或 Bing Maps)在数据库中启用地理编码的绝佳工具。可以在 CheeseShop 中找到许多 Python 包来实现这一点。

一个很好的示例是 Python geopy 包。这个特定的包需要使用 pip 安装，pip 是 Python 的包管理系统。如果你还没有安装 pip，可以使用 apt install python3-pip(适用于基于 apt 的系统)或 easy_install pip 来安装它。geopy 支持 OpenStreetMap、Nominatim、Google Geocoding API(V3)、geocoder.us、Bing Maps API 和 Esri ArcGIS。该包同时支持 Python 2 和 Python 3，因此，如果你安装了 Python 2，则只需要在代码中将 plpython3u 更改为 plpythonu。

许多操作系统同时安装了 Python 2 和 Python 3，所以你可能需要使用 pip3(而不是 pip)来安装 geopy 包：

```
pip3 install geopy
```

安装 pip 之后，可以使用 pip install geopy 从命令行安装 geopy。geopy 中的所有地理编码器都返回相同的输出格式，但初始化略有不同。代码清单 16.11 是 Nominatim 地理编码器的包装函数。

代码清单 16.11　地理编码器包装函数

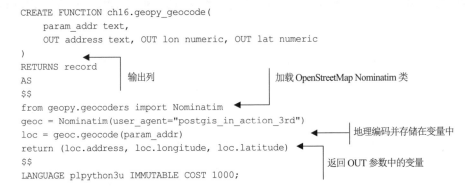

```
CREATE FUNCTION ch16.geopy_geocode(
    param_addr text,
    OUT address text, OUT lon numeric, OUT lat numeric
)
RETURNS record
AS
$$
from geopy.geocoders import Nominatim
geoc = Nominatim(user_agent="postgis_in_action_3rd")
loc = geoc.geocode(param_addr)
return (loc.address, loc.longitude, loc.latitude)
$$
LANGUAGE plpython3u IMMUTABLE COST 1000;
```

输出列
加载 OpenStreetMap Nominatim 类
地理编码并存储在变量中
返回 OUT 参数中的变量

现在，可以在 SQL 语句中使用该函数，这类似于使用 TIGER 地理编码器函数的方式：

```
SELECT *
FROM ch16.geopy_geocode(
      '1731 New Hampshire Avenue Northwest, Washington, DC 20010'
);
```

它产生如下输出：

```
address                      |lon      |lat
-----------------------------+---------|---------
New Hampshire Avenu..North..|-77.027... |38.932...
```

如果想在 PostgreSQL 之外使用这个 Python 的 Nominatim 类，必须采取以下步骤：

(1) 通过几行 Python 代码和一个连接字符串，建立到 PostgreSQL 数据库的连接。

(2) 从数据库中提取数据。

(3) 遍历数据库，检索原始地址、地理编码，并使用坐标更新数据库。

将 Python 代码打包为函数后，你将永远不需要离开 PostgreSQL 的环境。可以在任何查询中轻松地复用相同的函数。甚至可以在无 Python 访问权限的报告工具中使用它。

16.5　PL/V8：数据库中的 JavaScript

PL/V8(又名 PL/JavaScript)是一种受信语言，受 PostgreSQL 的支持已经有一段时间了。遗憾的是，自 PostgreSQL 10 以来，许多包制作者(如 Debian、Ubuntu 和 Heroku)开始放弃对 PL/V8 的支持。这是因为 V8 引擎的构建和通用 V8 项目管理存在困难。因此，有人提议创建不依赖于 V8 引擎的 PL/JavaScript。

16.5.1　安装 PL/V8

如果你的发行版没有附带 PL/V8，你可以从源代码编译它，具体请参见 PL/V8 专题页；也可以使用 pgxnclient 进行构建和安装。

下面是 PL/V8 特有的一些功能：

- 可以用更少行数的代码来完成相同的任务。
- 精通 JavaScript 的人会感到得心应手。可以重用许多现有的 JavaScript 库，且几乎不需要修改。
- PL/V8 在数学处理方面通常比 PL/pgSQL 或 SQL 更快。
- PL/V8 内置了对 JSON 的支持，使其成为从 Web 应用程序获取数据(以及向 Web 应用程序发送数据)的自然选择。
- 因为 PL/V8 是一种受信语言，因此非超级用户可以使用它来创建函数。这与 PL/Python 或 PL/R 的情况不同。

● PL/V8 是除 C 和 PL/R 之外唯一支持创建窗口函数的语言。大多数语言,包括 PL/Python 和 SQL,都可以创建能用作窗口聚合的聚合函数,但不能创建窗口函数,如 row_number、lead、lag 和 rank。

16.5.2 在数据库中启用 PL/V8

安装好 PL/V8 二进制文件后,需要在数据库中启用 PL/V8。请连接到你的数据库并运行以下 SQL 语句:

```
CREATE EXTENSION plv8;
```

16.5.3 在 PL/V8 中使用其他 JavaScript 库和函数

使用 PL/V8 最有力的理由也许是,可以通过剪切和粘贴这些函数和库的源代码来利用大量现有的 JavaScript 代码。随着 Web 技术的发展,现在世界上 JavaScript 代码的数量可能比其他任何语言都多。许多函数和库不必修改即可使用。

对于第一个示例,你将从 Stack Overflow 粘贴一个名为 parse_gps 的函数,帖子名为“将纬度和经度转换为十进制值”。要让该函数在 PostgreSQL 中工作,你只需要在它周围包装一个 PostgreSQL 函数体。修改后的代码如代码清单 16.12 所示。

代码清单 16.12　parse_gps

```
CREATE OR REPLACE FUNCTION ch16.parse_gps(input text)
RETURNS float8[] AS
$$
    if (
        input.indexOf('N') == -1 && input.indexOf('S') == -1 &&
        input.indexOf('W') == -1 && input.indexOf('E') == -1
    ) {
    return input.split(',');
    }
    var parts = input.split(/[°'"]+/).join(' ').split(/[^\w\S]+/);
    var directions = [];
    var coords = [];
    var dd = 0;
    var pow = 0;
    for (i in parts) {
        if (isNaN(parts[i])) {
            var _float = parseFloat( parts[i] );
            var direction = parts[i];
            if (!isNaN(_float)) {
                dd += ( _float / Math.pow( 60, pow++ ) );
                direction = parts[i].replace( _float, '' );
            }
            direction = direction[0];
            if (direction == 'S' || direction == 'W')
                dd *= -1;
                directions[ directions.length ] = direction;
                coords[coords.length] = dd;
```

```
            dd = pow = 0;
        }
        else {
            dd += (parseFloat(parts[i]) / Math.pow( 60, pow++));
        }
    }
    if (directions[0] == 'W' || directions[0] == 'E') {
        var tmp = coords[0];
        coords[0] = coords[1];
        coords[1] = tmp;
    }
    return coords;
$$
LANGUAGE plv8;
```

要在 SQL 语句中使用上述函数，可以这样执行：

```
SELECT ch16.parse_gps('36°57''9" N 110°4''21" W') ;
```

该语句输出{36.9525, −110.0725}。

PL/V8 是一种受信语言，因此它不能访问系统上的其他 JavaScript 库。如果你只是复制和粘贴单个 JavaScript 代码片段，那么这对你没有影响。但是，JavaScript 库拥有成千上万行代码和相互依赖的函数，这并不容易被复制和粘贴。

为了加载 JavaScript 库，我们使用了 Andrew Dunstan 在他的文章 "Loading Useful Modules in PL/V8" 中提出的技术。Andrew 的方法是使用一个表将这些模块存储为纯文本 JavaScript。每行定义一个单独的模块，代码字段包含模块中的所有函数。在会话启动期间，你会遍历表并使用 PL/V8 eval 函数为每个模块动态地创建这些函数。

警告：在讨论 PL/V8 时，我们松散地、同义地使用了术语库、模块和附加组件。

在下一个示例中，你将嵌入一个名为 Chance 的库。Chance 是一套随机生成器函数，用于生成测试用的虚拟数据。

第一步是创建一个表来存放 PL/V8 模块：

```
CREATE TABLE ch16.plv8_modules(
    modname text PRIMARY KEY,
    load_on_start boolean,
    code text
);
```

第二步是使用 SQL INSERT 将 Chance 模块作为单行条目加载到此表中。下面的代码展示了整个 SQL 的一个片段。注意，我们使用$data$来对内容进行美元引用，因此不需要担心转义字符串。这条记录已经作为本章数据的一部分被加载：

```
INSERT INTO ch16.plv8_modules(modname,load_on_start,code)
VALUES('chance', true, $data$/ / Chance.js 1.0.16
//  http:/ /chancejs.com
//  (c) 2013 Victor Quinn
//  Chance may be freely distributed or modified under the MIT license.

(function () {
```

```
:
:$data$)
```

注意： 如果你想知道我们是如何想到 SQL INSERT 的，请参阅本章代码下载文件中包含的 README 文件。根据你的操作系统和工具，有几种不同的方法可以生成插入。

第三步是创建一个启动函数，该函数会编译模块，并使其可被用作一个全局 PL/V8 对象，如代码清单 16.13 所示。

代码清单 16.13　PL/V8 模块编译器和加载器

```
CREATE OR REPLACE FUNCTION ch16.plv8_startup()          ❶     加载所有被标记为启
RETURNS void AS                                                动时加载的模块
$$
    var rows = plv8.execute(
        "SELECT modname, code " +
        " FROM ch16.plv8_modules WHERE load_on_start"
    );
    for (var r = 0; r < rows.length; r++) {
        var code = rows[r].code;                        ❷   编译   ❸
        eval("(function() { " + code + "})")();              对于每个模块，写
          plv8.elog(NOTICE, rows[r].modname + ' loaded');    出模块名称
    };
$$
LANGUAGE plv8;                                  ❹
                                                   加载模块
SELECT ch16.plv8_startup();
```

代码清单 16.13 创建了一个 PL/V8 函数，该函数遍历 plv8_modules 表，并从被标记为 load_on_startup = true 的每一行代码字段中提取函数的文本❶。对于每一行，都应用内置的 JavaScript eval 函数来编译和实例化每个函数❷。然后运行该函数，使其作为变量 chance 存在于 PL/V8 内存上下文中❸。

对于经常使用的库，你可能希望在 PL/V8 过程处理程序启动期间执行 ch16.plv8_startup() 函数❹。为此，请将此调用放在你的 postgresql.conf 文件中：

```
plv8.start_proc = 'ch16.plv8_startup'
```

现在，你已经准备好使用 Chance 模块。可以使用 PostgreSQL DO 命令执行一段 PL 代码，而不必将其包装在函数中。在代码清单 16.14 中，你将创建一个表来存储人员，然后使用变量 chance 在全球范围内生成随机对象。

代码清单 16.14　利用 Chance 生成虚拟人员

```
CREATE TABLE ch16.people(
    id serial primary key,                              创建一个表来存储虚
    first_name varchar(50), last_name varchar(50),      构的人员对象
    gender varchar(15), geog geography(POINT,4326)
);                            ❶
DO LANGUAGE plv8                创建一个 PL/V8 代码的 DO 块
$$
    var sql = "INSERT INTO ch16.people(first_name,last_name,gender,geog)
```

```
        VALUES($1,$2,$3,ST_Point($4,$5)::geography)"
var iplan = plv8.prepare(
    sql,
    ['text','text','text','numeric','numeric']
);

for (var i=0; i < 10000; i++) {
    iplan.execute([
        chance.first(),
        chance.last(),
        chance.gender(),
        chance.longitude(),
        chance.latitude()
    ]);
}
$$;
```

创建参数化的 SQL 插入 ❷

为插入准备语句 ❸

在全球范围内产生 10 000 人 ❹

代码清单 16.14 展示了 PL/V8 中的几个标准特性，以及第三方模块的使用。与使用 PL/pgSQL 等其他 PL 时一样，你可以创建一个 DO 块来运行一次性的 JavaScript 代码❶。PL/V8 允许编写参数化的 SQL 语句❷，你可以用它创建一个准备好的规划❸。这可以在一个循环中执行无数次以插入大量记录❹。运行代码清单 16.14 中的代码后，people 表中应该有 10 000 人。

警告: 有时换行符会失效。如果你在运行代码清单 16.14 时出现错误，请将 INSERT..语句放到一行上。

注意，与许多 PL 语言一样，利用 PostgreSQL DO 命令，PL/V8 可以作为匿名的一次性函数运行，正如代码清单 16.14 中那样。

16.5.4　使用 PL/V8 编写地图代数函数

PL/V8 还可用来构建地图代数函数。为了演示，你将使用 PL/V8 简化内置的 ST_Range4MA 地图代数函数。这个简化版本(如代码清单 16.15 所示)会忽略输入变量 userargs 和 position。然而，它仍然需要以它们作为输入，因为所有的地图代数函数必须遵循函数输入签名:

```
value float8[][][], pos integer[][][],userargs text[])
```

somevariable[][][]与 somevariable[]

虽然栅格地图代数机制假设某些参数是 3D 数组，但在 PostgreSQL 中，输入参数签名的维数不是不变的。当你再次查看定义时，你会看到 float8[][][]被转换成 float8[]。因此，可以将其写为 float8[] 以减少输入量，但为了清晰起见，这里仍将其写为 float8[][][]。

代码清单 16.15　PL/V8 范围地图代数函数

```
CREATE FUNCTION ch16.plv8_st_range4ma(
    value float8[][][],
    pos integer[][][],
    VARIADIC userargs text[] DEFAULT NULL::text[]
)
RETURNS double precision AS
```

```
$$
    return( Math.max.apply(null,value) - Math.min.apply(null,value) );
$$
LANGUAGE plv8 IMMUTABLE;
```

代码清单 16.16 展示了用 SQL 编写的相同函数。

代码清单 16.16　SQL 范围地图代数函数

```
CREATE FUNCTION ch16.sql_st_range4ma(
    value float8[][][],
    pos integer[][][],
    VARIADIC userargs text[] DEFAULT NULL::text[]
)
RETURNS double precision AS
$$
    SELECT MAX(v) - MIN(v) FROM unnest($1) As v;
$$
LANGUAGE sql IMMUTABLE;
```

为了比较 PL/V8、SQL 和 PL/pgSQL 的性能，我们基于一幅图像(包含在本章下载文件中)运行这些查询，见代码清单 16.17。

代码清单 16.17　范围函数的速度对比

```
SET postgis.gdal_enabled_drivers TO 'PNG';
SELECT
    ch16.write_bin_file(
        ST_AsPNG(
            ST_MapAlgebra(
                ST_Clip(
                    rast,
                    ST_Expand(ST_Centroid(rast::geometry),300)
                ),
                1,
                'ch16.plv8_st_range4ma(
                    double precision[][][],
                    integer[][],
                    text[]
                )'::regprocedure,
                '8BUI','FIRST',NULL,2,2
            )
        ),
        RID::TEXT || '_plv8_range2.png'
    )
FROM ch16.pics;    ◀──────    ❶  PL/V8 范围函数: 6.430 s(基于 PG12
                                   和 PostGIS 3.0)
SELECT
    ch16.write_bin_file(
        ST_AsPNG(
            ST_MapAlgebra(
                ST_Clip(
                    rast,
                    ST_Expand(ST_Centroid(rast::geometry),300)
```

```
        ),
        1,
        'ch16.sql_st_range4ma(
            double precision[][][],
            integer[][],
            text[]
        )'::regprocedure,
        '8BUI','FIRST',NULL,2,2
        )
    ),
    RID::TEXT || '_sql_range2.png'
)
FROM ch16.pics;
```

◄─────── SQL 范围函数: 9.577 s

```
SELECT
    ch16.write_bin_file(
        ST_AsPNG(
            ST_MapAlgebra(
                ST_Clip(
                    rast,
                    ST_Expand(ST_Centroid(rast::geometry),300)
                ),
                1,
                'st_range4ma(
                    double precision[][][],
                    integer[][],
                    text[]
                )'::regprocedure,
                '8BUI','FIRST',NULL,2,2
            )
        ),
        RID::TEXT || '_builtin_range2.png')
FROM ch16.pics;
```

PostGIS 打包的 PL/pgSQL
范围函数: 15.303 s ◄───────

PL/V8 版本的速度表现❶ 比 PL/pgSQL 更好，且略优于 SQL 版本。示例中还利用了代码清单 16.17 中的 PL/Python 函数将范围图像写入磁盘。所有的范围结果都是相等的。输出如图 16.6 所示。

图 16.6　范围运算前后对比

在使用 PL/V8 构建地图代数回调函数时要小心，因为传入的 n 维数组会塌陷为一维数组。许多情况下，例如试图从像素的邻域中提取最大值时，这种塌陷并不重要。而对于需要保留位置信息的情况，则最好使用 SQL 函数。

地图代数函数的速度

若在 PostGIS 打包的 PL/pgSQL 地图代数函数 ST_Range4ma、ST_Mean4ma 等中处理 userargs 和 position，会增加开销。通过单独剥离 userargs 和 position 的处理，可将 PL/pgSQL 的速度提高约两倍，并允许将 ST_Range4ma 和 ST_Mean4ma 重写为 SQL 函数，从而使速度再提高 20%。在 PL/V8 中重写，可以进一步提高速度。

16.6　本章小结

- PostgreSQL 提供了许多扩展，能够扩展数据库的功能。这减少了提取数据并将其提供给外部包的需求。
- pgRouting 是一个 PostgreSQL 扩展，用于利用 PostGIS 的网络路由。
- PL/Python 是一种过程化语言 PostgreSQL 扩展，允许用 Python 编写数据库函数。
- PL/R 是一种过程化语言 PostgreSQL 扩展，允许用 R 编写数据库函数。
- PL/V8 是一种过程化语言 PostgreSQL 扩展，允许用 JavaScript 编写数据库函数。

第17章

在 Web 应用程序中使用 PostGIS

本章内容：

- 传统网络解决方案的缺点
- pg_tileserv 和 pg_featureserv
- MapServer、GeoServer、QGIS Server
- OpenLayers 6、Leaflet 1
- 使用 PostGIS 查询和 Web 脚本显示数据

在短短 30 年的时间里，万维网已经成为信息传递的主要方式，并在很大程度上取代了印刷媒体。对于 GIS 来说，这是天赐之物。网络不仅将 GIS 引入了大众的视野，还提供了一种 GIS 数据的传输机制，这是传统印刷媒体无法实现的。过去，一位 GIS 从业者若想要共享数据，就必须在超大的打印机上打印出大型地图，或者在磁盘介质上发送数据副本。接着，网络诞生了。

传统的 Web 技术足以传输文本和图像数据，但为了获得终极的 GIS Web 冲浪体验，需要额外的工具，无论是在发送端(服务器)还是在接收端(客户端)。

近年来，随着 PostGIS 对 Mapbox 矢量切片(Mapbox Vector Tiles，MVT)的支持和更丰富的 PostgreSQL/PostGIS JSON 支持的出现(第 8 章中有详细介绍)，越来越多的人发现，可以通过最少的中间件直接用数据库存储的函数、查询和表展示数据。

本章将介绍与 PostGIS 结合使用的网络工具。你将探索使用 Golang 编写的两个服务器端工具：pg_tileserv 和 pg_featureserv。它们仅支持 PostGIS，并通过 PostGIS 函数的 MVT 和 JSON 展示切片和要素。接着，你将了解三种服务器工具——MapServer、GeoServer 和 QGIS Server，它们可以从 PostGIS 和其他数据库和文件中读取数据，并提供图像或数据。类似于第 5 章中介绍的桌面工具 (它们可以使用通过商定的 OGC 标准传送的数据)，这些工具也支持使用相同的 OGC 标准传送数据。

随后，你将借助两个地图脚本框架探索客户端：OpenLayers，一种基于 JavaScript 的工具，能极大地丰富用户的查看体验；Leaflet，在许多领域与 OpenLayers 竞争的另一种 JavaScript 地图框架。二者都是开源的，都有慷慨的许可条款。OpenLayers 平台发布已久，Leaflet 则是一个较新的框架。Leaflet 比 OpenLayers 更轻量化，但其背后有大量的插件开发人员。大多数非 GIS 人员都认为 Leaflet 比 OpenLayers 更易于理解，因此 Leaflet 吸引了更多的开发人员与非 GIS 人群。

17.1 传统 Web 技术的局限性

传统的 Web 技术适用于处理静态数据和图像，但如果需要一个允许用户在不同缩放级别提取地图的网站，又该怎么办？若使用传统的 Web 服务器技术，你必须将用户限制在一组固定的缩放级别，预先生成图像，并按要求提供图像。现在考虑一下，如果用户只想查看地图的子部分，会发生什么情况：你必须事先对地图进行切片，并要求用户只能从你准备好的切片中选择一个。

这里有两个重要问题：首先，你不可能预测用户想看地图的哪一部分。其次，即使你要生成数千个子部分供用户选择，你的服务器也很可能在只完成几张地图后就耗尽存储空间。再加上缩放级别，问题就变得更加棘手。

而客户端的情况同样不乐观。对于缩放级别选择器，你可以使用标准的 HTML 组合框，但下拉列表必须根据地图的不同进行变化。如果地图有三个缩放级别，那么必须用三个值预先填充组合框。如果下一张地图有 30 个缩放级别，那么组合框中要有 30 行供用户选择。使用各种可用的编程技术，可以动态地生成 HTML 组合框，但这要求地图绘制人员同时是一名 Web 程序员而且此人不能只精通一种语言。如果用户希望能够在要放大的子区域周围绘制矩形，添加自己的标记，或者在光标悬停于某个兴趣点上时弹出气球提示框，那么需求会变得更具挑战性。为实现这些界面特性，需要在客户端进行大量编程。

如果服务器端编程还没有让 GIS 专家望而却步，那么客户端编程肯定会。需要的是一套客户端工具，其中内置了用于查看和编辑地图的有用控件。当然，该套件将决定整体外观和功能，但这总比从头构建自己的解决方案要好。毕竟，你的目标是传播地图，而不是为 Web 服务器编程。

除了客户端工具套件，还需要一组服务器端工具来提供数据。下面首先看一下这对关系的服务器端部分，然后了解如何通过客户端 JavaScript 地图工具包向 Web 浏览器提供这些信息。

17.2 地图服务器

地图服务器有一个中心目的：渲染图像或空间数据，并将其即时传送至客户端。如前所述，传统的 Web 服务器无法提供图像，除非它们已经存在，但大多数情况下，不太可能生成和存储与地图相关的所有可能的子区域和缩放级别。地图服务器解决这个问题的方法是，仅在客户机请求时快速生成静态图像或数据，并缓存以前生成的数据以供未来的请求使用。

因为地图服务器通常不是应用程序的起点，起点一般是人们对于从空间上扩展现有的 Web 应用程序或通过 Web 传播现有数据的需求。为了决定使用哪些服务器产品，建议你判断每种产品与你当前的基础架构和数据环境的匹配程度。应该考虑以下几点：

- 所选产品是否需要针对现有平台进行重大调整？
- 需要提供哪些 OGC 网络服务(如果需要的话)？
- 服务器与你已有的数据源(PostGIS、Oracle Spatial/Locator、Microsoft SQL Server、SpatiaLite、MySQL、形状文件、栅格文件等)的连接情况如何？
- 可以复用在桌面开发的地图图层和样式吗？
- 该解决方案与现有应用程序(如身份验证)的集成程度如何？

什么是 Web 服务

粗略地说，Web 服务是 Internet 上函数调用的一种标准。该服务通常使用 HTTP 和标准消息流 (GET、PUT、POST 的标准格式：XML、JSON 等)接受来自客户端的请求，并返回处理后的输出。

为了遵守 OGC 设定的标准，Web 服务应该告知它可以满足哪些请求。对于 Web 地理要素服务 (Web Feature Service，WFS)和 Web 地图服务(Web Mapping Service，WMS)，功能描述是通过一个名为 GetCapabilities 的函数响应发布的，该响应通常以 XML 或 JSON 文档的形式返回。你可以在 OGC 标准中找到这些内容。

17.2.1　轻量级地图服务器

地图服务器 pg_tileserv 和 pg_featureserv 被称为轻量级地图服务器，因为它们遵循的理念是只做一件事并且做到最好。两者都是用 GoLang(Go)编写的，且都被划分为单个的、没有额外依赖项的二进制文件。每个可执行文件托管一个 Web 服务器和一个到 PostgreSQL/PostGIS 的连接。它们只支持 PostGIS，并利用 PostGIS 的管件来完成它们的工作。它们通过标准的 HTTP/HTTPS 协议进行通信。这意味着它们能够与可使用 WFS 和 MVT 切片的 Web 地图客户端(如 OpenLayers 和 Leaflet)或桌面地图客户端(如 QGIS Desktop)一起使用。它们接受查询请求和切片请求，比如 QGIS Server、GeoServer 和 MapServer，这使得它们可以与这些强大的地图服务器交换许多请求。

在 pg_tileserv 和 pg_featureserv 中，图层意味着表和特殊函数的结合。

pg_tileserv 基于 PostGIS 中的 ST_AsMVT 函数来构建矢量切片，并且提供了一个符合 OGC 和 MVT 规范的接口。因此，它需要 PostGIS 2.4+版本，建议使用 PostGIS 3+版本以获得最佳性能。PostGIS 3 和 PostGIS 3.1 的许多改动有助于提高 ST_AsMVT 的性能，因此你应该使用这些较新的版本以获得最佳体验。数据通常以 256×256 块切片的形式渲染，并基于缩放级别和图层。可以像使用栅格切片一样指定 X 整数级别、Y 整数级别和 Z 整数级别。

pg_tileserv 只是众多支持 PostGIS 的矢量切片服务器之一。你可以在 GitHub 上找到其他一些。

pg_featureserv 使用 PostGIS 提供的 ST_AsGeoJSON 函数和 PostgreSQL 提供的 JSON 支持来输出 GeoJSON 特征集合。它遵循 OGC API 特征(WFS)标准。与 pg_tileserv 的 X、Y、Z 模型不同，特征请求涉及 GeoJSON 格式的边界几何图形和感兴趣的层。

pg_tileserv 和 pg_featureserv 都提供了与 OpenLayers 和 Leaflet 地图客户端集成的示例。pg_tileserv 和 pg_featureserv 都提供了一个用于指定单个数据库连接字符串的配置文件。连接字符串包括将进行调用的数据库和数据库用户名，以及进行连接所需的任何其他信息。这个数据库用户不应该是超级用户，并且对于大多数用例来说，应该只有对数据的读取权限。可以通过在 PostgreSQL 数据库中为该用户设置权限来控制哪些图层是可访问的。指定用户有权访问的任何空间表都被公开为图层。

下面的示例使用标准的 PostgreSQL GRANT USAGE 命令设置了一个账户，该账户只能访问 ch17 模式数据。pg_tileserv 的默认页面如图 17.1 所示。

图 17.1 pg_tileserv 索引页面

表的图层由表名和模式名表示。这些数据集来自我们居住的地区，除此以外，它们没有任何意义。

pg_featureserv 有一个索引页面，如图 17.2 左侧所示。索引页面提供了一个 OpenAPI 链接，该链接指定了你可以进行的 REST API 调用的语法。还有一个用于查看所有集合的链接，单击后会显示你可以查询的图层列表。图 17.2 右侧显示的是集合页面，提供了查看每个图层的地图视图的视图链接。它为地图视图利用了 OpenLayers。

图 17.2 pg_featureserv 的索引页面和收藏页面

在图 17.1 中显示，并在图 17.2 中突出显示的另一个不错的特性是，如果你通过 pgAdmin 或 SQL 语句定义了一个 PostgreSQL 表的描述，则 pg_tileserv 和 pg_featureserv 都会使用这些描述：

```
COMMENT ON TABLE ch17.ma_eotmajroads
  IS 'Massachusetts Major Roads';
```

可以同时使用 pg_tileserv 和 pg_featureserv。至于什么情况下应该使用哪一种，并没有绝对的规则。使用 pg_tileserv，可以提供在 GeoJSON 中需要大量字节来表达的要素。可以用 pg_tileserv 在 256×256 块切片上显示数以百万计的点，而不需要每个点的详细信息；也可以用它显示州和城市边界之类的大型物体，同时希望客户端保持样式的灵活性，但这需要大量带宽才能以全分辨率表达。使用 pg_featureserv，则能够独立提供具有大量丰富属性数据的要素，你可能希望向客户端展示这些数据。

运行 pg_tileserv 和 pg_featureserv 的方式有很多。你可以使用加载脚本直接运行它们，也可以将它们放在 NGINX、Varnish HTTP Cache 或 Apache 之类的东西后面以进行缓存和身份验证。还可以在 Docker 容器中运行它们。

若想进一步了解如何在具有缓存的生产环境中运行它们，请参见 Paul Ramsey 的博文"生产 PostGIS 矢量切片：缓存"。

虽然 pg_tileserv 和 pg_featureserv 简化了对 PostGIS 数据库的查询,但如果你有一个需要大量用户身份验证的繁重应用程序，它不会帮你进行身份验证。这里有两种办法：

- 不要让用户直接调用 pg_tileserv 或 pg_featureserv 服务，而是将服务保持在本地，然后让你的应用程序通过门控用户身份验证来代理这些调用。
- 使用与 pg_tileserv 和 pg_featureserv 相同的方法，但要在你自己的应用程序控制下，重新实现逻辑。pg_tileserv 和 pg_featureserv 是 PostgreSQL 和 PostGIS 提供的 JSON 和 MVT SQL 函数的包装器。本章后面将介绍如何使用 JSON 和 MVT SQL 函数。

17.2.2　完整地图服务器

有许多开源的地图服务器产品同时支持 PostGIS 和其他的空间数据库和文件格式。较为流行的服务器是 MapServer、GeoServer 和 QGIS Server。这里讨论的产品并不全面，但根据我们的经验，它们是更常用的。上面提到的是完整的地图服务器，因为它们覆盖不止一个数据库，并且能以多种形式输出数据，如图像、矢量切片，甚至打印地图(如 PDF)。它们还支持众多的 OGC Web 服务。

1. 对平台的考虑

选择工具的最重要的决定因素是平台需求。如果你使用的是共享 Web 主机，则可能无法使用任何需要安装的东西。即使你完全控制了服务器，也可能会避开那些需要额外安装的技术。

表 17.1 列出了使用每种地图服务器的先决条件。No*意味着服务器不需要将该服务用于一般用途，但如果你拥有，就可以获得更多功能。

表 17.1　地图服务器的先决条件

服务	MapServer	GeoServer	QGIS Server
Java runtime (JRE)	No	Yes	No
Python	No*	No	Yes
PHP	No*	No	No
.NET	No*	No	No
CGI/Fast-CGI	Yes	No	Yes

MapServer 是上述地图服务器中我们最喜欢的，因为它包含很多功能，并且可以在不必安装的情况下运行于任何 Web 服务器上。只需要将编译好的.so、.dlls 或.exe 文件放入 CGI 或其他 Web 服务器可执行文件的文件夹中，你就能拥有一个功能完整的 Web 地图服务。

MapServer 还提供了多种风格的 API——MapScript，其中最常见的是 PHP MapScript 和 Python MapScript。这允许使用支持 MapScript 的语言从服务器端代码创建图层和其他地图对象，从而提供更精细的控制。但 MapScript 接口的缺点是，与 mapserv 可执行文件相比，MapScript 通常需要编写更多的代码。

MapServer 在 Linux 上得到了很好的支持，许多发行版都提供了相当新的版本。MapServer 也有适用于 Windows 的二进制文件，可以在 IIS 或 Apache 下运行。MapServer 是一个主要由配置脚本驱动的引擎。它没有华丽而复杂的 GUI 来指导新手用户。不过，你可以在文档中找到一些配置示例以获取指导。

注意： 从 MapServer 7.4.0 开始，不推荐使用常规的 PHP MapScript 及其同类产品，取而代之的是统一的 SWIG MapScript API。对于 PHP 8.0+版本，仅支持 SWIG MapScript API。

GeoServer 是基于 Java 构建的。GeoServer 的一些二进制发行版附带了一个名为 Jetty 的轻量级 Web 服务器，该服务器专为运行 Java servlet 应用程序而设计。GeoServer 需要已安装好的 JRE，其中，GeoServer 2.18 版本需要 Java 8 或 Java 11。如果需要将 GeoServer 作为 servlet 运行，则需要准备 servlet 容器(如 Tomcat)，并安装 Java Web 存档(WAR)版本。与许多其他地图服务器不同，GeoServer 附带一个对用户友好的、基于 Web 的管理界面。因此，对于那些更喜欢 GUI 和向导(而不是配置脚本)的人来说，GeoServer 成为一个流行的选择。

QGIS Server 是一款经常与流行的 QGIS Desktop 搭配使用的地图服务器。QGIS Server 的一个主要优点是，它允许将 QGIS 工作空间导出为 OGC Web 地图服务。QGIS 网站提供了关于建立和配置 QGIS Server 的更多信息；请参阅 QGIS User Guide 中的"QGIS as OGC Data Server"部分。另请查看配套的 QGIS Web 客户端插件，它以一种有吸引力的方式展示了 QGIS 图层。

QGIS Server 不提供任何身份验证支持，因此如有需求，需要自行管理。

本章只演示 MapServer 和 GeoServer，因为它们是最常用的开源地图服务器，而且根据经验，它们在大多数平台上都是最容易设置的。

如果你想要一个简单的环境，以便在其中尝试所有这三种服务器和其他服务器，请使用 OSGeo-Live DVD 发行版。Live DVD 是一个 Ubuntu 发行版，安装时附带 GeoServer、MapServer、QGIS Server 和 Degree 地图服务器。除了 Web 地图服务器，还可以找到 PostGIS、pgRouting、SpatiaLite 和各种桌面产品：QGIS Desktop、OpenJUMP、GRASS 等。

2. OGC Web 服务支持

根据第 8 章，你可能还记得 OGC 是开放地理空间信息联盟(Open Geospatial Consortium)的简称，是 GIS 领域公认的标准组织。OGC 概述了地图服务器应该提供的一系列 Web 服务。通过坚持这些标准的 OGC Web 服务，地图服务器不会将终端用户限制于特定的 Web 或桌面客户端。

第 5 章中介绍的所有开源 Web 地图客户端和桌面工具都使用 OGC Web 服务。即使是专有的地图桌面应用程序，如今也对 OGC Web 地图服务提供了良好的支持。以下是最常见的由 OGC 定义的 Web 服务：

- **Web 地图服务(Web Mapping Service，WMS)**——将矢量和栅格数据渲染为 JPEG、PNG、TIFF 或其他栅格格式的地图图像。如果你想显示某个区域的地图，但是下载和渲染数据的过程会占用过多的处理器或带宽，那么这种 Web 服务是合适的。例如，如果你想在处理能力有限的移动设备上显示地图，那么与其提取原始矢量数据并即时可视化渲染，不如从 WMS 服务器检索已生成的图像，这样更具可行性。WMS 还定义了一种名为 GetFeatureInfo 的机制，以便以 HTML 或其他文本格式获取基本信息。这对于信息弹出窗口很有用。

- **Web 地图切片服务(Web Map Tile Service，WMTS)**——将矢量和栅格数据渲染为 JPEG、PNG、TIFF 或其他栅格格式的地图图像，这些格式具有固定的比例和切片大小，易于被其他客户端缓存和重用。WMTS 的用途与标准 WMS 大致相同，但 WMTS 是一种更新的标准，对服务器的负担更小，这得益于它定义了一种缓存和复用切片的机制。它与 WMS-C 标准(Web 地图服务缓存)密切相关，该标准仍然存在，但目前被认为是遗留问题。WMTS 用自定义地图渲染的灵活性换取了伸缩性，因此它最适用于基本地图图层或在生成时耗时通常较多的地图。切片通常仅在一个空间投影中，以固定的比例和切片大小提供。

在 OGC WMTS 之前，事实上的标准早已存在——我们称之为 "slippery map" 或切片地图服务(TMS)标准，它们始终以 Web 墨卡托作为空间参考系统，并通过 *X/Y/Z* 或 *Z/Y/X* 值定义切片。*X/Y/Z* 的含义在每个切片参考格式中是不同的。这些实际上是 Google Maps 和 OpenStreetMap 推广的标准。你会在 OpenLayers 和 Leaflet JavaScript 的 Web 地图 API 中找到对它们的支持，名为 XYZ 或 TMS。本章后面将介绍这一点。

- **Web 地图矢量切片服务(Web Map Tile Service Vector，WMTS Vector)/Mapbox 矢量切片(Mapbox Vector Tiles，MVT)**——以二进制形式渲染矢量数据，通常采用 Google Protobuf 格式(PBF)。Mapbox 矢量切片模式通常遵循 Google 切片模式。它暂时还不是 OGC 的官方标准，但处于试点阶段。矢量切片的首个版本是 Mapbox 矢量切片，已应用于许多地图服务器。

除了允许在客户端样式化外，矢量切片还可以优雅降级，因为它们仍然是矢量。因此，虽然分辨率可能是为特定的缩放而设计的，但它可以满足更高或更低的缩放，而且不会看起来太不连贯。

- **Web 要素服务(Web Feature Service，WFS)**——输出矢量数据，通常使用一些 XML 标准，如 GML 或 KML。地理 JavaScript 对象表示法(GeoJSON)是 WFS 通常支持的另一种输出格式，它是一种原生 JavaScript 格式，因此对 JavaScript 的使用提供了更多支持。GeoJSON 格式既包括以 JSON 编码表示的几何图形，也包括标准的数据库列属性，如编码为 JSON 格式的日期、数字和字符串。如果用户需要在不往返于服务器的前提下，突出显示地图的某些区域并显示属性信息或样式选项，那么 WFS 是最合适的。WFS 通常与 WMTS 搭配使用，其中 WMTS 用于显示航拍图像或地图上的大型缩小区域，而 WFS 用于覆盖地图上经常变化的关键要素，或者你希望控制其样式的要素。

- **Web 要素服务事务(Web Feature Service Transactional，WFS-T)**——允许在事务模式下编辑矢量数据。如果你希望终端用户(如 Web 用户或桌面应用程序)编辑数据库中的几何图形数据，而不允许其直接访问数据库，那么该服务是必要的。

还有其他类型的 Web 服务，例如 Web 覆盖服务(Web Coverage Services，WCS)和 Web 处理服务(Web Processing Services，WPS)，这些服务涉及的东西更多。表 17.2 提供了关键 Web 服务的简要总结，并指出了哪些工具能够支持它们。

表 17.2　Web 服务支持

服务	MapServer	GeoServer	QGIS Server
WMS 1.1	Yes	Yes	Yes
WMS 3	Yes	Yes	Yes

(续表)

服务	MapServer	GeoServer	QGIS Server
WMTS	Yes[a]	Yes	No
WMTS Vector	Yes	Yes[a]	Yes
WFS	Yes	Yes	Yes
WFS-T	Yes[a,b] (for PostGIS)	Yes	Yes
Custom[b]	Yes	Yes	Yes

a. 该支持可通过额外的可下载插件或库获得。

b. 该产品有自己的定制协议，可提供超出 OGC 标准中定义的功能。

3. 受支持的数据源

所有的地图都源于数据。WMS、WFS 和 WFS-T 协议允许通过一个 Web 界面访问各种数据源。它们为 GIS 数据提供抽象接口，类似于数据库的 ODBC 和 JDBC 驱动程序。

所有 Web 地图服务器工具都支持各种数据格式。表 17.3 指出了哪些工具支持哪些格式，据此你可以做出明智的选择。它们均支持 PostGIS 几何图形和 Esri 形状文件，因此未在表中列出。

表 17.3　受支持的数据源格式

服务	MapServer	GeoServer	QGIS Server
Oracle Spatial/Locator	Yes[a]	Yes[a]	Yes[a]
SQL Server	Yes[a]	Yes[a]	Yes
PostGIS geography	Yes	Yes	Yes
PostGIS raster	Yes	Yes[a]	Yes
Basic raster	Yes	Yes	Yes
MrSID	Yes[a]	Yes[a]	Yes[a]
SpatiaLite	Yes[a]	Yes	Yes
MySQL	Yes[a]	Yes[a]	Yes

a. 该支持可通过额外的可下载插件或库获得。

17.3　地图客户端

建立好 Web 地图服务之后，接下来需要客户端应用程序使用它们。客户端应用程序有两种类型：桌面客户端和 Web 客户端。通常使用 JavaScript 和混合的 Web 脚本服务器端语言(如 PHP、Ruby、Python 和 Perl)实现 Web 应用程序。

许多桌面地图工具包也能使用标准的 OGC 网络地图服务。桌面客户端可以是开源桌面工具，如 QGIS、gvSIG、OpenJUMP 等，也可以是专有桌面工具，如 Manifold、MapInfo、Cadcorp SIS 和 ArcGIS desktop 等。

就 Web 地图客户端而言，OpenLayers 和 Leaflet 是最受欢迎的，尤其是在开源 GIS 领域。原因主要在于，它们使你能够用 OGC WMS、WFS 和 WFS-T 图层覆盖不符合 OGC 标准的专有地图服务器图层。

　　OpenLayers 经常被扩展以创建更高级或特定的工具包。在 OpenLayers 之上构建的一个常用平台是 QGIS Web Client。QGIS Web Client 是 QGIS Server 的配套产品，专为使用 QGIS 的 Web 地图服务而设计。此外，你也会在 GeoServer、pg_tileserv 和 pg_featureserv 中发现 OpenLayers 用于快速显示已发布图层。图 17.1 和图 17.2 中展示的 pg_tileserv 和 pg_featureserv 上的显示链接就使用了 OpenLayers 进行显示。

专有服务

　　提到最流行的网络地图服务，比如 Google Maps、Bing Maps 和 MapQuest，你必须知道它们仍然是专有的。这些服务将服务器、客户端和数据打包在一个美观的、易于操作的界面中，并使一般用户可以使用地图。虽然这些软件包易于使用，但每个软件包都有自己专有的 JavaScript API，提供对覆盖数据的有限控制。

　　这些服务的专有性和不灵活性，即使在数据层面上，也是严重的缺点。你不能删除一项核心功能。例如，如果你想显示某个区域的树叶密度，而不是常见的街道和地点，那么这些流行的软件包不能帮你轻松做到这一点。

　　你也不能消除这些软件包的商业许可条款。对于娱乐用途，这些软件包在大多数情况下是免费的，但如果你要将它们用于盈利或非公共网站，你就会发现自己需要支付相当高昂的许可费。因为每个软件包都有自己的、不同于他人的自定义 API，所以在决定交换服务时，你必须重写大部分的自定义数据覆盖逻辑。

　　尽管它们旨在获取商业盈利，但我们必须向这些流行的服务致敬，它们在大众的想象中播下了 GIS 的种子。它们率先向世界展示了互联网动态地图的力量，并继续引领着显示技术的发展。然而，本书将专注于开源解决方案，因此不会涉及这些专有的 JavaScript API。但你不应该忽视它们在当今网络中扮演的重要角色。

　　无论你使用哪种服务和地图客户端(不管是开源的还是 Google Maps)，每种工具都可以提供很多现成的功能。当你与数据库和其他空间数据交互时，这些工具会将你限定于某些协议。对于许多只需要少量地图支持但需要大量数据支持的解决方案，你可能希望完全放弃 Web 地图服务，并在应用程序中构建逻辑来正确显示 PostGIS 数据。接下来的部分将详细介绍设置各种开源地图服务器的基础知识，以及创建不需要你托管自己 Web 地图服务的解决方案。

　　如果你想完成一些繁重的工作，比如显示数千个要素，那么矢量要素的输出将是缓慢而烦琐的。这种情况下，最好使用 Web 地图服务或切片服务输出图像切片或矢量切片。当用户放大地图时，你可能想用一个矢量输出进行补充，为此，可以使用 PHP、Python、.NET 或其他 Web 服务器语言的 PostGIS 直接查询，或者是 WFS。接下来将演示如何通过 MapServer 实现这一点。

矢量切片的兴起

　　地图领域出现了一种新的趋势，名为矢量切片，它是由 Mapbox 引领的。矢量切片以切片的形式分布，就像现在的切片服务划分栅格切片一样，但它们在切片内部具有二进制矢量。矢量切片的优点在于，它们允许在客户端进行本地样式设置，它们可以在每个切片中包含属性数据，并且可以在单次缩放中平滑地支持多个分辨率。

例如，如果你有一个特别感兴趣的焦点，你可能会以高达 20 的缩放级别为该区域提供数据(对于大型区域来说，这需要大量存储空间)，而仅为周边区域提供缩放级别至多达到 14 的数据(所需存储量显著减少)。如果某人在低分辨率区域缩放到 20 级(最大缩放为 14 级)，那么矢量数据可以在客户端平滑地调整大小以支持 20 级的缩放。

此外，还有另外两种 PostGIS 输出格式，分别称为 Geobuf 和 TWKB:

● ST_AsGeobuf 函数是在 PostGIS 2.4 中引入的。与 ST_AsMVT 类似，ST_AsGeobuf 也返回一个二进制 Protobuf 格式，但与 ST_AsMVT 不同的是，它几乎是无损的，并且不以切片形式输出。

● 输出格式 TWKB(tiny well-known binary)也是一种二进制格式。PostGIS 的 TWKB 利用 Google varint 编码方案最小化矢量，并产生近乎无损的输出。TWKB 的 PostGIS 输出函数为 ST_AsTWKB 和 ST_AsTWKBAgg。OfflineMap 演示了如何使用 PHP 创建 TWKB 格式的数据，并在 Leaflet Web 客户端中使用这些数据。

17.4 使用 MapServer

MapServer 是首个支持 PostGIS 作为数据源的地图服务器。它几乎可以在任何 Web 服务器下运行。与 GeoServer 不同，它不提供用户身份验证或图形用户界面(GUI)。你与它的大部分交互都是通过定义图层等的配置文件进行编排的。

下面的示例使用 MapServer 7.6 演示了 WMS 特性。这些示例在 MapServer 7.4+版本中应该可以正常运行。

17.4.1 安装 MapServer

MapServer 已经为几乎任何操作系统预编译了二进制文件和软件包，你可以在 MapServer 网站找到它们。

1. 在 Windows 中安装

MS Windows 的安装有几种选择。MS4W 较为流行，因为它包含 Apache 服务器和各种其他开源软件包，如 PHP、PHP_OGR 和 MapCache(一个 Mapserv 子项目)，因此如果你想运行完备的安装，那么它是合适的。

Windows 用户的另一个选择是 GISInternals 软件包，它拥有最新的开发人员和稳定版本，并且只要更改代码库，就会构建软件包。这个版本不自带 Web 服务器，但是 FastCGI 可以容易地在 IIS 下运行。如果你想在现有的 IIS 服务器下运行，这是一个很好的选择。它提供 32 位和 64 位版本，均由 MapServer 所支持的大多数数据驱动程序编译。它还包含 C# Interop 扩展，允许在 ASP.NET (VB.NET 或 C#)环境中使用 MapScript。除了 MapServer，GISInternals 软件包还包含完整的 GDAL 工具包。

要在 Windows IIS 服务器上按 CGI 部署 GISInternals，请执行以下步骤。

(1) 确认所有的依赖项已齐全：可以启动 SDKShellbat，并运行 mapserv -v。这将输出所有受支持的特性。你应该会看到类似下面的输出:

```
`MapServer version 7.6.1 OUTPUT=PNG OUTPUT=JPEG OUTPUT=KML
    SUPPORTS=PROJ SUPPORTS
=AGG SUPPORTS=FREETYPE SUPPORTS=CAIRO SUPPORTS=SVG_SYMBOLS
    SUPPORTS=SVGCAIRO SUP
PORTS=ICONV SUPPORTS=FRIBIDI SUPPORTS=WMS_SERVER SUPPORTS=WMS_CLIENT
    SUPPORTS=WF
S_SERVER SUPPORTS=WFS_CLIENT SUPPORTS=WCS_SERVER SUPPORTS=SOS_SERVER
    SUPPORTS=FA
STCGI SUPPORTS=THREADS SUPPORTS=GEOS SUPPORTS=POINT_Z_M SUPPORTS=PBF
    INPUT=JPEG
INPUT=POSTGIS INPUT=OGR INPUT=GDAL INPUT=SHAPEFILE`
```

(2) 将文件 mapserv.exe 从目录 bin/ms 复制至 bin 下，然后在常规命令行中确认 C:\mapserv\bin\mapserv -v 仍然输出上方信息。

(3) 随后，需要在 MapServer 地图文件中引用 bin/proj/share 的路径，但它不需要通过 Web 访问。

(4) 打开 IIS Manager，在 ISAPI and CGI Restrictions 中添加 mapserv.exe 的路径，并带有类似于 MapServ 7 的 Description。

(5) 在 IIS Manager 中创建一个到 C:\MapServ\bin 的虚拟应用程序路径，并将其命名为 mapserv。

(6) 在 Handler Mappings 中添加一个新的 Module Mapping，请求路径为*.exe，模块为 FastCGI，可执行路径为 C:\MapServ\bin\mapserv.exe。然后可将其命名为 MapServ 或 MapServ 7。

(7) 单击 Module Mapping 上的 Request Restrictions 按钮，在 Mapping 选项卡上选中 Invoke Handler Only if Request Is Mapped To 复选框，然后选中 File。在 Verbs 选项卡上选择 Only One of the Following，然后在文本框中输入 GET,HEAD,POST。最后在 Access 选项卡中选择 Script。

2. 在 Linux/UNIX 中安装

MapServer 通常可以通过 Linux 和 UNIX 系统提供的标准打包系统进行安装。

在 Debian/Ubuntu 上，可以使用以下命令：

```
add-apt-repository ppa:ubuntugis/ppa #not needed for ubuntu >= 20.04
apt update
apt upgrade
apt install cgi-mapserver mapserver-bin
```

安装二进制文件后，运行以下命令：

```
mapserv -v
```

这应该输出你的 MapServer 所支持的内容。在 Ubuntu 中安装时会输出如下内容：

```
MapServer version 7.4.3 OUTPUT=PNG OUTPUT=JPEG OUTPUT=KML SUPPORTS=PROJ
    SUPPORTS=AGG SUPPORTS=FREETYPE SUPPORTS=CAIRO SUPPORTS=SVG_SYMBOLS
    SUPPORTS=RSVG SUPPORTS=ICONV SUPPORTS=FRIBIDI SUPPORTS=WMS_SERVER
    SUPPORTS=WMS_CLIENT SUPPORTS=WFS_SERVER SUPPORTS=WFS_CLIENT
    SUPPORTS=WCS_SERVER SUPPORTS=SOS_SERVER SUPPORTS=FASTCGI SUPPORTS=THREADS
    SUPPORTS=GEOS SUPPORTS=PBF INPUT=JPEG INPUT=POSTGIS INPUT=OGR INPUT=GDAL
    INPUT=SHAPEFILE
```

需要确保 PostGIS 被列为一个输入选项，并且 FASTCGI 受到支持。

17.4.2 安全性考虑

如果你要使用 PostGIS 图层，可能需要将 PostgreSQL 的登录用户名和密码放在地图文件中，或地图文件包含的文件中。你不希望这些信息是可读的，而且出于版权原因，你可能根本不希望地图文件是可读的。

有几项保护措施可以防止密码和其他敏感内容被网站用户读取。请至少做到其中一项。而为了获得充分的保护，你可能希望采取以下所有措施：

- 不要将地图文件放在可通过 Web 访问的文件夹中。不可否认，我们常常违反这条规则，因为把所有相关的文件放在一起的话可以带来便利性。
- 使用 MapServer 附带的 msencrypt 可执行文件生成密钥，用密钥加密密码，然后仅使用加密后的密码，具体请参见 msencrypt 文档。
- 在地图文件中使用 INCLUDE 子句，并确保 INCLUDE 文件不属于 Web 服务器提供的扩展类型。例如，我们在 IIS 中使用.config 扩展，因为 ASP.NET 永远不会提供具有此扩展名的文件。将 INCLUDE 用于 PostGIS 连接字符串的话也能带来便利性，至少在所有 PostGIS 图层都使用相同数据库的情况下是这样。这使你不必一遍又一遍地重复相同的信息。
- 如果你可以控制自己的 Web 服务器，则可通过编辑 httpd.conf 文件，或者在 IIS 中通过将文件映射到 404.dll 或其他 IIS ISAPI 处理器，来阻止.map 文件的输出。

17.4.3 创建 WMS 和 WFS 服务

MapServer 支持自己的非 OGC API，也支持 WMS、WFS、WCS 等 Web 服务接口。我们将重点介绍它的 OGC WMS 和 WFS 功能，以及它在版本 7+的产品。对于 OGC WMS/WFS 特性，你不需要模板文件，只需一个配置正确的地图文件(包含 WFS/WMS 元数据部分)、一组字体、一个符号集和 proj_lib。

对于地图文件，我们喜欢将 INCLUDE 用于在地图中多次重用或跨多个地图重用的部分，例如 PostGIS 连接字符串，或用于投影库位置等常规配置。

代码清单 17.1 展示了这种地图文件的大致情况。

代码清单 17.1　使用 INCLUDE 的地图

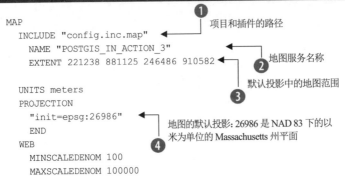

```
MAP                                          ❶    项目和插件的路径
  INCLUDE "config.inc.map"
    NAME "POSTGIS_IN_ACTION_3"                      地图服务名称
    EXTENT 221238 881125 246486 910582       ❷
                                                  默认投影中的地图范围
  UNITS meters                               ❸
  PROJECTION
    "init=epsg:26986"                              地图的默认投影: 26986 是 NAD 83 下的以
    END                                            米为单位的 Massachusetts 州平面
  WEB                                        ❹
    MINSCALEDENOM 100
    MAXSCALEDENOM 100000
```

```
WMS/WFS  元数据(需要
ows_enable_request)
⑤         METADATA
             "ows_title" "PostGIS in Action"
           "ows_onlineresource" "https://postgis.us/mapserver/postgis_in_action?"
           "ows_enable_request" "*"
             "wms_version" "1.3.0"
           "wms_srs" "EPSG:26986 EPSG:2249 EPSG:4326 EPSG:3785"
           "wfs_version" "1.1.0"
           "wfs_srs" "EPSG:26986 EPSG:2249 EPSG:4326 EPSG:3785"
         END
       END #End Web
       INCLUDE "layers.inc.map"
       INCLUDE "layers_raster.inc.map"
     END
```

　　代码清单 17.1 是一个使用了 INCLUDE 的基本地图文件❶。config.inc.map 文件包含了到投影库、符号集、字体集和其他未内置于核心中的插件的路径。所有 INCLUDE 都与包含它们的文件的位置有关。

　　NAME 属性是显示在日志中的地图服务名称❷。EXTENT 属性以地图的默认投影为单位定义地图的范围❸。如果没有给出此属性，则定义地图的默认输出投影。每个图层可以在不同的投影中，但当地图被调用时，它们将被重新投影到地图投影中❹。在使用 SRS 参数的 WMS 调用中，此投影往往会被覆盖。

　　元数据部分特别重要，因为这使得地图文件像真正的 WMS/WFS 一样❺。ows_*元素是 WFS 和 WMS 的简写形式，因此对于二者都相同的属性，不必指定两次。WFS 1.0.0 版本只能有一个 SRS，但是 WFS 1.1.0 版本允许指定一个首选的 SRS。WMS 标准允许许多 SRS，其中列出的那些是 WMS 服务允许传递给 SRS URL 参数的。在线资源在 WMS 功能中显示为 URL，以调用该服务。ows_enable_request 属性在 MapServer 6.2+中是必需的❺。它定义了哪些服务被允许；如果将它设置为*，则表示允许所有服务。

　　config.inc.map 文件定义了符号集、项目库和字体的位置，如以下代码片段所示：

```
CONFIG PROJ_LIB "C:/mapserv/bin/proj/SHARE"
SYMBOLSET "symbols/postgis_in_action.sym"
FONTSET "fonts/fonts.list"
CONFIG "MS_ENCRYPTION_KEY" "C:/mapserv/postgis_in_action_key.txt"
```

　　PROJ_LIB 物理路径始终是绝对的，但 SYMBOLSET 和 FONTSET 可以是绝对的，也可以是相对于地图文件的位置。如果你的系统是 Windows，你经常会把希望使用的字体从系统字体文件夹复制到 mapserv 字体文件夹中，然后在 fonts.list 文件中列出它们(如 MapServer fontset 页面所示)。

　　对于符号集，可以使用地图符号集代码或图像。二者的示例都打包在 MapServer 源下载文件中。对于本例，我们使用了一些在 1001 Free Fonts 上免费获得的、公共领域的 true type 字体。这些均打包在本章下载文件中。

　　接下来，需要定义一个名为 postgis.config 的文件，其中包含数据库连接信息：

```
CONNECTIONTYPE POSTGIS
CONNECTION "host=localhost dbname=somedb user=someuser port=5432
```

```
    password={encryptedpwd}"
PROCESSING "CLOSE_CONNECTION=DEFER"
```

CLOSE_CONNECTION=DEFER 可确保如果请求多个 PostGIS 图层，连接将被重用，而不是创建一个新的连接。这会带来更快的性能。如果你使用加密字符串，就像使用 password 一样，务必将加密字符串包含在{}中，使 MapServer 知道如何解密。postgis.config 文件将包含在所有的 PostGIS 矢量图层中。

代码清单 17.2 展示了 layers.inc.map 文件中的一个图层。注意，可以直接在主地图文件中包含图层。

代码清单 17.2   layers.inc.map 中的示例矢量图层

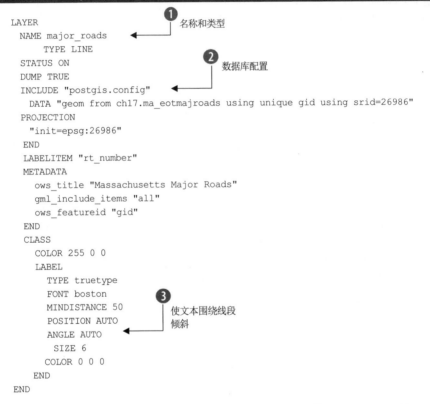

```
LAYER
  NAME major_roads                          ❶ 名称和类型
      TYPE LINE
  STATUS ON                                 ❷ 数据库配置
  DUMP TRUE
  INCLUDE "postgis.config"
    DATA "geom from ch17.ma_eotmajroads using unique gid using srid=26986"
  PROJECTION
    "init=epsg:26986"
  END
  LABELITEM "rt_number"
  METADATA
    ows_title "Massachusetts Major Roads"
    gml_include_items "all"
    ows_featureid "gid"
  END
  CLASS
    COLOR 255 0 0
    LABEL
      TYPE truetype
      FONT boston                           ❸ 使文本围绕线段
      MINDISTANCE 50                           倾斜
      POSITION AUTO
      ANGLE AUTO
       SIZE 6
    COLOR 0 0 0
    END
END
```

每个地图图层都以 LAYER 开始，并有一个 NAME 和 TYPE❶。PostGIS 图层的 TYPE 通常是 LINE、POINT 或 POLYGON。接着，你添加了一个名为 postgis.config 的文件❷，你将为每个 PostGIS 图层添加该文件，以定义到 PostGIS 数据库的连接字符串。

MapServer 支持倾斜的文本，这对标记街道很有用。如果你使用 ANGLE AUTO，那么标签将围绕线段倾斜❸。在本例中，我们下载并使用了名为 boston 的字体。

MapServer 还支持 PostGIS 栅格。代码清单 17.3 显示了 layers_raster.inc.map 的内容，其中包含 PostGIS 栅格 NOAA 图层的定义。

代码清单 17.3　layers_raster.inc.map 中的示例 PostGIS 栅格图层

```
LAYER
  NAME noaa
  TYPE raster
  STATUS ON
  DATA "PG:host=localhost dbname='postgis_in_action' user='auser' password=
    '{encryptpwd}' schema='ch17' table='noaa' mode='2'"
  PROCESSING "NODATA=0"
  PROCESSING "SCALE=AUTO"
END
```

注意： 请确保在定义连接字符串时将其全部放在一行中。如果打算显示栅格，请确保已构建概览表。MapServer 和其他使用 GDAL 进行渲染的工具可以利用概览。可以使用-l 开关和 raster2pgsql 来包含概览。对于 NOAA 数据，使用-l 2,4 生成概览因子 2 和 4 的概览。第 2 级中的每个切片将包含 2×2=4 个低分辨率的原始切片。第 4 级中的每个切片将包含 2×2×2×2=16 的原始切片。

现在你有了一个地图文件，但是如何将它转换为 WMS/WFS 服务呢？需要以地图文件作为参数调用 MapServer CGI。

17.4.4　使用反向代理调用地图服务

当你调用 MapServer CGI 时，该调用如下所示：

```
http:/ /your_domain/mapserv/mapserv?map=/mapserv/maps/postgis_in_action.map
&REQUEST=GetCapabilities&
SERVICE=WMS&VERSION=1.1.1
```

什么是反向代理

反向代理是一种行为类似于客户端的服务器，它可以访问请求客户端无法直接访问的其他服务，例如 Web 地图服务器。它们把关这些服务，并控制请求客户机允许的请求。

反向代理的次要用途是实现负载均衡。它们接受来自外部 Web 浏览器的请求，并将它们转发至最不繁忙的地图服务器。

此外，反向代理可以调用同一台机器上其他端口的服务，或者针对常被请求的数据缓存请求。

为每个调用都指定一个地图文件的做法通常是不可取的。很多人要么在他们的网站配置文件中设置一个 URL 重写命令，要么通过一个脚本或 Web 代理(如 NGINX)设置反向代理，这样地图文件就不必显式命名了。MapServer 的"WMS 服务器"页面详细介绍了一些示例。

注意，反向代理不仅限于 MapServer。可以对 pg_tileserver、pg_featureserv、qgis_server 或任何其他地图服务器执行同样的操作。

如果你没有直接调用 MapServer，那么较长的地图 URL 的示例可以像下面这样简化：

```
http://your_server_domain/mapserver/postgis_in_action?REQUEST=GetCapabilities
      &SERVICE=WMS
&VERSION=1.1.1
```

生成既有开放空间又有主要道路的图像的 WMS 调用如下所示：

```
http://your_server_domain/mapserver/postgis_in_action?LAYERS=openspace&STYLES
    =&TRANSPARENT=true
&FORMAT=image%2Fpng&SERVICE=WMS&VERSION=1.1.1&REQUEST=GetMap&
EXCEPTIONS=application%2Fvnd.ogc.se_inimage&SRS=EPSG%3A3857&
BBOX=-7912678.2752033,5204927.2982632,-7912475.239347,5205061.6602269
&WIDTH=340&HEIGHT=225
```

MapServer 无法直接支持 WFS-T 或所有数据源,但它可通过 TinyOWS 插件为 PostGIS 支持 WFS-T。

接下来,将注意力转向 GeoServer,看看它与 MapServer 相比是怎样的。

17.5 使用 GeoServer

GeoServer 在风格上与 MapServer 类似,但它更大一些,并带有管理用户界面,因此不需要通过文本编辑器手动配置文件。它还支持 WFS-T。与前面介绍过的其他地图服务器不同,GeoServer 提供了一个身份验证框架。

17.5.1 安装 GeoServer

GeoServer 有几种不同的安装包:
- 有一个独立于平台的安装程序,包含 Jetty Web 服务器。
- Web 应用程序存档(web application archive,WAR)文件适用于那些已经在服务器上安装了 servlet 容器,并且只想将 GeoServer 运行为另一个 servlet 应用程序的用户。它不包含 Jetty 服务器。

我们选择 Java 二进制 GeoServer 2.18 版本进行安装。需要进行以下设置:

(1) 确保你已安装 Java 8 或 Java 11。

(2) 将文件夹解压到根目录,例如 C:\geoserver 或/usr/local/geoserver。

(3) 在 Windows 系统上设置正确的系统环境变量。JAVA_HOME 应该是 C:\Program Files\ Java\jdk8(或你拥有 JDK 的路径)。

(4) 默认端口为 8080。如果需要更改,请编辑 start.ini 文件。

(5) 将 cd 放入 geoserver\bin 文件夹,然后从命令行运行 startup.bat(在 Windows 下)或 startup.sh(在 Linux/UNIX 下)。

(6) 现在,你应该能通过 Web 浏览器导航到链接 http://localhost:8080/geoserver 并使用 admin/geoserver 登录管理面板。登录后,你应该修改管理员密码。

GeoServer 无法直接支持 PostGIS 栅格。为了将二者结合起来使用,需要安装 PGRaster 社区插件,具体请参见 GeoServer PGRaster 社区模块文档。

17.5.2 设置 PostGIS 工作空间

安装好 GeoServer 之后,需要建立一个 GeoServer 工作空间来存放你的表,然后将 PostGIS 表注册到 GeoServer。步骤如下:

(1) 在菜单中，选择 Workspaces，然后单击 Add a New Workspace。New Workspace 界面应该如图 17.3 所示。

(2) 在左侧导航菜单中，选择 Data | Stores。

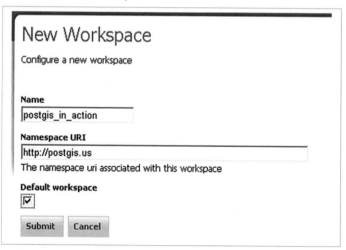

图 17.3　设置 GeoServer 工作空间

(3) 单击 Add New Store 菜单选项，并从选项列表中选择 PostGIS，如图 17.4 所示。

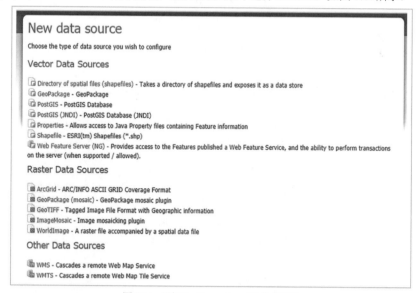

图 17.4　添加 GeoServer PostGIS 数据存储

(4) 为数据源命名(我们使用 ch17)，并填写所有需要的证书。默认情况下，GeoServer 使用公共模式，这意味着它将仅列出该模式中的图层。如果你希望它列出一个不同的模式，比如本示例中的 ch17，请将 public 替换为 ch17。

(5) 选择 Layers | Add a New Resource，再选择之前创建的 postgis_in_action 存储。你的屏幕应该

类似于图 17.5。

(6) 单击相应图层的 Publish 操作，发布你想要的图层(见图 17.5)。确保你在图层编辑界面上选择了 Compute From Data 和 Compute From Native Bounds。

(7) 单击 Add New Resource 链接。

(8) 对每个要发布的图层重复步骤(6)和步骤(7)。

来自其他模式的 GeoServer 数据存储

在 GeoServer 中，可将 PostGIS 的模式设置保留为空，图层选择器会将它们全部列出。但是，若在公共模式以外的模式中发布图层，将会引发错误。务必为要发布的每个模式创建不同的数据存储。

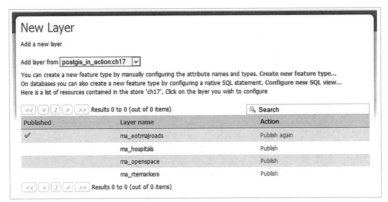

图 17.5 选择 PostGIS 图层

17.5.3 通过 GeoServer WMS/WFS 访问 PostGIS 图层

发布 PostGIS 图层后，可通过 Layer Preview 菜单链接快速查看它们。图 17.6 展示了该界面的样式。注意，图中还显示了用于调用图层的 OpenLayers 代码，并将 GeoJSON 显示为直接的 WFS 输出格式。

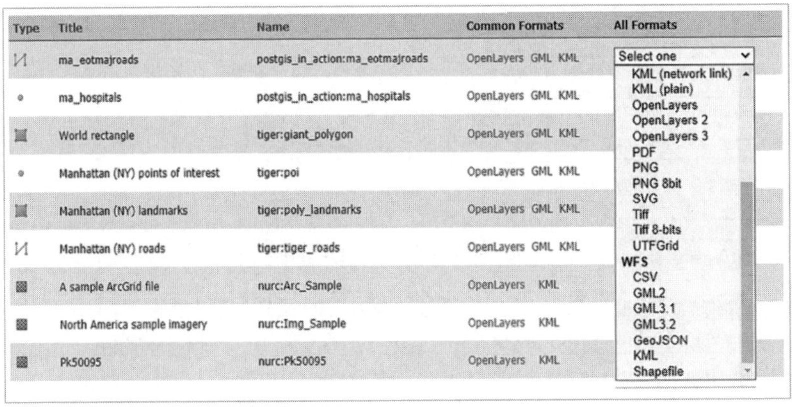

图 17.6 GeoServer 图层预览界面

如图 17.6 所示，GeoServer 自动生成 OpenLayers 示例 JavaScript 代码以显示每个图层。

17.6　OpenLayers 和 Leaflet 基础

起初，Google Maps、Virtual Earth、MapQuest 和 Yahoo 之类的地图服务都有专有的 JavaScript API 来访问自己的数据。这是一件糟糕的事情，因为如果你认为服务 A 的地图比服务 B 的地图更好，或者发现使用和定价过于烦琐，那么你不得不重写所有内容来更换服务。更糟糕的是，如果你想通过自己的地图服务为感兴趣的领域提供自己的数据，那么，你很难将这些服务提供的基础图层与你所研究区域的自定义图层集成在一起。

OpenLayers 和 Leaflet 的出现改变了这一状况。它们使得不同的供应商和 API 所提供的图层能够使用相同的 API 进行访问，甚至能够在同一地图中轻松使用。你将在本章后面看到关于如何使用它们的示例。

OpenLayers 最初是 MetaCarta(后来成为诺基亚的一部分，诺基亚后来被微软部分地收购)的一个孵化项目，因为公司需要开发一个易于使用的工具包，以帮助客户理解公司的地图产品。如今，OpenLayers 成了 OSGeo 的孵化项目。

Leaflet 是在 OpenLayers 发布几年之后出现的另一个 JavaScript API。由于没有旧的 JavaScript 包袱，Leaflet JavaScript API 从设计之初就非常侧重于 HTML 5，被许多人认为是一种更新鲜、更现代的 API。Leaflet 注重简洁性。后来，OpenLayers 也完全重写了 API，摆脱了许多旧的包袱。OpenLayers 仍然是一个比 Leaflet 更强大的工具包。

这两个 API 有很多重叠的功能，一般来说，Leaflet 的内置功能比 OpenLayers 的少，并且将附加功能下放给了 Leaflet 插件。最新版的 OpenLayers(OpenLayers 6 系列)具有更现代的 JavaScript API，在模式上与 Leaflet 非常相似。在对二者进行讨论时，我们将比较 Leaflet(1.7 版本)和 OpenLayers 6(6.4 版本)。

OpenLayers 和 Leaflet 提供了哪些在别处无法轻易获取的东西？

- 允许使用相同的接口访问许多专有的、不符合 OGC 标准的切片地图产品(如 Google Maps、Virtual Earth 和 ArcGIS)的图层类。OpenLayers 将这些内置到了基础包中(在 OpenStreetMap 切片图层的基础上添加)，而 Leaflet 有时需要额外的插件。基础的 Leaflet 下载包中内置的唯一的切片图层驱动程序是用于 OpenStreetMap 和 WMS 切片服务的。
- 允许使用相同的完全一致的地图层创建调用，来访问符合 OGC 标准的地图服务器 WMS、WFS 和 WFS-T 的图层类。注意，对于 Leaflet，很多这样的图层类都没有预先打包，要求自行搜索插件。对于 OpenLayers，你所需的大多数图层类都在基础下载包中。
- 将所有这些相互竞争的专有服务覆盖在一张地图上的能力。
- 用于构建支持地图编辑的自定义菜单、工具栏和小部件的各种控件。OpenLayers 和 Leaflet 都提供了许多这样的功能。对于缺少的功能，二者均支持插件。

所有这些都很棒，这就是 OpenLayers 和 Leaflet 如此流行的原因。但鱼与熊掌不可兼得：

- 当使用 Leaflet 或 OpenLayers 访问服务时，很难获得专有服务的深层特性，比如 Google Maps 和 Bing 提供的 3D 街景。随着新的 OpenLayers 和 Leaflet 图层类被添加以支持这些特性，这可能会发生改变。

● 两种 API 你都得学习。你肯定不希望再学习其他的 API。

当比较 Leaflet 和 OpenLayers 时，你应该选择哪一个？和所有事情一样，这要视情况而定。

由于轻量级和华丽精美的现代界面，Leaflet 似乎更受众人的青睐。像 Carto 和 Mapbox 这样的产品都有自己的定制化 API，它们倾向于使用 Leaflet 构建。Esri 甚至有一组定制化 Leaflet 类，名为 Esri Leaflet，它们与基础的 Leaflet 脚本一起使用，以配合其 ArcGIS Online 服务。

另一方面，OpenLayers 则在处理坐标转换之类的事情时表现出色。

在本节中，你将学习如何使用 OpenLayers 和 Leaflet 显示地图。第一组地图会帮你建立起对二者的初步感受。在后面的部分中，你将添加 PostGIS 层和输出 JSON 或 MVT 的 PostGIS 查询。

OpenStreetMap 切片：公开可用的切片与自己构建的切片

对于下面练习中的基础图层，我们将使用 OpenStreetMap 公共切片服务器。因为 OpenStreetMap 公共切片服务器是靠捐助运行的，所以如果你向它们请求过多调用，你可能会被切断。

如果你的流量很大，则应该构建自己的切片或使用付费服务的切片，详见 Switch2OSM 网站。如果你想构建和托管自己的切片，可以使用 Switch2OSM 介绍的工具来实现。

17.6.1　OpenLayers 入门

OpenLayers 6 是目前稳定的主版本。OpenLayers 6 的当前版本是 6.4.3。

该网站提供了文档，你会发现大量的代码示例对入门很有帮助。因为 OpenLayers 不过是一个经过美化的 JavaScript 文件，所以你可以下载该文件并直接从 Web 服务器上使用它。或者，可以通过手册中详述的内容分发网络(content delivery network，CDN)将代码直接链接到 OpenLayers 的版本。

对于接下来的练习，你应该从 OpenLayers 网站下载最新的发行版 zip 文件，并将其解压到 Web 服务器上的 lib\ol 文件夹中。

OpenLayers 特别擅长的一件事是允许你集成来自不同服务的各种地图源。它包括访问 Google、Bing(Virtual Earth)、OpenStreetMap(OSM)、MapQuest 和 MapServer API 的类，以及使用 MapServer 和 GeoServer 等工具生成的符合 OGC 标准的 WMS 和 WFS 服务。

在下一个练习中，你将使用 OpenLayers 显示公开的 OSM 切片和你自己的 WMS 地图图层。

代码清单 17.4 显示了 OpenStreetMap，并使用 MapServer WMS 服务从 ch17 中添加图层。

代码清单 17.4　OpenLayers 常规设置：postgis_in_action_ol_1.htm

```
<!doctype html>
<html lang="en">
  <head>
    <link rel="stylesheet" href="lib/ol/ol.css">                          ①
  <link rel="stylesheet"
    href="https:/ unpkg.com/ol-layerswitcher@3.8.3/dist/ol-layerswitcher.
  css" />
  <script src="lib/ol/ol.js"></script>
  <script src="https:/ unpkg.com/ol-layerswitcher@3.8.3"></script>
  <style>
```

① 链接到 OL API、JS 和 CSS

❷ 将地图宽度设置为占满整个浏览器，高度为 600 px

```
        #map {
            height: 600px;
            width: 100%;
        }
    </style>
</head>
    <body>
        <div id="map" class="map"></div>
        <script type="text/javascript">
            var l1 = new ol.layer.Tile({
                source: new ol.source.OSM(
                    {url:'/ /{a-c}.tile.osm.org/{z}/{x}/{y}.png'}
                    )
            });
            var los = new ol.layer.Tile({
                title: 'Openspace',
                source: new ol.source.TileWMS(({
                    url: '/mapserver/postgis_in_action',
                    params: { 'LAYERS': 'openspace'},
                    serverType: 'mapserver',
                    attributions: "Bureau of Geographic Information (MassGIS)"
                }))
            });
            var lh = new ol.layer.Tile({
                title: 'Hospitals',
                source: new ol.source.TileWMS(({
                    url: '/mapserver/postgis_in_action',
                    params: { 'LAYERS': 'hospitals,hospitals_anot'},
                    serverType: 'mapserver'
                }))
            });
            var lnoaa = new ol.layer.Tile({
                title: 'Noaa',
                source: new ol.source.TileWMS(({
                    url: '/mapserver/postgis_in_action',
                    params: { 'LAYERS': 'noaa'},
                    serverType: 'mapserver',
                    attributions: "Bureau of Geographic Information (MassGIS)"
                }))
            });
            var map = new ol.Map({
                target: 'map',
                layers: [l1, los, lh, lnoaa],
                view: new ol.View({
                    center: ol.proj.fromLonLat([-71.0636, 42.3581]) ,
                        zoom: 15
                })
            });
            map.addControl(new ol.control.Zoom());
            var layerSwitcher = new ol.control.LayerSwitcher();
            map.addControl(layerSwitcher);
        </script>
    </body>
```

❸ 创建 OpenStreetMap 图层

创建 PostGIS WMS 图层 ❹

创建 PostGIS WMS 图层 ❹

❼ 中心由 WGS lon/lat 重投影为 OSM 投影

❺ 加载地图

❻ 添加图层

添加放大/缩小控制

❽ 图层切换器的外部插件

```
</html>
```

　　首先，将链接添加到 OL、CSS 和 JS 文件❶。同样，可以选择使用托管版本，也可以在服务器上下载并使用。接着，设置地图的大小❷。一定要将一个尺寸设置为绝对值，而另一个尺寸可以基于浏览器窗口的百分比。本例中的地图将占满浏览器的整个宽度。然后，添加一个 OpenStreetMap 切片图层❸。url 属性是可选的，不指定时则默认为 OpenStreetMap 切片服务器。接下来，从 WMS 地图服务器添加两个图层❹。

　　作为加载地图的一部分❺，将这两个图层添加到地图❻，然后重新投影到地图单元❼。这个特定的 WMS 图层调用将图层添加为与 OpenStreetMap 切片大小相同的图层。如果你希望对服务器的查询调用最小化单个切片，则可将 ol.Layer.Image 与 ol.source.ImageWMS 结合起来使用。

　　OpenLayers 从版本 3 开始不提供现成的图层切换器。如果需要，则可以添加一个外部的 unpkg.com/ol-layerswitcher、CSS 和 JS 文件，正如我们所做的❶，这样即可使用图层切换器❽。该 LayerSwitcher 在 GitHub 上有所介绍。

　　代码清单 17.4 的输出如图 17.7 所示。

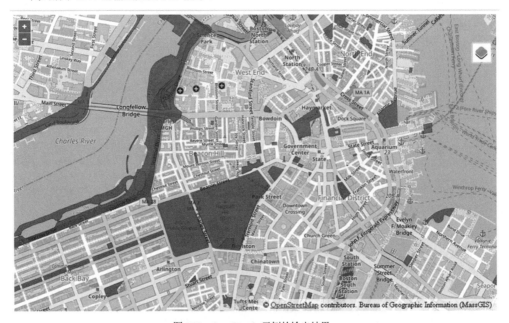

图 17.7　OpenLayers 示例的输出结果

　　代码清单 17.4 使用了 MapServer WMS 对图层的支持。可以轻松地将它们与 GeoServer、QGIS Server 或者任意 WMS 或支持切片的地图服务器进行交换。

　　尽管图 17.7 中没有演示，但 OpenLayers 默认添加鼠标滚轮滚动行为以实现放大和缩小，你不必显式地进行添加。

　　代码清单 17.4 利用 ol.source.TileWMS 来强制调用切片块中的 WMS。然而，这是非常低效的；它不便于缓存，因为发送回 WMS 的查询将是一个用浮点数表示的边界框。为了方便缓存以提高性能，MapServer 支持一种名为"TILEMOD"的模式，它允许通过某些切片服务方案引用地图。下面的代码展示了为使用 Google Maps 切片方案(Google Maps tile scheme)而重写的 NOAA 图层。

ol.source.XYZ OpenLayers 类将基于地图区域将 *X/Y/Z* 值替换为具体值：

```
var lnoaa = new ol.layer.Tile({ title: 'Noaa',
      source: new ol.source.XYZ(
          {url:'/mapserver/postgis_in_action?MODE=tile
              &TILEMODE=gmap&TILE={x}+{y}+{z}&LAYERS=noaa'}
          )
      });
```

如果你正在使用其他的地图服务器，例如 GeoServer，则可通过 GeoWebCache 利用 TMS 支持。然后，你的图层看起来将如下所示：

```
var lnoaa = new ol.layer.Tile({ title: 'Noaa',
      source: new ol.source.XYZ(
{url:'/geowebcache/service/tms/1.0.0/postgis_in_action:noaa/{z}/{x}/{y}.png'}
          )
});
```

在下一节中，你将学习如何使用 Leaflet 制作图层。

17.6.2　Leaflet 入门

接下来的示例将演示 1.7 版本的 Leaflet。对于许多应用程序，如果需要基于切片的图层，且希望使用 GeoJSON 对象之类的东西在上面绘制自己的图层，那么通常使用 Leaflet 即可。相比于 OpenLayers，Leaflet 可以提供更华丽、更整洁的界面，并且上手速度通常要快得多。还可通过添加其他 Leaflet 插件来扩展 Leaflet 的功能。

下面进行与 OpenLayers 相同的练习，但使用的是 Leaflet。对于生产使用，更安全的做法是下载 Leaflet 库并使用自己的副本或通过 npm 节点包安装：

(1) 从 Leaflet 网站下载最新的、稳定的 Leaflet 发行版。

(2) 将它解压到 Web 应用程序的 lib/文件夹中。

(3) 链接到文件中，如代码清单 17.5 所示。

代码清单 17.5　Leaflet 常规设置：postgis_in_action_leaflet_1.htm

```
<!doctype html>
<html lang="en">
<head>
    <link rel="stylesheet" href="lib/leaflet/leaflet.css" />
    <script src="lib/leaflet/leaflet.js"></script>
    <style>
    #map {height: 600px;width: 100%;}</style>
</head>
<body>
    <div id="map"></div>
    <script type="text/javascript">
        var l1 = L.tileLayer(
    '//{s}.tile.osm.org/{z}/{x}/{y}.png', {
    attribution: 'Map data &copy; OpenStreetMap contributors',
    maxZoom: 18
    });
```

❶ 链接到 Leaflet API、JS 和 CSS

❷ 创建 OpenStreetMap 图层

```
var map = L.map('map', { layers: [l1] })          ❸  加载地图并确
          .setView([42.3581, -71.0636], 15);            定中心位置

var l2 = L.tileLayer.wms("/mapserver/postgis_in_action", {   创建 PostGIS
    layers: 'openspace',                                      WMS 图层
    format: 'image/png',
    transparent: true,                             ❹
    version: '1.3.0',
    attribution: "MassGIS data"
});
var baseMaps = { "OpenStreetMap": l1 }   ❺
  var overlayMaps = { "Open Space": l2 }
  L.control.layers(baseMaps, overlayMaps,   添加带有基础图层和覆
  { collapsed: false }).addTo(map);          盖层的图层控制
 </script> </body> </html>
```

Leaflet 的代码比 OpenLayers 的稍微简洁一些，但在多数情况下都差不多。代码清单 17.5 遵循了与 OpenLayers 示例类似的步骤。首先，引用 Leaflet CSS 和 JavaScript API 文件的位置❶。然后创建 OpenStreetMap 图层❷。接着，加载由 OpenStreetMap 图层初始化的地图，将图层标记为活动层，并使用 setView 确定一个中心位置❸。

OpenLayers 和 Leaflet 之间的一个区别是，Leaflet 的 setView 坐标是用 lat/lon 指定的，而不是数据库/OpenLayers 的 lon/lat。setView 语法比 OpenLayers 的 transform、center、zoom 方法简短，但这并非没有代价。开箱即用的 Leaflet 假定你想要以 Web 墨卡托显示数据，而 OpenLayers 则允许选择使用哪种投影以及输入投影是什么。

接着，创建 WMS 图层❹，它可以是 MapServer、GeoServer 或其他任何符合 OGC 标准的 WMS。然后，指定哪些是基础图层，哪些是覆盖层，并创建一个用于管理的图层控件，再将控件添加到地图中❺。Leaflet 图层控件相当于 OpenLayers 2 的 LayerSwitcher 控件。

代码清单 17.5 的输出如图 17.8 所示。

图 17.8　Leaflet 的输出结果

与 OpenLayers 类似，Leaflet 也拥有内置的图层控件。图 17.8 看起来与 OpenLayers 的输出非常相似，但是控件和属性的样式略有不同。二者都可以通过更改工具包中的 CSS 来控制。

17.6.3　OpenLayers 和 Leaflet API 总结

本节演示了两个不同的 API。Leaflet 是一个比 OpenLayers 更轻量的 API。OpenLayers 比 Leaflet 更庞大一些，但有望成为功能丰富、速度更快且精简高效 API 的理想组合。有了它们，可以查询常见的 Web 地图服务，如 OpenStreetMap 切片服务，还可以覆盖由 PostGIS 数据支持的 WMS 和 WFS 功能。

尽管 WMS 和 WFS 服务器非常适用于分发变化频繁的地图数据，但它们限制了你的查询，而且往往会给基础架构增加沉重的开销。目前，一种常见做法是将静态的、常用的图层交给切片服务和预渲染的切片。随后，可以使用原始数据库调用来保存数据和显示变化的要素。在下一节中，我们将使用 PHP 进行直接的 PostGIS 查询，并演示如何将这些查询覆盖于地图上。

17.7　通过 PostGIS 查询和 Web 脚本显示数据

现在，我们将演示如何使用 PostgreSQL 和 PostGIS 内置的函数在地图上覆盖空间数据。本节中假定你使用的是 PostgreSQL 12+和 PostGIS 3+。

17.7.1　使用 PostGIS 和 PostgreSQL 几何输出函数

Web 地图的一个常见特性是，用户可以突出显示在地图上单击或选择的要素，并显示关于要素的描述性信息。对于这类功能，需要 Web 要素服务或类似于 GeoJSON 或 MVT 查询的东西，它可以返回矢量和属性数据。

下一个练习将演示如何在数据库中正确生成 GeoJSON 以在地图上输出。基本步骤如下：

(1) 创建一个名为 get_features 的 PL/pgSQL 存储函数来输出 GeoJSON。该函数依赖于 PostGIS 3 中的 ST_AsGeoJSON 支持，它通过输入整行来支持其他属性数据，它还包括长期存在的 ST_GeomFromGeoJSON 函数，该函数将 GeoJSON 几何图形转换为 PostGIS 几何图形。

(2) 创建一个 PHP 脚本，该脚本从请求中获取参数，然后将参数传递给函数，并返回 PL/pgSQL 函数输出。

(3) 利用 Leaflet 或 OpenLayers，结合 jQuery 以查询 PHP 脚本，并在地图上绘制选定的要素和属性。

PL/pgSQL 函数如代码清单 17.6 所示。

代码清单 17.6　PL/pgSQL get_features 函数

```
CREATE OR REPLACE FUNCTION ch17.get_features(
    param_geom json,
    param_table text,
    param_props text,
    param_limit integer DEFAULT 10
```

```
)
RETURNS json AS
$$
DECLARE
    var_sql text; var_result json; var_srid integer; var_geo geometry;
    var_table text; var_cols text; var_input_srid integer;
    var_geom_col text;
BEGIN
    SELECT
        f_geometry_column,
        quote_ident(f_table_schema) || '.' || quote_ident(f_table_name)
    FROM geometry_columns
    INTO var_geom_col, var_table
    WHERE f_table_schema || '.' || f_table_name = param_table
    LIMIT 1;
    IF var_geom_col IS NULL THEN
        RAISE EXCEPTION 'No such geometry table as %', param_table;
    END IF;
    var_geo := ST_GeomFromGeoJSON($1::text);
    var_input_srid := ST_SRID(var_geo);
    If var_input_srid < 1 THEN
        var_input_srid = 4326;
        var_geo := ST_SetSRID(
         ST_GeomFromGeoJSON($1::text),var_input_srid);
    END IF;

    var_sql := 'SELECT ST_SRID(geom) FROM ' || var_table || ' LIMIT 1';

    EXECUTE var_sql INTO var_srid;

    SELECT string_agg(quote_ident(trim(a)), ',')
    INTO var_cols
    FROM unnest(string_to_array(param_props, ',')) As a;

    var_sql :=
        'SELECT json_build_object(''type'', ''FeatureCollection'', ''features'',
            json_agg(ST_AsGeoJSON(f.*)::json) ) AS fc
        FROM (
                SELECT
                    ST_Transform(
                        lg.' || quote_ident(var_geom_col) || ', $4
                        ) AS geom, '
                    || var_cols || '
                FROM ' || var_table || ' AS lg
                WHERE ST_Intersects(lg.geom,ST_Transform($1,$2)) LIMIT $3
                ) As f';

    EXECUTE var_sql INTO var_result
    USING var_geo, var_srid, param_limit, var_input_srid;

    RETURN var_result;
END;
$$
LANGUAGE plpgsql STABLE PARALLEL SAFE COST 1000;
```

❶ 验证该表是不是几何表

❷ 将位置转换为几何图形

❸ 获取所请求位置的 SRID

❹ 获取表的 SRID

❺ 清理列名

❻ 构建参数化 SQL

❼ 使用变量执行参数化 SQL，输出到 var_result，然后返回

代码清单 17.6 接受一个 GeoJSON 格式的位置和一个几何表作为输入。代码首先检查
geometry_columns 表并验证所请求的表是否有几何列，以及对于运行存储函数的用户账户是否可
见❶。如果不是，则引发异常并结束函数的执行。

代码将输入位置转换为几何图形❷，如果没有提供 SRID，则假定几何图形为 lon/lat 坐标❸。
然后，它假定表列中的所有几何图形都具有相同的 SRID，从而获取 SRID❹。注意，你可以修改
代码以从 geometry_columns 读取 SRID，但是对于基于带有约束的表的视图，这个信息可能在
geometry_columns 中不可用。

接着，使用 string_to_array PostgreSQL 函数将列转换为一个元素数组，对数组的每个元素应用
quote_ident 函数，并借助 string_agg 将它们连接回一个以逗号分隔的列表❺。这么做是为了防止
SQL 注入攻击。

接下来，构建一个使用表名和列名的参数化 SQL 语句❻。当参数 var_geo、var_srid、param_limit
和 var_input_srid 被提供并替换在参数化 SQL 语句的对应位置($1、$2、$3、$4)上时，所执行的 SQL
将返回一个 GeoJSON 要素集合❼。它将返回一个最多由 param_limit 个要素组成的 GeoJSON 对象。

代码清单 17.6 使用 PostgreSQL JSON 函数和 PostGIS ST_AsGeoJSON 调用来建立一个 JSON 对
象❼。具体实现过程是，先通过使用 json_agg 将所有要素行(f)聚合到一个 JSON 数组中，再使用
json_build_object 构造一个 JSON 对象，并将这个 JSON 对象的 features 属性设置为 JSON 要素数组。

调用这个 PL/pgSQL 函数的示例如下：

```
SELECT ch17.get_features('{"type":"Point",
  "coordinates":[-71.06576,42.35299]}',
    'ch17.ma_openspace','site_name, gis_acres') As result;
```

它将生成一个 GeoJSON 要素集合，如下所示：

```
{"type" : "FeatureCollection",
"features" : [{"type": "Feature", "geometry":
{"type":"MultiPolygon","coordinates":[[[[-71.065578109,42.352495916],
 [-71.066918871,42.352579209],[-71.066599608,42.352762566],[-71.066029031,
 42.353220103],[-71.065336255,42.353212985],
[-71.065578109,42.352495916]]]]},
"properties": {"site_name": "Central Burying Ground", "gis_acres": 1.57214919}}]}
```

在 GeoJSON 中输出地理类型

本节中的示例假定处理的是几何数据。如果表中存在多个几何列，函数将随机选取其中一个。

如果将 ST_GeomFromGeoJSON(...)更改为 ST_Transform(ST_GeomFromGeoJSON(...), 4326)::
geography，那么 ch17.get_features 函数可以轻松地处理地理类型。

本练习使用的是点位置单击，但是 PL/pgSQL 函数旨在处理任意的几何图形，例如由用户绘制
的圆形缓冲区或多边形，它将返回与感兴趣区域相交的所有要素。

代码清单 17.7 展示了一个 PHP 脚本，它将收集输入，调用 PL/pgSQL 函数并输出结果。

代码清单 17.7　get_features.php 的内容

```php
<?php
    include_once("config.inc.php");
    $param_geom = $_REQUEST['geom'];
    $param_table = $_REQUEST['table'];
    $param_props = $_REQUEST['props'];
    try{
        $pdo = new PDO(POSTGIS_DSN);
        $stmt = $pdo->prepare(                              参数化查询
          "SELECT ch17.get_features(:geom,:table,:props) AS data"
          );
        $stmt->execute(['geom' => $param_geom,
                        'table' => $param_table,            带参数执行
                        'props' => $param_props]);
        $data = $stmt->fetch();
        $val = $data[0];                                    输出结果至变量
        $stmt->closeCursor();
        echo $val;
    }                                                       输出为 Web 结果
    catch (Exception $e){
        // report error message
        echo $e->getMessage();
    }
?>
```

可以修改代码清单 17.5 中的原始 Leaflet 页面，并在 Leaflet API INCLUDE 之后添加一个指向 jQuery 的链接：

```html
<script src="//code.jquery.com/jquery-3.5.1.min.js"
    integrity="sha256-9/aliU8dGd2tb6OSsuzixeV4y/faTqgFtohetphbbj0="
    crossorigin="anonymous"></script>
```

注意：如果不使用 jQuery Ajax/JSON 函数或 HTTP 工具包(如 Axios)，不妨使用 Fetch API，该 API 目前在大多数浏览器中都可用。然而，它也没有提供一些理想的特性，比如捕获 404/500 错误。

对于代码清单 17.5，可以在 addTo(map) ❺ 之后的行中添加代码清单 17.8 中的代码。

代码清单 17.8　postgis_in_action_leaflet_3.htm 的附加内容

```javascript
                GeoJSON 图层新的 ❶
                弹出窗口和占位符
                                       ❷
var popup = L.popup();                     onclick 事件函数
var lgeojson;                                                        ❸
function onMapClick(e) {                                   将所单击位置转换
    var geoJsonLoc = '{"type":"Point","coordinates":['    为 GeoJSON
    + e.latlng.lng
    + ',' + e.latlng.lat + ']}'
    $.ajax({url: "get_features.php", dataType: 'json',          获取要素
        method: 'POST',
        data: { 'geom': geoJsonLoc,                                 ❹
                'table': 'ch17.ma_openspace',
                'props': 'site_name, gis_acres'
            }
```

```
            })
        .done(function (data) {
            var popupContent = ''
            if (lgeojson != null){

                      map.removeLayer(lgeojson);
            }
            lgeojson = L.geoJson(data, {

            onEachFeature: function (feature, layer) {
            popupContent += '<b>Site:</b> '
                    + feature.properties.site_name
                    + '<br /><b>Acres:</b> '
                    + feature.properties.gis_acres
                }, style: { "color": "blue", "weight":10 }
            }); popup.setLatLng(e.latlng)
                .setContent(popupContent)
                .openOn(map);
            lgeojson.addTo(map);
            });
        }
    map.on('click', onMapClick);
```

⑤ jQuery 返回的输出

⑥ 添加到弹出窗口的内容

⑦ 将事件处理程序绑定到地图的单击事件

向地图添加要素

定位弹出窗口的位置和内容，并打开

代码清单 17.8 是定义在屏幕上移动的新弹出窗口的附加代码 ❶。代码的核心是一个 onclick 事件处理函数 ❷，当用户单击地图时，将创建一个 GeoJSON 点 ❸，你使用该点来定位相交的开放空间要素。注意，虽然这里使用的是点，但任何 GeoJSON 几何图形都可以由 PL/pgSQL 和 PHP 的组合进行处理。

接着，使用 jQuery ajax Ajax 函数调用 get_features.php 脚本，其中包含你想要的几何图形、表和字段 ❹。jQuery 完成任务后，它将返回 PL/pgSQL 函数的输出 ❺——一个 GeoJSON 要素集合。对于返回的每个要素，名称和英亩数被添加到弹出窗口中 ❻。最重要的一步是单击事件处理程序 ❼，它将你创建的 onMapClick 事件函数与地图的 click 事件绑定在一起。

注意： jQuery 提供了一个名为 getJSON 的函数，它是 ajax 函数的包装器，只返回 JSON 格式。与前面的代码相比，它编写起来要短一些，但不会短很多，而且没有完整的 Ajax 函数所提供的灵活性，比如传递身份认证令牌的功能。

单击开放空间要素的输出如图 17.9 所示。

一种使用 OpenLayers 实现的类似方法可以在 GitHub 网站找到。

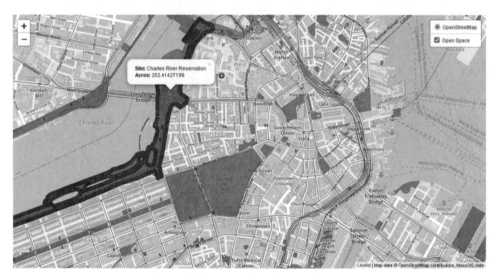

图 17.9　Leaflet 中 onclick 事件的输出结果

17.7.2　使用 PostGIS 的 MVT 输出函数

对于特定于用户或更改频繁的大型几何图形，你可能希望使用 ST_AsMVT 输出更紧凑的 MVT 格式。注意，从 PostGIS 3.1 开始，MVT 的速度已经有所提高，如 Engineering Rocks 的博文"等待 PostGIS 3.1：矢量切片的改进"所述。因此，你的 PostGIS 版本越新越好。

最快的开始方法是使用前面介绍的 pg_tileserv。要在 OpenLayers 中使用来自 pg_tileserv 的 MVT 切片，需要用代码清单 17.9 替换你的 OpenLayers Open Space 图层。

代码清单 17.9　使用切片服务器对图层进行矢量切片

```
var openSpaceStyle = new ol.style.Style({          ◀──────
  stroke: new ol.style.Stroke({                            用于着色的样式
    width: 2,
    color: "#ff00ff99"
  }),
  fill: new ol.style.Fill({
    color: "green"
  })
});

var los = new ol.layer.VectorTile({
    title: 'OpenSpaceTS',                           连接切片服务器
    source: new ol.source.VectorTile({
      format: new ol.format.MVT(),        ◀──────

    url: "http:/ /localhost:7800/ch17.ma_openspace/{z}/{x}/{y}
    .pbf?properties=gid,site_name"
    }),
    style: openSpaceStyle
});
```

对于 Leaflet，可以使用 VectorGrid 图层控件和 Protobuf 输出。

如果需要更好地控制哪些用户可以访问哪些层，那么你可能会发现，更易于管理的做法是使用 PostgreSQL 存储函数以你选择的语言去实现自己的解决方案。如代码清单 17.10 所示，它可能类似于代码清单 17.6，但它不使用边界框，而是利用缩放级别并输出 MVT 数据。

代码清单 17.10　PL/pgSQL get_tile_mvt 函数

```
CREATE OR REPLACE FUNCTION ch17.get_features_mvt(
    param_zoom integer, param_tilex integer, param_tiley integer,
    param_table text,
    param_props text
)
RETURNS bytea AS
$$
DECLARE
    var_sql text; var_result bytea; var_geom geometry;
    var_table text; var_cols text; var_srid integer;
    var_geom_col text;
BEGIN
  SELECT
      f_geometry_column,
      quote_ident(f_table_schema) || '.' || quote_ident(f_table_name)
  FROM geometry_columns
  INTO var_geom_col, var_table
  WHERE f_table_schema || '.' || f_table_name = param_table
  LIMIT 1;
```

查找几何列和表名并将其存储在变量中

根据 x、y 和缩放级别输入来生成一个矩形几何图形

```
  IF var_geom_col IS NULL THEN
      RAISE EXCEPTION 'No such geometry table as %', param_table;
  END IF;
  var_geom := ST_TileEnvelope(param_zoom, param_tilex, param_tiley);

  var_sql := 'SELECT ST_SRID(geom) FROM ' || var_table || ' LIMIT 1';
```

确定表的 SRID

```
  EXECUTE var_sql INTO var_srid;
```

使用 quote_ident，将传入的列视为列标识符(以避免 SQL 注入)

```
  SELECT string_agg(quote_ident(trim(a)), ',')
  INTO var_cols
  FROM unnest(string_to_array(param_props, ',')) As a;
```

用逗号分隔 param_props 列字符串

```
  var_sql :=
      'WITH mvtgeom AS ( SELECT
          ST_AsMVTGeom( ST_Transform(lg.' || quote_ident(var_geom_col)
  || ',$3) , $1) AS geom,
          ' || var_cols || '
      FROM ' || var_table || ' AS lg
      WHERE ST_Intersects(lg.' || quote_ident(var_geom_col)
  || ',ST_Transform($1,$2) )
       )
      SELECT ST_AsMVT(mvtgeom.*)
      FROM mvtgeom';
```

对 MVT 的参数化查询

```
        EXECUTE var_sql INTO var_result
        USING var_geom, var_srid, ST_SRID(var_geom);          执行参数化 MVT 查询并
                                                              输出到二进制变量
        RETURN var_result;
END;
$$
LANGUAGE plpgsql STABLE PARALLEL SAFE COST 1000;
```

代码清单 17.10 假定 Web 墨卡托(SRID 3857)下的空间参考系统，这是 MVT 函数的默认值。若要更改投影，可以向 ST_TileEnvelope 中传入覆盖边界几何图形。

要使用这个存储函数，需要创建一个 Web 脚本，例如代码清单 17.11 中的 PHP 配套脚本。

代码清单 17.11　PHP get_tile_mvt.php 脚本

```php
<?php
    include_once("config.inc.php");
    $param_table = $_REQUEST['table'];
    $param_props = $_REQUEST['properties'];
    $param_zoom = $_REQUEST['zoom'];
    $param_tilex = $_REQUEST['x'];
    $param_tiley = $_REQUEST['y'];

准备查询
    try{
      $pdo = new PDO(POSTGIS_DSN);
      $stmt = $pdo->prepare(
        "SELECT ch17.get_features_mvt(:zoom,:x,:y, :table,:props) AS data"
        );
      $stmt->execute(['zoom' =>$param_zoom,
                      'x' => $param_tilex,
                      'y' => $param_tiley,            基于用户输
                      'table' => $param_table,       入参数执行
                      'props' => $param_props]);
      $data = $stmt->fetch();              将结果提取到一个
      $stream = $data[0];                  PHP 变量中
      $stmt->closeCursor();
      fpassthru($stream);                 引用二进制资源
    }
    catch (Exception $e){
      // report error message            输出二进制数据
      echo $e->getMessage();
    }
?>
```

为了将其用于 MVT 图层，需要使用类似于代码清单 17.9 的代码，但要替换 URL：

```
get_features_mvt.php?x={x}&y={y}&zoom={z}&table=ch17.ma_openspace&props=gid,s
    ite_name
```

虽然我们没有演示如何从 PostGIS 输出栅格切片，但可以使用 ST_TileEnvelope 并结合栅格函数 ST_Clip 和 ST_Union 以实现类似的结果。在实际操作中，使用磁盘上的文件和数据库外的 PostGIS 栅格，可以更有效地满足你对显示栅格的大量需求，具体请参见 Paul Ramsey 的博文 "PostGIS 栅格和 Crunchy Bridge"。

17.8　本章小结

- 对于 Web 地图应用程序，PostGIS 是一种流行的数据源。
- PostGIS 提供了大量函数，如 ST_TileEnvelope、ST_AsMVT 和 ST_AsGeoJSON，这些函数可用于使现有应用程序转化为地图应用程序。
- 地图服务器提供的服务包括显示专题切片、导出地理空间数据和编辑地图数据，大部分开源 Web 地图服务器和许多商业 Web 地图服务器都支持以 PostGIS 作为数据源。
- 开放地理空间信息联盟(OGC)发布了许多地图服务器支持的 WMS、WMTS、WFS 和 WFS-T 等标准，使地图服务器之间能够实现一定的交互性。
- 在前端，OpenLayers 和 Leaflet 是两个最流行的 Web 地图客户端 API，用于 Web 地图服务和 PostGIS。